Anatomie und Physiologie

LPN V

Lehrbuch für präklinische Notfallmedizin

Band A
Anatomie und Physiologie

Herausgeber
Kersten Enke
Andreas Flemming
Hans-Peter Hündorf
Peer G. Knacke
Roland Lipp
Peter Rupp

Autoren
Anne Stege
Kevin Andrae
Johannes Becker
Matthias R. Dörmann
Lothar Jäger
Andreas Keiner
Johannes Veith

Anmerkungen des Verlags

Die Herausgeber bzw. Autoren und der Verlag haben höchste Sorgfalt hinsichtlich der Angaben von Therapie-Richtlinien, Medikamentenanwendungen und -dosierungen aufgewendet. Für versehentliche falsche Angaben übernehmen sie keine Haftung. Da die gesetzlichen Bestimmungen und wissenschaftlich begründeten Empfehlungen einer ständigen Veränderung unterworfen sind, ist der Benutzer aufgefordert, die aktuell gültigen Richtlinien anhand der Literatur und der medizinischen Fachinformationen zu überprüfen und sich entsprechend zu verhalten.

Die Angaben von Handelsnamen, Warenbezeichnungen etc. ohne die besondere Kennzeichnung ®/™/© bedeuten keinesfalls, dass diese im Sinne des Gesetzgebers als frei anzusehen wären und entsprechend benutzt werden könnten.

Der Text und/oder das Literaturverzeichnis enthalten Links zu externen Webseiten Dritter, auf deren Inhalt der Verlag keinen Einfluss hat. Deshalb kann er für diese fremden Inhalte auch keine Gewähr übernehmen. Für die Inhalte der verlinkten Seiten ist stets der jeweilige Anbieter oder Betreiber der Seite verantwortlich.

Aus Gründen der Lesbarkeit ist in diesem Buch meist die männliche Sprachform gewählt worden. Alle personenbezogenen Aussagen gelten jedoch stets für Frauen und Männer gleichermaßen.

Bibliografische Information der Deutschen Nationalbibliothek

Die Deutsche Nationalbibliothek verzeichnet diese Publikation in der Deutschen Nationalbibliografie; detaillierte bibliografische Angaben sind im Internet über http://dnb.dnb.de abrufbar.

Lehrbuch für präklinische Notfallmedizin (5. Auflage)
Hrsg. Kersten Enke, Andreas Flemming, Hans-Peter Hündorf,
Peer G. Knacke, Roland Lipp, Peter Rupp
Edewecht: Stumpf + Kossendey
ISBN 978-3-943174-40-3

Bd. A – Anatomie und Physiologie
Korrigierter Nachdruck 2016
ISBN 978-3-943174-43-4

Satz: Bürger Verlag GmbH & Co. KG, Edewecht
Druck: M.P. Media-Print Informationstechnologie GmbH, 33100 Paderborn

▶ LPN A – Anatomie und Physiologie

Geleitwort		XII
Vorwort		XIII
Abkürzungen		XV
1	***Naturwissenschaftliche Grundlagen***	**1**
1.1	**MATHEMATIK**	2
1.1.1	Grundrechenarten und Rechenregeln	2
1.1.2	Bruchrechnung	2
1.1.3	Exponentialzahlen	3
1.1.4	Dreisatz	4
1.2	**PHYSIK**	4
1.2.1	Mechanik	5
1.2.1.1	Geschwindigkeit	5
1.2.1.2	Beschleunigung	5
1.2.1.3	Kraft	5
1.2.1.4	Energie	6
1.2.1.5	Arbeit und Leistung	6
1.2.1.6	Druck	7
1.2.1.7	Gase und Gasgemische	7
1.2.1.8	Strömende Flüssigkeiten	7
1.2.2	Wärmelehre	8
1.2.2.1	Temperaturskalen	8
1.2.2.2	Verhalten von Stoffen bei Temperaturänderung	8
1.2.2.3	Wärmetransport	9
1.2.2.4	Aggregatzustand	9
1.2.2.5	Ausdehnungsanomalie des Wassers	9
1.2.2.6	Stoffgemisch	10
1.2.3	Elektrizität	10
1.2.3.1	Elektrische Ladung und elektrisches Feld	10
1.2.3.2	Elektrischer Strom	10
1.2.3.3	Elektrische Spannung	10
1.2.3.4	Elektrische Arbeit und elektrische Leistung	11
1.2.3.5	Elektrischer Widerstand	11
1.2.4	Optik	12
1.2.4.1	Sammellinse	12
1.2.4.2	Streulinse	12
1.2.4.3	Brechkraft	12
1.2.4.4	Sehkorrekturen	12
1.2.5	Akustik	12
1.3	**CHEMIE**	13
1.3.1	Atom und Atombau	13
1.3.2	Chemische Elemente	14
1.3.3	Stoffmenge in mol	14
1.3.4	Periodensystem der Elemente	14
1.3.5	Die chemische Bindung	15
1.3.5.1	Ionenbindung	16
1.3.5.2	Atom- / Kovalente Bindung	16
1.3.5.3	Wasserstoffbrückenbindung	16
1.3.6	Chemische Reaktionen	16
1.3.7	Transportprozesse	17
1.3.7.1	Diffusion	17
1.3.7.2	Osmose	17
1.3.8	Säure und Basen	18
1.3.9	Organische Chemie	18
1.3.10	Biochemie	18
1.3.10.1	Enzyme und Koenzyme	19
1.3.10.2	Nährstoffe	19
2	***Grundlagen der Anatomie und Physiologie***	**25**
2.1	**ZELLE**	26
2.1.1	Definition und Eigenschaften	26
2.1.2	Bestandteile	26
2.1.2.1	Zellmembran	26
2.1.2.2	Zytoplasma	27
2.1.2.3	Zellkern	29
2.1.2.4	Proteinsynthese	30
2.1.3	Zellteilung	32
2.1.3.1	Mitose	32
2.1.3.2	Meiose	34
2.1.4	Stoffaustausch der Zelle	35
2.1.4.1	Diffusion	35
2.1.4.2	Osmose	35
2.1.4.3	Filtration	35
2.1.4.4	Aktiver Transport	35
2.1.4.5	Endozytose und Exozytose	36
2.1.4.6	Reizweiterleitung	36
2.1.4.7	Zellkontakte	37
2.1.4.8	Zelltod	37
2.2	**GEWEBE**	40
2.2.1	Definition	40
2.2.2	Epithelgewebe	40
2.2.2.1	Aufgaben	40
2.2.2.2	Oberflächen bildende Epithelien	40
2.2.2.3	Drüsenepithel	41
2.2.2.4	Sinnesepithel	41
2.2.3	Binde- und Stützgewebe	41
2.2.3.1	Bindegewebe	42
2.2.3.2	Stützgewebe	43
2.2.4	Muskelgewebe	44
2.2.4.1	Glattes Muskelgewebe	44
2.2.4.2	Quer gestreiftes Muskelgewebe	44
2.2.4.3	Herzmuskelgewebe	44

2.2.5 Nervengewebe 45
2.2.5.1 Neuronen 45
2.2.5.2 Gliazellen 45

3 *Blut und lymphatisches System* 47

3.1 Blut 48
3.1.1 Allgemeine Funktionen 48
3.1.2 Zusammensetzung 48
3.1.2.1 Blutplasma 48
3.1.2.2 Blutzellen 49
3.1.3 Blutstillung und Blutgerinnung 53
3.1.3.1 Blutstillung (primäre Hämostase) 53
3.1.3.2 Blutgerinnung (sekundäre Hämostase) 54
3.1.3.3 Abschluss der Wundheilung (Fibrinolyse) 54
3.1.3.4 Gerinnungssystem 54
3.1.3.5 Hemmstoffe der Blutgerinnung 55

3.2 Bluterkrankungen 55
3.2.1 Anämien 55
3.2.2 Polyglobulie 56
3.2.3 Leukopenie 56
3.2.4 Leukozytose und Leukämien 57
3.2.5 Thrombozytose und Thrombopenie 57

3.3 Lymphsystem 58
3.3.1 Anteile 58
3.3.2 Aufgaben 58
3.3.3 Lymphe und Lymphbahnen 58
3.3.4 Lymphknoten 60
3.3.5 Milz 60
3.3.6 Thymus 61
3.3.7 Weitere lymphatische Organe 61
3.3.8 Erkrankungen der Lymphknoten 61
3.3.9 Erkrankungen der Milz 62

4 *Herzkreislauf* 63

4.1 Gefässe 64
4.1.1 Aufgaben und Aufbau 64
4.1.1.1 Lungenkreislauf 64
4.1.1.2 Körperkreislauf 64
4.1.2 Aufbau der Gefäße 66
4.1.2.1 Arterien 66
4.1.2.2 Arteriolen 69
4.1.2.3 Kapillaren 69
4.1.2.4 Venolen und Venen 71
4.1.2.5 Venöser Rückstrom zum Herzen 71
4.1.3 Blutdruck 71
4.1.3.1 Arterieller Blutdruck 72
4.1.3.2 Venöser Blutdruck 72
4.1.3.3 Zentraler Venendruck (ZVD) 72
4.1.3.4 Abgeleitete Druckparameter 72
4.1.4 Kreislauf- und Blutdruckregulation 73
4.1.4.1 Pressorezeptoren 73
4.1.4.2 Kreislaufzentren 73
4.1.4.3 RAA-System 74
4.1.4.4 ADH 74
4.1.4.5 Lokale Autoregulation 74
4.1.4.6 Sonstige Einflussfaktoren 74

4.2 Herz 75
4.2.1 Gestalt, Größe und Lage 75
4.2.2 Aufbau 76
4.2.3 Herzklappen 76
4.2.3.1 Segelklappen 76
4.2.3.2 Taschenklappen 77
4.2.4 Wandaufbau des Herzens 77
4.2.4.1 Endokard 77
4.2.4.2 Myokard 77
4.2.4.3 Epikard und Perikard 78
4.2.5 Gefäßsystem des Herzens 78
4.2.6 Erregungsbildung und Erregungsleitung im Herzen 80
4.2.6.1 Sinusknoten 80
4.2.6.2 Atrioventrikularknoten 80
4.2.6.3 His-Bündel 80
4.2.6.4 Kammerschenkel – Purkinje-Fasern 80
4.2.6.5 Störungen in der Reizleitung 81
4.2.7 Elektrophysiologische Grundlagen 81
4.2.8 Beeinflussung des Herzrhythmus 81
4.2.8.1 Chronotropie 82
4.2.8.2 Inotropie 82
4.2.8.3 Dromotropie 82
4.2.8.4 Bathmotropie 83
4.2.8.5 Lusitropie 83
4.2.9 Einfluss der Elektrolyte 83
4.2.9.1 Kalzium 83
4.2.9.2 Kalium 83
4.2.10 Aktionsphasen des Herzens 83
4.2.10.1 Systole 83
4.2.10.2 Diastole 84
4.2.11 Wichtige klinische Größen 84
4.2.11.1 Herzfrequenz 84
4.2.11.2 Schlagvolumen 85
4.2.11.3 Herzminutenvolumen 85
4.2.11.4 Vorlast (Preload) 85
4.2.11.5 Nachlast (Afterload) 85

5 *Atmungssystem* 87

5.1 Gas leitende Anteile 88
5.1.1 Nase und Nasenhöhle 88
5.1.2 Pharynx (Rachen) 89

5.1.3 Larynx (Kehlkopf) 89
5.1.4 Trachea (Luftröhre) 91
5.1.5 Bronchien 91

5.2 Gas austauschende Anteile 92
5.2.1 Alveolen (Lungenbläschen) 92
5.2.2 Lungenkapillaren 93

5.3 Lunge 93
5.3.1 Aufbau 93
5.3.2 Pleura (Brustfell) 94

5.4 Mechanik der Atmung 94
5.4.1 Atemmuskulatur 94
5.4.1.1 Zwerchfell (Diaphragma) 94
5.4.1.2 Zwischenrippenmuskeln 94
5.4.1.3 Atemhilfsmuskulatur 95
5.4.2 Inspiration 95
5.4.3 Exspiration 97

5.5 Physiologie der Atmung 97
5.5.1 Gasaustausch 98
5.5.1.1 Zusammensetzung der Atemgase 98
5.5.1.2 Diffusion der Atemgase 99
5.5.1.3 O_2-Transport im Blut 99
5.5.1.4 CO_2-Transport im Blut 100
5.5.2 Atemsteuerung 101
5.5.2.1 Zentrale Atemregulation 101
5.5.2.2 Chemische Atemregulation 102
5.5.2.3 Unspezifische Atemreize 102
5.5.3 Atemgrößen 102
5.5.4 Atmungstypen 103
5.5.4.1 Physiologische Atmungstypen 103
5.5.4.2 Pathologische Atmungstypen 103
5.5.5 Sauerstoffmangel 103
5.5.5.1 Formen der Anoxie (Hypoxie) 103
5.5.5.2 Anoxiefolgen am Gehirn 105

6 *Verdauungstrakt* 107

6.1 Einführung 108

6.2 Verdauungsorgane 109
6.2.1 Mund / Mundhöhle 109
6.2.1.1 Zähne 109
6.2.1.2 Zunge 111
6.2.1.3 Speicheldrüsen 112

6.3 Pharynx 114
6.3.1 Nasopharynx 114
6.3.2 Oropharynx 115
6.3.3 Laryngopharynx 115
6.3.4 Schluckakt 115

6.4 Ösophagus 116
6.4.1 Gestalt, Lage und Funktion 116
6.4.2 Wandaufbau 116
6.4.3 Transport durch den Ösophagus 116
6.4.4 Engen des Ösophagus 116

6.5 Magen 117
6.5.1 Makroskopische Anatomie 119
6.5.2 Mikroskopische Anatomie 119
6.5.2.1 Mucosa 119
6.5.2.2 Submucosa 120
6.5.2.3 Muscularis 120
6.5.2.4 Adventitia 121
6.5.3 Funktionen des Magens 121
6.5.4 Magensaft 121

6.6 Dünndarm 122
6.6.1 Funktionen 122
6.6.2 Form und Lage 122
6.6.2.1 Duodenum 122
6.6.2.2 Jejunum und Ileum 122
6.6.3 Mikroskopische Anatomie 123
6.6.3.1 Mucosa 125
6.6.3.2 Submucosa 125
6.6.3.3 Muscularis 126
6.6.3.4 Zottenpumpe 126

6.7 Dickdarm 126
6.7.1 Funktionen 126
6.7.2 Form und Lage 126
6.7.2.1 Caecum 127
6.7.2.2 Colon 128
6.7.3 Mikroskopische Anatomie 128
6.7.4 Rektum 129
6.7.4.1 Analkanal 130
6.7.4.2 Schließmuskeln 130
6.7.4.3 Stuhlentleerung 130
6.7.4.4 Zusammensetzung der Fäzes 130

6.8 Peritoneum 130
6.8.1 Serosa 130
6.8.2 Omentum majus 132
6.8.3 Omentum minus 132
6.8.4 Bauchfelltasche 132

6.9 Gefässversorgung der Verdauungsorgane 132
6.9.1 Arterien des Bauchraums 132
6.9.2 Venen des Bauchraums 135

6.10	**Pankreas**	135
6.10.1	Form, Lage und Aufbau	135
6.10.2	Pankreassaft	135
6.10.2.1	Peptidasen	137
6.10.2.2	Lipasen	138
6.10.2.3	Amylasen	138
6.11	**Leber**	139
6.11.1	Form und Lage	139
6.11.2	Makroskopische Anatomie	139
6.11.3	Mikroskopische Anatomie	143
6.11.3.1	Kupffer-Sternzellen	144
6.11.3.2	Gallenflüssigkeit	144
6.11.4	Aufgaben der Leber	144
6.11.4.1	Proteinstoffwechsel	144
6.11.4.2	Produktion der Gallenflüssigkeit	144
6.11.4.3	Entgiftung und Abwehr	144
6.11.4.4	Hämatopoese beim Ungeborenen	145
6.11.4.5	Speicherfunktion	146
6.11.4.6	Aufrechterhaltung des Energiehaushaltes	146
6.11.4.7	Hormonstoffwechsel	147
6.12	**Gallenblase**	147
6.13	**Ernährung und Stoffwechsel**	147
6.13.1	Energiebedarf	147
6.13.2	Nahrungsstoffe	148
6.13.2.1	Kohlenhydrate	148
6.13.2.2	Eiweiße	149
6.13.2.3	Lipide	149
6.13.2.4	Vitamine	150
6.13.2.5	Mineralstoffe	151
6.13.2.6	Spurenelemente	153
7	***Harnorgane***	155
7.1	**Aufgaben**	156
7.2	**Nieren**	156
7.2.1	Form und Lage	156
7.2.2	Makroskopischer Aufbau	158
7.2.3	Mikroskopischer Aufbau	158
7.2.3.1	Nierenkörperchen und Harnfilter	158
7.2.3.2	Filtration	160
7.2.3.3	Nierenkanälchen und Sammelrohr	160
7.2.4	Hormonelle Regulation	163
7.2.4.1	Wasserhaushalt	163
7.2.4.2	Salzhaushalt	164
7.3	**Harn ableitende Organe**	165
7.3.1	Nierenbecken	165
7.3.2	Harnleiter	165
7.3.3	Harnblase	165
7.3.4	Harnröhre	166
7.3.5	Schließmuskeln und Blasenentleerung	166
7.3.6	Zusammensetzung des Harns	167
8	***Hormonsystem***	169
8.1	**Kommunikation im Körper**	170
8.2	**Aufgaben des Hormonsystems**	170
8.3	**Hormone**	171
8.3.1	Wirkmechanismen der Hormone	171
8.3.1.1	Aufnahme durch intrazelluläre Rezeptoren	172
8.3.1.2	Aufnahme durch Membranrezeptoren	173
8.3.1.3	Abbau der Hormone	173
8.3.2	Endokrine Organe	173
8.3.3	Hierarchie des Hormonsystems	173
8.4	**Hypothalamus**	175
8.5	**Hypophyse**	176
8.6	**Epiphyse**	176
8.7	**Schilddrüse**	177
8.7.1	Lage und Aufbau	177
8.7.2	Schilddrüsenhormone	177
8.7.3	C-Zellen	177
8.8	**Nebenschilddrüse**	179
8.9	**Nebennieren**	179
8.9.1	Nebennierenrinde	179
8.9.1.1	Aldosteron	180
8.9.1.2	Cortisol	180
8.9.1.3	Androgene	181
8.9.2	Nebennierenmark	181
8.9.2.1	Adrenalin	181
8.9.2.2	Noradrenalin	183
8.10	**Pankreas**	183
8.10.1	Insulin	183
8.10.2	Glukagon	184
8.10.3	Somatostatin	184
9	***Immunsystem***	185
9.1	**Allgemeines**	186
9.2	**Aufbau**	186

9.3	Unspezifisches Immunsystem	187
9.3.1	Äußere Barrieren	187
9.3.2	Humorales unspezifisches Immunsystem	187
9.3.2.1	Zytokine	187
9.3.2.2	Lysozym	187
9.3.2.3	Komplementsystem	189
9.3.3	Zelluläres unspezifisches Immunsystem	189
9.3.3.1	Phagozytierende Zellen / Fresszellen	189
9.3.3.2	Antigen-präsentierende Zellen (APC)	189
9.3.3.3	Natürliche Killerzellen	189
9.4	Spezifisches Immunsystem	190
9.4.1	Humorales spezifisches Immunsystem	190
9.4.2	Zelluläres spezifisches Immunsystem	191
9.4.2.1	T-Lymphozyten	191
9.4.2.2	B-Lymphozyten	192
9.5	Gewebeunverträglichkeiten	194
9.5.1	Blutgruppen	194
9.5.2	Rhesus-System	195
9.6	Immunreaktionen bei Infektionen und ausgewählten Erkrankungen	197
9.6.1	Immunologische Abwehrmechanismen bei Infektionen	197
9.6.1.1	Viruserkrankungen	197
9.6.1.2	Bakterielle Infektionen	197
9.6.1.3	Pilzinfektionen	197
9.6.1.4	Würmer- und Parasiteninfektionen	197
9.6.2	Immundefektkrankheiten	198
9.6.3	Allergische Erkrankungen	198
9.6.4	Autoimmunerkrankungen	198
9.6.5	Immunologische Probleme bei Transplantationen	198
10	***Nervensystem***	199
10.1	Einführung	200
10.2	Einteilung	200
10.2.1	Anatomie / Morphologie	200
10.2.2	Physiologie / Funktionen	200
10.2.2.1	Sympathikus	202
10.2.2.2	Parasympathikus	202
10.2.2.3	Darmnervensystem	202
10.3	Aufgaben des Nervensystems	203
10.4	Zellen des Nervengewebes	203
10.4.1	Neuronen	203
10.4.1.1	Synapsen	204
10.4.1.2	Neurotransmitter	205
10.4.2	Gliazellen	206
10.4.2.1	Astrozyten	206
10.4.2.2	Oligodendrozyten, Mikroglia und Ependymzellen	206
10.5	Gehirn	207
10.5.1	Großhirn	207
10.5.2	Zwischenhirn	210
10.5.3	Kleinhirn	210
10.5.4	Hirnstamm	210
10.5.4.1	Mittelhirn	210
10.5.4.2	Brücke	210
10.5.4.3	Medulla oblongata	211
10.5.5	Limbisches System	211
10.5.6	Meningen	211
10.5.6.1	Dura mater	211
10.5.6.2	Arachnoidea	212
10.5.6.3	Pia mater	212
10.5.7	Ventrikelsystem	212
10.5.8	Liquor	213
10.5.9	Blutversorgung des Gehirns	215
10.5.9.1	Arterielle Versorgung	215
10.5.9.2	Venöser Abfluss	217
10.6	Rückenmark	217
10.6.1	Graue Substanz	217
10.6.2	Weiße Substanz	219
10.6.2.1	Pyramidenbahn	219
10.6.2.2	Extrapyramidale Bahnen	219
10.7	Peripheres Nervensystem	220
10.7.1	Hirnnerven	220
10.7.2	Spinalnerven	220
10.7.2.1	Spinalnervenplexus	221
10.7.2.2	Reflexe	223
10.7.3	Ganglien	223
11	***Bewegungsapparat***	225
11.1	Orientierung am Körper	226
11.1.1	Körperachsen	226
11.1.2	Körperebenen	226
11.1.3	Lage und Richtung	226
11.1.4	Bewegungsrichtungen	226
11.2	Skelettsystem	229
11.2.1	Knochen	229
11.2.2	Gelenke	232
11.2.2.1	Unechte Gelenke	233
11.2.2.2	Echte Gelenke	233
11.2.2.3	Straffe Gelenke	233
11.2.3	Gelenkformen	233

11.2.3.1	Kugelgelenk	233
11.2.3.2	Eigelenk	235
11.2.3.3	Scharniergelenk	235
11.2.3.4	Drehgelenk	235
11.2.3.5	Sattelgelenk	235
11.2.3.6	Planes Gelenk	235
11.2.4	**Skelettmuskulatur**	**235**
11.2.4.1	Aufbau des Skelettmuskels	235
11.2.4.2	Mechanik der Skelettmuskulatur	237
11.2.5	**Hilfseinrichtungen**	**237**
11.3	**Spezielle Anteile des Skeletts**	**238**
11.3.1	**Schädel**	**238**
11.3.1.1	Hirnschädel	238
11.3.1.2	Gesichtsschädel	239
11.3.2	**Wirbelsäule**	**239**
11.3.2.1	Aufbau der Wirbelkörper	241
11.3.2.2	Zwischenwirbelscheiben	242
11.3.2.3	Anteile der Wirbelsäule	243
11.3.3	**Thorax**	**244**
11.3.3.1	Sternum	244
11.3.3.2	Rippen	244
11.3.3.3	Zwischenrippenraum	245
11.3.4	**Schultergürtel und obere Extremität**	**245**
11.3.4.1	Schultergürtel	245
11.3.4.2	Obere Extremität	246
11.3.5	**Beckengürtel und untere Extremität**	**248**
11.3.5.1	Beckengürtel	248
11.3.5.2	Beckenboden	250
11.3.5.3	Untere Extremität	252

12 *Haut und Thermoregulation* 257

12.1	**Die Haut in Zahlen**	**258**
12.2	**Aufgaben der Haut**	**258**
12.2.1	Schutz- und Grenzorgan	258
12.2.2	Stoffwechselfunktion	258
12.2.3	Sensorik und Kommunikation	259
12.3	**Aufbau der Haut**	**259**
12.3.1	Epidermis	259
12.3.1.1	Schichten der Epidermis	259
12.3.1.2	Weitere Zellen der Epidermis	260
12.3.1.3	Basalmembran	261
12.3.2	Dermis / Korium	261
12.3.3	Unterhaut	261
12.4	**Nervale Versorgung der Haut**	**262**
12.5	**Anhangsorgane der Haut**	**263**
12.5.1	Hautdrüsen	263
12.5.1.1	Schweißdrüsen	263
12.5.1.2	Duftdrüsen	264
12.5.1.3	Talgdrüsen	264
12.5.2	Haare	264
12.5.2.1	Haarformen	264
12.5.2.2	Aufbau des Haares	264
12.5.2.3	Wachstum und Lebensdauer der Haare	266
12.5.2.4	Haarfarbe	266
12.5.3	Nägel	266
12.6	**Thermoregulation**	**267**
12.6.1	Wärmeabgabemechanismen	267
12.6.1.1	Wärmeleitung / Konduktion	268
12.6.1.2	Strömung / Konvektion	268
12.6.1.3	Verdunstung / Evaporation / Transpiration	268
12.6.1.4	Strahlung / Radiation	268
12.6.2	Kern- und Schalentemperatur	269
12.6.3	Temperaturschwankungen	269
12.6.4	Zentrale Temperaturregulation	269
12.6.5	Der kybernetische Regelkreis	270

13 *Ohr* 271

13.1	**Aufbau**	**272**
13.2	**Aussenohr**	**273**
13.2.1	Ohrmuschel	273
13.2.2	Äußerer Gehörgang	273
13.3	**Mittelohr**	**273**
13.3.1	Trommelfell	273
13.3.2	Paukenhöhle	273
13.4	**Innenohr**	**274**
13.4.1	Hörorgan	274
13.4.2	Physiologie des Hörens	275
13.5	**Vestibularapparat**	**277**
13.5.1	Maculaorgane	277
13.5.2	Bogengänge	277

14 *Auge* 281

14.1	**Physiologie des Sehens**	**282**
14.2	**Augapfel**	**283**
14.2.1	Glaskörper	283
14.2.2	Lederhaut	283
14.2.3	Hornhaut	283
14.2.4	Aderhaut	283
14.2.5	Ziliarkörper	283
14.2.6	Augenkammern	283

14.2.7	Linse	284
14.2.8	Iris	284
14.2.9	Netzhaut	284
14.3	**Schutzvorrichtungen**	285
14.3.1	Augenhöhle	285
14.3.2	Bindehaut	285
14.3.3	Augenlider	285
14.3.4	Tränenapparat	286
14.4	**Augenmuskeln**	287
14.5	**Sehbahn**	288

15 *Geschlechtsorgane* 289

15.1	**Aufgaben**	290
15.2	**Einteilungen**	290
15.3	**Primäre männliche Geschlechtsorgane**	290
15.3.1	Hoden und Nebenhoden	290
15.3.2	Ableitende Samenwege und Drüsen	291
15.3.2.1	Samenleiter	291
15.3.2.2	Bläschendrüse oder Samenblase	291
15.3.2.3	Spritzgang	291
15.3.2.4	Prostata	292
15.3.2.5	Cowper-Drüsen	292
15.3.3	Hodensack	292
15.3.4	Penis	292
15.3.5	Männliche Geschlechtshormone	294
15.4	**Primäre weibliche Geschlechtsorgane**	294
15.4.1	Eierstöcke	294
15.4.2	Eileiter	296
15.4.3	Uterus	296
15.4.4	Vagina	297
15.4.5	Vulva	297
15.4.6	Weibliche Geschlechtshormone	297
15.5	**Befruchtung, Schwangerschaft und Geburt**	298
15.5.1	Befruchtung	298
15.5.2	Schwangerschaft	298
15.5.2.1	Erstes Trimenon	300
15.5.2.2	Zweites Trimenon	302
15.5.2.3	Drittes Trimenon	302
15.5.3	Geburt	303
15.5.3.1	Eröffnungsphase	303
15.5.3.2	Austreibungsphase	303
15.5.3.3	Nachgeburtsphase	303
15.5.3.4	Beurteilung des Neugeborenen	303
15.6	**Weibliche Brust**	305
15.6.1	Lage und Aufbau	305
15.6.2	Laktation	306

16 *Pädiatrie* 307

16.1	**Aufgaben**	308
16.2	**Entwicklungsphasen**	308
16.2.1	»Meilensteine«	308
16.2.2	Somatogramme	308
16.3	**Anatomische und physiologische Besonderheiten**	312
16.3.1	Atmungsorgane	312
16.3.2	Herz-Kreislauf-System	312
16.3.2.1	Fetaler Kreislauf	312
16.3.2.2	Herzfrequenz	313
16.3.2.3	Blutvolumen	313
16.3.2.4	Blutdruck	314
16.3.3	Wärmeregulation	314
16.3.4	Wasser- und Elektrolythaushalt	314
16.3.5	Nervensystem und Reflexe	314
16.3.6	Neugeborenenuntersuchung	315
16.4	**Abschätzung des Alters**	316

Anhang 317

Literatur	318
Abbildungsnachweis	319
Herausgeber und Autoren	320
Index	321

Geleitwort

In Deutschland gibt es jährlich ca. 4,4 Millionen Notfalleinsätze. Die Vielzahl von Einsätzen verlangt vom Rettungsdienstpersonal eigenverantwortliches und kompetentes Handeln – sei es in eigenständiger Arbeit oder in Teamarbeit.

Auch in der 5. Auflage stellt das Lehrbuch für präklinische Notfallmedizin in der deutschsprachigen Literatur das umfangreichste Werk seiner Art dar: Es werden alle Themen und Fragen erfasst, die für die Ausbildung und Praxis des Notfallsanitäters wesentlich sind. Darüber hinaus stellt das LPN aber auch jedem in der präklinischen Notfallmedizin tätigen Arzt ein Werk zur Verfügung, in dem aktuelles Fachwissen für die rettungsdienstliche Praxis zu finden ist.

Für die vorliegende 5. Auflage des Lehrbuchs haben die Herausgeber und Autoren die Themen und auch die Gliederung vollständig überarbeitet und den aktuellen Entwicklungen in der Notfallmedizin angepasst. Insbesondere wurde dem seit 2014 geltenden Notfallsanitätergesetz und der zugehörigen Ausbildungs- und Prüfungsverordnung Rechnung getragen. In der nun dreibändigen Gesamtausgabe wird die Ausbildung für den Rettungsdienst umfassend dargestellt. Band A enthält die erforderliche Anatomie und Physiologie, Band 1 stellt das Wissen für die notfallmedizinische Versorgung der Patienten dar und Band 2 informiert über die Grundlagen zur Organisation des Rettungsdienstes, zur Rechtskunde und zu weiteren für die tägliche Arbeit erforderlichen Themen.

Das bewährte Konzept, für jedes Fachgebiet einen Experten als Autor zu Wort kommen zu lassen und dennoch eine einheitliche Linie zu gewährleisten, wurde von den Herausgebern und dem Verlag beibehalten und weiter verbessert. Um die Arbeit mit dem LPN zu erleichtern, sind die einzelnen Kapitel streng schematisch gegliedert und am Einsatzverlauf orientiert. Die meisten Kapitel der speziellen Notfallmedizin schließen mit einer Zusammenfassung ab und heben zentrale Inhalte in Merkkästen hervor. Bei der Beschreibung der therapeutischen Maßnahmen wird ein durchgängiges Therapieschema angewendet.

Der Kreis der sechs Herausgeber setzt sich zusammen aus Fachärzten, die seit Jahren im Rettungsdienst aktiv sind, aus einem Leiter einer Notfallsanitäterschule und aus zwei Führungskräften, die im Bereich des Rettungsdienstes und des Katastrophenschutzes tätig sind. Die zahlreichen Autoren stammen aus allen Bereichen des Rettungsdienstes: Lehrkräfte, Leitstellenmitarbeiter, Ärzte unterschiedlicher Fachrichtungen, Feuerwehrleute, aber auch Ministerialbeamte, Pflegekräfte, Juristen sowie Repräsentanten verschiedener Organisationen stellen ihre Fachgebiete im LPN vor.

Wir danken den Autoren für die gute und kreative Zusammenarbeit und dem Verlag Stumpf + Kossendey für die Initiative und die stetige Begleitung bei der Entstehung des Werkes wie auch für die hervorragende Ausstattung des LPN.

Dem Leser wünschen wir viel Vergnügen bei der Lektüre, zahlreiche Erkenntnisse für die notfallmedizinische Praxis und ein erfolgreiches Abschneiden bei der bevorstehenden Prüfung.

Die Herausgeber

Vorwort

Ein Lehrbuch hat den Auftrag, seinen Lesern neue und teilweise komplizierte Sachverhalte möglichst verständlich zu vermitteln, ohne sie dabei zu langweilen oder zu überfordern.

Die Kapitel 2 bis 16 dieses LPN-Bandes A entstanden aus meinen über Jahre gesammelten Erfahrungen in den Unterrichtsstunden mit angehenden Rettungsassistenten und Heilpraktikern.

Das Verfassen der Texte war für mich eine große Herausforderung, da mir erklärende Hilfsmittel, die ich beim Unterrichten anwenden kann, wie etwa Filme, kleine Geschichten, animierte Bilder und besonders die Interaktion mit den Schülern, nicht zur Verfügung standen. So ging ich auf eine Art Gratwanderung zwischen verdichteter wissenschaftlicher Information und möglichst verständlichen Formulierungen, die mir das Schreiben dieses Buches spannend und aufschlussreich werden ließ.

Zum Verständnis der Vorgänge im menschlichen Körper ist es wichtig, sich die Frage nach dem Warum, also nach dem Sinn bzw. der Aufgabe eines Vorgangs, zu stellen. Nur dadurch sind die Abläufe in unseren Zellen und Organen logisch nachvollziehbar.

Weitere Schritte zu tieferem Verständnis sind das Denken in Zusammenhängen sowie das Verknüpfen der einzelnen Funktionen und ihrer Wirkungen im Gesamtorganismus als Ganzes. Denn: Der Körper ist weit mehr als die Summe seiner Einzelteile.

Zwar haben wir heute auch noch nicht alle Facetten des faszinierenden Meisterwerks der Natur, das der Körper eines Menschen darstellt, komplett erkundet und analysiert sowie viele Prozesse noch nicht vollständig verstanden. Dennoch sind unsere Möglichkeiten, die Vorgänge im Körper positiv zu regulieren, größer als je zuvor. Nur wer verstanden hat, wie ein Organ aufgebaut ist und wie es funktioniert, ist auch in der Lage, die Symptome und die Probleme, die dieses Organ beeinträchtigen, rechtzeitig zu erkennen und adäquate Hilfestellung bei deren Behebung zu leisten.

Aufgrund dieser notwendigen Grundvoraussetzungen habe ich den fortlaufenden Text mit möglichst vielen zusätzlichen Erklärungen und Beispielen ergänzt. Ich hoffe, dass der LPN-Band A auf diese Weise zu einer anregenden Hilfe bei der Erarbeitung des Lernstoffs wird, und wünsche viel Freude und Erfolg beim Durcharbeiten der Lektüre.

Das beste Wissen ist das, was du kennst, wenn du es brauchst.

(Arabisches Sprichwort)

ANNE STEGE

Abkürzungen

A	Adenin; auch: Ampere (Einheit für elektrische Stromstärke); auch: Fläche
A., Aa.	Arterie, Arterien (lat. Arteria/Arteriae)
Abk.	Abkürzung
ACE	Angiotensin Converting Enzyme
ACTH	adrenocorticotropes Hormon
ADH	antidiuretisches Hormon, auch als Adiuretin oder Vasopressin bezeichnet
ADP	Adenosindiphosphat
AF	Atemfrequenz
AIDS	Acquired Immune Deficiency Syndrome (erworbenes Immunschwächesyndrom)
ALAT	Alan-Aminotransferase (auch ALT)
AMV	Atemminutenvolumen
AP	alkalische Phosphatase
APZ	Antigen-präsentierende Zellen
ASAT	s. AST
ASS	Acetylsalicylsäure
AST	Aspartataminotransferase (Enzym), s. a. SGOT, GOT
AT III	Antithrombin der Klasse III
ATP	Adenosintriphosphat
AV	alveoläre Ventilation; auch: atrioventrikulär (auf Vorhof und Herzkammer bezogen)
AZV	Atemzugvolumen
bar	Bar (Einheit des (Luft-)Drucks, veraltet)
BPG	2,3-Bisphosphoglycerat
BWS	Brustwirbelsäule
C	Cytosin (DNA-Base); auch: Kohlenstoff
°C	Grad Celsius
C1 – C7	Kurzbezeichnungen für die Halswirbel
CI – CVIII	Kurzbezeichnungen für die Spinalnerven im Halswirbelbereich
Ca	Kalzium
cAMP	zyklisches Adenosin-Monophosphat
CCD-Winkel	Centrum-Collum-Diaphysen-Winkel
CCK-PZ	Cholecystokinin-Pancreozymin (Hormon)
CK-MB	Kreatinkinase vom Muscle-Brain-Typ (diagnostisches Leitenzym für Myokardinfarkt)
Cl	Chlor
cm	Zentimeter
CML	chronisch-myeloische Leukämie
CO_2	Kohlendioxid
CPP	Cerebral Perfusion Pressure (zerebraler Perfusionsdruck)
CRH	Corticotropin Releasing Hormone (Kortikotropin freisetzendes Hormon)
CT	Calcitonin; auch: Computertomografie, Computertomogramm
DHEA	Dehydroepiandrosteron
dia	diastolisch
DNS, DNA	Desoxyribonukleinsäure, Desoxyribonucleid Acid (Träger der genetischen Information)
ER	endoplasmatisches Retikulum
EZR	Extrazellulärraum
F	Frequenz; auch: Kraft
FSH	Follikel stimulierendes Hormon
g	Gramm; auch: Gravitation (Erdanziehungskraft)
GABA	Gammaaminobuttersäure
GAG	Glukosaminoglykane
GFR	glomeruläre Filtrationsrate
ggf.	gegebenenfalls
GGT	Gammaglutamyltransferase (Enzym)
GH	Growth Hormone (Wachstumshormon), s. a. STH
GHIH	Growth Hormone Inhibiting Hormone (Wachstumshormonhemmer)
GHRH	Growth Hormone Releasing Hormone (Wachstumshormone freisetzendes Hormon)
GIP	gastroinhibitorisches Peptid
GnRH	Gonadotropin Releasing Hormone (Gonadotropin freisetzendes Hormon)
GOT	Glutamat-Oxalacetat-Transaminase (Enzym), s. a. AST, ASAT, SGOT
GPT	Glutamat-Pyruvat-Transaminase (Enzym), s. a. ALAT, SGPT
gr.	Griechisch
h	Stunde
H	Wasserstoff
H_2CO_3	Kohlensäure
H_2O	Wasser
HAES	Hydroxyethylstärke (Plasmaersatzlösung, Infusionslösung)
Hb	Hämoglobin (roter Blutfarbstoff)
HbCO	mit Kohlenmonoxid beladenes Hämoglobin
HbO_2	Sauerstoffsättigung des Hämoglobins
HCG	Human Chorionic Gonadotropine (Hormon)
HCl	Salzsäure
HCO_3-	Standard-Bikarbonat (Blutgasanalyse)
HDL	High Density Lipoprotein
HF	Herzfrequenz; auch: Hochfrequenz
HHL	Hypophysenhinterlappen
HIV	Human Immunodeficiency Virus
HMV	Herzminutenvolumen
HNO	Hals-Nasen-Ohren
HVL	Hypophysenvorderlappen
HWS	Halswirbelsäule
Hz	Hertz (Maßeinheit der Stromfrequenz)
ICP	Intracranial Pressure (intrakranieller Druck)

ICR	Interkostalraum, Zwischenrippenraum
IFN	Interferone
Ig	Immunglobuline
IgA	Immunglobulin Typ A (Antikörper)
IgD	Immunglobulin Typ D (Antikörper)
IgE	Immunglobulin Typ E (Antikörper)
IgG	Immunglobulin Typ G (Antikörper)
IgM	Immunglobulin Typ M (Antikörper)
IH	Inhibiting Hormone (hemmendes Hormon)
IL	Interleukine
J	Jod; auch: Joule (Maßeinheit für Energie), s.a. kJ
JGZ	juxtaglomeruläre Zellen
K	Kalium; auch: Kelvin (Maßeinheit der absoluten Temperaturskala)
kcal	Kilokalorie (Kalorie: Maßeinheit für den Energiewert von Lebensmitteln, veraltet), s.a. kJ
KCl	Kaliumchlorid
kg	Kilogramm
kg KG	Kilogramm Körpergewicht
kJ	Kilojoule (Maßeinheit für den Energiewert von Lebensmitteln), s.a. J
km/h	Kilometer pro Stunde
kPa	Kilopascal (s.a. Pa)
l	Lambda (Einheit der Wellenlänge); auch: Liter
L1 – L5	Kurzbezeichnungen für die Lumbalwirbel (Lendenwirbel)
LI – LV	Kurzbezeichnungen für die Spinalnerven im Lendenwirbelbereich
lat.	lateinisch
LDL	Low Density Lipoproteins
LH	luteinisierendes Hormon
Lig.	Ligamentum (Band)
LSD	Lysergsäuredimethylamid
LWS	Lendenwirbelsäule
µ	Mikro-
m	Masse; auch: Meter (Längenmaß)
M	Mega-
MAK	Membran-Angriffs-Komplex
MALT	Mucosa-associated Lymphatic Tissue (Schleimhaut-assoziiertes lymphoides Gewebe)
MAP	Mean Arterial Pressure (mittlerer arterieller Blutdruck, MAD)
mbar	Millibar (s.a. bar)
MCT	Medium-Chain Triglycerides (mittelkettige Triglyzeride)
mg	Milligramm
Mg	Magnesium
min	Minute
MJ	Megajoule (s.a. J)
ml	Milliliter
mm	Millimeter
mmHg	Millimeter Quecksilbersäule
mmol	Millimol (s.a. mol)
mol	Mol (Einheit der Stoffmenge)
mosmol/l	Einheit der Osmolalität, s.a. osmol/l
mRNS/mRNA	Messenger-Ribonukleinsäure (Moleküle, die zur Umwandlung der RNS in DNS beitragen)
ms	Millisekunde
MSH	Melanozyten stimulierendes Hormon
mV	Millivolt (s.a. V)
n	Nano-
N	Newton (Einheit für Kraft); auch: Stickstoff
Na	Natrium
NaCl	Natriumchlorid (Kochsalz)
NH_2	Aminogruppe (Baustein der Aminosäuren)
NH_3	Ammoniak
NH_4	Ammonium
NK-Zellen	natürliche Killerzellen
NNM	Nebennierenmark
NNR	Nebennierenrinde
Ω	Ohm (Einheit für den elektrischen Widerstand)
O, O_2	Sauerstoff
P	Phosphor
P.	Fortsatz (Processus)
Pa	Pascal (Einheit des Drucks)
PA	Pulmonalarterie
p.c.	post conceptionem (nach der Befruchtung)
pCO_2	Kohlendioxidpartialdruck
PD	Phlebodynamometrie
P_{dia}/P_{sys}	diastolischer bzw. systolischer Blutdruck
pH	Maß der Wasserstoffionenkonzentration
PIH	Prolactin Inhibiting Hormone (Prolaktin hemmendes Hormon)
p.m.	post menstruationem (nach Regelbeginn)
PNS	peripheres Nervensystem
pO_2	Sauerstoffpartialdruck
PRH	Prolactin Releasing Hormone (Prolaktin freisetzendes Hormon)
PSE	Periodensystem der Elemente
PTH	Parathormon
Q	Perfusion
r	Radius
R	(Strömungs-)Widerstand
RAAS/ RAA-System	Renin-Angiotensin-Aldosteron-System
Rh	Rhesus(faktor)
RH	Releasing Hormone (freisetzendes Hormon); auch: Rettungshelfer/in
RNS, RNA	Ribonukleinsäure, Ribonucleid Acid
RR	Blutdruck (Riva-Rocci-Messmethode)
RR_{dia}/RR_{sys}	diastolischer bzw. systolischer Blutdruck
rRNS	ribosomale Ribonukleinsäure
s	Sekunde; auch: Strecke
S	Schwefel

s.	siehe
S1 – S5	Kurzbezeichnungen für die Sakralwirbel (Kreuzwirbel)
SI – SV	Kurzbezeichnungen für die Spinalnerven im Kreuzbeinbereich
Se	Selen
SGOT	Serum-Glutamat-Oxalacetat-Transaminase (Enzym), s.a. ASAT, AST, GOT
SGPT	Serum-Glutamat-Pyruvat-Transaminase (Enzym), s.a. ALAT, GTP
sO_2	Sauerstoffsättigung
s.o.	siehe oben
SP-A	Surfactant-Protein A
SSW	Schwangerschaftswoche
STH	Somatotropin (somatotropes Hormon), s.a. GH
s.u.	siehe unten
sys	systolisch
t	Zeit
T	Temperatur; auch: Thymin (DNA-Base)
T_3	Trijodthyronin (Hormon)
T_4	Tetrajodthyronin (Hormon)
TBG	Thyroxin bindendes Globulin
Th1 – Th12	Kurzbezeichnungen für die Thoraxwirbel (Brustwirbel)
ThI – ThXII	Kurzbezeichnungen für die Spinalnerven im Brustwirbelbereich
TK	Teilkörperbestrahlung; auch: Totalkapazität
TNF	Tumornekrosefaktor
TRH	Thyrotropin Releasing Hormone (Thyreotropin stimulierendes Hormon)
TRV	Totraumventilation
TSH	Thyroid Stimulating Hormone (Thyreotropin)
V	Ventilation; auch: Volt (Einheit der elektrischen Spannung); auch: Volumen
V., Vv.	Vene, Venen (lat. Vena/Venae)
V1- bzw. V2	Vasopressin1- bzw. -2-Rezeptoren
vgl.	vergleiche
VK	Vitalkapazität
VLDL	Very Low Density Lipoproteins
W	Arbeit; auch: Watt (Einheit der physikalischen Leistung)
WHO	World Health Organization (Weltgesundheitsorganisation)
Ws	Wattsekunde (Einheit der Leistung)
Zn	Zink
ZNS	Zentrales Nervensystem
ZVD	zentraler Venendruck

1 Naturwissenschaftliche Grundlagen

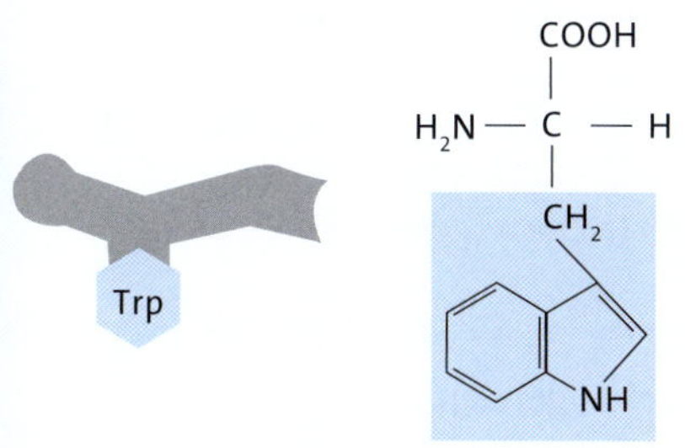

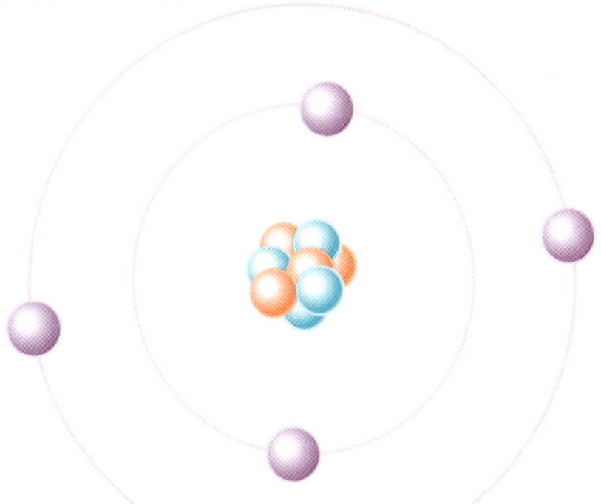

Inhalt:

1.1	Mathematik	2
1.2	Physik	4
1.3	Chemie	13

1.1 Mathematik

Kevin Andrae, Johannes Becker, Johannes Veith

Die Mathematik ist eine sehr alte Wissenschaft. Ihren Ursprung hatte sie in der Notwendigkeit, technische und naturwissenschaftliche Probleme mithilfe von Zahlen und Figuren beschreiben zu können. Heute wird sie regelmäßig angewendet, um Eigenschaften und Muster selbst geschaffener abstrakter Strukturen beschreiben zu können. Ohne Mathematik würde beispielsweise kein Computer funktionieren.

1.1.1 Grundrechenarten und Rechenregeln

Zu den Grundrechenarten gehören die Addition (Zusammenzählen), die Subtraktion (Abziehen), die Multiplikation (Malnehmen) und die Division (Teilen).

Bei der *Addition* nennt man die Zahlen, die miteinander addiert werden, Summanden. Das Ergebnis der Zusammenzählung der Summanden wird als Summe bezeichnet.

Beispiel: $1 + 2 = 3$

1 und 2 sind Summanden; 3 stellt die resultierende Summe dar. Eine Addition wird mittels des Pluszeichens (+) ausgeführt.

Die *Subtraktion* ist die Umkehroperation der Addition. Das Ergebnis einer Subtraktion wird als Differenz bezeichnet.

Beispiel: $3 - 2 = 1$

Vom Minuend 3 wird der Subtrahend 2 abgezogen; 1 ist die aus dieser Operation resultierende Differenz. Eine Subtraktion wird mittels des Minuszeichens (–) ausgeführt.

Die *Multiplikation* ist das Multiplizieren zweier oder mehrerer Faktoren, also der einzelnen Zahlen, miteinander. Es stellt eine Vervielfältigung dar und ist somit die vereinfachte Schreibweise einer Addition mit gleichen Summanden. Das Ergebnis wird als Produkt bezeichnet.

Beispiel: $3 \cdot 5 = 15$ steht stellvertretend für
$3 + 3 + 3 + 3 + 3 = 15$.

Die Zahl 3 heißt erster Faktor und die 2 wird als zweiter Faktor bezeichnet. Eine Multiplikation wird mittels des Malzeichens oder -punktes (·) ausgeführt. Multipliziert man eine Zahl mit null, so ist das Ergebnis immer gleich null.

Beispiel: $5 \cdot 0 = 0$

Die *Division* stellt die Umkehroperation einer Multiplikation dar. Man teilt eine Zahl durch eine andere und erhält ein Teil davon. Als Ergebnis erhält man den Quotienten.

Beispiel: $6 : 2 = 3$

6 ist der Dividend, die 2 wird als Divisor bezeichnet. Die 3 ist der daraus resultierende Quotient. Eine Division wird mittels des Geteiltzeichens (:) ausgeführt. Die Division einer Zahl durch null ist nicht möglich, da der Divisor, also der Teiler, immer von null verschieden sein muss; das heißt, der Teiler muss größer oder kleiner als null sein.

Beispiel: $5 : 0$ ist eine unerlaubte Rechenoperation.

Jedoch kann man Zahlen annehmen, die gegen null laufen, wie 0,001 oder -0,001.

Beispiel: $5 : 0{,}001 = 5\,000$
$5 : (-0{,}001) = -5\,000$

Dabei gelten für alle Rechenoperationen drei *Grundregeln*:

1. Operationen in Klammern müssen zuerst ausgeführt werden.
   Beispiel: $7 + (8-5) \rightarrow 7 + 3 = 10$
2. Bei mehreren aufeinander folgenden Grundrechenoperationen muss die »Punkt vor Strich«-Regelung berücksichtigt werden.
   Beispiel: $6 + 3 \cdot 7 \rightarrow 6 + 21 = 27$
3. Bei mehreren hintereinander folgenden Grundrechenoperationen der gleichen Stufe werden die Rechenschritte von links nach rechts ausgeführt.
   Beispiel: $1 + 3 + 5 - 5$
   $\rightarrow 4 + 5 - 5 \rightarrow 9 - 5 = 4$

Weiterhin gelten für die Grundrechenarten selbst noch bestimmte Rechenregeln:

- Multipliziert man zwei positive Zahlen oder zwei negative Zahlen, so ergibt sich daraus jeweils eine positive Zahl.
- Multipliziert man dagegen eine negative mit einer positiven Zahl, so ergibt sich eine negative Zahl. Analog gilt diese Regel auch für die Division.
  Beispiel: $5 \cdot 5 = 25$; $(-1) \cdot (-2) = +2$

Steht kein Vorzeichen vor einer Zahl, handelt es sich immer um eine positive Zahl.

1.1.2 Bruchrechnung

Wenn man ein Ganzes, zum Beispiel einen ganzen Kuchen, in mehrere gleichgroße Stücke teilt und ein Stück oder meh-

$\frac{5}{20}$ ⟵ Zähler/Dividend; ⟵ Nenner/Divisor

Abb. 1 ▶ Darstellung und Bezeichnungen eines Bruches und seiner Bestandteile

Beispiel für Addition und Subtraktion

$$\frac{a}{b} \pm \frac{c}{d} = \frac{ad}{bd} \pm \frac{cb}{bd} = \frac{ad \pm cb}{bd}$$

a=3, b=5, c=1, d=2

$$\frac{3}{5} \pm \frac{1}{2} = \frac{3\cdot 2}{5\cdot 2} \pm \frac{1\cdot 5}{5\cdot 2} = \frac{(3\cdot 2) \pm (1\cdot 5)}{5\cdot 2} = \frac{6 \pm 5}{10}$$

Beispiel für Multiplikation

$$\frac{a}{c} \cdot \frac{b}{d} = \frac{ab}{cd}$$

a=1, b=2, c=3, d=5

$$\frac{1}{3} \cdot \frac{2}{5} = \frac{1\cdot 2}{3\cdot 5} = \frac{2}{15}$$

Beispiel für Division

$$\frac{a}{c} : \frac{b}{d} = \frac{a}{c} \cdot \frac{d}{b} = \frac{ad}{cb}$$

a=1, b=2, c=3, d=5

$$\frac{1}{3} : \frac{2}{5} = \frac{1}{3} \cdot \frac{5}{2} = \frac{5}{6}$$

ABB. 2 ▶ Regeln und Beispiele für Bruchrechnung

rere herausnimmt, so hat man einen Bruchteil des Ganzen auf dem Teller.

Die Zahl, die angibt, wie viele Teile dem Ganzen entnommen wurden, wird *Zähler* genannt. Der *Nenner* zeigt an, in wie viele Teile das Ganze insgesamt geteilt wurde. Im Vergleich zur Division (s.o.), bei der in der herkömmlichen Schreibweise der Dividend und der Divisor durch das Geteiltzeichen, einen Doppelpunkt, getrennt sind, können beide bei der Bruchrechnung in einem einzigen Ausdruck darstellt werden. Brüche werden im Allgemeinen so geschrieben, dass der Zähler oberhalb eines waagerechten Striches, des sogenannten *Bruchstriches*, und der Nenner analog dazu unter diesen Strich geschrieben wird (ABB. 1).

Bevor die Grundrechenoperationen der Bruchrechnung besprochen werden, müssen die Begriffe »*Erweitern*« und »*Kürzen von Brüchen*« eingeführt werden.

Brüche werden erweitert, indem man Zähler und Nenner mit der gleichen Zahl multipliziert. Der Wert des Bruches ändert sich dabei nicht. Die Zahl, mit der multipliziert wird, muss von null verschieden sein. Der Sinn dieser Operation ist beispielsweise, dass man Brüche mit zunächst unterschiedlichen Nennern »auf einen Nenner bringt«, um sie vergleichen zu können.

Man kürzt einen Bruch, indem man den Zähler und den Nenner durch die gleiche Zahl teilt, um ihn übersichtlicher zu gestalten. Auch hier ändert sich der Wert des Bruches nicht.

Bei der *Addition bzw. Subtraktion von Brüchen* gelten folgende Regeln:

- Brüche werden addiert bzw. subtrahiert, indem man sie durch Erweitern auf gleiche Nenner bringt und dann die Zähler addiert bzw. subtrahiert, aber den Nenner beibehält (Hauptnenner).
- Bei der Multiplikation von Brüchen wird Zähler mit Zähler und Nenner mit Nenner multipliziert.
- Die Division von Brüchen dagegen wird als Multiplikation des ersten Bruches mit dem Kehrwert des zweiten Bruches durchgeführt. Aber auch hier gilt, dass die Division durch null nicht erlaubt ist.

1.1.3 Exponentialzahlen

In den Naturwissenschaften hat man oft mit Zahlen zu tun, die sehr groß oder sehr klein sind. Um das Schreiben dieser Zahlen zu vereinfachen, wurde die Exponentialschreibweise eingeführt. Darunter versteht man, Zahlen mithilfe von Hochzahlen darzustellen:

$a^n = a \cdot a \cdot a \cdot ... a \cdot a$

Dabei bezeichnet a die *Basis* und steht für eine Zahl, die verschieden von null ist, *n* wird als *Exponent* oder Hochzahl bezeichnet.

Beispiele: $4^3 = 4 \cdot 4 \cdot 4 = 64$

$10^4 = 10 \cdot 10 \cdot 10 \cdot 10 = 10\,000$

Da es umständlich oder unübersichtlich ist, Bruchteile und Vielfache von Maßeinheiten auszuschreiben, zum Beispiel 10 000 g oder 0,000 001 g, verwendet man vor der Maßeinheit entsprechende Vorsilben (TAB. 1, TAB. 2).

TAB. 1 ▶ Vorsätze zur Bildung von dezimalen Vielfachen – Exponentialschreibweise (>1)

Vorsilbe	Kurzzeichen	Bedeutung	Exponentialzahl	ausgeschriebene Zahl
Giga-	G	milliardenfach	10^9	1 000 000 000
Mega-	M	millionenfach	10^6	1 000 000
Kilo-	k	tausendfach	10^3	1 000
Hekto-	h	hundertfach	10^2	100
Deka-	da	zehnfach	10^1	10

TAB. 2 ▶ Vorsätze zur Bildung von dezimalen Teilen – Exponentialschreibweise (<1)

Vorsilbe	Kurzzeichen	Bedeutung	Exponentialzahl	Dezimalzahl
Dezi-	D	Zehntel	10^{-1}	0,1
Zenti-	c	Hundertstel	10^{-2}	0,01
Milli-	m	Tausendstel	10^{-3}	0,001
Mikro-	µ	Millionstel	10^{-6}	0,000 001
Nano-	n	Milliardstel	10^{-9}	0,000 000 001
Piko-	p	Billionstel	10^{-12}	0,000 000 000 001

TAB. 3 ▶ Regeln der Exponentialrechnung

$a^n \cdot a^m = a^{n+m}$	$a^n : a^m = a^{n-m}$
$a^n \cdot b^n = (a \cdot b)^n$	$a^n : b^n = (a : b)^n$
$a^1 = a$	
$a^0 = 1$	

Auch für das Rechnen mit Exponentialzahlen gibt es mathematische Regeln (TAB. 3). So gilt die Regel, dass Exponentialzahlen nur zusammengefasst werden können, wenn entweder die Grundzahl, also die Basis, oder aber die Hochzahl, der Exponent, gleich sind. Zu beachten ist dabei aber, dass a für eine Zahl steht, die von null verschieden ist.

1.1.4 Dreisatz

Bei der Dreisatzrechnung unterscheidet man den direkten vom indirekten Dreisatz. Beiden gemeinsam ist, dass man in Schritten von der Ausgangsbeziehung auf eine Einheit und dann auf die gesuchte Vielheit schließt.

Beim *direkten Dreisatz* stehen die Größen in einer direkten Proportionalität. Das heißt, je mehr von der »Größe 1« vorhanden ist, desto mehr auch von der »Größe 2«.

Beim *indirekten Dreisatz* ist die Proportionalität indirekt. Dies bedeutet, je mehr von der »Größe 1« verfügbar ist, desto weniger von der »Größe 2«.

Im Alltag sind Angaben in Prozent sehr verbreitet. Der prozentuale Anteil bezogen auf eine Bezugsgröße wird immer in Hundertstel angeben. Die Bezugsgröße wird als Grundwert G bezeichnet, der prozentuale Anteil als Prozentsatz, er wird mit p% abgekürzt. Der entsprechende Anteil heißt Prozentwert und wird mit P abgekürzt.

TAB. 4 ▶ Beispiel für Dreisatzrechnung

	%	Stunden Schüler	
	100	1960	
: 100	1	$\frac{1960}{100}$	: 100
· 45	45	$\frac{1960 \cdot 45}{100}$	· 45

Beispiel für Dreisatzrechnung: Ein Notfallsanitäterschüler hat 1960 Stunden theoretischen Unterricht zu absolvieren. Wie viele Stunden hat er erbracht, wenn er bereits 45 % abgeleistet hat? Dies kann mithilfe des Dreisatzes berechnet werden (TAB. 4).

Der Schüler hat also 882 Stunden abgeleistet.

Mithilfe des Dreisatzes lassen sich für den Rettungsdienst relevante Aufgaben, zum Beispiel Dosierungen von Medikamenten, sehr schnell und einfach berechnen.

1.2 Physik

Die Physik ist eine Naturwissenschaft, welche sich vor allem mit den Vorgängen in der unbelebten Natur und deren mathematischer Beschreibung beschäftigt. Zur Beschreibung dieser Vorgänge und somit der Gesetze der Natur bedient sich die Physik der Beobachtung. Dabei müssen sich die Beobachtungen auf Vorgänge beziehen, die unter bekannten, möglichst reproduzierbaren Bedingungen ablaufen, bei denen über ein Messverfahren definierte Größen gemessen werden. Dabei geht es um die Frage nach den Wechselwirkungen zwischen mindestens zwei physikalischen Größen.

Zahlen oder genauer *Größen* setzen sich aus der Maßzahl und der Einheit zusammen. Denn eine physikalische Größe nimmt Bezug auf einen bestimmten Teil der Wirklichkeit und ist stets durch ein Messverfahren definiert. Beim Rechnen mit Größen ist zu beachten, dass Einheiten sich durch Untereinheiten oder größere Einheiten ausdrücken lassen. Welche man davon wählt, ist im Prinzip beliebig. Man wählt jedoch die Einheiten so, dass man handliche Zahlenwerte erhält. Des Weiteren muss beachtet werden, dass nur Größen derselben Art addiert, subtrahiert oder gekürzt werden können.

Das System der SI-Einheiten (SI = Système International d'Unités) verkörpert das moderne, internationale metrische System und ist das am weitesten verbreitete Einheitensystem für *physikalische Einheiten*. Es entstammt ursprünglich den Bedürfnissen der Wissenschaft und Forschung, hat aber mittlerweile auch als vorherrschendes Einheitensystem in Wirtschaft und Handel Einzug gehalten (TAB. 5).

Das Internationale Einheitensystem umfasst neben den Basiseinheiten auch abgeleitete Einheiten, die aus einer oder mehreren dieser Basiseinheiten durch Multiplikation oder Division zusammengesetzt sind. So können beispielsweise Flächen in Quadratmetern (m^2) oder Geschwindigkeiten in Meter pro Sekunde (m/s) angegeben werden. Formelzeichen werden *kursiv* geschrieben.

Größen, die keine Richtung haben, nennt man *Skalare*. Bei ihnen genügt die Angabe von Zahlenwert und Einheit, um sie zu charakterisieren. Als Beispiele sind dabei die Zeit oder die Masse zu nennen.

Bei Größen wie der Geschwindigkeit erfolgt eine vollständige Beschreibung neben der Einheit auch durch die Angabe

TAB. 5 ▶ Basisgrößen des SI-Systems

Größe	Formelzeichen	Name	Einheitenzeichen
Länge	*l*	Meter	m
Masse	*m*	Kilogramm	kg
Zeit	*t*	Sekunde	s
Stromstärke	*I*	Ampere	A
Temperatur	*T*	Kelvin	K
Stoffmenge	*n*	Mol	mol
Lichtstärke	*Iv*	Candela	cd

der Richtung. So reicht bei der Geschwindigkeit meist die Angabe des Betrages nicht aus, sondern es muss auch die Richtung des sich bewegenden Körpers angegeben werden. Solche Größen nennt man *Vektoren*. Vektoren werden in Skizzen mit Pfeilen dargestellt, ihre Formelzeichen werden ***fett kursiv*** gesetzt. Zum besseren Verständnis der physikalischen Grundregeln wird aber im Folgenden auf die vektorielle Betrachtungsweise verzichtet.

1.2.1 Mechanik

Die Mechanik ist ein Teilgebiet der Physik und befasst sich mit der Bewegung von Körpern und der Einwirkung von Kräften. Die Grundgrößen der Mechanik, aus denen sich alle weiteren Größen der Mechanik ableiten, sind die drei Größen Länge *s*, Zeit *t* und Masse *m*.

TAB. 6 ▶ Grundgrößen der Mechanik

Größe	Formelzeichen	Einheit im SI
Länge	*s* = space	Meter (m)
Zeit	*t* = time	Sekunde (s)
Masse	*m* = mass	Kilogramm (kg)

1.2.1.1 *Geschwindigkeit*

Die Bewegung eines Körpers stellt eine Ortsveränderung zu einem Bezugspunkt dar, die durch ihre Geschwindigkeit beschrieben wird. Diese Geschwindigkeit v ist somit definiert als das Zurücklegen einer bestimmten Strecke in einer bestimmten Zeit.

Geschwindigkeit v =
zurückgelegter Weg Δs/benötigte Zeit Δt

Δ, gesprochen: Delta, steht in der Naturwissenschaft für eine Differenz, die sich aus einem Endwert x_2 und einem Ausgangswert x_1 ergibt.

Beispiel: Ein Auto, das eine Strecke von 10 Metern (10 m) in der Zeit von zwei Sekunden (2 s) zurücklegt, hat eine Geschwindigkeit von 10 m/2 s = 5 m/s.

Zur Verdeutlichung sollte man wissen, dass 1 m/s einer Geschwindigkeit von 3,6 km/h entspricht.

1.2.1.2 *Beschleunigung*

Die Beschleunigung a ist definiert als die Geschwindigkeitsänderung eines bewegten Körpers pro Zeit.

a = Geschwindigkeitsänderung Δv/Zeit Δt

Beispiel: Ein Auto wird innerhalb von vier Sekunden (4 s) von der Anfangsgeschwindigkeit v_1 von 16 m/s auf die Endgeschwindigkeit von 28 m/s beschleunigt. Die Geschwindigkeitsänderung Δv beträgt 12 m/s ($\Delta v = v_2 - v_1$). Da diese Geschwindigkeitsänderung in vier Sekunden (4 s) erfolgte, liegt eine Beschleunigung von $a = \Delta v/t = 3\ m/s^2$ vor. Die »Quadratsekunde«, die sich dabei ergibt, ist natürlich eine rein rechnerische Einheit.

Die Erdbeschleunigung oder *Gravitation* g bemerken Lebewesen selbst nicht am eigenen Körper. Dennoch ist sie dafür verantwortlich, dass zum Beispiel Teller auf dem Tisch bleiben oder Gegenstände auf den Boden fallen und nicht entschweben. Ihr Wert ist abhängig vom Ort, an dem man sie ermittelt. In unseren Breiten gilt: $g = 9{,}81\ m/s^2$.

Der Einfachheit halber kann man sich merken:

$g = 10\ m/s^2$

Hinweis aus der Praxis: Alle in einem Rettungsmittel zu befestigenden Teile müssen nach DIN 1789 einer Beschleunigungsprüfung mit 10 g unterzogen werden. Die Prüfung gilt als bestanden, wenn die Gegenstände bei dieser Beschleunigung nicht aus ihrer Verankerung gerissen werden.

1.2.1.3 *Kraft*

Die Kraft spielt in der Physik eine bedeutende Rolle, denn sie kann zwei Dinge bewirken. Erstens kann sie geeignete feste Körper verformen und zweitens deren Bewegungszustand ändern. Als Beispiel sei hier ein Auto genannt, das gegen einen Baum prallt. Das Auto übt eine Kraft auf diesen Baum aus (Verformung). Das Auto wird abrupt gebremst (Bewegungszustandsänderung) und erfährt ebenfalls eine Verformung. Als Masse bezeichnet man die Eigenschaft eines jeden Körpers, einer Änderung seines Bewegungszustandes einen Widerstand entgegenzusetzen.

Allgemein gilt:

Kraft F = Masse $m \cdot$ Beschleunigung a
Einheit: $kg \cdot m/s^2$

Beispiel: Welche Gewichtskraft erfährt ein Mensch mit der Masse 70 kg auf der Erde? – Da die Beschleunigung der Erdbeschleunigung entspricht, rechnet man $F = 70\ kg \cdot 10\ m/s^2$. Daraus ergibt sich dann $F = 700\ kg \cdot m/s^2$.

In der Umgangssprache wird sehr oft die Masse mit dem Gewicht verwechselt. »Wie viel wiegst du?« – »Ich? 75 Kilogramm.« Dagegen wäre aber korrekt: »Wie schwer bist du?« – »Ich? Meine Masse beträgt 75 Kilogramm.« Denn es wird sich nach der Masse erkundigt.

1.2.1.4 *Energie*

Allgemein versteht man unter Energie die Fähigkeit, Arbeit zu verrichten. Energie ist eine physikalische Zustandsgröße. Üblicherweise wird für die Energie das Formelzeichen E verwendet. Die Energie E eines Systems lässt sich selbst nicht messen, sie wird bestimmt mittels Berechnung oder durch die durch sie verrichtete Arbeit.

In der Mechanik kommt Energie entweder als kinetische oder potenzielle Energie vor. Die *kinetische Energie* wird auch als *Bewegungsenergie* bezeichnet. Sie wird durch die Bewegung eines Systems gegenüber einem anderen System und durch seine Masse bestimmt. Die *potenzielle Energie* wird auch *Lageenergie* genannt. In der Mechanik ist sie die Energie eines Systems, die es durch seine Lage in einem Kraftfeld besitzt, zum Beispiel im Gravitationsfeld der Erde.

Dabei gilt der Energieerhaltungssatz, der besagt, dass in einem geschlossenen System, in dem sich beliebige mechanische, thermische, elektrische, optische oder chemische Vorgänge abspielen, die Gesamtenergie unverändert bleibt.

Potenzielle Energie E_{pot} + kinetische Energie E_{kin} = konstant

1.2.1.5 *Arbeit und Leistung*

Arbeit steht eng mit der Kraft in Verbindung. Die Definition »Arbeit ist etwas, was uns jeden Tag die Freizeit verkürzt und die gute Laune verdirbt« ist natürlich keine wissenschaftliche Definition. Die physikalische Arbeit W ist eine Energiemenge, die von einem System in ein anderes System übertragen wird. Diese Übertragung erfolgt durch das Wirken einer Kraft entlang eines Weges, und zwar als Arbeit im Gravitationsfeld (z.B. das Anheben eines Körpers) oder als elektrische Arbeit (etwa die Bewegung einer Ladung im elektrischen Feld) oder als Volumenarbeit (beispielsweise das Befördern von Gasen und Flüssigkeiten).

Wenn man eine Kraft F aufwendet, um einen Körper um eine Wegstrecke s zu bewegen, so wird eine mechanische Arbeit W verrichtet.

Arbeit gleich Kraft mal Weg
$W = F \cdot s$
Einheit: 1 N (Newton) · 1 m (Meter) = 1 Nm
= 1 J (Joule)

Beispiel: Wie viel Arbeit muss man verrichten, um einen Notfallkoffer, der 10 kg schwer ist, in den zweiten Stock eines Mehrfamilienhauses zu tragen? Die Höhe einer Etage sei 2,50 m.

Da aus der Aufgabenstellung heraus die Kraft nicht hervorgeht, muss diese also zuerst berechnet werden.

$F = m \cdot g = 10\ kg \cdot 10\ m/s^2 = 100\ N$
$F = 100\ N$
$W = F \cdot s = 100\ N \cdot 5\ m = 500\ Nm = 500\ J$

Wird der Notfallkoffer nun aber in den vierten Stock getragen, so wird eine Arbeit von 1000 Joule verrichtet; wird der Koffer aber nur in den ersten Stock getragen, so verringert sich die Arbeit auf 250 J.

Man sieht, die Arbeit ändert sich um denselben Faktor wie der Weg. Wird der Weg verdoppelt, muss man die doppelte Arbeit verrichten; wird der Weg halbiert, muss man nur die Hälfte der Arbeit verrichten, d.h. die Arbeit verhält sich proportional zur Strecke. Wenn zwei Größen a und b zueinander proportional sind, so verändern sie sich grundsätzlich jeweils um den gleichen Faktor (x), also: $x \cdot a$ entspricht $x \cdot b$.

Im täglichen Sprachgebrauch wird immer wieder gesagt, dass man Arbeit geleistet habe. Diese Ausdrucksweise ist aber irreführend, denn »Arbeit wird verrichtet«. Die Leistung P (engl. *Power*) wird in der Physik durch den Quotienten aus verrichteter Arbeit W, also Energie, und der dazu benötigten Zeit t definiert:

Leistung P = Arbeit ΔW/Zeit t
Einheit: Nm/s = J/s = W (Watt)

Achtung: W steht zum einen für die Größe Arbeit (*W*), zum anderen für die Einheit der Leistung.

Zurück zum Rechenbeispiel. Wird der Notfallkoffer in 15 Sekunden in den zweiten Stock gebracht, so lässt sich auch die Leistung berechnen:

P = 500 Nm/15 s = 33,3 Nm/s = 33,3 J/s
= 33, 3 Watt (W)

Bringt man nun den Koffer in 30 Sekunden in den zweiten Stock, also in der doppelten Zeit, so muss man nur noch die Hälfte (16,6 W) leisten. Wird dagegen der Koffer in 7,5 Sekunden nach oben verfrachtet, so lässt sich eine Leistung von 66,6 W bestimmen. Daraus lässt sich ableiten, dass sich die Leistung umgekehrt proportional oder antiproportional zur Zeit verhält, unter der Bedingung, dass die Arbeit die gleiche ist; im obigen Beispiel müsste also derselbe Koffer in dasselbe Stockwerk getragen werden.

1.2.1.6 *Druck*

Unter Druck *p* (engl. *Pressure*) versteht man eine Kraft *F*, die auf eine bestimmte Fläche *A* wirkt.

Druck p = Kraft F /Angriffsfläche A
Einheit: Pascal; 1 Pa = N/m^2

Vorsicht: Das Formelzeichen *p* darf nicht mit der Leistung P beziehungsweise mit dem Impuls p verwechselt werden.

Welchen Druck übt nun ein Notfallkoffer, der 10 kg wiegt und eine Grundfläche von 1 m^2 hat, auf die Unterlage aus?

$F = m \cdot g$
$F = 100$ N

$p = F / A$
$p = 100 \text{ N}/1 \text{ m}^2 = 100 \text{ N/m}^2 = 100 \text{ Pa}$

In der Medizin werden traditionell nicht die SI-Einheiten, sondern andere Einheiten des Drucks verwendet. So wird zur Messung des Blutdrucks die Einheit »mmHg« benutzt, also mm Quecksilbersäule, oder bei der Bestimmung des zentralen Venendrucks – das ist der Füllungszustand des venösen Gefäßsystems – die Einheit »cmH_2O«, also cm Wassersäule.

1.2.1.7 *Gase und Gasgemische*

Gas ist Materie im gasförmigen Aggregatzustand. Die gasförmige Materie besteht aus Molekülen, die sich mit hoher Geschwindigkeit kreuz und quer durch den Raum bewegen. Aufgrund der Diffusionsbewegung füllen sie den zur Verfügung stehenden Raum aus, wobei die drei Größen Druck, Volumen und Temperatur eng miteinander verknüpft sind.

▶ Luftdruck

Der Luftdruck der Erdatmosphäre ist der hydrostatische Druck der Luft, der an einem beliebigen Ort herrscht. Er bezeichnet zudem die Gewichtskraft der Luftsäule, die über einer Fläche oder einem Körper steht.

Die SI-Einheiten des Luftdrucks sind das Pascal (Pa) oder die auch zulässige Einheit bar (1 bar = 10^5 Pa). Da der Luftdruck auf Meereshöhe im Durchschnitt 101 325 Pa, also rund 100 000 Pa beträgt, wird er meist mit der Zahl um 1 000 in Hektopascal (1 013,25 hPa) oder mit gleichem Zahlenwert in Millibar (mbar) angegeben.

▶ Partialdruck

Untersucht man ein Gemisch aus mehreren Gasen, so muss man jedem Gas seinen eigenen Druck, also den Teildruck, zuordnen. Dieser Partialdruck ist demnach der Druck, der in einem Gasgemisch wie der Luft einem bestimmten Gas zugeordnet werden kann. Der Partialdruck entspricht dabei dem Gesamtdruck, den die Komponente beim alleinigen Ausfüllen des gesamten Volumens ausüben würde. Das *Dalton-Gesetz* besagt, dass die Summe aller Partialdrücke p_i gleich dem Gesamtdruck des Gemisches p_{Gesamt} ist.

1.2.1.8 *Strömende Flüssigkeiten*

Flüssigkeiten, die sich in einem System weiterbewegen, also strömen, folgen immer einem Druckgefälle. Dabei kann man die laminare Strömung von der turbulenten Strömung unterscheiden.

Bei der *laminaren Strömung* gleiten alle Schichten eines Flüssigkeitsstromes parallel zueinander und zu den Wänden des durchflossenen Gefäßes. Wirbel und Turbulenzen sind praktisch ausgeschlossen. Laminare Strömungen können in viskosen Flüssigkeiten beobachtet werden, bei kleinen Strömungsgeschwindigkeiten und dünnen Röhrendurchmessern. Die Strömungen im Blutkreislauf des Menschen sind im Allgemeinen laminar.

In den großen herznahen Gefäßen können jedoch *turbulente Strömungen* auftreten. Dabei handelt es sich um Strö-

TAB. 7 ▶ Umrechnungstabelle für Druckeinheiten

Pascal / bar	Pascal / bar / mmHg	cmH_2O / bar
1 N/m^2 = 1 Pascal = Pa	1 Pa = 10^{-5} bar = 0,000 01 bar	10 mH_2O = 1 bar
10 N/cm^2 = 1 bar	1 mbar = 100 Pa	10 cmH_2O = 0,01 bar
1 bar = 1 000 mbar	1 bar = 750 mmHg	1 cmH_2O = 1 mbar
1 bar = 100 000 Pa (= 10^5 Pa) (denn 1 m^2 = 10 000 cm^2)		

mungsabschnitte und Schichten, die nicht parallel zu sich selbst und den Wänden des Gefäßes verlaufen. Es kann zu Wirbeln und Turbulenzen kommen.

▶ Volumenstromstärke

Ein Maß für die transportierte Flüssigkeitsmenge ist die Volumenstromstärke *I*. Sie gibt das in einer Röhre transportierte Volumen pro Zeit an.

Volumenstromstärke I = transportiertes Volumen ΔV/Zeit Δt
Einheit: l/s

Beispiel: Wenn man mit einem nicht verknoteten Gartenschlauch ohne Düse einen Behälter, der 20 Liter fasst, mit Wasser füllt, wird der Behälter nach 80 Sekunden gefüllt sein. Da sich die Volumenstromstärke aus dem Verhältnis zwischen transportiertem Volumen und der hierfür benötigten Zeit errechnet, lautet die Rechnung:

$I = \Delta V/\Delta t$
$I = 20\ \text{l}/80\ \text{s} = 0{,}25\ \text{l/s}$

Es fließen also 0,25 Liter pro Sekunde durch den Schlauch.

▶ Strömungswiderstand und Viskosität

Beim Transport einer Flüssigkeit durch ein Rohr hängt die Stromstärke von der Druckdifferenz zwischen Anfang und Ende des Rohres ab. Unter dem Strömungswiderstand versteht man den Quotienten aus der Druckdifferenz und der Stromstärke.

Strömungswiderstand R = Druckdifferenz Δp/Stromstärke

Dabei ist aber zu beachten: Je dickflüssiger eine Flüssigkeit ist, desto größer muss das Druckgefälle sein, um eine gegebene Volumenstromstärke zu erreichen. Die Zähigkeit einer Flüssigkeit wird als ihre Viskosität bezeichnet. Dabei lässt sich folgender Zusammenhang herstellen: Eine hohe Viskosität bedeutet eine hohe Zähigkeit und damit eine schlechte Fließeigenschaft infolge innerer Reibung.

Blut ist etwa viermal zähflüssiger als Wasser. Seine Viskosität nimmt mit abnehmender Strömungsgeschwindigkeit zu. Das heißt, wenn Blut langsamer fließt, wird es immer zäher.

▶ Gesetz von Hagen und Poiseuille

Da zum Beispiel der menschliche Organismus ein sehr komplexes System ist, wird die Volumenstromstärke von vielen Faktoren beeinflusst. Ein Faktor ist etwa die Eigenschaft der Blutgefäße. Im Gesetz von *Hagen und Poiseuille* sind verschiedene Faktoren berücksichtigt, um die Volumenstromstärke zu beschreiben.

I	=	$\pi \cdot r4 \cdot \Delta p/8 \cdot \eta \cdot l$
π	=	Kreiskonstante Pi, gerundet 3,14
Δp	=	Druckdifferenz zwischen dem Anfang und dem Ende des betrachteten Abschnitts
r^4	=	vierte Potenz des Radius des Gefäßes (Rohres)
η	=	Viskosität
l	=	Länge des betrachteten Abschnitts

Die Volumenstromstärke hängt von vielen veränderlichen Größen, sogenannten Parametern, ab. Wichtig ist zu erkennen, dass die Volumenstromstärke *I* stark abhängig ist vom Radius *r*.

Wird der Radius eines Gefäßes halbiert ($\frac{1}{2} \cdot r$), so verändert sich der Wert auf das $(\frac{1}{2})^4 = 1/16$ des vorherigen Wertes, verdoppelt man den Radius ($2 \cdot r$), so verändert sich der Wert auf das $2^4 = 16$-Fache des vorherigen Wertes.

1.2.2 Wärmelehre

Temperatur ist ein Maß für den Wärmezustand einer Materie und stellt eine wichtige physikalische Größe in der Natur dar. Insbesondere chemische Reaktionen sind stark temperaturabhängig. Daneben hängen die physikalischen Eigenschaften der Materie von der Temperatur ab.

1.2.2.1 *Temperaturskalen*

Die übliche Skala zur Temperaturmessung in Grad Celsius (°C) ist nach Schmelz- und Siedepunkt des Wassers definiert. Der Schmelzpunkt liegt bei 0 °C, der Siedepunkt bei 100 °C. Neben der Skala nach Celsius gibt es noch die Skala nach Kelvin, die Einheit heißt Kelvin (K). Diese ist nach dem absoluten Nullpunkt definiert. Null Kelvin ist die tiefste mögliche Temperatur, da hier die kinetische Energie aller Moleküle den Wert Null hat.

Da der absolute Nullpunkt nach der °C-Skala bei -273,16 °C liegt, kann man folgende Umrechnungen vornehmen:

0 K	=	– 273,16 °C
273 K	=	0 °C
310 K	=	37 °C

1.2.2.2 *Verhalten von Stoffen bei Temperaturänderung*

Materie besitzt bei Temperaturänderungen die Eigenschaft, sich auszudehnen. Misst man beispielsweise mit einem

Quecksilber-Thermometer, das bei Raumtemperatur gelagert wurde, die Temperatur bei einem fiebrigen Patienten, so steigt das Quecksilber in dem Röhrchen, ohne dass an dem Thermometer irgendetwas verändert wurde. Lagert man das Thermometer wieder bei Zimmertemperatur, sieht man, dass die Quecksilbersäule fällt.

Nahezu jede Form der Materie kann sich bei Temperaturerhöhung ausdehnen und bei einer Temperaturerniedrigung zusammenziehen.

1.2.2.3 *Wärmetransport*

Wärme kann von einem Ort zu einem anderen übertragen werden. Dafür stehen grundsätzlich drei Übertragungsmechanismen zur Verfügung: Wärmeleitung, Wärmeströmung und Wärmestrahlung. Auch eine Kombination aus diesen Übertragungsarten ist möglich.

Bei der *Wärmeleitung* wird die Wärme von einem Stoff auf einen unmittelbar benachbarten anderen übertragen. Der Transport verläuft von dem Stoff mit der höheren Temperatur zum Stoff mit der niedrigeren Temperatur. Dabei wandert nicht etwa der wärmere Stoff, sondern die Temperatur erwärmt lediglich benachbarte Moleküle, wodurch die Leitung stattfindet.

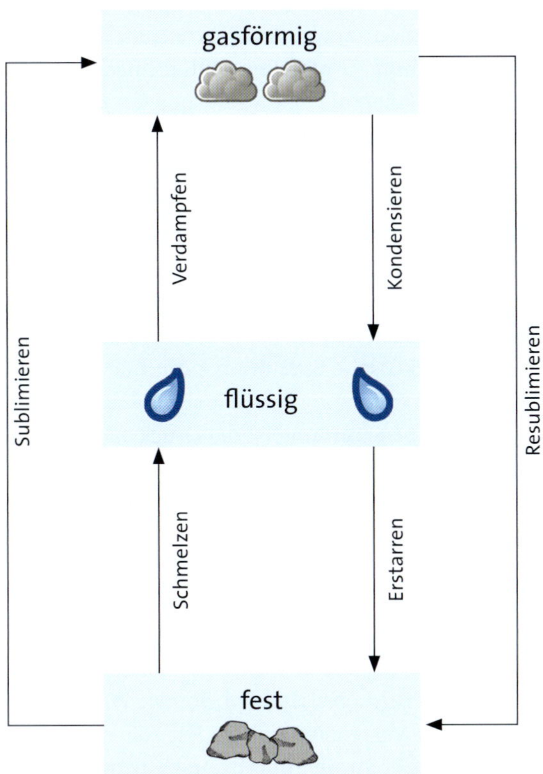

Abb. 3 ▶ Die drei klassischen Aggregatzustände samt Übergängen

Beispiel: Ein Topf, gefüllt mit Wasser, steht auf der Herdplatte. Die Platte wird aufgrund elektrischer Energie erwärmt, erwärmt ihrerseits den Topfboden, das Wasser leitet die Wärme vom Boden nach oben, bis auch die Wasseroberfläche erwärmt ist.

Der Unterschied zwischen Wärmeleitung und *Wärmeströmung* ist der, dass die Wärme durch Stoffe an ihren Bestimmungsort strömt.

Beispiel: Eine der Aufgaben des Blutes ist der Transport von Temperatur im Gefäßsystem. Blutteilchen dienen als Temperaturträger und transportieren die Wärme an Orte mit niedrigerer Temperatur, wo Wärme benötigt wird.

Erwärmt man den mit Wasser gefüllten Kochtopf, besteht die Wärmeleitung durch den direkten Kontakt zwischen Herdplatte und Topfboden. Irgendwann ist das Wasser im Topf erwärmt. Hält man dann eine Hand in einem bestimmten Abstand über das Wasser, kann man diese Wärme, die vom Wasser ausgeht, spüren, ohne in direktem Kontakt mit dem Wasser zu stehen. Diese Art der Wärmeübertragung bzw. den Transportmechanismus bezeichnet man als *Wärmestrahlung*. Die Stärke der Wärmestrahlung wird von der Oberfläche des Körpers bestimmt. Dunkle Oberflächen strahlen viel und helle dagegen sehr wenig Wärme ab.

1.2.2.4 *Aggregatzustand*

Als Aggregatzustände bezeichnet man qualitativ verschiedene, temperatur- und druckabhängige physikalische Zustände von Stoffen.

Es gibt drei klassische Aggregatzustände:

- *fest:* stabile äußere Form mit definiertem Volumen
- *flüssig:* definiertes Volumen, aber keine stabile Form; passt sich dem umgebenden Raum an
- *gasförmig:* weder definiertes Volumen noch eine Form; Gas füllt den zur Verfügung stehenden Raum vollständig aus.

Einen Stoff im festen Aggregatzustand nennt man Festkörper, einen Stoff im flüssigen Aggregatzustand Flüssigkeit und einen Stoff im gasförmigen Aggregatzustand Gas.

1.2.2.5 *Ausdehnungsanomalie des Wassers*

Wasser hat seine höchste Dichte bei 4 °C. Das heißt, bei einer Erwärmung von 0 °C auf 4 °C dehnt es sich nicht aus, sondern zieht sich zusammen. Auch beim Gefrieren dehnt sich Wasser im Gegensatz zu anderen Stoffen aus. Aus 1 000 cm^3 Wasser werden 1 090 cm^3 Eis.

1.2.2.6 *Stoffgemisch*

Unter einem Gemisch, Stoffgemisch oder Stoffgemenge versteht man einen Stoff, der mindestens aus zwei Reinstoffen besteht. Die verschiedenen Arten der Gemische, welche nach den Aggregatzuständen der vermischten Stoffe unterschieden werden, lassen sich in zwei Gruppen einteilen. Zum einen gibt es homogene Gemische, die auf molekularer Ebene vermischte Reinstoffe, also einphasig, sind, und zum anderen heterogene Gemische oder *Dispersionen*, die nicht vollends vermischt sind, da die Reinstoffe in klar abgegrenzten Phasen vorliegen, also mehrphasig sind.

Kolloide sind eine Zwischenform homogener und heterogener Gemische. In diesen Flüssigkeiten sind Feststoffe vermischt, die allerdings in sehr kleinen Phasen von wenigen Molekülen vorkommen und sich deshalb ähnlich wie Lösungen, mithin homogen, verhalten.

1.2.3 Elektrizität

Elektrizität ist der Oberbegriff für alle Phänomene, die ihre Ursache entweder in ruhender elektrischer Ladung oder in bewegter Ladung – diese nennt man Ströme – sowie deren elektrischen und magnetischen Feldern haben. Die Träger der elektrischen Ladung sind negativ geladene Elektronen und positiv geladene Protonen und Ionen. Gleichnamige Ladungen stoßen sich ab, ungleichnamige Ladungen ziehen einander an. Elektrische Ladungen sind die Quellen des elektrischen Feldes, bewegte Ladungen die Ursache für magnetische Felder.

1.2.3.1 *Elektrische Ladung und elektrisches Feld*

Die elektrische Ladung ist ein Phänomen, das sich der direkten sinnlichen Wahrnehmung entzieht. Sie lässt sich lediglich indirekt nachweisen, beispielsweise über die Kräfte, die zwischen Ladungen wirken. Die Ladung hat als Formelzeichen Q und als Maßeinheit Coulomb (C). Ein C entspricht einer Amperesekunde (As), also derjenigen Ladungsmenge, die bei einer konstanten Stromstärke von 1 A während der Zeit von 1 s durch den Leiter fließt.

Es gibt zwei Arten elektrischer Ladungen, positive und negative. Elektronen und Protonen tragen gleich große, aber entgegengesetzte Ladungen. Protonen haben eine sogenannte positive (+) Ladung, Elektronen eine negative (-); Neutronen haben keine Ladung und sind, wie der Name sagt, neutral. Der Betrag dieser Ladung heißt Elementarladung e (*Elementary Charge*), die Ladungen des Elektrons e^- und des Protons e^+. In einem abgeschlossenen System ist die Summe aller Ladungen zeitlich konstant. Ladung kann weder erzeugt noch vernichtet werden. Das elektrische Feld einer Ladung ist der Raum, in dem die von der Ladung ausgehenden Kräfte wirksam sind.

Vorsicht: Es besteht ein Unterschied zwischen Elementarladung (+*e* bzw. -*e*) und der Abkürzung für das Elektron (e^-).

1.2.3.2 *Elektrischer Strom*

Unter dem Stromfluss versteht man eine gerichtete Bewegung von Ladungsträgern, zum Beispiel Elektronen oder Ionen, in einem Stoff oder im Vakuum. Ein Strom stellt sich ein, wenn sich frei bewegliche Ladungsträger in einem elektrischen Feld befinden. Die Stromstärke I gibt an, welche Ladungsmengen (ΔQ) in der Zeit (Δt) verschoben werden. Ihre Einheit ist Ampere (A).

$$I = \Delta Q / \Delta t$$

1.2.3.3 *Elektrische Spannung*

Die elektrische Spannung U gibt an, wie viel Arbeit nötig ist bzw. frei wird, um ein Objekt mit einer bestimmten elektrischen Ladung entlang eines elektrischen Feldes zu bewegen. Die Spannung U gibt den Unterschied der Ladungen zwischen zwei Polen an. Spannungsquellen besitzen immer zwei Pole mit unterschiedlicher Ladung: auf der einen Seite den Pluspol mit einem Mangel an Elektronen, auf der anderen Seite den Minuspol mit einem Überschuss an Elektronen. Diesen Unterschied der Elektronenmenge nennt man elektrische Spannung. Entsteht eine Verbindung zwischen den Polen, kommt es zu einer Entladung. Bei diesem Vorgang fließt ein elektrischer Strom I.

Über die elektrische Spannung kann man folgende Aussagen treffen:

- Die elektrische Spannung ist der Druck oder die Kraft auf freie Elektronen.
- Sie ist die Ursache des elektrischen Stroms.
- Sie entsteht durch den Ladungsunterschied zweier Punkte oder Pole.

Bei der *Gleichspannung* ist ein Pol der Spannungsquelle stets positiv und der andere negativ. Die Elektronen wandern vom negativen zum positiven Pol. Bei der *Wechselspannung* ändern sich die Vorzeichen der beiden Pole der Spannungsquelle ständig. Der Strom ändert seine Richtung laufend, die Elektronen wandern nicht durch den Leiter hindurch, sondern pendeln hin und her.

1.2.3.4 *Elektrische Arbeit und elektrische Leistung*

Die elektrische Arbeit des Gleichstroms ergibt sich als Produkt aus Spannung, Stromstärke und Zeit. Sie wird gemessen in Wattsekunde (Ws = Volt · Ampere · Sekunde). Unter der elektrischen Leistung versteht man die pro Zeiteinheit verrichtete elektrische Arbeit (Watt = Volt · Ampere).

1.2.3.5 *Elektrischer Widerstand*

Die Stromstärke und die Spannung sind die Größen, die darüber entscheiden, mit welchem Energiegewinn der Stromfluss stattfindet. Die Höhe der Spannung wird durch die Stromquelle bestimmt. Die Höhe der Stromstärke hängt zum einen von der Spannung und zum anderen vom Widerstand ab.

Elektrischer Widerstand R = Spannung U/ Stromstärke I
Einheit: Ohm (Ω) = Volt (V) / Ampere (A)

In einem System können aber auch Widerstände entweder in »Reihe« bzw. »Serie« oder aber parallel zueinander geschaltet werden. Dabei ändert sich der Gesamtwiderstand des Systems in unterschiedlicher Weise.

Da bei einem unverzweigten Stromkreis die Stromstärke an allen Stellen des Stromkreises gleich ist, ergibt sich der Gesamtwiderstand als Summe der Einzelwiderstände. Beim verzweigten Stromkreis teilt sich der Strom sozusagen an den Verzweigungen. Folglich ist die Gesamtstromstärke die Summe der Einzelstromstärken. Dies bedeutet, dass der Kehrwert des Gesamtwiderstandes sich aus der Summe der Kehrwerte der Einzelwiderstände ergibt.

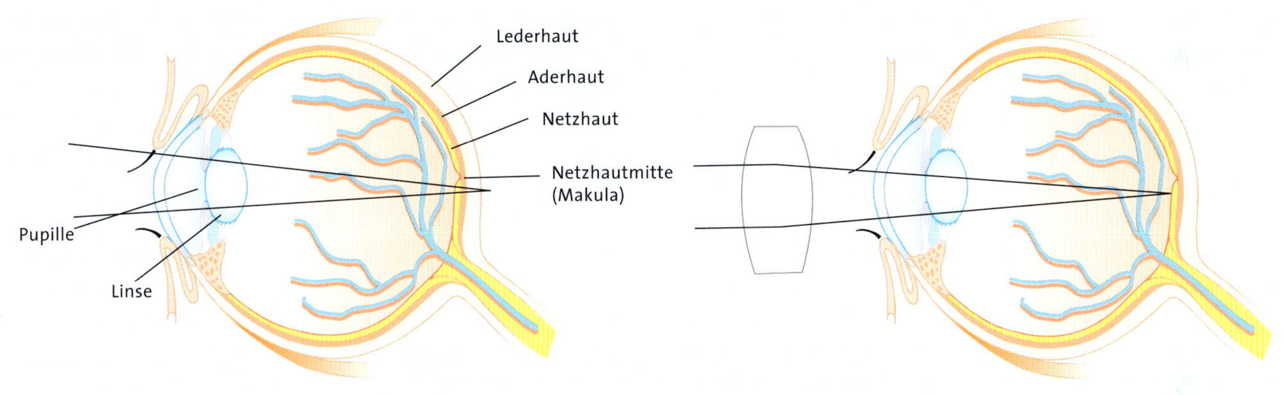

Abb. 4 ▶ Konvexlinse zur Korrektur von Weitsichtigkeit

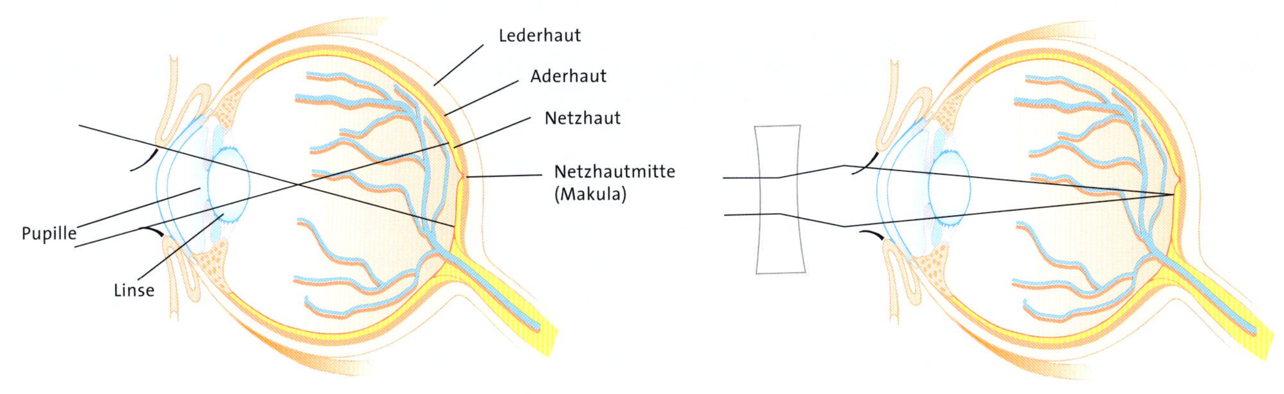

Abb. 5 ▶ Konkavlinse zur Korrektur von Kurzsichtigkeit

1.2.4 Optik

An dieser Stelle soll die Aufgabe und Funktion von Linsen und Linsensystemen betrachtet werden. Grundlegend werden zwei Arten von Linsen unterscheiden:
- Sammellinse/konvexe Linsen
- Streulinse/konkave Linsen.

Beide Linsen sind optische Systeme, die in der Lage sind, den Weg des einfallenden Lichtes in bestimmter Art zu verändern (s.o., Abb. 4 und 5).

1.2.4.1 *Sammellinse*

Wie der Name sagt, sammeln die Linsen das Licht und konzentrieren es auf einen Punkt. Sie haben eine Grundform, die am besten mit dem Begriff »bauchig« beschrieben werden kann. Bei diesen Linsen kann man den sogenannten *Brennpunkt* experimentell ermitteln. Der Brennpunkt einer Linse ist der Punkt, an dem die Linse das Licht am stärksten bündelt. Misst man den Abstand zwischen Linsen und dem Brennpunkt, so erhält man die *Brennweite*.

1.2.4.2 *Streulinse*

Das genaue Gegenteil der Sammellinse ist die Streulinse. Sie zerstreut das durch sie hindurchtretende Licht. Auch sie weist eine charakteristische Form auf, die am besten mit dem Begriff »eingeschnürt« zu beschreiben ist. Sowohl Brennpunkt als auch Brennweite können nur mit geometrischer Hilfe bestimmt werden. Wenn man die ausfallenden Strahlen in der optischen Achse bis zu ihrem Ursprung zurück verlängert, so ist der Schnittpunkt der Strahlen der *Brennpunkt*. Aus dem Abstand des Brennpunktes zur Linse kann man dann die *Brennweite* ermitteln.

1.2.4.3 *Brechkraft*

Um Linsen besser und direkter vergleichen zu können, hat man eine Größe eingeführt, die dem Kehrwert der Brennweite entspricht und als Brechkraft bezeichnet wird.

Durch Veränderung der Brechkraft ist das Auge in der Lage, unterschiedlich weit entfernte Gegenstände scharf auf der Netzhaut abzubilden. Dies bezeichnet man als *Akkommodation*.

Wird die Augenlinse stark gekrümmt, resultiert daraus eine Erhöhung der Brechkraft. Damit kann das Auge nahe liegende Gegenstände scharf darstellen.

Damit man auch einen Gegenstand in der Ferne gut sehen kann, wird die Linse abgeplattet und die Brechkraft verringert sich.

1.2.4.4 *Sehkorrekturen*

Viele Menschen besitzen eine Störung der Sehfunktion. Die zwei bekanntesten Störungen der Sehtüchtigkeit sind die Kurz- und die Weitsichtigkeit. Diese beiden Fälle werden hier betrachtet.

Bei der Kurzsichtigkeit weist der Augapfel einen zu großen Durchmesser in der optischen Achse auf. Parallel einfallende Lichtstrahlen vereinigen sich bereits vor der Netzhaut. Damit können entfernte Gegenstände nicht scharf gesehen werden. Zur Sehkorrektur kommt eine Konkavlinse zum Einsatz.

Weitsichtigkeit geht meist mit einem zu kurzen Augapfel einher, die Lichtstrahlen vereinigen sich hinter der Netzhaut. Dies hat zur Folge, dass nahe Gegenstände unscharf gesehen werden. Hier ist eine Konvexlinse die geeignete Sehhilfe.

1.2.5 Akustik

Dieses Teilgebiet der Mechanik beschäftigt sich mit der Lehre des Schalls. Ein zentraler Begriff zu diesem Thema ist die *Schwingung*. Eine Schwingung ist ein sich regelmäßig wiederholender, also periodischer Vorgang eines Körpers. Ein Uhrenpendel beispielsweise schwingt nach Auslösung immer wieder von links nach rechts. Die Zeit, die das Pendel für eine Schwingung braucht, nennt man die *Schwingungsdauer*. Das Maß für die Schwingungsdauer T ist die Grundeinheit Sekunde. Die Anzahl der Schwingungen in einem bestimmten Zeitraum bezeichnet man als *Frequenz*. Zwischen Frequenz f und Schwingung besteht folgender mathematischer Zusammenhang:

Frequenz = 1/Schwingungsdauer
$f = 1/T$

Umgekehrt kann man die Schwingungsdauer aus der Frequenz berechnen.

Schwingungsdauer = 1/Frequenz
$T = 1/f$

Der Kehrwert 1/Sekunde wird mit der Einheit Hertz (Hz) bezeichnet.

Etwas gänzlich anderes als Schwingungen sind *Wellen*. Eine Welle ist ein zeitlich und räumlich periodischer Vorgang. Die zeitliche Periode ist die Schwingungsdauer, die räumliche Periode die Wellenlänge.
Beispiel: Wenn man in ein mit Wasser gefülltes Glas von oben Wasser hineintropfen lässt, kann man vom Eintrittspunkt der Tropfen aus eine Ausbreitung zum Rand hin beobachten. Die Kreise setzen sich periodisch fort wie eine Schwingung.

Hinzu kommt aber, dass diese periodische Ausbreitung zeitlich und räumlich begrenzt ist. In diesem Fall spricht man nicht von Schwingungen, sondern von Wellen.
Beispiel: Betrachtet man nun dasselbe Glas von der Seite und tropft wieder Wasser auf die Wasseroberfläche, kann man bei der Ausbreitung »Wellenberge« und »Wellentäler« erkennen. Der Abstand von einem zum anderen »Berg« wird als *Wellenlänge* bezeichnet. Die gesamte Dauer der Ausbreitung bis zum Erliegen ist die Schwingungsdauer.

Schallwellen sind Schwingungen, die sich in der Luft fortsetzen und im menschlichen Gehör die Sinneserscheinung Hören auslösen.

1.3 Chemie

1.3.1 Atom und Atombau

Jeder Stoffwechselvorgang im menschlichen Körper geschieht mittels chemischer Reaktionen. Daher ist es wichtig, die Grundlagen der Chemie zu kennen, um die im weiteren Verlauf zu behandelnden sowie fächerübergreifenden Themen verstehen und nachvollziehen zu können. Da das Gebiet der Chemie sehr umfangreich ist, werden hier nur die wesentlichen Zusammenhänge, die in Verbindung mit der Medizin notwendig sind, behandelt.

Was ist Chemie? Chemie ist die Lehre von Verbindungen, Eigenschaften und Umwandlungen von Stoffen. Sie teilt sich in die drei folgenden Gebiete auf: in die allgemeine und anorganische Chemie, die organische Chemie und die Biochemie.

Stoffe lassen sich zunächst in Elemente einteilen. Ein Element steht in der Chemie für einen Grundstoff, zum Beispiel reinstes Gold, reinsten Stickstoff usw. Hierbei ist es wichtig zu erwähnen, dass sich solche Grundstoffe mit herkömmlichen Mitteln der Chemie nicht weiter als in ihre kleinsten Teilchen, die sogenannten Atome, zerlegen lassen. Unterschiedliche Elemente können Verbindungen untereinander eingehen. Das Verhältnis der Verbindungspartner ist immer gleich. Sie besitzen eine konstante Zusammensetzung. Diese Verbindungen lassen sich aber auch durch chemische Reaktionen wieder in ihre einzelnen Elemente zerlegen.

Ein reines Element setzt sich aus ganz vielen kleinen Teilchen, den sogenannten Atomen, zusammen. Sie sind die kleinsten Teilchen eines Elements.

Der griechische Naturphilosoph Leukipp und sein Schüler Demokrit entwickelten bereits in der Antike die Vorstellung, dass ein Atom nicht weiter zerlegbar sei. Daher hat es auch seinen Namen: *atomos* ist griechisch und bedeutet übersetzt »unteilbar«.

Tatsächlich aber besteht jedes Atom aus zwei Bestandteilen, zum einen aus dem *Atomkern* im Zentrum des Atoms, zum anderen aus der *Atomhülle,* auch Schale genannt, um den Atomkern herum (Abb. 6). Der Kern enthält 99,95 % der Gesamtmasse eines Atoms und ist im Durchmesser sehr klein.

Der Kern enthält als Elementarteilchen die positiv geladenen *Protonen* und die neutralen Anteile, die sogenannten *Neutronen*. Diese beiden Kernelementarteilchen nennt man auch *Nukleonen*. Die Neutronen dienen dazu, den Kern, dessen Protonen sich aufgrund derselben Ladung abstoßen, zusammenzuhalten und ihm somit Stabilität zu verleihen. In einem bestimmten Abstand zum Kern kreisen die negativ geladenen *Elektronen* – Synonyme: Außen- oder Valenzelektronen – annähernd mit Lichtgeschwindigkeit umher und lassen das Atom nach außen hin neutral erscheinen. Die Masse eines Elektrons ist im Vergleich 2000-fach geringer als der Kern.

Was unterscheidet die Atome voneinander? Die Anzahl der Protonen im Atomkern und somit auch die Anzahl der Elektronen in der Elektronenhülle.

Die Anzahl der Protonen im Kern bezeichnet man als *Ordnungszahl*. Sie legt auch fest, um welches Element es sich handelt. Vereinfacht kann man sagen, dass die Anzahl der Protonen und Neutronen im Kern die *Massenzahl* ergibt, wobei die Neutronenzahl wechseln kann. Diese Angabe besitzt keine Einheit und sagt auch nichts über die Masse des Atoms aus.

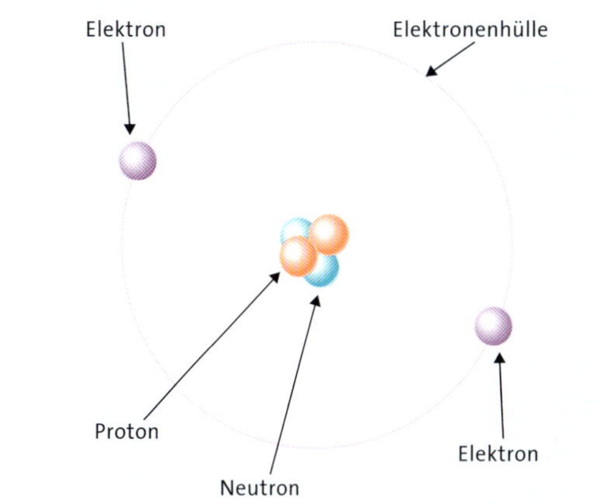

Abb. 6 ▶ Schematische Darstellung des Atombaus

1.3.2 Chemische Elemente

Derzeit sind über 120 verschiedene chemische Elemente bekannt, die in der Natur sowohl stabil als auch instabil vorkommen. Diese Elemente werden neben ihrem Stoffnamen durch chemische Symbole abgekürzt.

Für die Medizin sind allerdings nur 26 verschiedene Elemente von Bedeutung. Stickstoff (N), Sauerstoff (O), Kohlenstoff (C) und Wasserstoff (H) sind die am häufigsten auftretenden Elemente des menschlichen Organismus. Diese vier Elemente, die 96 % der Körpermasse ausmachen, sind an den meisten organischen Verbindungen im menschlichen Körper beteiligt.

Die Elemente Kalzium (Ca), Phosphor (P), Kalium (K), Schwefel (S), Natrium (Na), Chlor (Cl) und Magnesium (Mg) sind ebenfalls als Produkt im Körper vorhanden und in Verbindungen sowie an Stoffwechselvorgängen als Reaktionspartner beteiligt. Diese Mineralstoffe bilden ca. 3 % der Körpermasse. Das letzte Prozent setzt sich zusammen aus den Spurenelementen, die, wie der Name schon sagt, nur in geringem Maße im Körper vorhanden sind.

1.3.3 Stoffmenge in mol

In der Medizin werden Stoffmengen und Konzentrationsangaben sehr häufig in mol angegeben.

Wie ist ein Mol definiert? Ein Mol ist die Stoffmenge eines Systems, die ebenso viele Teilchen enthält, wie Atome in 12 g Kohlenstoff enthalten sind. Die *Avogadro-Konstante* beträgt für alle Elemente: $6{,}023 \cdot 10^{23}$ Teilchen.

Die Masse von einem Mol ist abhängig von der Art der Substanz bzw. der Masse der einzelnen Teilchen. Hier kann man nun eine spezifische Aussage über das Gewicht eines Atoms treffen, das sogar eine Einheit besitzt.

Die Teilchenmasse kann man bei Atomen und Ionen direkt aus dem Periodensystem der Elemente (PSE) anhand der Massenzahl berechnen. Bei Molekülen benötigt man zusätzlich die *Molekül- oder Summenformel*. Aus ihr lässt sich ablesen, wie viele Atome einer Art in dem Molekül verbaut worden sind.

Beispiel:

1. 1 mol C (Kohlenstoff) = 12 g
   Molmasse: C = 12 g (C-Massenzahl 12)
2. 1 mol $C_6H_{12}O_6$ (Glukose) =
   $6 \cdot 12\ g + 12 \cdot 1\ g + 6 \cdot 16\ g = 180\ g$
   Molmassen: C = 12 g; H = 1 g; O = 16 g.

Tab. 8 ▶ Beispiele für Stoffnamen und ihre chemischen Symbole

H	Wasserstoff
O	Sauerstoff
C	Kohlenstoff
N	Stickstoff

1.3.4 Periodensystem der Elemente

Die frühen Chemiker haben sich, seitdem sie mehrere Elemente kennen, überlegt, wie sie die Elemente am besten ordnen könnten. Um Einteilungskriterien festzulegen, wurde eine Liste angefertigt, in der alle Elemente nach steigender Ordnungszahl nebeneinander aufgeführt sind. Doch im Laufe der Zeit wurde die Liste aufgrund der Entdeckung weiterer Elemente immer länger. Zwei Naturwissenschaftler fanden unabhängig voneinander heraus, dass es Elemente gibt, die sich in ihren Eigenschaften ähneln und sich diese Eigenschaften periodisch wiederholen. Die Chemiker schrieben die Elemente, die sich ähnelten, untereinander und diejenigen mit steigender Ordnungszahl nebeneinander auf und nannten es »das Periodensystem der Elemente«. Somit entstand eine Liste, die im Wesentlichen nur acht unterschiedliche Merkmale verzeichnet. Konkret nannten sie die waagerechten Reihen Perioden und die senkrechten Spalten Hauptgruppen.

Eine sehr übersichtliche Abbildung des Periodensystems der Elemente findet sich unter:
www.chemie.de/lexikon/Periodensystem.html

Man kann aus diesen Listen die Ordnungszahl, die Massenzahl und die Elektronegativität der einzelnen Elemente ablesen.

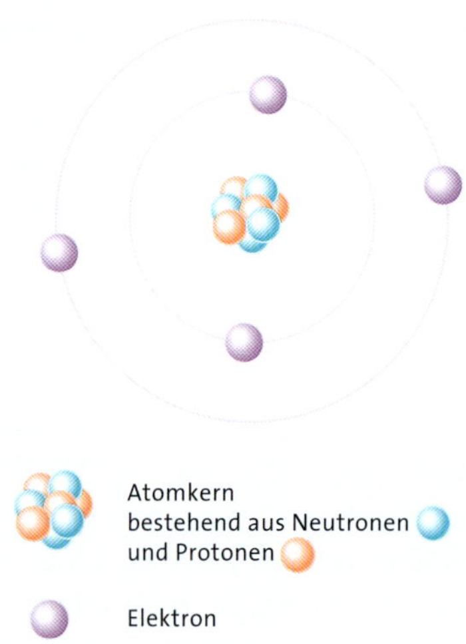

Abb. 7 ▶ Vereinfachtes Elektronenschalenmodell

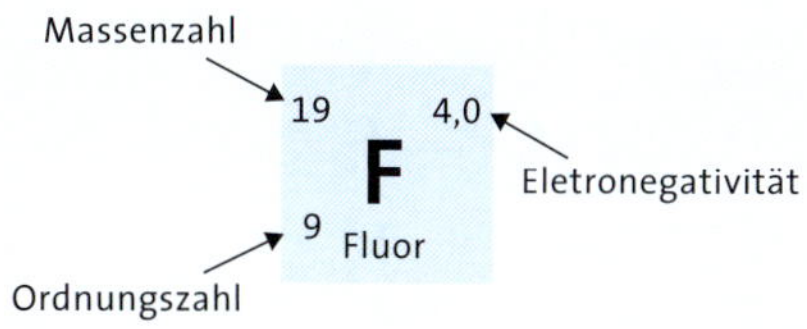

ABB. 8 ▶ Auszug aus dem Periodensystem der Elemente: Fluor

Um gewisse Vorgänge der Elektronen wie zum Beispiel Bindungen anschaulicher erklären zu können, nimmt man das einfach strukturierte *Elektronenschalenmodell* zur Hilfe (ABB. 7).

In Wirklichkeit umkreist ein Elektron den Atomkern nicht auf einer einfachen Bahn, sondern nimmt einen größeren Raum ein, sogenannte Schalen. Die Größe des Raumes hängt von der Energie des Elektrons ab. Elemente der ersten Periode, hier Wasserstoff und Helium, besitzen nur eine Schale, bei denen der zweiten Periode kommt außen eine weitere, größere Schale hinzu und so fort. Diese Schalen sind mit bis zu acht Elektronen voll besetzt. Es gibt allerdings eine Ausnahme, denn die erste Schale in der ersten Periode ist bereits nach zwei Elektronen voll besetzt.

Zurück zu den Hauptgruppen. Für das Verständnis der chemischen Grundlagen im Rettungsdienst reichen vier der acht Hauptgruppen, und zwar die erste und zweite sowie die siebte und achte Hauptgruppe.

Die Atome der ersten Hauptgruppe werden Alkalimetalle genannt. Die Hauptvertreter aus dieser Gruppe sind Natrium und Kalium. Alle Alkalimetalle besitzen auf ihrer äußersten Schale ein Elektron.

Erdalkalimetalle sind Atome der zweiten Hauptgruppe und im Vergleich zu den Alkalimetallen härter. Auch hier gibt es wieder Hauptvertreter, die für den menschlichen Körper wichtig sind, nämlich Magnesium und Kalzium. Die Erdalkalimetalle besitzen auf ihrer äußersten Schale zwei Elektronen, die um den Kern kreisen (TAB. 9).

Die siebte Hauptgruppe sind sogenannte Salzbildner. Dies sind hauptsächlich Stoffe, die häufig zu den Salzen eingruppiert werden, wenn sie Verbindungen mit Metallen eingehen.

Alle Vertreter der achten Hauptgruppe haben eine voll besetzte Außenschale. Man bezeichnet sie auch als Edelgase. Sie gehen keine Verbindungen mehr ein, da ihre Schalen schon mit Elektronen voll besetzt sind. Ein Beispiel für die Nichtreaktion der Edelgase ist die Zusammensetzung der Ein- und Ausatemluft. Während Sauerstoff und Kohlendioxid sich in ihren prozentualen Anteilen verändern, bleiben die Zahlen bei den Edelgasen gleich (TAB. 10).

Bevor man sich mit den verschiedenen Formen der chemischen Bindungen beschäftigt, muss man eine weitere

TAB. 9 ▶ Auszug aus dem PSE – Alkali- / Erdalkalimetalle

Hauptgruppe	
1.	2.
H	
Li	Be
Na	Mg
K	Ca
Rb	Sr
Cs	Ba
Fr	Ra
Alkalimetall	**Erdalkalimetall**

TAB. 10 ▶ Auszug aus dem PSE – Halogene und Edelgase

Hauptgruppe	
7.	8.
	He
F	Ne
Cl	Ar
Br	Kr
J	Xe
At	Rn
Halogene	**Edelgase**

Größe kennen, damit die Ionenverbindung verständlicher wird.

Die *Elektronegativität* beschreibt die Kraft der Atome, Elektronen von anderen Atomen zu sich heranzuziehen, um den Edelgaszustand zu erreichen. Bei chemischen Verbindungen geht es um nichts anderes, als den Edelgaszustand zu erreichen. So erklärt sich auch das Verhalten der Atome bei chemischen Bindungen. Dabei gilt:

> Die Elektronegativität nimmt innerhalb einer Hauptgruppe von oben nach unten ab und innerhalb der Periode von links nach rechts zu.

1.3.5 Die chemische Bindung

Das Verknüpfen von Atomen zu neuen Stoffen beruht auf folgenden Mechanismen:
- Valenzelektronenaufnahme
- Valenzelektronenabgabe
- gemeinsame Benutzung von Elektronen.

Welche Form der chemischen Bindung eingegangen wird, bestimmen die zwischen den Atomen wirkenden Bindungskräfte. Allen Bindungsmechanismen ist eines gemeinsam: Sie versuchen, den Edelgaszustand zu erreichen und ihre äußerste Schale komplett aufzufüllen.

1.3.5.1 *Ionenbindung*

Atome können durch die Abgabe oder Aufnahme von Valenz- bzw. Außenelektronen stabile Elektronenanordnungen ihrer Atomhüllen erreichen. Dabei entstehen elektrisch geladene Ionen. Nur die Anzahl der Außenelektronen ändert sich, die Protonenzahl im Atomkern bleibt gleich. Je nachdem, ob Außenelektronen abgegeben oder aufgenommen werden, entstehen positive Ionen, sogenannte *Kationen*, oder negativ geladene Ionen des entsprechenden Elements, die auch als *Anionen* bezeichnet werden. Durch ihre unterschiedliche Ladung sind die Ionen in der Lage, miteinander zu verschmelzen und eine Verbindung einzugehen.
Beispiel: Natrium (Na), Element der ersten Hauptgruppe, hat insgesamt elf Elektronen. Davon sitzt ein Valenzelektron auf der äußersten Schale. Für das Natrium ist es einfacher, ein Valenzelektron an ein anderes Atom abzugeben, als sieben weitere Elektronen aufzunehmen. Es gibt das eine Valenzelektron ab und erreicht somit den Edelgaszustand. Aufgrund der Elektronenabgabe wird es zum positiv geladenen Kation (Na^+).
Beispiel: Das Element Chlor aus der siebten Hauptgruppe besitzt insgesamt 17 Elektronen, davon sieben Valenzelektronen in seiner äußersten Schale. Um den Edelgaszustand zu erreichen, müsste es ein weiteres Elektron aufnehmen. Chlor besitzt eine so starke Anziehungskraft auf ein Elektron, um es zum Beispiel dem Natrium zu entreißen. Chlor ist nach der Aufnahme dieses einen Elektrons zu einem negativ geladenen Anion geworden (Cl^-). Aufgrund dieser unterschiedlichen Ladungen von Na^+ und Cl^- ziehen sich die beiden an und verbinden sich zu dem Element Natriumchlorid (Na^+Cl^-), besser bekannt als Kochsalz.

1.3.5.2 *Atom- / Kovalente Bindung*

Das Prinzip der Atom- oder auch kovalenten Bindung beruht auf der Bildung von Elektronenpaaren, d.h. die Elektronen werden von den beteiligten Atomen gemeinsam benutzt. In den Formeln bedeutet ein Punkt ein einzelnes Elektron und ein Strich ein Elektronenpaar. Atombindungen treten nur unter Nichtmetallen auf.

Zum Beispiel besitzt ein Wasserstoffatom ein Valenzelektron. Bewegen sich nun zwei Wasserstoffatome aufeinander zu, werden die beiden von ihren Kernen so stark angezogen, dass sie miteinander verschmelzen und die beiden Elektronen nun als Paar gemeinsam benutzen. Diese Verbindung nennt man *Molekül*. Zwischen den Atomen können sich auch zwei oder drei Elektronenpaarbindungen ausbilden. Da die

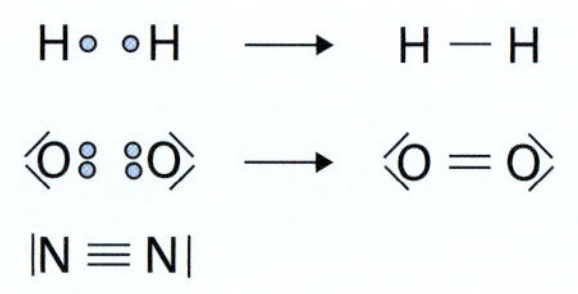

Abb. 9 ▶ Beispiel für Atom- oder kovalente Bindung

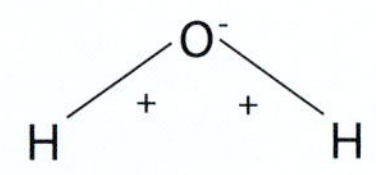

Abb. 10 ▶ Beispiel für einen Dipol

Moleküle in Abb. 9 die gleichen Anziehungskräfte untereinander haben, nennt man diese Verbindung auch *unpolare kovalente Bindung*.

Bei Molekülen, die kovalent miteinander verbunden sind, aber aus unterschiedlichen Atomen bestehen, werden die Elektronen von den Kernen unterschiedlich stark angezogen. Man spricht nun von einer sogenannten *polaren kovalenten Bindung*. Charakteristisch hierfür ist, dass es durch die unterschiedlichen Anziehungskräfte der Atome innerhalb des Moleküls zu unterschiedlichen Ladungen kommt. Diese Moleküle besitzen einen Dipolcharakter. Die hierfür verantwortliche Anziehungskraft ist die *Elektronegativität*, die bei der Ausbildung von einigen Molekülen eine große Rolle spielt. Sie darf aber nicht mit der *Elektroaffinität*, der Anziehungskraft bei der Ionenbindung, verwechselt werden.

1.3.5.3 *Wasserstoffbrückenbindung*

Voraussetzung für eine Wasserstoffbrückenbindung sind ein H-Atom und ein elektronegativeres Atom, das kovalent an das H-Atom gebunden ist. Als Beispiel ist hier Wasser (H_2O) zu nennen. Das Sauerstoffatom ist elektronegativer als das Wasserstoffatom. Somit wird das bindende Elektronenpaar stärker an das O-Atom gezogen. Dadurch wird das Wasserstoffatom positiv und kann weitere negative Teilladung an sich binden.

1.3.6 Chemische Reaktionen

Egal welche Verknüpfungsform zugrunde liegt, es handelt sich bei jeder Verknüpfung um eine chemische Reaktion, die in ihrem Ausmaß unterschiedlich sein kann. Es genügt aber zu wissen, dass man von einer *anabolen Reaktion* spricht, wenn sich mehrere Atome, Ionen oder Moleküle zu einer größeren Einheit verbinden.
Beispiel: $N + 3H \rightarrow NH_3$.

TAB. 11 ▶ Bindungsarten im Überblick

Bindungsart	Beteiligte Elemente	Vorgänge in der Hülle	Entstehende Teilchen	Beispiele	Gittertyp
Ionenbindung	Metall und Nichtmetall	Metalle: Elektronenabgabe Nichtmetalle: Elektronenaufnahme	positive Ionen = Kationen negative Ionen = Anionen	NaCl (Na und Cl) KCl (K und Cl) $MgCl_2$ (Mg und 2 Cl)	Salzgitter (= Ionengitter)
Atombindung	Nichtmetall und Nichtmetall	Nutzen von gemeinsamen Elektronen	Moleküle	unpolar O_2, H_2, Cl_2 polar H_2O, HCl	Molekülgitter
Metallbindung	Metall und Metall	Abgabe von Außenelektronen	Metallkationen verbinden sich zu einem Gitter, Elektron wird innerhalb des Gitters von allen Metallkationen benutzt (Elektronengas)	Magnesiumoxid	Metallgitter

Da sich hier ein neuer Stoff bildet, bezeichnet man die Neubildung auch als Synthese. Das Gegenteil hiervon ist die *katabole Reaktion*. Hierbei wird eine Verbindung wie im Beispiel oben wieder umgekehrt; eine größere Einheit spaltet sich auf.
Beispiel: $NH_3 \rightarrow N + 3H$.

1.3.7 Transportprozesse

Flüssigkeiten und Teilchen sind ständig in Bewegung und versuchen einen Konzentrationsausgleich herzustellen. So ist es auch an den natürlichen Barrieren im Körper, den Zellmembranen. Wie das geschieht, wird anhand der zwei wichtigsten Transportprozesse im Folgenden vorgestellt.

1.3.7.1 *Diffusion*

Die Diffusion ist der Vorgang, bei dem sich Substanzen aufgrund ihrer Eigenbewegung in einem Lösungsmedium vom Ort der höheren zum Ort der niedrigeren Konzentration verteilen. Diese Verteilung läuft so lange ab, bis ein Konzentrationsausgleich stattgefunden hat. Kurze Wege und eine hohe Umgebungstemperatur begünstigen den Transportprozess. Als klinisches Beispiel sei hier der Austausch von Sauerstoff und Kohlenstoffdioxid in den Lungen genannt.

1.3.7.2 *Osmose*

Ein weiterer passiver Transportvorgang ist die Osmose. Auch hier findet, wie bei der Diffusion, ein Konzentrationsausgleich statt. Der Unterschied besteht allerdings darin, dass sich bei der Osmose die Substanzen nicht frei in ihrem Lösungsmedium bewegen können, da das Lösungsmedium und die Substanzen durch eine halbdurchlässige, *semipermeable* Schicht voneinander getrennt sind. Hier können also nur Substanzen wandern, die durch die Membran hindurchpassen, wie zum Beispiel ein flüssiges Lösungsmedium. Da nun aufgrund der Membran auf beiden Seiten ein Konzentrationsunterschied besteht, das System aber dennoch bestrebt ist, einen Konzentrationsausgleich herzustellen, geschieht hier der Ausgleich vom Ort der niedrigeren zum Ort der höheren Konzentration. Das heißt, dass das Lösungsmedium in Richtung der Teilchen wandert und der Ausgleich auf diese Art stattfindet. Die Stärke, mit der sich das Lösungsmedium durch die Membran drückt, wird als *osmotischer Druck* bezeichnet. Der osmotische Druck ist von der Anzahl der Substanzen abhängig, die das Lösungsmedium auf die andere Seite der Membran ziehen. Die Anzahl der Substanzen wird als *Osmolarität* bezeichnet.

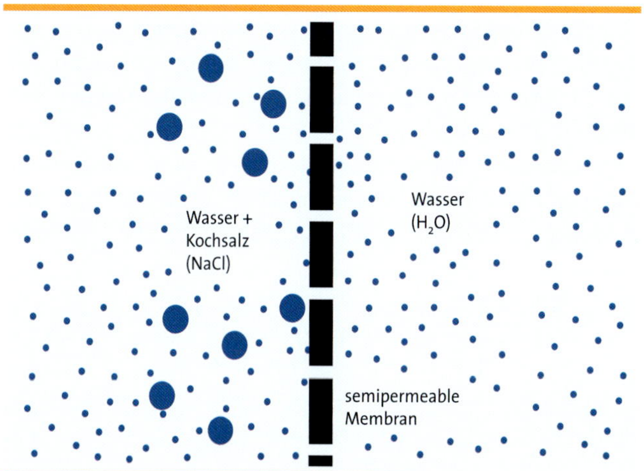

ABB. 11 ▶ Osmotische Bewegungen von Wassermolekülen

1.3.8 Säure und Basen

Die Kenntnis von Säuren und Basen/Laugen ist wichtig, um biochemische und physiologische Vorgänge im Körper nachvollziehen und dementsprechend Maßnahmen zur Gegenregulation einleiten zu können.

Eine gängige Definition für Säuren und Basen ist: Säuren sind Stoffe, die in wässriger Umgebung H^+-Ionen abgeben können und somit als sogenannte *Donatoren* (lat., Spender) dienen. Basen sind Stoffe, die H^+-Ionen in wässriger Umgebung aufnehmen können. Sie werden Akzeptoren genannt. Diese Eigenschaften spielen im Körper eine ganz wichtige Rolle, um den Säure-Basen-Haushalt konstant zu halten.

Der Begriff *pH-Wert* stammt aus dem Lateinischen und bedeutet soviel wie »die Kraft des Wasserstoffes«. Er ist definiert als der negative dekadische Logarithmus der H^+-Ionen-Konzentration und stellt ein Maß dar, um den Säure- bzw. Laugengrad eines Stoffes zu bestimmen. Dieses Maß kann aufgrund seiner Definition nur Werte zwischen 0 und 14 annehmen.

Durch Puffersysteme kann der menschliche Körper den pH-Wert relativ konstant halten. Einer der wichtigsten Puffer ist der Kohlensäure-Bikarbonat-Puffer.

Tab. 12 ▶ Säuren und Basen sowie Beispiele physiologischer pH-Werte in Körperflüssigkeiten

Lösung	pH-Wert
sauer	< 7,0
neutral	= 7,0
basisch	> 7,0
Salzsäure	< 1,0
Magensaft	ca. 1,0
Blut	7,35 – 7,45
Bauchspeichel	8,0 – 8,7

1.3.9 Organische Chemie

Die organische Chemie beschäftigt sich mit dem Kohlenstoff und seinen Verbindungen. Kohlenstoff besitzt Eigenschaften, die kein anderes Element im Periodensystem aufweist. Daher spricht man bei der organischen Chemie auch von der Chemie der Kohlenstoffverbindungen. Kohlenstoff – abgekürzt durch das Elementsymbol »C« – steht in der vierten Hauptgruppe und kann stabile Atombindungen durch gemeinsames Benutzen der Elektronen mit maximal drei Elektronenpaaren eingehen. Er kann sich mit allen Partnern aus dem PSE und mit sich selbst verbinden. Diese Verbindungen können sehr lang sein, sind aber trotz der Länge sehr stabil.

Kohlenstoff verbindet sich hauptsächlich mit den Elementen Wasserstoff (H), Sauerstoff (O) und Stickstoff (N). Diese Bindungen bilden mehr als 90 % aller organischen Verbindungen.

Einfachste organische Verbindungen sind die Kohlenwasserstoffe. Wie der Name schon sagt, bestehen diese Verbindung aus Kohlenstoff (C) und Wasserstoff (H). Das übersichtlichste Kohlenwasserstoffmolekül ist das Methan mit der Summenformel CH_4 (Abb. 12). Kohlenwasserstoffverbindungen können durch Einfach-, Doppel- und Dreifachbindung verbunden sein (Abb. 13).

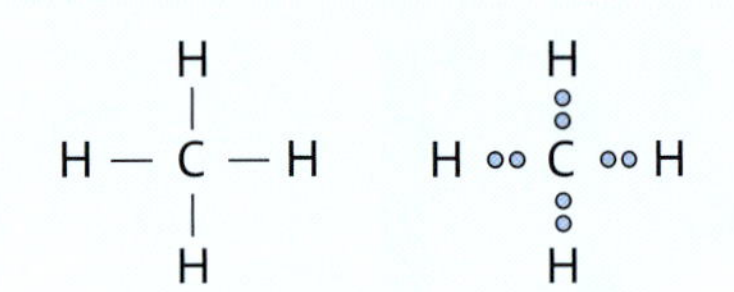

Abb. 12 ▶ Kohlenwasserstoffmolekül Methan

Diese Reihe kann beliebig fortgesetzt werden, indem man mehrere C- und H-Atome aneinander fügt. Durch Reaktionen können nun die Wasserstoffatome durch einzelne Elemente oder Gruppen ersetzt werden (Abb. 14).

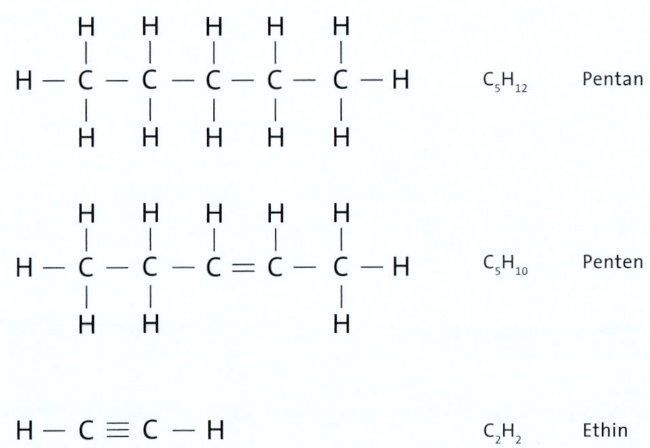

Abb. 13 ▶ Beispiele für Einfach-, Doppel- und Dreifachbindungen

1.3.10 Biochemie

Die Biochemie ist vereinfacht definiert die Lehre von chemischen Aufbau-, Abbau- und Umwandlungsvorgängen in Lebewesen. Sie ist eine Grenzwissenschaft zwischen Biologie, Chemie und Physiologie von Lebewesen. Jeder biologische Organismus kann nur überleben, wenn Stoffe aufgenommen und verwertet werden.

Der menschliche Organismus stellt ebenfalls ein solches System dar. Um einen Stoffwechsel, den sogenannten *Metabolismus*, im Körper aufrechterhalten zu können, müssen lebensnotwendige Substanzen wie Nährstoffe – Kohlenhydrate, Fette, Eiweiße – sowie weitere Substanzen (z. B. Mineralsalze, Wasser) zugeführt werden. Dabei unterscheidet man einen abbauenden Stoffwechsel, der auch als *Katabolismus* bezeichnet wird, von einem aufbauenden Stoffwechsel, dem *Anabolismus*.

1.3.10.1 *Enzyme und Koenzyme*

Für Abbau- und Umbauvorgänge sind Stoffe notwendig, die diese Reaktionen antreiben; sonst würde es zu lange dauern, bis die Stoffe zerlegt wären. Stoffe, die diese Eigenschaften besitzen, werden als Enzyme bezeichnet. Für fast jeden Reaktionstyp gibt es nur ein wirksames Enzym.

Enzyme bestehen meist aus zwei Anteilen. Der eine Teil erkennt den Stoff und verbindet sich mit diesem. Der zweite Teil, das Koenzym, ist für die Reaktion zuständig.

1.3.10.2 *Nährstoffe*

Alle Nährstoffe werden in die Naturstoffklassen der Kohlenhydrate, der Fette und der Eiweiße unterteilt.

▶ Kohlenhydrate

Zur Naturstoffklasse der Kohlenhydrate gehören die Zucker (formale Summenformel: $C_m(H_2O)_n$). Man kann sie in drei Gruppen einteilen, und zwar in Mono-, Di- und Polysaccharide.

- *Monosaccharide:* Die Kohlenhydrate dieser Gruppe werden auch als Einfachzucker bezeichnet. Je nach der Anzahl der C-Atome unterscheidet man Pentosen und Hexosen. Pentosen haben fünf und Hexosen sechs C-Atome

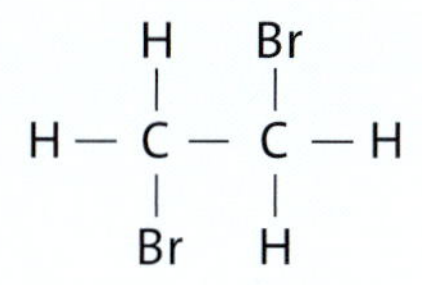

Abb. 14 ▶ Austausch von Wasserstoff durch ein anderes Element, hier Brom

in ihrer Strukturformel. Hauptvertreter der Hexosen ist die Glukose, besser bekannt als Traubenzucker. Glukose dient fast jeder Zelle als Energiequelle.
  Fruktose und Galaktose sind ebenfalls Einfachzucker aus der Gruppe der Hexosen, unterscheiden sich aber in der Anordnung der Atome.
- *Disaccharide:* Reagieren zwei Einfachzucker unter Abspaltung eines Wassermoleküls, also bei Kondensation, so entstehen Disaccharide. Zum Beispiel entstehen aus zwei Glukosemolekülen Maltose und Wasser. Die Verbindungen von verschiedenen Monosacchariden untereinander ergeben unterschiedliche Disaccharide, von denen die einen vom Körper aufgespalten werden können und die anderen nicht; letztere können nicht verwertet werden.
- *Polysaccharide:* Dies sind viele Einfachzucker, die aneinander hängen und ein riesiges Molekül ergeben. Als erster Vertreter der Polysaccharide sei hier die Stärke genannt. Sie ist der Reservezucker für Pflanzen und kann vom menschlichen Organismus durch Enzyme sehr leicht in Einfachzucker zerlegt werden. Auch Menschen und

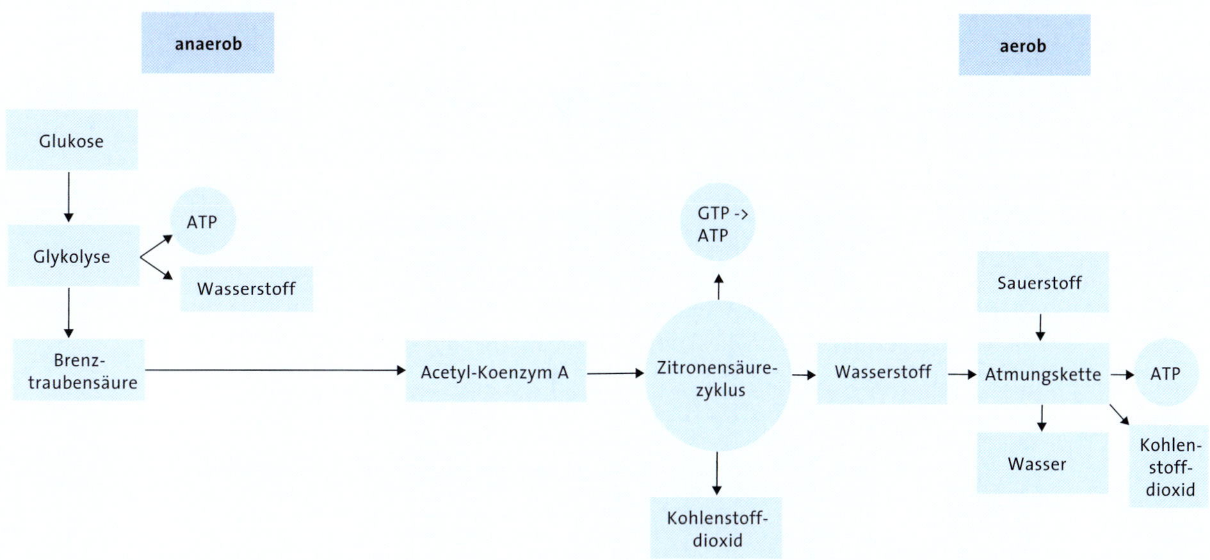

Abb. 15 ▶ Zellatmung

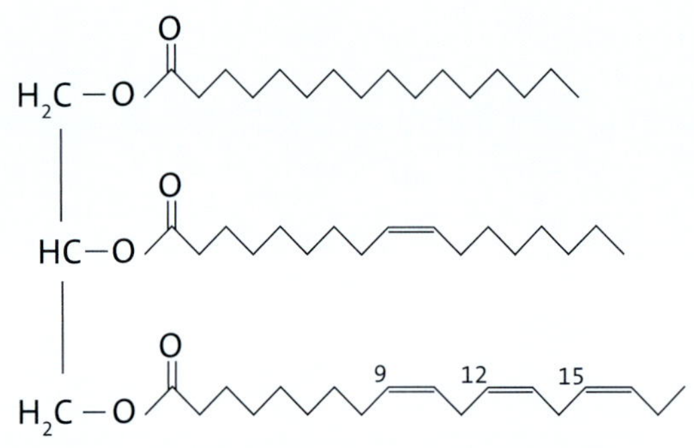

Abb. 16 ▶ Glyzerin als Beispiel für Triglyzeride

Tiere können Zucker speichern. Diese Speicherform heißt Glykogen und dient dem Körper in schlechten Zeiten als eiserne Reserve. Als letzter Vertreter der Polysaccharide ist die Zellulose zu nennen. Zellulose ist Bestandteil der Pflanzenzellwände und kann vom Körper nicht zersetzt werden. Dennoch dient sie dem Körper als Ballaststoff. Diese werden vom Körper oft unverdaut wieder ausgeschieden.

▶ Kohlenhydratstoffwechsel

Der menschliche Organismus führt komplexe Kohlenhydrate, die Polysaccharide, über die Nahrung zu. Diese werden durch Enzyme, sogenannte *Amylasen*, zunächst in Disaccharide zerlegt und im Verlauf der Verdauung in Einfachzucker weiterzerlegt. Glukose steht den Zellen als Energie zur Verfügung. Nervenzellen sind auf Glukose als einzigen Energielieferanten angewiesen. Der Körper sorgt dafür, dass ständig ein konstanter Glukosespiegel im Blut herrscht.

Wie gelingt es nun dem Körper, dass aus Glukose Energie entsteht? Glukose muss dafür abgebaut werden. Dieser Abbau geschieht in der Zelle, nachdem die Glukose dort hineingelangt ist. Während der *Glykolyse*, der ersten Station der Stoffwechselreaktion der Glukose, wird sie zu Pyruvat, Brenztraubensäure, abgebaut. Hierbei entstehen bereits geringe Mengen Adenosintriphosphat (ATP), der Energielieferant für die Zelle, um die weiteren Reaktionen ablaufen zu lassen (zu Aufbau und Funktion von ATP s. u.). Bei Anwesenheit von Sauerstoff – man nennt diesen Zustand aerob – und dem Acetyl-Koenzym A wird das Pyruvat für den nachfolgenden Zitratzyklus vorbereitet. Hier wird es durch viele Reaktionen weiter für die Atmungskette umgebaut. In der Atmungskette wird auch wieder Sauerstoff zugeführt, dabei entstehen Wasser und eine große Menge Energie.

Was geschieht bei Erschöpfung der Glykogenreserven? Hierbei beginnt der Körper, vermehrt Fette und Eiweiße abzubauen, um daraus in verschiedenen Umbauschritten Glukose zu produzieren. Dieser Prozess wird *Glukoneogenese* genannt.

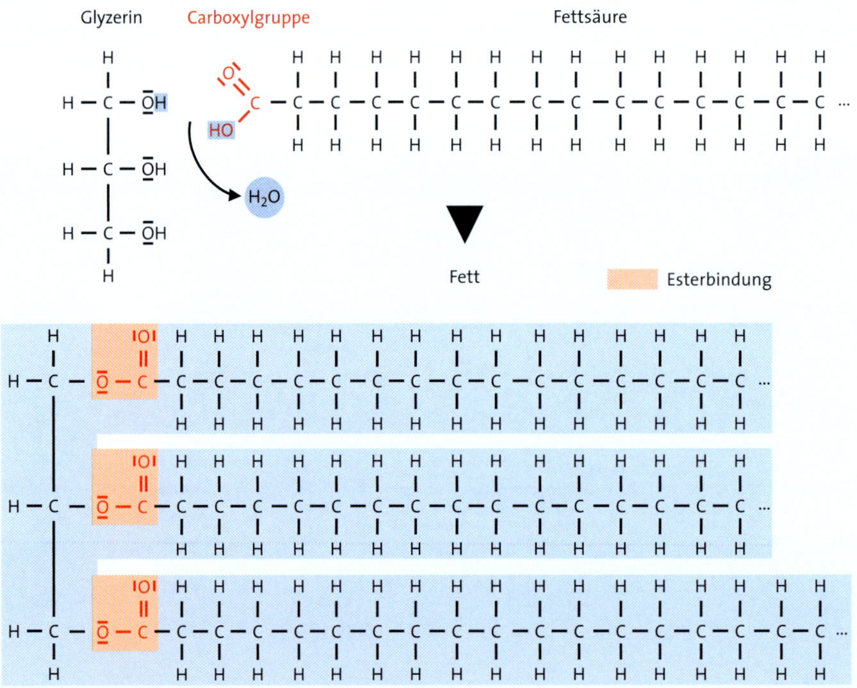

Abb. 17 ▶ Bildung eines Fettmoleküls aus Fettsäuren und Glyzerin

▶ Fette

Neben Glukose können Fette, sogenannte *Lipide*, zur Energiegewinnung herangezogen werden. Von der chemischen Struktur her sind sie den Kohlenhydraten ähnlich. Fette sind energiereicher als Glukose. Sie können allerdings nicht so einfach freigesetzt werden wie Monosaccharide. Aber nicht nur als Energielieferant werden Fette im Körper verwendet, sondern sie dienen auch zur Isolation bei Kälte und als Lösungsmittel für bestimmte Vitamine. Darüber hinaus schützt Fett den Körper und darunter liegende Organe zum Beispiel gegen Erschütterungen.

Unterschieden werden tierische und pflanzliche Fette. Die größte Gruppe der natürlich vorkommenden Fette sind die *Triglyzeride*. Ein Triglyzerid besitzt – wie die Vorsilbe ver-

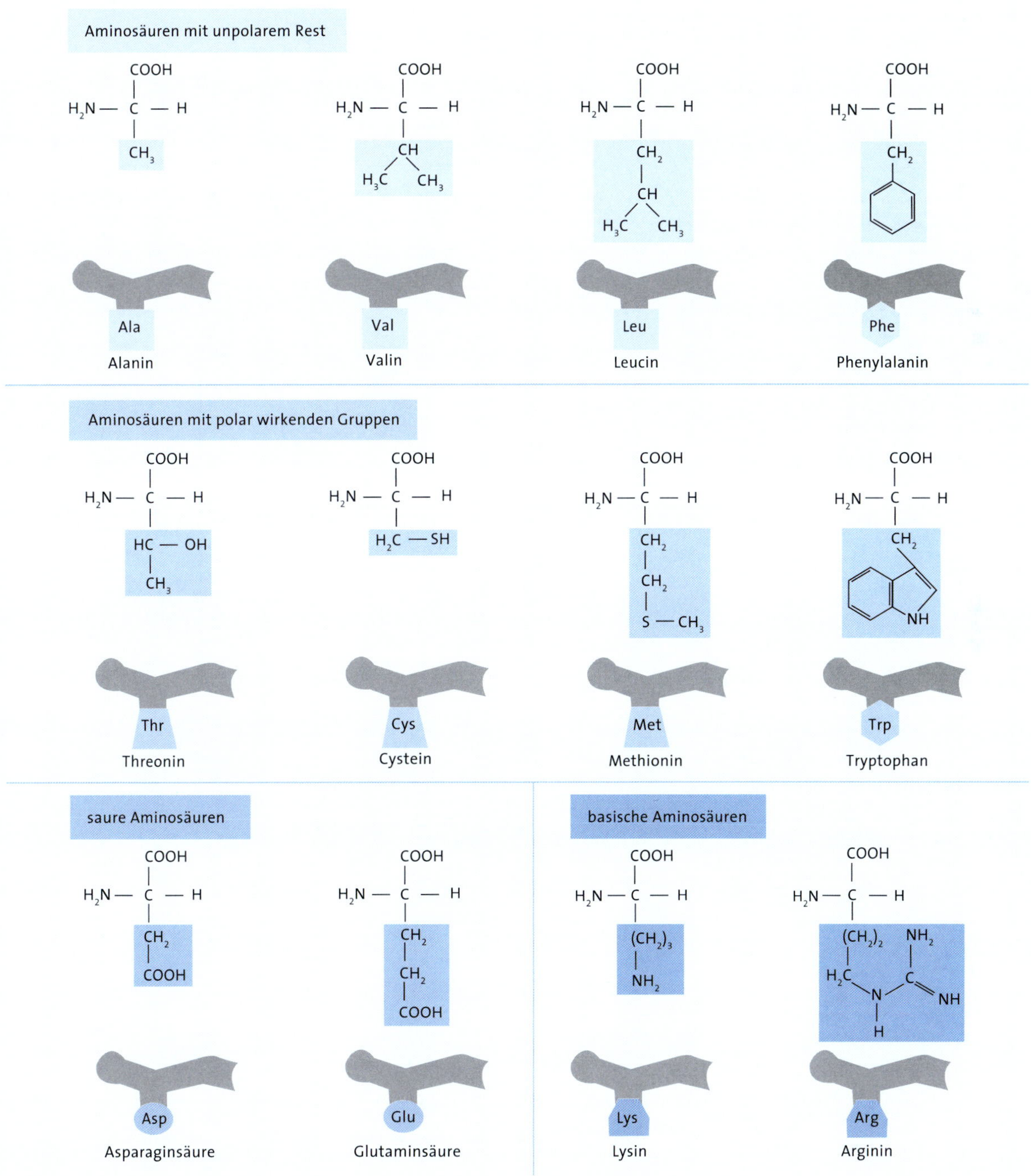

Abb. 18 ▶ Übersicht: Aminosäuren im Körper

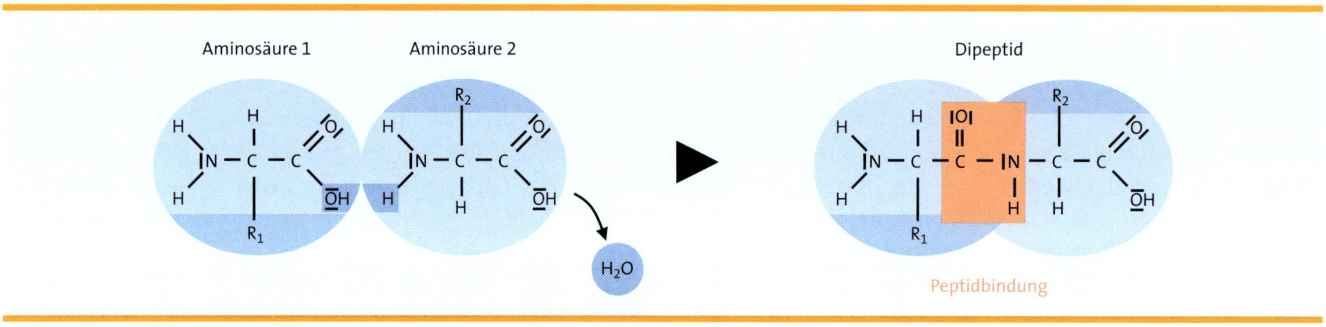

Abb. 19 ▶ Bildung eines Dipeptids aus zwei Aminosäuren

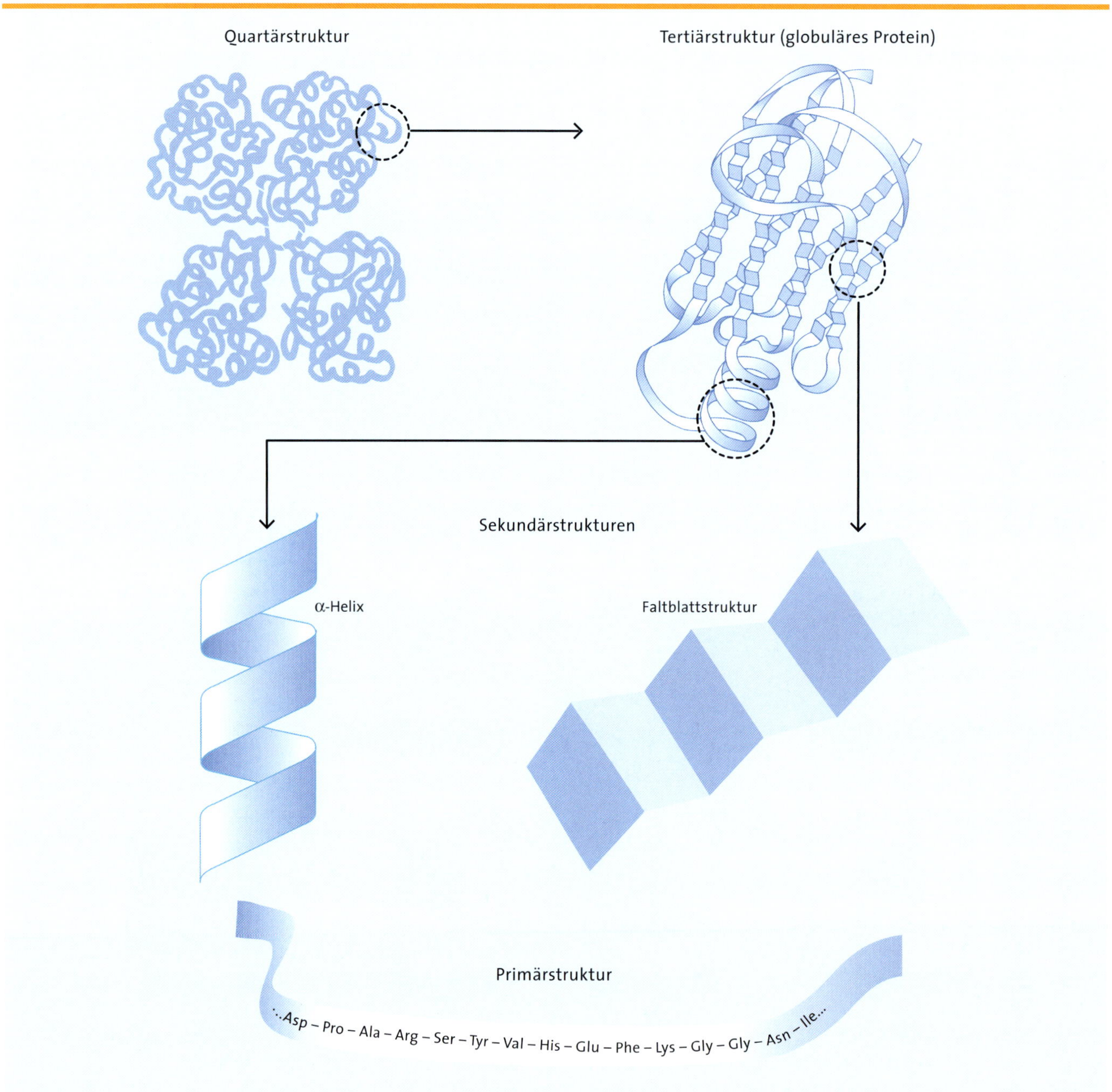

Abb. 20 ▶ Strukturen von Proteinketten

Tab. 13 ▶ Einteilung der Eiweiße

Bezeichnung	Anzahl der Aminosäuren
Oligopeptid	< 10
Polypeptid	10 bis 100
Protein	> 100

rät – drei Fettsäuremoleküle und ein Alkoholmolekül, zum Beispiel Glyzerin (Abb. 16). Fettsäuren bestehen aus langen Kohlenwasserstoffketten mit 16 oder 18 C-Atomen.

Je nachdem, ob nur Einfach- oder Doppel- und Dreifachbindungen innerhalb des Kohlenstoffgerüstes vorliegen, unterscheidet man gesättigte und ungesättigte Fettsäuren. Sind die C-Atome durch Einfachbindungen miteinander verknüpft, spricht man von *gesättigten Fetten*. Ist aber mindestens eine Doppelbindung vorhanden, nennt man sie *ungesättigte Fette*. Verbindungen mit mehreren Doppelbindungen können vom Körper nicht selbst hergestellt werden und sind daher essenziell. Sie müssen über die Nahrung zugeführt werden. Sie sind wegen ihrer Ausgangssubstanzen für viele Reaktionen im Körper von großer Bedeutung.

Eine weitere Gruppe bilden die sogenannten *Phospholipide*. Sie sind ähnlich aufgebaut wie Triglyzeride. Allerdings besitzen sie eine Phosphatgruppe. Ihre größte Bedeutung haben die Phospholipide beim Aufbau der Zellmembran.

▶ Eiweiße

Eiweiße enthalten neben den Atomen C, O und H noch Stickstoff (N), häufig auch Schwefel (S) und Phosphor (P). Sie stellen den Hauptanteil der organischen Substanz des Menschen dar. Die Grundbausteine der Eiweiße sind Aminosäuren, von denen 20 im menschlichen Körper zu finden sind.

Aminosäuren sind Stoffe, die in ihrem Molekül Aminogruppen ($-NH_2$) und Carboxylgruppen ($-COOH$) enthalten. Je nach Anzahl der Amino- und Carboxylgruppen im Molekül werden *neutrale, basische und saure Aminosäuren* unterschieden.

Je nach Anzahl der miteinander verbundenen Aminosäuren unterscheidet man *Dipeptide*, bestehend aus zwei Aminosäuren, *Tripeptide* mit drei Aminosäuren, und die größte Gruppe, die *Polypeptide*, die aus mehr als zehn Aminosäuren bestehen und sich zu immer größeren Ketten verbinden können. Polypeptide ab einer Kettenlänge von 100 Aminosäuren heißen *Proteine*. Aufgrund der Länge solcher Ketten liegen Proteine in verschiedenen Strukturen vor. Man kann dabei die Primärstruktur von der Sekundär-, Tertiär- oder Quartärstruktur unterscheiden.

Die *Primärstruktur* ist die genetisch festgelegte Aufeinanderfolge von Aminosäuren. Die *Sekundärstruktur* ist aufgrund der Wechselwirkungen zwischen den variablen Molekülresten der Aminosäuren entweder wie eine Spirale oder wie ein Faltblatt aufgebaut. Wird das Gebilde immer größer, so können weitere Wechselwirkungen zwischen den verschiedenen Armen der Proteine zu einer knäuelartigen Struktur führen. Dies bezeichnet man als *Tertiärstruktur*. Durch die Anordnung im Raum von mehreren Tertiärstrukturen bilden sich *Quartärstrukturen*.

Abb. 21 ▶ Desoxyribonukleinsäure

Auch Eiweiße unterliegen im Körper einem Abbauprozess. Der Abbau von Eiweiß wird durch spezielle Enzyme, die Proteinasen (z. B. Pepsin im Magen), eingeleitet und bis hin zu einzelnen Aminosäuren vervollständigt. Ein Teil der Aminosäuren wird dann zum Neuaufbau körpereigener Proteine verwendet, ein anderer Teil wird weiter zu Harnstoff abgebaut.

▶ DNA, RNA und ATP

Jedes einzelne Protein ist in Art und Reihenfolge der Anordnung im Erbgut exakt fixiert. Diese Informationen sind in den Nukleinsäuren festgeschrieben. Man unterscheidet zwei Arten von Nukleinsäuren, die Desoxyribonukleinsäure, abgekürzt DNA, und die Ribonukleinsäure, RNA.

Nukleinsäuren bestehen aus vielen miteinander verbundenen Nukleotiden. Ein Nukleotid setzt sich immer zusammen aus einem Zuckermolekül, bei der DNA die sogenannte Desoxyribose, einem Phosphorsäuremolekül und Stickstoffbasen. Bei der DNA sind es die Stickstoffbasen Adenin, Thymin, Guanin und Cytosin. Aufgrund ihrer Eigenschaften können nur bestimmte Basen miteinander eine Verbindung eingehen, hier zum einen Adenin und Thymin und zum anderen Guanin und Cytosin. Die DNA liegt in ihrer baulichen Struktur in einer Spiralform vor.

Die RNA ist die zweite Form der Nukleinsäuren (vgl. Kap. 2, Abb. 7). Sie unterscheidet sich in drei Punkten von der DNA. Zunächst ist die RNA einsträngig, also als Faltblatt aufgebaut. Anstelle des Zuckermoleküls Desoxyribose findet man Ribose. Bei den Basen gibt es eine Veränderung, die Base Thymin ist in der RNA durch Uracil ersetzt.

Man findet Nukleotide nicht nur als Teil der Erbsubstanz, sondern auch im Energiehaushalt, und zwar in Form von

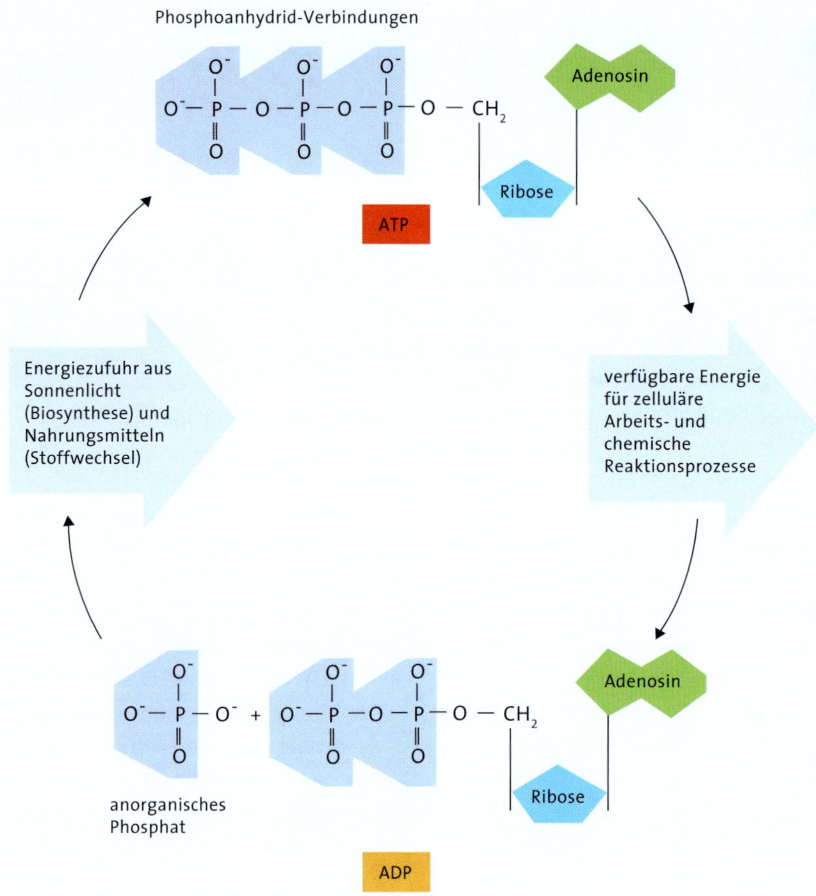

Abb. 22 ▶ Adenosintriphosphat und Adenosindiphosphat

Adenosintriphosphat. Eine Zelle kann nur überleben, wenn sie genügend ATP besitzt. Alle Zellen in allen Organismen besitzen es. Hauptaufgabe von ATP ist das Zwischenspeichern von Energie. In seiner Funktion stellt ATP also einen Akku für die Zelle dar. Adenosintriphosphat besteht aus der stickstoffhaltigen Base Adenin, dem Zuckermolekül Ribose und drei Phosphatgruppen. Die Bindungen zwischen den Phosphatgruppen sind sehr energiereich. Wird die dritte Phosphatgruppe mithilfe von Wasser abgespalten, so wird Energie freigesetzt, die die Zelle für energiereiche Vorgänge verwenden kann. Das dadurch entstandene Produkt Adenosindiphosphat (ADP) muss wieder regeneriert werden. Durch die Verbrennung von Glukose entsteht wieder neue Energie in der Zelle.

2 Grundlagen der Anatomie und Physiologie

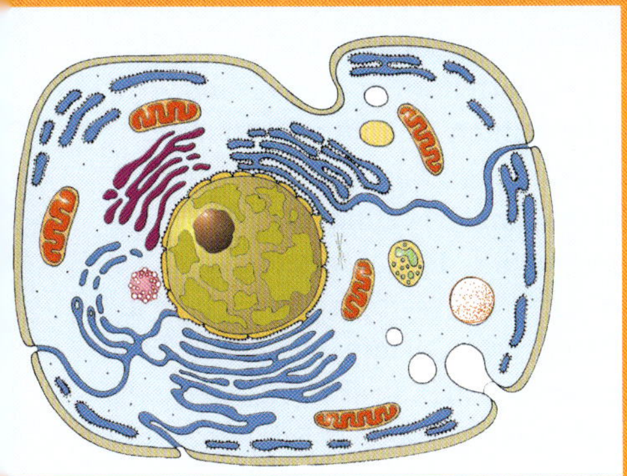
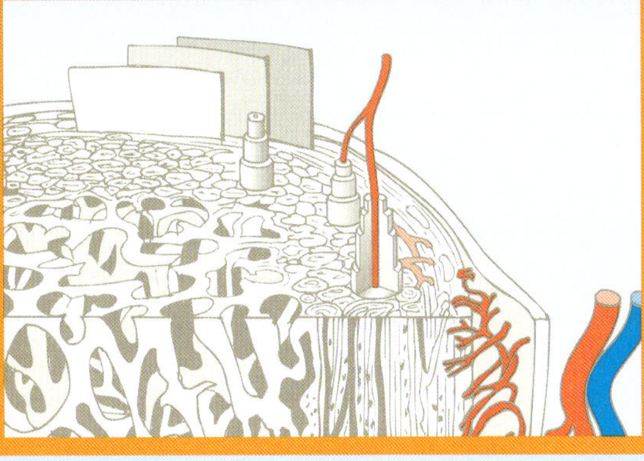
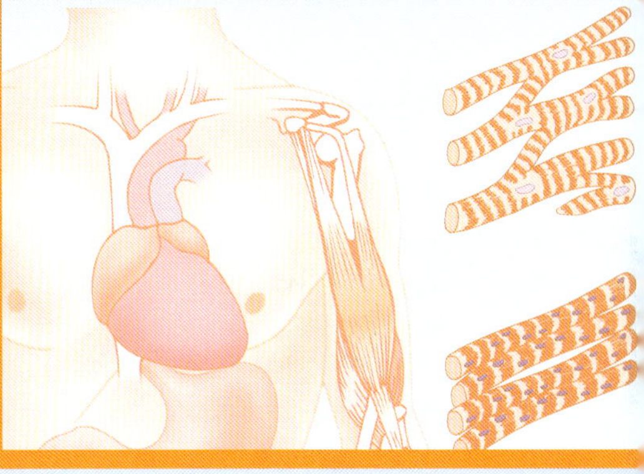

Inhalt:

2.1	Zelle	26
2.2	Gewebe	40

2.1 Zelle

Anne Stege

Der erwachsene Mensch besteht aus ca. 100 Billionen, also 10^{14} Zellen. Die häufigsten sind die roten Blutkörperchen, die Erythrozyten, mit 25 Billionen, gefolgt von den Nervenzellen mit »nur« 30 Milliarden. Die größte Zelle ist die Eizelle (150 µm), die kleinste ein Lymphozyt (0,5 µm), der zu den Abwehrzellen gehört. Am längsten können Nervenzellen sein; zum Beispiel reicht der Ischiasnerv mit seinen Fortsätzen vom Rückenmark bis zum kleinen Zeh. Die Lehre vom Bau und den Funktionen der Zelle ist die Zytologie.

2.1.1 Definition und Eigenschaften

Zellen sind die kleinsten selbstständig noch lebensfähigen Bau- und Funktionseinheiten eines Organismus. Hierfür benötigen sie verschiedene Fähigkeiten, die auch als *die biologischen Kriterien des Lebens* beschrieben werden. Sie müssen wachsen können, indem sie ihr Volumen vergrößern, wie etwa Muskelzellen oder Knochenzellen, wenn sie Stoffe speichern, oder Fettzellen, wenn sie Fett einlagern.

Bei funktioneller Erschöpfung, Zerstörung oder zum Größenwachstum müssen Zellen sich durch Teilung vermehren bzw. erneuern können. So sind Zellen der Darmoberfläche, die sogenannten Mikrovilli, bereits nach drei Tagen funktionell erschöpft, eine Zelle der Oberhaut wird nach 28 Tagen als Hornschuppe abgestoßen, während dagegen ein rotes Blutkörperchen ca. 120 Tage alt werden kann. Sowohl für ihre Eigenversorgung als auch für ihre jeweilige Funktion im Körper müssen die Zellen Stoffe aufnehmen und abgeben können. Dies wird besonders erkennbar bei der Sauerstoffaufnahme und -abgabe durch die roten Blutkörperchen oder bei der Sekretion von Drüsenzellen. Würde die Sauerstoffabgabe bzw. -aufnahme nicht funktionieren, würde der komplette Organismus in kürzester Zeit absterben. Um die zellulären Aufgaben selbstständig erfüllen zu können, benötigen sie einen eigenen Stoffwechsel und die dafür erforderliche Energie. Diese entsteht zum Beispiel aus Glukose und Sauerstoff durch Produktion des universellen Biobrennstoffes ATP (Adenosintriphosphat).

Zur Weiterleitung und Beantwortung von Botschaften innerhalb des Körpers müssen die Zellen erregbar sein, das heißt Informationen weiterleiten oder auf Informationen reagieren können (z.B. Nervenzellen oder Muskeln). Weiterhin ist für die Zelle die Bewegungsfähigkeit wichtig, einerseits für sie selbst – zum Beispiel bei der Wanderung von Samenzellen oder von Abwehrzellen aus dem Blut in entzündetes Gewebe – und andererseits innerhalb der Zelle, wie für Transporte von Stoffen. Einige Zellen können auch Bewegungen mit ihrer Oberfläche erzeugen, etwa mit Flimmerhärchen auf den Schleimhautzellen der Atemwege oder in den Eileitern.

2.1.2 Bestandteile

Der Mensch besitzt über 200 verschiedene Zellarten. Obwohl sie je nach ihrer Funktion im Körper eine sehr unterschiedliche Form und Gestalt aufweisen (kugelig, oval, spindelförmig, flach, plattenförmig, würfelförmig oder zylindrisch), besitzen sie einen gemeinsamen Grundbauplan (Abb. 1). Sie sind umhüllt von einer dünnen Membran, der *Zellmembran* oder *Plasmalemm*. Im Inneren befinden sich der flüssige *Zellleib*, das *Zytoplasma*, und der *Zellkern* (*Nucleus*) mit der genetischen Information. Das Zytoplasma enthält die *Zellorganellen*, die verschiedenste Teilaufgaben für die Zelle übernehmen. Ferner finden sich hier Strukturen, die für die Formgebung, das *Zytoskelett*, wichtig sind (z.B. Mikrotubuli), und Stoffe, die sich in kleinen, von der Zelle produzierten Bläschen befinden: den *Vesikeln*. Hierzu gehören zum Beispiel Glykogentröpfchen besonders in Leber- und Skelettmuskelzellen, Fetttröpfchen in Zellen der Leber und des Fettgewebes oder das Pigment Melanin in den Epidermiszellen, das die Hautbräune verursacht.

Jede Zelle besteht aus:
- Zellmembran
- Zytoplasma mit
  - Zellorganellen,
  - Bestandteilen des Zytoskeletts und
  - Zelleinschlüssen
- Zellkern.

2.1.2.1 *Zellmembran*

Die Zellmembran umgibt die Zelle und hält ihren flüssigen Zellleib zusammen. Sie besteht aus einer *Phospholipiddoppelschicht* (Phospholipide, Cholesterin). Innen und außen befinden sich wasserlösliche Komponenten und in der Mitte eine fettlösliche Komponente (Abb. 2). Ihre Permeabilität – Durchlässigkeit – ist selektiv und richtet sich nach den Bedürfnissen der Zelle sowie den chemischen Eigenschaften des aufzunehmenden Stoffes. Die Aufnahme von Sauerstoff und Nährstoffen sowie die Abgabe von Kohlendioxid und

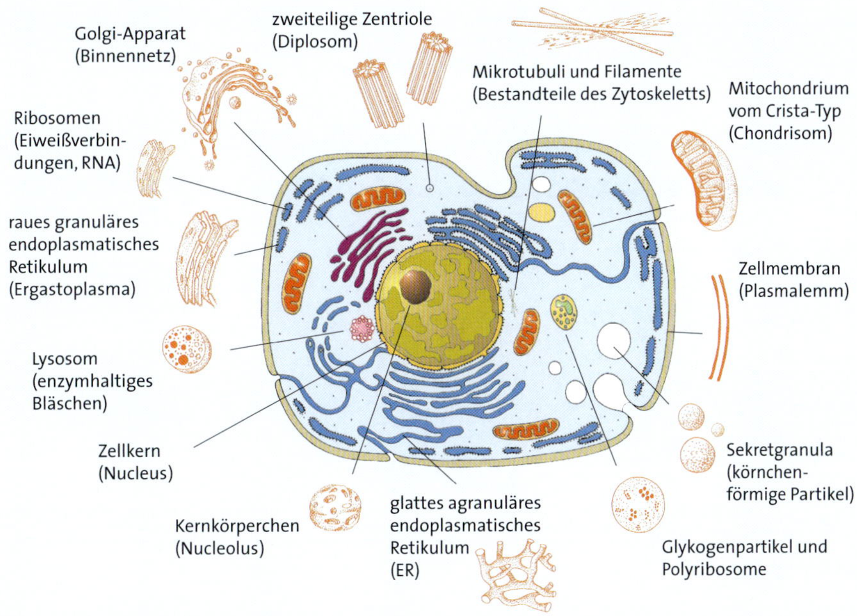

Abb. 1 ▶ Schematische Darstellung einer Zelle

Stoffwechsel(end)produkten seien hier als Beispiele genannt. Hierzu ist sie wie ein Mosaik mit *Proteinen* durchsetzt, die den Stoffaustausch regulieren und auch als Rezeptoren für Botenstoffe, die Hormone, dienen. An ihrer Außenseite ist sie mit einer Schicht komplexer Kohlenhydrate überzogen, der *Glykokalyx*. Diese ist genetisch bei jedem Menschen individuell für jede Zelle festgelegt und dient dem Körper zur Unterscheidung zwischen »körpereigen« und »körperfremd«.

2.1.2.2 *Zytoplasma*

Das Zytoplasma besteht zu 70 bis 90 Prozent aus Wasser und darin gelösten Proteinen, Fetten, Kohlenhydraten und Salzen. Es umgibt den Zellkern und beherbergt Zelleinschlüsse und die *Zellorganellen*. Zu den wesentlichen Zellorganellen gehören das *endoplasmatische Retikulum*, die *Ribosomen*, der *Golgi-Apparat*, die *Lysosomen*, die *Mitochondrien* und die *Zentriolen* (zu den einzelnen Zellorganellen s. u.).

▶ Endoplasmatisches Retikulum (ER)

Das endoplasmatische Retikulum ist ein weit verzweigtes Kanälchensystem. Es bildet um den Zellkern einen Hof und kommt in allen Zellen vor, mit Ausnahme der Erythrozyten. Es dient dem Transport in der Zelle und leitet Stoffe an den Golgi-Apparat weiter oder fungiert als Speicher, etwa als Kalziumspeicher im Skelettmuskel. In der Nähe des Zellkerns ist es von Ribosomen besetzt und wird daher als raues endoplasmatisches Retikulum bezeichnet. Hier erfolgt die Proteinsynthese der Zelle (s. 2.1.2.4). In Zellen mit hohem Umsatz wie in der Bauchspeicheldrüse oder in der Leber ist das raue endoplasmatische Retikulum besonders stark ausgeprägt.

Ohne Ribosomenbesatz bezeichnet man es als glattes endoplasmatisches Retikulum.

▶ Ribosomen

Die Ribosomen sind kugelige, sehr kleine, aus Proteinen und sogenannter ribosomaler Ribonukleinsäure (rRNA) bestehende Multienzymkomplexe. Sie dienen der Proteinsynthese. Vereinfacht ausgedrückt: Liegen sie am endoplasmatischen Retikulum (ER) an, so werden Proteine für den »Export« produziert; schwimmen sie frei in der Zelle, produzieren sie Proteine für den Eigenbedarf der Zelle.

▶ Golgi-Apparat

Der Golgi-Apparat liegt in der Nähe des Zellkerns und besteht aus 5 – 30 flachen, membranumhüllten Zisternen, die übereinander gestapelt sind. Er besitzt eine Aufnahme- und eine Abgabeseite. An der Aufnahmeseite werden Proteine entgegengenommen, die vom rauen ER produziert worden und für den Zellexport bestimmt sind. Durch Abschnürung eigener Membrananteile werden die Stoffe eingehüllt – die so entstandene »Verpackung« nennt man Transportvesikel – und an der Abgabeseite in Richtung Zellmembran wie bei einer Sortier- und Verteilerstation ausgeschleust. Das dadurch verbrauchte Membranmaterial wird vom rauen ER nachgeliefert, sodass der Golgi-Apparat im Gleichgewicht bleibt.

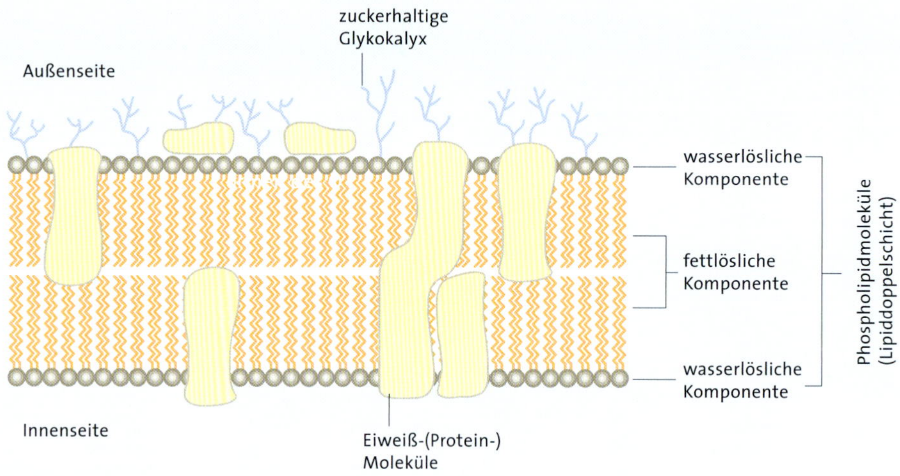

Abb. 2 ▶ Aufbau der Zellmembran

Stoffe, die die Zelle aufnimmt, gelangen zuerst zum Golgi-Apparat und werden dann zum Beispiel an das ER weitergeleitet. Ferner werden im Golgi-Apparat auch die Lysosomen gebildet und mit ihrer Membran versehen. Weitere Funktionen sind die Synthese von Mehrfachzuckern (Polysaccharide) aus Einfachzuckern (Monosaccharide) und die Verpackung in Vesikel. Zellen, die viele Stoffe ausschleusen, können auch mehrere Golgi-Apparate besitzen.

▶ Lysosomen

Die Lysosomen sind Membranvesikel, die der intrazellulären Verdauung von zelleigenem oder zellfremden Material dienen. Sie enthalten große Mengen von hochwirksamen Enzymen (z. B. Hydrolasen), mithilfe derer sie die Stoffe im Inneren abbauen und der Zelle umgewandelt wieder zur Verfügung stellen. Es handelt sich also um einen»Recycling-Prozess«. Besonders viele Lysosomen finden sich in den Fresszellen des Immunsystems, den Phagozyten (s. 9.3.3.1). Eine weitere Aufgabe ist der Abbau von Zellfragmenten, die im Rahmen des programmierten Zelltodes, der sog. Apoptose, entstehen (s. 2.1.4.8). Wird die Membran der Lysosomen zum Beispiel durch Röntgenstrahlen, UV-Licht oder Pharmaka zerstört, können die freigesetzten Enzyme die Zelle so schädigen, dass es zur »unfreiwilligen« Selbstauflösung, der Autolyse, kommt.

▶ Mitochondrien

Die Mitochondrien ähneln länglichen Zylindern. Sie sind bewegliche und verformbare Organellen, welche ständig ihre Form ändern und im Zytoplasma umherwandern. Sie werden als die »Kraftwerke« der Zelle bezeichnet, da sie für deren Energiegewinnung zuständig sind. Sie stellen mithilfe von Sauerstoff im Rahmen eines Verbrennungsprozesses direkt aus Kohlenhydraten (Glukose) und indirekt aus Fetten oder Proteinen Adenosintriphosphat (ATP) her. Als Abfallprodukt entsteht CO_2, das über die Lunge abgeatmet werden kann.

Das ATP ist aufgebaut aus Adenin, dem Zucker Ribose und drei Phosphatresten, die durch energiereiche Verbindungen verknüpft sind. Durch Abspaltung eines Phosphatmoleküls (Adenosin*tri*phosphat → Adenosin*di*phosphat) wird Energie freigesetzt. Das somit entstandene Adenosindiphosphat (ADP) wird in einem weiteren Prozess unter Energieaufwand wieder in ATP umgewandelt. Generell gilt: Je stoffwechselaktiver eine Zelle ist, desto höher ist ihr ATP-Bedarf und desto mehr Mitochondrien besitzt sie. So können z. B. Leberzellen (Hepatozyten) bis zu 2 500 und Muskelzellen je nach Trainingszustand über 1 000 Mitochondrien aufweisen.

▶ Zentriolen

Diese Zentralkörperchen sind Hohlzylinder mit offenem Ende. Ihre Wand ist aus starren, fadenartigen Eiweißkörpern aufgebaut, den Mikrotubuli. Bei der Zellteilung lagern sie sich an den Zellpolen an und bauen das Gerüst des Spindelapparates auf, der für die Trennung der Chromosomen zuständig ist. Er besteht aus vielen Spindelfasern, die sich ihrerseits aus winzigen Röhrchen, den Mikrotubuli, zusammensetzen. Bei einer Zellteilung bildet er sich an zwei gegenüberliegenden Punkten der Zelle aus, vergleichbar mit einem »Nordpol« und einem »Südpol«. Die Mikrotubuli binden an die auf der Äquatorialebene angeordneten Zwei-Chromatiden-Chromosomen (s. u.) und ziehen sie wie ein Magnet auseinander an den jeweiligen Pol. Dadurch wird eine gleichmäßige Verteilung des Erbguts auf die beiden neu entstehenden Zellen erreicht.

TAB. 1 ▶ Die wichtigsten Zellorganellen und ihre Funktionen

Zellorganellen	Funktionen
endoplasmatisches Retikulum	Verteilungs- und Transportsystem
Ribosomen	Proteinsynthese
Golgi-Apparat	logistisches Zentrum, Membranlieferant
Lysosomen	Abfallbeseitigung und »Recycling«
Mitochondrien	Energiefabrik, Produktion von ATP
Zentriolen	Aufbau des Spindelapparates

2.1.2.3 *Zellkern*

Der Zellkern (Nucleus) ist der Träger der genetischen Information. Er steuert die gesamten Stoffwechselvorgänge in der Zelle. Hier befinden sich 99 % der DNA; das restliche Prozent verteilt sich auf Mitochondrien und Zentriolen. Der Zellkern besteht aus einer *Kernmembran* und *Kernplasma*. Darin liegen freie Chromosomen und dichter liegende *Chromosomen*, wobei letztere auch als Kernkörperchen (Nucleolus) bezeichnet werden.

Jede Zelle besitzt mindestens einen Zellkern. Als Ausnahmen sind die reifen, roten Blutkörperchen, die Erythrozyten, zu nennen, die zur besseren Verformbarkeit keinen Zellkern mehr haben. In Osteoblasten, also das Knochengewebe aufbauenden Zellen, können 5 – 20, in Skelettmuskelzellen über 1000 Zellkerne vorkommen.

▶ Kernmembran

Die Kernmembran ist eine Doppelmembran, die über winzige Löcher, die Kernporen, mit dem umliegenden rauen endoplasmatischen Retikulum in Verbindung steht. Diese Poren dienen dem Austausch von Stoffen zwischen dem Zellkern und dem Zytoplasma. RNA-Strukturen können sie passieren, dagegen sind sie für DNA-Strukturen nicht durchlässig. Somit wird gesichert, dass die Erbinformation nicht verloren geht.

▶ Chromosomen

Die Chromosomen bzw. Gene sind aus DNA aufgebaut, welche die jeweiligen Erbanlagen des Organismus beinhalten.

Der Mensch besitzt 46 Chromosomen, die paarig vorliegen: 23 väterliche und 23 mütterliche Chromosomen als diploider, d.h. doppelter Chromosomensatz. Die ersten 22 Paare sind geschlechtsneutral und werden auch als *Autosomen* bezeichnet. Das 23. Paar, die *Gonosomen*, bestimmt das Geschlecht. Frauen haben zwei X-Chromosomen, Männer haben ein X- und ein wesentlich kleineres Y-Chromosom (ABB. 3).

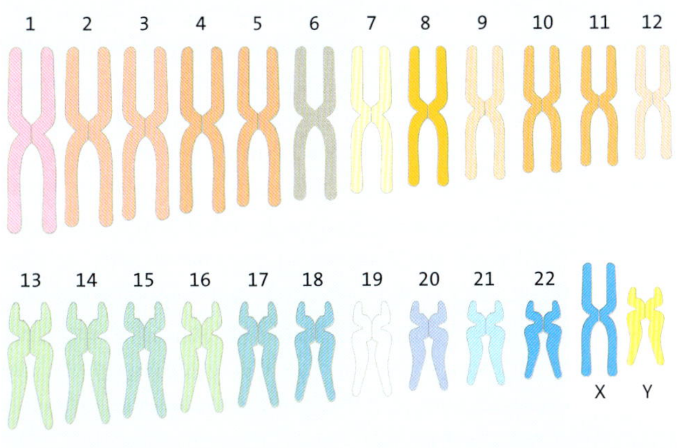

ABB. 3 ▶ Chromosomenpaare

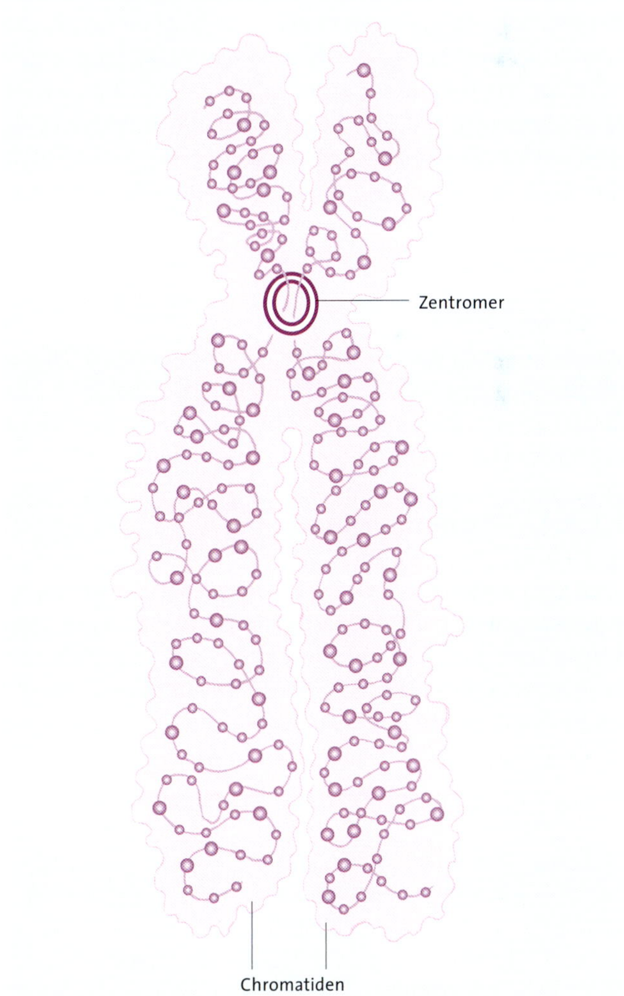

ABB. 4 ▶ Zwei-Chromatiden-Chromosom

Die Chromosomen liegen wie lose, vielfach gewundene Fädchen im Kernplasma. Dieses Knäuel wird als *Chromatin* bezeichnet. Nur zur Teilung werden sie sichtbar, weil sie sich zu *Chromatiden* anordnen, die durch eine Einschnürung, das Zentromer, verbunden sind (Abb. 4).

Die DNA setzt sich im Wesentlichen aus den vier Basen Adenin (A), Thymin (T), Cytosin (C) und Guanin (G) zusammen. Sie liegen in zwei Strängen vor und sind strickleiterartig über Wasserstoff- und Phosphatbrücken miteinander verbunden; diese Struktur ist die *Doppelhelix*. Im übertragenen Sinne steckt in jedem Zellkern ein Buch, das mit den Buchstaben A, T, C und G geschrieben ist. Die DNA einer einzigen Zelle ist zwei Meter lang; verknüpfte man die DNA aller Zellen eines einzigen Menschen, würde dieser Faden hundertmal von der Erde bis zur Sonne reichen. Durch die unterschiedliche Anordnung der Basenpaare entstehen die jeweiligen Anweisungen zur Produktion bestimmter Substanzen. Einzelne Abschnitte, die eine Gesamtaufgabe haben, werden zusammengefasst bzw. kodiert, man bezeichnet sie als *Gen*. Ein kleines Gen hat ca. 500 Basen, ein großes mehrere 100 000. Jedes Chromosom besteht aus ca. 4400 Genen. Die Gene bewirken, dass jeder Mensch ein einzigartiges Individuum ist. Sie bestimmen nicht nur Gestalt und Aussehen eines Menschen, wie Größe oder Haarfarbe, sondern haben auch Einfluss auf Konstitution, Verhalten oder Krankheiten, zum Beispiel Kurzsichtigkeit oder eine fehlende Pigmentierung von Augen, Haut und Haaren, den sogenannten Albinismus.

▶ Kernkörperchen

Jede Zelle besitzt ein oder mehrere Kernkörperchen (Nucleoli). Ihre Aufgabe ist die Produktion der Prä-Ribosomen, die dann durch die Kernporen in das Zytoplasma ausgeschleust werden, um die Proteinsynthese zu übernehmen.

2.1.2.4 *Proteinsynthese*

Die Zellen benötigen Proteine für ihre lebensnotwendigen Aufgaben. Hierzu zählen beispielsweise das Kollagen zum Aufbau bzw. zur Strukturgabe, Hämoglobin zum Transport von Sauerstoff in den Erythrozyten, Aktin und Myosin für die Kontraktion von Muskeln, Immunglobuline für die Abwehr

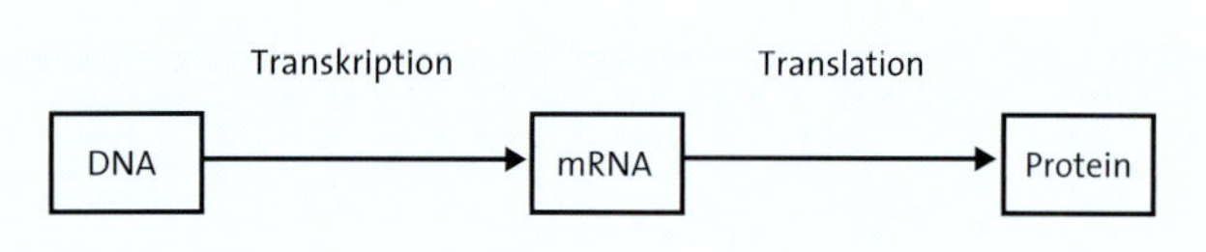

Abb. 5 ▶ Proteinsynthese

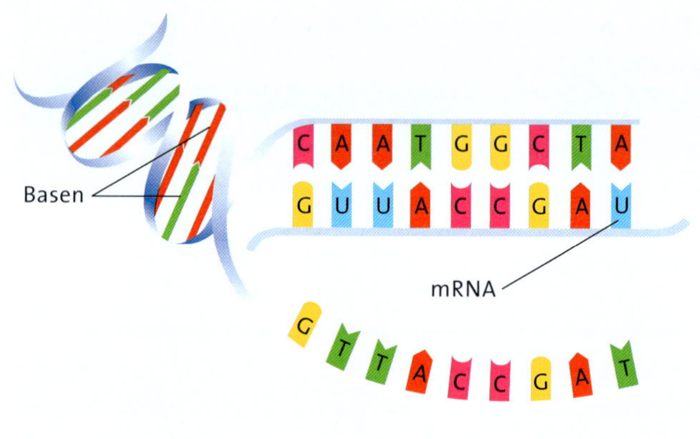

Abb. 6 ▶ Transkription

oder diverse Enzyme für verschiedenste biochemische Reaktionen wie z. B. Pepsin für die Eiweißverdauung im Magen.

Die Proteinsynthese findet im Zytoplasma an den Ribosomen statt. Dazu muss der jeweilige Bauplan aus dem Zellkern herausgeschleust werden. Dies erfolgt in zwei Schritten (Abb. 5):

1. Transkription
2. Translation.

▶ Transkription

Transkription bedeutet wörtlich »Abschrift«. Hierbei wird im Kernkörperchen der jeweils benötigte DNA-Abschnitt entspiralisiert. Dann wird eine einsträngige »Zwischenkopie« mit den komplementären Basen erstellt (Abb. 6). Diese wird als mRNA (Messenger-RNA) bezeichnet. Man kann diesen Vorgang mit der Entwicklung eines Fotofilms vergleichen, es gibt also ein Positiv und ein Negativ.

Die mRNA wandert anschließend durch die Poren der Kernmembran in das Zytoplasma zu den Ribosomen. Dort dient sie als Vorlage bei der Translation.

▶ Translation

Translation bedeutet wörtlich »Übersetzung«. Dazu heften sich im Ribosom die jeweils passenden tRNA-Moleküle (Transport- oder Transfer-RNA) an die mRNA an. Es werden immer drei Basen auf einmal abgelesen. Das so entstandene Triplett der mRNA wird als Codon bezeichnet, das Triplett der tRNA als Anti-Codon. Jede tRNA transportiert eine bestimmte Aminosäure, die sich nach Kontakt mit der mRNA ablöst und mit weiteren Aminosäuren zu einer Kette verbindet. Die mRNA wird so Triplett für Triplett »abgelesen«, bis die Aminosäurekette komplett gebildet ist und so ein definiertes Protein entstanden ist. Die tRNA verlässt dann das Ribosom und verbindet sich im Zytoplasma wieder mit einer freien Aminosäure (Abb. 7).

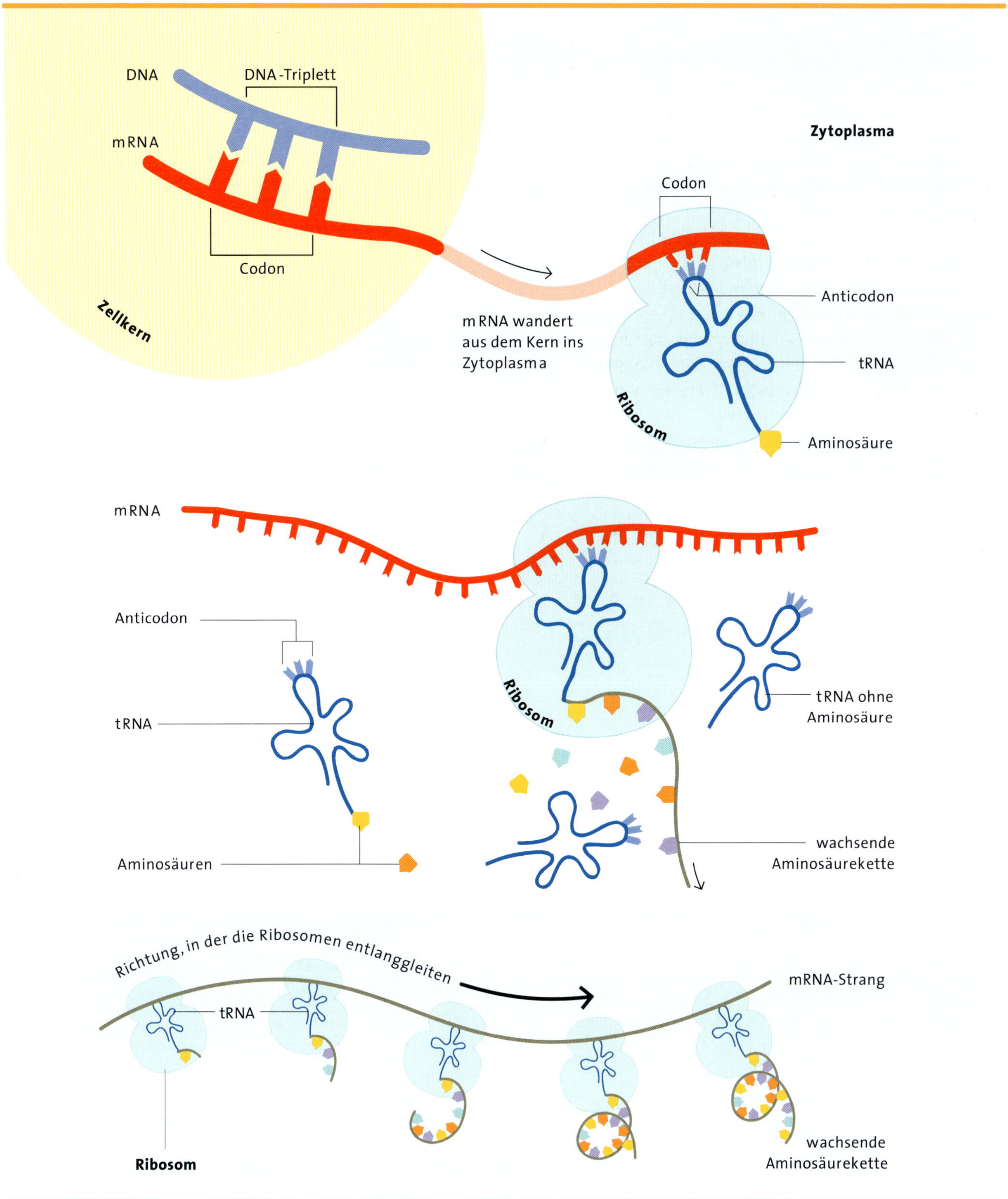

Abb. 7 ▶ Translation und Proteinbiosynthese – mRNA in wachsender Aminosäurekette

2.1.3 Zellteilung

Der Körper benötigt permanent neue Zellen zum Wachstum, Aufbau und Ersatz verbrauchter Zellen. Sie entstehen ausschließlich durch Teilung, die häufigste Form ist die *Mitose* – darin steckt das griechische Wort für »Faden«. Bei der Mitose wird das Erbgut, die DNA, zunächst verdoppelt und dann an die beiden dabei neu entstehenden Tochterzellen weitergegeben.

Eine besondere Form der Zellteilung betrifft ausschließlich die Keimzellen. Sie wird als *Meiose* bezeichnet, vom griechischen Wort für »Verminderung«. Zur Vorbereitung auf die Befruchtung muss der Chromosomensatz zunächst halbiert werden, damit bei der Vereinigung von Ei- und Samenzelle aus diesem sogenannten *haploiden Satz* wieder ein doppelter Chromosomensatz, ein *diploider Satz*, entstehen kann.

2.1.3.1 *Mitose*

Eine teilungsfähige Zelle durchläuft einen Kreislauf aus Ruhe-, Arbeits- und Teilungsphasen. Dabei befindet sie sich die meiste Zeit in der sogenannten *Interphase*, der Phase zwischen zwei Zellteilungen. In dieser Phase erfüllt sie ihre jeweiligen Aufgaben für den Stoffwechsel. Die Interphase kann wiederum in drei Phasen unterteilt werden: G_1, S und G_2 (Abb. 8).

Die *G_1-Phase* (G von engl. »gap« = Zwischenraum) schließt sich direkt an die Zellteilung an. Hier erfolgen zunächst das Zellwachstum und die Bildung von Organellen. Danach geht die Zelle ihrer zellspezifischen Arbeit nach, etwa der Proteinsynthese. Bei manchen Zellen folgt hierauf eine G_0-Phase, eine Ruhephase. In dieser Phase können zum Beispiel die Stammzellen sehr lange Zeit verharren. Spezialisierte Zellen, die sich nicht mehr teilen, etwa Nervenzellen, verbleiben in dieser Phase.

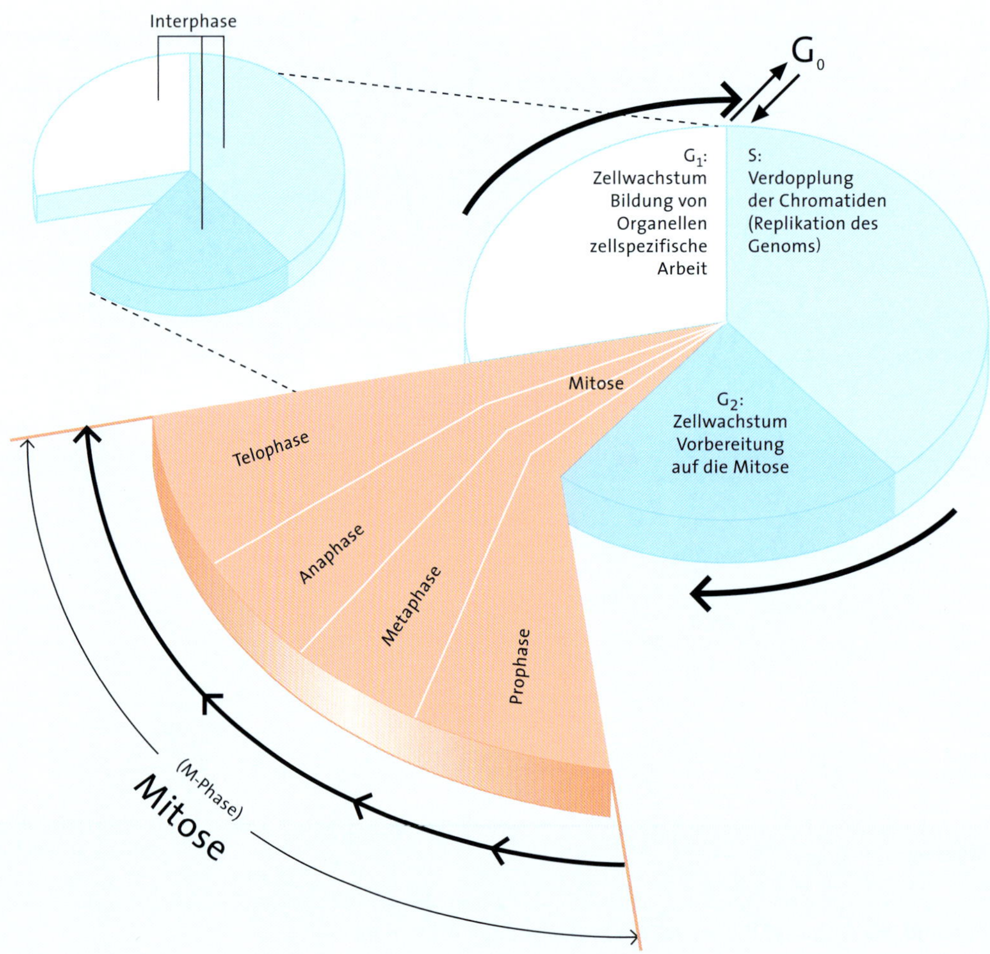

Abb. 8 ▶ Zellzyklus, Mitose

In der *S-Phase* (Synthese-Phase) werden die Erbinformationen der Zelle verdoppelt; dies wird als Replikation des Genoms bezeichnet. Danach besteht jedes Chromosom aus zwei identischen Chromatiden. Dieses Zwei-Chromatiden-Chromosom ist über eine kleine Brücke, das Zentromer, verbunden.

In der anschließenden *G_2-Phase* erfolgt weiteres Wachstum. Die Zelle bereitet sich auf die nächste Mitose vor und prüft außerdem, ob die Verdopplung, die Replikation, vollständig und fehlerfrei abgelaufen ist.

Danach folgt die Teilung, die *M-Phase* (M von Mitose), die sich in vier Hauptphasen einteilen lässt (Abb. 9).

1. *Prophase*: »Einpacken« der Erbinformation. Die verdoppelten Chromatidenfäden verdichten sich um das etwa 10 000-Fache; sie kondensieren zu einer kompakten Transportform und winden sich spiralförmig zu sichtbaren Chromosomen. Die Zentriolen bauen den Spindelapparat auf. Ferner löst sich die Kernmembran auf.
2. *Metaphase*: »Anordnen« der Erbinformation. Die Chromosomen liegen in der Äquatorialebene angeordnet und

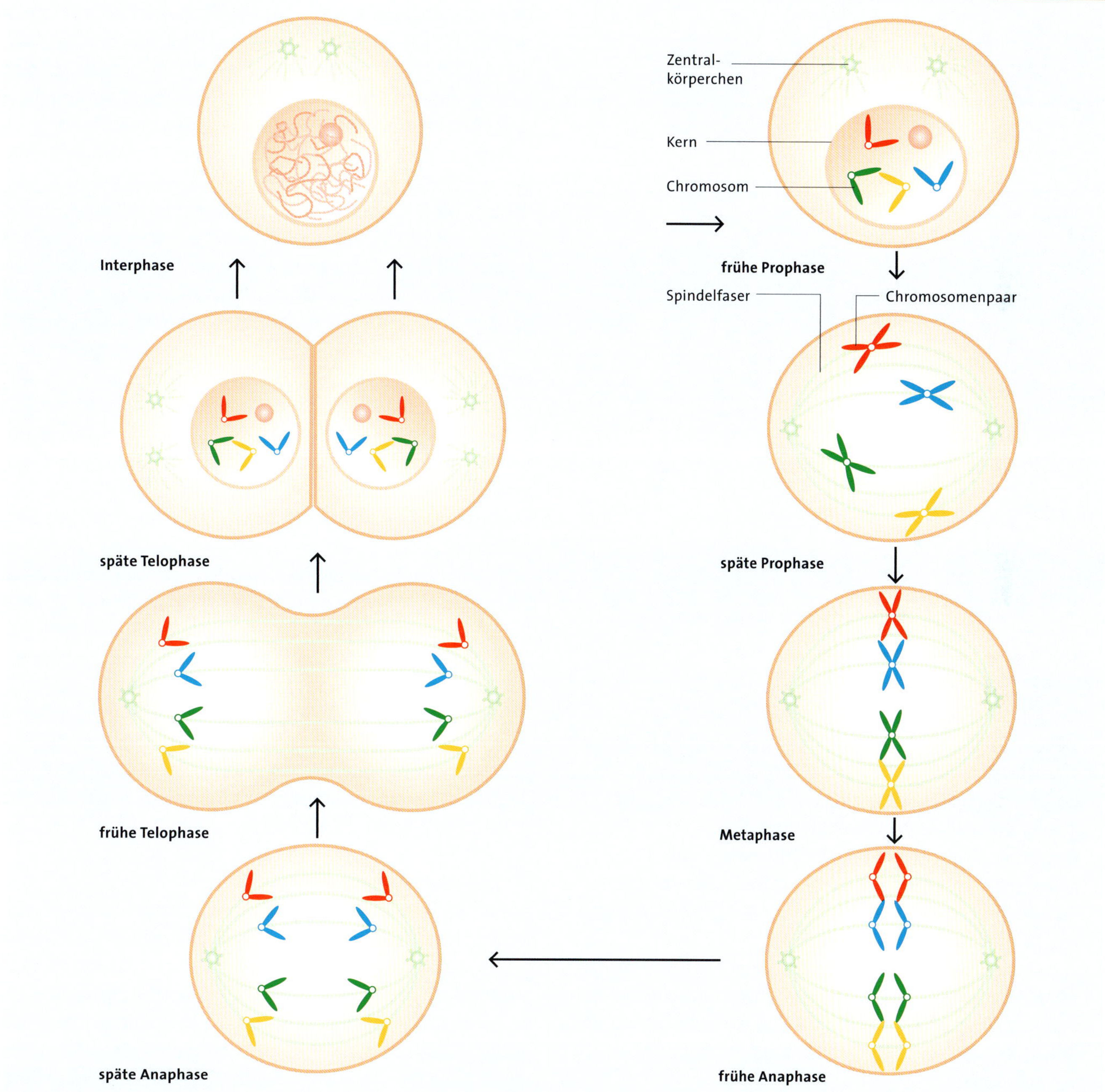

Abb. 9 ▶ Mitosenphasen

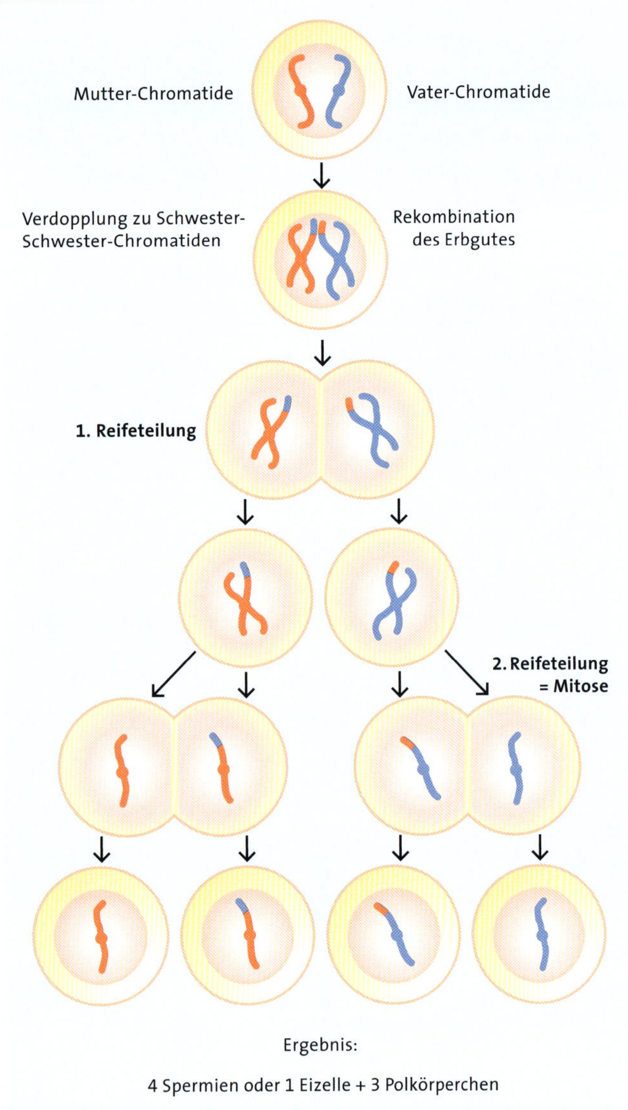

Abb. 10 ▶ Meiosenphasen

stehen bereits mit den Spindelfasern in Kontakt. In dieser Phase können die Chromosomen gezählt und verglichen werden. Die bildliche Darstellung der Metaphase unter dem Mikroskop nennt man Karyogramm.

3. *Anaphase*: »Verschicken« der Erbinformation. Die Chromosomen werden am Zentromer in zwei einzelne Chromatiden, sogenannte Ein-Chromatiden-Chromosome, geteilt und zu den Zellpolen gezogen.
4. *Telophase*: »Auspacken« der Erbinformation. Die Chromatiden entwickeln sich wieder zu glatten Chromatinfäden, es bildet sich eine Kernmembran und die Zellen schnüren sich ab. Es sind zwei Tochterzellen mit identischem Erbgut entstanden.

2.1.3.2 *Meiose*

Die Meiose ist für die Produktion von Geschlechtszellen, den Gameten, verantwortlich. Hier finden im Gegensatz zur mitotischen Teilung zwei Zellteilungen statt und es entstehen vier Zellen statt zwei wie bei der Mitose.

Man unterscheidet die erste und die zweite Reifeteilung, in denen jeweils die vier verschiedenen Phasen – *Prophase, Metaphase, Anaphase* und *Telophase* – stattfinden.

▶ Erste Reifeteilung

In der *Prophase* liegt zunächst ein diploider Chromosomensatz vor (2 × 23 = 46), d.h. jeweils ein haploider von der Mutter (1 × 23) und einer vom Vater (1 × 23). Die Chromosomen verdoppeln sich. Je zwei identische (homologe) Chromatiden schließen sich als Schwester-Chromatiden zusammen.

Ein Beispiel: Chromosom 11, das aus einer mütterlichen und einer väterlichen Chromatide bestanden hat, liegt jetzt doppelt vor, d.h. eine Schwester-Chromatide mit dem mütterlichen und eine Schwester-Chromatide mit dem väterlichen Erbgut. Diese vier Chromatiden werden als Tetrade bezeichnet. Die Tetraden jedes der 23 Chromosome legen sich nun parallel aneinander, Zentromer an Zentromer. Man spricht von der »Paarung der homologen Chromosomen«. Dabei kommt es zum Austausch von Bruchstücken zwischen den mütterlichen und den väterlichen Schwester-Chromatiden. Diesen Vorgang bezeichnet man als Crossing Over. Das Ergebnis ist die *intra*chromosomale Rekombination, eine neue Kombination aus mütterlichem und väterlichem Erbgut.

In der *Metaphase* erfolgt die Anordnung in der Äquatorialebene.

Während der *Anaphase* werden die rekombinierten Schwester-Chromatiden nicht wie bei der Mitose am Zentromer getrennt, sondern als Einheit zu den Zellpolen gezogen. Dabei vermischen sich mütterliche und väterliche Schwester-Chromatiden (*inter*chromosomale Rekombination).

In der *Telophase* schnürt sich die Zelle lediglich ab, weil sie sich ein zweites Mal teilen muss. Somit haben die beiden neu entstandenen Zellen jeweils einen rekombinierten haploiden Chromosomensatz (1 × 23). Daher nennt man die Teilung auch Reduktionsteilung.

▶ Zweite Reifeteilung

Die 23 Schwester-Chromatiden in den beiden neu entstandenen Zellen teilen sich nun analog zur Mitose, d.h. sie gehen direkt in die Metaphase über, da sie bereits »eingepackt« sind. Der einzige Unterschied besteht darin, dass bei den männlichen Keimzellen, den Spermatozyten, vier gleich große Zellen entstehen, Spermatiden, die später zu Spermien werden. Bei den weiblichen Keimzellen, den Oozyten, entstehen eine große Eizelle und drei kleine und unfruchtbare Polkörperchen, die allerdings keine Funktion haben.

Tab. 2 ▶ Hauptunterschiede zwischen Mitose und Meiose

	Funktion	Erbinformation	Ergebnis
Mitose	Vermehrung von Körperzellen	erbgleiche Teilung; Mutter- und Tochterzelle haben die gleiche Erbinformation	zwei Zellen mit diploidem Satz
Meiose	Bildung von Geschlechtszellen	erbungleiche Teilung, neue Kombination der Gene; vier genetisch verschiedene Zellen	vier Zellen mit haploidem Satz

2.1.4 Stoffaustausch der Zelle

Im Körper erfolgt ein permanenter Stoffaustausch. Nach dem Energieaufwand unterscheidet man *passive* (*Diffusion, Osmose und Filtration*) und *aktive Transportvorgänge* sowie *Endo-* und *Exozytose*.

2.1.4.1 *Diffusion*

Unter Diffusion versteht man die Bewegung von Teilchen vom Ort der höheren Konzentration zum Ort der niedrigeren Konzentration, bis ein Gleichgewicht erreicht ist. Diffusion ist nur in Gasen oder wässrigen Lösungen möglich, da die freie Beweglichkeit der Teilchen notwendig ist. Als Beispiele sind der Austausch der Atemgase (Sauerstoff, Kohlendioxid; Abb. 11) an den Lungenbläschen, die zelluläre Aufnahme von Sauerstoff aus dem Blut oder die Ernährung der Hornhaut des Auges durch die Tränenflüssigkeit zu nennen.

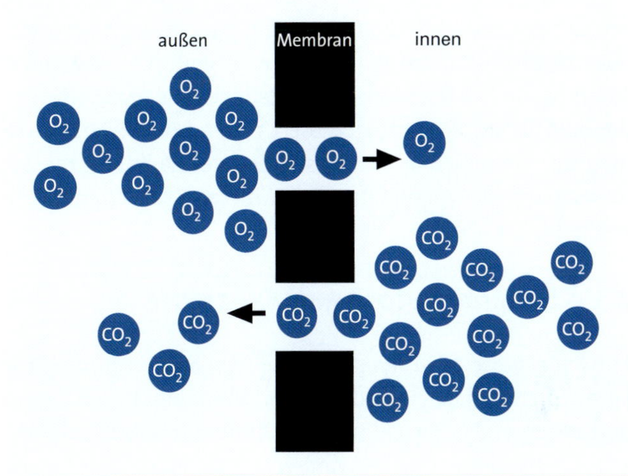

Abb. 11 ▶ Austausch von Sauerstoff (O_2) und Kohlendioxid (CO_2)

2.1.4.2 *Osmose*

Osmotische Prozesse laufen ab, wenn zwei Lösungen mit unterschiedlichen Konzentrationen durch eine semipermeable, also durch eine halbdurchlässige Membran getrennt sind, wobei diese Membran nur das Lösungsmittel – meist Wasser –, nicht aber die Teilchen durchlässt (Abb. 12).

Dieser Vorgang ist beispielsweise sehr wichtig für das Kapillargebiet. Hier wird die Flüssigkeit, die am Anfang durch Filtration in die Zellzwischenräume gedrückt wurde, am Ende durch die Konzentration der Plasmaproteine im Blut wieder zurück in die Gefäße gezogen. Sind zu wenig Plasmaproteine vorhanden, entstehen Ödeme, die Wassereinlagerungen im Gewebe – wie etwa das Hungerödem, der aufgetriebene Bauch bei unterernährten Menschen.

Auch die Wirkung der sog. Plasmaexpander lässt sich auf dieses Prinzip zurückführen.

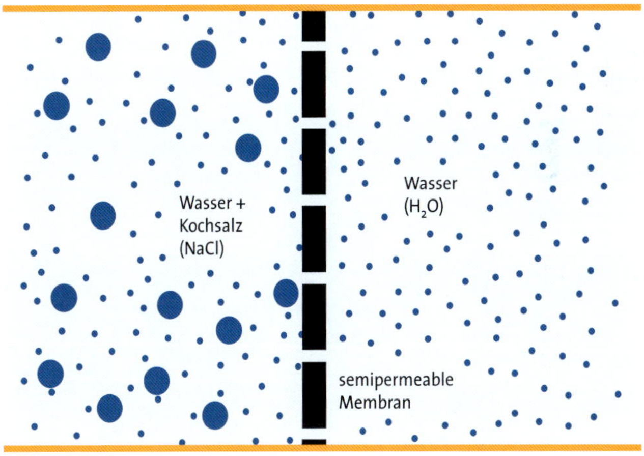

Abb. 12 ▶ Osmotische Bewegung von Wassermolekülen durch eine nur für Wasser durchlässige Membran. Durch die Salzlösung fließt ein Wasserstrom.

2.1.4.3 *Filtration*

Bei der Filtration handelt es sich um den Transport von Flüssigkeit durch eine Membran unter Einwirkung von Druck. Dieser Vorgang findet zum Beispiel in der Niere (s. 7.2.3.1) oder im Kapillargebiet (s. o.) statt.

2.1.4.4 *Aktiver Transport*

Von aktivem Transport spricht man, wenn eine Substanz mithilfe eines Transportsystems unter Energieverbrauch durch die Zellmembran befördert wird. Hierzu muss die Zelle Energie in Form von ATP einsetzen, weil Teilchen entgegen dem Konzentrationsgefälle befördert werden. Die-

Tab. 3 ▶ Stoffaustausch der Zelle

passive Transportvorgänge	aktive Transportvorgänge
Osmose	Endozytose: Aufnahme von Stoffen in die Zelle mithilfe von Vesikeln
Diffusion	Exozytose: Abgabe von Stoffen aus der Zelle mithilfe von Vesikeln
Filtration	Transport von Teilchen unter Energieaufwand, z.B. Na^+-K^+-Pumpe

ser aktive Transport lässt sich sehr gut an der sogenannten Natrium-Kalium-Pumpe (Na^+-K^+-Pumpe) erkennen. Sie transportiert Natrium aus der Zelle hinaus und Kalium in die Zelle hinein. Somit trägt dieser Prozess zur Wiederherstellung des elektrischen Ruhezustandes der Zellmembran bei und schafft die Voraussetzung für die erneute Erregbarkeit der Zelle.

2.1.4.5 *Endozytose und Exozytose*

Mit *Endozytose* wird die *Aufnahme von Stoffen in die Zelle* bezeichnet. Zunächst wird aus der Zellmembran ein Transportbläschen, das Vesikel, in das Zellinnere gesenkt und abgeschnürt. In diesem Vesikel werden extrazelluläre Substanzen in die Zelle eingeschleust (Abb. 13). Durch diesen Prozess wird die Zellmembran verringert und muss samt der Glykokalyx aus dem Golgi-Apparat ergänzend erneuert werden.

Man unterscheidet dabei die Phagozytose von der Pinozytose. Wenn eine Zelle Partikel aufnimmt, die größer als 0,5 µm sind, bezeichnet man dies als *Phagozytose*. So eliminieren die körpereigenen Fresszellen – besonders Makrophagen (s. 9.3.3.1) und neutrophile Granulozyten (s. 8.3.1) – eingedrungene Fremdorganismen oder Zelltrümmer. Wenn eine Zelle Partikel aufnimmt, die kleiner als 0,5 µm sind, bezeichnet man dies als *Pinozytose*. Dieser Vorgang findet z.B. in den Nierenkanälchen statt, wenn die Zellen Stoffe aus dem Primärharn zurückholen, die der Körper noch benötigt (z.B. Glukose).

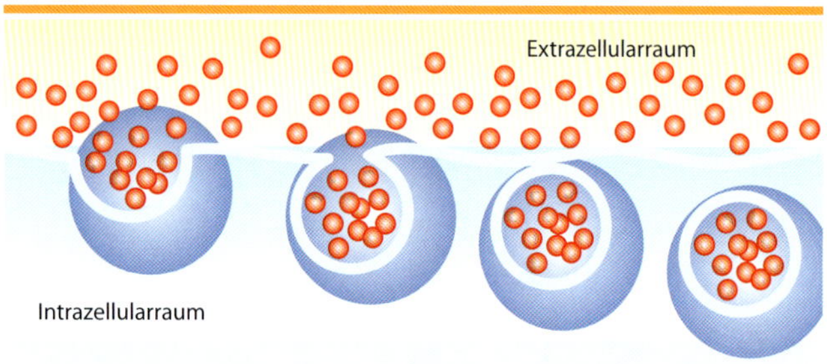

Abb. 13 ▶ Endozytose

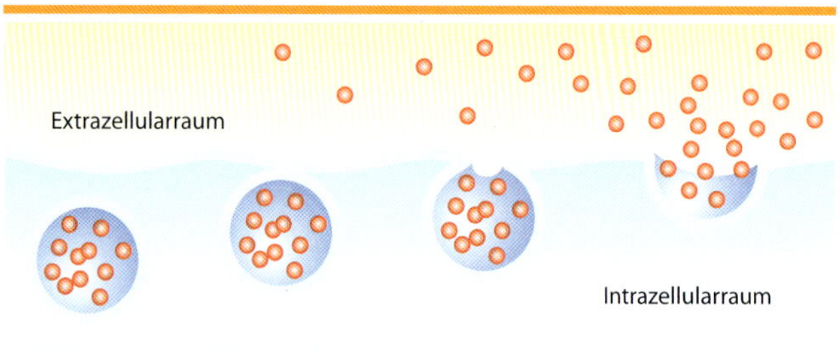

Abb. 14 ▶ Exozytose

Mit *Exozytose* wird die *Abgabe von Stoffen aus der Zelle* bezeichnet. Zunächst wird in der Zellmembran ein Vesikel aus dem Zellinneren eingefügt und geöffnet. Aus diesem Vesikel werden intrazelluläre Substanzen aus der Zelle ausgeschleust (Abb. 14), beispielsweise Schweiß, Talg, Tränenflüssigkeit oder Verdauungsenzyme. Durch diesen Prozess wird die Zellmembran vermehrt.

2.1.4.6 *Reizweiterleitung*

Informationen werden im Körper vor allem über das Blut – z.B. Hormone und Botenstoffe – oder die Erregung von Nerven- oder Muskelzellen über elektrische Impulse, sogenannte *Aktionspotenziale*, verteilt. Unter Aktionspotenzial versteht man die Erregung einer Zelle durch Änderung des Membranpotenzials. Hierzu muss sie sich im sogenannten Ruhepotenzial befinden, das heißt, intrazellulär liegt eine höhere K+-Ionen-Konzentration vor, während extrazellulär eine höhere Na^+-Ionen-Konzentration besteht (Abb. 15).

Wie läuft ein Aktionspotenzial ab? Eine Erregung – Licht, Wärme, Kälte, Druck, Vibration, Schmerz oder biochemischer Reiz einer anderen Zelle – trifft beispielsweise auf eine Nervenzelle. Nun kommt es an der Zellmembran zur *Potenzialumkehr*. Dies geschieht, indem sich die überwiegend geschlossenen Natriumkanäle öffnen (Abb. 17.1). So können Na^+-Ionen in die Zelle hinein strömen. In der Zelle befinden sich nun mehr positiv geladene Teilchen. Die *Depolarisation* beginnt (Abb. 17.2).

Dieser Vorgang beginnt sehr langsam. Wird aber ein bestimmtes Schwellenpotenzial überschritten, läuft die weitere Depolarisation sehr schnell ab.

Nun schließen sich die Natriumkanäle und die Depolarisationsphase ist beendet. Danach werden die Kaliumkanäle vermehrt geöffnet und K^+-Ionen strömen aus der Zelle heraus, die Membran wird repolarisiert zum *Ruhepotenzial* (Abb. 17.3).

Die Kaliumkanäle schließen sich. Um den Ursprungszustand, das negative Ruhepotenzial, wieder zu erreichen, befördert währenddessen die Na^+-K^+-Pumpe unter Energieaufwand (ATPase, ein ATP spaltendes Enzym) die Natrium-Ionen aus der Zelle und die Kalium-Ionen in die Zelle. Danach ist die Nervenzelle wieder erregbar (Abb. 17.4).

Die Zeit von der maximalen Depolarisation bis zur *Repolarisation* nennt man *Refraktärzeit*. Zunächst ist sie für ca. 2 ms

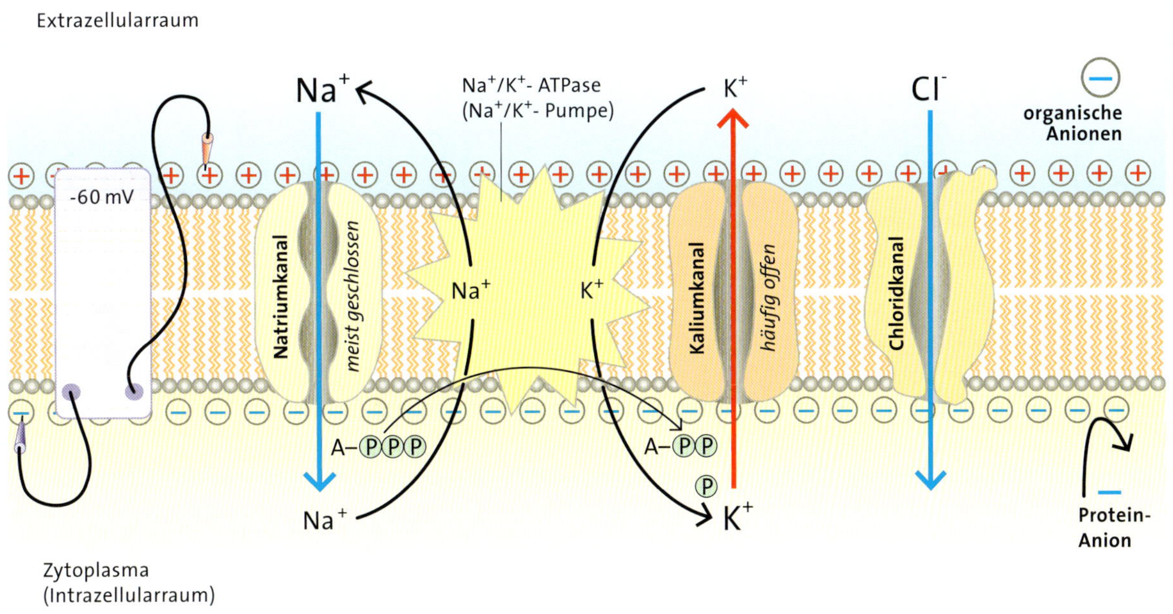

Abb. 15 ▶ Reizweiterleitung

absolut, das heißt, ein neu ankommender Reiz ist nicht in der Lage, die Zelle zu erregen. Dann folgt mit ebenfalls etwa 2 ms die *relative* Refraktärzeit, das heißt, der neu ankommende Reiz muss viel stärker als sonst sein, um die Zelle zu erregen (Abb. 17).

Die Erregung breitet sich wie eine Welle von Zelle zu Zelle aus. Ein Aktionspotenzial kann in einer Nervenzelle bis zu 500-mal in der Sekunde ablaufen.

2.1.4.7 *Zellkontakte*

Die Berührungspunkte von Zellen untereinander bezeichnet man als Zellkontakte. Sie bewirken den Zusammenhalt von Zellen in Zellverbänden oder Geweben und regulieren den Austausch von Stoffen zwischen den Zellen. Sie werden durch Proteine an den Zelloberflächen gebildet. Je nach Funktion finden sich offene Kontakte (Gap Junction), Verschlusskontakte (Tight Junction) oder Haftkontakte (Desmosom) (Abb. 18).

Offene Kontakte sind erforderlich, wenn ein reger Stoffaustausch zwischen den Zellen besteht, etwa zwischen Herzmuskel- oder Knochenzellen.

Verschlusskontakte werden gebildet, wenn Stoffe nicht von einer Zelle zu einer anderen übertreten sollen, beispielsweise in der Blasen- und Darmschleimhaut sowie bei der Blut-Hirn-Schranke.

Haftkontakte sind enge punktartige Verbindungen zwischen zwei Zellen – ähnlich Druckknöpfen. Sie dienen der gegenseitigen Verankerung, zum Beispiel bei allen Oberflächen bildenden Geweben (Epithelgewebe) mit der darunter liegenden Basalmembran.

2.1.4.8 *Zelltod*

Die irreversible Beendigung aller Lebensprozesse einer Zelle wird als Zelltod bezeichnet. Man unterscheidet zwei Formen, die Apoptose und die Nekrose.

▶ **Apoptose**
Die Apoptose ist der vom Körper »programmierte« Zelltod, also die gezielte Entfernung hinderlicher oder unnötiger Zel-

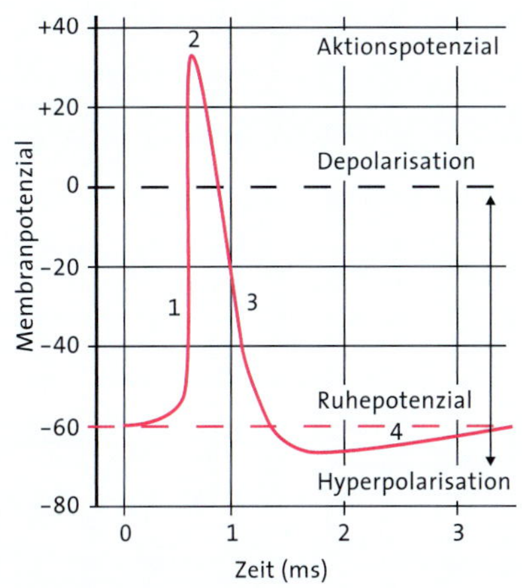

Abb. 16 ▶ Membranpotenzial

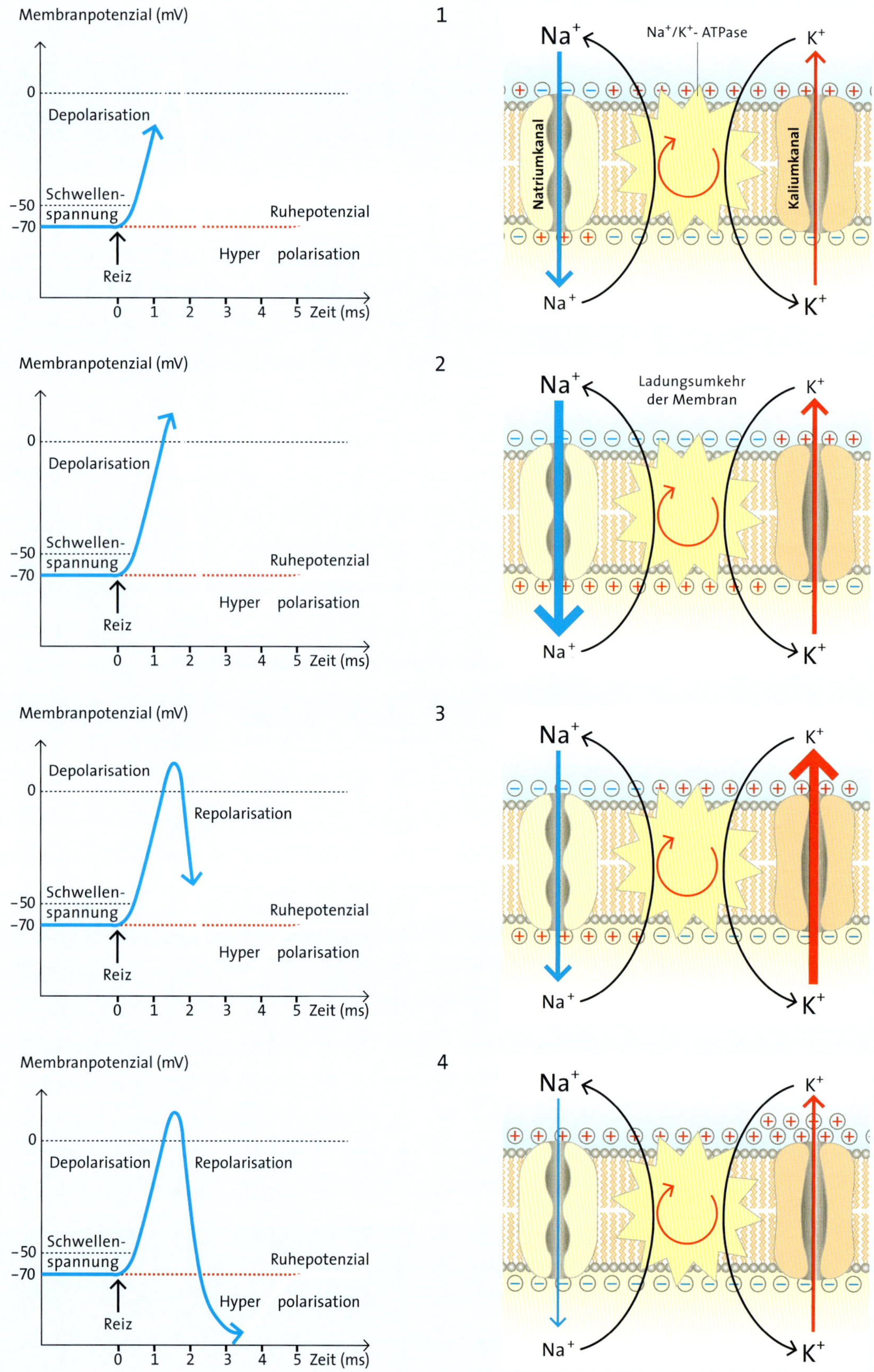

Abb. 17 ▶ Ablauf eines Aktionspotenzials

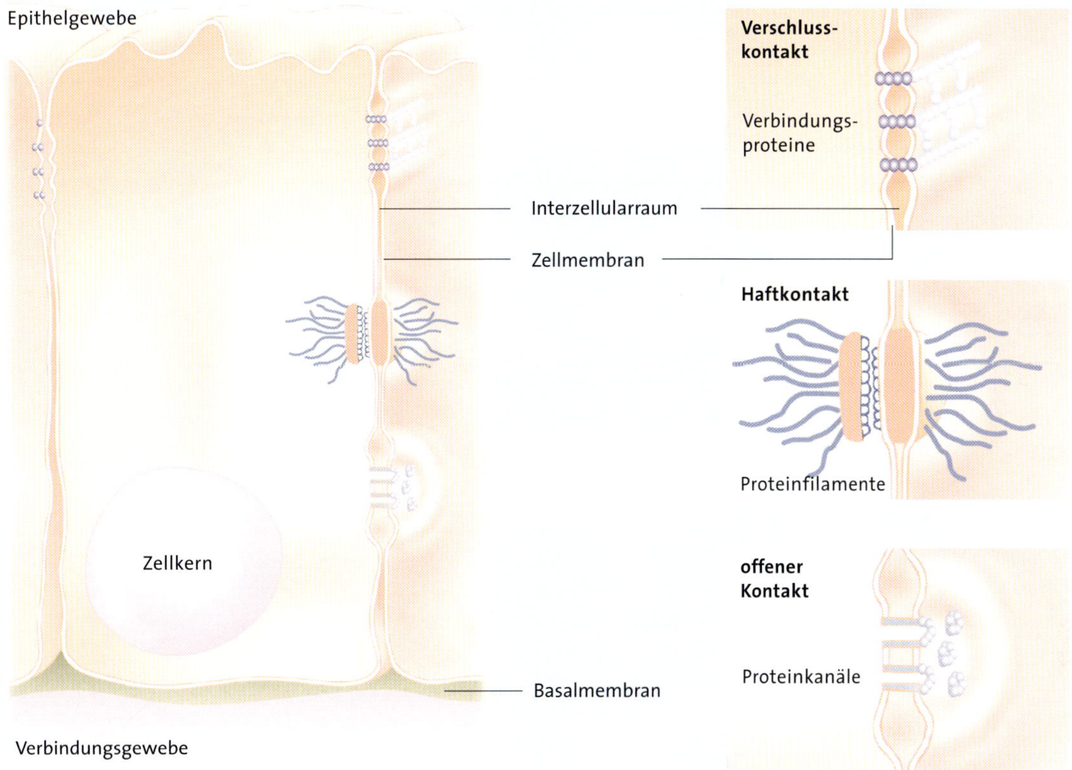

Abb. 18 ▶ Zellkontakte

len. Das Todessignal kann der Zelle von außen gegeben werden, beispielsweise durch Immunzellen. Sie kann es aber auch selbst starten, was im Rahmen einer starken Schädigung ihrer Erbinformation der Fall wäre.

Die Zelle beginnt zu schrumpfen und löst ihre Bestandteile mithilfe ihrer Lysosomen enzymatisch auf. Die Reststücke werden von Phagozyten entsorgt. Dieser Prozess verläuft ohne eine Entzündung. Beispiele hierfür sind der Tod virusinfizierter oder entarteter Zellen, die Rückbildung der »Schwimmhäute« des Embryo zwischen Fingern und Zehen, die Abstoßung der Endometriumzellen bei der Menstruation, die Verkleinerung der weiblichen Brustdrüse nach dem Abstillen oder die Ablösung von Hornschuppen der Epidermis.

▶ Nekrose

Werden Zellen pathologisch in einem lebenden Organismus zerstört, spricht man von einer Nekrose.

Die Zelle schwillt durch die Schädigung an, ihre Zellmembran wird dabei zerstört und ihr Inhalt ergießt sich in das umliegende Gewebe. Dieser Prozess ist mit einer lokalen Entzündung verbunden. Auch in diesem Fall müssen Phagozyten eingeschaltet werden, um die hier weitaus größeren Schäden zu beseitigen.

Wichtigste Ursachen für eine Zellschädigung sind Sauerstoffmangel (Hypoxie); Schäden durch Hitze (Hyperthermie), Kälte (Hypothermie) oder Strahlung; Toxine; mechanisch bedingte Verletzung; Infektionen durch Bakterien, Viren und andere Mikroorganismen sowie immunpathologische Mechanismen.

2.2 Gewebe

2.2.1 Definition

Unter Gewebe versteht man einen Verband gleichartig differenzierter Zellen und ihrer Abkömmlinge, die gemeinsam eine Aufgabe für den Gesamtorganismus erfüllen. Die Lehre von den Geweben bezeichnet man als Histologie. Gewebe wird in vier Hauptgruppen eingeteilt: *Epithelgewebe, Binde- und Stützgewebe, Muskelgewebe* und *Nervengewebe*.

Verschiedene Gewebe können zusammen Funktionseinheiten bilden, die sogenannten Organe, wie zum Beispiel Herz, Lunge, Leber, Milz, Blut oder zentrales Nervensystem (ZNS). Im Organ kann man zwei Anteile unterscheiden. Zum einen ist hier das *Parenchym* zu nennen, der Gewebeanteil, der für die eigentliche Funktion des Organs zuständig ist, und zum anderen das *Stroma*. Beim Stroma handelt es sich um die Gewebeanteile, die das Gerüst des Organs aufbauen und die Gefäße und Nerven enthalten, die das Organ versorgen.

2.2.2 Epithelgewebe

Epithelgewebe ist ein Verband von eng aneinander liegenden Zellen ohne erkennbare Zwischenzellsubstanz, die die äußeren und inneren Oberflächen bilden bzw. auskleiden. Dabei unterscheidet man *Oberflächen bildendes Epithel* vom *Drüsenepithel* oder vom *Sinnesepithel*. Alle Epithelien liegen einer hauchdünnen Basalmembran auf, der Glashaut, die ca. 0,5 – 1,5 µm dick ist. Sie gibt dem Epithel mechanischen Halt und verbindet es mit dem darunterliegenden *Bindegewebe*, das das Epithelgewebe durch Diffusion ernährt.

2.2.2.1 *Aufgaben*

Als Haut schützt das Epithelgewebe die äußeren Körperoberflächen, als Schleimhaut die inneren Körperoberflächen oder als Urothel (Übergangsepithel) die Harnwege. Es kann Transportfunktionen ausführen, beispielsweise das Flimmerepithel der Atemwege.

> Die Haut stellt in ihrer Gesamtheit ein Organ dar.

Über das Drüsenepithel werden Stoffe ausgeschieden: Schweißdrüsen, Speicheldrüsen oder Verdauungsdrüsen sondern Sekrete ab (Sekretion). Aber auch die Stoffaufnahme (Resorption) erfolgt über Epithelgewebe, zum Beispiel über die Darmschleimhaut.

Das Sinnesepithel dagegen ist spezialisiert auf die Vermittlung verschiedenster Sinnesempfindungen, wie zum Beispiel bei der Retina (Netzhaut) im Auge, den Hörzellen im Innenohr oder den Tastkörperchen in der Haut.

2.2.2.2 *Oberflächen bildende Epithelien*

Oberflächen bildende Epithelien werden zum einen unterteilt nach ihrer Gestalt in *Plattenepithel, isoprismatisches (kubisches) Epithel* und *hochprismatisches (Zylinder-)Epithel* und zum anderen nach ihrer Anordnung, nämlich der Schichtenbildung, in *einschichtig, mehrschichtig* und *mehrreihig*

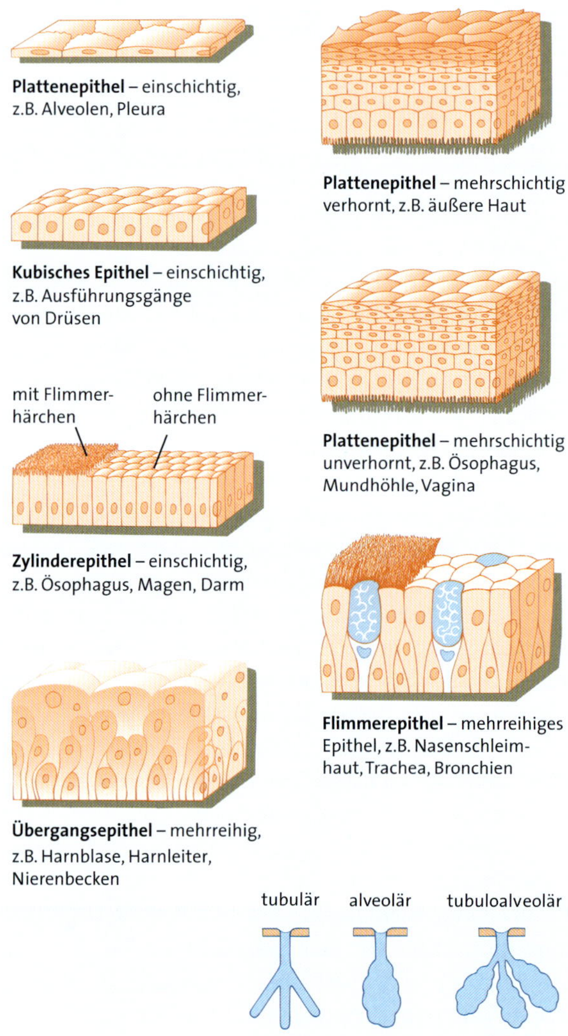

Abb. 19 ▶ Schematische Darstellung der Epithelformen

(Abb. 19). Beim *mehrschichtigen* Epithel erfolgt die Benennung nach der obersten Schicht, zum Beispiel besteht die Schleimhaut aus mehrschichtigem unverhornten Plattenepithel. *Mehrreihig* bedeutet, dass nicht alle Zellen Kontakt zur Basalmembran haben. Dieser Effekt tritt auf, wenn andere Zellen auf- oder eingelagert sind, beispielsweise Schleim produzierende Becherzellen im Flimmerepithel der Atemwege.

Einschichtiges Plattenepithel dient der Oberflächenglättung und kleidet beispielsweise als Endothel die Blutgefäße aus.

Einschichtiges isoprismatisches (kubisches) Epithel wird zum Bau von Drüsen – zum Beispiel Schweißdrüsen – und ihren Ausführungsgängen verwendet.

Einschichtiges, mehrschichtiges oder mehrreihiges hochprismatisches Epithel dient der Resorption und Sekretion und ist daher zum Beispiel im Darmkanal zu finden. Zur Erzeugung von Oberflächenbewegungen kann es zusätzlich wie in den Atemwegen mit Flimmerhärchen versehen sein. Je nach Beanspruchung ist es ein- oder mehrschichtig.

Mehrschichtiges Übergangsepithel, Urothel, kleidet die ableitenden Harnwege aus. Es ist stark dehnbar, was zum Beispiel wichtig für die Blase ist. Ferner haben die Zellen eine verdickte Zellmembran an ihrer Oberfläche, die sogenannte *Crusta*. Sie dient dem Schutz des Epithels vor saurem oder alkalischem Urin.

Mehrschichtiges unverhorntes Plattenepithel schützt vor Beanspruchungen. Es kleidet zum Beispiel die Oberflächen der Mundschleimhaut, des Ösophagus (Speiseröhre) oder der Vagina (Scheide) aus.

Mehrschichtiges verhorntes Plattenepithel findet sich auf der äußeren Haut. Es bildet an der Oberfläche eine Hornschicht, die vor äußeren Einflüssen schützt. Dies geschieht vornehmlich in Verbindung mit dem Säureschutzmantel, der aus den Sekreten der Talg- und Schweißdrüsen gebildet wird.

2.2.2.3 *Drüsenepithel*

Drüsenepithel kann vorliegen als Einzelzellen innerhalb von Epithelzellen, beispielsweise Becherzellen im Dickdarm, oder als epitheliale Organe, etwa Schweißdrüsen, Speicheldrüsen oder Tränendrüsen. Man kann die Drüsen unterteilen in exokrin und endokrin. *Exokrine Drüsen* geben ihr Sekret über Ausführungsgänge an innere und äußere Körperoberflächen ab. Als Beispiel hierfür sind die Tränen-, Speichel- oder Schweißdrüsen zu nennen. *Endokrine Drüsen,* beispielsweise Schilddrüse oder Hypophyse, sezernieren die gebildeten Stoffe, nämlich Hormone, direkt ins Blut (Abb. 20).

2.2.2.4 *Sinnesepithel*

Diese Gewebeart dient der Reizaufnahme, also der Sinnesfunktion. Auftreffende Reize, zum Beispiel Licht, chemische Stoffe, Druck, Temperaturänderungen oder Schmerz, werden in elektrische Signale umgewandelt und als Erregung über Nervenfasern weitergeleitet (Abb. 20). Sinnesepithel findet sich beispielsweise in der Haut, im Hörorgan und in der Retina des Auges.

2.2.3 Binde- und Stützgewebe

Binde- und Stützgewebe entsteht aus dem Mesenchym, dem embryonalen Bindegewebe. Es besteht aus Zellen und zwischenzelligen Substanzen (Grundsubstanz und Fasern), die flüssig, halbflüssig oder fest sein können. Der Faseranteil bewirkt die Struktur.

Kollagenfasern, die in Bändern und Sehnen zu finden sind, sind *zugfest*, *elastische Fasern* wie zum Beispiel in den Blutgefäßen sind *zugelastisch* und *Retikulinfasern* sind *biegungselastisch* (das lateinische Wort »reticulum« bedeutet »kleines Netz«, und als solche durchziehen sie Milz, Leber oder Lymphknoten). Durch unterschiedliche Verteilung dieser Anteile kann das Gewebe die unterschiedlichsten Strukturen entwickeln, z.B. netzartige Organauskleidungen, straffe Sehnen oder stützende Knochen durch zusätzliche Einlagerung von Mineralien.

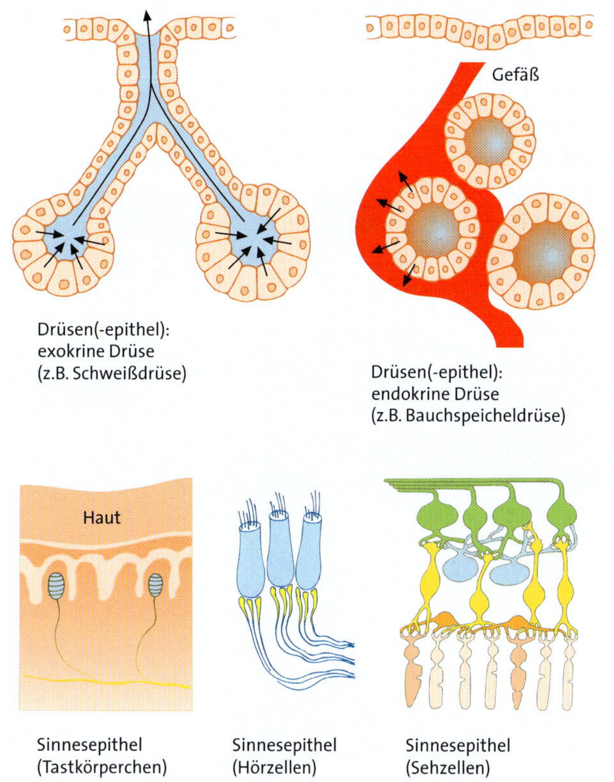

Abb. 20 ▶ Exokrine und endokrine Drüsen sowie Sinnesepithel

2.2.3.1 *Bindegewebe*

Das Bindegewebe ist im Körper weit verbreitet, da es vielfältige Funktionen besitzt. Es umhüllt und verbindet Organe, Gefäße und Nerven, stabilisiert Gelenke durch die Bänder und dient der Kraftübertragung von Muskeln auf Knochen bzw. Sehnen (*Bindefunktion*). In den Spalträumen des lockeren Bindegewebes können große Wassermengen gespeichert werden (*Wasserhaushalt*). Bei Nieren- oder Herzerkrankungen können diese Flüssigkeiten nicht mehr resorbiert werden, es entstehen Ödeme. Das Fettgewebe dient als Kaloriendepot für Zeiten des Mangels (*Speicherfunktion*). Beim Stoffaustausch im Kapillargebiet dient das Bindegewebe als Nährstoffverteiler zu den Zellen. Ferner nimmt es dort die Ausscheidungsprodukte der Zellen auf und leitet sie in die Blut- oder Lymphgefäße (*Stoffwechselfunktion*).

Insbesondere im lockeren Bindegewebe finden sich auch Zellen des Immunsystems, beispielsweise Gewebsmakrophagen, Mastzellen oder Plasmazellen. Sie können Erreger phagozytieren (»fressen«) bzw. bilden Antikörper zur Markierung der Erreger (*Abwehr*). Die Bildung von Granulationsgewebe, das die Matrix für die später einsprießenden Zellen bildet, geht ebenfalls vom Bindegewebe aus (*Wundheilung*).

▶ Lockeres faserarmes Bindegewebe

Lockeres faserarmes Bindegewebe verbindet als *Stroma* innerhalb von Organen die Gewebsanteile und fixiert Nerven und Blut- bzw. Lymphgefäße. Es dient als Wasserspeicher, Verschiebeschicht und zur Lückenfüllung. Ferner enthält es Abwehrzellen.

▶ Straffes faserreiches Bindegewebe

Das straffe faserreiche Bindegewebe besteht aus überwiegend dicht gepackten, nicht dehnbaren kollagenen Fasern. Man unterscheidet straffes geflechtartiges von straffem parallelfaserigen Bindegewebe. Beim *straffen geflechtartigen Bindegewebe* bilden die Kollagenfasern ein filzartiges Geflecht, beispielsweise Organkapseln, Lederhaut, Sklera (das Weiße im Auge) oder Dura mater (harte Hirnhaut). Beim *straffen parallelfaserigen Bindegewebe* sind die Kollagenfasern durch Zugkräfte ausgerichtet, z.B. Sehnen, Sehnenplatten der Hände und Füße oder Bänder.

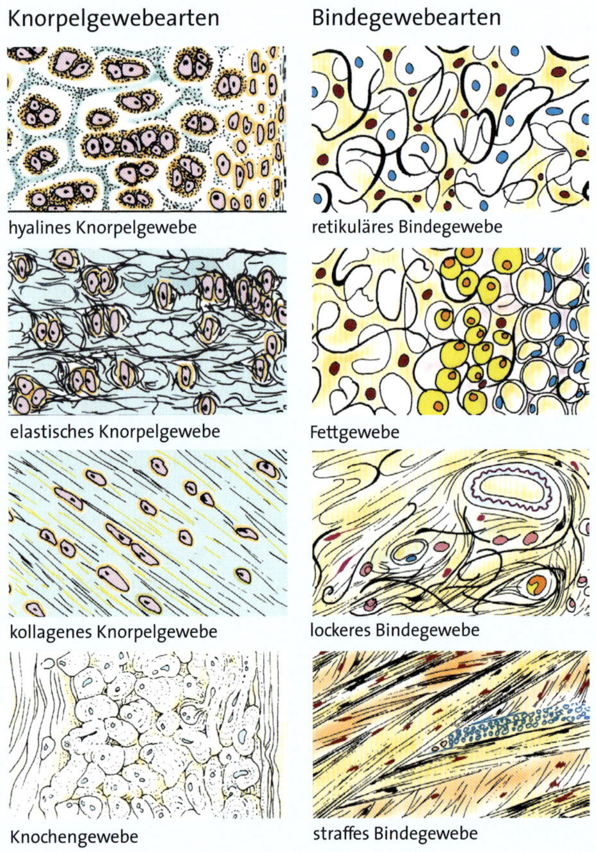

Abb. 21 ▶ Binde- und Stützgewebe

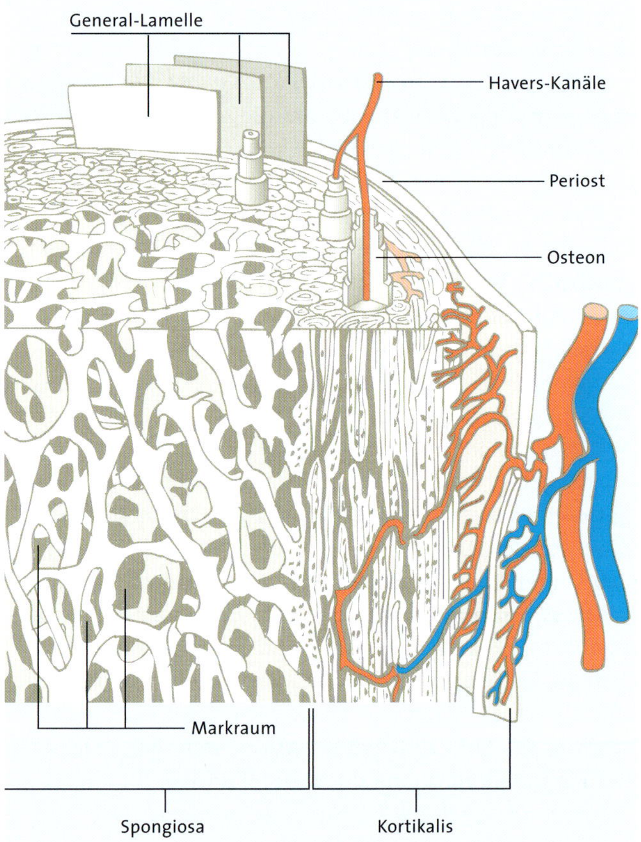

Abb. 22 ▶ Aufbau eines Lamellenknochens

▶ Retikuläres Bindegewebe

Dieses Bindegewebe besteht aus sternförmigen Retikulumzellen, die ein dreidimensionales Netzwerk bilden. An ihren Enden liegen feine, zugfeste und verzweigte Fasern; durch diese retikulären Fasern entsteht die Netzstruktur. Das retikuläre Bindegewebe bildet das Grundgerüst von lymphatischen Organen (z.B. Milz, Lymphknoten, rotes Knochenmark) sowie das Stützgerüst von Organen (z.B. Leber, Niere). In den Zwischenräumen befinden sich viele sogenannte »freie« Zellen. Sie sind, wie beispielsweise die Kupffer-Sternzellen in der Leber, in der Lage, Gewebstrümmer, Fremdkörper und Mikroorganismen zu beseitigen; dieser »Fressvorgang« heißt Phagozytose. Im Knochenmark finden sich die Blutbildungszellen in den Zwischenräumen und die Lymphozyten in den Lymphknoten.

▶ Fettgewebe

Fettgewebe ist eine Spezialform des retikulären Bindegewebes. Es enthält Fettzellen, Lipozyten oder Adipozyten, die Fetttröpfchen aus dem Blut aufnehmen (Pinozytose) und in Vakuolen im Zellinneren speichern. Dabei unterteilt man das Fettgewebe in Speicherfett und Baufett.

Speicherfett dient der Vorsorge für schlechte Zeiten. Depots finden sich vor allem in der Unterhaut und im Bauchraum, insbesondere im Omentum majus (»großen Netz«, s. 6.8.2). Die Fettzellen werden im Babyalter angelegt und bleiben zeitlebens als potenzieller Fettspeicher erhalten. Daher sollten normalgewichtige Neugeborene erst nach einem halben Jahr ihr Geburtsgewicht verdoppelt haben. Fettgewebe benötigt zur Versorgung ein dichtes Kapillarnetz, daher ist der Kreislauf von übergewichtigen Menschen zusätzlich belastet.

Baufett dient als Druckpolster für beanspruchte Körperteile, beispielsweise Fußsohle, Handteller oder Gesäß. Weitere Aufgaben sind Organfixierung und Wärmeschutz (z.B. Nierenlager) sowie Füllung von Hohlräumen wie Augenhöhle oder weibliche Brust.

Weiterhin kann man *gelbes und braunes Fettgewebe* unterscheiden. Das gelbe ist das bereits beschriebene Bau- und Depotfett. Das braune Fettgewebe findet man bei Säuglingen und Kleinkindern. Sie können damit zum Beispiel zitterfrei Wärme produzieren.

2.2.3.2 *Stützgewebe*

Das Ziel des Stützgewebes ist die Stabilität des Körpers. Es besteht daher vorwiegend aus kollagenen Fasern und wird oft verstärkt durch Einlagerung von Salzen oder Mineralien. Typische Vertreter sind Knorpel-, Knochen- und Zahngewebe.

▶ Knorpelgewebe

Knorpelgewebe ist nicht vaskularisiert (mit Blutgefäßen durchzogen), es gehört deshalb zu den bradytrophen Geweben: Diese weisen eine niedrige Stoffwechselaktivität auf. Die Ernährung erfolgt durch Diffusion von Nährstoffen und Sauerstoff aus den umgebenden Geweben. Daher ist seine Regenerationsfähigkeit gering, Verletzungen des Knorpelgewebes heilen folglich nur schlecht. Nach dem Verhältnis von Fasern und Knorpelgrundsubstanz unterscheidet man drei Arten von Knorpel: den hyalinen Knorpel, den elastischen Knorpel und den Faserknorpel.

Hyaline Knorpel sind gleichermaßen druckfest und elastisch und bilden die häufigste Knorpelart. Sie sehen bläulich-milchig und durchscheinend aus und dienen der Glättung von Gelenkflächen. Sie finden sich ferner als Rippenknorpel, als Teil der Nasenscheidewand, im Kehlkopfskelett, in den Spangen der Trachea und in den großen Bronchien.

Elastisches Knorpelgewebe hat wegen der elastischen Fasern ein gelbliches Aussehen. Es findet sich als Ohrmuschel, Tuba auditiva (Ohrtrompete, Verbindung zwischen Mittelohr und Rachen), Kehldeckel und als Teil des Kehlkopfskeletts.

Im *Faserknorpel* liegt die höchste Konzentration von Kollagenfasern vor, er ist sehr druckbelastbar. Daraus bestehen die Faserringe der Bandscheiben und Menisken sowie die Symphysen – Knochenverbindungen durch Faserknorpel, zum Beispiel die Schambeinfuge am Os pubis.

▶ Knochengewebe

Knochengewebe ist das am höchsten ausdifferenzierte Stützgewebe des Menschen. Es zeigt einerseits eine hohe Druck- und Zugfestigkeit und ist andererseits außerordentlich widerstandsfähig gegenüber Biegebelastungen. Ein Knochen ist meist mit Knochenhaut (Periost) überzogen, die schmerzempfindlich ist, da sie von sensiblen Nerven durchzogen ist. Von ihr geht die Heilung bei einer Fraktur aus.

Man unterscheidet zwei Knochentypen: zum einen die Geflechtknochen und zum anderen die Lamellenknochen (KNOCHENARTEN s. 11.2.1). Der *Geflechtknochen* ist aus grobfaserigen, locker verflochtenen Knochenbälkchen, Trabekel genannt, aufgebaut und wird in der Embryonalperiode sowie bei der Knochenbruchheilung gebildet. Danach wird er umgebaut in den *Lamellenknochen* (ABB. 22). Dieser gewährleistet eine höhere funktionelle Beanspruchung, fast alle Knochen des Erwachsenen bestehen aus diesem Typ.

Bei einem Lamellenknochen unterscheidet man die *Kompakta,* die den äußeren dichten Knochen bildet und die Osteone als Baueinheit des Knochengewebes enthält, von der *Spongiosa,* den inneren Bälkchenknochen, die das Knochenmark enthalten. Dieser Aufbau bewirkt bei einem Minimum an Material ein Maximum an Festigkeit.

Das Knochengewebe besteht aus Zellen und Grundsubstanz. Die Knochenzellen (Osteozyten) sind netzartig untereinander verbunden und haben sich »eingemauert« in die von ihnen produzierte Knochengrundsubstanz. Diese besteht zu ca. 50 % aus Kalksalzen – insbesondere Kalziumphosphat und Kalziumkarbonat –, die die Knochenhärte bewirken, und zu ca. 30 % aus Kollagenfasern, die die Zugfestigkeit garantieren. Ohne diese Fasern wäre ein Knochen zerbrechlich wie eine dicke Eierschale. Der restliche Anteil setzt sich aus Wasser, Proteinen, Fetten und anorganischem Material zusammen.

Die Knochen sind sehr gut durchblutet, da Knochengewebe ständig ab- und aufgebaut wird. Im Zentrum der Osteone verlaufen die Havers-Kanäle, die Blutgefäße enthalten. Zwischen den Havers-Kanälen befinden sich arterielle Querverbindungen, die Volkmann-Kanäle.

Das Knochengewebe wird ständig durch *Osteoklasten* – Knochen abbauende Zellen – und *Osteoblasten* – Knochen aufbauende Zellen – umgebaut. Zunächst wird altes Knochengewebe durch Osteoklasten aufgelöst, es entsteht eine Mulde. Osteoblasten füllen die defekte Stelle wieder mit neuem Knochengewebe auf. Bei Ungleichgewicht entsteht ein Verlust an Knochenmasse, die Osteoporose.

> Osteo**b**lasten **b**auen Knochen,
> Osteo**k**lasten **k**lauen Knochen.

2.2.4 Muskelgewebe

Im Körper finden sich drei unterschiedliche Typen von Muskulatur: glatte Organmuskulatur, quer gestreifte Skelettmuskulatur und Herzmuskelgewebe als Sonderform (Abb. 23).

2.2.4.1 *Glattes Muskelgewebe*

Glattes Muskelgewebe besteht aus länglichen spindelförmigen Zellen. Die Kontraktionen verlaufen langsam und unwillkürlich und werden vom vegetativen Nervensystem beeinflusst. Die glatte Muskulatur ist kaum ermüdbar und hat nur einen geringen Energieverbrauch. Im Körper findet

Tab. 4 ▶ Funktionen der zwei unterschiedlichen Zelltypen des Nervengewebes

Neuronen	Gliazellen
Reizaufnahme	Ernährungs- und Stützgewebe
Reizverarbeitung	Abwehr und Schutz der Neuronen
Erregungsleitung	Isolierung der Neuronen

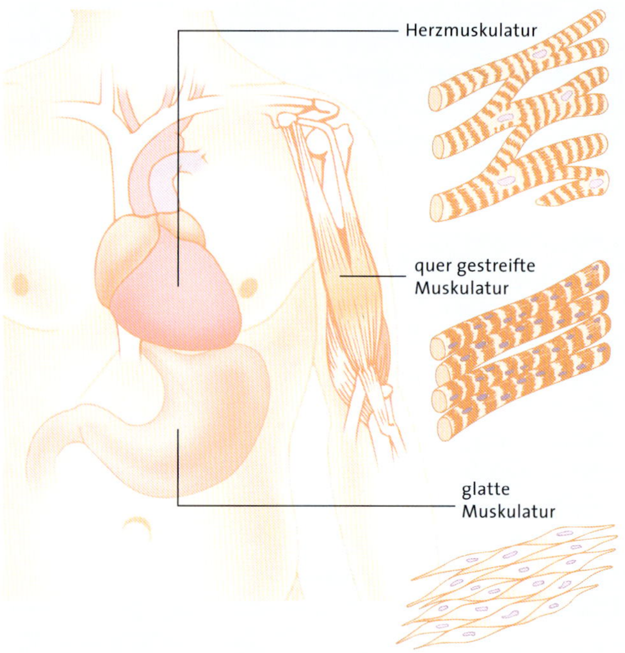

Abb. 23 ▶ Muskelgewebetypen

sich dieses Gewebe vor allem in den Wänden des Magen-Darm-Trakts, den Bronchien, dem Urogenitaltrakt und in Drüsen. Auch die Blutgefäße regulieren ihre Weite über glatte Muskulatur.

2.2.4.2 *Quer gestreiftes Muskelgewebe*

Die Kontraktionen der quer gestreiften Muskulatur sind schnell und meistens willkürlich. Sie werden vom ZNS ausgelöst. Ihre Schnelligkeit bedeutet einen hohen Energieverbrauch und leichte Ermüdbarkeit. Die quer gestreifte Muskulatur bildet insbesondere die Skelettmuskeln (Aufbau: s. 11.2.4.1) sowie die Muskulatur von Zunge, Rachen, Kehlkopf oder Beckenboden. Männer haben ca. 30 % mehr Skelettmuskelgewebe als Frauen. Dies wird vor allem durch das Sexualhormon Testosteron bewirkt, das eine starke anabole (muskelaufbauende) Wirkung hat. Folglich können Frauen bei gleichem Trainingsstand nur etwa 65 % der Kraft eines Mannes entwickeln.

2.2.4.3 *Herzmuskelgewebe*

Herzmuskelgewebe ist eine Sonderform des quer gestreiften Muskelgewebes. Es hat einen kleineren Querschnitt und ist netzförmig durch sogenannte Glanzstreifen miteinander verknüpft. Dies bewirkt eine gleichmäßige Erregungsausbreitung. Die Erregungsbildung wird autonom vom Sinusknoten gesteuert, das Nervensystem wirkt nur anpassend

Tab. 5 ▶ Einteilung der marklosen und markhaltigen Nervenfasern

Faserdurchmesser	Fasergruppe	Leitungsgeschwindigkeit	Funktion
13 µm	I	80 – 120 m/s	Ia: afferente Impulse von Muskelspindeln Ib: afferente Impulse von Sehnenorganen
9 µm	II	60 m/s	Berührungsimpulse der Haut
3 µm	III	15 m/s	afferente Impulse von tiefen Mechanorezeptoren des Muskels
1 µm (marklos)	IV	1 m/s	langsame Schmerzfasern

(nach Lloyd und Hunt)

bzw. regulierend über Sympathikus und Parasympathikus. Parasympathische Einflüsse haben einen dämpfenden Effekt (z.B. beim Schlafen), während sympathische Einflüsse anregend wirken, wie etwa beim Sport. Obwohl die Herzmuskulatur zu raschen Kontraktionen fähig ist, ist ihr Energieverbrauch gering; daher ist sie nicht ermüdbar.

2.2.5 Nervengewebe

Das Nervengewebe wird von zwei unterschiedlichen Zelltypen gebildet, den *Neuronen* (Nervenzellen) und den *Gliazellen*, die die Neuronen unterstützen.

2.2.5.1 *Neuronen*

Die Neuronen sind hoch spezialisiert und können sich nicht mehr teilen. Sie nehmen Erregungen über Zellfortsätze, die Dendriten, auf und leiten sie zu anderen Zellen über das Axon, einen weiteren Zellfortsatz, weiter. Jedes Neuron besitzt immer nur ein Axon, kann aber viele Dendriten haben. So können Erregungen gebündelt werden. Die Weiterleitungsrichtung ist aber immer vorgegeben, da ein Axon keine Erregungen aufnehmen, sondern nur weiterleiten kann. Den Zellkörper eines Neurons nennt man auch *Soma* oder *Zellleib*. Hier sind wie in anderen Zellen auch die Organellen untergebracht.

Neuronen bestehen aus mehreren Dendriten (Reizaufnahme), Soma/Zellleib (Reizverarbeitung) und einem Axon (Reizweiterleitung).

2.2.5.2 *Gliazellen*

Die Gliazellen kann man als »Kammerdiener« der Neuronen bezeichnen. Sie übernehmen alle Aufgaben, die die Neuronen wegen ihrer Spezialisierung nicht mehr wahrnehmen können. Im Gegensatz zu den Neuronen können sie sich zeitlebens teilen und geschädigte Neuronen ersetzen. Ihre Gestalt ist den jeweiligen Funktionen angepasst. Gliazellen isolieren Nervenzellen und können bei Teilschäden die Rege-

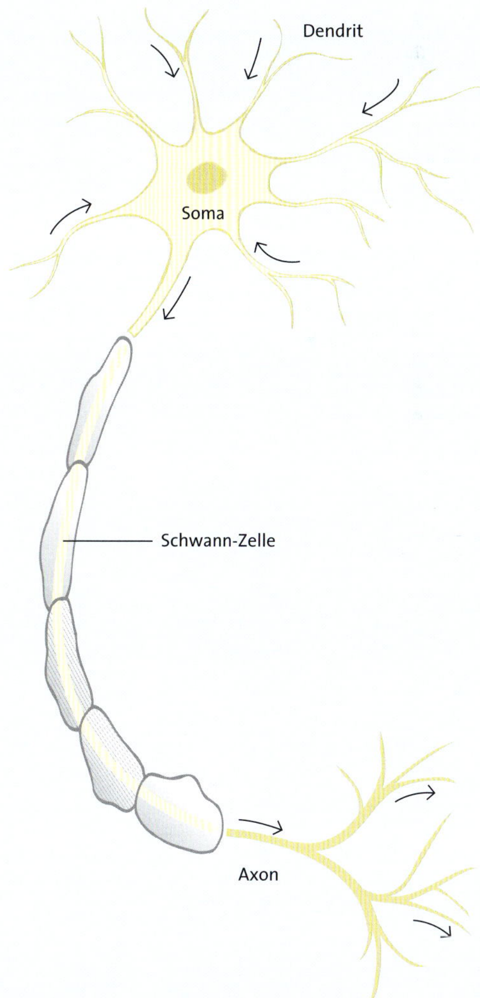

Abb. 24 ▶ Aufbau eines Neurons

neration von Neuronen begünstigen. Sie verhindern durch die Bildung der sogenannten Blut-Hirn-Schranke weitgehend, dass neurotoxische, also nervenschädigende Stoffe aus dem Blut die Nervenzellen beeinträchtigen. Ferner bilden sie das Stützwerk für die vielen Nervenfasern. Einige haben sich zu Phagozyten (Fresszellen) umgewandelt, die die Stoffwechselabbauprodukte entsorgen und vor Eindringlingen schützen.

Andere Gliazellen, die Schwann-Zellen, wickeln sich im peripheren Nervensystem um Dendriten und Axone von Neuronen. Das Neuron wird zwar dadurch geschützt, kann aber an diesen Stellen kein Aktionspotenzial weiterleiten. Daher befinden sich zwischen den einzelnen Schwann-Zellen Lücken, die Ranvier-Schnürringe. Hier kann eine Erregung weitergeleitet werden. Die so ummantelten Neuronen nennt man *markhaltige Nervenfasern*. Sie können Erregungen viel schneller weiterleiten als *marklose Nervenfasern*, also solche ohne Schwann-Scheiden, da die Erregung am Axon entlang »springt«.

Das Nervensystem ermöglicht es dem Menschen, seine Umgebung wahrzunehmen und zu begreifen, es regelt die Tätigkeiten der einzelnen Körpersysteme untereinander und koordiniert sie in enger Zusammenarbeit mit dem Hormon- und dem Immunsystem.

3

Blut und lymphatisches System

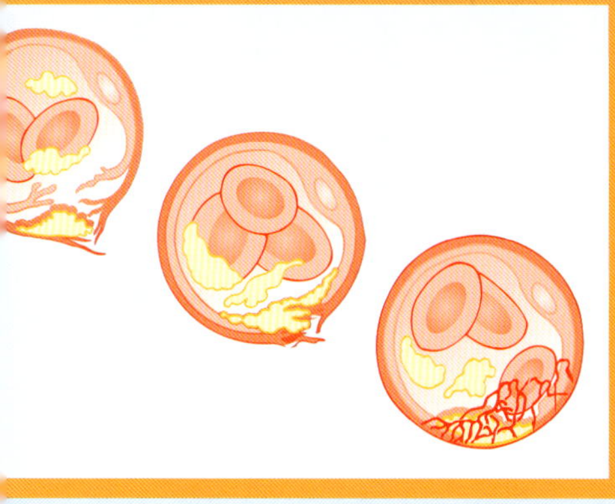

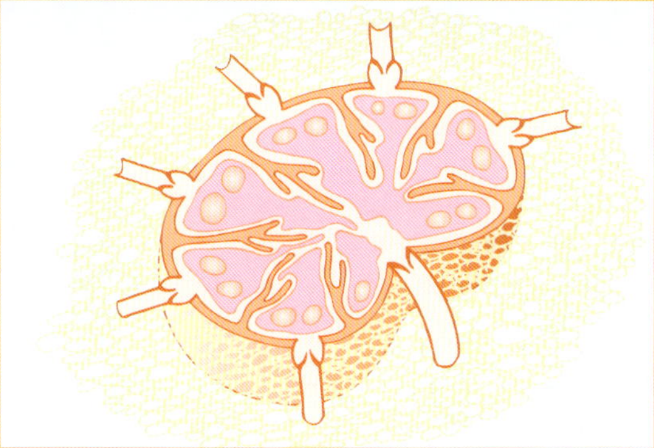

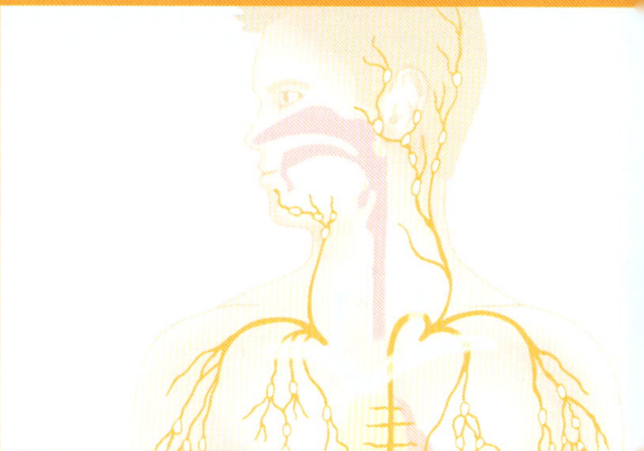

Inhalt:

3.1	Blut	48
3.2	Bluterkrankungen	55
3.3	Lymphsystem	58

3.1 Blut

Blut ist ein komplexes Gemisch unterschiedlicher Bestandteile (Abb. 1). Es verändert bei Erkrankungen häufig seine Zusammensetzung, was bei der Diagnosestellung hilfreich sein kann. Ein Ungleichgewicht in der Zusammensetzung seiner Bestandteile, ein Zuviel oder Zuwenig an zirkulierender Blutmenge sowie eine vermehrte Blutungsneigung bei Gerinnungsstörungen können zu lebensbedrohlichen Situationen führen.

3.1.1 Allgemeine Funktionen

Blut versorgt die Zellen mit Sauerstoff und Nährstoffen und transportiert Kohlendioxid und Stoffwechselprodukte, die Metaboliten, zu den Ausscheidungsorganen. Es verteilt Hormone, Enzyme, Ionen, Abwehrzellen, Antikörper und Medikamente im Körper. Ein Teil der Blutzellen fungiert als Abwehr (z.B. Leukozyten). Diese eliminieren körperfremde Eindringlinge und erkennen körpereigene entartete oder infizierte Zellen. Durch die ständige Zirkulation des Blutes und durch die Weit- oder Engstellung von Gefäßen in der Peripherie wird eine relativ gleichbleibende Körpertemperatur von ca. 36,5 °C aufrechterhalten. Mithilfe des Gerinnungssystems dichtet es Gefäßwanddefekte ab. Daneben hilft es bei der Regulierung des inneren Milieus des Körpers, indem es Schwankungen des pH-Wertes abpuffert (z.B. Bikarbonatpuffer). Weiterhin gewährleistet ein ausreichender kolloidosmotischer Druck durch die Plasmaproteine – insbesondere Albumin – eine intravasale Wasserbindung.

3.1.2 Zusammensetzung

Blut besteht aus *Blutzellen* und Blutflüssigkeit, dem *Blutplasma*. Das Verhältnis von Blutzellen zum Gesamtblut bezeichnet man als *Hämatokrit*.

3.1.2.1 *Blutplasma*

Plasma besteht zu ca. 90% aus Wasser. Weitere 7% entfallen auf die *Plasmaproteine*: *Albumine*, *Globuline* und *Fibrinogen*. Der Rest setzt sich zusammen aus Nährstoffen, zum Beispiel Glukose, Fettsäuren sowie Elektrolyten, zum Beispiel Natrium, Kalium, Kalzium, Magnesium, Chlorid. Ferner finden sich noch Spurenelemente, Vitamine, Hormone, Enzyme und Abbaustoffe, beispielsweise Harnstoff, Harnsäure, Kreatinin und CO_2. Weil im Plasma viele enzymatische Reaktionen stattfinden, hat der physiologische pH-Wert des Plasmas eine enge Bandbreite, er muss zwischen 7,35 und 7,45

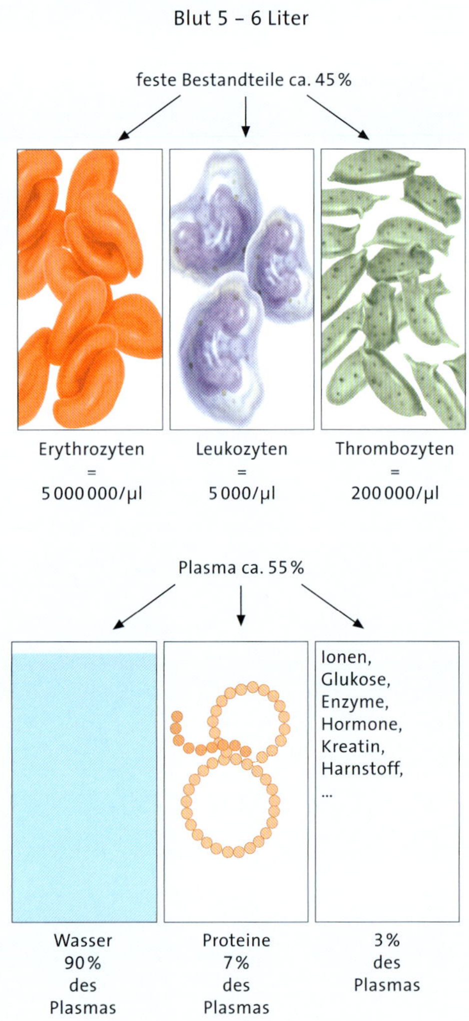

Abb. 1 ▶ Bestandteile des Blutes (Quelle: Schäffler und Schmidt, 1998)

Tab. 1 ▶ Aufgaben und Funktionen des Blutes

Aufgaben	Funktionelle Beispiele
Transport ...	von O_2, CO_2, Stoffwechselprodukten
Abwehr ...	durch Leukozyten
Wärmeregulation ...	durch ständig angepasste Blutzirkulation
Reparatur ...	durch das Gerinnungssystem
Puffer ...	anhand des Bikarbonatpuffers
Milieu ...	H_2O-Bindung durch Plasmaproteine

TAB. 2 ▶ Funktionen der Plasmaproteine

Plasmaproteine	Funktion
Albumine	Transport, kolloidosmotischer Druck
Globuline	Transport bzw. Abwehr
Fibrinogen	Blutgerinnung

TAB. 3 ▶ Funktionen der Blutzellen

Blutzellen	Funktion
Erythrozyten	O_2-Aufnahme und Transport bzw. CO_2-Abgabe und Transport
Leukozyten	Abwehr
Thrombozyten	Blutgerinnung

liegen. Dies wird im Wesentlichen durch das Bikarbonat-Puffer-System aufrechterhalten (s. u., ERYTHROZYTEN). Auch das Verhältnis der Elektrolyte und die Plasmaosmolarität müssen konstant gehalten werden. Wasserverluste, zum Beispiel durch starkes Erbrechen, Schwitzen oder Durchfälle, können das Gleichgewicht genauso stören wie ein Wasserüberschuss. Hierbei können insbesondere die Nieren den Ausgleich bewirken.

Albumine sind die zahlreichsten Eiweißpartikel im Plasma. Durch ihre Konzentration ziehen sie Wasser aus dem umliegenden Gewebe in die Blutgefäße, sie erzeugen den kolloidosmotischen oder onkotischen Druck (ABB. 2). Bei einem Verlust von Albumin (z. B. bei Nierenerkrankungen) kommt es zum Absinken des kolloidosmotischen Druckes im Blut, das Wasser tritt in das Interstitium – die Zellzwischenräume –, es entstehen Wasseransammlungen im Gewebe, sogenannte Ödeme, oder in Körperhöhlen (z. B. Aszites).

Im umgekehrten Falle kann bei Hypovolämie infolge von starkem Blutverlust durch die Infusion von hyperonkotisch wirksamen Lösungen wie Hydroxyethylstärke (HAES) der kolloidosmotische Druck im Intravasalraum gesteigert und damit die zirkulierende Flüssigkeitsmenge zur Kreislaufstabilisierung erhöht werden. Albumin transportiert im Blut Bilirubin, ein Abbauprodukt des roten Blutfarbstoffs, Hormone (z. B. aus der Schilddrüse), Fettsäuren, Medikamente, Vitamine, Kupfer oder Kalzium. Daneben dient es dem Körper bei Eiweißmangel als Nahrungsreserve.

Die *Globuline*, die auch dem Transport dienen, werden in α-1-, α-2- und β-Globuline aufgeteilt. Sie sind kleine, spezifische Transporter und binden Lipide (z. B. Cholesterin), Hämoglobin, Eisen, Hormone (z. B. der Nebenniere) oder Vitamin B_{12}. Des Weiteren bilden sie den Blutgerinnungsfaktor Prothrombin.

Eine weitere Klasse der Globuline sind die γ-Globuline, die auch als Immunglobuline (Ig) bezeichnet werden. Es

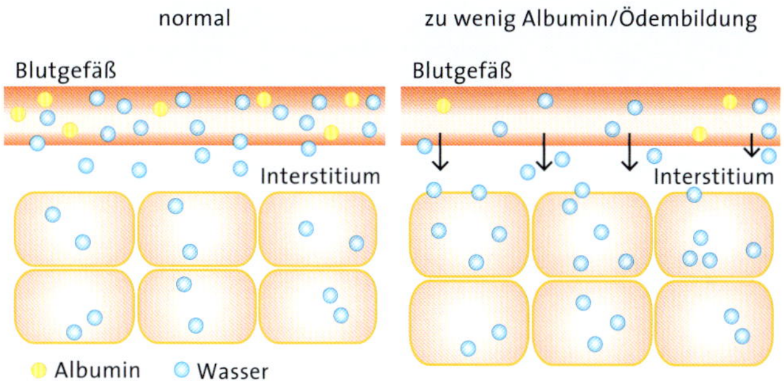

ABB. 2 ▶ Albumin und Wasserbindung

sind Antikörper, die von einer spezialisierten Art der weißen Blutzellen, den B-Lymphozyten (Plasmazellen), gebildet werden. Man unterscheidet fünf verschiedene Klassen: IgM, IgE, IgD, IgA, IgG (Merkwort »MEDAG«; VGL. 9.4.1).

Fibrinogen ist eine inaktive Vorstufe des (aktiven) Fibrins. Es wird in der Leber gebildet und ist ein wichtiger Faktor bei der Blutgerinnung (TAB. 2).

3.1.2.2 *Blutzellen*

Man unterscheidet Erythrozyten (rote Blutkörperchen), Leukozyten (weiße Blutkörperchen) und Thrombozyten (Blutplättchen). Die *Erythrozyten* sorgen hauptsächlich für die Sauerstoffversorgung aller Zellen, ferner entsorgen sie das anfallende Kohlendioxid. Die *Leukozyten* sind eine große Gruppe von Abwehrzellen mit verschiedenen Aufgaben. Sie können Zellen und Zelltrümmer phagozytieren (»fressen«), sie können Zellwände auflösen oder Zellen »zum Abschuss« markieren. Die *Thrombozyten* lagern sich bei Verletzungen an der Gefäßwand an und bilden zusammen mit dem Fibrin einen Verschlusspfropf, den sogenannten Thrombus.

Die Bildung aller Blutzellen, die Hämatopoese (ABB. 3), erfolgt vor der Geburt in den Markhöhlen aller Knochen sowie in Leber, Milz und Thymus. Nach der Geburt findet dies hauptsächlich im roten Knochenmark statt. Nach Abschluss des Längenwachstums liegen die Blutbildungsstätten im Mark der Röhrenknochen jenseits der Epiphysenfuge, ferner in allen kurzen und platten Knochen, zum Beispiel im Becken, in Rippen, Fuß- und Handknochen, Brustbein und Schulterblatt. Die Lymphozyten können darüber hinaus auch in den lymphatischen Organen Milz, Thymus, Mandeln sowie Lymphknoten vermehrt werden. Alle Blutzellen entstehen aus einer pluripotenten (»mehr können den«) Knochenmarkstammzelle. Die Ausbildung der verschiedenen Gruppen bzw. ihre Differenzierung findet im Knochenmark statt; sie treten dann durch porige Wände ins Blut aus.

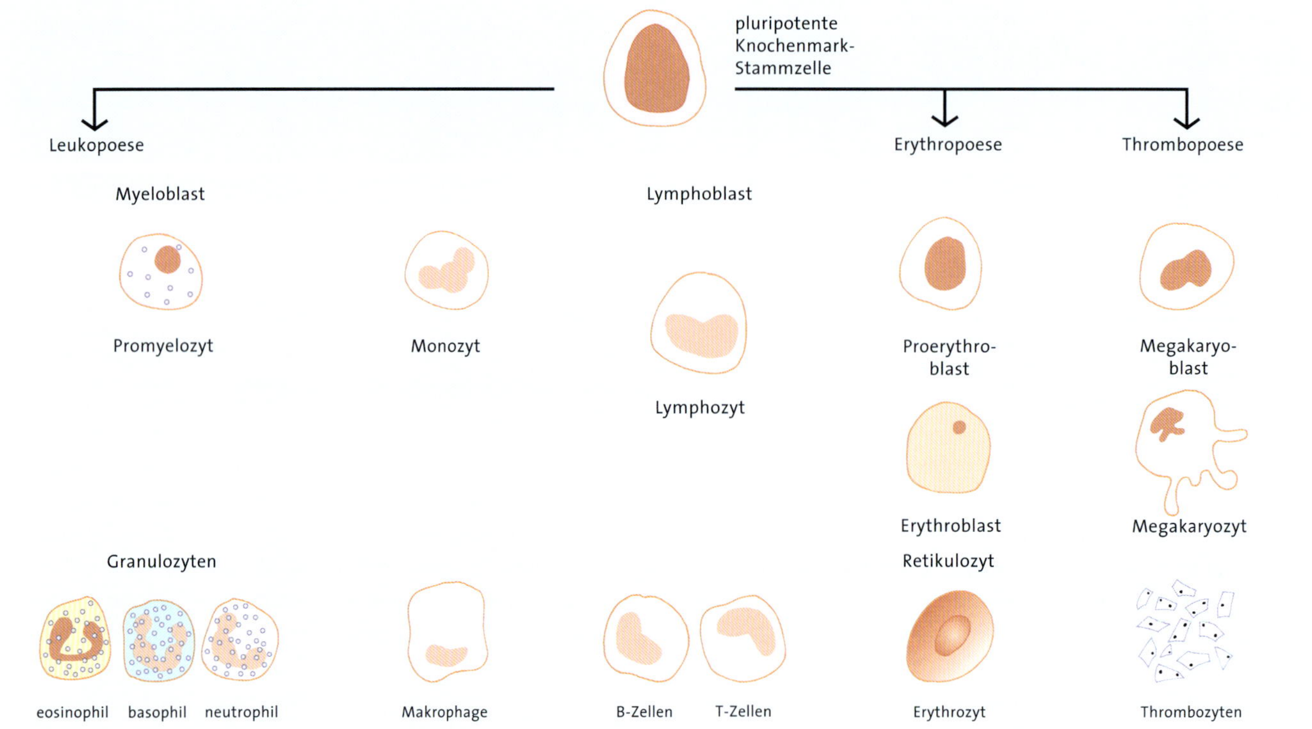

Abb. 3 ▶ Hämatopoese (vereinfachtes Schema)

▶ Erythrozyten

Diese Blutzellen sind verformbare, bikonkave Scheiben ohne Zellkern. Nur ihre Vorstufe, der Retikulozyt, besitzt noch einen Zellkern. Ihr Durchmesser beträgt 8 µm, die Höhe am Rand 2 µm und die zentrale Dicke 1 µm. Mit rund fünf Millionen pro µl Blut sind sie die häufigsten Zellen im menschlichen Körper. Aneinandergereiht würden sie eine Kette bilden, die fünfmal die Erde umschlingt. In jeder Sekunde bildet ein Erwachsener etwa 2,4 Millionen neue Erythrozyten. Sie bestehen aus zwei Dritteln Wasser und einem Drittel Hämoglobin. *Hämoglobin* (Abb. 4) ist ein Eiweißmolekül, das aus vier Polypeptidketten mit eisenhaltiger Farbstoffkomponente, dem Häm, besteht. Das Häm enthält zweiwertiges Eisen, das Sauerstoff an sich lagern kann. Pro Erythrozyt können vier O_2-Moleküle gebunden werden.

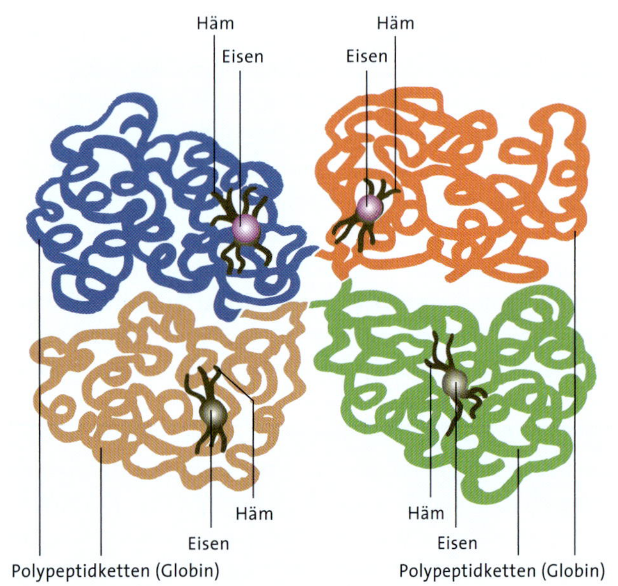

Abb. 4 ▶ Hämoglobin

Durch die Anlagerung des Sauerstoffs an das Eisen erscheint sauerstoffreiches Blut hellrot, sauerstoffarmes dagegen dunkler. Ist arterielles Blut nicht ausreichend mit Sauerstoff gesättigt, kann dies an einer Zyanose, der bläulichen Verfärbung der Haut, erkannt werden, z.B. bei Herz- oder Lungenerkrankungen. Voraussetzung hierfür ist eine ausreichende Menge Hb im Blut. Bei schwerer Anämie (Hb < 5 g/dl) wird keine Zyanose mehr sichtbar, der Patient ist blass.

Die Bildung der Erythrozyten im roten Knochenmark wird über das Hormon *Erythropoetin* gesteuert, das in der Niere gebildet wird. Die Ausschüttung des Hormons erfolgt bei Sauerstoffmangel im Gewebe. Zur Bildung werden ferner noch Eisen, Vitamin B_{12} und Folsäure benötigt.

Die Lebensdauer eines Erythrozyten beträgt ca. 120 Tage. Erythrozyten sind je nach Alter mehr oder weniger verformbar. Diese Verformbarkeit ist wichtig, da die Erythrozyten dicker sind als Kapillargefäße. Sie müssen auch regelmäßig 0,5 – 3 µm schmale Poren in der Milz passieren. Alte, mithin schlecht verformbare Erythrozyten bleiben hier stecken und werden phagozytiert. Dabei wird das Hämoglobin frei, das in Häm und Globin zerfällt. Beim Abbau des Häms wird das für den Körper giftige *Bilirubin* frei. Es wird an Albumin gebunden zur Leber transportiert. Dort erfolgt die Verbindung, die sogenannte Konjugation, mit Glukuronsäure. Damit ist das Bilirubin wasserlöslich und gelangt mit der Gallenflüssigkeit in den Zwölffingerdarm. Dort erfolgt ein weiterer Umbau in *Urobilin* und *Sterkobilin*. Diese Stoffe werden mit dem Stuhl ausgeschieden und färben diesen braun. Bei Verschluss der Gallenwege kommt es daher zu entfärbtem, lehmfarbenem Stuhl. Geringe Teile gelangen auch über das Blut in die Niere und färben den Urin gelblich. Die krankhafte Vermehrung der Erythrozyten bezeichnet man als *Polyglobulie*, die Verminderung als *Anämie*.

▶ Leukozyten

Leukozyten dienen der spezifischen und unspezifischen Abwehr des Körpers. Deshalb befinden sie sich zu ca. 90 % im Gewebe und somit außerhalb der Blutgefäße. Ihre Anzahl schwankt stark, der Normalwert beträgt etwa 5 000/µl Blut. Ihre Vermehrung, Leukozytose genannt, findet sich bei Infektionskrankheiten (wie Lungenentzündung), örtlich begrenzten Entzündungen (z. B. infizierter Wunde), Blutkrebs – Leukämie –, in der Schwangerschaft, nach schwerer körperlicher Arbeit oder nach dem Essen. Auch Medikamente wie Kortisonpräparate oder Lithium (z. B. gegen manisch-depressive Erkrankungen) können zu einer Erhöhung führen. Eine Verminderung, die sogenannte Leukopenie, tritt bei schweren bakteriellen Infektionen auf (z. B. Sepsis = Blutvergiftung), da es in diesem Fall zu einem gesteigerten Verbrauch der Leukozyten kommt, oder bei Virusinfektionen wie Masern. Auch Schädigungen der Bildungsstätte, des Knochenmarks, können dies verursachen, zum Beispiel durch Erkrankungen des Immunsystems wie Lupus erythematodes, durch einen Mangel an Vitamin B_{12} oder Medikamentennebenwirkungen.

Um ihren vielfältigen Abwehraufgaben nachkommen zu können, müssen die Leukozyten verschiedene Fähigkeiten besitzen. Sie müssen amöboid beweglich sein, aktiv durch Blutgefäße durchtreten können (Diapedese), chemische (Entzündungs-)Reize erkennen, an ihnen entlang zum Ort des Geschehens wandern (Chemotaxis) und körperfremdes oder körpereigenes Material fressen können (Phagozytose).

Die Leukozyten werden unterteilt in *Granulozyten*, *Lymphozyten* und *Monozyten* (s. u., 9.3.3.1 und 9.4.2).

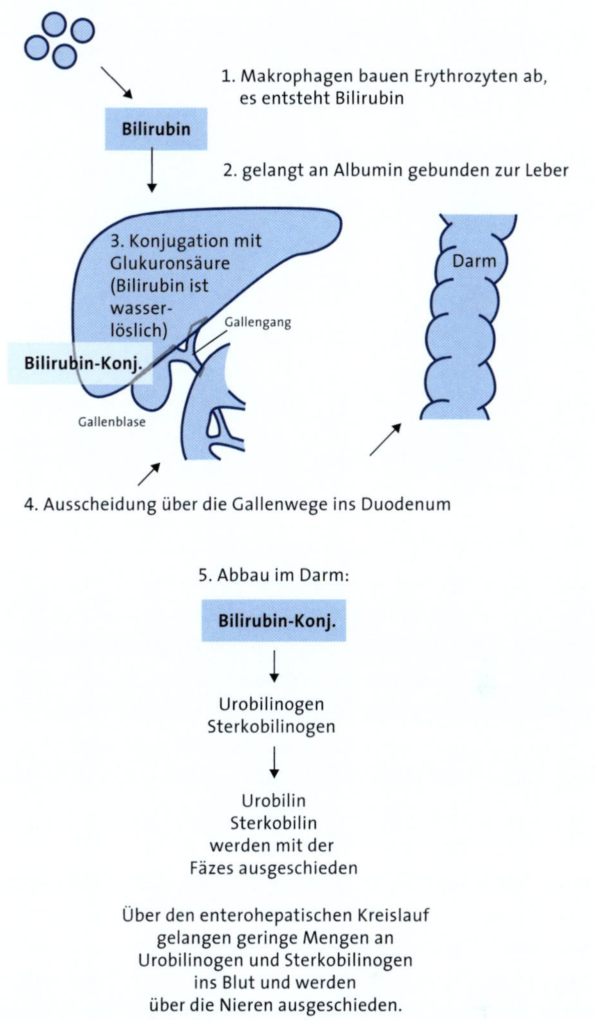

Abb. 5 ▶ Bilirubin

Granulozyten enthalten in ihrem Zytoplasma Granula, »Körnchen«. Das sind membranumhüllte, den Lysosomen (s. o., 2.1.2.2) ähnliche Bläschen mit verschiedenen Inhaltstoffen. Sie stellen mit ca. 60 % den größten Anteil der Leukozyten dar und werden als Neutrophile, Basophile und Eosinophile klassifiziert.

Neutrophile Granulozyten sind mit 50 bis 80 % die zahlenmäßig größte Art. Häufig sind sie auf Schleimhautoberflä-

Tab. 4 ▶ Fähigkeiten der Leukozyten

- amöboid beweglich
- Emigration (Wanderung aus der Blutbahn ins Gewebe)
- Diapedese (aktiver Durchtritt durch Blutgefäße)
- Chemotaxis (Bewegung auf chemische Reize zu)
- Phagozytose (»Zellfressen«)
- Erleichterung der Phagozytose von Bakterien und Schmutzpartikeln

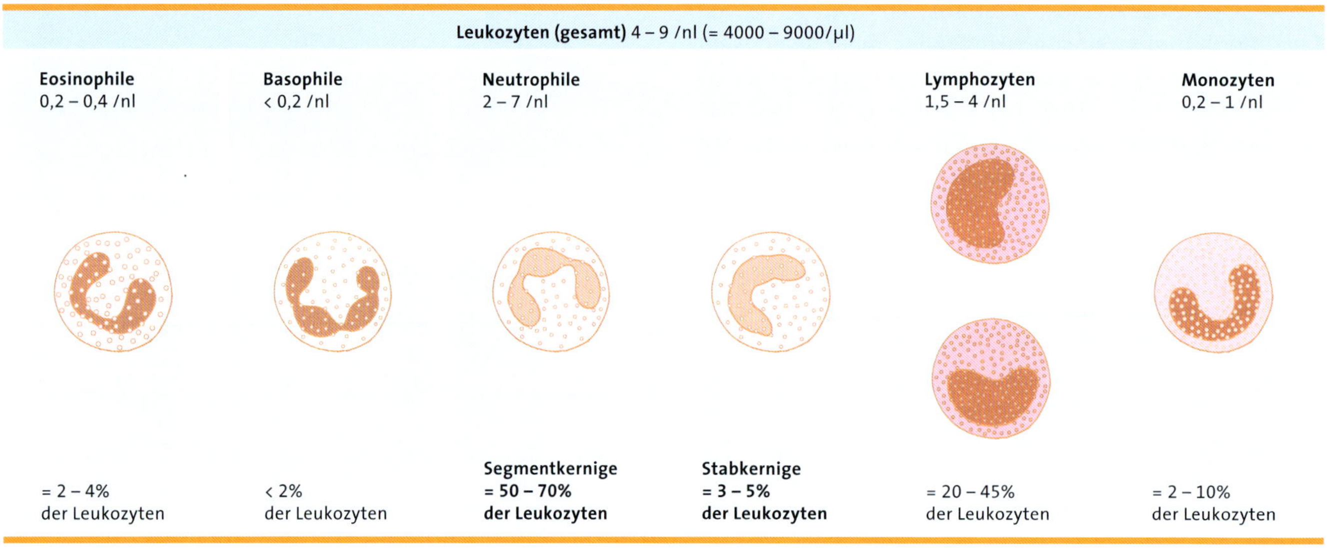

ABB. 6 ▶ Leukozyten

chen oder an der Innenseite der Gefäße, vor allem in Lunge und Milz, zu finden, von wo aus sie in Stresssituationen – zum Beispiel bei Kortison- und Adrenalinwirkung – schnell mobilisiert werden. Am Beginn von Infektionen befinden sie sich als Erste am Erregungsherd und vermehren sich stark. Damit lassen sie einen Rückschluss auf den Krankheitsverlauf zu (»neutrophile Kampfphase«). Man spricht auch von der *Linksverschiebung*, der Zunahme der jungen stabkernigen Neutrophilen, um die Bakterien und Zelltrümmer möglichst schnell zu phagozytieren. Bei heftigen Infektionen kann es zu Eiterbildung kommen. Eiter besteht aus zugrunde gegangenen Neutrophilen und Zell- bzw. Gewebetrümmern. Eine Vermehrung der Neutrophile, die *Neutrophilie*, tritt zum Beispiel bei bakteriellen Infektionen (Lungenentzündung, Tuberkulose) und Pilzkrankheiten, bei diabetischem, hepatischem und urämischem Koma, bei chronisch entzündlichen Erkrankungen sowie Leukämie, Krebs, Schock oder bei Rauchern auf. Zu einer Verminderung der Zahl der Neutrophile, der *Neutropenie*, kommt es bei Blutvergiftung (Sepsis), viralen Infektionen, Knochenmarksschädigung oder der Einnahme von Zytostatika – Zellwachstumshemmern –, bei Krebs oder Autoimmunerkrankungen.

Basophile Granulozyten sind mit ca. 1% die zahlenmäßig kleinste Unterart der Leukozyten. Sie finden sich im Blut als *Blutmastzellen* und im Gewebe als *Gewebsmastzellen*. Ihre Granula lassen sich mit der üblichen Färbung für mikroskopische Präparate tiefblau anfärben. Basophile halten eine Entzündung aufrecht, ihre Granula enthalten Histamin zur Weitung und Erhöhung der Durchlässigkeit der Gefäße, Heparin für die Verbesserung der Fließeigenschaft des Blutes sowie Serotonin für die Gefäßspannung. Sie können eosinophile Granulozyten anlocken. Ferner besitzen sie an ihrer Oberfläche Bindungsstellen für IgE. Bei allergischen Reaktionen, die IgE-vermittelt sind, können sie ins Bindegewebe übertreten und dort die typischen Schwellungen und Ödeme hervorrufen. Ihr vermehrtes Auftreten, die *Basophilie*, findet sich insbesondere bei allergischen Erkrankungen wie Arzneimittel- oder Nahrungsmittelüberempfindlichkeiten, Nesselsucht (Urtikaria), nach einer Milzentfernung, bei Diabetes mellitus, Leukämie und Tuberkulose.

Eosinophile Granulozyten machen nur ca. 3% der Leukozyten aus. Sie lassen sich rötlich anfärben mit dem Farbstoff *Eosin*. Eosinophile enthalten in ihren Granula toxische Proteine, mit denen sie die Zellwände, insbesondere von Parasiten (z.B. Würmer), angreifen. Die Ausschüttung erfolgt IgE-vermittelt und lockt gleichzeitig andere Makrophagen an. Neben ihrer Fähigkeit zur Phagozytose können sie auch Histamin binden. Daher sind sie sowohl bei Allergien

TAB. 5 ▶ Funktionen der Granulozyten

1. Neutrophile	2. Basophile	3. Eosinophile
– als Erste am Erregungsherd – vermehrt zu Beginn einer Entzündung – Phagozytose (Bakterien, Zelltrümmer, Fremdkörper) – Eiterbildung	– Aufrechterhaltung der Entzündungsreaktion – Granula enthalten Histamin, Heparin und Serotonin – verursachen die Symptome der Allergie vom Typ I	– Phagozytose (insbesondere Parasiten und Immunkomplexe) – Begrenzung der Entzündungsreaktion durch Bindung von Histamin – erhöht bei Allergien – deuten auf Heilungsprozess hin

– wegen der hohen Histaminausschüttung – als auch bei einer abklingenden Infektion erhöht. Man spricht im Falle dieser *Eosinophilie* von der »Morgenröte der Heilung«. Bei schweren akuten Infektionen, Stress oder einem zu hohen Cortisolspiegel sind sie vermindert; dies nennt man *Eosinopenie*.

▶ **Thrombozyten**

Thrombozyten sind flache kernlose Scheiben, also Plättchen, die durch Abschnürung aus ihren Vorläuferzellen, den Megakaryozyten, entstehen. Sie sind 1 – 4 µm groß und 0,5 µm dick. Ihre Lebensdauer beträgt im Blut neun bis zehn Tage, die Normwerte liegen bei 150 000 – 400 000/µl Blut. Ungefähr ein Drittel ist als Reserve für Notfälle in der Milz gespeichert, um das Blut nicht zu »dickflüssig« werden zu lassen. Thrombozyten reagieren bei Gefäßwandverletzungen. Sie lagern sich aneinander und bilden einen Pfropf auf der Gefäßwandöffnung. Damit verhindern sie, dass Blut austritt oder Erreger in die Blutbahn gelangen. Gleichzeitig setzen sie Stoffe frei, die die Blutgerinnung starten, das sogenannte *intrinsische System*. Ein Mangel an Thrombozyten, *Thrombozytopenie*, oder Fehlfunktionen bewirken eine verstärkte Blutungsneigung und können im Extremfall zum Verbluten führen. Die Ursachen sind vielfältig, zum Beispiel Knochenmarksschädigungen, Vitamin-B_{12}- oder Folsäuremangel, Schädigung durch künstliche Herzklappen, krankhafte Vergrößerung der Milz – Splenomegalie –, Antikörperreaktionen (z.B. Transfusionszwischenfall) oder Verbrauchskoagulopathie; darunter versteht man den übermäßigen Verbrauch durch starke Blutungen. Ein Überschuss an Thrombozyten, *Thrombozytose*, findet sich nach der Entfernung der Milz, der Splenektomie, als Reaktion auf starke Blutverluste oder im Rahmen von Knochenmarkkrebs.

Die Funktionen der Thrombozyten sind:
- Blutstillung durch Verschluss von Endotheldefekten
- Einleitung der Blutgerinnung.

3.1.3 Blutstillung und Blutgerinnung

Im Falle einer Verletzung muss die Blutgerinnung hinreichend schnell, also innerhalb weniger Minuten, aktiviert werden, zu einem Blutungsstopp führen und auf den Bereich der Verletzung beschränkt bleiben. Man unterscheidet zwei Phasen, die *Blutstillung* und die *Blutgerinnung: primäre* und *sekundäre Hämostase*. Den Abschluss der Wundheilung bildet die *Fibrinolyse*.

3.1.3.1 *Blutstillung (primäre Hämostase)*

Die primäre Hämostase sollte ein bis drei Minuten dauern. In dieser Phase werden zunächst Serotonin und Thromboxan A2 zur Verengung des Gefäßes, der Vasokonstriktion, freigesetzt, um den Blutaustritt zu vermindern. Danach heften sich *Thrombozyten* an die Gefäßwand, indem sie an den von-Willebrand-Faktor (vWF) andocken. Man nennt diesen Vorgang *Thrombozytenadhäsion*. Im Anschluss erfolgt die *Thrombozytenaggregation*, d.h. die Thrombozyten ballen

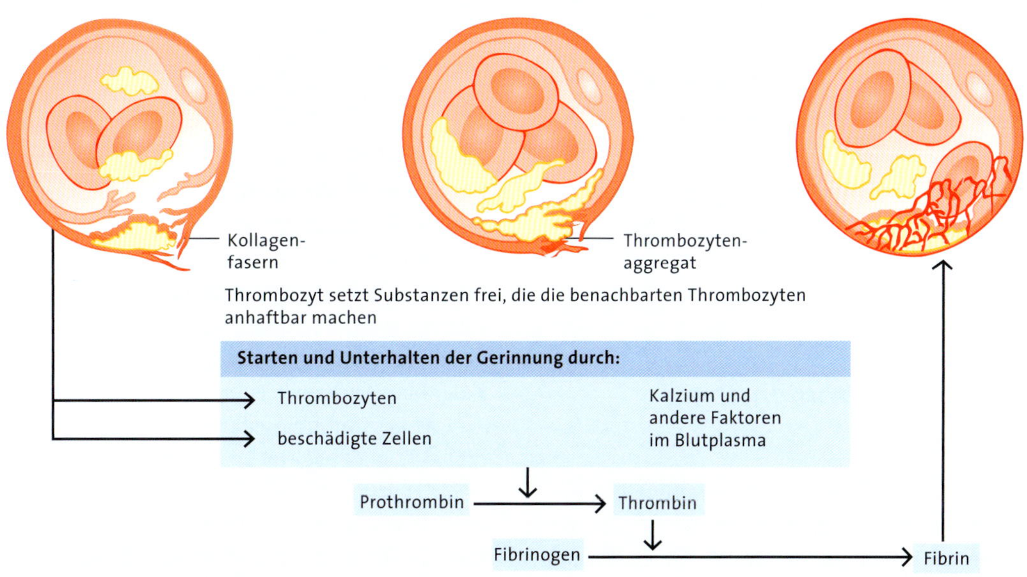

Abb. 7 ▶ Blutstillung und Blutgerinnung

TAB. 6 ▶ Blutstillung und Blutgerinnung

1. primäre Hämostase (Blutstillung)	2. sekundäre Hämostase (Blutgerinnung)	3. Abschluss der Wundheilung (Fibrinolyse)
– Dauer: 1 – 3 min – Freisetzung von Serotonin und Thromboxan A2 – Gefäßkonstriktion – Anlagerung und Aggregation von Thrombozyten (weißer Thrombus)	– Dauer: 5 – 7 min – Umwandlung von Prothrombin in Thrombin – Thrombin spaltet Fibrinogen zu Fibrin – Fibrinfäden vernetzen den Thrombus (roter Thrombus), Verschluss der Wunde – Retraktion des Thrombus und der Wundränder	– Umwandlung von Plasminogen in Plasmin durch Urokinase oder Gewebe-Plasminaktivator (tPA = Tissue-type Plasminogen Activator)

sich zusammen und verbinden sich untereinander. Es entsteht der sogenannte *weiße Thrombus*. Dies bewirkt einen ersten Blutungsstillstand.

3.1.3.2 *Blutgerinnung (sekundäre Hämostase)*

Die anschließende sekundäre Hämostase sollte physiologisch fünf bis sieben Minuten dauern. Zunächst wird Prothrombin in Thrombin umgewandelt; hierzu sind weitere Gerinnungsfaktoren sowie *Kalzium* notwendig. Das Thrombin spaltet das inaktive *Fibrinogen* zu Fibrin. Die Fibrinfäden »verkleben« die Thrombozyten netzartig, dabei werden auch die in der Nähe befindlichen Erythrozyten erfasst, es entsteht das *»roter Thrombus«* genannte Blutgerinnsel, das die Wunde verschließt. Danach erfolgt die Retraktion, das Zusammenziehen des Blutgerinnsels und der Wundränder. Insgesamt sind hierbei zwölf Gerinnungsfaktoren beteiligt. Für die Bildung einiger Gerinnungsfaktoren (z. B. Prothrombin) sind *Vitamin K* und Kalzium notwendig. Die Bildung der Gerinnungsfaktoren erfolgt hauptsächlich in der Leber. Bei fehlenden Gerinnungsfaktoren bzw. Vitamin K- oder Kalzium-Mangel kann es zur Blutungsneigung bzw. zu unstillbaren Blutungen kommen, beispielsweise der Bluterkrankheit (Hämophilie) oder dem von-Willebrand-Jürgens-Syndrom.

Zur Blutgerinnung werden benötigt:
- Thrombozyten,
- Fibrinogen,
- weitere Gerinnungsfaktoren,
- Kalzium,
- Vitamin K.

3.1.3.3 *Abschluss der Wundheilung (Fibrinolyse)*

In die Wunde wandern zunächst Bindegewebszellen ein, die ein Stützgerüst bilden, die sogenannte Matrix. Danach werden die zugrunde gegangenen Zellen ersetzt. Zum Abschluss der Wundheilung wird der Thrombus aufgelöst; dies wird als Fibrinolyse bezeichnet. Hierzu muss das im Blut befindliche inaktive *Plasminogen* in Plasmin umgewandelt werden. Der Körper besitzt dazu als physiologische Aktivatoren die *Urokinase* und den Gewebeplasminaktivator (tPA, engl.: Tissue-type Plasminogen Activator). Plasmin löst die Fibrinnetze auf, der Thrombus zerfällt, die Bruchstücke werden phagozytiert. Zur therapeutischen Auflösung von Thromben – z. B. nach ischämischem Gefäßverschluss (Myokardinfarkt, ischämischer zerebraler Insult, tiefe Beinvenenthrombosen) – gibt es weitere künstlich hergestellte Aktivatoren, z. B. Streptokinase, Staphylokinase oder r-tPA (»r« steht für rekombinant, also gentechnisch produziert). Zwischen den Systemen der Blutgerinnung und dem System der Fibrinolyse, der Auflösung des roten Thrombus im Gefäßsystem, bestehen abgestimmte Gleichgewichte. Geringfügige Störungen dieser Gleichgewichte können einerseits zu schwerwiegenden Blutungen oder andererseits zur Bildung von Thromben bzw. Thrombosen an Orten führen, an denen gar keine Verletzung vorliegt.

3.1.3.4 *Gerinnungssystem*

Man unterscheidet zwei unterschiedliche Systeme, das extrinsische und das intrinsische System. Beide Systeme münden im Gerinnungsfaktor X und vereinigen sich in der Bildung von Thrombin.

Das *extrinsische* oder exogene System ist mit einem Rohrbruch vergleichbar. Dieses System ist schnell, benötigt aber einen kräftigen Reiz. Es wird daher nur bei größeren äußeren Gewebeverletzungen mit Einbluten in das umliegende Gewebe aktiviert.

Das *intrinsische* oder endogene System ist mit einem tropfenden Wasserhahn vergleichbar. Dieses System ist langsam, arbeitet aber schon bei den kleinsten Läsionen. Es wird bei Verletzung des Gefäßendothels, etwa bei Entzündungen oder Kalkablagerungen, z. B. in den Herzkranzgefäßen, aktiviert.

Das Gerinnungssystem arbeitet mit *Gerinnungsfaktoren*, die sich gegenseitig kaskadenartig aktivieren wie umfallende Dominosteine. Die bekanntesten sind Fibrinogen (Faktor I), Prothrombin (Faktor II) und Thrombin (Faktor IIa) sowie Kalzium-Ionen (Faktor IV). Bei der Bluterkrankheit besteht entweder Faktor-VIII-Mangel (Hämophilie A) oder Faktor-IX-Mangel (Hämophilie B).

3.1.3.5 *Hemmstoffe der Blutgerinnung*

Hemmstoffe der Blutgerinnung werden zum Beispiel eingesetzt, um das Wachstum von Blutgerinnseln zu verhindern und so Gefäßverschlüsse zu vermeiden. Sie werden auch als *Antikoagulanzien* bezeichnet. Durch ihren Einsatz wird die Gerinnungszeit verlängert.

1. *Heparin*: Physiologisch kommt Heparin in den basophilen Granulozyten vor. Es wird in der Leber gebildet und *verhindert die Bildung von Fibrin*. Daher wird es auch zur Thromboseprophylaxe eingesetzt.
2. *Antithrombin (AT III)*: Eine ausreichende Heparinwirkung erfordert einen ausreichenden AT-III-Spiegel. AT III wird in der Leber hergestellt und ist im Plasma physiologisch vorhanden. *Es hemmt die Bildung von Thrombin.*
3. *Cumarinderivate*: Sie wirken als *Vitamin-K-Antagonisten* und verhindern die Bildung von Vitamin-K-abhängigen Gerinnungsfaktoren in der Leber, zum Beispiel Prothrombin. Das bekannteste Medikament ist Marcumar®. Die Wirkung von Cumarinen und Heparin ist medikamentös antagonisierbar (aufhebbar).
4. *ASS (Acetylsalicylsäure):* Es verhindert die Zusammenballung von Thrombozyten und ist damit ein *Thrombozytenaggregationshemmer.*
5. *Natriumcitrat*: Es *bindet Kalzium-Ionen* und wird *in der Labormedizin* als Zusatzmittel bei der Blutabnahme zur Verhinderung der Gerinnung des Blutes im Abnahmeröhrchen eingesetzt (nur in vitro!).

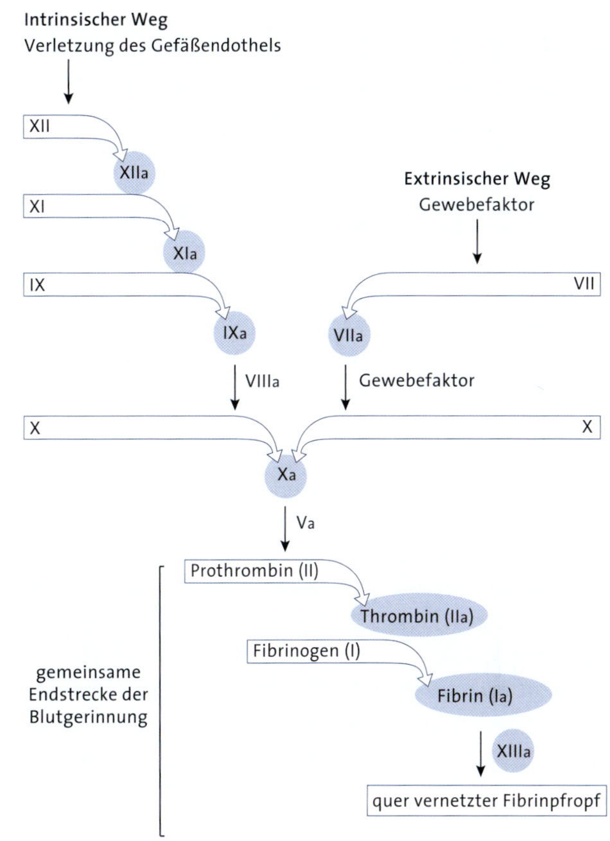

Abb. 8 ▶ Schaubild der Gerinnungskaskade

3.2 Bluterkrankungen

Matthias R. Dörmann

In Notfallsituationen können eine vermehrte Blutungsneigung bei Gerinnungsstörungen sowie zu wenig oder zu viel Blut im Körper Schwierigkeiten für den Rettungsdienst darstellen. Darüber hinaus haben spezielle Krankheiten des Blutes, auch wenn sie sehr häufig auftreten, jedoch keine bedeutende rettungsdienstliche Relevanz. Sie sollen daher hier nur überblicksartig behandelt werden.

Zur Erkennung von Krankheiten des Blutes sind neben den klinischen Symptomen Laboruntersuchungen notwendig. Hierbei wird eine Blutprobe mikroskopisch und chemisch untersucht. Die Mikroskopie, das »Blutbild«, zeigt dabei Veränderungen der Blutzellen, ein Zuviel oder Zuwenig bei der Zählung sowie Form- oder Farbabweichungen. Auch Krankheitserreger können erkannt werden.

Bei den chemischen Untersuchungen werden bestimmte Enzyme, Vitamine oder Schadstoffe bestimmt. Das Hämoglobin kann mit speziellen Methoden untersucht werden.

Schließlich wird bei unklaren Fällen eine Knochenmarksuntersuchung erforderlich. Dabei können die Zellen der Blutbildung genau betrachtet werden. Knochenmark wird heute unter Narkose aus dem Beckenkamm entnommen.

3.2.1 Anämien

Als *Anämie* wird eine Verminderung des roten Blutfarbstoffes unter 14 g/100 ml bei Männern oder 12 g/100 ml bei Frauen bezeichnet. Die bei uns häufigste Ursache der Anämie ist Eisenmangel (80 %). Hiervon sind zu etwa 80 % Frauen betroffen. Ursachen sind mangelnde Eisenzufuhr mit der Nahrung durch einseitige Ernährung oder bei strengen

TAB. 7 ▶ Ursachen von Anämien

häufigste Ursache:	– Eisenmangel
weitere Ursachen:	– Vitaminmangel – Vergiftungen mit Blei und Benzol – Tumoren – chronische Infektionen – Hämolyse – Veränderungen des Hämoglobins (Thalassämie, Sichelzellanämie)

Vegetariern oder ein erhöhter Bedarf in der Schwangerschaft und in der Stillzeit. Auch ein chronischer Blutverlust, beispielsweise durch Magengeschwüre, Tumoren des Magen-Darm-Traktes oder vermehrte Monatsblutungen, kann zu Eisenmangel führen.

Weitere Ursachen einer Anämie können bösartige Tumoren (Krebs), chronische Infektionen oder Vitaminmangel (Vitamin B_{12}, Folsäure) sein. Auch eine krankhaft gesteigerte Auflösung von Erythrozyten, die hämolytische Anämie, kommt in verschiedenen Formen vor.

Veränderungen des roten Blutfarbstoffes – Thalassämie und Sichelzellanämie, in anderen Ländern sehr häufig auftretend – stellen in Deutschland seltene Erkrankungen dar. Darüber hinaus können eine Bleivergiftung, eine Vergiftung durch Nitroverbindungen und Benzole sowie Alkoholabusus eine Anämie verursachen.

> Pro Tag benötigt ein Erwachsener 1 mg Eisen, Frauen im gebärfähigen Alter brauchen 2 mg, in der Schwangerschaft sogar 3 mg.

Die Symptome leichter Anämien sind in der Regel geringfügig. Bei Eisenmangel kommt es zu Einrissen der Haut in den Mundwinkeln, Brüchigkeit von Haaren und Nägeln. Bei mittelschweren Anämien erscheint die Haut blass (auch die Schleimhäute, beispielsweise die Bindehaut der Augen), es tritt allgemeine Schwäche und Luftnot bei Belastungen auf.

Schwere Anämien fesseln den Betroffenen häufig ans Bett. Es kann auch wegen der allgemeinen Schwäche zu Stürzen kommen. Eine schwere Anämie kann bei gleichzeitig vorhandenen Engstellen der Herzkranzgefäße durch ein zu geringes Sauerstoffangebot sogar zum Herzinfarkt führen.

Eisenmangelanämien müssen durch Eisenersatz und gegebenenfalls Beseitigung der Ursache (Behandlung von Magengeschwüren, Ernährungsumstellung) behandelt werden. In schweren Fällen sind Bluttransfusionen erforderlich. Anämien durch einen bösartigen Tumor dürfen hingegen nicht mit Eisengaben behandelt werden, da das Tumorwachstum u.U. beschleunigt wird. Der Tumor muss primär gesucht und behandelt werden, sofern dies möglich ist.

Als Ursache einer Anämie müssen chronische Infektionen immer ausgeschlossen oder gegebenenfalls behandelt werden. Ein Vitaminmangel ist an den typischen Blutbildveränderungen zu erkennen und muss durch Vitamingabe behandelt werden. Vitamin B_{12} muss dabei einmal monatlich als intramuskuläre Injektion gegeben, Folsäure kann in Tablettenform verabreicht werden.

Hämolytische Anämien sind schwer therapierbar. Die bei uns seltenen Anämieformen der Sichelzellanämie und Thalassämie können nicht ursächlich therapiert werden.

3.2.2 Polyglobulie

Das Gegenstück zur Anämie ist die krankhafte Vermehrung vor allem der roten Blutzellen. Häufigster Auslöser ist die chronische Bronchitis, erst in weitem Abstand folgen andere Ursachen wie Herzfehler oder lange Aufenthalte in großer Höhe. Ursache ist ein zu geringes Sauerstoffangebot mit Vermehrung der Erythrozyten als Versuch, den Mangel auszugleichen.

Der Betroffene wirkt »wie das blühende Leben« mit geröteten Wangen und tief dunkelroten Schleimhäuten. Es treten Schwindel und Bluthochdruck auf. Komplikationen sind Thrombosen, Schlaganfälle und Herzinfarkte sowie Lungenembolien.

Therapeutisch muss die Grunderkrankung behandelt werden. Es werden Aderlässe durchgeführt, um die Blutmenge zu verringern. Bei der chronischen Bronchitis z.B. kann eine lebenslange Sauerstofftherapie notwendig sein.

3.2.3 Leukopenie

Eine krankhafte Verminderung weißer Blutzellen unter 2000/µl wird als *Leukopenie* bezeichnet. Es fällt eine Häufung von Infektionen durch die Schwäche des Abwehrsystems auf. Ursachen sind bösartige Tumoren, Infektionen (z.B.

TAB. 8 ▶ Krankhafte Veränderungen der Blutzellen

Anämie	Erythrozyten vermindert und/oder Hämoglobin vermindert
Erythrozytose	Erythrozyten vermehrt
Leukopenie	Leukozyten vermindert auf < 2000/µl
Leukozytose	Leukozyten vermehrt auf > 10000/µl
Pancythämie	Erythrozyten, Leukozyten und Thrombozyten vermindert
Polycythämia vera	Vermehrung der Erythrozyten, meist auch der Leukozyten und Thrombozyten
Polyglobulie	Erythrozyten und Hämatokrit vermehrt
Thrombopenie	Thrombozyten vermindert auf < 100000/µl
Thrombozytose	Thrombozyten vermehrt auf > 400000/µl

HIV), Knochenmarksschädigungen durch Benzol, Medikamente, Strahlen sowie Vitaminmangel.

Therapeutisch muss zuerst die Grunderkrankung behandelt werden. Ein (umgekehrter) Infektionsschutz ist erforderlich: Isolation des Betroffenen, Hygienemaßnahmen für die Helfer, Handschuhe, Schutzkleidung und Mundschutz. Es geht dabei nicht darum, das Personal vor Ansteckung zu bewahren, da die Leukopenie keine Infektionskrankheit ist, sondern darum, den Patienten wegen seiner geschwächten Abwehr zu schützen.

3.2.4 Leukozytose und Leukämien

Eine Vermehrung der weißen Blutzellen auf über 10 000/µl heißt *Leukozytose*. Häufigste Ursache ist eine akute Entzündung im Körper, meist tritt dabei auch Fieber auf. Aber auch Tumoren, Medikamente (etwa Kortison), Stress, körperliche Anstrengung und Rauchen verursachen Leukozytosen. Ein einmalig gemessener erhöhter Wert sagt daher wenig aus.

Extremformen der Leukozytose finden sich bei bösartigen Tumoren im lymphatischen System, den *Leukämien*. Diese sind sehr vielgestaltig und meist nur in speziellen Kliniken genau zu diagnostizieren. Ursachen sind Viren, Bestrahlung (z.B. durch Reaktorunfälle), Benzol und genetische Einflüsse (oft beim Down-Syndrom).

Häufige Leukämieformen sind der Morbus Hodgkin (Lymphogranulomatose), die chronisch-lymphatische Leukämie (CLL), auch die akute lymphatische Leukämie (ALL) als häufigste bösartige Erkrankung des Kindesalters. Sind die Leukozyten extrem erhöht, kann es zu Thrombosen kleiner Blutgefäße durch die sich anhäufenden Massen der weißen Blutzellen kommen.

Zugrunde liegende Infektionen müssen mit Antibiotika behandelt werden. Bei bösartigen Erkrankungen erfolgen die Chemotherapie und/oder die Bestrahlung.

3.2.5 Thrombozytose und Thrombopenie

Eine Vermehrung der Blutplättchen über 400 000/µl heißt *Thrombozytose*, eine Verminderung der Blutplättchen unter 100 000/µl *Thrombopenie*. Man beobachtet Thrombozytosen bei bösartigen Tumoren, Infekten, nach Entfernung der Milz, bei Blutungen oder hämolytischen Anämien. Da die Blutplättchen oft in ihrer Funktion gestört sind, kann es paradoxerweise trotz zu vieler Blutplättchen zur vermehrten Blutungsneigung kommen! Die erhöhte Dicke des Blutes kann zu Thrombosen führen. Die Thrombopenie kommt bei Knochenmarksschäden, Tumoren, Alkoholabusus, Vitaminmangel und krankhafter Milzvergrößerung vor, wobei diese vermehrt Thrombozyten aus dem Blut herausfiltert.

Thrombopenien zeigen sich durch vermehrte Blutungsneigung infolge verminderter Blutgerinnung. Blutungen unter die Haut und in Schleimhäute des Mundes kommen vor.

Bei einer Thrombozytose erfolgt nach Therapie der Grunderkrankung die Gabe von ASS zur Hemmung der Thrombozyten-Zusammenballung. Bei Thrombopenie muss die Ursache behandelt werden, eventuell werden Kortison oder Thrombozyten-Konzentrate gegeben. Letztere wirken jedoch nur vorübergehend.

> Mitarbeiter des Rettungsdienstes werden mit Erkrankungen des Blutes vor allem im qualifizierten Krankentransport, im Intensivtransport und ggf. mit den Komplikationen solcher Erkrankungen im regulären Rettungsdienst konfrontiert. Als Angehörige eines medizinischen Fachberufes sollten sie mit diesen Begriffen umgehen können und Zusammenhänge (er-)kennen.

3.3 Lymphsystem

Anne Stege

Das Lymphsystem ist kein an einem Ort zu lokalisierendes Organ, es ist vielmehr über den ganzen Körper verteilt. Es arbeitet eng mit dem Immunsystem und dem Blut bildenden System im Knochenmark zusammen und wird neben dem Blutkreislauf als das zweite Versorgungsnetz im Körper bezeichnet.

3.3.1 Anteile

Zum Lymphsystem gehören die Gesamtheit der *Lymphbahnen* und die *lymphatischen Organe*. Hierzu zählen unter anderem die Lymphknoten, die Milz, die lymphatischen Gewebe im Magen-Darm-Trakt (z.B. die Peyer-Plaques des Dünndarms) und im Rachen (Rachen-, Zungen- und Gaumenmandeln) sowie die Thymusdrüse (Abb. 10).

Die Bestandteile des Lymphsystems sind:
1. Lymphbahnen
2. lymphatische Organe
   - Lymphknoten
   - Milz
   - Thymus
   - lymphatischer Rachenring (Rachen-, Zungen- und Gaumenmandeln)
   - lymphatisches Darmgewebe (z.B. Peyer-Plaques, Appendix).

3.3.2 Aufgaben

Das Lymphsystem dient der Reinigung und Entgiftung des Körpers, indem es Stoffwechselendprodukte, Zelltrümmer, abgestorbene Zellen, Fremdkörper und interzelluläre Flüssigkeit aus dem Gewebe, und zwar dem Kapillargebiet, über die Lymphbahnen abtransportiert. Diese würden ansonsten im Raum zwischen den Zellen liegen bleiben. Auf ihrem Weg durch den Körper passieren die Lymphbahnen die Lymphknoten.

Dort sitzen viele Abwehrzellen – Lymphozyten und Makrophagen –, die Krankheitserreger erkennen und eliminieren sowie die Abfallprodukte phagozytieren. Ferner können diese zum Beispiel bei Infektionen über die Lymphbahnen in andere Körperregionen transportiert werden.

Im Dünndarmbereich erfolgt zudem die Aufnahme der Nahrungsfette über das Lymphsystem. Dadurch verfärbt sich die Lymphflüssigkeit weißlich und wird als Chylus bezeichnet, »Milchsaft« (s. auch 6.13.2.3 Fettverdauung).

3.3.3 Lymphe und Lymphbahnen

Etwa 10 % der ins Kapillargebiet ausgetretenen Flüssigkeit wird nicht ins venöse System zurückgeholt, sondern von den Lymphkapillaren aufgenommen. Dies entspricht täglich einer Menge von 2 l, bei Bedarf auch mehr. Die Lymphflüssigkeit enthält vor allem Eiweiße, Fette, Zellen oder Zelltrümmer, Hormone, Glukose, Stoffwechselprodukte und Fremdkörper und ist normalerweise wasserklar. Nur im Bereich des Darmes ist sie durch die Resorption der Fette milchig-weiß (chylös). Die Lymphkapillaren beginnen im Kapillargebiet (Abb. 9). Wie Drainagerohre verlaufen sie in etwa parallel zu den venösen Gefäßen und vereinigen sich zu immer größer werdenden Bahnen. Sie fließen durch die Lymphknoten, in denen die Reinigung der Lymphe stattfindet, und vereinigen sich in den großen Lymphbahnen. Die Lymphbahnen von Bauch, Becken und Beinen fließen in der Lymph- oder Lendenzisterne, der *Cisterna chyli*, zusammen. Sie liegt unter dem Diaphragma rechts neben der Aorta abdominalis. Von dort aus wird die Lymphe im Milchbrustgang, dem Ductus thoracicus, durch den Thorax geleitet und mündet mit den Lymphbahnen aus der linken Kopf-, Arm- und Brustregion im linken Venenwinkel ins venöse System. Dieser Venenwinkel, auch als *Angulus venosus sinister* bezeichnet, liegt hinter dem Schlüsselbein und entsteht durch den Zusammenfluss der beiden linken Drosselvenen *V. jugularis externa sinistra* und *V. jugularis interna sinistra* sowie der Schlüsselbeinvene *V. subclavia sinistra* zur *V. brachiocephalica sinistra*. Die Lymphbahnen der rechten Kopf-, Arm- und Brustregion münden mit dem *Ductus lymphaticus dexter* im rechten

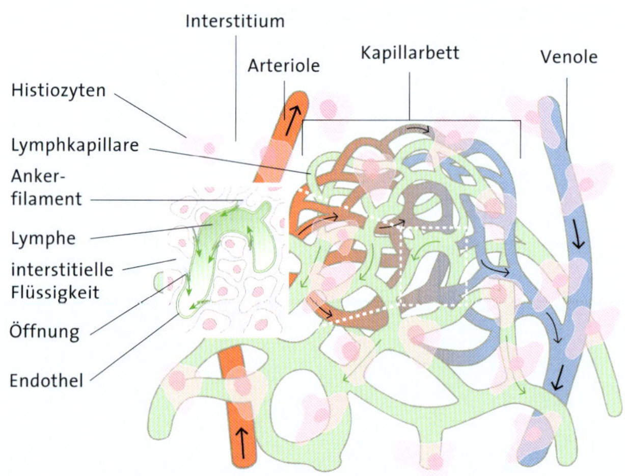

Abb. 9 ▶ »Blinder« Beginn der Lymphgefäße

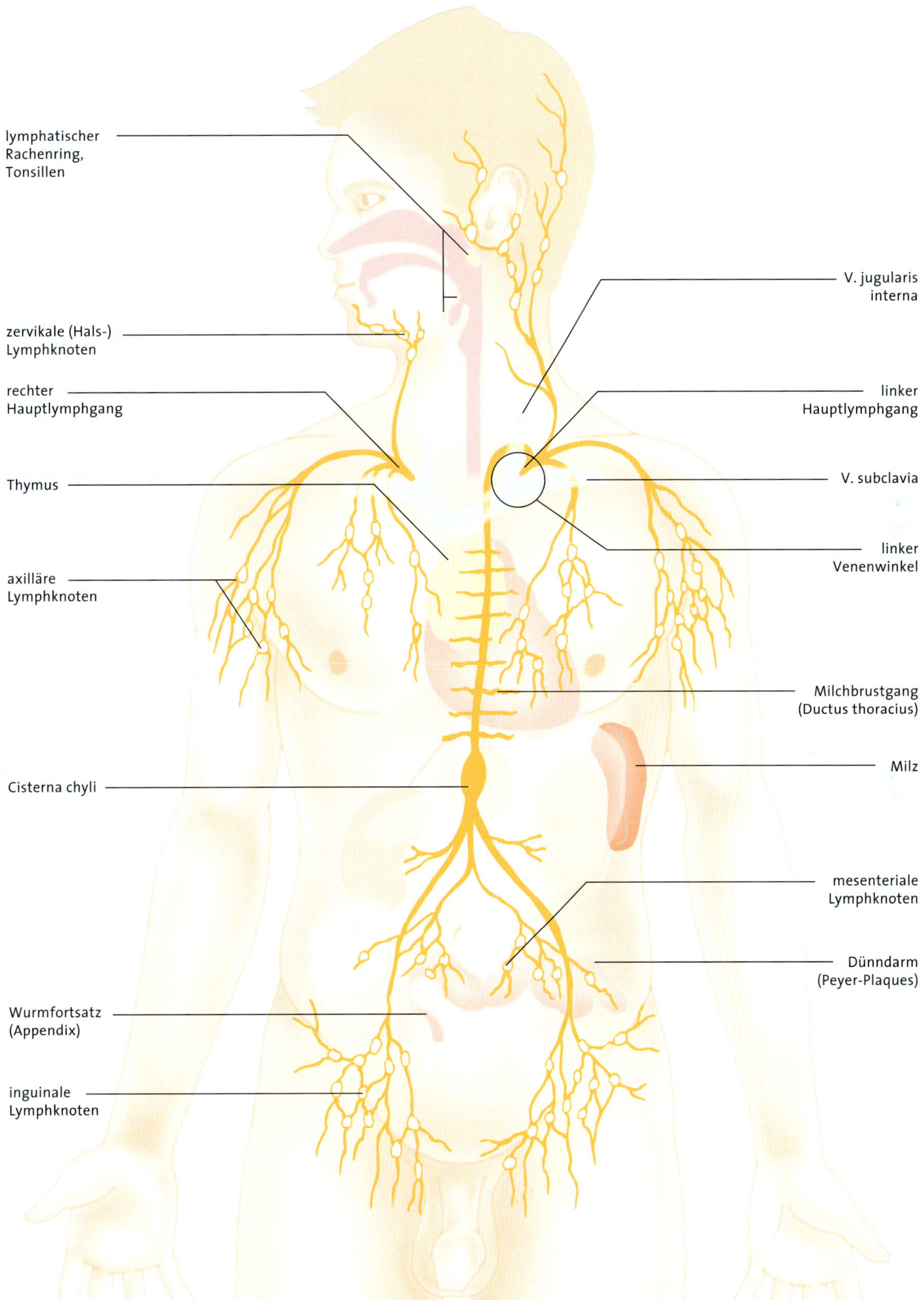

Abb. 10 ▶ Lymphatische Organe, Bahnen und Knoten

Venenwinkel, der durch den Zusammenfluss der beiden rechten Drosselvenen *V. jugularis externa dextra* und *V. jugularis interna dextra* sowie der Schlüsselbeinvene *V. subclavia dextra* zur *V. brachiocephalica dextra* gebildet wird.

Das Lymphsystem hat folgende Aufgaben:
- Drainage und Reinigung von Flüssigkeiten aus dem Kapillargebiet sowie Rücktransport in das venöse System (»biologische Kläranlage«)
- Mitarbeit bei der Immunabwehr
- Transport von Nahrungsfetten aus dem Darm.

3.3.4 Lymphknoten

Die Lymphknoten sind kleine, meist bohnenförmige Organe (Abb. 11). Jede Körperregion besitzt eine Gruppe regionaler Lymphknoten, zum Beispiel in der Achselhöhle, in der Leiste, im Becken, im Hals-Nacken- und im Bauchbereich. Sie dienen als biologische Filterstationen. Hier erfolgt die Phagozytose von Fremdkörpern, Zelltrümmern oder Krankheitserregern durch dort ansässige Makrophagen. Ferner können die B-Lymphozyten (s. u., 9.4.2.2) sich in Plasmazellen umwandeln und Antikörper produzieren, wenn sie hier mit den Antigenen von Erregern in Kontakt kommen. Die Antikörper gelangen dann über die Lymphe ins Blut und können weitere Erreger im Körper markieren. Geschwollene Lymphknoten, die weich und druckschmerzhaft sind, zeugen von einer starken Abwehraktivität. Leider können auch Krebszellen über die Lymphe transportiert werden und dadurch in den Körper gelangen. Man spricht dann von einer lymphogenen Streuung. Die Krebszellen können sich auch in den Lymphknoten festsetzen und Lymphknotenmetastasen bilden. In diesen Fällen sind die Lymphknoten hart, nicht verschiebbar (wie »verbacken«) und nicht druckschmerzhaft.

3.3.5 Milz

Die Milz ist ein etwa faustgroßes Organ. Sie wiegt ca. 150 – 200 g und misst etwa 4 cm × 7 cm × 11 cm.

Merkhilfe zur Milzgröße:
»4711«
(4 cm x 7 cm x 11 cm)

Sie liegt im linken Oberbauch unter dem Diaphragma über der linken Niere in Höhe der 10. Rippe. Eine gesunde Milz ist nur bei sehr schlanken Menschen tastbar.

Die Milz erhält ihr Blut über die Milzschlagader, die A. lienalis; sie entsorgt ihr Blut über die Milzvene, die V. lienalis, und die sich anschließende Pfortader in die Leber. Dort findet eine Reinigung des Blutes statt. Die Kontroll- und Filtrationsaufgabe erkennt man daran, dass über 500-mal pro Tag das gesamte Blut über die Milz umgewälzt wird. Dafür sind in ihr zwei Organe vereint, die *rote und die weiße Pulpa* (Pulpa rubra bzw. alba), die durch eine derbe Kapsel geschützt sind. Pulpa kommt aus dem Lateinischen und bedeutet »breiige Masse«. Die äußere rote Pulpa macht 80 % des Milzvolumens aus und ist von einem feinen Geflecht, dem Retikulum, durchzogen. Sie wirkt mit ihren Milzporen wie ein Sieb, in dem alte oder missgebildete Blutzellen hängen bleiben und abgebaut werden können. Vor allem werden Erythrozyten, aber auch kleine Blutgerinnsel auf diesem Weg beseitigt. In der inneren weißen Pulpa befinden sich vor allem zahlreiche Lymphozyten, die bei Antigenkontakt Antikörper bilden.

Ferner können sich die Lymphozyten hier, wie auch in den Lymphknoten, vermehren.

Bei Kindern bis etwa sechs Jahren ist die Milz neben der Leber – diese jedoch nur beim Ungeborenen – und dem Knochenmark an der Blutbildung beteiligt. Beim Erwachsenen

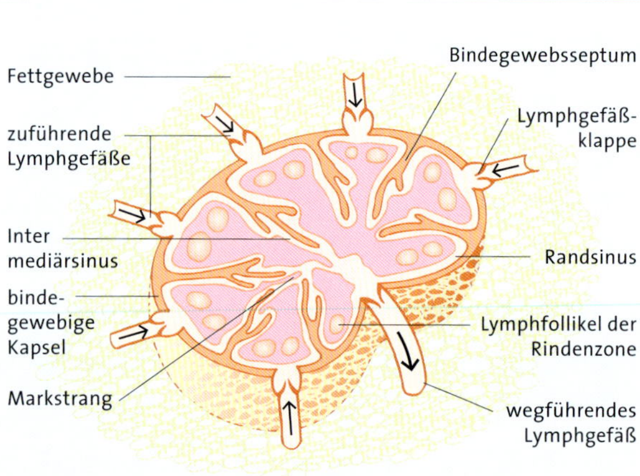

Abb. 11 ▶ Weg der Lymphe durch den Lymphknoten

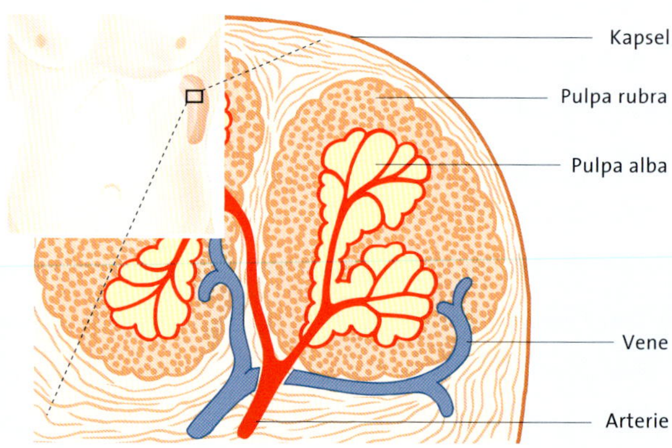

Abb. 12 ▶ Lage von Thymus und Milz; Aufbau der Milz

Tab. 9 ▶ Aufgaben der Milz

- Aussonderung überalterter oder abnormer Blutzellen
- Abfangen und Auflösen von kleinen Blutgerinnseln
- Phagozytose von Fremdkörpern
- Speicherung von Thrombozyten; schnelle Ausschüttung bei Bedarf (z. B. Blutungen)
- Speicherung von Lymphozyten (Reifung und Vermehrung) und Bildung von Antikörpern (insbesondere IgM)
- Blutbildung (bis zum 6. Lebensjahr oder bei geschädigtem Knochenmark)

kann sie diese Fähigkeit wieder aufnehmen, falls das Knochenmark geschädigt wird. Des Weiteren speichert sie etwa ein Drittel der Thrombozyten.

Bei linksseitigen Rippen- oder Flankenverletzungen besteht die Gefahr einer Milzruptur. Durch ihren Blutreichtum und die im Retikulum offen endenden Zentralarterien (offener Blutkreislauf der Milz) kann dies zu hohem Blutverlust führen. Durch starke Beanspruchungen, z. B. bei Infektionskrankheiten wie Pfeiffer-Drüsenfieber oder Krankheiten mit vermehrtem Blutabbau, kommt es zur Vergrößerung der Milz, der Splenomegalie.

3.3.6 Thymus

Der Thymus liegt im vorderen Mediastinum hinter dem oberen Brustbein und über dem Perikard. Bei Kindern und Jugendlichen ist er voll ausgebildet, ab der Pubertät bildet er sich zu einem Fettkörper zurück.

In der Embryonalzeit wandern vor allem *die T-Lymphozyten* in den Thymus, um körpereigene und körperfremde Antigene unterscheiden zu lernen. Das Hormon *Thymopoetin* bewirkt, dass sich die T-Lymphozyten in ihre verschiedenen Unterarten differenzieren (T-Helferzellen, T-Suppressorzellen und zytotoxische T-Zellen), während Thymosin ihre Vermehrung stimuliert. Ein Mangel an Thymushormonen führt zu immunologischen Störungen. Nach ihrer Ausreifung wandern die T-Lymphozyten zu ihren Arbeitsstätten in den lymphatischen Organen – Milz, Mandeln und Lymphknoten.

Der Thymus gehört mit dem Knochenmark zu den *primären lymphatischen Organen*, weil in ihnen die Bildung und Differenzierung der Immunzellen stattfindet. Milz, Lymphknoten, Mandeln und das Schleimhaut-assoziierte Lymphgewebe zählen zu den *sekundären lymphatischen Organen*, weil hier die ausdifferenzierten Immunzellen einwandern.

Der Thymus hat folgende Aufgaben:
- Prägung der T-Lymphozyten
  - Produktion der Hormone
    - Thymopoetin I und II
    - Thymosin.

3.3.7 Weitere lymphatische Organe

Hierzu zählen die lymphatischen Organe der Schleimhäute: Tonsillen (Mandeln) und Seitenstränge im lymphatischen beziehungsweise Waldeyer-Rachenring sowie das Darm-assoziierte lymphatische System. Dieses Schleimhaut-assoziierte Lymphgewebe wird nach dem englischen Begriff Mucosa-associated Lymphatic Tissue auch als MALT bezeichnet. Die Antigene eindringender Erreger können von den hier sitzenden Immunzellen frühzeitig erkannt und die Abwehr gestartet werden. Bei einer massiven Invasion von Bakterien vergrößert sich das Lymphgewebe durch die Vermehrung der Abwehrzellen, es kommt zum Beispiel zur schmerzhaften Mandelentzündung.

Tab. 10 ▶ Die Bestandteile des Waldeyer-Rachenrings

- Gaumenmandel (Tonsilla palatina)
- Rachendachmandel (Tonsilla pharyngea)
- Ohrtrompetenmandel (Tonsilla tubaria)
- Zungenmandel (Tonsilla lingualis)
- lymphoepitheliale Organe in den Seitensträngen der Rachenwand

Im Darm ist die Ansammlung von Lymphgewebe besonders ausgeprägt, weil sich der Körper tagtäglich vor Keimen und Fremdstoffen schützen muss. Hierzu gehören die Peyer-Plaques, eine Ansammlung von Lymphknötchen bzw. -follikeln im letzten Abschnitt des Dünndarms (Ileum), oder der Wurmfortsatz (Appendix vermiformis) am Blinddarm (Caecum). Weiterhin finden sich viele B-Lymphozyten in der Darmschleimhaut, die als Plasmazellen das sekretorische IgA (sIgA) bilden. Dieser wichtige Schutzfaktor gelangt über die Leber auch in die Muttermilch und bildet einen Teil des Nestschutzes, bis der Säugling sein Immunsystem aufgebaut hat.

3.3.8 Erkrankungen der Lymphknoten

Matthias R. Dörmann

Lymphknotenschwellungen kommen am häufigsten bei akuten Infektionen vor. Geschwollene und schmerzhafte Lymphknoten am Hals findet man bei Zahn- und Zahnfleischentzündungen, Angina tonsillaris und Infektionen im HNO-Bereich. Akute Lymphknotenschwellungen im Achselbereich treten bei Schweißdrüsenabszessen und bei Verletzungen an den Armen, im Leistenbereich bei Verletzungen an den Beinen auf. Eine Tuberkulose kann ebenfalls Ursache einer Halslymphknotenschwellung sein.

Ein stark entzündeter Lymphknoten kann durch die Haut durchbrechen, wobei sich Eiter nach außen entleert. Bösartige Tumoren sind seltener Ursache einer Lymphknotenschwellung: Schmerzlose, sich langsam vergrößernde, länger dauernde Schwellungen sind verdächtig, vor allem dann, wenn die Lymphknoten derb und mit der Unterlage verwachsen erscheinen – im Gegensatz zu den weichen, verschiebbaren Lymphknoten der akuten Entzündung. Solche Lymphknoten müssen operativ entfernt werden, um die Diagnose stellen zu können. Generalisierte Lymphknotenvergrößerungen am ganzen Körper kommen auch bei HIV vor.

3.3.9 Erkrankungen der Milz

In Verbindung mit Bluterkrankungen stehen häufig Veränderungen der Milz. Hier ist vor allem die krankhafte Vergrößerung der Milz, die *Splenomegalie*, zu nennen. Die Milz kann so groß werden, dass sie bis ins kleine Becken reicht und die anderen Organe verdrängt. Man tastet dann einen riesigen, schmerzhaften Milztumor im linken Ober-, Mittel- und Unterbauch. Solch eine Milz kann spontan reißen und zu einer tödlichen Blutung in die Bauchhöhle führen.

Ursache sind bösartige Tumoren, besonders die chronisch-myeloische Leukämie (CML) und bei akuten Formen die Mononukleose (Morbus Pfeiffer, »Kissing Disease«, eine Viruserkrankung, die einer Mandelentzündung täuschend ähnlich sieht). Eine über lange Zeit vergrößerte Milz bewirkt Anämie, Leukopenie und Thrombopenie, eventuell muss sie operativ entfernt werden. Bei Morbus Pfeiffer sollte körperliche Belastung unbedingt vermieden werden.

4 Herzkreislauf

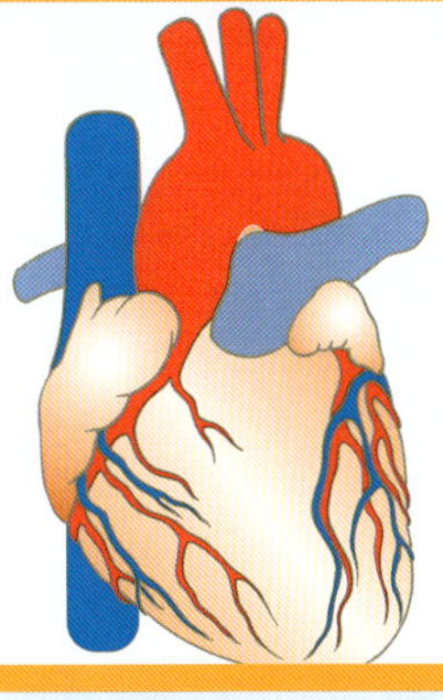

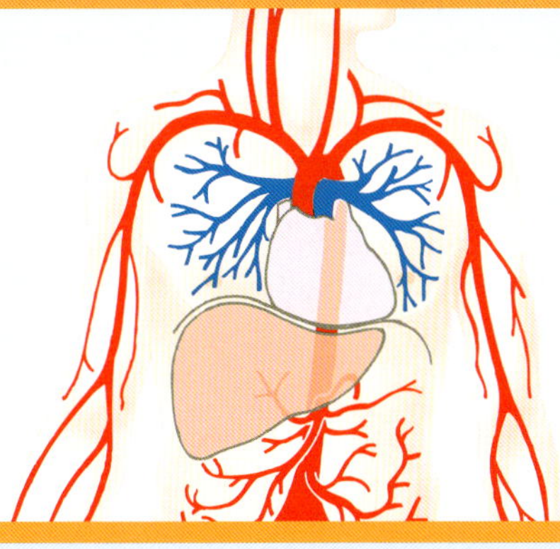

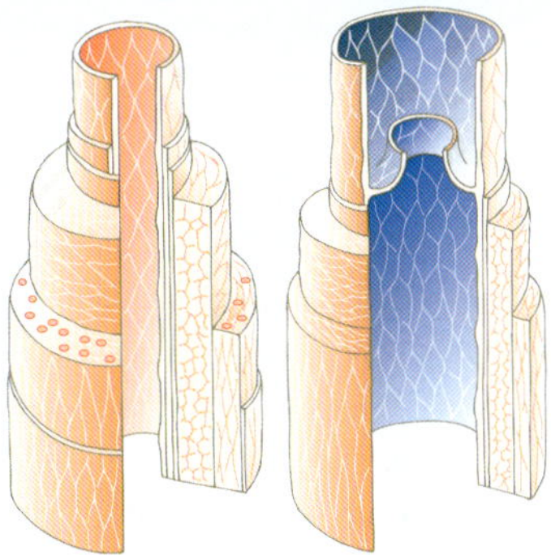

Inhalt:

4.1 Gefäße 64

4.2 Herz 75

4.1 GEFÄSSE

4.1.1 Aufgaben und Aufbau

Sowohl zur Sicherstellung der Aufnahme und Verteilung von lebensnotwendigen Substanzen wie Sauerstoff, Nährstoffen, Hormonen, Mineralien oder Wasser als auch zum Abtransport von Kohlendioxid oder anderen Metaboliten, also Stoffwechselendprodukten, muss in einem vielzelligen Organismus ein ausgeklügeltes logistisches System vorhanden sein. Unser Körper hat dafür ein umfangreiches, in sich geschlossenes Kanalsystem entwickelt, in dem Blut (Kreislaufsystem) oder Lymphe (Lymphsystem) zirkulieren. Als Pumpwerk ist das Herz als ein präziser Hochleistungsmotor eingebunden. Die Einheit von Herz und Gefäßen wird als kardiovaskuläres System bezeichnet.

Das Gefäßsystem ist neben seiner *Transport- und Austauschfunktion* auch an der *Immunabwehr* beteiligt. Die Gefäße können sich bei Entzündungen weiten – man nennt das Vasodilatation – und zur Permeabilitätssteigerung durchlässig werden, um in ihnen transportierte Abwehrzellen in das umliegende Gewebe zu schleusen. Bei Verletzungen ziehen sich die Gefäße zusammen; dieser Vorgang heißt Vasokonstriktion. Weiterhin beeinflusst das Gefäßsystem durch einen ständigen Blutfluss und die Erweiterung oder Verengung der Gefäße die *Körpertemperatur*. Daneben kann durch Verringerung des Blutrückflusses eine *Gewebeschwellung*, zum Beispiel bei der Erektion des Penis, erfolgen.

Das Gefäßsystem lässt sich in zwei Kreisläufe einteilen, den *Lungenkreislauf* und den *Körperkreislauf*. Beide bestehen aus Gefäßen, die vom Herzen wegführen, den Schlagadern oder *Arterien*, und den Gefäßen, die zum Herzen hinführen, den Blutadern oder *Venen*. Dazwischen geschaltet sind die Haargefäße oder *Kapillaren* (ABB. 1).

Kreislaufsystem:
- geschlossenes System
- zwei Kreisläufe
  - Lungenkreislauf
  - Körperkreislauf
- Herz fungiert als Druck- und Saugpumpe
- Aufgaben:
  - Stoff- und Gastransport
  - Stoff- und Gasaustausch
  - Regulation der Durchblutung und Körpertemperatur
  - Unterstützung der Infektabwehr und Blutstillung.

4.1.1.1 *Lungenkreislauf*

Der Lungenkreislauf beginnt mit dem Lungenarterienstamm, dem Truncus pulmonalis, in den das sauerstoffarme Blut aus der rechten Kammer über die Pulmonalklappe hinein gepumpt wird. Es verteilt sich in immer feinere Gefäße bis zu den Kapillargefäßen, die die Lungenbläschen, die sogenannten Alveolen, umspinnen. Hier findet der Gasaustausch durch Diffusion statt. Sauerstoff wird aufgenommen und Kohlendioxid abgegeben. Das mit Sauerstoff angereicherte Blut fließt über die vier Lungenvenen in den linken Vorhof und gelangt über die linke Kammer durch die Aortenklappe in die große Körperschlagader, die Aorta. Hier beginnt der Körperkreislauf.

4.1.1.2 *Körperkreislauf*

Am Beginn der Aorta entspringen die beiden Herzkranzarterien, die Arteria coronaria sinistra bzw. dextra. Die Aorta steigt zunächst aufwärts – solange heißt sie Aorta ascendens –, macht einen spazierstockartigen Bogen an die linke Seite der Wirbelsäule – den Aortenbogen – und verläuft als Aorta descendens ab dem vierten Brustwirbel nahezu gradlinig abwärts.

Der Aortenbogen besitzt zur Versorgung von Kopf und Armen drei Abzweigungen:

1. Gefäßstamm der Arm- und Kopfarterien (Truncus brachiocephalicus). Er gabelt sich in die rechte gemeinsame Halsschlagader (A. carotis communis dextra) und die rechte Schlüsselbeinschlagader (A. subclavia dextra). Der gemeinsame Abgang der Kopf- und Armgefäße erfolgt aus Platzmangel, weil die obere Hohlvene hier entlang fließt.
2. linke gemeinsame Halsschlagader (A. carotis communis sinistra)
3. linke Schlüsselbeinschlagader (A. subclavia sinistra).

Jede der beiden Schlüsselbeinarterien geht rechts und links über in eine *Achselarterie*, die A. axillaris, die die Achselhöhle, die Muskeln der Schulter und der Brust sowie die Arme versorgt. Ab dem Oberarm setzt sie sich als *Oberarmarterie*, A. brachialis, fort, die an der Innenseite des Bizeps am Oberarm beginnt und bis zur Ellenbeuge verläuft. Danach teilt sie sich in die *Speichenarterie*, die A. radialis, und die *Ellenarterie*, A. ulnaris, die beide durch den Unterarm bis zur Handwurzel verlaufen und mit weiteren Ästen die Hand versorgen.

Die absteigende Aorta, lateinisch *Aorta descendens*, verläuft als Brustaorta oder *Aorta thoracica* in Richtung Zwerchfell. Aus ihr entspringen die Arterien zur Versorgung der Brustorgane, der Zwischenrippenmuskulatur und des Rückenmarks. Nachdem sie den Zwerchfellschlitz, den Hiatus aortae, passiert hat, wird sie als *Aorta abdominalis* bezeichnet. Von ihr

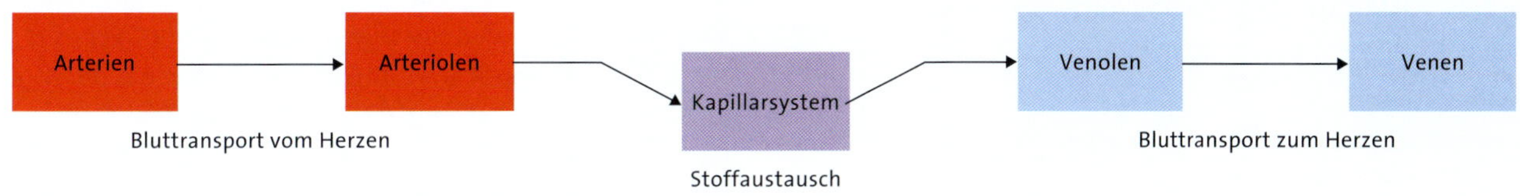

Abb. 1 ▶ Schematische Darstellung: Gefäßtypen im Kreislauf

zweigen im Wesentlichen folgende Arterien ab: die Nierenarterie, die *A. renalis,* drei Gefäße zur Versorgung der Bauchorgane Magen, Leber, Milz, Dick- und Dünndarm sowie der Lendenwirbelsäule und des LWS-Rückenmarks, die Sonnengeflechtsarterie, der *Truncus coeliacus,* sowie die obere und die untere Eingeweidearterie, *A. mesenterica superior* und *inferior*.

In Höhe des vierten Lendenwirbels teilt sie sich in zwei große Äste, die gemeinsamen Darmbeinarterien, die *Arteriae iliacae communes,* zur Versorgung des Beckens und der Beine.

Sie teilen sich beiderseits schon nach sehr kurzer Verlaufsstrecke jeweils vor dem Kreuzdarmbein- oder Iliosakralgelenk in eine äußere und eine innere Darmbeinarterie. Die innere Darmbeinarterie, die *A. iliaca interna,* versorgt die Beckenorgane, das Gesäß, den Beckenboden und Teile des Oberschenkels.

Die äußere Darmbeinarterie, die *A. iliaca externa,* gelangt unter dem Leistenband, dem *Ligamentum inguinale,* in den Oberschenkel und geht in die Oberschenkelarterie, die *A. femoralis,* über. Sie verläuft zunächst an der vorderen inneren Oberschenkelseite und erreicht dann als Kniekehlenarterie, *A. poplitea,* die Kniekehle.

Bei ihrem Eintritt in den Unterschenkel gabelt sie sich in drei Gefäße, die den Unterschenkel mit Blut versorgen: Die vordere Schienbeinarterie, die *A. tibialis anterior,* verläuft geschwungen zur Vorderseite des Unterschenkels und setzt sich als Fußrückenarterie, *A. dorsalis pedis*, in den Fußrücken fort. Die hintere Schienbeinarterie, die *A. tibialis posterior,* zieht in relativ gerader Fortsetzung der Kniekehlenarterie weiter an der Rückseite des Unterschenkels zum Innenknöchel und biegt dort in geschwungenem Verlauf zum Fuß ab. Die Wadenbeinarterie, die als *A. fibularis* aus der hinteren Schienbeinarterie abzweigt, verläuft als dritter Ast der Kniekehlenarterie zwischen *Arteria tibialis anterior* und *posterior* in der Tiefe des Unterschenkels in Richtung Außenknöchelregion. Der Fuß wird über weitere Äste der Arteria tibialis anterior und der A. tibialis posterior mit Blut versorgt.

Der Rückfluss des Blutes aus dem Kapillargebiet zum Herzen erfolgt über das venöse System. In den rechten Herzvorhof münden die obere Hohlvene, die *V. cava superior*, die untere Hohlvene als *V. cava inferior* und die Herzvene, der *Sinus coronarius*. Die Vena cava superior sammelt das Blut aus Kopf, Hals, Armen und Brust, die V. cava inferior das Blut aus den Beinen, den Beckenorganen und dem Bauchraum und der Sinus coronarius das Blut aus den Herzkranzgefäßen.

Im Bereich der Beine gibt es ein oberflächliches und ein tiefes Venensystem, die über sogenannte Perforansvenen verbunden sind. Nur die tiefen Beinvenen führen zum Herzen. Das Blut aus dem Fuß fließt über die tiefen Unterschenkelvenen, *V. tibialis anterior* und *posterior* sowie *V. fibularis,* in der Kniekehlenvene, der *V. poplitea,* zusammen. Im Oberschenkel sammelt es sich in der Oberschenkelvene, der *V. femoralis,* und zieht als äußere Beckenvene, *V. iliaca externa* genannt, durch das Leistenband, das Ligamentum inguinale. Mit der aus dem Becken kommenden inneren Beckenvene, der *V. iliaca interna,* verbindet sie sich zur gemeinsamen Beckenvene *V. iliaca communis*. Die gemeinsamen Beckenvenen der rechten und linken Seite schließen sich zur unteren Hohlvene zusammen, die *V. cava inferior* heißt. Diese nimmt auf ihrem Weg zum rechten Vorhof zunächst die Venen des Bauchraumes auf. Die Nieren-

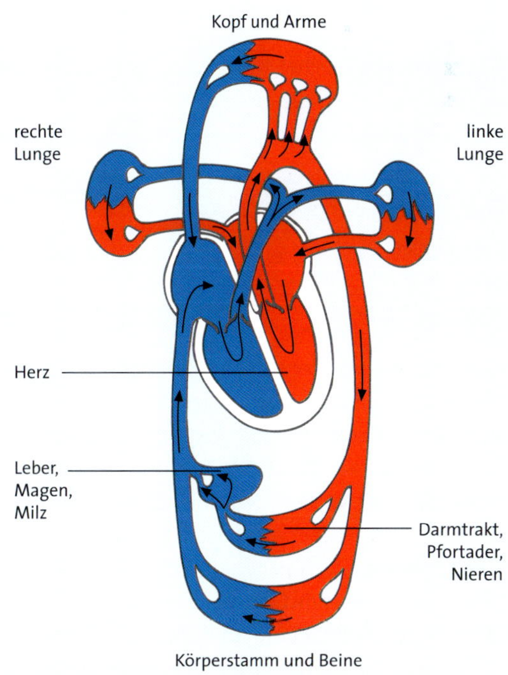

Abb. 2 ▶ Schematische Darstellung des Blutkreislaufs

Tab. 1 ▶ Wichtigste Abgänge und Aufzweigungen der Aorta

1. Koronararterien	
– Arteria coronaria sinistra – Arteria coronaria dextra	▶ Herz
2. Truncus brachiocephalicus	
– Arteria carotis communis dextra	▶ Kopf
– Arteria subclavia dextra	▶ Arm
3. Arteria carotis communis sinistra	▶ Kopf
4. Arteria subclavia sinistra	▶ Arm
5. Äste der Aorta thoracica	▶ Brustorgane
6. Äste der Aorta abdominalis	
– Truncus coeliacus – Arteria mesenterica superior – Arteria mesenterica inferior	▶ Bauchorgane
– Arteria renalis (dextra und sinistra)	▶ Nieren
7. Aufzweigung in Arteria iliaca communis	
– Arteria iliaca communis interna (dextra und sinistra)	▶ Beckenorgane
– Arteria iliaca communis externa (dextra und sinistra	▶ Beine

Tab. 2 ▶ Wichtigste venöse Zuflüsse

1. Sinus coronarius
– Herz
2. obere Hohlvene
– Kopf, Hals, Brust und Arme
– Thorax
– Lymphe (über die Venenwinkel)
3. untere Hohlvene
– Leber
› Darm, Milz, Pankreas und Magen (über Pfortader)
– Niere
– Beckenorgane
– Beine

vene, die *V. renalis*, mündet direkt in die Vena cava inferior, während das Blut aus den unpaarigen Bauchorganen – wie etwa Darm, Milz, Pankreas und Magen – zunächst in die Pfortader, die *V. portae*, fließt. Die Pfortader mündet in die Leber, in der das Blut gefiltert wird. Nach der Leberpassage wird das Blut über die Lebervene, die *V. hepatica*, in die Vena cava inferior geleitet.

Aus den Handvenen wird das venöse Blut zunächst durch den Unterarm über die Ellen- und die Speichenvene, die *V. ulnaris* bzw. *radialis*, in die große Oberarmvene, die *V. brachialis*, geleitet. Sie geht im Bereich der Achseln zunächst in die Achselvene, die *V. axillaris*, und später schließlich in die Schlüsselbeinvene, die *V. subclavia*, über. Diese vereinigt sich im rechten Venenwinkel, dem *Angulus venosus dexter*, mit der inneren und äußeren Drosselvene, der *V. jugularis interna* und *externa*, die das Blut aus dem Gehirn- und Gesichtsbereich führt. An dieser Stelle mündet auch der rechte Hauptlymphgang in das venöse System, der die Lymphe aus rechtem Kopf-, Arm- und Brustbereich enthält. Die gleiche Konstellation findet sich auf der linken Körperseite. Dort mündet im linken Venenwinkel, dem *Angulus venosus sinister*, zusätzlich der Milchbrustgang oder *Ductus thoracicus*, der die Lymphe (vgl. 3.2.3) aus der gesamten unteren Körperhälfte transportiert. Die an den beiden Venenwinkeln entstandenen Gefäße werden als rechte und linke Kopf-Arm-Vene oder als *V. brachiocephalica dextra* und *sinistra* bezeichnet und gehen in die V. cava superior über, die im rechten Vorhof endet.

Das venöse Blut aus dem Mundboden und dem Bereich der Kopfhaut fließt in der äußeren Drosselvene, der *V. jugularis externa*, zusammen und mündet in die Schlüsselbeinvene am Venenwinkel.

In Tabelle 3 werden die wichtigsten Begriffe aus dem Bereich »Gefäße« erläutert.

4.1.2 Aufbau der Gefäße

Arterien und Venen bestehen aus drei Wandschichten, einer inneren, einer mittleren und einer äußeren Schicht, nämlich Intima, Media oder Muscularis und Adventitia (Abb. 5).

Die *Intima* wird aus platten einschichtigen Endothelzellen gebildet, die auf der Basalmembran aufsitzen, und ist beim Gesunden »spiegelglatt« für einen reibungslosen Blutfluss. Sie regelt den Stoff-, Gas- und Flüssigkeitsaustausch. Die *Media* oder *Muscularis* enthält glatte Muskulatur und elastische Fasern für die Regulation des Blutflusses, die sogenannte Hämodynamik. Die *Adventitia* besteht aus lockerem Bindegewebe mit kollagenen und elastischen Netzen. Sie verbindet die Gefäße mit ihrer Umgebung und enthält Nerven und bei größeren Gefäßen die Vasa vasorum, die »Gefäße der Gefäße« für die Eigenversorgung. Gemäß ihrer jeweiligen Funktion sind die Wandschichten von Arterien und Venen unterschiedlich kräftig ausgeprägt.

4.1.2.1 *Arterien*

Arterien sind längs elastische Hochdruckgefäße, die gut geschützt in der Tiefe des Körpers verlaufen. Der Druck und der Durchmesser, das sogenannte Lumen, nehmen in Richtung Peripherie ab. Ihre Muskelschicht, die Media, ist besonders kräftig entwickelt. Je nach Zusammensetzung der elastischen Fasern und der glatten Muskelzellen in der Media unterscheidet man Arterien vom *elastischen* und vom *muskulären Typ*.

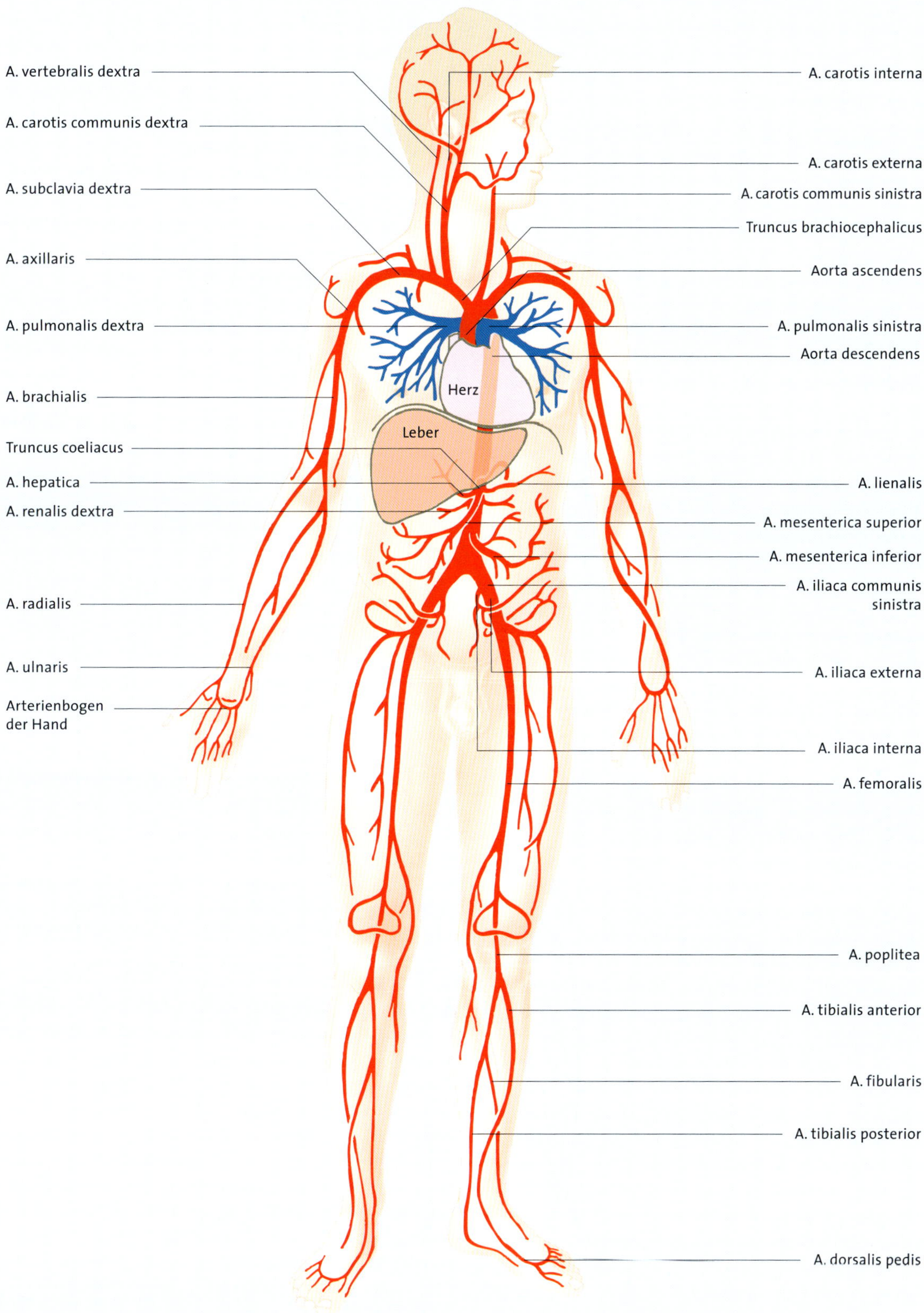

Abb. 3 ▶ Überblick über die wichtigsten Arterien im menschlichen Körper

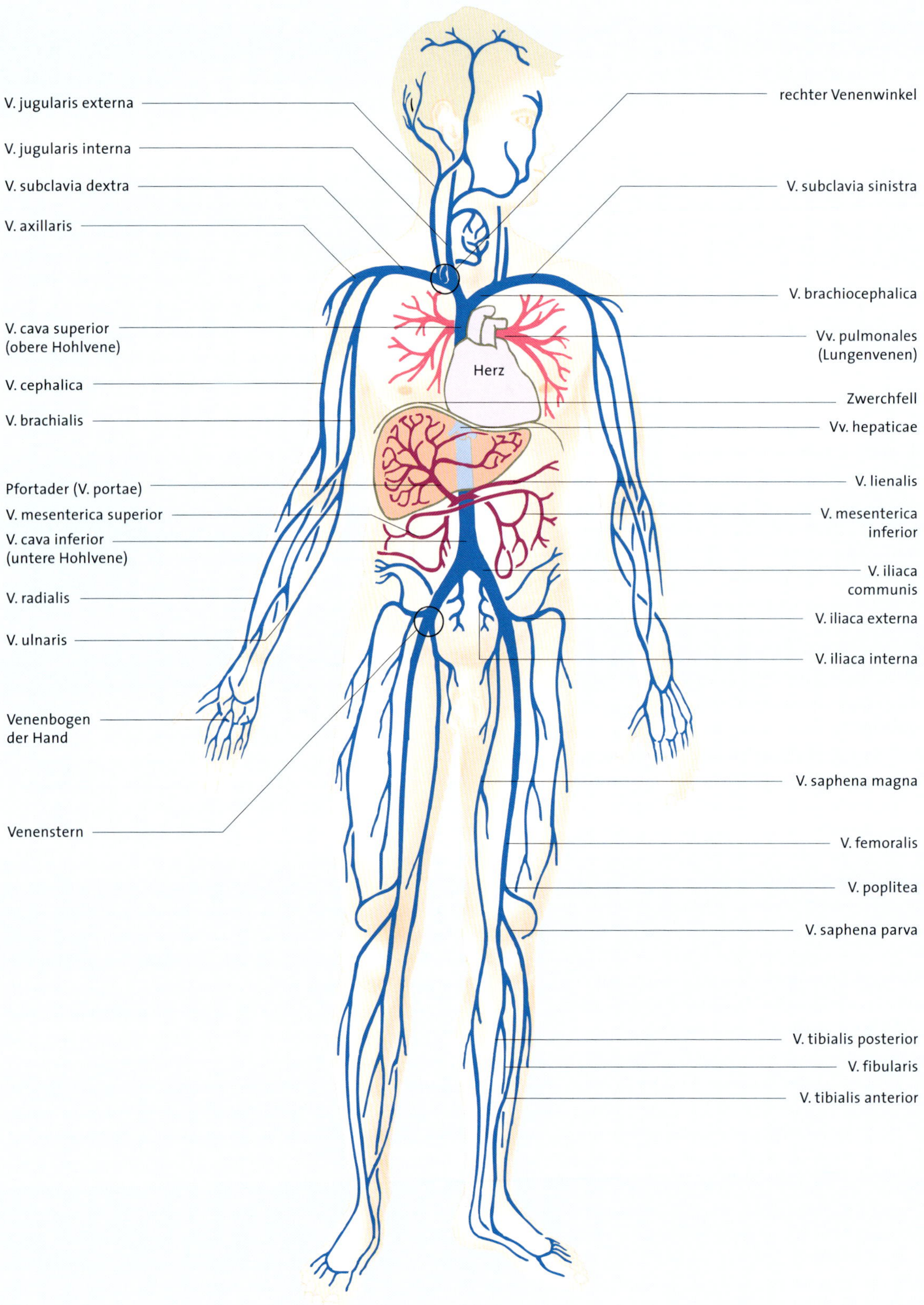

Abb. 4 ▶ Überblick über die wichtigsten Venen im menschlichen Körper

▶ **Elastische Arterien**

Sie bestehen überwiegend aus elastischen Fasern und befinden sich in Herznähe, beispielsweise die Aorta oder die A. carotis. Ihre wichtigste Aufgabe ist die *Windkesselfunktion* (Abb. 6): Dabei dehnt sich in der Systole, der Auswurfphase, die Aortenwand bauchartig aus. Dadurch kann mehr Blut gespeichert werden und die Nachlast des Herzens wird verringert. Durch die Dehnung der Gefäßwand wird die mechanische Energie des Herzschlags kurzfristig gespeichert. In der darauf folgenden Diastole schnellt die elastische Gefäßwand während des Druckabfalls wie ein Trampolin wieder zurück und katapultiert das Blut vorwärts zum nächsten Abschnitt. Als Effekt zwischen der zeitlichen Verzögerung von Kontraktion des Herzmuskels und Kontraktion der Blutgefäße entsteht die kontinuierliche Pulswelle.

▶ **Muskuläre Arterien**

In diesen überwiegen die glatten Muskelzellen. Es handelt sich um mittlere und kleine Arterien in der Peripherie (z.B. A. femoralis oder A. brachialis). Ihre Aufgabe ist die Regulierung von Blutdruck und durchfließender Blutmenge durch Lumenerweiterung, also *Vasodilatation*, oder Lumenverengung, also *Vasokonstriktion*.

4.1.2.2 *Arteriolen*

Die feinen Gefäße am Rande des Kapillargebietes werden als Arteriolen bezeichnet. Sie bestehen nur noch aus Endothel, einem Gitterfasernetz und einer einschichtigen, glatten Muskelschicht, die ringförmig angeordnet ist. Sie können den Übergang zur Kapillare verschließen. Dies ist notwendig, weil das Kapillargebiet so ausgedehnt ist, dass unser Blut nicht ausreicht, um es komplett zu durchbluten. Daher sind abwechselnd immer nur ca. 20% der Kapillaren durchblutet.

4.1.2.3 *Kapillaren*

Diese bestehen nur noch aus einer hauchdünnen Intima (Ø 6 – 30 µm), um den *Flüssigkeits- und Gasaustausch*, der durch Diffusion bzw. Osmose erfolgt, zu gewährleisten.

Die Wand der Kapillaren ist so fein, dass Sauerstoff und andere lösliche Blutbestandteile, wie zum Beispiel Elektrolyte, Flüssigkeiten, Nährstoffe und Stoffwechselprodukte, passieren können. Hier, im sogenannten Kapillargebiet, erfolgt der Stoffaustausch mit den Zellen. Etwa 20 l Flüssigkeit werden täglich durch den Blutdruck in die Zellzwischenräume durch Filtration »abgepresst«. Blutzellen – außer Abwehrzellen – sowie großmolekulare Plasmaproteine werden zurückgehalten. Gegen Ende des Kapillargebietes wird die Flüssigkeit mit den Stoffwechselprodukten aus dem Gewebe wieder in die Gefäße aufgenommen. Dieser als Resorption bezeichnete Vorgang ist möglich, weil hier der osmotische Druck der Plasmaproteine höher ist als der Blutdruck. Dabei wird nicht die gesamte Flüssigkeit vom venösen Schenkel wieder aufgenommen, ca. 10% gelangt in die hier blind beginnenden Lymphgefäße. Sie leiten diese nun als Lymphe bezeichnete Flüssigkeit zur Kontrolle und Reinigung in die Lymphknoten und von dort über die Venenwin-

Tab. 3 ▶ Terminologie: Gefäße

A., Aa.	Arterie, Arterien
V., Vv.	Vene, Venen
Gefäßlumen	Durchmesser eines Gefäßes
Vas(a)	Blut- oder Lymphgefäß(e)
Vas publicum	»öffentliches Gefäß«, das den gesamten Körper versorgt, z.B. Aorta, V. cava oder V. portae
Vas privatum	»privates Gefäß«, das ein spezielles Organ versorgt, z.B. Herzkranzgefäße, A./V. renalis, A./V. hepatica, A./V. lienalis
Vasa vasorum	»Gefäße der Gefäße«, verlaufen in der Adventitia größerer Blutgefäße und dienen der Versorgung
Anastomose	Verbindung von Hohlorganräumen, hier von Gefäßen untereinander (Arterien, Venen oder Lymphgefäße) zur Sicherstellung der Zirkulation, wenn Äste zeitweise oder dauerhaft verlegt sind
Kollaterale	parallel verlaufende Äste kleinerer Arterien oder Venen; können bei Verlegung eines Hauptgefäßes untereinander Umgehungskreisläufe ausbilden (wichtig bei Gefäßverschlüssen oder -unterbindungen)
Endarterie	Aufzweigung größerer Arterien, die nicht mehr unter sich oder mit anderen Arterien in Verbindung stehen, d.h. keine Anastomosen oder Kollateralen besitzen. Dies ist bedeutsam bei einem Gefäßverschluss (z.B. durch Thrombus oder Embolus), da das dahinter liegende Gebiet nicht mehr versorgt wird. Die mangelnde Durchblutung, die sogenannte Ischämie, führt zum Zelluntergang und im schlimmsten Fall zum Organinfarkt. Organe mit Endarterien sind vor allem Herz, Gehirn, Lunge, Niere, Darm, Milz und Netzhaut.
Thrombus, Thromben	Blutpfropf in einem arteriellen oder venösen Blutgefäß, der das Gefäß verlegen (verstopfen) kann
Embolus, Emboli	körpereigene oder körperfremde Teilchen, die im Gefäßsystem zu einer Embolie, d.h. zur Verlegung des Gefäßdurchmessers führen; dies können z.B. losgelöste Thromben, Fettzellen (bei Knochenfrakturen aus dem Fettmark), metastasierende Tumorzellen oder Fremdkörper sein
Drosselvene	kleine Vene mit Ringmuskulatur, die durch Kontraktion einen Blutstau im Kapillarbett verursachen kann; solche finden sich z.B. in den Schwellkörpern des Penis zur Erektion und in der Nasenschleimhaut
Sinus	erweiterte Blutstrecke, kann venös oder arteriell vorkommen, z.B. als venöser Blutleiter an der Kopfoberfläche oder arteriell an der Teilungsstelle der A. carotis communis (Karotissinus)

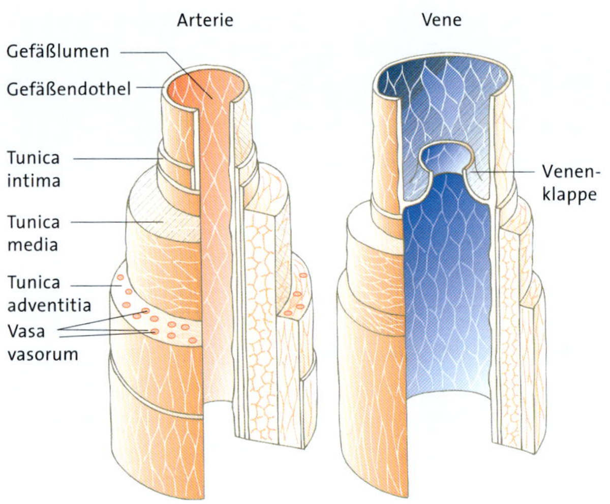

Abb. 5 ▶ Gefäßaufbau von Arterie und Vene

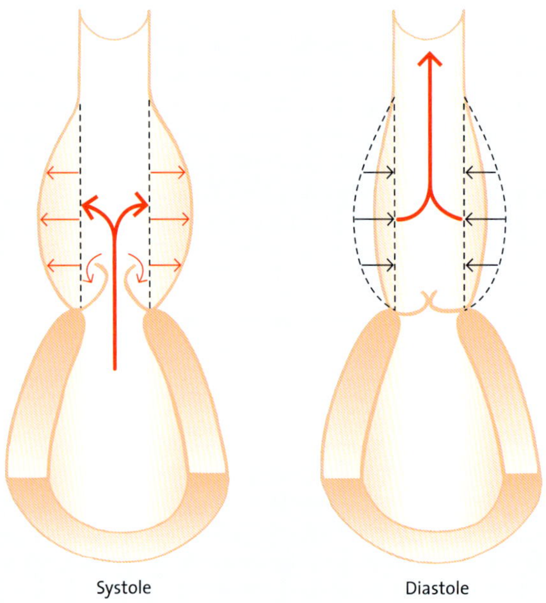

Abb. 6 ▶ Schematische Darstellung der Windkesselfunktion

kel zurück ins venöse System. Bei einem Ungleichgewicht zwischen Filtration und Resorption entstehen Ödeme. Ursachen hierfür können zu hohe Gefäßpermeabilität, Mangel an Plasmaproteinen, Lymphabflussstörungen oder ein zu hoher intravasaler Druck sein.

> Pathomechanismus Ödembildung:
> - Gefäßpermeabilität ↑
> - intravasaler Druck ↑
> - Lymphabfluss ↓
> - Plasmaproteine ↓.

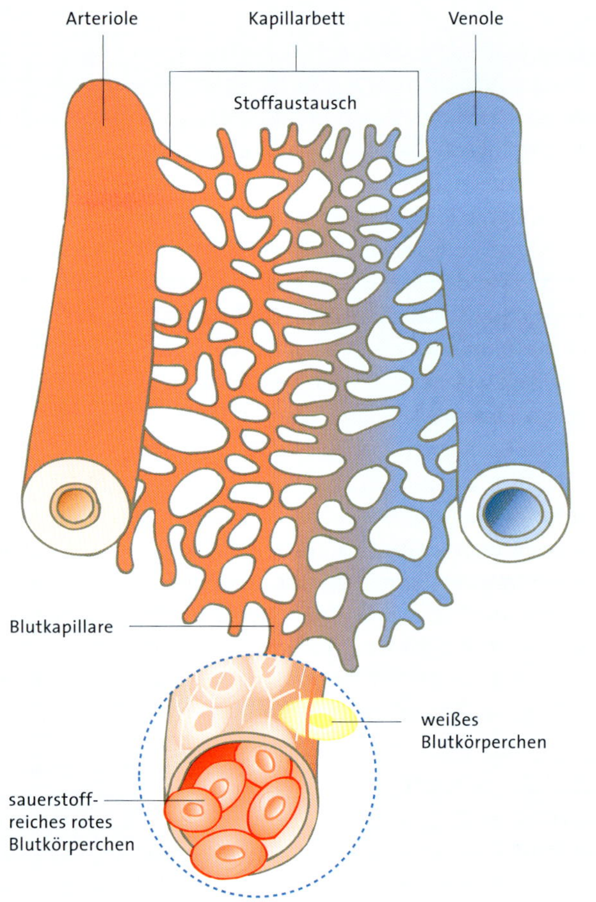

Abb. 7 ▶ Kapillargebiet

Je höher der Sauerstoffbedarf eines Organs ist, desto höher ist die Anzahl der Kapillaren. So besitzen Muskeln – je nach Trainingszustand – ein enormes Kapillarnetz. Dagegen werden Gewebe ohne Kapillaren, zum Beispiel die Hornhaut des Auges oder die Epidermis, als bradytrophe Gewebe bezeichnet, also als solche mit verlangsamtem Stoffwechsel, weil ihre Versorgung durch Diffusion aus dem umliegenden Gewebe erfolgt.

Würden alle Kapillaren des Körpers ausgestreckt und entwirrt, so ergäbe dies eine Strecke von 60 000 bis 100 000 Kilometern. Daher ist auch verständlich, dass das Kapillarsystem nie komplett durchblutet sein kann. Die Gasaustauschoberfläche der Kapillaren beträgt ca. 6 500 m^2, was der Fläche von fast zwei Fußballfeldern entspricht.

Es gibt im Körper auch rein arterielle oder rein venöse Kapillargebiete, sie werden als Wundernetz oder *Rete mirabile* bezeichnet, zum Beispiel ein arterielles in der Niere im Glomerulus des Nierenkörperchens oder ein venöses in den Sinusoiden der Leber, im Pfortaderkreislauf.

4.1.2.4 *Venolen und Venen*

Venen führen das Blut aus dem Kapillargebiet der Peripherie zurück zum Herzen und verlaufen meistens neben den Arterien. Sie sind quer elastische Niederdruckgefäße (RR 25/10 mmHg). Im Bereich des Herzens liegt der Druck in den Venen bei nahezu Null. Als Kapazitätsgefäße können sie bis zu 80 % des Blutvolumens enthalten. Weitere Blutspeicherorgane sind Lunge, Leber und Milz.

Die venösen Gefäße gliedern sich in große, mittlere, kleine und kleinste Venen; diese heißen *Venolen*. In den Beinen gibt es zusätzlich *Perforansvenen*, die das dort liegende oberflächliche und tiefe Venennetz, das zum Herzen hinführt, verbinden.

Venen sind weitlumiger und dünnwandiger als Arterien, ihre Muskelschicht ist weniger stark ausgeprägt. Aus der Intima wölben sich halbmondförmige Segel, die durch eine innere Bindegewebsschicht aus elastischen und kollagenen Fasern verstärkt sind: die *Venenklappen*, lateinisch Valvulae venarum (Abb. 8). Durch ihre herzwärts gerichtete Öffnung wirken sie wie ein Rückschlagventil, zurückfließendes Blut verschließt sie. Dadurch kann das Blut nur in Richtung Herz strömen. Venenklappen finden sich besonders häufig in Venen, in denen das Blut meistens entgegen der Schwerkraft transportiert werden muss, etwa in den Beinen. Wenn sich Venen krankhaft erweitern (Veneninsuffizienz), schließen die Klappen nicht mehr richtig; das Blut staut sich zurück und es bilden sich Krampfadern, sog. Varizen.

4.1.2.5 *Venöser Rückstrom zum Herzen*

Das Blut muss in einem Niederdrucksystem entgegen der Schwerkraft zum Herzen transportiert werden. Dieser schwierigen Aufgabe dienen folgende Mechanismen:

1. *Sogwirkung des Herzens:* Die Verlagerung der Ventilebene während der Systole in Richtung Herzspitze erzeugt einen Unterdruck, wodurch das Blut in die Vorhöfe angesaugt wird.
2. *Einfluss der Atmung:* Während der Einatmung, der Inspiration, entsteht durch die Weitung im Brustraum ein Unterdruck. Die dort verlaufenden Venen weiten sich, sie dilatieren. Gleichzeitig entsteht durch die Senkung des Diaphragmas ein Überdruck im Bauchraum, was eine Verengung bzw. Konstriktion der dort verlaufenden Venen bewirkt. Während der Ausatmung, der Exspiration, verhält es sich genau umgekehrt. Darum besitzen herznahe Venen keine Venenklappen.
3. *Venenklappen* verhindern den Rückfluss des Blutes durch die herzwärts gerichtete Öffnung.
4. *Arteriovenöse Koppelung:* Venen verlaufen häufig parallel zu Arterien. Die Pulswelle der neben den Venen verlaufenden Arterien drückt die Venen zusammen.

Tab. 4 ▶ Gefäßtypen und ihre Funktionen

Gefäßtyp	Funktion / Erläuterung
Arterien	längselastische Hochdruckgefäße *elastischer Typ*: Herznähe, Windkesselfunktion *muskulärer Typ*: Peripherie, Regulierung von Blutdruck und durchfließender Blutmenge
Arteriolen	letzter präkapillarer Gefäßabschnitt Regulation der Kapillardurchblutung
Kapillaren	kleinste, muskelfreie Blutgefäße Verbindung von Arteriolen und Venolen Stoff- und Gasaustausch zwischen Blut und Gewebe
Venolen	Übergang zwischen Kapillargebiet und Venen
Venen	querelastische, weitlumige Niederdruckgefäße wenig glatte Muskulatur maximales Fassungsvermögen: 80 % des Blutes enthalten Venenklappen (Rückschlagventil)

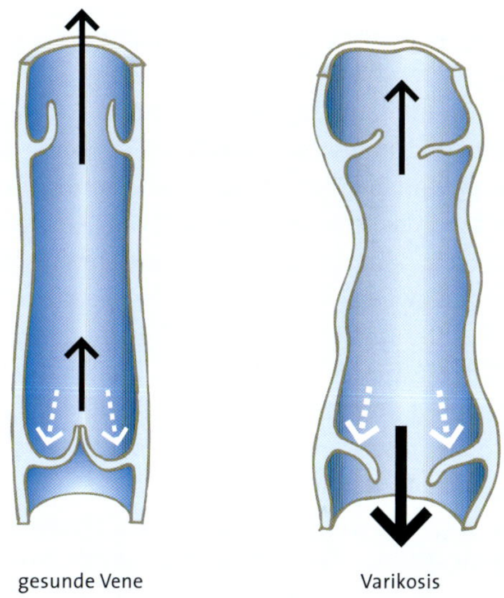

Abb. 8 ▶ Venenklappen

5. *Muskelpumpe:* Durch Kontraktion der Skelettmuskulatur werden die Venen zusammengepresst und das Blut in Richtung Herz gedrückt.

4.1.3 Blutdruck

Im Körper herrschen sehr unterschiedliche Blutdruckwerte, je nachdem, welche Gefäße man in welcher Pulsphase misst. So beträgt zum Beispiel der durchschnittliche Druck in der linken Herzkammer in der Systole 120 mmHg; er fällt während der Diastole auf 10 mmHg ab (zur Quecksilbersäule/mmHg vgl. 4.1.3.1). In der Armarterie, der *A. brachialis*, schwankt der Blutdruck systolisch zwischen 100 – 145 mmHg und diastolisch 60 – 80 mmHg. In Richtung Peripherie nimmt der Druck ab, in den Arteriolen beträgt er 70 – 30 mmHg und im Kapillargebiet nur noch 25 mmHg. Die Venolen besitzen noch einen Druck von 20 mmHg, in den Venen sinkt er auf 3 – 9 mmHg. Auch der Lungenkreislauf gehört zum Niederdrucksystem. Er startet mit dem Truncus pulmonalis bei 18 mmHg und endet in den Pulmonalvenen mit etwa 4 mmHg.

Der Blutdruck ist abhängig von der gepumpten Blutmenge, dem Herzminutenvolumen (HMV), der zirkulierenden Blutmenge, der »Dicke« bzw. Viskosität des Blutes und dem Gefäßwiderstand und damit der Elastizität der Gefäße.

Einflussfaktoren des Blutdrucks:
1. Herzminutenvolumen (HMV)
2. Blutmenge
3. Viskosität des Blutes
4. Gefäßwiderstand.

4.1.3.1 *Arterieller Blutdruck*

Klinisch betrachtet ist dies der Druck, der in einer peripheren Arterie gemessen wird. Die Messung erfolgt normalerweise indirekt, also unblutig, mit einer aufzublasenden Oberarmmanschette und einem Manometer. Die Messung wird traditionell in »Millimeter Quecksilbersäule« (mmHg) angegeben. Entwickelt wurde diese Methode 1896 von dem italienischen Arzt Riva-Rocci, daraus entstand die Bezeichnung »RR«.

Es werden zwei Werte ermittelt, der systolische und der diastolische. Der *systolische Wert* entspricht dem Druck, mit dem die linke Kammer das Blut in den großen Kreislauf auswirft. Er beträgt beim Erwachsenen in Ruhe ca. 120 mmHg. Er ist auch als Pulswelle zum Beispiel an der Speichenarterie, der *A. radialis*, am Handgelenk fühlbar.

Der *diastolische Wert* entspricht dem Druck, der in der Erschlaffungsphase des Kammermyokards entsteht. Er beträgt beim Erwachsenen in Ruhe ca. 80 mmHg. Die Differenz zwischen dem systolischen und dem diastolischen Wert bezeichnet man als *Blutdruckamplitude*. Sie beträgt im Mittelwert etwa 40 mmHg.

Von *Bluthochdruck* bzw. *arterieller Hypertonie* spricht man, wenn eine dauernde Erhöhung des Blutdrucks auf Werte von systolisch über 140 mmHg und diastolisch über 90 mmHg vorliegt. Als *zu niedriger Blutdruck* bzw. *arterielle Hypotonie* werden Werte bezeichnet, die dauerhaft unter 100/60 mmHg liegen.

4.1.3.2 *Venöser Blutdruck*

Da es sich beim venösen System um ein Niederdrucksystem handelt, in dem sich durchschnittlich 70 % des Blutes befinden, hängt der Druck vor allem vom *Blutvolumen* ab. Im Gegensatz zum arteriellen Blutdruck kann der venöse Druck nur »blutig«, d. h. im Gefäß gemessen werden. Die Messung kann peripher durch eine Phlebodynamometrie (PD) oder zentral erfolgen.

4.1.3.3 *Zentraler Venendruck (ZVD)*

Der ZVD entspricht dem Blutdruck der rechten oberen Hohlvene, der V. cava superior, und des rechten Vorhofs. Er wird gemessen, um festzustellen, ob ein *Volumendefizit* oder eine *Volumenüberlastung* vorliegt. Die Messung erfolgt »blutig«, also im Blutgefäß.

Zum besseren Verständnis wird hier die Methode mit der Wassermesslatte erläutert, auch wenn sie kaum noch verwendet wird. Zunächst wird ein Venenkatheter gelegt und an ein mit Wasser gefülltes Infusionssystem angeschlossen. Der gerade vorherrschende Venendruck drückt auf die Wassersäule; dieser Wert wird auf einer Skala abgelesen. Heutzutage wird der Wert mithilfe eines Druckwandlers, eines geeichten Drucksensors, elektronisch gemessen und kontinuierlich digital angezeigt. Normalwerte liegen bei 3 – 16 cm Wassersäule oder 2 – 9 mmHg.

Zu niedrige Werte entstehen durch Volumenmangel, zum Beispiel durch Blutverluste oder Austrocknung, die sogenannte Exsikkose. Zu hohe Werte entstehen, wenn das über die Venen transportierte Blut nicht schnell genug weitergeleitet wird, zum Beispiel bei einer Rechtsherzinsuffizienz, einer globalen Herzinsuffizienz oder im Fall einer Herzbeuteltamponade; hierbei wird das Herz in seiner Auswurfleistung durch Druck von außen eingeschränkt. Weitere Möglichkeiten wären eine zu hohe Füllung der Venen oder ein zu hoher Venentonus, zum Beispiel durch gefäßverengende Hormone oder Medikamente wie etwa Noradrenalin. In der Intensiv- und Notfallmedizin werden zusätzlich rechnerisch ermittelte Werte zur Kontrolle und Überwachung herangezogen. Die beiden wichtigsten sind der mittlere arterielle Druck und der zerebrale Perfusionsdruck.

4.1.3.4 *Abgeleitete Druckparameter*

▶ Mittlerer arterieller Druck (MAP)

Der MAP (engl.: Mean Arterial Pressure; auch: MAD) ist ein Rechenwert, der aus dem diastolischen Wert zuzüglich eines Drittels der Differenz aus systolischem und diastolischem Wert ermittelt wird.

$$MAP = RR_{dia} + \frac{RR_{sys} - RR_{dia}}{3}$$

Beispiel: RR = 120/80 →

$$MAP = 80 + \frac{120 - 80}{3} = 94$$

Der Normalwert liegt zwischen 80 und 85 mmHg.

Der MAP dient in der Intensivmedizin als zuverlässiger Wert für die *Kontrolle der Organdurchblutung*, weil er unabhängig von den systolischen und diastolischen Schwankungen ist. Dies ist wichtig, wenn die Durchblutung von Gehirn, Niere, Herz, Blutgefäßen oder anderen Organen sichergestellt sein muss, beispielsweise beim Schock, nach Schädel-Hirn-Trauma oder Gefäßoperationen. Da er auch ein Maß für die Anpassung des Körpers auf Anstrengung und Belastung ist, wird er auch bei der ambulanten Blutdrucklangzeitmessung zur Beurteilung eines behandlungsbedürftigen Bluthochdrucks herangezogen. Die *Grenzwerte* betragen:

- 24-Stunden-Mittelwert:
  97 mmHg bzw. 90 mmHg für Diabetiker und Nierenkranke
- Tagesmittelwert:
  102 mmHg bzw. 95 mmHg für Diabetiker und Nierenkranke.

▶ Zerebraler Perfusionsdruck (CPP)

Der zerebrale Perfusionsdruck (CPP, engl.: Cerebral Perfusion Pressure) gibt den Druck an, mit dem das *Gehirn* durchblutet wird. Er lässt sich berechnen aus der Differenz zwischen dem Druck, mit dem das Blut in den Schädel strömt (MAP), und dem Druck, der im Schädel entgegenwirkt, der intrakranielle Druck (ICP, engl.: Intracranial Pressure).

$$CPP = MAP - ICP$$

Der ICP wird mit einer Drucksonde gemessen, die in das Gehirn gelegt wird, zum Beispiel in die Ventrikel, den Epiduralraum oder direkt in das Hirnparenchym. Er beträgt im Normalfall 10 – 15 mmHg. Der CPP liegt normalerweise bei etwa 70 mmHg (bei MAP von etwa 80 – 85 mmHg und ICP von etwa 10 – 15 mmHg).

4.1.4 Kreislauf- und Blutdruckregulation

Die Ansprüche an unseren Kreislauf wechseln ständig. Je nachdem, ob wir gerade konzentriert geistig arbeiten oder Sport treiben bzw. eben gegessen haben oder dicht gedrängt bei einem Popkonzert stehen – der Kreislauf muss sicherstellen, dass die entsprechenden Organe mit der jeweils benötigten Blutmenge versorgt werden. Ferner muss der Blutdruck innerhalb bestimmter Grenzen bleiben, weil zu hohe Werte die Gefäße schädigen, insbesondere Herz, Nieren oder Gehirn, und weil bei zu niedrigen Werten kein ausreichender Sauerstoff- und Nährstofftransport erfolgt.

Die Anpassung an die unterschiedlichen Situationen erfolgt über das *vegetative Nervensystem*, das nicht dem Willen unterliegt und im Hintergrund abläuft – wie etwa das Betriebssystem eines PC. Hierzu enthält es zwei Anteile, welche als Gegenspieler fungieren: *Sympathikus* und *Parasympathikus*. Mit dem Sympathikus gibt der Körper sozusagen Gas, mit dem Parasympathikus tritt er auf die Bremse. Dies geschieht im Wesentlichen durch Veränderung des Gefäßwiderstandes und des Herzminutenvolumens (HMV).

Bei einer Zunahme des Blutbedarfes werden die Gefäße erweitert und das HMV erhöht, während bei einer Abnahme eine Verengung der Gefäße und eine Senkung des HMV erfolgen.

Ferner kann die Niere, die wegen ihrer Filterfunktion auf einen Mindestblutdruck angewiesen ist, den Blutdruck über das Renin-Angiotensin-Aldosteron-System (RAAS) eigenständig erhöhen. Der Körper besitzt zur Anpassung verschiedene Kontrollzentren bzw. Regelungsmechanismen:

1. Pressorezeptoren
2. Kreislaufzentrum (Medulla oblongata/Hypothalamus)
3. Renin-Angiotensin-Aldosteron-System (RAAS)
4. antidiuretisches Hormon (ADH)
5. lokale Autoregulation.

4.1.4.1 *Pressorezeptoren*

Presso- bzw. Barorezeptoren befinden sich vor allem im Aortenbogen, im Verlauf der A. carotis communis und im Karotissinus. Sie übermitteln den Druck über den N. vagus (X) und den N. glossopharyngeus (IX) an Steuerzentren im Gehirn, genauer an das verlängerte Mark, die Medulla oblongata.

4.1.4.2 *Kreislaufzentren*

Die Kreislaufzentren befinden sich im Gehirn, und zwar im *Hypothalamus*, der im Zwischenhirn gelegen ist und vor allem in der *Medulla oblongata*, einem Teil des Hirnstamms.

Dazu zwei *Beispiele:*

Steigt der Blutdruck plötzlich durch Aufregung oder Angst, also durch *sympathische Aktivierung*, werden die Gefäßwände gedehnt. Dies registrieren die Pressorezeptoren und leiten es über den N. vagus zum Gehirn. Das Gehirn bremst nun über das parasympathische System ab. Es antwortet über den N. vagus – unter Ausschüttung von Acetylcholin – mit dem Befehl zur Vasodilatation und Senkung der Herzfrequenz (negativ chronotrop) und der Kontraktionskraft (negativ inotrop).

Ein plötzlicher Blutdruckabfall, etwa bei zu schnellem Aufstehen nach längerem Liegen, kann ebenfalls kurzfristig reguliert werden. In diesem Fall erfolgt die zentrale systemische Reaktion über den Sympathikus mit einer Adrenalin- und Noradrenalinausschüttung aus dem Nebennierenmark. Als Folge schlägt das Herz kräftiger (positiv inotrop) und schneller (positiv chronotrop), die Erregung breitet sich schneller über den Herzmuskel aus (positiv dromotrop). Ferner kommt es zu einer Vasokonstriktion der Arterien des Bauchraums und der Haut und einer Vasodilatation der Arterien von Herz und Skelettmuskulatur. Die Folge ist, dass der Blutdruck steigt.

4.1.4.3 *RAA-System*

Das *Renin-Angiotensin-Aldosteron-System* ist ein mehrfach rückgekoppeltes System, das bei Blutdruckabfall, Abnahme des Blutvolumens und bei zu niedriger Plasmaosmolarität infolge Salzmangels (s. 7.2.4.2) anspringt.

Angiotensin II bewirkt eine starke Vasokonstriktion und Aldosteron sorgt für die Rückresorption von Natrium in den Körper. Das Natrium zieht seinerseits Wasser aus dem Primärharn in die Blutgefäße zurück. Somit können *Blutdruck, Blutvolumen* und *Elektrolytkonzentration* wieder ins Gleichgewicht gebracht werden.

4.1.4.4 *ADH*

Das *antidiuretische Hormon* (ADH), auch als Adiuretin oder Vasopressin bezeichnet, wird im Hypothalamus gebildet und im Hypophysenhinterlappen gespeichert. Es wirkt an den V1- und V2-Rezeptoren.

V1-Rezeptoren befinden sich unter anderem in der glatten Muskulatur der Arteriolen. Dort bewirkt ADH eine Vasokonstriktion und damit eine Erhöhung des Blutdrucks. *V2-Rezeptoren* finden sich in der Niere, im Epithel der Sammelrohre, durch die der Primärharn fließt. Dort macht ADH die Zellen wasserdurchlässig; es bewirkt also eine Erhöhung der Wasserpermeabilität der Zellmembran, sodass mehr Flüssigkeit in die Blutgefäße zurückgeholt und der Blutdruck über das Volumen gesteigert wird. Alkohol hemmt ADH, und dadurch kommt es zu einer vermehrten Harnausscheidung und gleichzeitig zu Elektrolytverlusten, die sich am nächsten Morgen im Rahmen des »Katers« zeigen.

4.1.4.5 *Lokale Autoregulation*

In manchen Situationen ist es nicht erforderlich, dass der Blutdruck zentral reguliert wird. Hier erfolgt die Steuerung der lokalen Durchblutung bedarfsabhängig an der Basis. Dies erfolgt in der Regel über die Ausschüttung von Gewebshormonen vor Ort, zum Beispiel durch Histamin oder Serotonin.

▶ Histamin

Dieses Hormon hat vielfältige Funktionen im Körper. Zurzeit sind vier verschiedene Histaminrezeptoren ($H_1 - H_4$) bekannt. Über H_1-Rezeptoren bewirkt Histamin eine Kontraktion der großen Blutgefäße sowie eine Dilatation kleinerer Blutgefäße, verbunden mit einer Erhöhung der Durchlässigkeit, der sogenannten Gefäßpermeabilität. Ausgelöst wird die Ausschüttung zum Beispiel durch Sauerstoffmangel oder Ansammlung von Stoffwechselprodukten im Gewebe (z.B. CO_2, H^+-Ionen) bzw. bei Entzündungen. Des Weiteren wirkt Histamin am Herzen über H_2-Rezeptoren auf die Schlagkraft (positiv inotrop) und die Schlagfrequenz (positiv chronotrop).

▶ Serotonin

Dies ist ein universeller Botenstoff, der vor allem im zentralen Nervensystem, im Darm-Nervensystem und im Herz-Kreislauf-System vorkommt. Der Mensch besitzt 14 verschiedene Rezeptoren für Serotonin. Sein Name leitet sich von *Serum* und *Tonus* ab, denn es ist ein Botenstoff im Serum, der unter anderem den *Druck der Gefäße* beeinflusst. In der Lunge, den Nieren oder bei der Verletzung eines Blutgefäßes führt es zu einer Gefäßverengung, in der Skelettmuskulatur hingegen zu einer Gefäßerweiterung.

4.1.4.6 *Sonstige Einflussfaktoren*

Blutdruckschwankungen im Laufe des Tages sind völlig normal, weil der Blutdruck sowohl auf körperliche als auch auf psychische Belastungen reagiert. Während des Schlafes ist der Blutdruck normalerweise am niedrigsten. In den letzten Schlafstunden und nach dem Aufstehen steigt der Blutdruck an und erreicht eine durchschnittliche Tageshöhe. In der Mittagszeit sinkt er etwas ab und beginnt am späteren Nachmittag wieder zu steigen. Ein letztes Hoch hat der Blutdruck meist am späten Abend. Wenn die natürliche Regulation durch Sympathikus und Parasympathikus durcheinander gerät, können plötzlich *Blutdruckschwankungen* auftreten. Vor allem seelisch-nervöser Stress, Ärger, Angst, Bedrohung und Konfliktsituationen sowie Lärm und klimatische Einflüsse können hierzu führen. Die Folge sind dann häufig Kopfschmerzen und Schwindelgefühle, im schlimmsten Falle kommt es zur Ohnmacht, der Synkope.

Bei *Schmerzzuständen* wird der Sympathikus angeregt, es kommt zu einer Vasokonstriktion und einer Steigerung des Sauerstoffverbrauchs der Organe. Daher ist das Herz-Kreislauf-System bei Notfallpatienten besonders belastet. Der Verlust von *zirkulierender Blutmenge* führt zu einem Blutdruckabfall und im schlimmsten Fall zum Schock, zum Beispiel bei stark blutenden Wunden, großflächigen Verbrennungen oder generalisierten Ödemen bei heftigen allergischen Reaktionen.

Auch im Rahmen der *Regulation der Körpertemperatur* durch das Gefäßsystem kann es zu Blutdruckschwankungen kommen. Im Körper befinden sich an verschiedensten Stellen »Messfühler«, die Thermorezeptoren. Es sind freie Nervenendigungen, die auf Temperatur bzw. Temperaturänderungen reagieren. Man unterscheidet Wärme- und Kälterezeptoren. Sie liegen in der Haut, im Körperinneren und im Rückenmark, am Hinterhorn. Ihre »Messwerte« werden zum Hypothalamus geleitet und dort mit den Sollwerten verglichen. Für die stoffwechselintensiven Organe des Rumpfes und des Schädels beträgt der optimale Wert 37° Celsius (± 0,5°), was als *Kerntemperatur* bezeichnet wird. Die Temperatur an der Haut und in den Gliedmaßen wird *Schalentemperatur* genannt und liegt in der Regel etwas unter der Kerntemperatur (vgl. 12.6, Abb. 7). Da sie von der Umgebungstemperatur und der Durchblutung beeinflusst wird, ist sie starken Schwankungen unterworfen.

Melden die Thermorezeptoren eine zu hohe Temperatur, wird zunächst über den Hypothalamus eine vermehrte Durchblutung der Hautoberfläche durch Vasodilatation der Gefäße und damit ein Abfall des Blutdrucks bewirkt. Die Blutgefäße wirken als Wärmetauscher, die Haut rötet sich durch die erweiterten Gefäße, zum Beispiel bei körperlicher Anstrengung. Reicht dies nicht mehr aus, werden die Schweißdrüsen aktiviert und senken über die Verdunstungskälte die Temperatur. Der Blutdruckabfall durch die Vasodilatation wird meist durch eine Anpassung der Herzleistung kompensiert, zum Beispiel durch Steigerung von Frequenz oder Schlagkraft.

Sinkt im umgekehrten Fall die Schalentemperatur ab, reagiert der Körper zunächst mit einer Verminderung der Hautdurchblutung, um die Kerntemperatur zu erhalten. Ferner werden andere Mechanismen zur Wärmeproduktion aktiviert, wie zum Beispiel das Muskel- bzw. Kältezittern oder die sogenannte Gänsehaut: das Aufrichten der Flaumhärchen auf der Haut, um Luft als Wärmepolster zu speichern. Auch aktive Muskelarbeit erhöht die Körpertemperatur. Daher ist es überlebensnotwendig, sich zu bewegen, wenn man starker Kälte ausgesetzt ist. Da das Herz bei Kälte langsamer schlägt, versucht es durch eine Erhöhung seiner Schlagkraft, eine ausreichende Herzleistung zu erzielen.

Letztlich ist das Gefäßsystem auch an unserer Verdauungsmüdigkeit beteiligt. Nach der *Nahrungsaufnahme*, also postprandial, benötigen die Verdauungsorgane vermehrt Blut und Sauerstoff zur Aufspaltung und Aufnahme der Nährstoffe. Diese Blutmenge wird aus Skelettmuskulatur und Gehirn abgezogen und ist nach einer üppigen Mahlzeit besonders hoch.

4.2 Herz

Das Herz spielt seit Jahrtausenden in verschiedenen Kulturen eine große Rolle und ist Inbegriff allen Denkens, Fühlens und Sehnens. Medizinisch gesehen ist das Herz ein präziser Hochleistungsmotor und Antrieb des Kreislaufs. Das Herz eines 80-jährigen Menschen hat ungefähr drei Milliarden Mal geschlagen und dabei rund 300 Millionen Liter Blut bewegt.

4.2.1 Gestalt, Größe und Lage

Das Herz ist ein muskuläres Hohlorgan mit vier Innenräumen. Es besitzt eine spezielle Muskulatur, die anatomisch der quer gestreiften Muskulatur zuzurechnen ist, aber physiologisch der glatten Muskulatur ähnelt. Die Herzmuskelzellen besitzen die Fähigkeit, Erregungen zu bilden. Zur schnelleren

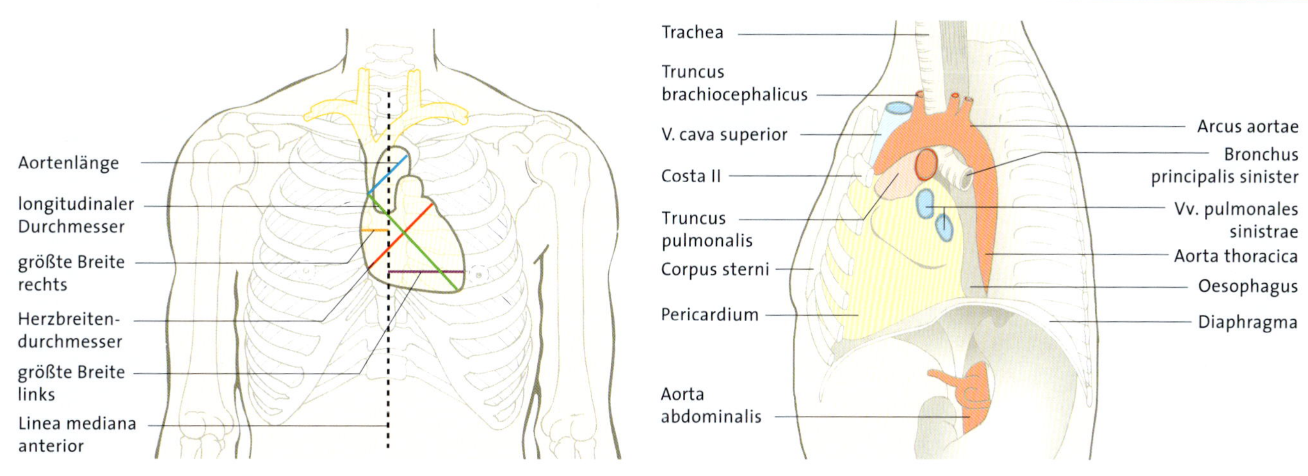

Abb. 9 ▶ Lage des Herzens von frontal (vorn) und von lateral (seitlich)

Tab. 5 ▶ Übersicht: Herzklappen

1. Segelklappen (Atrioventrikularklappen)
   - Trikuspidalklappe (zwischen rechtem Vorhof und rechter Kammer)
   - Mitralklappe (zwischen linkem Vorhof und linker Kammer)
2. Taschenklappen (Semilunarklappen)
   - Pulmonalklappe (zwischen rechter Kammer und Pulmonalarterie)
   - Aortenklappe (zwischen linker Kammer und Aortenbogen)

Weiterleitung der Impulse von Zelle zu Zelle sind sie durch Glanzstreifen miteinander verknüpft.

Die Größe des Herzens entspricht etwa der zur Faust geballten Hand seines Besitzers, sein Gewicht liegt bei etwa 0,5 % des Körpergewichts, im Durchschnitt circa 300 – 350 g. Das Herz ist kegelförmig und liegt umhüllt vom Herzbeutel, dem *Perikard*, schräg im *Mediastinum*, dem Mittelfellraum, der von den beiden Lungenflügeln begrenzt wird. Das Mediastinum befindet sich hinter dem Sternum und vor dem Ösophagus und der Trachea. Zwei Drittel des Herzens liegen in der linken Körperseite. Mit seiner Herzspitze, dem *Apex cordis*, berührt es die Brustwand im linken fünten Zwischenrippenraum medioklavikular, darunter muss man sich eine senkrechte Linie nach unten, von der Mitte des Schlüsselbeins ausgehend, vorstellen. Hier ist beim Gesunden unter Umständen der Herzspitzenstoß fühl- und hörbar. Der obere Rand des Herzens, die Herzbasis, liegt etwa in Höhe der zweiten Rippe. Hier befindet sich der Eintritt der großen Gefäße: Aorta, Truncus pulmonalis und Vena cava superior. Die Herzachse verläuft von der Mitte der Herzbasis von rechts oben nach links unten zur Herzspitze. Ferner ist das Herz leicht gedreht, d.h. das linke Herz ist zum Rücken, das rechte mehr zum Brustbein geneigt. Mit seiner Unterseite ruht es auf dem Zwerchfell. Diese Seite, die hauptsächlich die linke Kammer betrifft, wird klinisch als Hinterwand bezeichnet – so erklärt sich zum Beispiel der Ausdruck »Hinterwandinfarkt«.

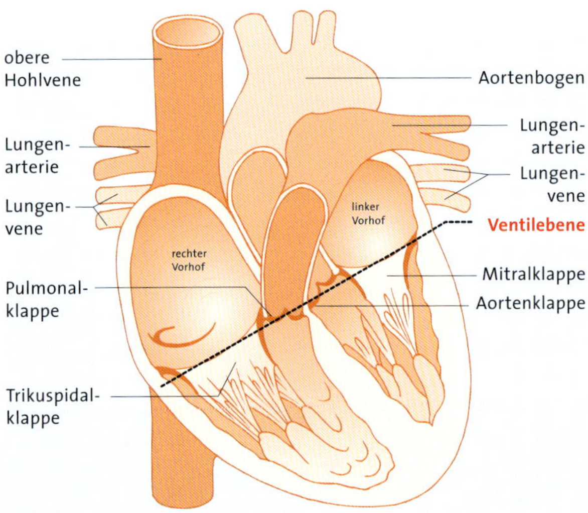

Abb. 10 ▶ Anatomische Lage der »Ventilebene« des Herzens und der Herzklappen (Frontansicht)

4.2.2 Aufbau

Das Herz ist in zwei Herzhälften für zwei Kreisläufe aufgeteilt. Aus dem venösen System des Körperkreislaufs fließt das Blut durch das rechte Herz über die Lungenarterien in den Lungenkreislauf; aus dem Lungenkreislauf fließt es über die Lungenvenen zurück in das linke Herz und über die Aorta in den Körperkreislauf. Die Herzscheidewand, das *Septum interventriculare*, teilt dabei das Herz in eine linke und rechte Hälfte mit jeweils zwei etwa gleich großen Innenräumen. Jede Hälfte besitzt einen Vorhof, *Atrium* genannt, und eine Kammer oder *Ventrikel*.

Die Vorhöfe sind relativ muskelschwach, hier sammelt sich das Blut zunächst. Der rechte Vorhof nimmt das Blut aus der Peripherie über die obere und die untere Hohlvene, die *Vena cava superior* bzw. *inferior*, und aus der Herzvene, dem *Sinus coronarius*, auf, während in den linken Vorhof das mit Sauerstoff angereicherte Blut aus den vier Pulmonalvenen einströmt. Alle Gefäße, die zum Herzen führen bzw. die in die Vorhöfe münden, werden – unabhängig vom Sauerstoffgehalt – als Venen bezeichnet.

Die Kammern saugen das Blut aus den Vorhöfen und pressen es in den Lungen- bzw. den Körperkreislauf. Aus der rechten Kammer wird das Blut in die Lungenarterie, den *Truncus pulmonalis*, gepresst, während die linke Kammer in den Aortenbogen führt. Alle Gefäße, die von den Kammern wegführen, werden – unabhängig vom Sauerstoffgehalt – als Arterien bezeichnet.

4.2.3 Herzklappen

Bedingt durch die unterschiedlichen Anforderungen gibt es zwei Arten von Klappen, Segelklappen und Taschenklappen. Sie bestehen aus festem Bindegewebe, welches mit Herzinnenhaut, dem Endokard, überzogen ist.

4.2.3.1 *Segelklappen*

Die Segel- oder *Atrioventrikularklappen* liegen zwischen den Vorhöfen und den Kammern. Die *Trikuspidalklappe* oder *dreizipflige Segelklappe* verbindet den rechten Vorhof mit der rechten Kammer, die *Mitral-*, *Bikuspidal-* oder *zweizipflige Segelklappe* verbindet den linken Vorhof mit der linken

Kammer. Bei der Kammerkontraktion werden diese Klappen wie Segel vom Wind durch den Druck des Blutes gebläht und verschließen durch Aneinanderlegen die Öffnung zum Vorhof. Sie sind durch Sehnenfäden, sogenannte *Chordae tendineae*, an den Papillarmuskeln befestigt. Diese verhindern das Zurückschlagen in den Vorhof. Nach erfolgtem Auswerfen des Blutes entspannen sich die Muskeln und die Segel öffnen sich, damit das Blut aus den Vorhöfen in die Kammern fließen kann.

4.2.3.2 *Taschenklappen*

Diese sogenannten *Semilunarklappen* liegen zwischen den Kammern und dem jeweiligen wegführenden Gefäß. Die Pulmonalklappe verbindet die rechte Kammer mit dem Truncus pulmonalis, die Aortenklappe verbindet die linke Kammer mit dem Aortenbogen. Sie bestehen jeweils aus drei Taschen, die halbmondförmig mit ihrer Unterseite herzwärts ausgerichtet sind. Wenn die Kammern bei geschlossenen Segelklappen genügend Druck aufgebaut haben, springen die Taschenklappen auf und das Blut kann in die Pulmonalarterie in Richtung Lunge bzw. in den Aortenbogen in Richtung Körperkreislauf strömen. Das in die Gefäße ausgeworfene Blut drückt durch sein Volumen die Taschenklappen wieder zu, damit kein Blut in die Kammern zurückfließt. Alle vier Klappen liegen auf einer Ebene, die als Ventilebene bezeichnet wird, und sind gemeinsam an einer Bindegewebsplatte, dem Herzskelett, aufgehängt.

4.2.4 Wandaufbau des Herzens

Die Herzwand besteht aus drei Schichten, der Herzinnenhaut, der Muskelschicht und der äußeren Herzhaut, im Lateinischen *Endokard*, *Myokard* und *Epikard*, sowie dem Herzbeutel, dem *Perikard*.

4.2.4.1 *Endokard*

Das Endokard besteht aus einer knapp 1 mm dünnen Schicht aus lockerem Bindegewebe, eingelagerten elastischen Fasern, glatten Muskelzellen und Epithelzellen. Die innerste Schicht besteht aus einschichtigem Plattenepithel, das auch als *Endothel* bezeichnet wird. Sie setzt sich in den Gefäßen dann als *Tunica intima* fort und ist spiegelglatt, damit sich keine Blutzellen festsetzen oder Gerinnsel bilden können und das Blut gleichmäßig fließen kann. Das Endokard kleidet Vorhöfe und Kammern aus und überzieht die Herzklappen. Bei einer Entzündung, der *Endokarditis*, ist die Hauptkomplikation eine Schädigung der Herzklappen, die durch bindegewebige Umbauvorgänge in ihrer Funktion beeinträchtigt werden können; solch ein Klappendefekt wird Klappenvitium genannt. Das Endokard hat keine eigenen Blutgefäße,

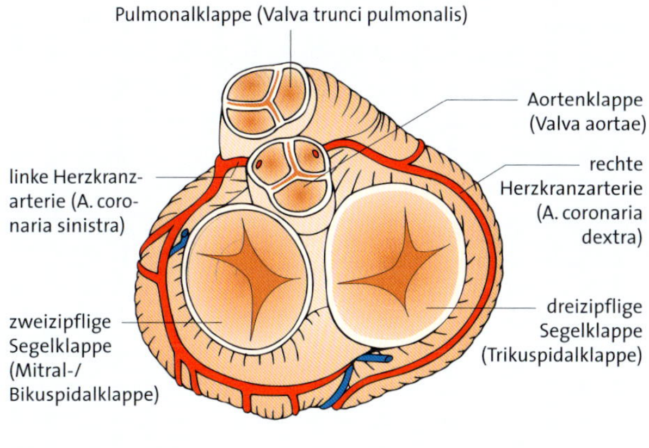

Abb. 11 ▶ Lage der Herzklappen (Aufsicht von der Herzbasis)

es wird durch Diffusion von einem darunter liegenden Kapillargebiet ernährt.

4.2.4.2 *Myokard*

Der Herzmuskel besteht aus Herzmuskelgewebe, dessen Schichtdicke sich den bestehenden Druckverhältnissen anpasst. Das Myokard der Vorhöfe ist daher dünner als das der Kammern und das der linken Kammer dicker als das der rechten. Im Myokard sind die Muskelzellen zu Strängen angeordnet, die wiederum untereinander geflechtartig verbunden sind. Um die Kammern optimal zu kontrahieren, verlaufen die Fasern spiralförmig zur Herzspitze und von dort zurück zur Herzbasis. Daneben sind Herzmuskelzellen in der Lage, selbst Erregungen zu bilden und so eine Kontraktion des Herzens auszulösen; man nennt das Autonomie. So werden im Reizleitungssystem unwillkürliche Spontanaktivitäten, aber auch Schnelligkeit gewährleistet. Das Herz kann daher zum Beispiel eine Frequenz von 180 Schlägen und mehr pro Minute ermöglichen, was drei Herzaktionen pro Sekunde entspricht.

Das Myokard ist die stärkste Schicht des Herzens. Der linke Ventrikel hat wegen des stärkeren Druckaufbaus einen Durchmesser von 8 – 11 mm, während der rechte Ventrikel nur 2 – 4 mm aufweist.

Wegen seines Energiebedarfs ist es sehr gut durchblutet. Wird das Herz zu sehr belastet, zum Beispiel durch Arteriosklerose oder bei hohem Blutdruck über längere Zeiträume, vergrößert sich die Muskulatur, es kommt zur Herzhypertrophie. Dadurch werden zum einen die Kapillaren eingeengt und zum anderen wird die Versorgungsstrecke zu den Muskelfasern verlängert. Beides bewirkt eine schlechtere Versorgung und führt lang-fristig zur Erweiterung des Herzens, der sogenannten Herzmuskeldilatation, und damit zur Leistungsminderung.

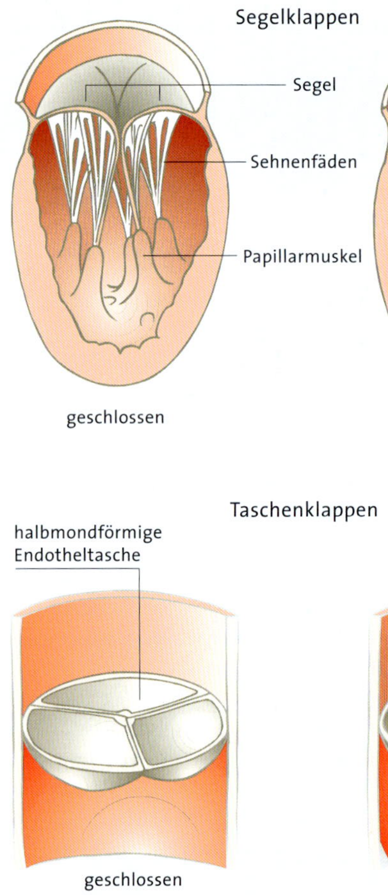

Abb. 12 ▶ Anatomie der Herzklappen

4.2.4.3 *Epikard und Perikard*

Die äußerste Schicht des Herzens bildet der Herzbeutel, der auch als Perikard bezeichnet wird. Er besteht aus zwei Anteilen, zum einen dem Epikard, das am Myokard aufliegt, und dem außen gelegenen, eigentlichen Perikard. Zwischen diesen beiden Häuten befindet sich ein schmaler Spalt, in dem sich 20 – 50 ml seröse Flüssigkeit, *Liquor pericardii,* als Gleitmittel für die reibungslose Bewegung des Herzens befinden. Als serös bezeichnet man alle Körperflüssigkeiten, die dem Blutserum ähneln. Der Umschlag dieser beiden Blätter liegt an der Austrittsstelle der großen Gefäße.

Das *Epikard*, die äußere Herzhaut, legt sich wie ein glatter Überzug über das Myokard. Es ist eine dünne Bindegewebsschicht mit eingelagertem Fettgewebe. Dadurch gleicht es Unebenheiten der Herzoberfläche aus und bettet die Herzkranzgefäße sicher ein. Da das Epikard dem Organ aufliegt, wird es als viszerales Blatt des Perikards bezeichnet (lat. *viscerum*: Organ).

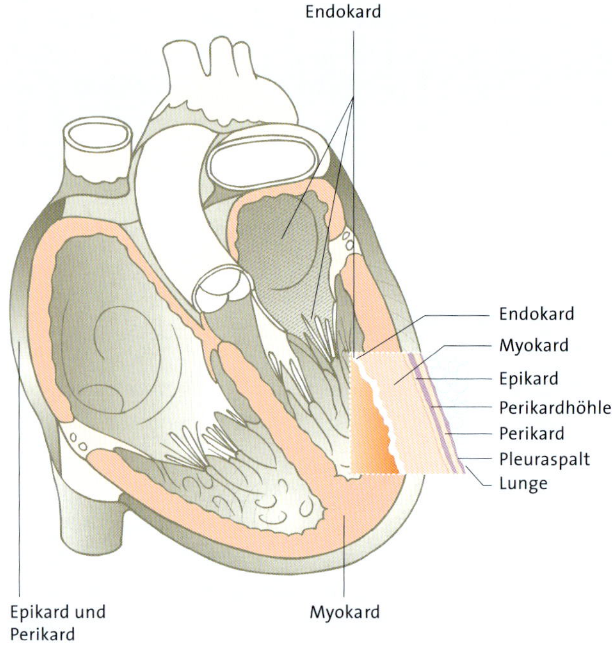

Abb. 13 ▶ Wandschichten des Herzens

Das *Perikard* – im engeren Sinne – bildet das parietale Blatt des Herzbeutels. Parietal bedeutet, dass es mit dem Umgebungsgewebe verbunden ist. Es handelt sich um eine derbe und reißfeste Bindegewebsschicht, die viele Kollagenfasern enthält, vergleichbar mit einer »dicken Plastiktüte«. Das Perikard umhüllt das Herz und ist mit dem Zwerchfell und dem Brustfell, der Pleura, verwachsen. Somit ist das Herz einerseits gut im Mediastinum fixiert und andererseits frei im Herzbeutel beweglich. Bei Verletzungen des Herzens, beispielsweise durch ein stumpfes Thoraxtrauma, kann es zu Einblutungen in den Perikardspalt kommen. Durch die mangelnde Elastizität des Herzbeutels geht der Druck nach innen, das Herz und seine Herzkranzgefäße werden komprimiert. Je nach Menge der Flüssigkeit beziehungsweise Schnelligkeit des Eindringens in den Perikardspalt kann es zu einer lebensbedrohlichen Funktionsstörung des Herzens, der Herzbeuteltamponade, kommen.

Wandschichten des Herzens (von innen nach außen):
1. Endokard
2. Myokard
3. Epikard und Perikard.

4.2.5 Gefäßsystem des Herzens

Zu diesem System gehören die großen zuführenden Gefäße, die obere und die untere Hohlvene sowie die vier Lungen-

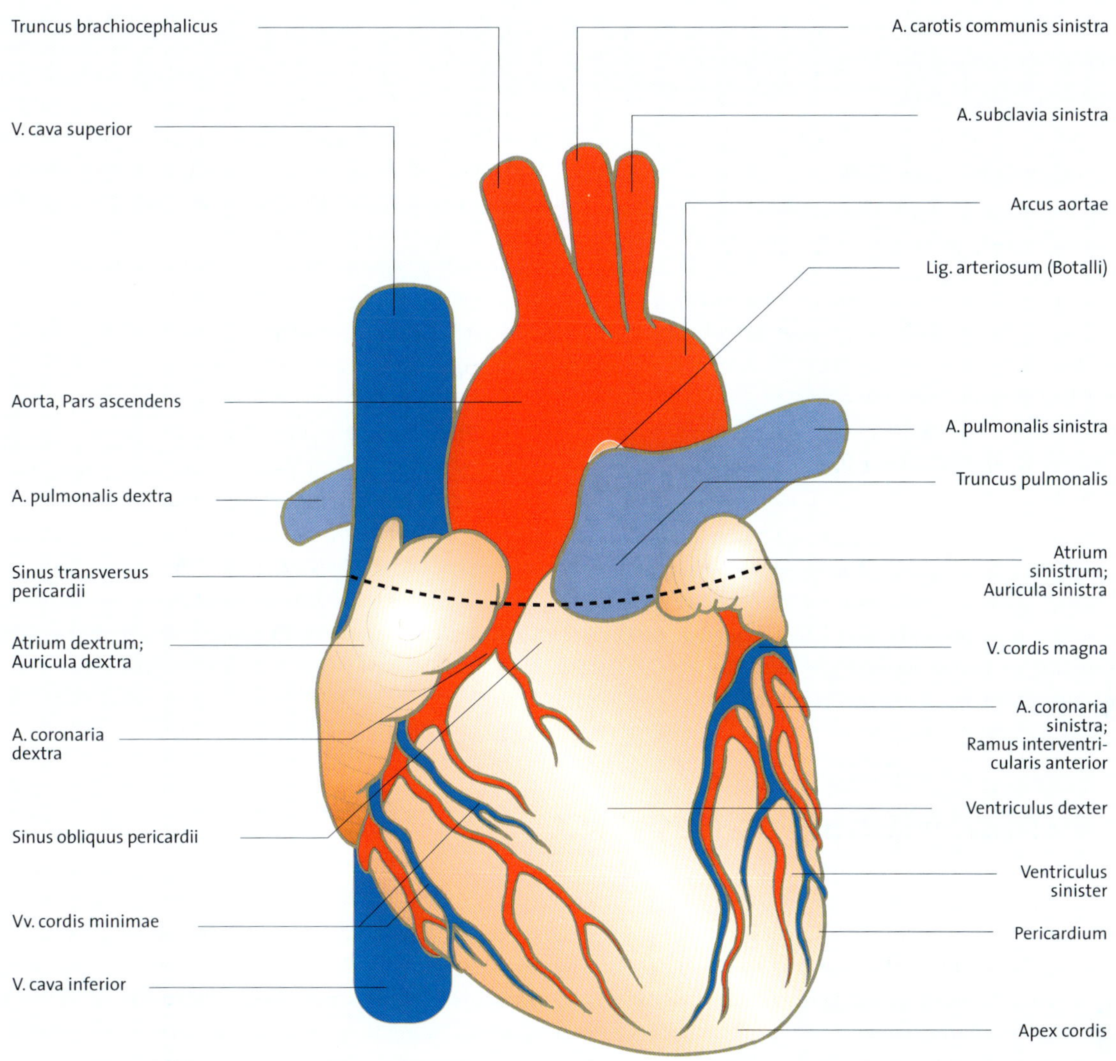

Abb. 14 ▶ Anatomie des Herzens mit Herzgefäßen

venen und als wegführende Gefäße der Stamm der Lungenarterien sowie die Aorta. Ferner besitzt das Herz für seine Eigenversorgung die Herzkranzgefäße.

Die obere Hohlvene, die *Vena cava superior,* sammelt das Blut aus Armen, Kopf, Hals und Brust und mündet im rechten Vorhof. Die untere Hohlvene, *Vena cava inferior* genannt, sammelt das Blut aus Bauchraum, Bauchwand, Beckenorganen und Beinen und mündet ebenfalls im rechten Vorhof.

Der Stamm der Lungenarterien, der *Truncus pulmonalis,* beginnt an der Pulmonalklappe nach der rechten Kammer und gabelt sich in die rechte und linke Lungenarterie, *Arteria pulmonalis dextra* und *sinistra*. Sie verzweigt sich in feinste Äste bis zu den Lungenkapillaren, die die Lungenbläschen, die *Alveolen*, umspinnen. Hier findet der Gasaustausch statt. Die Lungenkapillaren vereinigen sich zu immer größeren Gefäßen und münden mit dem sauerstoffreichen Blut als Lungenvenen oder *Venae pulmonales* in den linken Vorhof.

Die *Aorta* beginnt an der Aortenklappe nach der linken Kammer und gliedert sich in die aufsteigende *Aorta ascendens*, den Aortenbogen oder *Arcus aortae* und die absteigende *Aorta descendens* (weitere Aufzweigungen vgl. 4.1.1.2).

Die *Herzkranzgefäße* dienen ausschließlich der Versorgung des Herzmuskels, der Eigenbedarf beträgt ca. 5 % des gepumpten Blutes. Die *Koronararterien* entspringen direkt am Abgang der Aorta an der Aortenklappe. Ihre Füllung erfolgt in der Ventrikeldiastole. Da es Endstromgefäße sind, bleibt bei Verlegung das von ihnen versorgte Gebiet ohne Sauerstoff, es kommt dann zum Herz- oder Myokardinfakt. Die rechte Koronararterie, die *A. coronaria dextra*, versorgt den rechten Vorhof, die rechte Kammer, einen Teil der Herzhinterwand und der Kammerscheidewand, während die

Tab. 6 ▶ Gefäße des Herzens

1. obere Hohlvene (V. cava superior)
2. untere Hohlvene (V. cava inferior)
3. Sinus coronarius
   - 1. – 3. münden in den rechten Vorhof
4. Stamm der Lungenarterien (Truncus pulmonalis)
   - beginnt nach der rechten Kammer
5. Lungenvenen (Vv. pulmonales)
   - münden in den linken Vorhof
6. Aorta
   - beginnt nach der linken Kammer
7. Herzkranzgefäße
   - entspringen am Abgang der Aorta

linke Koronararterie, die *A. coronaria sinistra*, den linken Vorhof, die linke Kammer und den Großteil der Kammerscheidewand versorgt. Die Koronarvenen *V. coronaria dextra und sinistra* verlaufen in etwa parallel zu den Koronararterien. Sie schließen sich in einem Sammelgefäß zusammen, dem *Sinus coronarius*, der in den rechten Vorhof mündet.

4.2.6 Erregungsbildung und Erregungsleitung im Herzen

Um koordiniert zu funktionieren, besitzt das Herz zwei Typen von Muskelzellen, die Schrittmacherzellen und die Arbeitszellen. Die Schrittmacherzellen sind Zellen, die spezialisiert sind, Impulse zu bilden und weiterzuleiten, während die Arbeitszellen normalerweise diese Impulse mit einer Kontraktion, das ist eine Verkürzung, beantworten.

Damit sich die elektrische Erregung, die für die Herzaktion verantwortlich ist, schnell und effizient über das Herz ausbreiten kann, sind die einzelnen Herzmuskelzellen über Glanzstreifen verbunden. Diese Glanzstreifen enthalten kleine Poren, sogenannte Gap Junctions, über die die Ionen von Zelle zu Zelle fließen können, und ferner *Desmosomen* genannte Haftkontakte zur Stabilisierung untereinander (zum Mechanismus der elektrischen Erregung VGL. 2.1.4.6).

Das Herz besitzt hierarchisch gegliederte, eigenständige Erregungszentren. Sie sorgen dafür, dass die Kontraktionen gleichmäßig verlaufen und dass es beim gesunden Herzen nicht zu Herzrhythmusstörungen kommt.

4.2.6.1 *Sinusknoten*

Die Erregung des Herzens wird im Sinusknoten gebildet, daher wird er auch als natürlicher oder primärer Schrittmacher bezeichnet. Er befindet sich in der Wand des rechten Vorhofs in Höhe der Einmündung der Vena cava superior. Hierbei handelt es sich nicht um einen Knoten im Gewebe, sondern um eine Ansammlung von spezialisierten Herzmuskelzellen, die die Fähigkeit zur spontanen Selbsterregung besitzen. Die Eigenfrequenz des Sinusknotens beträgt in Ruhe gewöhnlich etwa 60 bis 80 Herzschläge pro Minute; dies entspricht in der Regel der normalen Schlagfrequenz des Herzens, dem Puls.

4.2.6.2 *Atrioventrikularknoten*

Die im Sinusknoten entstandene Erregung gelangt über die Erregung der Vorhofmuskulatur als sogenannte Arbeitsmuskulatur zunächst zum *AV-Knoten*. Seine Zellen können noch eine Eigenfrequenz von 40 bis 60 Frequenzen pro Minute erzeugen, zum Beispiel beim Ausfall des Sinusknotens. Daher wird er als der Sekundäre Schrittmacher – erstes Ersatzzentrum oder auch »Escape-Schrittmacher« – bezeichnet. Normalerweise depolarisieren die Reize des Sinusknotens jedoch den AV-Knoten und zwingen ihm so ihren Rhythmus auf. Die Zellen des AV-Knotens liegen am Boden des rechten Vorhofs nahe der Grenze zwischen Vorhof und Kammer. Sie verzögern leicht die Weiterleitung, damit sich erst die Vorhöfe und dann die Kammern kontrahieren.

4.2.6.3 *His-Bündel*

Unmittelbar unter dem AV-Knoten beginnen die Zellen des His-Bündels. Auch sie besitzen einen Eigenrhythmus mit einer Frequenz von 20 – 30 Herzschlägen pro Minute. Das His-Bündel ist sehr kurz und verläuft am Boden des rechten Vorhofs in Richtung Kammerseptum. Hier teilt es sich in drei Äste auf: zwei linke und einen rechten Schenkel, die Tawara-Schenkel.

4.2.6.4 *Kammerschenkel – Purkinje-Fasern*

Die Kammer- oder *Tawara-Schenkel* ziehen an beiden Seiten des Kammerseptums zur Herzspitze. Der rechte Kammerschenkel verläuft zunächst unverzweigt, während sich der linke in einen vorderen, mittleren und hinteren Faszikel aufteilt. Am Ende verzweigen sich beide netzartig in die Purkinje-Fasern. Sie leiten die Erregung bis in die Innenschicht der Muskulatur der Herzkammern und bewirken die Erregung und somit die rhythmische Kontraktion des Myokards. Dabei wird die Papillarmuskulatur als erste erregt und kontrahiert, wodurch die Segelklappen zu Beginn der Anspannungsphase in der Systole fest verschlossen sind und kein Blut in den Vorhof, das *Atrium*, zurückfließt.

> Erregungsleitung:
> Sinusknoten → AV-Knoten → His-Bündel →
> Kammerschenkel → Purkinje-Fasern

Der Sinn dieser komplizierten Erregungsleitung liegt in der Verteilung der Erregung mit hoher Geschwindigkeit über den gesamten Herzmuskel und der Gewährleistung einer effektiven Kontraktion durch (fast) zeitgleiche Erregung des Myokards.

4.2.6.5 *Störungen in der Reizleitung*

Bei Durchblutungsstörungen des Herzmuskels durch Verengung oder Verschluss der Koronararterien kommt es zu mehr oder weniger starken Veränderungen der elektrischen Reizausbreitung und damit auch zu Störungen der mechanischen Kontraktion. Im Extremfall findet keine reguläre Reizausbreitung mehr statt. Da auch jede Arbeitszelle im Myokard einen Eigenrhythmus besitzt, der aber so langsam ist, dass er im Normalfall keine Rolle spielt, können nun die vielen uneinheitlichen Erregungen zu Extrasystolen, Vorhof- oder Kammerflimmern führen.

4.2.7 Elektrophysiologische Grundlagen

Die Erregung der Herzmuskulatur ist ein elektrochemischer Vorgang, ähnlich der bei der Skelettmuskulatur (s. AUCH 2.1.4.6, ABB. 16/17). Beim Myokard überlappen sich jedoch Aktionspotenzial und Kontraktion weitgehend, während beim Skelettmuskel erst das Aktionspotenzial und danach die Kontraktion ablaufen. Des Weiteren unterscheiden sie sich auch in Form und Dauer des Aktionspotenzials. Die Dauer liegt bei der Herzmuskelzelle mit 200 – 500 ms deutlich höher als beim Skelettmuskel; dort sind es wenige ms.

Beim Aktionspotenzial des Myokards, also der Rückkehr der Ladung in den Ruhezustand, erfolgt zunächst eine unterschwellige Depolarisation des Arbeitsmyokards von –90 auf –75 mV. Ist dieser Wert, der auch als Schwellenpotenzial bezeichnet wird, erreicht, kommt es zu einem schlagartigen Na^+-Einstrom, bis das Spitzenpotenzial von ca. +20 mV erreicht ist. Die Repolarisation ist verzögert, da neben dem Ausstrom von K^+ noch Ca^{2+} für die Muskelkontraktion einströmt. Während der ersten 200 ms der Kontraktion ist die Muskulatur absolut reizunempfindlich, dies bezeichnet man als *absolute Refraktärphase*. Die »verletzliche« oder vulnerable Phase liegt in der *relativen Refraktärphase*. In dieser Phase können starke Reize Extrasystolen auslösen oder verfrühte Aktionspotenziale zu kreisender Erregung, dem sogenannten Re-entry-Phänomen, und in der Folge zu Kammerflimmern führen.

Die Herzmuskulatur arbeitet nach dem »Alles-oder-nichts-Prinzip«. Ist der Schwellenreiz überschritten, kontrahieren alle Herzmuskelzellen, wird er nicht überschritten, kontrahiert keine Zelle. Die Intensität des Reizes spielt dabei keine Rolle wie etwa beim Skelettmuskel, der die Stärke seiner Kontraktion durch die Anzahl der gleichzeitig aktivierten Sarkomere variieren kann. Den Zusammenhang zwischen den elektrischen Vorgängen an der Zellmembran, dem Aktionspotenzial, und der (mechanischen) Kontraktion der Herzmuskelzelle bezeichnet man auch als elektromechanische Koppelung.

4.2.8 Beeinflussung des Herzrhythmus

Das Herz weist gegenüber anderen Organen eine Besonderheit auf, indem die Reize, die zur Kontraktion führen, innerhalb des Herzens selbst gebildet werden; man nennt dies »Autonomie des Herzens«. Dies ist daran erkennbar, dass ein Herz außerhalb des Körpers, in Nährlösung, ohne nervale Versorgung weiter schlägt.

Um die Herzleistung den jeweiligen körperlichen Bedürfnissen anzupassen, zum Beispiel beim Dauerlauf oder im Schlaf, kann der Herzrhythmus von außen beeinflusst werden (z. B. durch Sympathikus und Parasympathikus). Dies

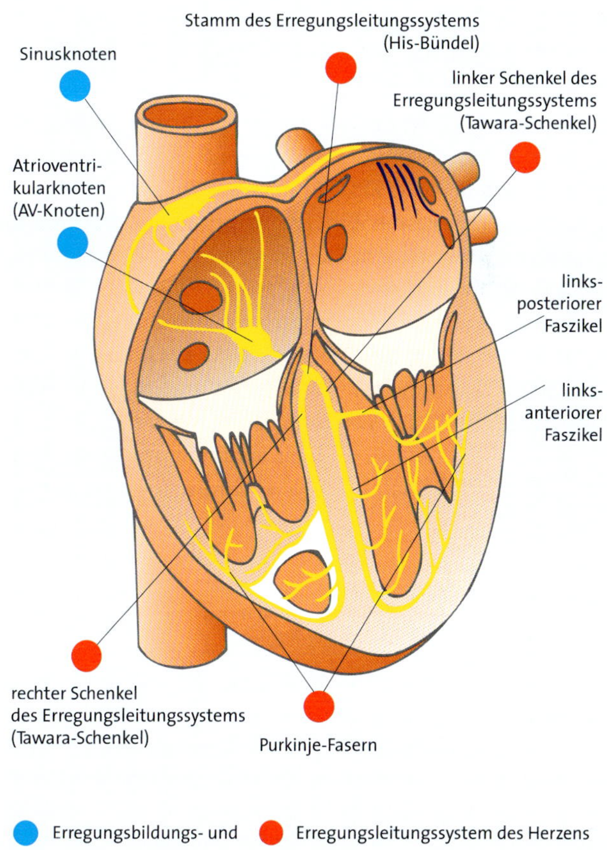

ABB. 15 ▶ Erregungsbildungs- und Erregungsleitungssystem des Herzens

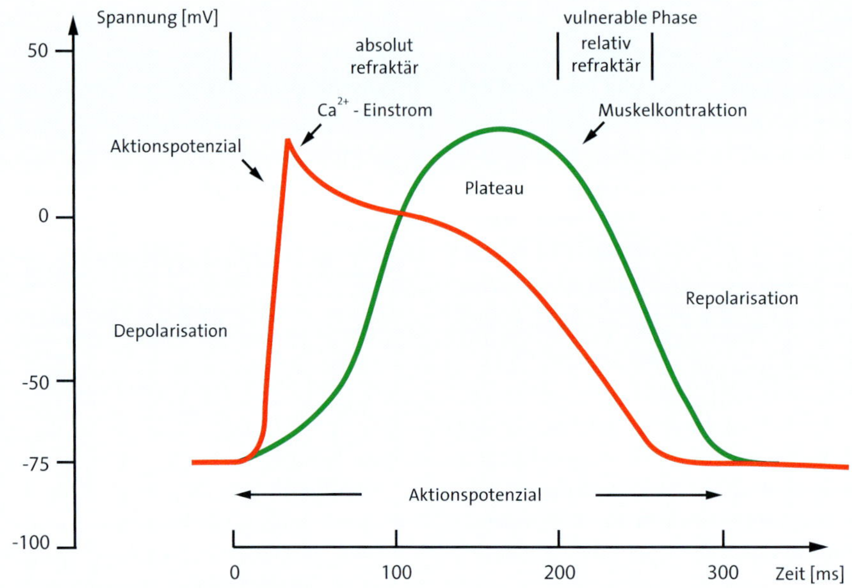

Abb. 16 ▶ Ablauf des Aktionspotenzials des Myokards

kann über Veränderung der Herzfrequenz, der Kontraktionskraft, der Geschwindigkeit der Erregungsweiterleitung, der Erregbarkeit oder der Entspannung gesteuert werden.

Der Sympathikus bewirkt eine Steigerung der Herzleistung über Adrenalin und Noradrenalin, die als Neurotransmitter über die *Nervi cardiaci* oder als Hormone über die Blutbahn geleitet werden und an den β_1-Adrenorezeptoren des Herzens andocken. Ihr Wirkmechanismus besteht hauptsächlich in einer Permeabilitätszunahme der Zellwände für K^+ und einem schnelleren Ca^{2+}-Einstrom (positiv chronotrop, inotrop und dromotrop).

Der Parasympathikus bewirkt eine Hemmung der Herzleistung über den Neurotransmitter Acetylcholin, der über den Nervus vagus und seine Äste geleitet wird. Der Wirkmechanismus besteht im Wesentlichen in der Verlangsamung der Sinusknotenimpulse und der Verlängerung der Überleitungszeit am AV-Knoten (negativ chronotrop und dromotrop).

Tab. 7 ▶ Beeinflussung des Herzens

Chronotropie	Beeinflussung der Schlagfrequenz des Herzens
Inotropie	Beeinflussung der Kontraktionskraft des Herzens
Dromotropie	Beeinflussung der Erregungsleitungsgeschwindigkeit des Herzens
Bathmotropie	Beeinflussung der Reizschwelle und damit der Erregbarkeit des Herzens
Lusitropie	Beeinflussung der Entspannung des Herzens

4.2.8.1 *Chronotropie*

Die Beeinflussung der Schlagfrequenz des Herzens wird als Chronotropie bezeichnet. Positiv chronotrop, also die Schlagfrequenz steigernd, wirken sympathikotone Zustände oder Fieber (pro 1° Fieber 10 Herzschläge mehr), negativ chronotrop, also die Schlagfrequenz senkend, wirken hingegen parasympathikotone Zustände, Kälte und diverse Medikamente wie beispielsweise β-(Rezeptoren-)Blocker oder Digitalis.

4.2.8.2 *Inotropie*

Hierunter versteht man die Beeinflussung der Kontraktionskraft des Herzens. Positiv inotrop – sodass es zu einer Steigerung der Kontraktionskraft kommt – wirken Kälte, Herzglykoside wie Digitalis, Schilddrüsenhormone, Atropin oder die Katecholamine Adrenalin und Noradrenalin (Sympathikus); negativ inotrop – sodass eine Senkung der Kontraktionskraft erfolgt – wirken β-Blocker, Kalziumantagonisten, Fieber, Hypokalzämie, Hyperkaliämie, viele Antiarrhythmika, Barbiturate oder Morphin.

4.2.8.3 *Dromotropie*

Die Beeinflussung der Erregungsleitungsgeschwindigkeit des Herzens wird Dromotropie genannt. Positiv dromotrop, also die Erregungsleitungsgeschwindigkeit steigernd, wirken Sympathikus oder Sympathikomimetika: Medikamente, die die Wirkung des Sympathikus nachahmen. Negativ dromotrop, also die Erregungsleitungsgeschwindigkeit hemmend, wirken dagegen Parasympathikus, Digitalis, β-Blocker, Kälte oder Hyperkaliämie.

4.2.8.4 *Bathmotropie*

Hierunter versteht man die Beeinflussung der Reizschwelle und damit der Erregbarkeit des Herzens. Positiv bathmotrop wirkt Digitalis: durch Senkung der Reizschwelle und Erhöhung der Erregbarkeit; negativ bathmotrop wirken β-Blocker: durch Erhöhung der Reizschwelle und Senkung der Erregbarkeit.

4.2.8.5 *Lusitropie*

Dieser Begriff bezeichnet die Beeinflussung der Herzmuskulatur, sich schneller zu entspannen. Positiv lusitrop, also eine schnellere Entspannung bewirkend, sind Adrenalin und Noradrenalin. Eine höhere Kalziumkonzentration in den Herzmuskelzellen wirkt sich negativ auf die Relaxationsgeschwindigkeit aus, was als negativ lusitrop bezeichnet wird.

4.2.9 Einfluss der Elektrolyte

Die Elektrolyte Kalium und Kalzium haben eine besondere Bedeutung für das Herz. Bei herzkranken Patienten ist es daher wichtig, den Elektrolytspiegel regelmäßig zu kontrollieren, zumal auch Herzmedikamente den Kaliumspiegel beeinflussen.

4.2.9.1 *Kalzium*

Dieses Elektrolyt wirkt auf die Kontraktionskraft des Herzens. Es strömt während des Aktionspotenzials in die Herzmuskelzelle und bewirkt, dass sich die Aktinfilamente – über eine Bindung an Troponin – an die Myosinfilamente anlagern. Nach ATP-Spaltung mit Magnesium als Katalysator gleiten die Filamente ineinander, der Muskel kontrahiert. Daher beeinflusst die intrazelluläre Ca^{2+}-Konzentration die Kontraktionsstärke des Myokards, wirkt also positiv inotrop. Der Kalziumeinstrom wird u.a. durch β_1-Rezeptoren gesteuert. Eine Stimulation erfolgt beispielsweise durch den Sympathikus, während eine Hemmung etwa durch β-Blocker erzielt werden kann. Ferner können die Kalziumkanäle in der Zellmembran pharmakologisch gehemmt werden, beispielsweise durch Kalziumkanalblocker (z.B. Verapamil).

Eine *Hyperkalzämie*, ein erhöhter Kalziumgehalt im Blut, führt zur Verkürzung des Aktionspotenzials, es kommt zu *Herzrhythmusstörungen*. Eine *Hypokalzämie*, ein verminderter Kalziumgehalt im Blut, führt zur verlangsamten Schlagfrequenz, der Bradykardie, mit verminderter Kontraktionskraft; sie wirkt also negativ inotrop. Die QT-Zeit im EKG, d.h. die gesamte intraventrikuläre Erregungsdauer, ist verlängert. Im Extremfall kann es zur Herzinsuffizienz und zur *Asystolie* kommen: dem Herzstillstand mit Nulllinie im EKG.

4.2.9.2 *Kalium*

Kalium ist wichtig für die Weiterleitung von Nervenimpulsen und damit auch für die Erregungsleitung im Herzen. Bei einer *Hyperkaliämie*, einem Kaliumüberschuss im Blut, nimmt die Reizleitungsgeschwindigkeit ab (negativ dromotrop), dies lässt sich im EKG an einer Verbreiterung des QRS-Komplexes und somit der Dauer der Kammererregung erkennen. Durch die gleichzeitige Inaktivierung der Na^+-Kanäle sinkt die Ca^{2+}-Konzentration in der Zelle ab, dies kann im Extremfall zum Herzstillstand führen. Eine *Hypokaliämie*, Kaliummangel im Blut, führt zu Herzrhythmusstörungen, im Extremfall zum Kammerflimmern.

4.2.10 Aktionsphasen des Herzens

Um das Blut zu transportieren, muss sich das Herz zusammenziehen. Die Kontraktion verkleinert ruckartig den Innenraum der Herzhöhlen, das Blut wird ausgeworfen. Die Kontraktionsphase der Herzhöhlen, Atrium und Ventrikel, bezeichnet man als *Systole*, die Erschlaffungsphase der Herzhöhlen ist die *Diastole*. Nachfolgend werden Systole und Diastole von den Kammern ausgehend beschrieben.

4.2.10.1 *Systole*

Die Kammersystole lässt sich in eine Anspannungs- und eine Austreibungsphase einteilen. Zu Beginn der Anspannungsphase sind die Kammern mit Blut gefüllt. Das Kammermyokard kontrahiert und der Druck in den Kammern übersteigt den Druck in den Vorhöfen. Die Segelklappen – Trikuspidal- und Mitralklappe – spannen sich unter dem Druck auf wie ein Segel im Wind und verschließen die Vorhöfe. Dies entspricht dem ersten dumpfen Herzton, dem *Anspannungston*. In der anschließenden Austreibungsphase übersteigt der Druck in den Kammern den Druck in der Aorta bzw. der Pulmonalarterie. Dadurch werden die Taschenklappen – Aortenklappe und Pulmonalklappe – aufgestoßen und das Blut, ca. 70 ml in Ruhe, in die Aorta bzw. die Pulmonalarterie ausgeworfen. Dabei entleert sich die Kammer nie vollständig. Nun

TAB. 8 ▶ Klappenaktivität

Aktionsphase		Segelklappen	Taschenklappen
Systole	Anspannungsphase	geschlossen	geschlossen
	Austreibungsphase	geschlossen	offen
Diastole	Erschlaffungsphase	geschlossen	geschlossen
	Füllungsphase	offen	geschlossen

steigt der Druck in den Gefäßen bis zum höchsten Wert, dem systolischen Druck, während der Kammerdruck sinkt. Durch den Gegendruck schließen sich die halbmondförmigen Taschenklappen wieder, der zweite helle und kurze Herzton ist als *Klappenschlusston* hörbar. Die Kammersystole führt durch die Kontraktion der Kammermuskulatur zu einem Tiefertreten der Ventilebene (Abb. 10). Dadurch entsteht ein leichter Unterdruck und das Blut wird aus den Gefäßen in die Vorhöfe gesaugt; man nennt ihn den Saug-Druck-Mechanismus des Herzens. Am Ende der Systole sind die Vorhöfe bereits gefüllt.

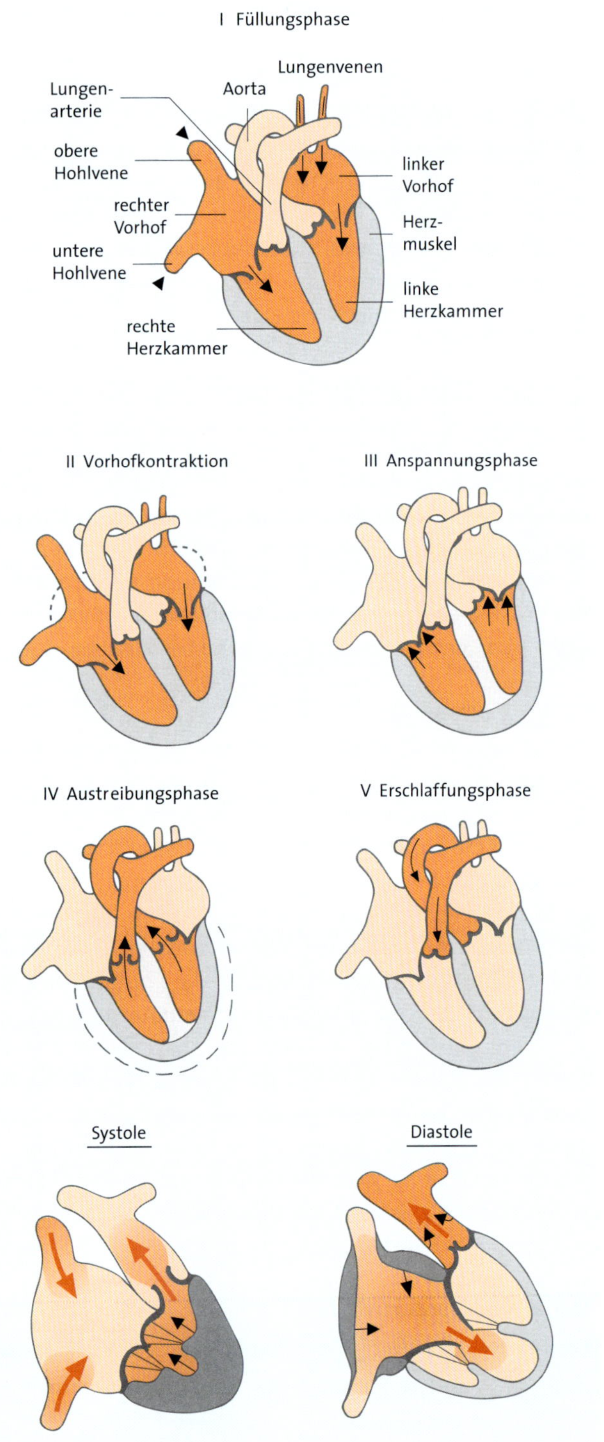

Abb. 17 ▶ Die Tätigkeitsphasen des Herzens während einer Herzaktion

4.2.10.2 *Diastole*

Die anschließende Kammerdiastole lässt sich in eine Erschlaffungsphase und eine Füllungsphase einteilen. Zunächst erschlafft das Kammermyokard und der Kammerdruck sinkt unter Vorhofdruck. Dadurch öffnen sich Mitral- und Trikuspidalklappe, die nun nicht mehr unter Spannung stehen, und das Blut kann in die Kammern strömen. Die Kammerfüllung wird durch zwei Effekte erreicht. Zum einen erfolgt im Rahmen der Vorhofsystole eine Vorhofkontraktion, die aber durch die relativ muskelschwachen Vorhöfe nur etwa 20 % der Kammerfüllung bewirken. Der Haupteffekt wird durch das Aufsteigen (bzw. Zurücksteigen) der Ventilebene erzielt, was mit der Erschlaffung des Kammermyokards einhergeht.

Es kann vorkommen, dass das Herz durch plötzliche Druck- oder Volumenbelastung weniger Blut als vorgesehen auswirft. Daher muss es bei der nächsten Aktion mehr Blut auswerfen. Diese Selbstregulation des Schlagvolumens bezeichnet man als *Frank-Starling-Mechanismus*. Wenn am Ende einer Diastole mehr Blut in der Kammer ist, registriert das Myokard den vermehrten Druck und erhöht seine Vorspannung. Dadurch wird bei der nächsten Aktion mehr Blut ausgeworfen und das System ist wieder im Gleichgewicht. Hierbei erfolgt keine Änderung der Kontraktilität, also keine Änderung der Inotropie. Vergleichbar ist dieser Mechanismus mit dem Bogenschießen: Je stärker man die Bogensehne vorspannt, desto weiter fliegt der Pfeil. Er funktioniert jedoch nur, solange die Herzmuskelfasern nicht durch chronische Belastungen überdehnt sind.

4.2.11 Wichtige klinische Größen

4.2.11.1 *Herzfrequenz*

Die Anzahl der Herzschläge pro Minute wird als Herzfrequenz bezeichnet. Beim Erwachsenen beträgt sie in Ruhe 60 bis 80 Schläge pro Minute. Sie ist abhängig von Alter, Geschlecht, Trainingszustand – Sportler haben einen niedrigeren Ruhepuls –, dem Sauerstoffbedarf der Muskulatur, der Körpertemperatur und dem Bewusstseinszustand: Im Schlaf sinkt der Puls ab. Sinkt die Herzfrequenz in Ruhe unter 60 Schläge/min, bezeichnet man dies als Bradykardie, bei einem Anstieg von mehr als 100 Schlägen/min spricht man von einer Tachykardie.

4.2.11.2 *Schlagvolumen*

So bezeichnet man die Blutmenge, die bei der Systole aus jeder Herzkammer ausgeworfen wird. Beim Erwachsenen beträgt sie in Ruhe etwa 70 ml. Es ist von den gleichen Faktoren abhängig wie die Herzfrequenz, wobei Fieber das Schlagvolumen senkt, weil es negativ inotrop wirkt.

4.2.11.3 *Herzminutenvolumen*

Das Herzminutenvolumen (HMV) ist die in einer Minute vom Herzen ausgeworfene Blutmenge. Es wird aus dem Schlagvolumen (SV) und der Herzfrequenz pro Minute (HF) ermittelt.

HMV = SV □HF

Beim gesunden, ruhenden Menschen beträgt das HMV 4,5 – 5 l/min. Bei extremen Leistungen können es trainierte Menschen bis zu 30 l/min steigern. Das HMV beider Kammern ist im Normalfall gleich groß, da der Kreislauf ein geschlossenes Zirkulationssystem ist und es keine Staus geben darf.

4.2.11.4 *Vorlast (Preload)*

Die Vorlast ist die mechanische Belastung des Herzens *vor* dem Auswerfen. Sie ist abhängig von der Blutmenge in den Kammern, dem Füllungsdruck. Dieser beeinflusst den Dehnungszustand, vereinfacht: die Länge der Herzmuskelfasern unmittelbar vor Beginn der Kammerkontraktion. Eine pathologische Vorlast kann beispielsweise im linken Herzen entstehen, wenn die Aortenklappe nicht mehr richtig schließt und nach dem Auswerfen Blut in die Kammer zurückströmt.

4.2.11.5 *Nachlast (Afterload)*

Die Nachlast bezeichnet Hindernisse, die *nach* dem Herzen liegen, den sogenannten Auswurfwiderstand. Es ist der Widerstand, den die Herzmuskulatur mit ihrer Wandspannung bei der Entleerung der Kammern überwinden muss. Eine pathologische Nachlast kann zum Beispiel für das linke Herz ein verkalkter unelastischer Aortenbogen oder eine verengte oder stenosierte Aortenklappe sein.

5 Atmungssystem

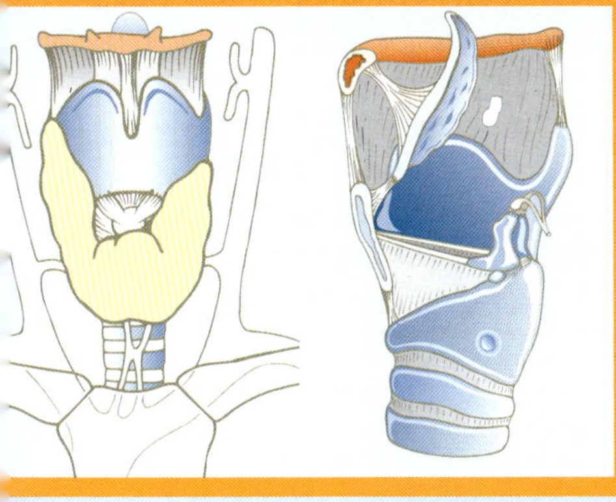

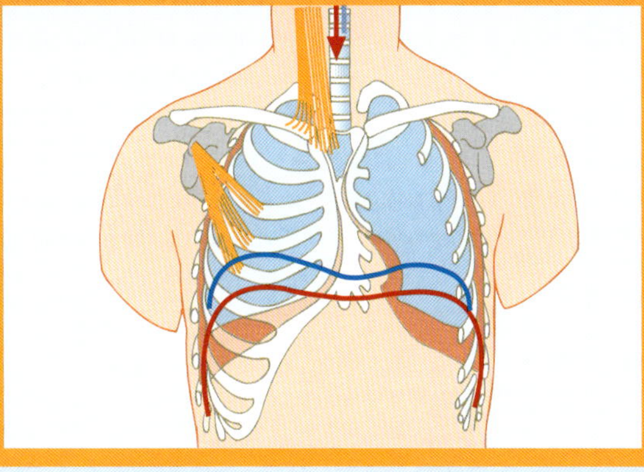

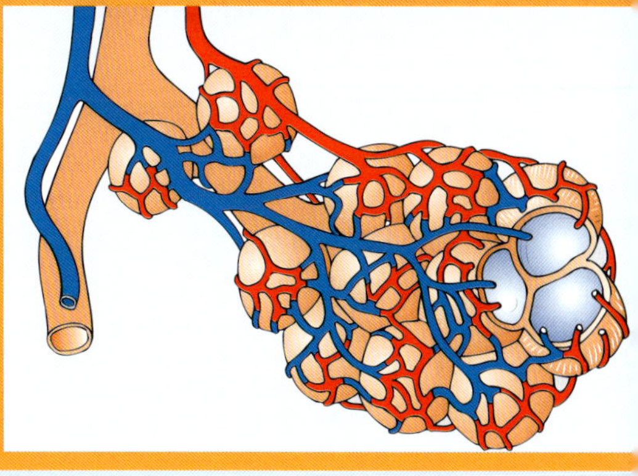

Inhalt:

5.1	Gas leitende Anteile	88
5.2	Gas austauschende Anteile	92
5.3	Lunge	93
5.4	Mechanik der Atmung	94
5.5	Physiologie der Atmung	97

5.1 Gas leitende Anteile

Die Versorgung der Zellen mit Sauerstoff (O_2) und der Abtransport von Kohlendioxid (CO_2) werden im Körper durch zwei integrierte Funktionssysteme sichergestellt: das kardiovaskuläre System, den Herzkreislauf, und das respiratorische System, die Atmung. Während das Blut die Atemgase hin- und hertransportiert, sorgt das Atmungssystem für den Austausch.

> Das respiratorische System dient dem Gasaustausch (vor allem O_2 und CO_2) zwischen Blut und Umgebung. Dies wird »äußere Atmung« genannt.

Das hierfür benötigte Organ ist die Lunge, der Ort des Austausches sind die Lungenbläschen oder *Alveolen*, die *Gas austauschenden Anteile* des Atmungssystems. Damit die Luft an die Alveolen gelangen kann, hat der Körper Transportwege geschaffen, die *Gas leitenden Anteile* des Atmungssystems. Man unterscheidet den oberen und den unteren Respirationstrakt (Tab. 1).

5.1.1 Nase und Nasenhöhle

Die Nase setzt sich aus zwei *Nasenhöhlen* zusammen, die durch die zuerst knorpelige, dann knöcherne Nasenscheidewand getrennt sind. Die Nasenhöhlen werden seitlich begrenzt durch drei Nasenmuscheln, sogenannte Choanen, die den oberen, den mittleren und den unteren Nasengang bilden. Letzterer stellt die Verbindung zum Rachen dar. Darüber hinaus stehen die Nasenhöhlen mit den *Nasennebenhöhlen* (Sinus paranasales) durch feine Gänge in Verbindung. Die Nasennebenhöhlen sind mit Schleimhaut ausgekleidete Knochenhöhlen, die der Verringerung des Schädelgewichts dienen und einen zusätzlichen Resonanzraum für Klang und

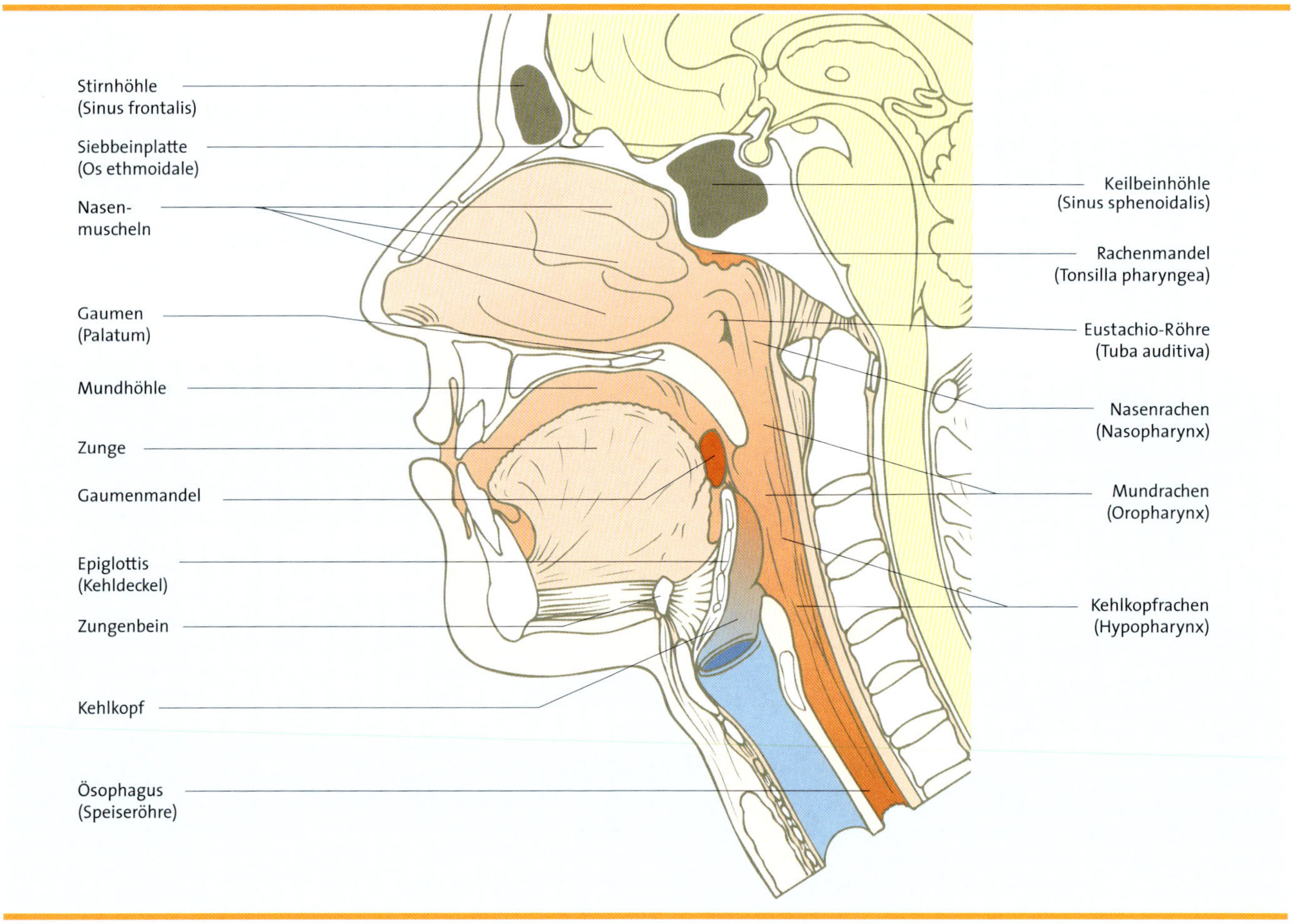

Abb. 1 ▶ Respirationstrakt

Sprache bilden. Hierzu zählen – jeweils paarig angelegt – Kieferhöhle (Sinus maxillaris), Stirnhöhle (Sinus frontalis), Keilbeinhöhle (Sinus sphenoidalis) und die Siebbeinzellen (Cellulae ethmoidales).

Wichtige Aufgaben der Nasenhöhle sind die Anwärmung, Vorreinigung und Befeuchtung der Atemluft. Die *Nasenschleimhaut* besteht aus mehrreihigem Flimmerepithel mit Flimmerhärchen, die sich rhythmisch bewegen und eingedrungene (Schmutz-)Partikel in Richtung Rachen abtransportieren oder als Borke verdichten. Dazwischen eingelagerte Becherzellen feuchten die Luft an und schleimen eingedrungene Partikel ein. Ein dichtes, feines Blutgefäßnetz dient der Anwärmung. Je kälter die Außenluft, desto stärker ist die Durchblutung.

Unter dem Dach der Nasenhöhle liegt das *Riechorgan*. Es besteht aus Schleimhaut mit Riechzellen, den Zellkörpern des Riechnervs (N. olfactorius). Sie vereinigen sich zur Riechbahn und ziehen zum limbischen System im Gehirn. Dort wird der Geruch chemisch geprüft, klassifiziert und löst Empfindungen aus. Die Riechschleimhaut beeinflusst auch den Geschmackssinn. Wenn sie durch Schleim bei starker Erkältung blockiert ist, schmeckt man nichts mehr.

5.1.2 Pharynx (Rachen)

Der Rachen ist ein Muskelschlauch, der sich von der Schädelbasis bis zur *Trachea* (Luftröhre) erstreckt (Abb. 3). Am Ende teilt er sich in Trachea und *Ösophagus* (Speiseröhre), der Kreuzung von Luft- und Speiseweg (zum Aufbau des Rachens s. 6.3).

5.1.3 Larynx (Kehlkopf)

Der Larynx ist ein röhrenförmiges Knorpelgerüst, das sich vom Zungengrund bis zur Trachea erstreckt (Abb. 4). Er ist ein kleiner, aber äußerst kompliziert aufgebauter Abschnitt des Gas leitenden Systems und besteht aus neun Knorpelanteilen, die durch Bänder und Sehnen fixiert sind. Die wichtigsten Anteile sind der Schildknorpel, der Ringknorpel, der *Kehldeckel* (Epiglottis) und die Stimmbänder. Der Larynx kann mit seiner Epiglottis die Trachea verschließen. Somit wird verhindert, dass Flüssigkeiten und Nahrungsbestandteile über die Trachea in die Lunge gelangen. Beim Schluckakt hebt sich der Schildknorpel, der Kehldeckel senkt sich auf die Trachea und verschließt sie. Beim Atmen dagegen steht der Kehldeckel offen und ermöglicht so den ungehinderten Fluss der Atemluft in die Lunge. Ferner ist der Kehlkopf das Hauptorgan der Stimmbildung und beim Husten am Druckaufbau beteiligt.

Der *Schildknorpel*, die Cartilago thyroidea, ist der größte Knorpel. Er ist dreieckig, von außen als Adamsapfel in der Mitte des Halses gut sichtbar und bei Männern stärker ausgeprägt als bei Frauen. Darunter liegt der *Ringknorpel*, der die Basis für die Stellknorpel bildet. Die *Stellknorpel* sind wichtig

Tab. 1 ▶ Einteilung der Atemwege

Oberer Respirationstrakt (obere Luftwege)	Unterer Respirationstrakt (untere Luftwege)
Nase	Trachea
Nasenhöhlen	Bronchien
Pharynx (Rachenraum)	Bronchiolen
Larynx (Kehlkopf)*	Alveolen

* Bildet Grenze zwischen oberen und unteren Luftwegen, wird z.T. auch den unteren Luftwegen zugeordnet.

Tab. 2 ▶ Aufgaben der Nasen- und Nasennebenhöhlen

Nasenhöhlen	Anwärmung, Vorreinigung und Befeuchtung der Atemluft
	Raum für das Riechorgan
	Resonanzraum für die Stimme
Nasennebenhöhlen	Verringerung des Schädelgewichts
	Resonanzraum für Klang und Sprache

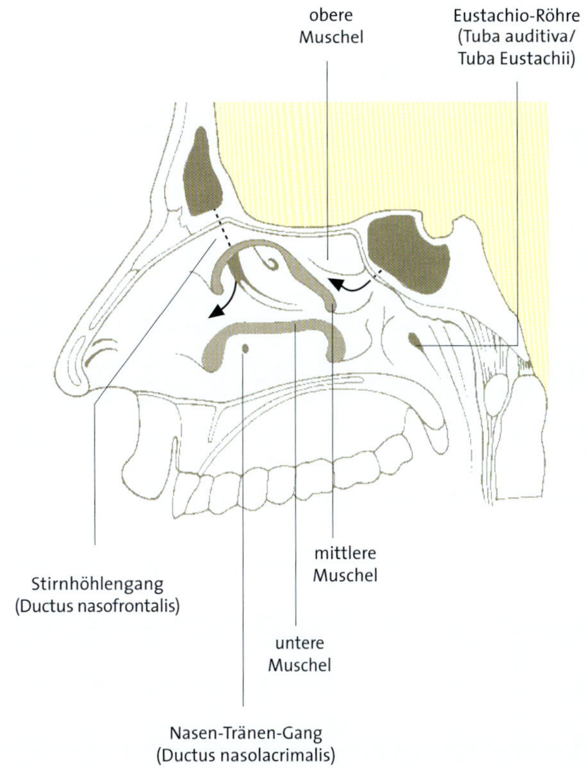

Abb. 2 ▶ Nase und Nasenhöhlen/Anatomie der inneren Nase

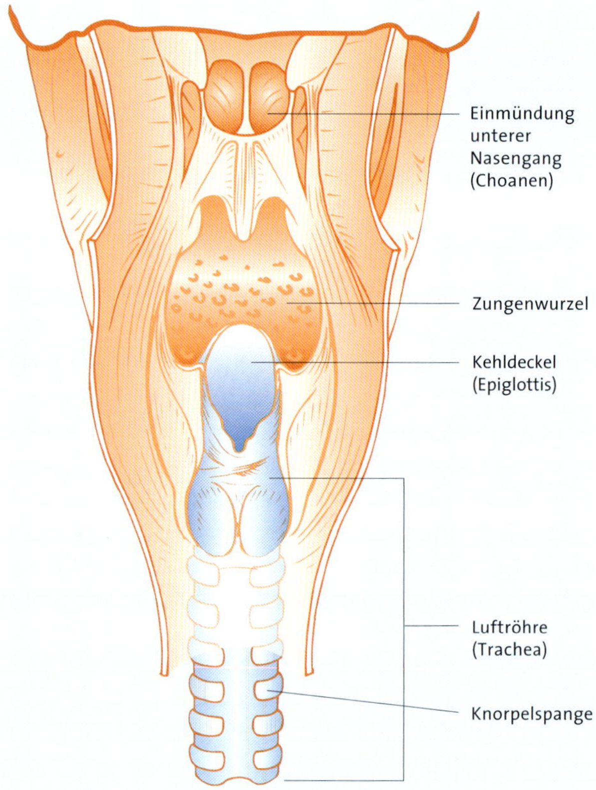

Abb. 3 ▶ Stukturen des Rachens von dorsal

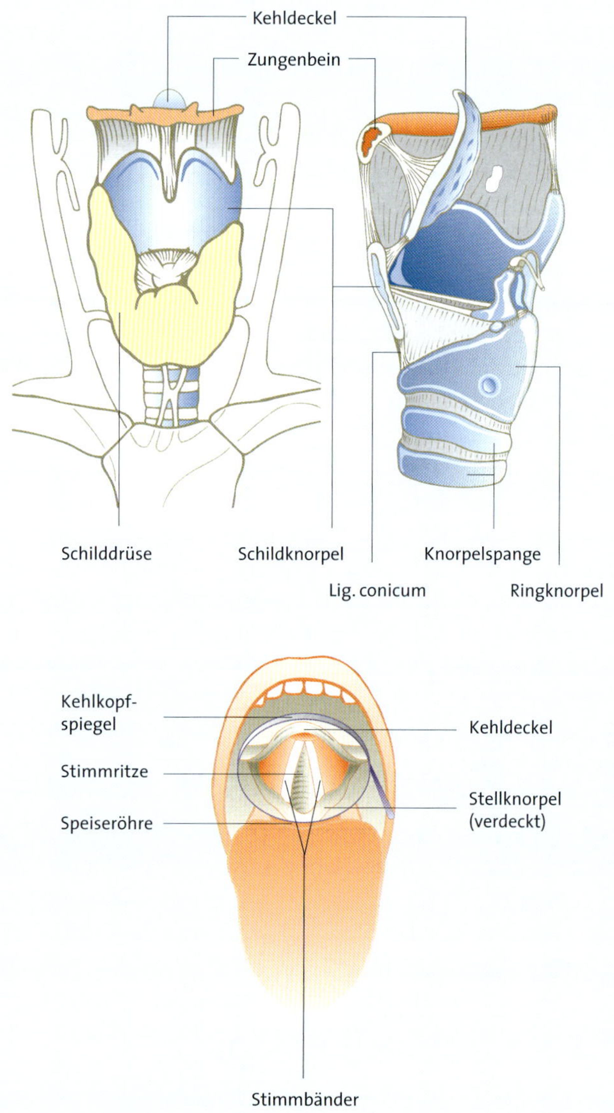

Abb. 4 ▶ Larynx (Kehlkopf)

für die Spannung und Stellung der Stimmbänder. Der Kehlkopf ist mit gut durchbluteter *Schleimhaut* ausgekleidet, die wie in der Nasenhöhle Flimmerepithel mit Schleim bildenden Becherzellen enthält. Ausnahme sind der Kehldeckel und die Stimmbänder, da durch Flimmerepithel deren Funktion beeinträchtigt würde.

Zwischen Schild- und Ringknorpel bildet die Schleimhaut zwei in das Innere ragende Faltenarten, die Stimmfalten (Plicae vocales) und die Taschenfalten (Plicae vestibulares). Die Taschenfalten, die oberhalb der Stimmfalten liegen, sind nicht an der Stimmbildung beteiligt; daher nennt man sie »falsche Stimmbänder«. Die »richtigen« *Stimmbänder* liegen innen in der Mitte des Kehlkopfes. Sie verlaufen von der Innenfläche des Schildknorpels entlang des Randes der Stimmfalten zu den Stellknorpeln. An den Stellknorpeln sind mehrere kleine Muskeln befestigt, die die Stimmbänder spannen und bewegen können. Sie werden durch den Nervus recurrens, einen Ast des Nervus vagus, innerviert. Die Stimmritze befindet sich zwischen den beiden Stimmbändern, ihre Öffnung ist abhängig von der Stellung der Stimmbänder.

Bei der *Stimmbildung* werden die Stimmbänder durch die aus der Trachea strömende Luft in Schwingungen versetzt. Je nach ihrer Spannung und Öffnung entstehen unterschiedliche Tonhöhen. Die Lautstärke wird vom Luftstrom, die Klangfarbe von Rachen-, Mund- und Nasenhöhle bestimmt. Beim *Husten* wird durch eine Verengung der Stimmritze Druck aufgebaut, und durch schlagartiges Öffnen kann der Auswurf, Sputum genannt, herausgeschleudert werden.

Tab. 3 ▶ Anteile und Funktionen des Larynx

Wesentliche Anteile	Funktionen
– Schildknorpel – Ringknorpel – Epiglottis (Kehlkopfdeckel) – Stimmbänder	– Verschluss der Trachea beim Schluckakt – Druckaufbau beim Husten – Stimmbildung

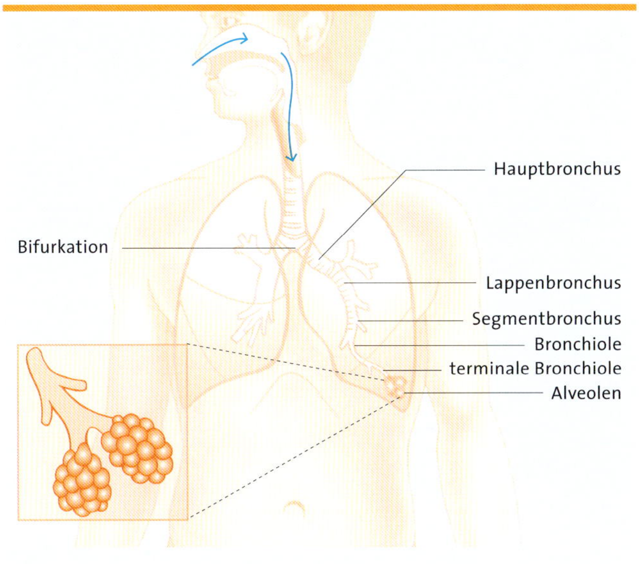

Abb. 5 ▶ Verzweigungen des Bronchialsystems

Als *Laryngoskopie* bezeichnet man die Untersuchung des Kehlkopfes. Sie erfolgt zur Beweglichkeitsprüfung und zur Beurteilung entzündlicher oder tumoröser Veränderungen der Stimmbänder.

Bei Schwellung dieses Bindegewebes durch Histaminausschüttung im Rahmen von Entzündungen oder allergischen Reaktionen kann es zum *Larynxödem* (Kehlkopfödem) kommen, weil unter der Schleimhaut des Kehlkopfes gefäßreiches lockeres Bindegewebe liegt. Durch die Schwellung besteht Erstickungsgefahr. Um den für die Luftpassage sehr schmalen Raum offen zu halten, kann eine Intubation, also das Einführen eines Schlauches über Mund oder Nase in die Luftröhre, zur Sicherung der Atmung erforderlich werden.

Wird die Luftröhre von außen eröffnet, so unterscheidet man die Koniotomie von der Tracheotomie. *Koniotomie* ist ein Notfalleingriff, wenn Lebensgefahr durch Ersticken besteht und eine Intubation oder eine Tracheotomie unmöglich sind. Der Schnitt verläuft zwischen Schild- und Ringknorpel, wobei ein Band, das Ligamentum conicum, durchtrennt wird. Bei der *Tracheotomie* wird die Trachea unterhalb des Ringknorpels operativ eröffnet und eine Trachealkanüle eingebracht. Dieser Eingriff wird im Krankenhaus bei Langzeitintubation oder Langzeitbeatmung vorgenommen.

5.1.4 Trachea (Luftröhre)

Die Trachea beginnt unterhalb des Ringknorpels in Höhe des 6. bis 7. Halswirbelkörpers. Sie besteht aus einem ca. 11 cm langen, muskulösen Schlauch mit 16 – 20 hufeisenförmigen Spangen aus hyalinem Knorpel. Die Öffnung der Spangen liegt an der Speiseröhre, dem Ösophagus. Durch die Spangen wird die Trachea bei Unterdruck offen gehalten, der beim Einatmen (Inspiration) durch die Weitung des Brustkorbes entsteht. Zwischen den durch Bänder verbundenen Spangen liegt elastisches Bindegewebe. Dadurch ist die Trachea längs und quer elastisch. Die Längselastizität ist wichtig für den Schluckakt, weil der Kehlkopf nach oben steigt. Die Längs- und Querelastizität wird zum Beispiel zum Auswurf bei einem Hustenstoß benötigt. Die Muskulatur besteht aus glattem, also unwillkürlichem Muskelgewebe, die Innenauskleidung aus Flimmerepithel mit den Schleim bildenden Becherzellen.

Tab. 4 ▶ Aufgaben von Trachea, Bronchien und Bronchiolen

- Transport
- Anwärmung und Anfeuchtung
- Reinigung
  - Bindung von Fremdpartikeln an den Schleim
  - Abtransport durch Flimmerepithel in Richtung Larynx

5.1.5 Bronchien

Die Bronchien beginnen an der Bifurkation, der Aufspaltung der Trachea, die etwa in Höhe des 5. Brustwirbels liegt. Sie ziehen als linker und rechter Hauptbronchus in die Lungenflügel.

> Der rechte Hauptbronchus des Erwachsenen ist etwas weiter und verläuft steiler. Bei Fremdkörperaspiration bleibt der Gegenstand meist hier stecken.

Die Bronchien verzweigen sich 22-mal als sogenannter *Bronchialbaum* (Abb. 5), ehe die Atemluft die Alveolen erreicht. Im Verlauf werden sie immer dünnwandiger. Knorpelspangen gibt es nur in der Trachea. Die *Hauptbronchien* werden durch Knorpelringe offen gehalten. In den nachfolgenden *Lappen-* und *Segmentbronchien* werden die Knorpelringe durch Knorpelplatten ersetzt. Je kleiner die Bronchien werden, desto geringer wird ihr Knorpelanteil. Die *Bronchiolen* besitzen keine Knorpel mehr (Ø < 1 mm). Die Weite der Bronchien wird durch glatte Muskulatur reguliert. Impulse des Sympathikus bewirken über β_2-Rezeptoren eine Senkung des Tonus und damit eine Erweiterung der Bronchien, die *Bronchodilatation*, während der Parasympathikus die Engstellung, die *Bronchokonstriktion*, und eine vermehrte Schleimproduktion bewirkt. Am Ende gehen die kleinen Bronchien in die *Bronchioli respiratorii* über, mikroskopisch feine Ästchen, die in den Alveolargängen mit den Lungenbläschen, den Alveolen, enden. In diesen winzigsten »Luftkammern« findet der Gasaustausch statt.

5.2 Gas austauschende Anteile

5.2.1 Alveolen (Lungenbläschen)

Jeder Lungenflügel besitzt ca. 300 Millionen Alveolen, dies entspricht einer Oberfläche von ca. 100 Quadratmetern. Ihr Durchmesser beträgt bei der Inspiration 0,3 – 0,5 mm und bei der Exspiration 0,1 – 0,2 mm. Sie sind von einem elastischen Fasernetz und dem Kapillarnetz der jeweiligen A. pulmonalis umgeben.

Das Alveolarepithel besteht aus den Deckzellen und den Nischenzellen. Die *Alveolardeckzellen (Pneumozyten I)* machen etwa 40 % der Zellen aus und bilden 90 – 95 % der Alveolaroberfläche. Sie sind am Gasaustausch beteiligt, weil sie zusammen mit der epithelialen und der endothelialen Basalmembran und dem Kapillarendothel die Blut-Luft-Schranke bilden (vgl. 5.5.1). Die *Nischenzellen (Pneumozyten II)* sind mit 60 % Anteil vor allem für die Produktion des Surfactant zuständig. Ferner finden sich in den Alveolen große Fresszellen, die Alveolarmakrophagen.

Tab. 5 ▶ Funktionen des Surfactant

- Erleichterung der ersten Entfaltung der noch vollständig kollabierten (zusammengefallenen) Alveolen beim Neugeborenen
- Schutz- und Selbstreinigung des Bronchialsystems
- Verhinderung des exspiratorischen Kollapses von Alveolen und terminalen Bronchiolen durch Minderung der Oberflächenspannung
- Schutz der Alveolen vor Austrocknung
- Aktivierung von Alveolarmakrophagen
- Erleichterung der Phagozytose von Bakterien und Schmutzpartikeln

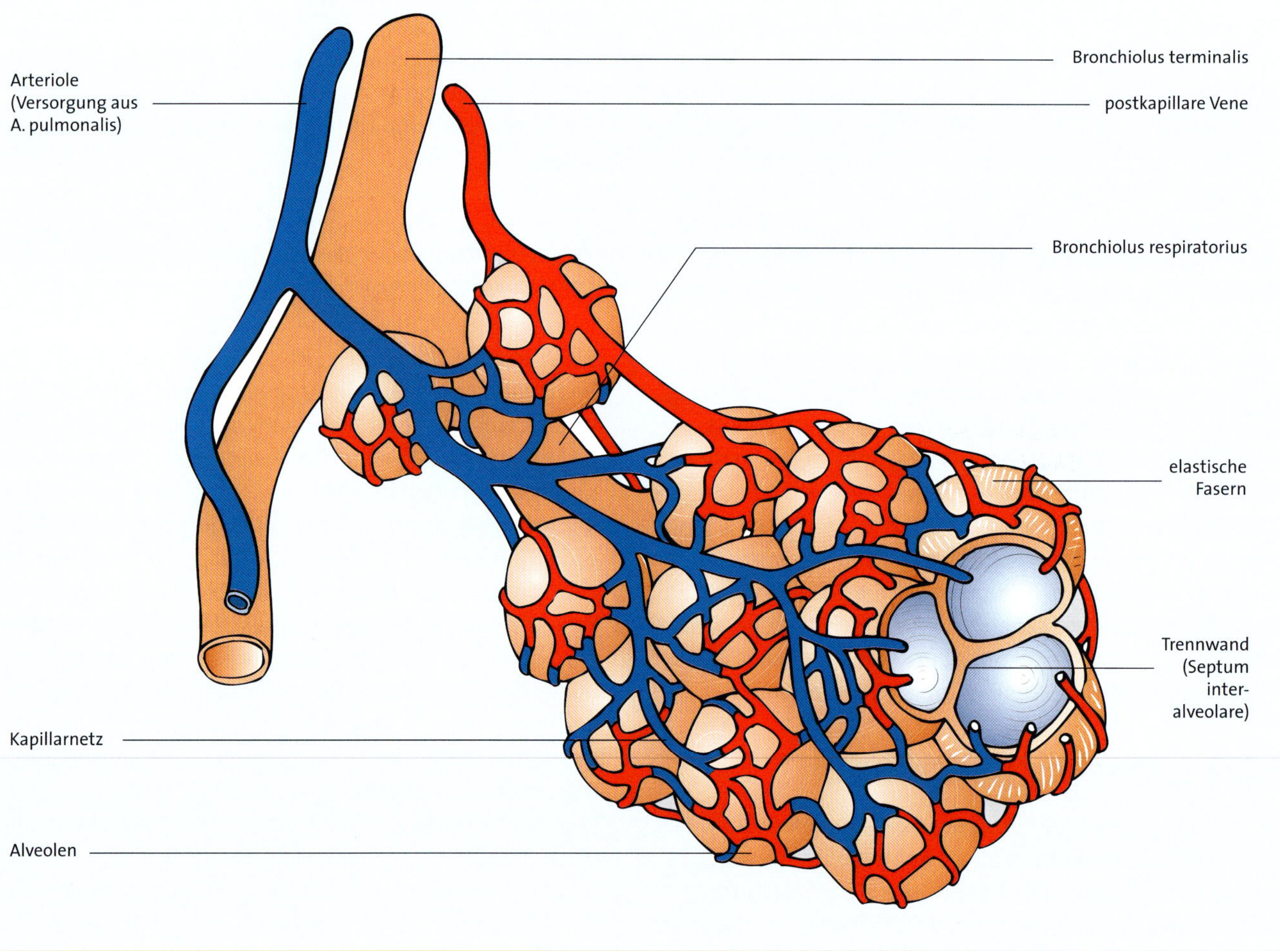

Abb. 6 ▶ Alveolär-kapillare Einheit

Der *Surfactant* (engl.: »surface active agent«, deutsch: Antiatelektasefaktor) ist eine wichtige oberflächenaktive Substanz, die die Innenfläche der Alveolen auskleidet.

Alveolen sind zuständig für den Gasaustausch und die Bildung von Surfactant. Die Phagozytose von Fremdstoffen erfolgt durch Alveolarmakrophagen.

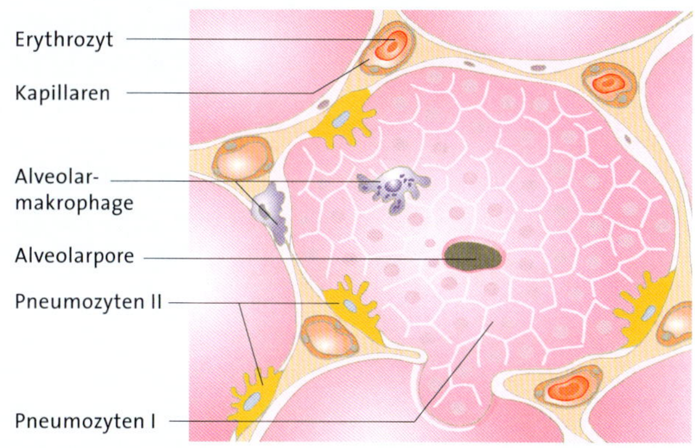

Abb. 7 ▶ Alveole

5.2.2 Lungenkapillaren

Die Alveolen sind von einem dichten Kapillarnetz umspannt (Abb. 6), den feinsten Ästen der Lungenarterien (Aa. pulmonales). Ihr Durchmesser beträgt nur 0,007 mm – schon ein Sandkorn würde genügen, um sie zu verstopfen. Die Durchblutung ist abhängig von der Ventilation, der Belüftung der Alveolen; im Durchschnitt fließen etwa 7000 l Blut täglich durch die Lunge. Die Erythrozyten nehmen Sauerstoff auf und Kohlendioxid wird abgegeben. Diesen Prozess bezeichnet man als *Arterialisierung* oder *Oxygenierung*. Danach fließt das Blut über die Lungenvenen und das linke Herz in den Körperkreislauf.

5.3 Lunge

5.3.1 Aufbau

Die Lunge liegt mit ihren beiden Lungenflügeln in der Brusthöhle und umschließt seitlich das Mediastinum. Nach außen ist sie geschützt durch die Rippen des Brustkorbs, Thorax genannt. Die Lungenbasis wird durch das *Zwerchfell* begrenzt, den Hauptatemmuskel. Dieses sogenannte Diaphragma zieht die Lunge bei der Inspiration, der Einatmung, nach kaudal. Die *Lungenspitze*, der Apex pulmonis, ragt geringfügig über die Clavicula, das Schlüsselbein. Dieser Bereich ist schlecht geschützt, daher können Verletzungen hier leicht zum Pneumothorax führen, dem Eindringen von Luft in den Pleuraspalt.

Die rechte Lunge besteht aus drei *Lungenlappen*, während die linke Lunge nur zwei Lappen aufweist und etwa 10 % kleiner ist. Dies ist durch die Raumforderung des Herzens bedingt, da es hier mit ca. zwei Dritteln seiner Größe hineinragt.

Lungensegmente sind bronchoarterielle Einheiten, die jeweils durch einen Segmentbronchus und eine Segmentarterie versorgt werden. Ihre Grenzen sind nicht sichtbar, sie dienen klinisch der präzisen Beschreibung der Lokalisation von pathologischen Veränderungen. Ferner lassen sie sich einzeln schonend entfernen, zum Beispiel bei Tumorbefall. Die rechte Lunge besteht aus zehn Segmenten (Nr. 1 – 10) und die linke Lunge aus neun (Nr. 7 fehlt).

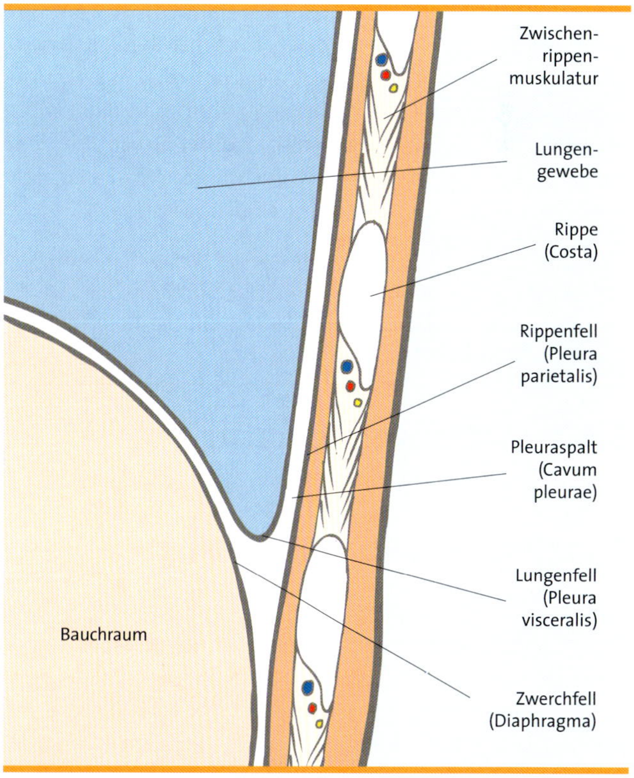

Abb. 8 ▶ Anatomie der Brustwand

Ein Hilus ist eine Vertiefung an der Oberfläche eines Organs, bei dem nur an dieser Stelle strangförmig die versorgenden Strukturen ein- bzw. austreten, zum Beispiel Gefäße oder Nerven. Am *Lungenhilus* befinden sich die Eintrittsstelle von Bronchialbaum, Lungenarterien, Lungenvenen, Lymphgefäßen und Nerven sowie der Umschlag der Pleurablätter.

5.3.2 Pleura (Brustfell)

Die Pleura besteht aus zwei hauchdünnen Häuten, die die Lungenflügel umgeben, dem *Rippenfell (Pleura parietalis)* und dem *Lungenfell (Pleura visceralis)*. Sie sind durch einen mit Flüssigkeit gefüllten Spalt getrennt. In diesem Spalt herrscht ein relativer Unterdruck; die beiden Häute haften aneinander, sind aber gegeneinander gleitend verschiebbar. Dies kann man vergleichen mit zwei aufeinander liegenden Glasplatten, zwischen denen sich etwas Flüssigkeit befindet. Die Kraft, die die Glasplatten und auch das Lungen- und das Brustfell aneinander haften lässt, wird Adhäsion genannt. Dadurch muss das elastische Lungengewebe der Atemmuskulatur folgen und sich zum Beispiel bei der Senkung des Zwerchfells im Rahmen der Einatmung ausdehnen. Bei einer Entzündung der Pleurablätter (Pleuritis) kommt es zu Beginn zu typischen Geräuschen durch das Aneinanderreiben der Pleurablätter.

Das *Lungenfell (Pleura visceralis)* liegt direkt den Lungenflügeln auf und enthält Gefäße zur Versorgung. Das *Rippenfell (Pleura parietalis)* kleidet Brustwand, Zwerchfell und Mediastinum aus und hat sensible, Schmerz leitende Nerven (Abb. 8).

Die Lunge ist bestrebt, ihr Volumen zu verkleinern. Dies ist bedingt durch ihre Eigenelastizität und die Oberflächenspannung der Alveolen, die sogenannte Retraktion der Lunge. Da sich die Flüssigkeit im Pleuraspalt nicht ausdehnen kann, entsteht ein Unterdruck (3 – 6 mmHg), und die Lunge bleibt an der Thoraxinnenfläche haften. Beim Eindringen von Luft in den Pleuraspalt (z.B. durch Stichverletzungen) kann der Unterdruck nicht mehr aufrechterhalten werden, der betroffene Lungenflügel kollabiert, und es entsteht ein *Pneumothorax*.

5.4 Mechanik der Atmung

Beim Atemvorgang erweitert sich zunächst der Brustraum, das Lungenvolumen vergrößert sich, und Luft wird in die Lungen eingesaugt. Diesen Vorgang nennt man Einatmung oder *Inspiration*. Danach verengt sich der Brustraum, das Lungenvolumen verkleinert sich und die Luft wird ausgestoßen. Man spricht von Ausatmung oder *Exspiration*.

> Für die Vorgänge der Atmung benötigt der Körper die Zusammenarbeit zwischen Lunge, Pleura, knöchernem Thorax und Atemmuskulatur.

5.4.1 Atemmuskulatur

5.4.1.1 *Zwerchfell (Diaphragma)*

Dieser Hauptatemmuskel ist kuppelförmig verspannt zwischen dem Sternum, den unteren sechs Rippen und der Lendenwirbelsäule (LWS). Seine Kontraktion bewirkt Inspiration, weil die Lunge nach kaudal gezogen wird. Das Zwerchfell trennt die Brusthöhle von der Bauchhöhle und hat drei große Durchtrittspforten für

- Aorta,
- Ösophagus und
- V. cava inferior.

Die Innervierung erfolgt über den Nervus phrenicus, der aus dem Halsnervengeflecht an der Wirbelsäule, dem Plexus cervicalis, hervorgeht. Durch Reizung des Nervus phrenicus entsteht »Schluckauf«.

5.4.1.2 *Zwischenrippenmuskeln*

Die *Interkostalmuskeln* sind für die Bewegungen des knöchernen Thorax zuständig. Bei der Inspiration erfolgt das Heben der Rippen, der Thorax wird vergrößert. Dies wird bewirkt durch Kontraktion der *äußeren Zwischenrippenmuskeln*, den *Mm. intercostales externi* (vgl. 11.3.3, Abb. 22). Ihr Ursprung ist der äußere Unterrand der 1. – 11. Rippe, ihr Ansatz ist nach schrägem Verlauf der äußere Oberrand der 2. – 12. Rippe.

Die Ausatmung ist normalerweise ein passiver Vorgang. Nur bei der aktiv verstärkten, also forcierten Exspiration werden die Rippen aneinander gezogen, der Thorax verkleinert sich. Dies wird ausgeführt von den *inneren Zwischenrippenmuskeln (Mm. intercostales interni)*. Ihr Ursprung ist der

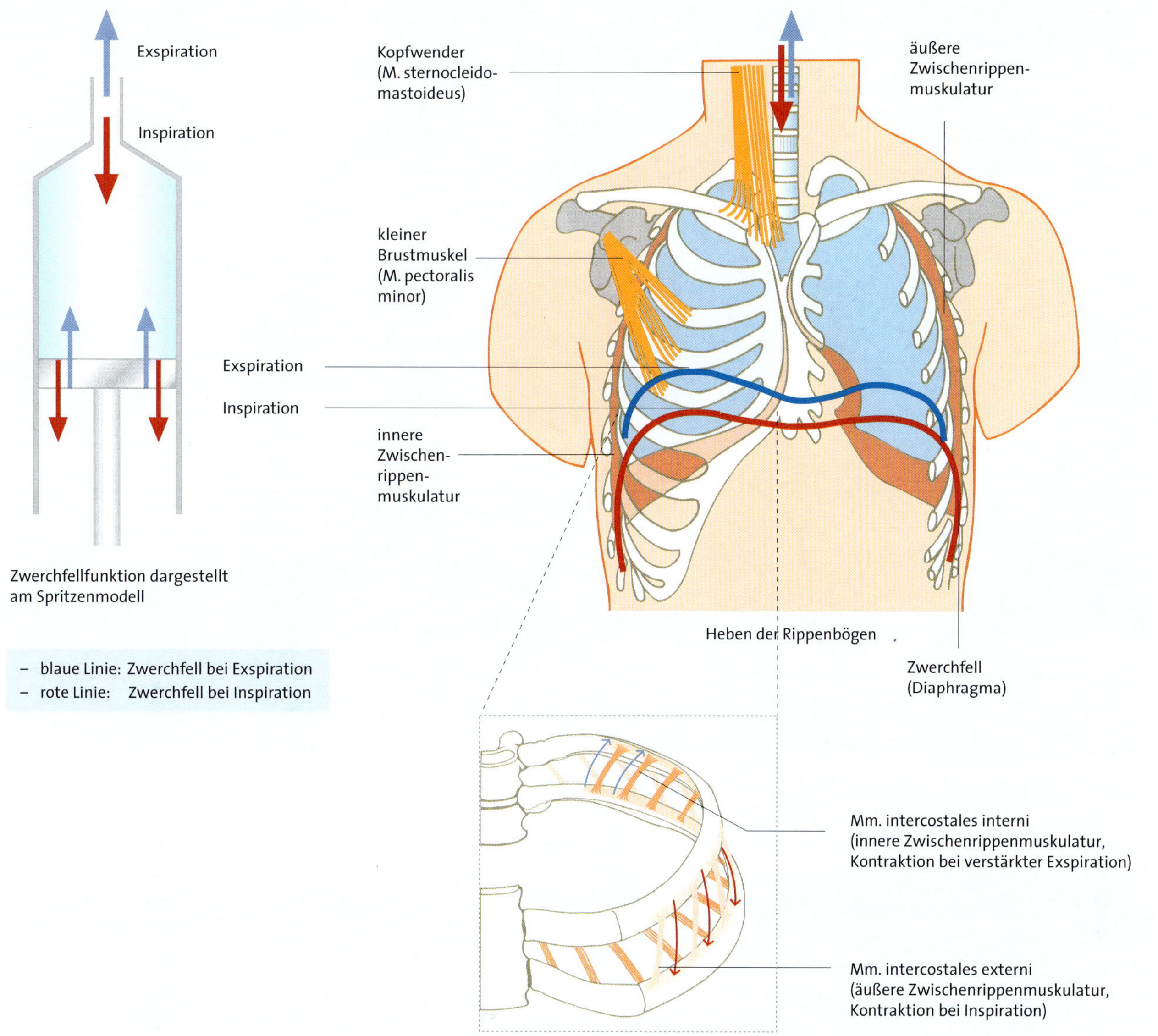

Abb. 9 ▶ Atemmuskulatur und Zwerchfellfunktion

innere Oberrand der 2. – 12. Rippe, ihr Ansatz der innere Unterrand der 1. – 11. Rippe.

5.4.1.3 *Atemhilfsmuskulatur*

Die Atemhilfsmuskulatur wird eingesetzt, wenn eine verstärkte Atemarbeit erforderlich ist. Hierzu zählen die Muskeln der Hals- und Brustmuskulatur zur Unterstützung der Inspiration sowie die Bauchmuskeln zur Unterstützung der Exspiration. Wichtige Muskeln sind der Kopfwender (M. sternocleidomastoideus), der große und kleine Brustmuskel (M. pectoralis major und minor), die Treppenmuskeln (Mm. scaleni) und die Sägemuskeln (Mm. serrati).

Bei pathologischen Belastungen, z.B. im Rahmen eines Lungenödems, nehmen die Patienten oft den »Kutschersitz« ein. Der vorgebeugte Oberkörper wird mit den Armen aufgestützt und so der Brustkorb mithilfe der Atemhilfsmuskulatur erweitert.

5.4.2 Inspiration

Bei der Inspiration kontrahiert der Hauptatemmuskel, das Zwerchfell. Die Zwerchfellkuppel senkt sich in Richtung Bauchraum und die Lunge muss wegen des Unterdrucks im Pleuraspalt und der Adhäsionskräfte nach kaudal folgen. Ferner ziehen sich die Mm. intercostales externi zusammen. Der

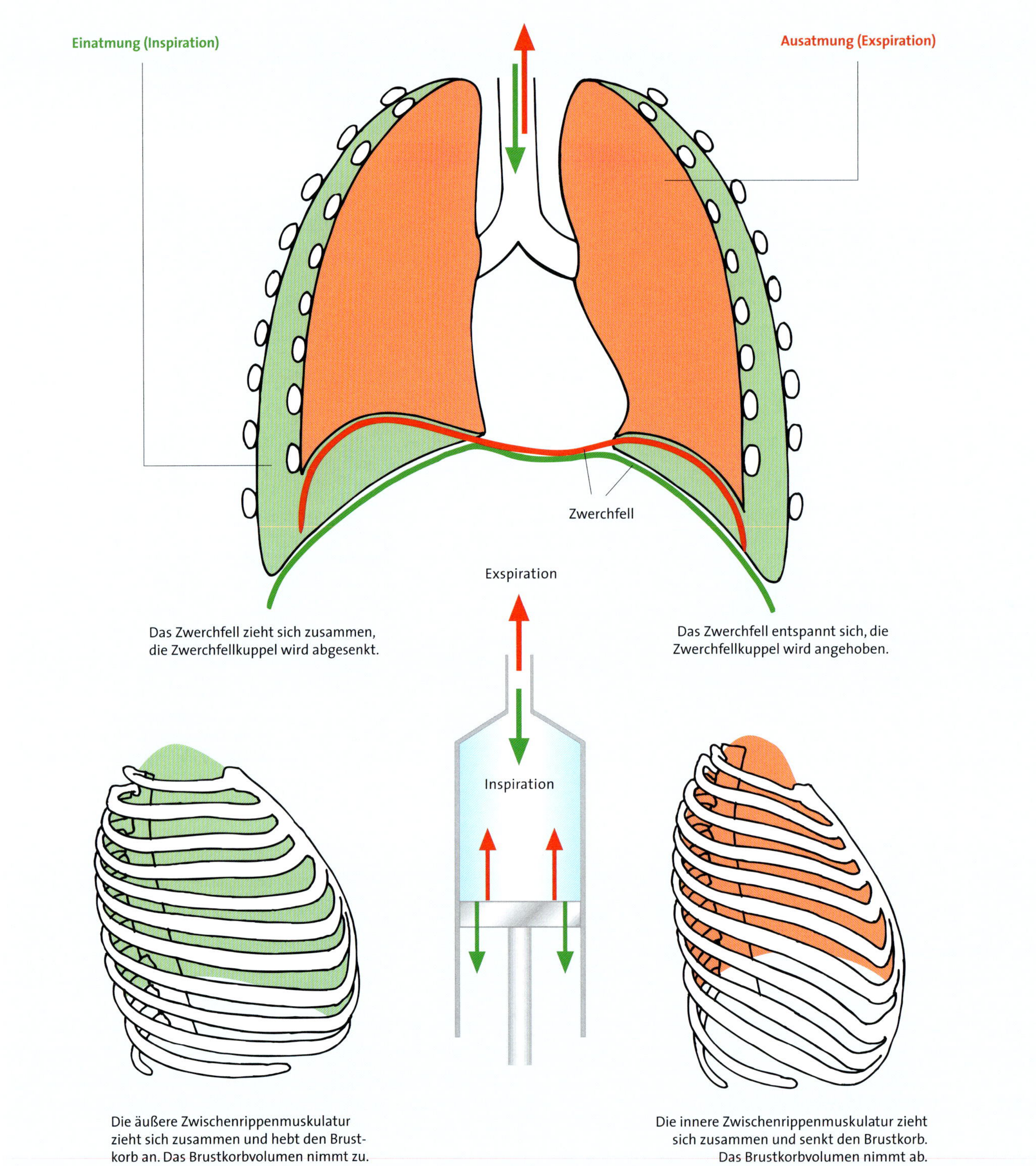

Abb. 10 ▶ Ein- und Ausatmung

Thorax wird angehoben und wegen der schräg gestellten Rippen erweitert. Die Atemhilfsmuskeln können zusätzlich den Thorax anheben. Jeder dieser drei Mechanismen bewirkt eine Vergrößerung des Lungenvolumens. Dadurch entsteht ein Unterdruck und die Außenluft wird in die Lungen eingesaugt.

5.4.3 Exspiration

Bei der Exspiration erschlafft das Zwerchfell und wird durch den Druck im Bauchraum, im Abdomen, nach kranial gedrückt bzw. durch die Adhäsion der Pleurablätter gezogen. Das Lungenvolumen verkleinert sich durch seine elastischen Rückstellkräfte. Der hierbei entstehende relative Überdruck drückt die Luft passiv nach außen. Bei forcierter Exspiration senken die Mm. intercostales interni den Thorax aktiv ab, es kann mehr Luft nach außen gedrückt werden.

Tab. 6 ▶ Atemmuskulatur

- Zwerchfell
- Interkostalmuskeln
  - Mm. intercostales externi
  - Mm. intercostales interni
- Atemhilfsmuskeln
  - Mm. pectorales major und minor
  - Mm. serrati
  - M. sternocleidomastoideus
  - Mm. scaleni
  - Bauchmuskulatur

5.5 Physiologie der Atmung

Für die optimale Sauerstoffversorgung des Organismus müssen fünf Prozesse fein aufeinander abgestimmt sein:

1. Ventilation: Belüftung der Lungenalveolen im Wechsel von Inspiration und Exspiration, gesteuert vom Atemzentrum
2. Perfusion: der Ventilation angepasste Durchblutung der Lungenkapillaren
3. Diffusion: O_2-Aufnahme und CO_2-Abgabe an den Alveolen – *äußere Atmung*
4. Konvektion: Gastransport im Blut zu bzw. von den Zellen
5. Diffusion: O_2-Aufnahme und CO_2-Abgabe an den Zellen – *innere Atmung*.

Unter *innerer Atmung* fasst man aber auch alle Stoffwechselprozesse zusammen, die der Energiegewinnung der Zelle dienen (Abb. 11). Dieser Prozess wird auch als *Zellatmung* bezeichnet und dient vor allem der Gewinnung des universellen Brennstoffes ATP. Die Effizienz der ATP-Synthese ist abhängig von der Zahl der Mitochondrien, der Brennstoffe

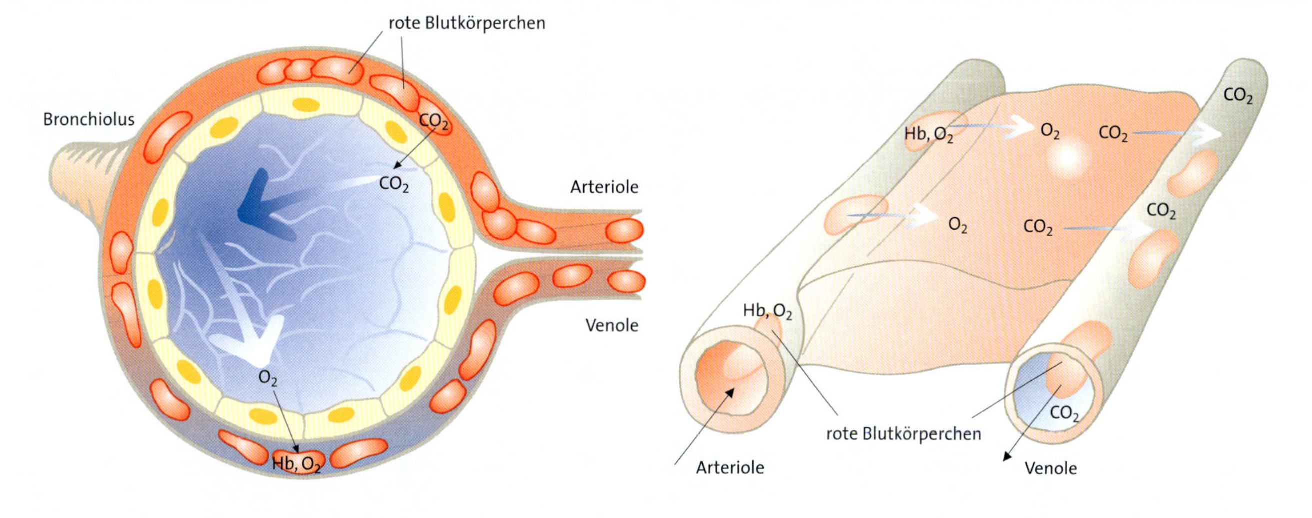

Abb. 11 ▶ Äußere und innere Atmung

Tab. 7 ▶ Rechenbeispiel für den Sauerstoffpartialdruck

Gesamtluftdruck in Meereshöhe	760 mmHg
Anteil von Sauerstoff (O_2) in der Luft	21 %
Sauerstoffpartialdruck (= pO_2)	21 % von 760 mmHg = 159 mmHg

Tab. 8 ▶ Zusammensetzung der Atemgase

Inspirationsluft	O_2	20,9 %	159 mmHg
	CO_2	0,03 %	0,23 mmHg
Alveolarluft	O_2	14,0 %	100 mmHg
	CO_2	5,6 %	40 mmHg
Exspirationsluft	O_2	16,0 %	114 mmHg
	CO_2	4,0 %	29 mmHg

(Glukose, Fette oder Eiweiße) und natürlich dem vorhandenen Sauerstoff.

5.5.1 Gasaustausch

Es handelt sich um einen passiven Prozess, der durch *Diffusion* erfolgt. Die Stoffe wandern vom Ort der höheren Konzentration zum Ort der niedrigeren Konzentration (vgl. 2.1.4.1). Ein effektiver Diffusionsprozess benötigt eine große Austauschfläche, einen kurzen Diffusionsweg, eine genügend lange Kontaktzeit und große Konzentrationsunterschiede in den Stoffen. All dies ist in der gesunden Lunge optimal erfüllt.

Der Gasaustausch erfolgt an den Alveolen per Diffusion über das Alveolarepithel, die Basalmembranen und das Kapillarendothel. Diese Trias bezeichnet man als *Blut-Luft-Schranke*, sie hat eine Dicke von ca. 1–2 µm (= 1–2 Tausendstelmillimeter).

Bestandteile der Blut-Luft-Schranke sind:
1. Alveolarepithel
2. Basalmembran
3. Kapillarendothel.

Die für die Diffusion notwendigen Konzentrationsunterschiede von Gasen (hier O_2 und CO_2) ergeben sich aus den jeweiligen Partialdrücken. Der *Partialdruck* ist der Druck, den das einzelne Gas in einem Gasgemisch erzeugt (Tab. 7).

Im Körper liegt der Sauerstoffpartialdruck etwas niedriger, er beträgt nur etwa 150 mmHg, weil die Einatemluft während ihrer Passage durch die Atemwege gut befeuchtet wird und daher noch der Wasserdampfdruck abgezogen werden muss. An den Alveolen sinkt der Partialdruck noch einmal, da sich die Einatemluft mit der Luft vor Ort vermischt, weil die Alveolen nie vollständig »leergeatmet« werden können.

5.5.1.1 *Zusammensetzung der Atemgase*

Sauerstoff und Kohlendioxid machen in veränderlichen Anteilen rund 21 % der Atemgase aus (Tab. 8). Der Rest besteht zu 79 % aus Stickstoff (N_2) und zu einem geringen Anteil aus Edelgasen.

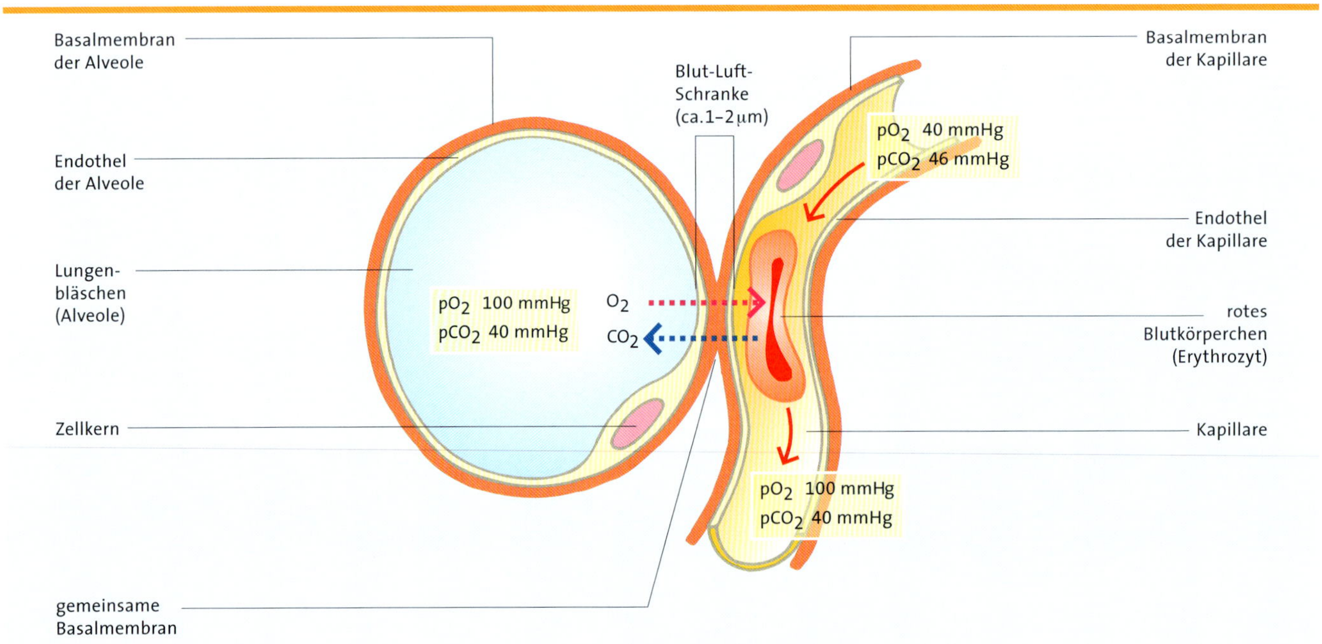

Abb. 12 ▶ Gasaustausch

Tab. 9 ▶ Diffusion der Atemgase

pO_2-Alveole	100 mmHg
pO_2-Kapillare	40 mmHg
Unterschied	60 mmHg
pCO_2-Alveole	40 mmHg
pCO_2-Kapillare	46 mmHg
Unterschied	6 mmHg
nach Austausch	
pO_2-Kapillare	100 mmHg
pCO_2-Kapillare	40 mmHg

5.5.1.2 *Diffusion der Atemgase*

Die erfolgreiche Diffusion ist von Konzentrationsunterschieden der Gase abhängig. In den Alveolen und Kapillaren finden sich beim Gesunden folgende Werte (Tab. 9):

Die Diffusionskontaktzeit eines Erythrozyten beträgt nur 0,2 – 0,3 Sekunden, daher ist die Arterialisierung des Blutes, also seine Anreicherung mit Sauerstoff, abhängig von einem ungestörten Gasaustausch an der Blut-Luft-Schranke. Voraussetzungen hierfür sind eine ausreichende Ventilation der Alveolen und eine genügende Perfusion der Lungenkapillaren.

5.5.1.3 *O_2-Transport im Blut*

Da Sauerstoff im Blut sehr schlecht löslich ist, wird er zum Transport am Hämoglobin des Erythrozyten angelagert. Die maximale O_2-Kapazität beträgt etwa 20 Vol%, also rund 20 ml O_2 pro 100 ml Blut. Die Effektivität des Sauerstofftransportes hängt von der *Sauerstoffsättigung* (sO_2) ab, d.h. wie viel Prozent des gesamten Hämoglobins im Blut mit Sauerstoff beladen ist. Die O_2-Sättigung ist ein wichtiger Parameter zur Beurteilung der Atemfunktion und damit der Lungenfunktion. Sie ist umso höher, je höher der Sauerstoffpartialdruck im Blut ist. In der *Sauerstoffbindungskurve* wird die Beziehung zwischen dem Sättigungsgrad und dem Sauerstoffpartialdruck im Blut dargestellt (Abb. 14).

Die O_2-Kapazität hängt ab von der Temperatur, dem CO_2-Partialdruck, dem pH-Wert des Blutes und der Konzentration von BPG (2,3-Bisphosphoglycerat), das die Sauerstoffbindungsfähigkeit von Hämoglobin (Hb) senkt.

Von einer *Linksverschiebung* spricht man, wenn bei gleichem Partialdruck mehr O_2 an das Hb gebunden wird als normal: dann liegt eine höhere Sauerstoff-Affinität vor. In diesem Fall erfolgt eine erschwerte O_2-Abgabe an das Gewebe. Ursachen hierfür sind vor allem:

- pCO_2 ↓
- Temperatur ↓ (Kälte)
- pH-Wert ↑ (Alkalose)
- BPG ↓.

Bei einer *Rechtsverschiebung* wird bei gleichem Partialdruck weniger O_2 an das Hb gebunden: eine niedrigere Sauerstoff-Affinität liegt vor. Damit kann eine erleichterte O_2-Abgabe an das Gewebe erfolgen. Ursachen hierfür sind insbesondere:

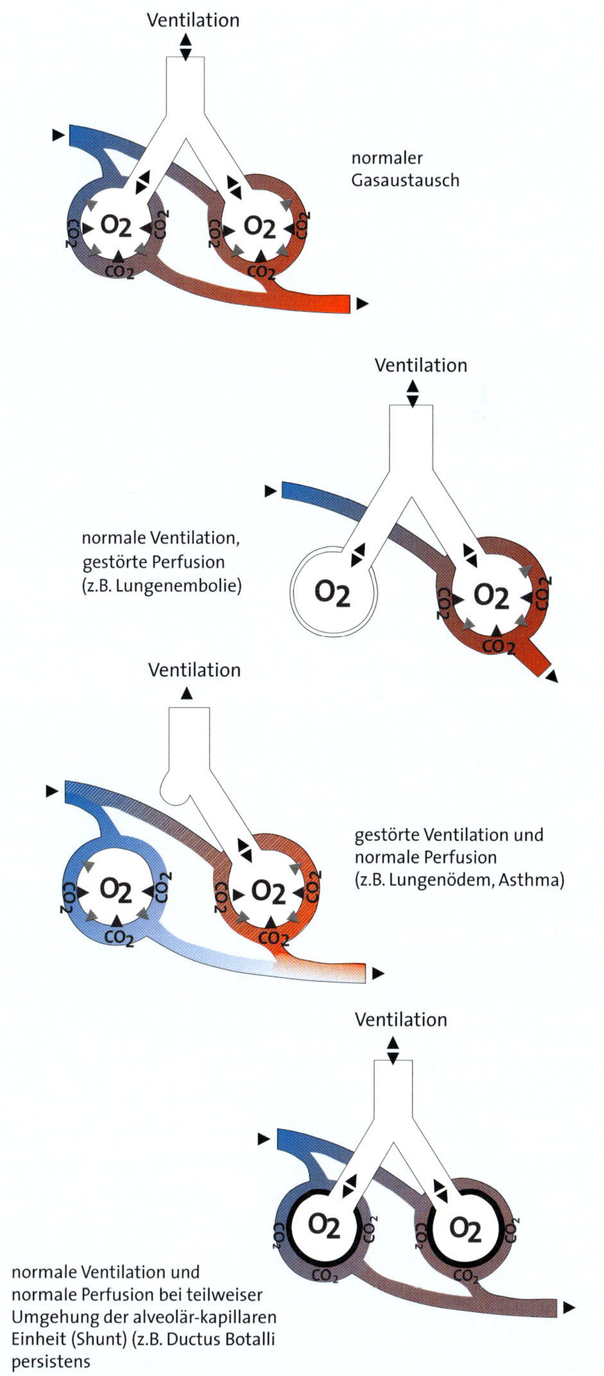

Abb. 13 ▶ Störungen beim Gasaustausch

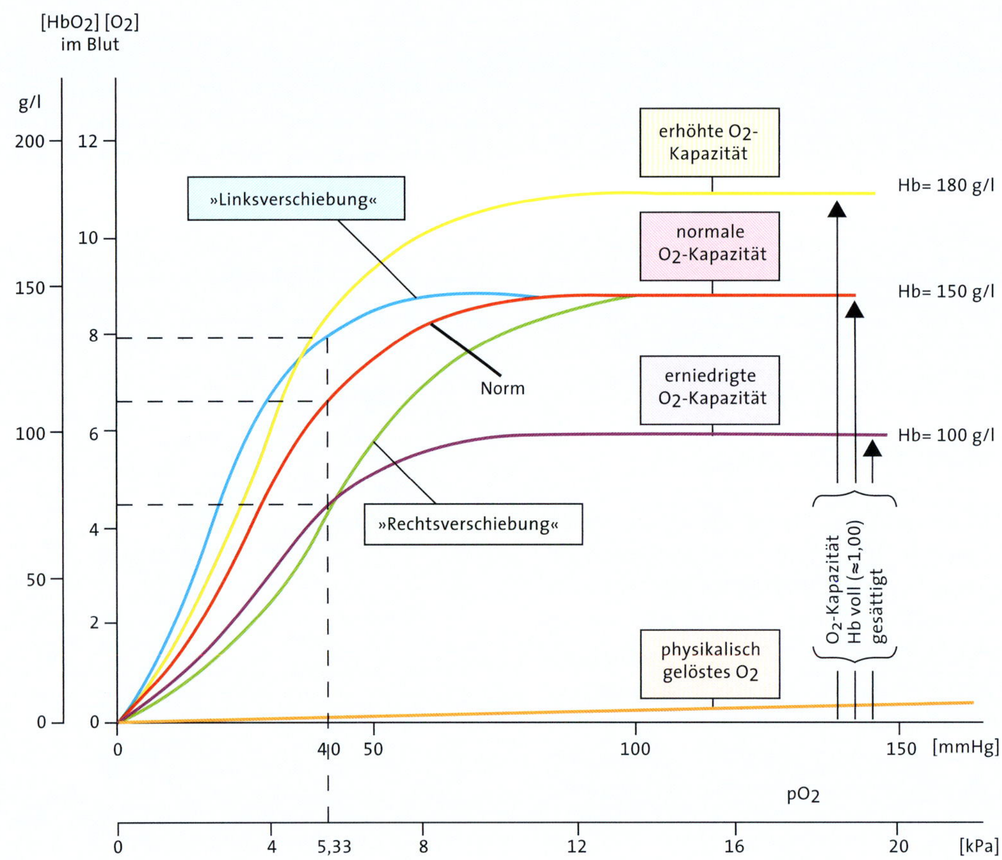

Abb. 14 ▶ Sauerstoff-Bindungskurve des Blutes

- pCO_2 ↑
- Temperatur ↑ (Wärme)
- Höhenaufenthalt
- pH-Wert ↓ (Azidose)
- BPG ↑.

Der *Bohr-Effekt* beschreibt in vereinfachter Darstellung die Sauerstoffbindungseigenschaften, also die unterschiedliche Affinität von Hämoglobin zum Sauerstoff in Abhängigkeit von pH-Wert und CO_2-Partialdruck. Mit diesem Effekt regelt der Körper gezielt die Versorgung stoffwechselaktiver Organe mit Sauerstoff und den hierfür erforderlichen Gasaustausch. Ein Absinken des pH-Wertes oder ein Ansteigen des CO_2-Partialdrucks im Gewebe – zum Beispiel bei einem hart arbeitenden Muskel – führt zu einer geringeren Affinität des Hämoglobins zu O_2, der sogenannten Rechtsverschiebung; die O_2-Aufnahme im Gewebe wird erleichtert, der Muskel bekommt mehr Sauerstoff. Gleichzeitig kommt es in der Lunge zu einer Linksverschiebung, d.h. die O_2-Aufnahme ins Blut wird erleichtert. Der umgekehrte Fall verläuft analog.

5.5.1.4 *CO_2-Transport im Blut*

Kohlendioxid wird im Blut in gelöster und in gebundener Form transportiert. 10 % sind physikalisch gelöst – so wie Kohlendioxid als Kohlensäure im Mineralwasser.

$CO_2 + H_2O \rightarrow H_2CO_3$ (Kohlensäure)

Weitere 80 % werden im Erythrozyten zu Bikarbonat (HCO_3^-) umgewandelt. Dafür besitzt der Erythrozyt ein Beschleunigerenzym, die Carboanhydrase.

$CO_2 + H_2O \rightarrow H_2CO_3 \rightarrow HCO_3^- + H^+$

Etwa 45 % des Bikarbonats diffundieren im Austausch gegen Chlorid (Cl^-) als Puffer wieder ins Blutplasma, um den pH-Wert auszugleichen. Die restlichen 10 % werden direkt am Hämoglobinmolekül angelagert ($HbCO_2$).

Diese Reaktionen laufen bei der Kohlendioxidabgabe in der darauf folgenden Lungenpassage in umgekehrter Form ab. Allerdings wird das CO_2 nicht komplett abgeatmet. Ein Teil wird zur Aufrechterhaltung des pH-Wertes des Blutes und zur Atemsteuerung zurückbehalten.

5.5.2 Atemsteuerung

Die Atmung muss ständig an die Bedürfnisse des Körpers angepasst werden. Sie wird durch das Atemzentrum im verlängerten Mark des Hirnstammes, der Medulla oblongata, koordiniert. Hier verlaufen Nervenbahnen – inspiratorische und exspiratorische Neuronen – für die Ein- und Ausatmung. Bei Schädigung dieser Region kommt es zur Störungen in der Regulation der Atmung bis hin zum Atemstillstand. Je nach Auslöser unterscheidet man die *zentrale* und die *chemische Atemregulation*.

5.5.2.1 *Zentrale Atemregulation*

Diese Art der Atemregulation erfolgt im Zusammenspiel der in- und exspiratorischen Neuronen und der Dehnungsrezeptoren im Lungengewebe, die eine mechanisch-reflektorische Kontrolle bilden.

Bei der *Inspiration* werden zunächst die exspiratorischen Neurone gehemmt. Daraufhin senden die inspiratorischen Neurone Nervenimpulse an die Atemmuskulatur, das Zwerchfell senkt sich und die Mm. intercostales externi kontrahieren. Der Innenraum des Thorax wird vergrößert, die Lungen dehnen sich aus. Dies registrieren die Dehnungsrezeptoren in den Alveolen und senden Nervenimpulse über den N. vagus zum Atemzentrum. Die inspiratorischen Neurone werden gehemmt und die exspiratorischen erregt.

Tab. 10 ▶ Definitionen der wichtigsten Atemgrößen

Atemzugvolumen	Luftmenge, die pro Atemzug eingeatmet wird
inspiratorisches Reservevolumen	Luftmenge, die nach normaler Einatmung noch eingeatmet werden kann
exspiratorisches Reservevolumen	Luftmenge, die nach normaler Ausatmung noch ausgeatmet werden kann
Residualvolumen	Luftmenge, die nach maximaler Ausatmung noch in der Lunge verbleibt
Totraumvolumen	Luftmenge im Respirationstrakt, die nicht am Gasaustausch beteiligt ist
Vitalkapazität	Atemzugvolumen + inspiratorisches Reservevolumen + exspiratorisches Reservevolumen
Totalkapazität	Atemzugvolumen + inspiratorisches Reservevolumen + exspiratorisches Reservevolumen + Residualvolumen

Bei der *Exspiration* strömt die Luft nach der Hemmung der inspiratorischen Neurone wegen der elastischen Rückstellkräfte der Lunge aus den Atemwegen. Dies erfolgt zunächst passiv im Rahmen der relativen intrapulmonalen Druckerhöhung, bei verstärkter Atemarbeit durch den Einsatz der Mm. intercostales interni bzw. der Atemhilfsmuskulatur.

Durch die Dehnungsrezeptoren wird eine Überdehnung der Lunge vermieden und die Atemtiefe den jeweiligen Bedingungen ökonomisch angepasst, weil sie bei verstärkter Exspiration zu einer vertieften Inspiration anregen. Dies

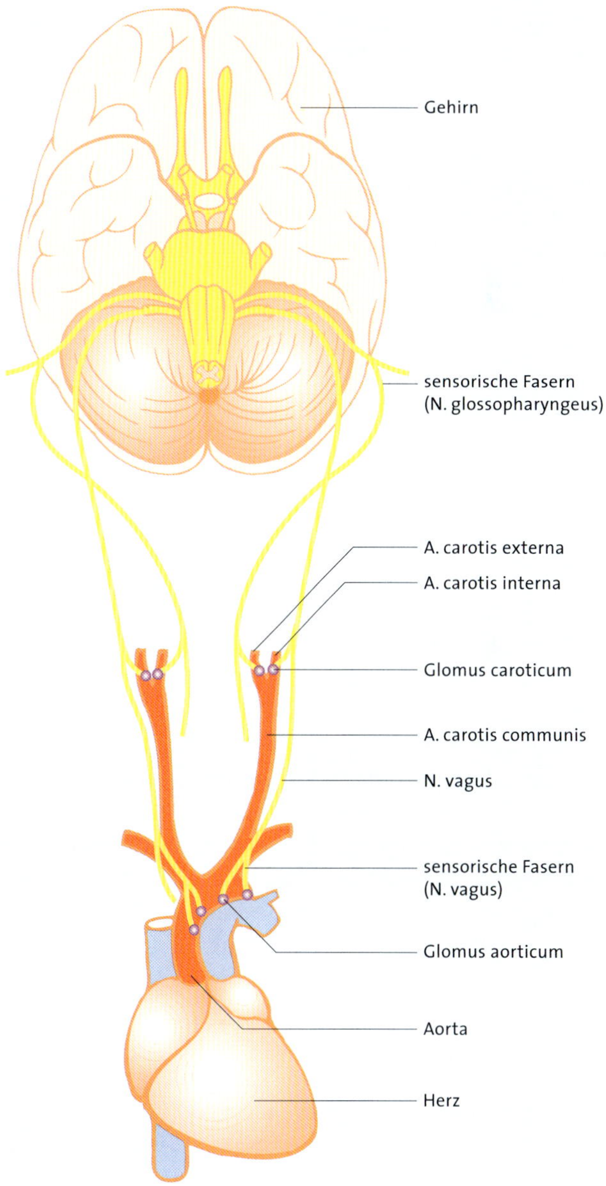

Abb. 15 ▶ Chemorezeptoren der Atmung

bezeichnet man als *Hering-Breuer-Reflex* oder *Lungendehnungsreflex*.

5.5.2.2 *Chemische Atemregulation*

Die chemische Atemregulation dient der Anpassung der Atmung an die aktuelle Stoffwechselleistung des Organismus. Der wichtigste Rezeptor beim gesunden Menschen ist der CO_2-Rezeptor.

> **Eine Atemsteigerung erfolgt beim Anstieg des arteriellen pCO_2 (= CO_2-Antwort → stärkster Atemantrieb), beim Abfall des arteriellen pO_2 (= O_2-Antwort) und beim Anstieg der arteriellen H^+-Ionenkonzentration (= pH-Antwort).**

Zur Messung der jeweiligen Werte besitzt der Körper im Aortenbogen das *Glomus aorticum* und in den Karotiden das *Glomus caroticum* (lat. *glomus*: Knäuel). Sie gehören zu den parasympathischen Paraganglien. Hierbei handelt es sich um Ansammlungen von Nervenzellkörpern, *Ganglien*, die auch eine hormonelle (endokrine) Funktion besitzen. Somit stehen sie »neben« (griech. *para*: neben) dem vegetativen Nervensystem und dem endokrinen System. Das bekannteste sympathische Paraganglion ist zum Beispiel das Nebennierenmark, in dem die Katecholamine Adrenalin und Noradrenalin gebildet werden.

Glomus aorticum bzw. caroticum registrieren den jeweiligen Sauerstoff- und Kohlendioxid-Partialdruck sowie den pH-Wert des Blutes und senden Impulse über N. vagus (X. Hirnnerv) und den N. glossopharyngeus (IX. Hirnnerv) an das Atemzentrum in der Medulla oblongata (ABB. 15). Hier erfolgt die Anpassung von Atemfrequenz, Atemzugvolumen und Atemrhythmus.

5.5.2.3 *Unspezifische Atemreize*

Eine verstärkte Atmung kann ferner ausgelöst werden durch Schmerz- und Temperaturreize, durch psychische Erregung – zum Beispiel Wut, Angst, Stress (Adrenalin ↑) –, vermittelt durch Pressorezeptoren bei Blutdruckabfall, durch Muskelarbeit oder bei Schwangerschaft (Progesteron ↑).

5.5.3 Atemgrößen

Die Lungenvolumina und ihre physiologische Differenzierung werden in ABBILDUNG 16 dargestellt. TABELLE 10 definiert die wichtigsten Atemgrößen, TABELLE 11 UND 12 führen die Werte für die Atemgrößen auf, die je nach Geschlecht, Körpergröße, Alter und Trainingszustand schwanken.

Der *Tiffeneau-Test* wird auch als Einsekundenkapazität bezeichnet. Dies ist das Volumen, das nach einer maximalen Inspiration in einer Sekunde maximal ausgeatmet werden kann. Dieses Volumen beträgt normalerweise ca. 80 % der Vitalkapazität und ist bei obstruktiven Ventilationsstörungen erniedrigt.

TAB. 11 ▶ Wichtige Größen der Atmung

Atmung	
Totalkapazität (TK)	6 l
Vitalkapazität (VK)	4,5 l
Atemzugvolumen (AZV)	0,5 l
Totraumvolumen (TR)	0,15 l
Ventilation	
Atemfrequenz (AF)	14/min
Atemminutenvolumen (AMV) AMV = AF x AZV	7 l/min
alveoläre Ventilation (AV) AV = AF x (AZV – TR)	5 l/min
Totraumventilation (TRV) TRV = AF x TR	2 l/min

> **Der Kohlendioxidpartialdruck ist beim *Gesunden* der Hauptatemreiz. Patienten mit chronischen Atemwegserkrankungen, z. B. Asthmatiker, entwickeln im Laufe der Zeit durch verschlechterte Abatmung einen ständig erhöhten pCO_2-Wert. Deshalb erfolgt bei ihnen der Atemreiz über pO_2 ↓. Eine hohe O_2-Gabe kann daher zum Atemstillstand, der Asphyxie, führen!**

Hyperventilation, also schnelle und tiefe Atemzüge über längere Zeit, bewirkt:
- arteriellen pO_2 ↑
- pCO_2 ↓
- Der pCO_2 kann so weit sinken, dass *kein Atemreiz* mehr erfolgt.

Dies kann sich als lebensgefährlich für Apnoetaucher erweisen, wenn es zum »Blackout« kommt. Durch Hyperventilation vor dem Tauchgang wird der Atemantrieb gedämpft

TAB. 12 ▶ Altersabhängige Größen der Ventilation (in Ruhe)

Altersstufe	Atemfrequenz/min	Atemzugvolumen (ml)
Neugeborene	40	20 – 40
Säuglinge	30	50 – 100
Kleinkinder	25	100 – 200
Schulkinder	20	200 – 400
Jugendliche	15	300 – 500
Erwachsene	12	500 – 800

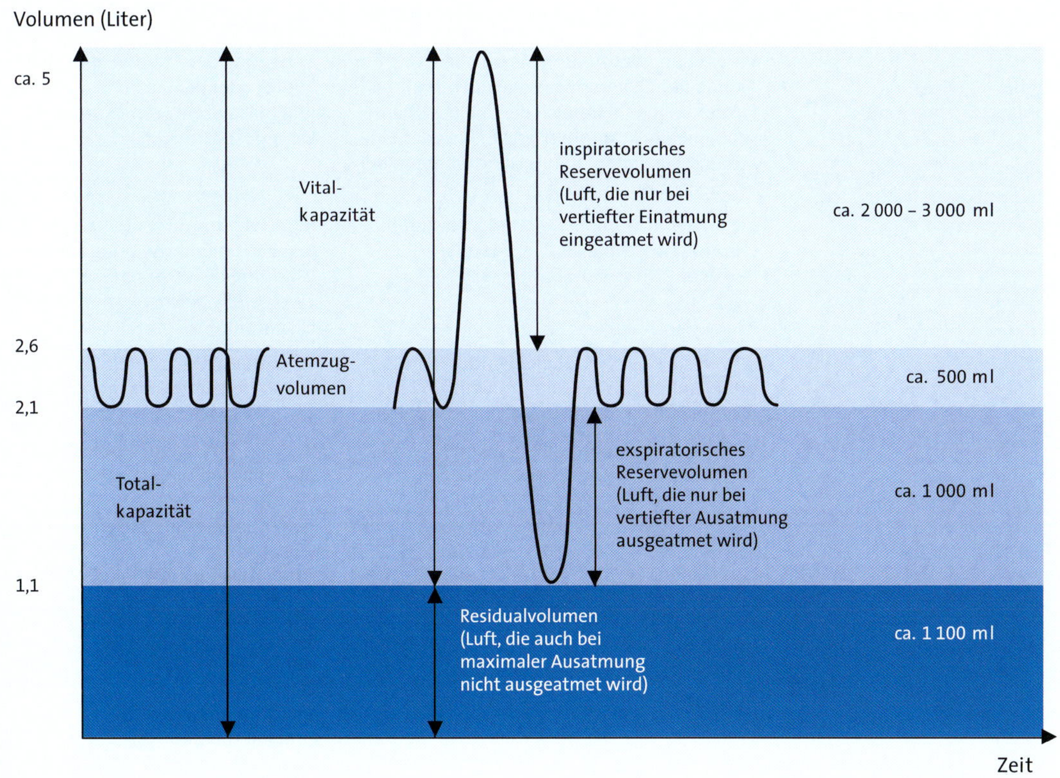

Abb. 16 ▶ Atemvolumina

und sie können so längere Apnoephasen erreichen, um lange nicht auftauchen zu müssen. Unter Wasser verbraucht sich der Sauerstoffvorrat leider schneller, als der pCO_2-Wert ansteigt. Da nicht rechtzeitig der Atemreiz erfolgt, wird die Person bewusstlos und kann ertrinken.

5.5.4 Atmungstypen

Unter Atmungstypen werden die verschiedenen Formen der äußeren Atmung verstanden. Es gibt gesunde – *physiologische* – und krankhafte – *pathologische* – Formen.

5.5.4.1 *Physiologische Atmungstypen*

Die unbewusste Ruheatmung des Erwachsenen mit regelmäßigen Atemzügen gleicher Atemtiefe wird als *Eupnoe* (griech. »eu«: gut, »pnoe«: Atem) bezeichnet. Bei gesteigertem Sauerstoffbedarf, etwa bei körperlicher Arbeit, kommt es zu einem erhöhten Atemzugvolumen, der *Hyperpnoe*. Nimmt die Atemfrequenz zu, zum Beispiel bei schnellem Laufen, bezeichnet man dies als *Tachypnoe* (griech. »tachys«: schnell). Sie bewirkt einen Anstieg des Atemminutenvolumens.

5.5.4.2 *Pathologische Atmungstypen*

Krankhafte Prozesse führen häufig auch zur Beeinflussung der Atemsteuerung und damit zu pathologischen Atmungsformen, die in Tabelle 13 zusammengefasst sind.

5.5.5 Sauerstoffmangel

Man unterscheidet zwei Stadien, die *Hypoxie*, die zu geringe Sauerstoffversorgung der Zellen, und die *Anoxie*, die fehlende Versorgung der Zellen mit Sauerstoff.

5.5.5.1 *Formen der Anoxie (Hypoxie)*

Auf dem Weg des Sauerstoffs von den Alveolen bis zu den Mitochondrien können verschiedene Probleme auftreten, die die Sauerstoffversorgung einschränken oder vollständig verhindern.

1. Die Aufladung der Erythrozyten mit Sauerstoff ist zu gering (*hypoxämische Hypoxie*).
2. Die O_2-Kapazität des Blutes ist zu niedrig (*anämische Hypoxie*).

TAB. 13 ▶ Pathologische Atmungstypen

Atmungstyp	Beschreibung	Beispiele
inverse Atmung (umgekehrte Atembewegungen, Atembewegung ohne Luftbewegung)	Vorwölbung des Abdomens und Senkung des Thorax (durch Verschluss der Luftröhre) sowie Einziehungen im Bereich der Schlüsselbeingruben beim krampfhaften Versuch des Einatmens; Einziehen und Hebung während der versuchten Ausatmung	Verlegung der Atemwege im Bereich des Kehlkopfes oder der Luftröhre durch aspirierten (eingeatmeten) Fremdkörper Laryngospasmus
paradoxe Atmung	die an der Atmung beteiligten Strukturen (Thorax, Zwerchfell, Bauchmuskulatur) bewegen sich gegensätzlich	Rippenserienfraktur (Einziehen des Thorax bei Inspiration und Dehnung bei Exspiration) Lähmung des N. phrenicus (Hebung des Zwerchfells bei Inspiration und Senkung bei Exspiration)
Orthopnoe	schwerste Atemnot, auch in Ruhe, kann nur in aufrechter Haltung und mithilfe der Atemhilfsmuskulatur kompensiert werden	schwerer Asthmaanfall dekompensierte Linksherzinsuffizienz
Dyspnoe	subjektive Atemnot mit erschwerter Atemtätigkeit (Atmungsinsuffizienz)	tracheal/laryngeal: Krupp, Einengung der oberen Atemwege durch Tumoren oder Fremdkörper pulmonal: Gasaustausch- und Ventilationsstörungen kardial: Herzinsuffizienz
Tachypnoe	beschleunigte Atemfrequenz	zerebral: Beeinträchtigung des Atemzentrums bei Hirnstammschädigung Fieber O_2-Mangel Lobärpneumonie Lungenembolie kardiogener Schock Sepsis Zyanose
Bradypnoe	verlangsamte Atmung (4 – 8 Atemzüge pro Minute)	Opiatvergiftungen Hirndruckerhöhung Bewusstlosigkeitszustände (Koma, Vergiftung)
Hyperventilation	übermäßige Steigerung der Atmung führt zu Hypokapnie (verminderter arterieller CO_2-Partialdruck) und respiratorischer Alkalose	psychogen Fieber Überfunktion der Schilddrüse (Hyperthyreose) Erkrankungen des ZNS kompensatorisch bei Hypoxie (niedrige O_2-Versorgung) oder metabolischer Azidose
Hypoventilation	übermäßige Verminderung der Atmung (zu oberflächlich oder zu langsam); führt zu Hyperkapnie (erhöhter arterieller CO_2-Partialdruck) und respiratorischer Azidose	Lungenfunktionsstörungen Störung der Atmungssteuerung (z. B. durch Opiate oder Narkotika) Lähmung der Atemmuskulatur
Kußmaul-Atmung	rhythmische, abnorm tiefe Atemzüge, CO_2 wird vermehrt abgeatmet	metabolische Azidose (z. B. Coma diabeticum)
Cheyne-Stokes-Atmung	periodisch an- und abschwellende Atmung (bezogen auf Frequenz und Tiefe), von Atempausen unterbrochen	Vergiftungen, z. B. Nierenversagen (Urämie) Entzündungen des Gehirns (Enzephalitis) andere Störungen des Atemzentrums
Biot-Atmung	kräftige Atemzüge von gleichmäßiger Tiefe, unterbrochen von plötzlichen Atempausen	Verletzungen des Gehirns Hirndrucksteigerung
Schnapp-Atmung	langsame, von größeren Pausen unterbrochene Atmung	Schädigung des Atemzentrums kurz vor dem Tod bei Frühgeborenen

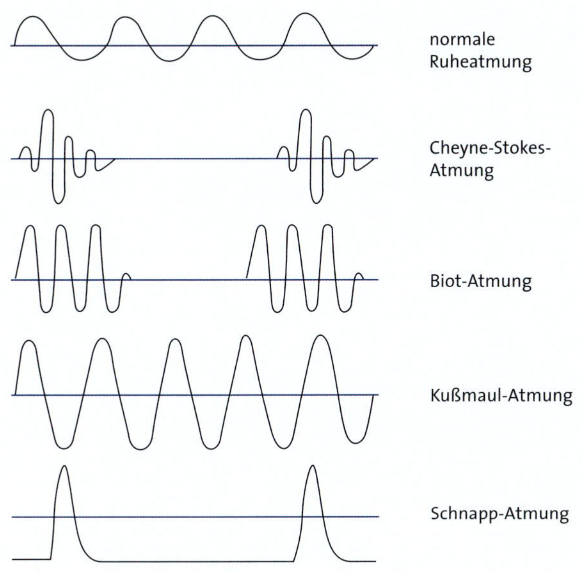

Abb. 17 ▶ Pathologische Atemformen

Tab. 14 ▶ Ursachen der Hypoxie

Hypoxieform	Ursachen
hypoxämisch	– pO_2 der Außenluft zu niedrig (z. B. in großen Höhen) – Lähmung der Atemmuskulatur oder des Atemzentrums – gestörte Belüftung der Alveolen, z. B. Verlegung der Atemwege durch Fremdkörper oder Wasser, Krampf der Bronchialmuskeln, Lungenödem (Alveolen sind mit Flüssigkeit gefüllt) oder zu flache Atmung – gestörter Austausch zwischen Alveole und Blut, z. B. bei mangelnder Perfusion oder verdickter Alveolarwand
anämisch	– Mangel an Erythrozyten, z. B. Blutverlust, Hämolysen, Knochenmarksschädigung, Vitamin-B_{12}- oder Folsäuremangel – Mangel an Hämoglobin, z. B. Eisenmangel – Fehlbildung von Hämoglobin, z. B. Sichelzellanämie – Unwirksamkeit von Hämoglobin, z. B. CO-Vergiftung
ischämisch	– niedriger Blutdruck, z. B. Herzversagen, Blutverlust, Schock – lokale Durchblutungsstörungen, z. B. Vasokonstriktion, Gefäßverlegung (Thrombus oder Embolus) – Abschnürung der Durchblutung, z. B. Tumor
Diffusionsstörung	– Diffusionsweg verlängert sich, z. B. bei Diabetes (Mikroangiopathie)
zytotoxisch	– Blockierung der Zellatmung durch Gifte, z. B. Blausäure

3. Die Kapillaren sind nicht ausreichend durchblutet (*ischämische Hypoxie*).
4. Der Austausch von O_2 zwischen Blut und Zelle ist behindert (*Diffusionsstörung*).
5. Die O_2-Verwertung in der Zelle ist blockiert (*zytotoxische Hypoxie*).

5.5.5.2 *Anoxiefolgen am Gehirn*

Die Empfindlichkeit der verschiedenen Organe und Gewebe auf eine Anoxie ist sehr unterschiedlich (Abb. 19). Das Gehirn reagiert besonders empfindlich auf Sauerstoffmangel. Obwohl es nur 2 % des Körpergewichtes ausmacht, benötigt es etwa 40 % des Sauerstoffs. Daher kommt es bei fehlendem Sauerstoff bereits nach 5 Sekunden zu ersten Stö-

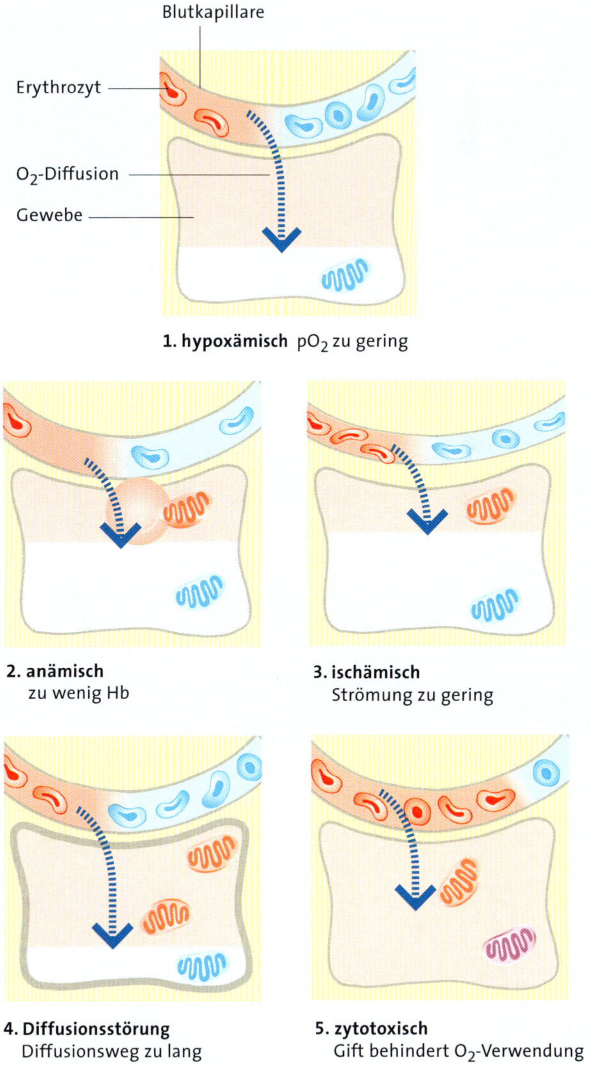

Abb. 18 ▶ Hypoxieformen

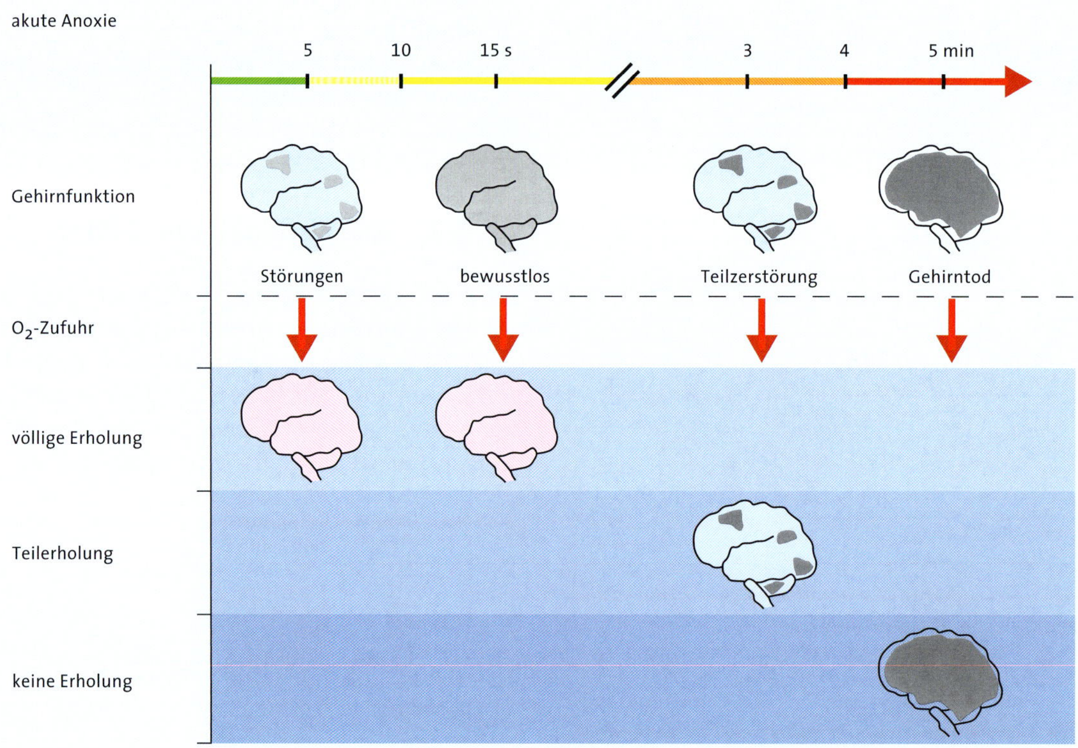

Abb. 19 ▶ Mögliche Hirnschädigung in Abhängigkeit von der Anoxiezeit (cave: beachte immer die Begleitumstände)

rungen der Gehirnfunktion und nach etwa 10 – 15 Sekunden zur Bewusstlosigkeit. Nach 2 – 3 Minuten Sauerstoffausfall gehen erste Neuronen zugrunde, der Hirntod tritt nach 5 – 10 Minuten ein. Sind die Stoffwechselprozesse stark verlangsamt, zum Beispiel bei Unterkühlung, verlängern sich die Zeitspannen.

Eine Anoxie tritt zum Beispiel im Rahmen eines Herz-Kreislauf-Stillstandes auf.

6 Verdauungstrakt

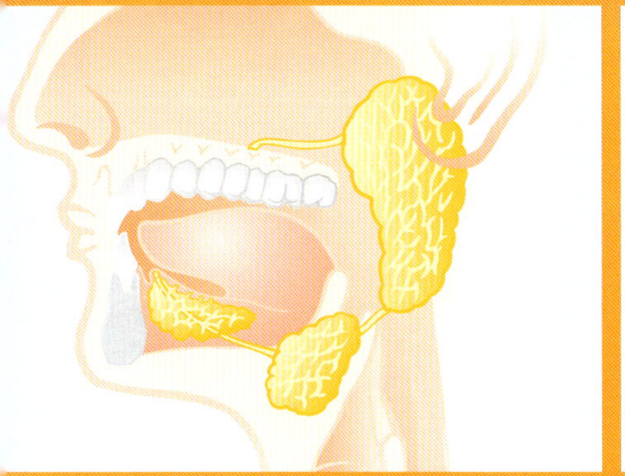

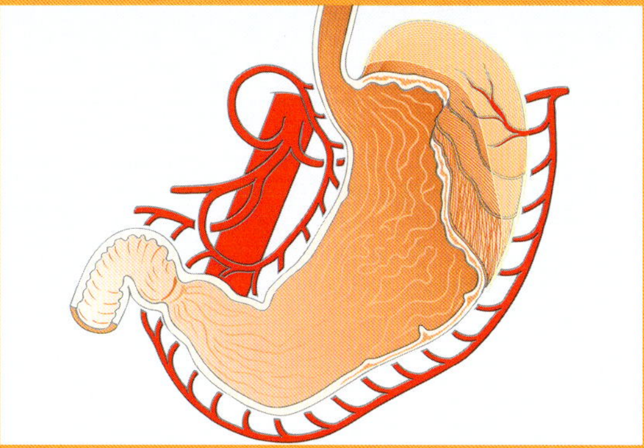

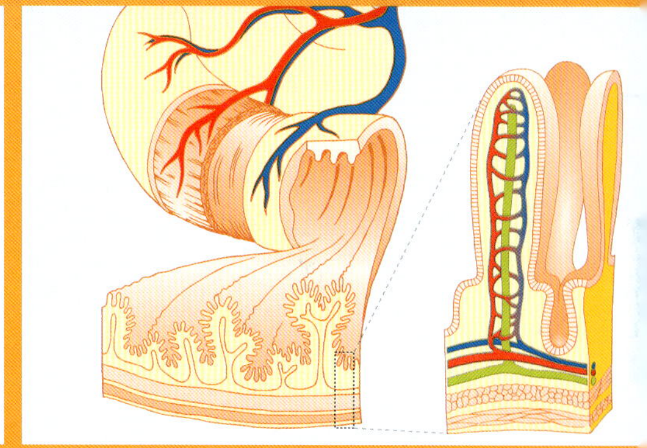

Inhalt:

6.1	Einführung	108
6.2	Verdauungsorgane	109
6.3	Pharynx	114
6.4	Ösophagus	116
6.5	Magen	117
6.6	Dünndarm	122
6.7	Dickdarm	126
6.8	Peritoneum	130
6.9	Gefäßversorgung der Verdauungsorgane	132
6.10	Pankreas	135
6.11	Leber	139
6.12	Gallenblase	147
6.13	Ernährung und Stoffwechsel	147

6.1 Einführung

Der Begriff *Gastroenterologie* leitet sich aus dem Griechischen von den beiden Begriffen »Gaster« (Magen) und »Enteron« (Darm, Eingeweide) ab. Die Gastroenterologie beschäftigt sich mit dem Verdauungstrakt, der Leber, der Bauchspeicheldrüse und dem Stoffwechsel. Sie stellt aufgrund der Vielzahl von Erkrankungen, die mit diesen Organen zusammenhängen, den größten Bereich der Inneren Medizin dar.

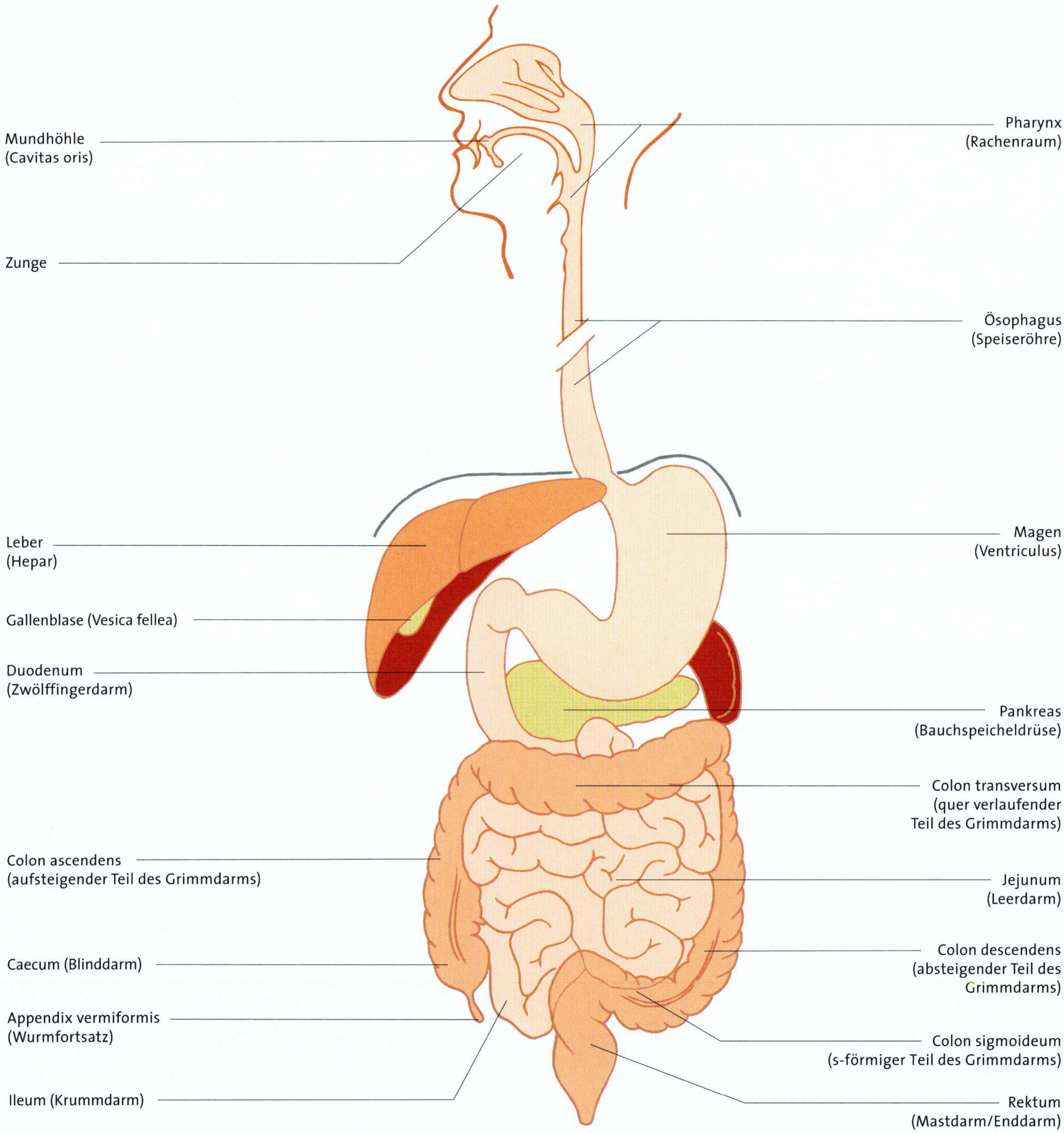

Abb. 1 ▶ Schematische Darstellung des Verdauungssystems

Jeder Organismus benötigt Nahrung. Aus dieser werden durch verschiedene Aufspaltungs- und Umwandlungsprozesse Energie gewonnen und alle benötigten Stoffe hergestellt. Hierzu muss die Nahrung zunächst mechanisch zerkleinert, transportiert und mit Zusätzen vermischt werden, um dann durch enzymatische Vorgänge in winzigste Bestandteile zerlegt zu werden. Nur als kleine Moleküle können sie durch die Darmwand mithilfe der Blut- bzw. der Lymphgefäße in den Körper aufgenommen werden. Am Ende werden die unverdaulichen Bestandteile zusammen mit Stoffwechselabfällen ausgeschieden. Dies ist die Aufgabe des Verdauungssystems, das aus dem Verdauungskanal und den Verdauungsdrüsen besteht (ABB. 1).

Der Verdauungskanal ist ein etwa neun Meter langer, in das Körperinnere gestülpter Schlauch. Er ist mit Schleimhäuten ausgekleidet und reicht von der Mundhöhle bis zum After. Zu ihm zählen Mund, Rachen, Speiseröhre, Magen, Dünndarm, Dickdarm und After. Die Verdauungsdrüsen fügen dem Nahrungsbrei eine Vielzahl verschiedener Verdauungssäfte hinzu, die für die enzymatische Aufspaltung der in der Nahrung enthaltenen Kohlenhydrate, Eiweiße und Fette sorgen. Kohlenhydrate werden in einfache Zucker, zum Beispiel Glukose, und Eiweiße in Aminosäuren aufgespalten.

TAB. 1 ▶ Organe des Verdauungssystems

1. Mund/Mundhöhle (Cavitas oris)
2. Rachen (Pharynx)
3. Speiseröhre (Ösophagus)
4. Magen (Gaster oder Ventriculus)
5. Dünndarm (Intestinum tenue) mit Zwölffingerdarm (Duodenum), Leerdarm (Jejunum) und Krummdarm (Ileum)
6. Dickdarm (Intestinum crassum) mit Blinddarm (Caecum), Grimmdarm (Colon) und Mastdarm (Rektum)
7. After (Anus)
8. Bauchfell (Peritoneum)
9. Bauchspeicheldrüse (Pankreas)
10. Leber (Hepar)
11. Gallenblase (Vesica fellea bzw. biliaris)

Fette werden in Glyzerin oder Glyzerol – beide Begriffe sind gängig – und Fettsäuren umgewandelt. Zu den Verdauungsdrüsen zählen die Speicheldrüsen im Mund, die Bauchspeicheldrüse sowie die Leber mit der Gallenblase und den Gallengängen.

6.2 VERDAUUNGSORGANE

6.2.1 Mund / Mundhöhle

Die Mundhöhle, *Cavitas oris*, wird von vorn durch die Lippen begrenzt, seitlich von den Wangen, unten vom Mundboden und oben vom harten und weichen Gaumen. Sie geht an der Rachenenge, dem Isthmus faucium, in den Rachen über. Die Rachenenge wird vom hinteren und vorderen Gaumenbogen sowie dem Zäpfchen, der Uvula, gebildet. Die Mundhöhle ist mit mehrschichtigem unverhornten Plattenepithel ausgekleidet und enthält zahlreiche Sekret bildende Drüsen.

Zu den *Aufgaben des Mundes* gehören die Aufnahme, die mechanische Zerkleinerung und die Vermischung der Nahrung durch Zähne, Lippen und Zunge, die Kontrolle der Beschaffenheit durch Geschmacks- und Geruchsrezeptoren und die Umwandlung in einen Speisebrei durch die Speicheldrüsen. Daneben wird schon im Mund mit der Kohlenhydratverdauung durch das Enzym α-Amylase aus dem Sekret der Ohrspeicheldrüse, der Glandula parotis, begonnen. Zu guter Letzt erfolgen der Transport der Nahrung in Richtung Schlund und die Einleitung des Schluckaktes. Weiterhin ist der Mundraum an der Atmung und der Stimmbildung beteiligt. Mit den Lippen werden labiale Laute (p, b, m), mit den Zähnen dentale Laute (d, t, s, sch), mit dem weichen Gaumen velare Laute (u, o) und mit dem harten Gaumen palatale Laute (g, k, ch) gebildet.

6.2.1.1 *Zähne*

Die Zähne sind als Teil des Kauorgans in Ober- und Unterkiefer über das Zahnhaltegewebe fest verankert. Sie haben je nach ihrer Funktion eine unterschiedliche Gestalt.

Die *Schneidezähne* haben eine meißelförmige Krone mit scharfer horizontaler Schneidekante und dienen dem Abbeißen und Festhalten der Nahrung. Mit den *Eckzähnen* erfolgt das Reißen und Festhalten der Nahrung. Dafür besitzt ihre Krone zwei spitz zulaufende Schneidekanten und der Zahn selbst hat zum Schutz gegen die Kippbelastung die längste Wurzel. Die *Backenzähne*, die sog. Prämolaren, führen Kau- und Mahlbewegungen aus. Ihre Kaufläche weist eine zweihöckrige Krone auf. Die daran anschließenden *Mahlzähne*, die Molaren, leisten den größten Teil der Kauarbeit. Ihre Kaufläche enthält meist vier Höcker. Für eine effiziente Kau-

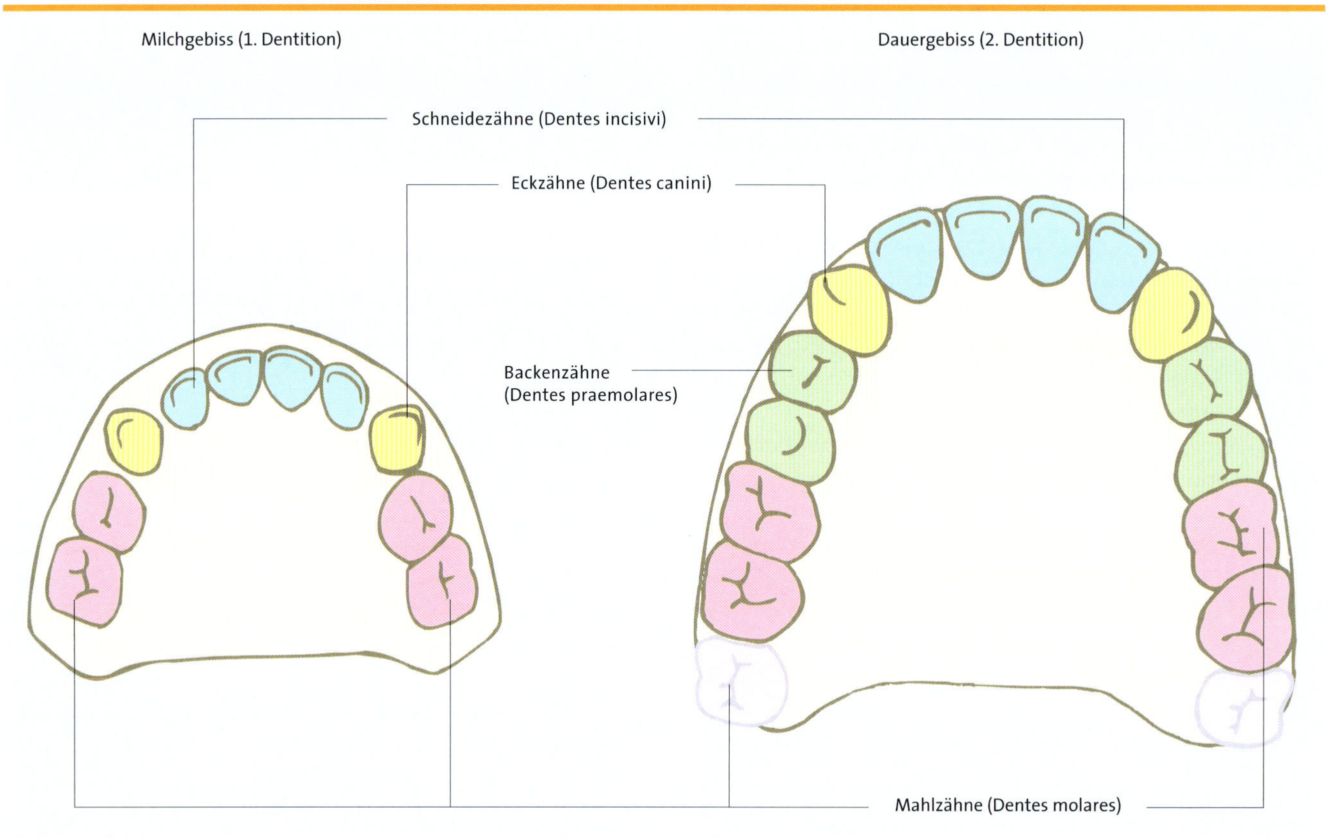

Abb. 2 ▶ Unterschiede zwischen den beiden Gebissformen

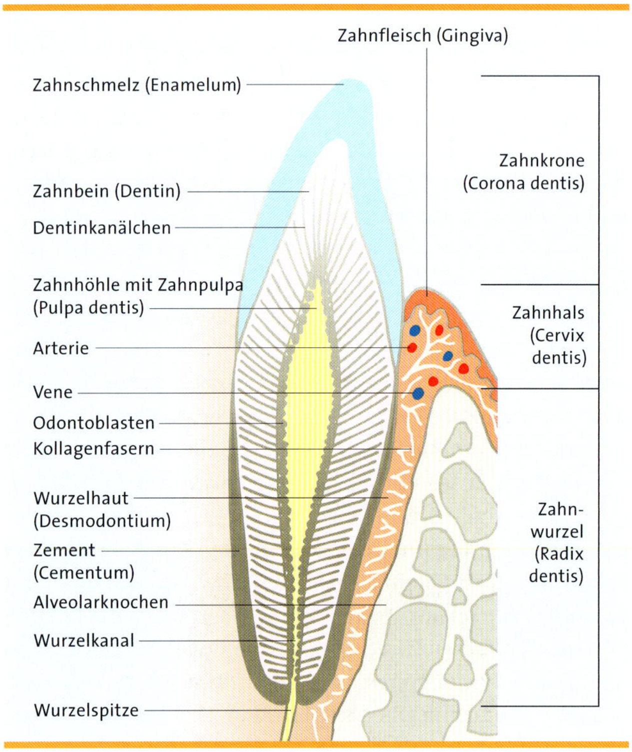

Abb. 3 ▶ Anatomie des Zahns

leistung schließen die Höcker der oberen Zähne zwischen den Höckern der unteren Zähne. Der Kontakt zwischen Ober- und Unterkieferzähnen wird als *Okklusion* bezeichnet.

▶ Zahnentwicklung

Die Zahnentwicklung erfolgt in *zwei Dentitionen*, also in zwei Schüben. Die erste Dentition, der Durchbruch des Milchgebisses, erfolgt in der Regel zwischen dem sechsten und dem 24. Monat. Es enthält viermal fünf Zähne, also 20 Zähne. In der zweiten Dentition während des sechsten bis 24. Lebensjahres entwickelt sich das Dauergebiss (Abb. 2). Es enthält viermal sieben bis acht Zähne, also 28 – 32 Zähne. Die Weisheitszähne – jeweils der hinterste Zahn – sind teilweise nicht ausgebildet.

▶ Aufbau der Zähne

Die Zähne lassen sich in einen sichtbaren und einen nicht sichtbaren Abschnitt, im Knochen unter der Mundschleimhaut, unterteilen. Der sichtbare Teil besteht bei einem gesunden Gebiss aus der Zahnkrone. Verdeckt unter dem Zahnfleisch folgt der Zahnhals, an den sich die Zahnwurzel anschließt, die über den Zahnhalteapparat mit dem Kiefer verbunden ist.

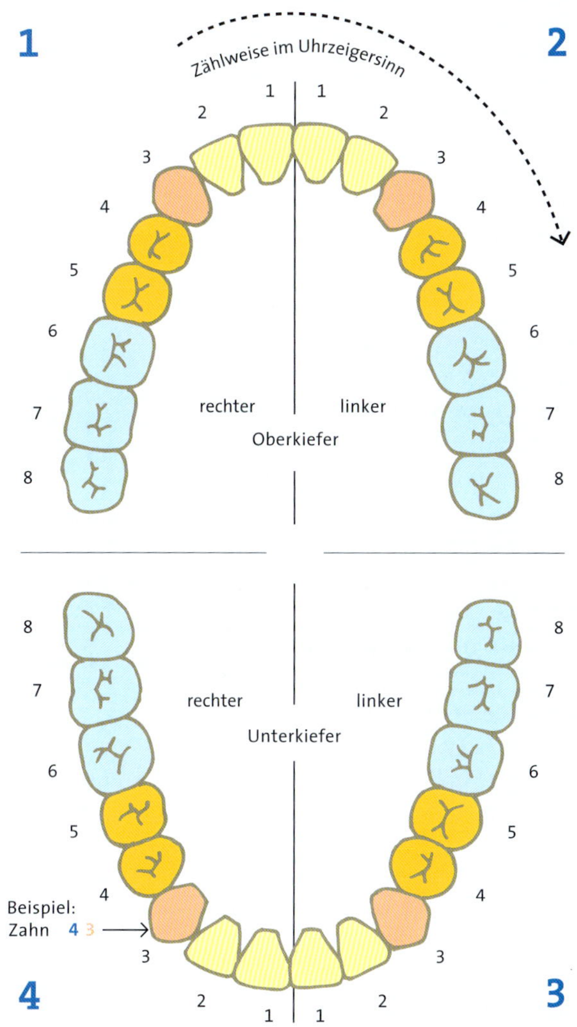

Aufteilung in vier Quadranten
Beispiel:
1. Quadrant = rechter Oberkiefer
enthält:

- 2 Schneidezähne: 11 und 12*
- 1 Eckzahn: 13
- 2 Backenzähne: 14 und 15
- 3 Mahlzähne: 16, 17 und 18

(andere Quadranten analog)

*gesprochen:
»eins eins« bzw. »eins zwei«

Abb. 4 ▶ Zahnaufbauformel

Ein Zahn ist von außen nach innen betrachtet aus drei Anteilen aufgebaut (Abb. 3): dem Zahnschmelz, dem Zahnbein und der Zahnhöhle. Der *Zahnschmelz*, das sogenannte Enamelum, ist die härteste Substanz des menschlichen Körpers und besteht aus Kalzium, Phosphor und Fluor. Er ist unempfindlich, aber leider nicht regenerierbar. Das *Zahnbein*, Dentin, besteht zum größten Teil aus Mineralien, ist aber weicher als der Zahnschmelz. Es wird von spezialisierten Zellen, den Odentoblasten, gebildet und ist zeitlebens in gewissem Grad regenerierbar. Die *Zahnhöhle* – Pulpa oder Cavitas dentis – ist das eigentlich Lebendige. Sie besteht aus lockerem Bindegewebe, der Pulpa dentis, in dem Gefäße zur Versorgung und Nerven liegen, die den Zahn schmerzempfindlich machen.

▶ Zahnhalteapparat

Jeder Zahn steckt mit seiner Wurzel in einem Zahnfach, der sogenannten Alveole, einer Vertiefung des Kieferknochens, der hier als Alveolarknochen bezeichnet wird. Die Außenseite der Wurzel wird von dem geflechtartigen zellarmen *Zement*, dem Cementum, bedeckt, der einem Knochen ähnelt, in der Substanz aber weicher ist. Zwischen dem Zement und der Zahnfachwand des Alveolarknochens verläuft die *Wurzelhaut*, die aus sehr straffem Bindegewebe mit vielen Kollagenfasern besteht. Sie fixiert den Zahn federnd am Alveolarknochen. Das *Zahnfleisch*, die Gingiva, haftet direkt dem Zahnhals an und dichtet den Zahn zur Mundhöhle ab. Hier finden sich eingelagerte Lymphozyten zum Schutz des Zahnes bei Verletzungen des Zahnfleisches.

6.2.1.2 *Zunge*

Die Zunge, lateinisch *Lingua*, ist ein mit Schleimhaut überzogener Muskel. Sie besitzt ein dreidimensionales Muskelgitter und erhält dadurch eine enorme Beweglichkeit: Sie ist der einzige quer gestreifte Muskel, der sich aktiv verlängern kann. Die Zunge liegt am Boden der Mundhöhle, hilft beim Kauen und Saugen, ähnlich einem Kolben in der Spritze, und ist ein wichtiger Bestandteil der Sprachbildung. Der Speisebrei wird von der Zunge durchmischt und geformt. Weiterhin leitet sie den Schluckakt ein. Auf ihrem Rücken enthält sie Papillen, die Sinnesorgane für Geschmacks- und Tastempfindungen. Die vier Geschmacksempfindungen süß, sauer, salzig und bitter werden an verschiedenen Stellen der Zunge im Zusammenspiel mit dem Geruchssinn erfasst, lassen sich aber nicht bestimmten Papillen zuordnen (Abb. 5).

Am Zungengrund liegt die Zungenmandel. Diese Tonsilla lingualis gehört zum lymphatischen Rachenring, der eine wichtige Rolle bei der Immunabwehr spielt.

Beim Eintritt von Bewusstlosigkeit erschlaffen auch die Zungenmuskeln. Liegt der Patient auf dem Rücken, kann die Zunge in den Rachen zurückfallen. Dadurch ist bei Erbrechen der Abfluss in den Rachenraum eingeschränkt, es besteht Aspirationsgefahr (Eindringen von Fremdkörpern in die Atemwege)! Außerdem kann die Zunge die Atemwege so verlegen, dass keine ausreichende Ventilation mehr möglich ist. Daher ist bei der stabilen Seitenlage das Vorziehen des Unterkiefers mit dem Esmarch-Handgriff erforderlich, weil dadurch der Zungengrund angehoben wird.

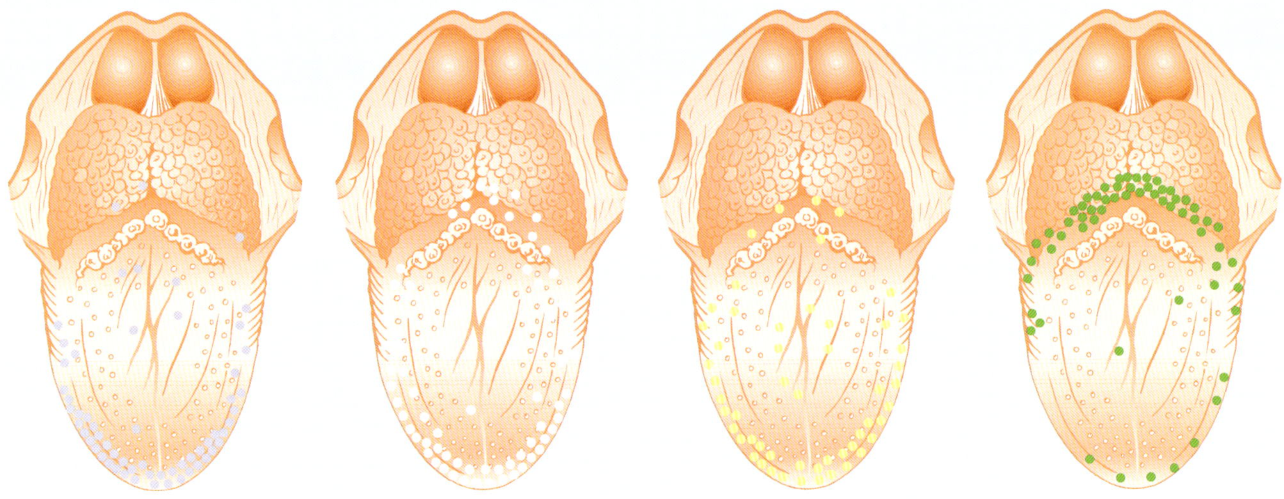

Abb. 5 ▶ Lokalisation der Geschmacksempfindungen

Die *Aufgaben der Zunge* sind:

- Beteiligung an Kauen, Saugen und Schlucken
- Schmecken und Tasten
- Sprachbildung.

6.2.1.3 *Speicheldrüsen*

Diese Drüsen, die als *Glandulae salivariae* bezeichnet werden, zählen zu den exokrinen Drüsen, weil sie ihr Sekret auf Körperoberflächen ausschütten. Man unterscheidet zahlreiche kleine Speicheldrüsen in Lippe, Wange, Zunge und Gaumen und drei große paarige Speicheldrüsen, die *Ohrspeicheldrüse*, die *Unterkieferspeicheldrüse* und die *Unterzungenspeicheldrüse* (Abb. 6).

▶ Ohrspeicheldrüse

Die Ohrspeicheldrüse, die *Glandula parotis*, ist mit ca. 20 – 30 g die größte Mundspeicheldrüse. Sie liegt vor dem Ohr im subkutanen Wangengewebe. Ihr ca. 5 cm langer Ausführungsgang verläuft über den Hauptkaumuskel, den M. masseter, und mündet in den Vorhof des Mundes gegenüber dem zweiten oberen Mahlzahn. Die Ohrspeicheldrüse bildet einen serösen, also serumartigen und damit wässrigen Speichel, in dem das Enzym Ptyalin enthalten ist. Es handelt sich dabei um eine α-Amylase, die zur Aufspaltung der Kohlenhydrate beiträgt. Daher ist es wichtig, gut zu kauen, um so die Kohlenhydrate bereits im Mund aufzuspalten. So schmeckt z.B. eine Brotrinde nach längerem Kauen süß, weil die Mehrfachzucker in den Einfachzucker Glukose zerlegt worden sind.

▶ Unterkieferspeicheldrüse

Diese Speicheldrüse, die *Glandula submandibularis*, liegt im Kieferwinkel und ist ca. 10 – 15 g schwer. Ihr Ausführungsgang mündet unter der Zunge auf der Caruncula sublingualis, einer kleinen Papille seitlich des Zungenbändchens, die im Volksmund als »Hungerwarze« bezeichnet wird. Sie bildet seromukösen Schleim, also eine Mischung aus wässrigen und schleimigen Anteilen.

▶ Unterzungenspeicheldrüse

Die *Glandula sublingualis* liegt seitlich unterhalb der Zunge und besteht aus mehreren kleinen Drüsen. Sie ist ca. 5 g schwer und bildet muköses, also überwiegend schleimiges Sekret. Auch sie mündet an der Caruncula sublingualis.

▶ Speichel

Alle Speicheldrüsen sondern im Laufe eines Tages reflektorisch ca. ein bis zwei Liter Speichel ab. Die Produktion wird durch das unbewusste Nervensystem beeinflusst. Der Sympathikus bewirkt eine Hemmung bzw. vermehrte Produktion von mukösem Sekret aus der Glandula sublingualis, was zum Beispiel zu einem trockenen Mund in einer mündlichen Prüfung führen kann. Der Parasympathikus dagegen regt die vermehrte Produktion von serösem Sekret aus der Glandula parotis an. Dies geschieht beispielsweise bereits beim Anblick einer köstlichen Mahlzeit, wenn einem buchstäblich »das Wasser im Munde zusammenläuft«.

Speichel setzt sich zu rund 99 % aus Wasser zusammen und hat einen pH-Wert von ca. 6,8. Ferner enthält er Elektrolyte (z.B. Natrium, Kalium, Kalzium, Bikarbonat), Schutz-

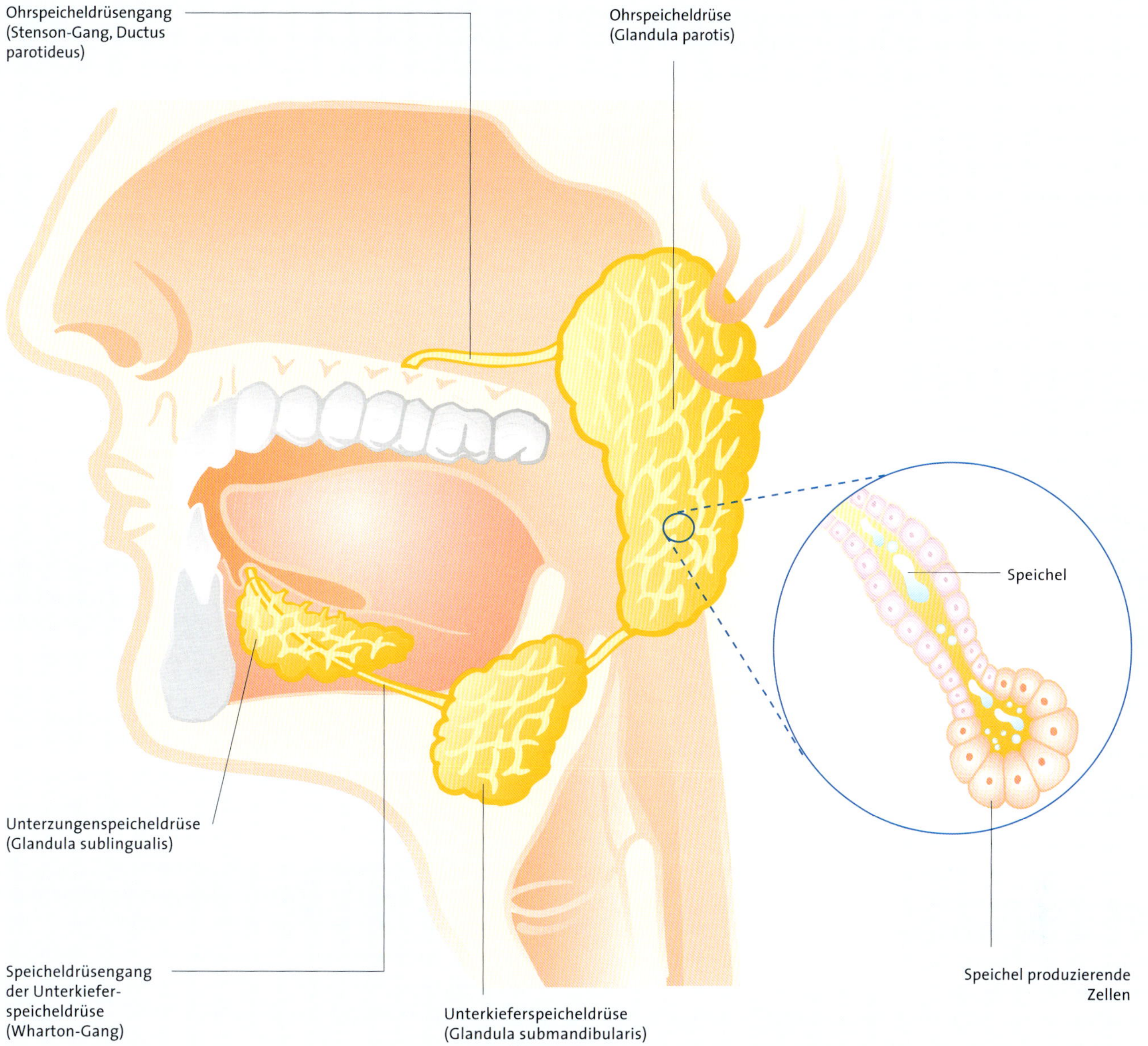

Abb. 6 ▶ Speicheldrüsen

schleimstoffe, die *Muzine*, und Enzyme. Das wichtigste Enzym neben der α-*Amylase* Ptyalin ist das *Lysozym*. Da es die Zellwände von Bakterien zerstört, gehört es zu den äußeren Barrieren der Immunabwehr. Es findet sich auch in Schweiß, Tränen, Ohrenschmalz sowie Nasen- und Darmschleimhäuten und im Blutplasma. Ein weiterer wichtiger Stoff im Speichel ist der Antikörper Immunglobulin A (IgA), der auch auf allen anderen Schleimhäuten vorkommt (s. u., 9.4.1).

Die Funktionen des Speichels sind:

- Schutz von Mundschleimhaut und Zahnschmelz
- mechanische Reinigung
- immunologische Abwehr
- Lösungsmittel für Moleküle, die die Geschmacksknospen stimulieren
- Beginn der enzymatischen Aufspaltung von Kohlenhydraten (Stärke).

Aufgaben des Mundes:
- Ergreifen und Kontrolle der Nahrung
- Zerkleinern der Nahrung
- Andauung der Kohlenhydrate
- Sinnesorgan (Kommunikation, Schmecken, Küssen)
- Einleitung des Schluckaktes
- Abwehrorgan.

6.3 Pharynx

Der *Rachen,* auch als Schlund bezeichnet, ist ein ca. 12 cm langer, nach vorn offener Schlauch, der von der Schädelbasis bis zum Eingang der Speiseröhre reicht (Abb. 7). Er öffnet sich im oberen Bereich in die Nase, in der Mitte in die Mundhöhle und im unteren Bereich in den Kehlkopf bzw. in den Speiseröhreneingang. Deshalb kann man den oberen nasalen Teil, den Nasopharynx oder Epipharynx genannten *Nasenrachen*, vom mittleren oralen Teil, dem *Mundrachen* (Oropharynx oder Mesopharynx) und vom unteren laryngealen Teil, dem *Kehlkopfrachen* (Laryngopharynx oder Hypopharynx) unterscheiden.

6.3.1 Nasopharynx

In den *Nasenrachen* münden die paarige hintere Öffnung der Nasenhöhle (Choane) und rechts und links die Ohrtrompete (Tuba auditiva), die eine Verbindung zum Mittelohr herstellt. Zum Schutz gegen Eindringlinge liegen hier als lymphatische Organe die Rachenmandel (Tonsilla pharyngea) unter der Schädelbasis und die Ohrtrompetenmandeln (Tonsillae tubariae). Der Nasenrachen ist mit Respirationsschleimhaut und Flimmerepithel analog der Nasenschleimhaut ausgekleidet.

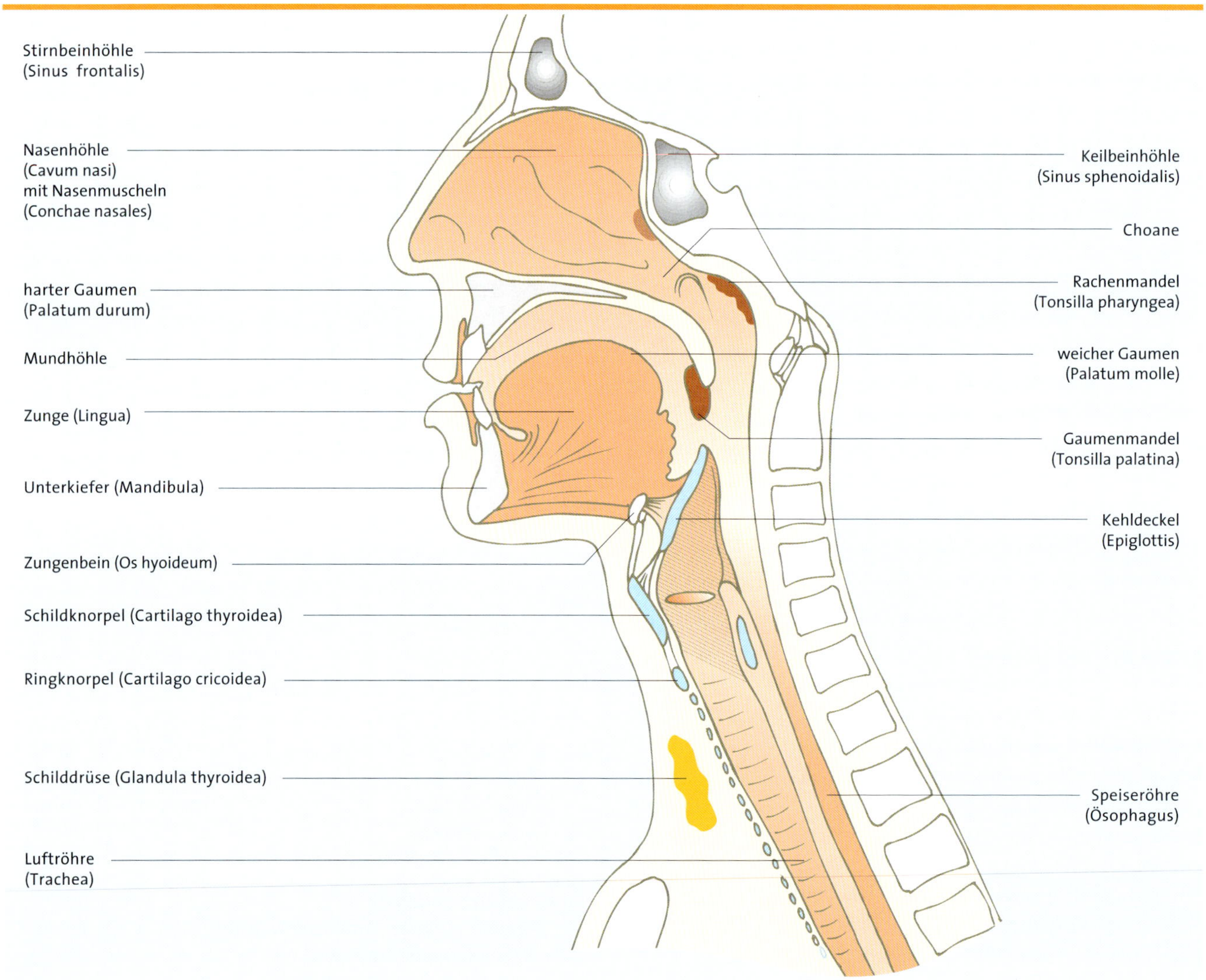

Abb. 7 ▶ Rachenraum und obere Luftwege

6.3.2 Oropharynx

Der *Mundrachen* öffnet sich nach vorn durch die Rachenenge in die Mundhöhle (Cavitas oris). Seine Auskleidung besteht wie die der Mundhöhle aus mehrschichtigem unverhornten Plattenepithel. Im Übergangsbereich zwischen den Gaumenbögen liegen rechts und links die Gaumenmandeln (Tonsillae palatinae). Der Mundrachen kann während des Schluckens vom Nasenrachen getrennt werden, indem sich das Gaumensegel gegen die Rachenwand verspannt. Somit gelangen Nahrung oder Flüssigkeit nicht in die Nase, sondern werden in Richtung Speiseröhre (Ösophagus) geleitet.

6.3.3 Laryngopharynx

Der *Kehlkopfrachen* reicht vom Zungenbein (Os hyoideum) bis zum Ösophagus bzw. zum Kehlkopf (Larynx). Hier erfolgt die Auftrennung des Atem- und Speiseweges. Auch dieser Bereich ist mit mehrschichtigem unverhornten Plattenepithel ausgekleidet.

6.3.4 Schluckakt

Der Sinn des Schluckaktes besteht darin, zu verhindern, dass Nahrung in die Trachea, die Luftröhre, gelangt. Er lässt sich in eine willkürliche und eine unwillkürliche Phase einteilen. Die *willkürliche Phase* besteht aus der Kontraktion des Mundbodens und dem Transport des Bissens in Richtung des weichen Gaumens. Hier sitzen viele Rezeptoren, durch die die *unwillkürliche Phase* eingeleitet wird. In der unwillkürlichen Phase erfolgt die Anhebung des weichen Gaumens, die Gaumensegel verschließen die oberen Luftwege. Anschließend werden Zungenbein und Kehlkopf angehoben. Dabei verschließt der Kehldeckel den Luftröhreneingang und der Bissen gleitet durch den Rachen in die Speiseröhre (Abb. 8).

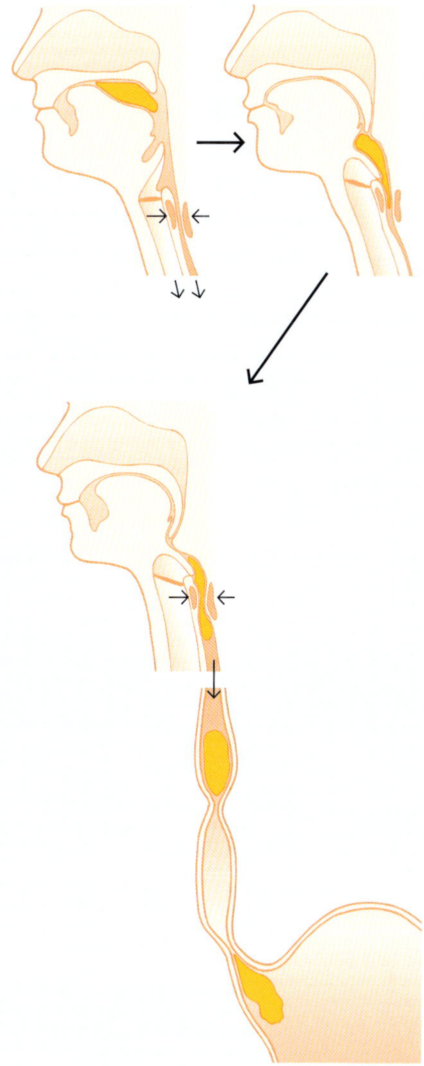

Abb. 8 ▶ Schluckvorgang

6.4 Ösophagus

6.4.1 Gestalt, Lage und Funktion

Die *Speiseröhre* ist beim Erwachsenen ungefähr 25 – 30 cm lang und sehr dehnbar. Sie ist zur Stabilisierung am Kehlkopf und am Diaphragma fixiert, steht daher unter Längsspannung und mündet mit einem Ringverschluss in den Mageneingang. Sie beginnt hinter dem Ringknorpel des Kehlkopfes in Höhe des 6. Halswirbelkörpers und verläuft hinter der Trachea und vor der Wirbelsäule. Nach Passieren des Zwerchfells am Hiatus oesophageus endet sie im Magen in Höhe des 9. bis 11. Thorakalwirbels (Abb. 9). Ihre Aufgabe ist die Weiterbeförderung der Speisen. Sie hat keine Verdauungsfunktion. Durch ihre eigene Peristaltik kann der Nahrungsbrei gegen die Gravitationskraft in den Magen befördert werden.

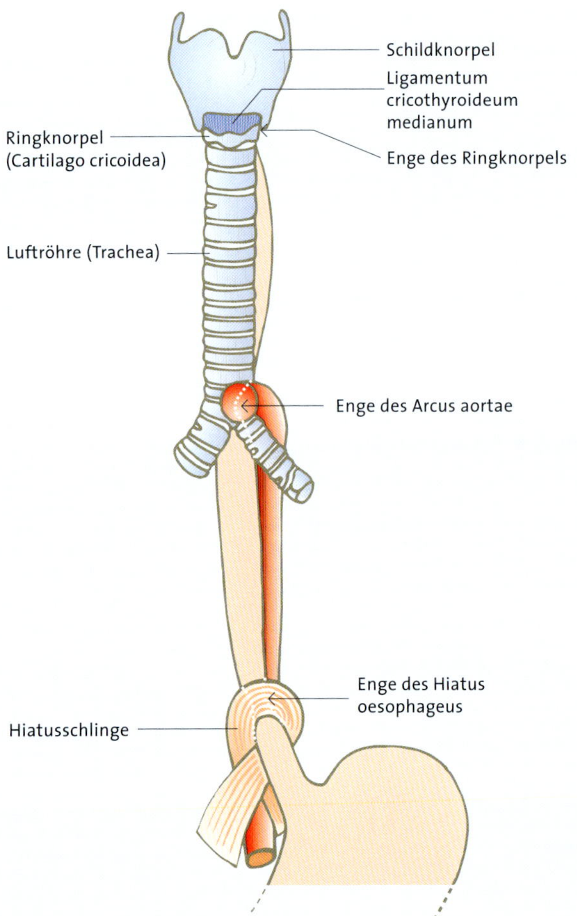

Abb. 9 ▶ Speiseröhre

6.4.2 Wandaufbau

Von innen nach außen liegen die Schichten Mucosa, Submucosa, Muscularis und Adventitia. Die *Mucosa* ist eine glatte Schleimhautschicht, die das Gleiten der Nahrung begünstigt. Darunter liegt eine lockere Bindegewebsschicht, in der größere Blut- und Lymphgefäße verlaufen, die *Submucosa*. Die *Muscularis* besteht aus einer zweilagigen Muskelschicht: innen eine Ringmuskelschicht und außen eine Längsmuskelschicht; sie bewirkt die Peristaltik und wird vom vegetativen Nervensystem gesteuert. Die *Adventitia* ist eine Bindegewebsschicht, die die Verankerung in der Umgebung und die Beweglichkeit ermöglicht.

Dieser vierschichtige Aufbau ist charakteristisch für den gesamten Magen-Darm-Trakt. Allerdings sind die Schichten gemäß den jeweiligen Funktionen unterschiedlich aufgebaut. So ist zum Beispiel im Dünndarm die Mucosa wegen der Resorption der Nahrung stark entwickelt, während im Dickdarm die Muscularis wegen der Peristaltik stärker ausgeprägt ist.

6.4.3 Transport durch den Ösophagus

Während der Atmung ist der Eingang des Ösophagus normalerweise geschlossen. Etwa 0,3 Sekunden nach Einleitung des Schluckakts erschlafft der Sphinkter für maximal eine Sekunde, und der Speisebrei tritt ein. Gleichzeitig verschließt der Kehldeckel die Trachea. Der Speisebrei wird durch peristaltische Wellen durch den Ösophagus in Richtung Magen geleitet. Abschnittweise kontrahiert zuerst die Längsmuskulatur, der Speisebrei findet im erweiterten und verkürzten Abschnitt Platz. Darüber kontrahiert die Ringmuskulatur und verhindert den Rückfluss, den sogenannten Reflux. Nach ca. 9 – 13 Sekunden erreicht der Speisebrei den unteren Ösophagussphinkter. Dieser öffnet sich kurz reflektorisch durch Erschlaffung der Muskulatur und der Speisebrei kann in den Magen eintreten. Danach kontrahiert die Muskulatur, um einen Reflux und damit Sodbrennen und eine Schädigung der Schleimhaut zu vermeiden.

6.4.4 Engen des Ösophagus

An drei Stellen ist der Ösophagus mit seiner Umgebung verwachsen, sodass hier sein Lumen enger ist. Man spricht auch von den Ösophagusengen. Die *Ringknorpelenge* liegt am oberen Ösophagussphinkter. Dann folgt an der Kreuzungsstelle der Aorta in Höhe der Bifurkation die *Aortenenge* und schließlich an der Hiatusschlinge am Durchtritt durch das Zwerchfell, dem sogenannten Hiatus oesophageus, die *Zwerchfellenge*. An diesen Stellen können Bissen stecken bleiben und starke Schmerzen verursachen. Ferner bilden sich bevorzugt hier Entzündungen, Tumore oder Aussackungen. Eine weitere Schwachstelle ist der Hiatus oesophageus, da dort Teile des Magens oder des Colons in den Brustraum gleiten können, wenn das Gewebe erschlafft; es kommt zur Hiatushernie.

6.5 Magen

Der Magen bzw. *Gaster* oder *Ventriculus* schließt sich als sackartige Erweiterung an den Ösophagus an. Der Magen liegt im linken Oberbauch in Höhe des zehnten Brustwirbels bis zum zweiten Lendenwirbel. Er grenzt rechts an die Leber, links an die Milz und oben an das Zwerchfell. Beim Gesunden hat er meist eine typische Form (Abb. 10), die je nach Körperlage und Füllungszustand variiert.

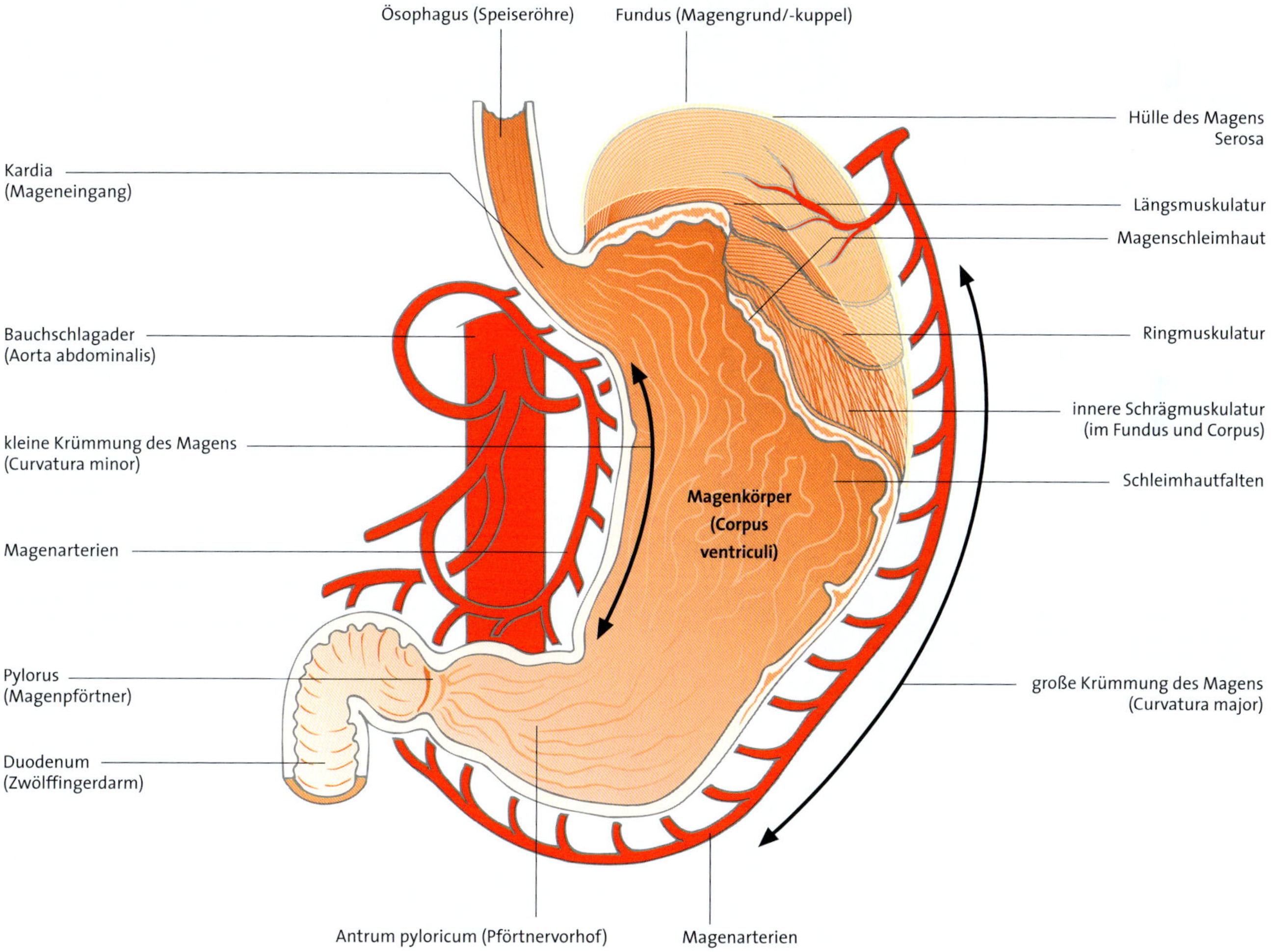

Abb. 10 ▶ Anatomie des Magens

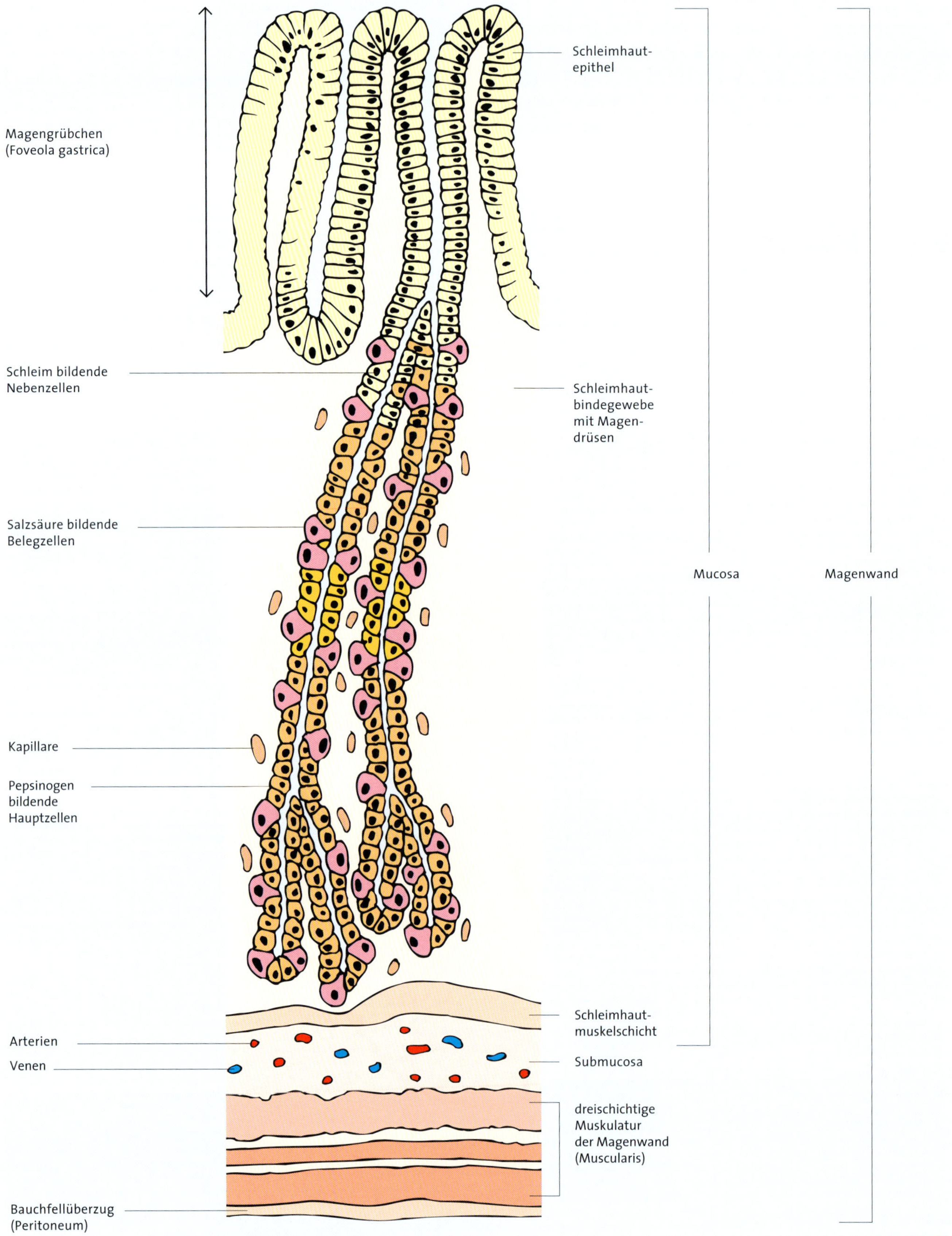

Abb. 11 ▶ Schnitt durch die Magenwand

6.5.1 Makroskopische Anatomie

Der Magen besitzt verschiedene funktionelle Abschnitte. Die *Kardia*, der Mageneingang, ist der ca. 1 cm breite Übergang vom Ösophagus zum Magen. Hier geht die zweischichtige Ösophagusmuskulatur in die dreischichtige Magenmuskulatur über. Ferner liegen hier viele Schleimdrüsen, die die Speiseröhre vor Verätzung durch die Magensäure schützen. Lateral schließt sich der *Fundus* genannte Magengrund an, der immer mit Gas gefüllt ist. Dies begünstigt die anatomische Lage des Magens. Die Kuppel ist teilweise mit dem Zwerchfell verwachsen und liegt unter dem Herzen. Zu starke Gasbildung aus Magen oder auch Darm kann daher Herzbeschwerden auslösen. Der Magengrund enthält drei Magensaft produzierende Zellarten, die Nebenzellen, Hauptzellen und Belegzellen (s. u., 6.5.2).

Danach folgt der größte Teil des Magens, das *Corpus ventriculi* oder der Magenkörper. Seine Hauptaufgabe besteht darin, größere Mengen Speise für längere Zeit zu speichern. Daher beträgt sein Fassungsvermögen etwa 1 200 – 1 600 ml. Er enthält ebenfalls Nebenzellen, Hauptzellen und Belegzellen. Anschließend geht es in das *Antrum pyloricum*, den Pförtnervorhof. Diese Ausbuchtung enthält eine starke Ringmuskulatur, die den *Chymus* genannten Nahrungsbrei nochmals durchmischt. Ferner wird die Beschaffenheit des Chymus geprüft. In der Schleimhaut liegen die G-Zellen, die bei Bedarf die Magensaftproduktion und die Peristaltik des Magens beeinflussen können. Den Abschluss und Übergang zum Zwölffingerdarm, dem *Duodenum*, bildet der *Pylorus*, der Pförtner. Er besitzt einen sehr starken Ringmuskel, den *Sphinkter pylori*, der bedarfsorientiert portionsweise den Chymus an den Zwölffingerdarm weiterleitet. Er steht unter dem Einfluss des Sympathikus, ist also im Normalfall kontrahiert bzw. geschlossen. Zur Weiterleitung des Chymus erschlafft er kurzfristig.

Die innere Krümmung des Magens wird als *Curvatura minor* bezeichnet. Magengeschwüre, das Ulcus ventriculi, bilden sich bevorzugt in diesem Bereich. Ferner setzt hier das Omentum minus, auch als kleines Netz bezeichnet, an und fixiert den Magen mit der Leber. Die äußere Krümmung wird *Curvatura major* genannt. In diese Richtung dehnt sich der Magen bei zunehmender Füllung aus, im Extremfall bis zu 2,4 Liter – im Vergleich beträgt das Fassungsvermögen beim Neugeborenen nur 0,03 Liter.

Tab. 2 ▶ Anteile des Magens

1. Kardia (Mageneingang)
2. Fundus (Magengrund)
3. Corpus (Magenkörper)
4. Antrum pyloricum (Pförtnervorhof)
5. Pylorus (Magenpförtner)
6. kleine Krümmung (Curvatura minor)
7. große Krümmung (Curvatura major)

Die nervale Versorgung des Magens erfolgt über den Parasympathikus, insbesondere den N. vagus. Der Sympathikus wirkt hemmend auf die Verdauungstätigkeit.

6.5.2 Mikroskopische Anatomie

Die Magenwand ist etwa drei Millimeter dick und besteht aus vier Schichten (Abb. 11), der *Mucosa*, der *Submucosa*, der *Muscularis* und der *Adventitia*.

6.5.2.1 *Mucosa*

Sie ist beim Magen ca. ein bis zwei Millimeter dick. Ihre Oberfläche wird aus einschichtigem Zylinderepithel gebildet. Um die größtmögliche Kontaktfläche zwischen Magenschleimhaut und Chymus herzustellen, muss die Magenschleimhaut ihre Oberfläche vergrößern. Daher legt sie sich wie ein Hochrelief in Falten. Diese werden als *Plicae gastricae* bezeichnet. An der kleinen Kurvatur bilden diese Magenfalten längliche Kanäle, die Magenstraßen, an denen Flüssigkeiten direkt in Richtung Dünndarm entlang laufen. Ferner ist ihre Oberfläche durch kleine, mit der Lupe sichtbare Furchen gefeldert. Sie enthalten die Magengrübchen, in die die Magendrüsen münden.

In der Mucosa liegen viele Zellarten, die sehr dicht verteilt sind (ca. 100 Drüsen pro mm^2). Zu den wichtigsten zählen die drei exokrinen Zellarten Hauptzellen, Belegzellen und Nebenzellen, die vor allem im Fundus und Corpus zu finden sind, sowie die endokrinen *G-Zellen* im Antrum und im Duodenum.

▶ Nebenzellen

Sie produzieren muzinhaltigen Schleim zum Schutz der Schleimhaut vor den aggressiven Magensäften. Hauptsächlich liegen sie im Drüsenhals und haben eine hohe Mitoserate. Dieser Schleim wird auch von anderen Oberflächenepithelzellen des Magens gebildet, sodass ein gesunder Magen innen mit einem geschlossenen Schutzfilm vollständig ausgekleidet ist, der ihn vor Selbstverdauung schützt.

▶ Belegzellen

Diese liegen hauptsächlich im mittleren Abschnitt der Mucosa. Sie nehmen zunächst Wasser (H_2O) und Kohlendioxid (CO_2) aus dem Magen auf. Diese wandeln sie in Wasserstoffionen (H^+) und Bikarbonat (HCO_3^-) um (Abb. 12).

$$CO_2 + H_2O \rightarrow HCO_3^- + H^+$$

Das Bikarbonat wird ins Blut abgegeben und dient den Nebenzellen zur Produktion ihres basischen Schleims. Gleichzeitig holt sich die Belegzelle Chlorid-Ionen (Cl^-) aus dem Blut.

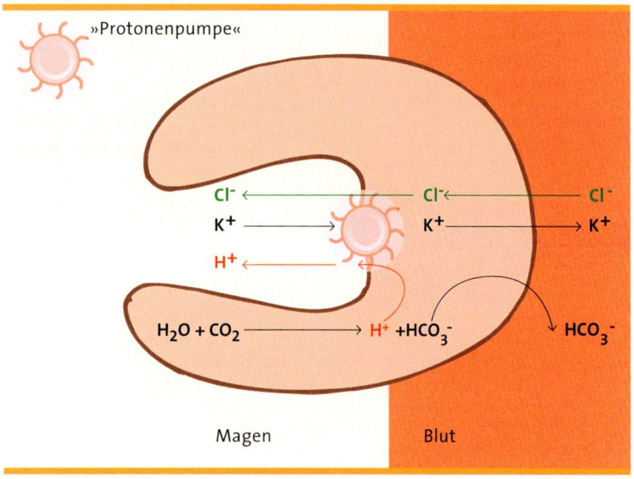

Abb. 12 ▶ Chemische Prozesse in der Belegzelle des Magens

Diese schüttet sie mit den H^+-Ionen in den Magen aus und es entsteht *Salzsäure* (HCl). Die H^+-Ionen werden im Austausch mit K^+-Ionen über die Protonenpumpe der Zelle abgegeben. Die K^+-Ionen werden zum Austausch mit dem Blut gegen die Cl^--Ionen benötigt. Bei säurebedingten Erkrankungen des oberen Gastrointestinaltrakts werden daher oft Protonenpumpenhemmer (z. B. Omeprazol) verordnet.

Die Salzsäure greift Proteine an und zerbricht ihre Struktur, indem sie die Eiweiße denaturiert. Gleichzeitig wandelt sie im Magen das von den Hauptzellen produzierte inaktive Pepsinogen in das aktive *Pepsin* (s. u.) um. Ferner wirkt die Salzsäure desinfizierend und stellt eine wichtige Abwehrbarriere für eingedrungene Erreger dar.

Gleichzeitig produzieren die Belegzellen den *Intrinsic-Faktor*. Er verbindet sich mit dem in der Nahrung enthaltenen *Vitamin* B_{12}, Cobalamin, und schützt es vor der Aufspaltung durch Pepsin und Trypsin im Duodenum. So gelangt es sicher an seine Resorptionsstelle am Ende des Dünndarms, das terminale Ileum. Das Vitamin B_{12} wird für die Blutbildung, den Stoffwechsel der Nervenzellen sowie für Haut und Schleimhäute benötigt und ist in tierischen Produkten und Algen enthalten.

Tab. 3 ▶ Wichtige Zellarten des Magens und ihre Funktion

1. **Hauptzellen**
   - Pepsinogen (Vorstufe von Pepsin)
2. **Belegzellen**
   - Salzsäure
     - Umwandlung von Pepsinogen in Pepsin zur Eiweißverdauung
     - Denaturierung von Proteinen
     - Desinfektion
   - Intrinsic-Faktor zur Resorption von Vitamin B_{12} im terminalen Ileum
3. **Nebenzellen**
   - Magenschleim (Muzin) zum Schutz
4. **G-Zellen**
   - Gastrin zur Anregung der Magenaktivität

▶ Hauptzellen

Diese liegen im unteren Abschnitt der Mucosa und produzieren *Pepsinogen*, die inaktive Vorstufe des Pepsins. *Pepsin* ist ein Enzym, das zu den Peptidasen gehört und in saurem Milieu die Bindungen von Eiweißmolekülen aufspaltet. So wird der Eiweißanteil der Nahrung im Magen zunächst in grobe Bruchstücke zerlegt; die Feinaufspaltung erfolgt erst im Dünndarm.

▶ G-Zellen

Sie zählen zu den endokrinen Zellen, weil sie ihr Sekret, das Hormon *Gastrin*, ins Blut abgeben. Sie befinden sich auch noch am Anfang des Duodenums. Gastrin wird ausgeschüttet, wenn die Verdauungstätigkeit angeregt werden soll. Es gelangt über den Blutweg in obere Teile des Magens und bewirkt eine Produktionssteigerung von Magensaft, eine verstärkte Kontraktur der Magenmuskulatur zur Durchmischung und einen festen Verschluss des unteren Ösophagussphinkters. Ferner wird die Sekretion von Galle und Pankreassäften angeregt. Als Auslöser sind die Reizung des N. vagus, die Dehnung des Antrums, ein Anstieg des pH-Wertes des Magensafts über 2,5 – 3 oder chemische Reize, zum Beispiel Alkohol, Koffein oder Proteine, zu nennen. Gehemmt wird Gastrin vor allem durch seinen hormonellen Gegenspieler, das Sekretin, durch Übersäuerung des Magens im Sinne einer negativen Rückkopplung bei einem pH-Wert unter 2,5 sowie durch Überdehnung des Magens.

6.5.2.2 *Submucosa*

Sie besteht aus lockerem Bindegewebe und enthält ein dichtes Netz von Blut- und Lymphgefäßen. Für die Koordinierung der Drüsentätigkeit ist ein Nervengeflecht zuständig, das unwillkürlich innerviert wird und *Plexus submucosus* oder auch *Meißner-Plexus* genannt wird.

6.5.2.3 *Muscularis*

Im Magen erhält die zweischichtige Muskelschicht des Verdauungstraktes noch eine zusätzliche innere Schrägmuskelschicht, die sich in Fundus und Corpus befindet. Sie stellt eine Verstärkungsschicht dar, um die zum Teil beträchtliche Dehnung des Magens zu sichern. Darauf folgen die mittlere Ringmuskelschicht und danach die äußere Längsmuskelschicht. Letztere reguliert besonders im Bereich der Kurvaturen die Längenausdehnung des Magens. Die Aufgaben der Muscularis bestehen in der ständigen Durchmischung des Speisebreis und dem Transport vom Fundus zum Antrum. Bei gefülltem Magen erfolgen ca. alle 20 Sekunden peristaltische Wellen, die sich über den gesamten Magen erstrecken. Am Pylorus bildet sie den kräftigen Sphinkter pylori.

6.5.2.4 *Adventitia*

Als äußerste Schicht der Magenwand gewährleistet die Adventitia eine Verschiebbarkeit insbesondere bei Verdrängungsprozessen wie zum Beispiel bei Blähungen oder Schwangerschaft. Sie bildet auch das viszerale Blatt des Peritoneums, zu Deutsch Bauchfell. Dies bedeutet, dass der Magen intraperitoneal liegt.

6.5.3 Funktionen des Magens

Die Aufgaben des Magens sind sehr umfassend. Er dient zum einen der Desinfektion, zum anderen der Speicherung der Nahrung. Daneben nimmt er aber auch noch die Funktion eines Verdauungsorgans und eine Schutz- und Kontrollfunktion wahr.

- *Desinfektion der Nahrung:* Das saure Milieu des Magens wirkt als natürliche Schranke gegen Bakterien. Hierzu tragen vor allem die Salzsäure mit ihrem pH-Wert von 1 – 2 und der Magensaft insgesamt mit seinem pH-Wert von 1 – 4 bei. Dies wird jedoch bei einer zu hohen Anzahl an aufgenommenen Bakterien relativiert.
- *Speicherung der Nahrung:* Das Fassungsvermögen beträgt im Durchschnitt 1 500 ml. Die Verweildauer des Speisebreis ist abhängig von seiner Zusammensetzung und beträgt durchschnittlich etwa zwei bis vier Stunden. Kohlenhydrate passieren am schnellsten, dann kommen die Eiweiße, die Fette verweilen am längsten. Die Abgabe des Chymus erfolgt portionsweise ins Duodenum.
- *Verdauungsorgan:* Durch HCl und Pepsin erfolgt die Einleitung der Eiweißverdauung. Die ständige Durchmischung bewirkt eine weitere mechanische Zerkleinerung der Nahrung und verhindert, dass sich die schlecht wasserlöslichen Fetttröpfchen zu großen Fetttropfen zusammenballen, die schlechter aufzuspalten sind. Ferner werden bereits im Magen geringe Mengen von Fett spaltenden Enzymen, sogenannte Lipasen, ausgeschüttet. Falls der pH-Wert nicht zu sauer ist, kann die α-Amylase weiterhin enzymatisch zur Verdauung der Kohlenhydrate aktiv sein.
- *Bildung des Intrinsic-Faktors:* Das Vitamin B_{12}, Cobalamin, wird vor den aggressiven Verdauungsenzymen bis zu seiner Resorption im terminalen Ileum geschützt.
- *Schutz- und Kontrollfunktion:* Schädigende Nahrungsmittel, zum Beispiel verdorbene oder vergiftete, können durch heftige Kontraktion des Magens schnell wieder erbrochen werden.

6.5.4 Magensaft

Im Magen werden zur Verdauung und zum Schutz des Organs pro Tag bis zu drei Liter Magensaft mit einem pH-Wert von 1,0 – 1,5 sezerniert. Die Produktion liegt im nüchternen Zustand bei ca. 5 – 15 ml/h und kann während des Essens, also prandial, auf ca. 600 – 1 200 ml ansteigen. Der pH-Wert liegt nüchtern im neutralen Bereich bei ca. 7, während er prandial ca. 0,8 bis 3 beträgt. Die Unterschiede entstehen, weil die Bikarbonat- und Muzinsekretion kontinuierlich durch den N. vagus erfolgt, während die HCl- und Pepsinogensekretion verdauungsabhängig ist.

TAB. 4 ▶ Bestandteile des Magensafts

HCl (0,1- bis 0,5-prozentig) → Belegzellen
Intrinsic-Faktor → Belegzellen
Pepsinogen → Hauptzellen
Magenschleim (Muzin) → Nebenzellen
Elektrolyte
geringe Mengen Lipase
Wasser

Die Sekretion des Magensafts lässt sich in drei verschiedene Phasen einteilen.

1. *Kephale (oder psychisch-nervale) Phase:* Diese Phase wird über das zentrale Nervensystem ausgelöst. Anblick, Geruch oder Geschmack der Nahrung lassen einem »das Wasser im Munde zusammenlaufen«. Auch erlernte bedingte Reflexe, wie zum Beispiel das Händewaschen vor dem Essen, wirken genauso sekretionssteigernd wie Aggressionen oder Unterzuckerung, die Hypoglykämie. Lediglich Angst wirkt hemmend, der Magen schnürt sich sprichwörtlich zusammen. Vermittelt durch den N. vagus, kommt es zur Gastrin- und Histamin-Freisetzung. Histamin wird von endokrinen enterochromaffinen Zellen freigesetzt (ECL-Zellen, von engl. *enterochromaffin-like*), die versprengt im gesamten Verdauungstrakt liegen, und stimuliert zusätzlich die Säurebildung.
2. *Gastrische (lokale) Phase*: Hier spielen reflektorische lokale Reize eine Rolle, die mechanisch oder chemisch Einfluss auf die Magenwand ausüben. Hierzu gehören die Dehnung der Magenwand durch den Speisebrei oder Protein-Abbauprodukte, Ca^{2+}, Alkohol, Kaffee, Gewürze und Bitterstoffe. Auch in dieser Phase werden Gastrin und Histamin freigesetzt. Gleichzeitig können Rezeptoren im Antrum bei zu saurem Speisebrei die Verdauung hemmen bzw. verzögern, indem sie die Ausschüttung von Somatostatin veranlassen. Man bezeichnet diesen Effekt als negative Rückkopplung. Somatostatin ist eine Art »hormonelle Universalbremse« und wird von verschiedenen

Zellen im Körper produziert. Es hemmt nicht nur die Verdauung, sondern auch die Ausschüttung beispielsweise von Insulin, Glukagon, TSH oder Cortisol.

3. *Intestinale Phase:* Wenn die ersten Teile des Chymus im Dünndarm angelangt sind, erfolgt die Regulation der Magensaftproduktion rückwirkend über mechanische und chemische Reize aus dem Darm. Hier wirken die Dehnung der Darmwand sowie ein zu saurer oder zu fetter Chymus beeinflussend. Die entsprechenden Mechanismen werden meist hormonell über das Sekretin, einen Gegenspieler des Gastrins, oder Somatostatin bzw. das gastroinhibitorische Peptid (GIP) ausgelöst. GIP ist ein gastrointestinales Peptidhormon und wird im Zwölffingerdarm gebildet.

Tab. 5 ▶ Magenmotorik / Verdauung

- **fördernde Einflüsse:**
  - Ruhe, Entspannung
  - psychische Faktoren: Gerüche, Geschmack, Vorstellungen (bedingter Reflex)
  - Eintritt von Speisebrei (Chymus)
  - Gewürze und Bitterstoffe
  - Unterzuckerung (Hypoglykämie)
  - Gastrin
- **hemmende Einflüsse:**
  - Angst
  - Einflüsse aus Antrum/Duodenum (Chymus zu sauer oder zu fett) → Sekretin, GIP und Somatostatin

6.6 Dünndarm

6.6.1 Funktionen

Im Dünndarm, dem *Intestinum tenue*, erfolgt die eigentliche Verdauung und Aufnahme der Nahrungsbestandteile in den Körper. Dazu müssen die Nährstoffe zu resorbierbaren Molekülen abgebaut werden, um über die Dünndarmschleimhaut in das Blut bzw. die Lymphbahnen zu gelangen. Daher werden Kohlenhydrate zu Monosacchariden, wie zum Beispiel Glukose, Eiweiße zu Aminosäuren und Fette zu Fettsäuren und Glyzerin abgebaut *(*s. u., 6.13*)*.

Zu diesem Zweck fließen die Enzyme der Bauchspeicheldrüse und die in der Leber gebildeten Gallensäuren im Anfangsteil des Dünndarms, dem Zwölffingerdarm, in den Speisebrei, um ihn endgültig aufzuspalten. Auf etwa vier bis fünf Metern Länge und einer auf 200 Quadratmeter vergrößerten Fläche wird die Nahrung nun während der Dünndarmpassage resorbiert. Dies dauert im Durchschnitt vier bis sechs Stunden, bei schwerer, fettreicher Nahrung bis zu zehn Stunden. Die unverdaulichen Anteile werden danach in den Dickdarm zur weiteren Verarbeitung und Ausscheidung geleitet.

6.6.2 Form und Lage

Der Dünndarm beginnt am *Pylorus*, dem sogenannten Pförtner, und mündet an der *Ileozäkalklappe*, die auch *Bauhin-Klappe* genannt wird, in den Dickdarm. Seine Länge beträgt ca. drei bis fünf Meter. Er gliedert sich in das *Duodenum*, den Zwölffingerdarm, mit einer Länge von 25 – 30 cm, in das ca. zwei Meter lange *Jejunum*, den Leerdarm, und in das fast drei Meter lange *Ileum*, den Krummdarm. Sein Durchmesser beträgt ca. 2,5 – 4 cm.

6.6.2.1 *Duodenum*

Der *Zwölffingerdarm* schmiegt sich C- bzw. hufeisenförmig um den Pankreaskopf. Er liegt retroperitoneal, d.h. hinter dem Bauchfell; außer dem Anfangsteil und dem beweglichen Endstück ist das Duodenum mit der hinteren Bauchwand verwachsen. In seinem absteigenden Teil liegt die *Papilla Vateri* bzw. *Papilla duodeni major*, die wie eine kleine warzenförmige Erhebung erscheint. Sie ist ein Sphinktermuskel, in den der *Ductus choledochus*, der Gallengang, und der Hauptausführungsgang des Pankreas, der *Ductus pancreaticus*, einmünden.

6.6.2.2 *Jejunum und Ileum*

Es schließen sich das *Jejunum*, der *Leerdarm*, und ohne scharfe Begrenzung das *Ileum*, der *Krummdarm*, an. Sie bilden das *Dünndarmkonvolut* ($^2/_5$ Jejunum und $^3/_5$ Ileum) und liegen intraperitoneal im Unterbauch, das Jejunum mehr im oberen linken Teil, das Ileum mehr im unteren rechten Teil. Das innere und das äußere Blatt des Peritoneums, des Bauchfells, gehen an der Seite des Darms in ein bindegewebiges Band über, das an der hinteren Bauchwand befestigt ist. Dieses Band wird auch als *Mesenterium* oder *Gekröse* bezeichnet. Es gewährleistet die außergewöhnliche Beweglichkeit des Darms und ist gleichzeitig zur Darmversorgung mit einem dichten Netz von Arterien, Venen, Lymphgefäßen und Nerven des unwillkürlichen Nervensystems durchzogen.

Die Befestigung verläuft in einer fast geraden Linie vom Duodenum aus schräg nach rechts unten bis zur Ileozäkalklappe, die die Einmündung in den Dickdarm darstellt. Sie hat eine Länge von etwa 16 cm und wird als *Mesenterialwurzel* bezeichnet. Da Jejunum und Ileum etwa 20-mal länger sind, legt es sich in Falten und bewirkt die ordentliche Verteilung des Darms im Unterbauch. Der Endteil des Ileums mündet an der Ileozäkalklappe in den Dickdarm.

6.6.3 Mikroskopische Anatomie

Auch hier wird der *vierschichtige Wandaufbau* des Verdauungstrakts weitergeführt, der aus Mucosa, Submucosa, Muscularis und Adventitia (Serosa), die das viszerale Blatt des Peritoneums bildet, besteht.

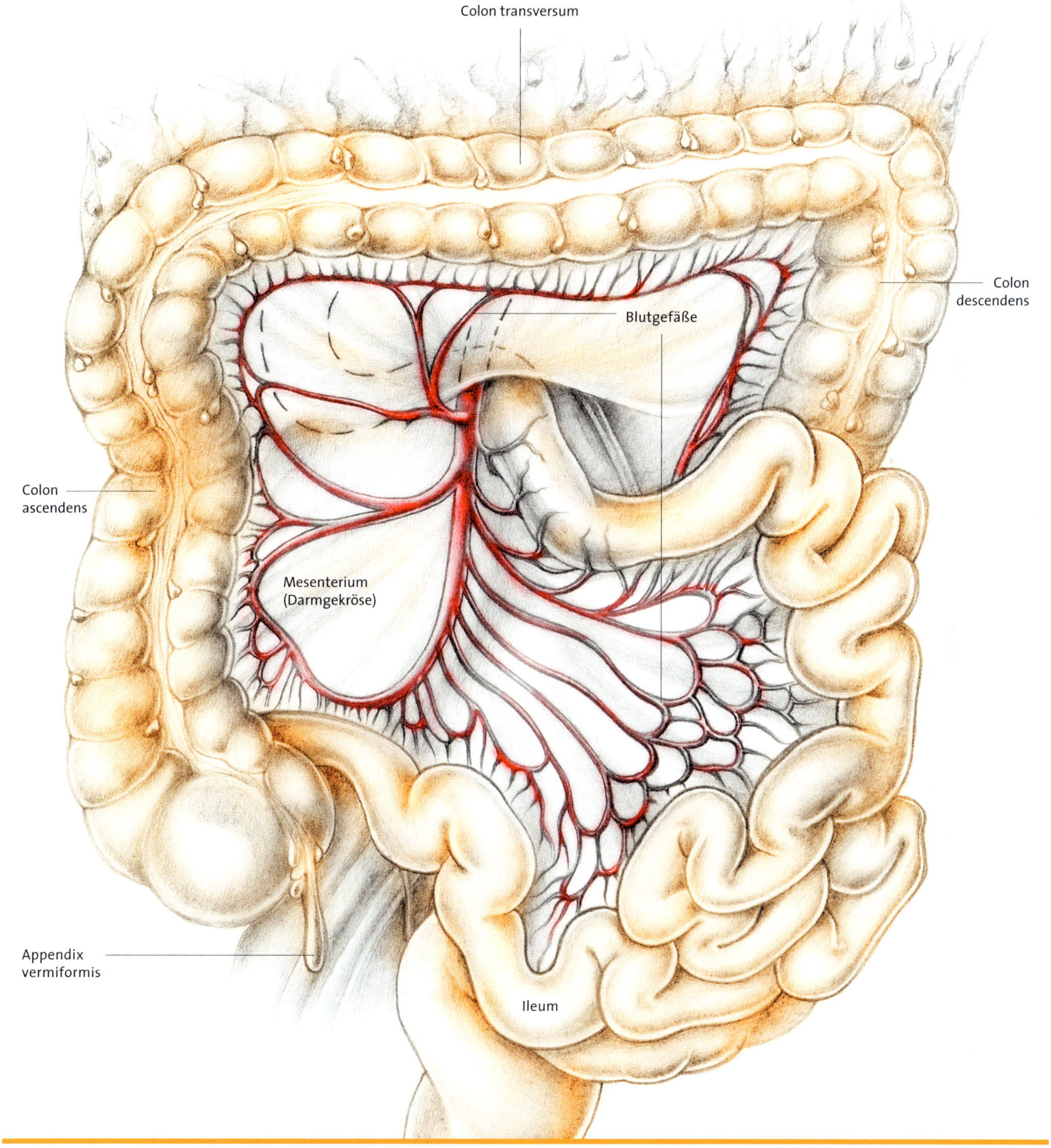

Abb. 13 ▶ Anatomie des Dünndarms mit Mesenterium und Mesenterialwurzel

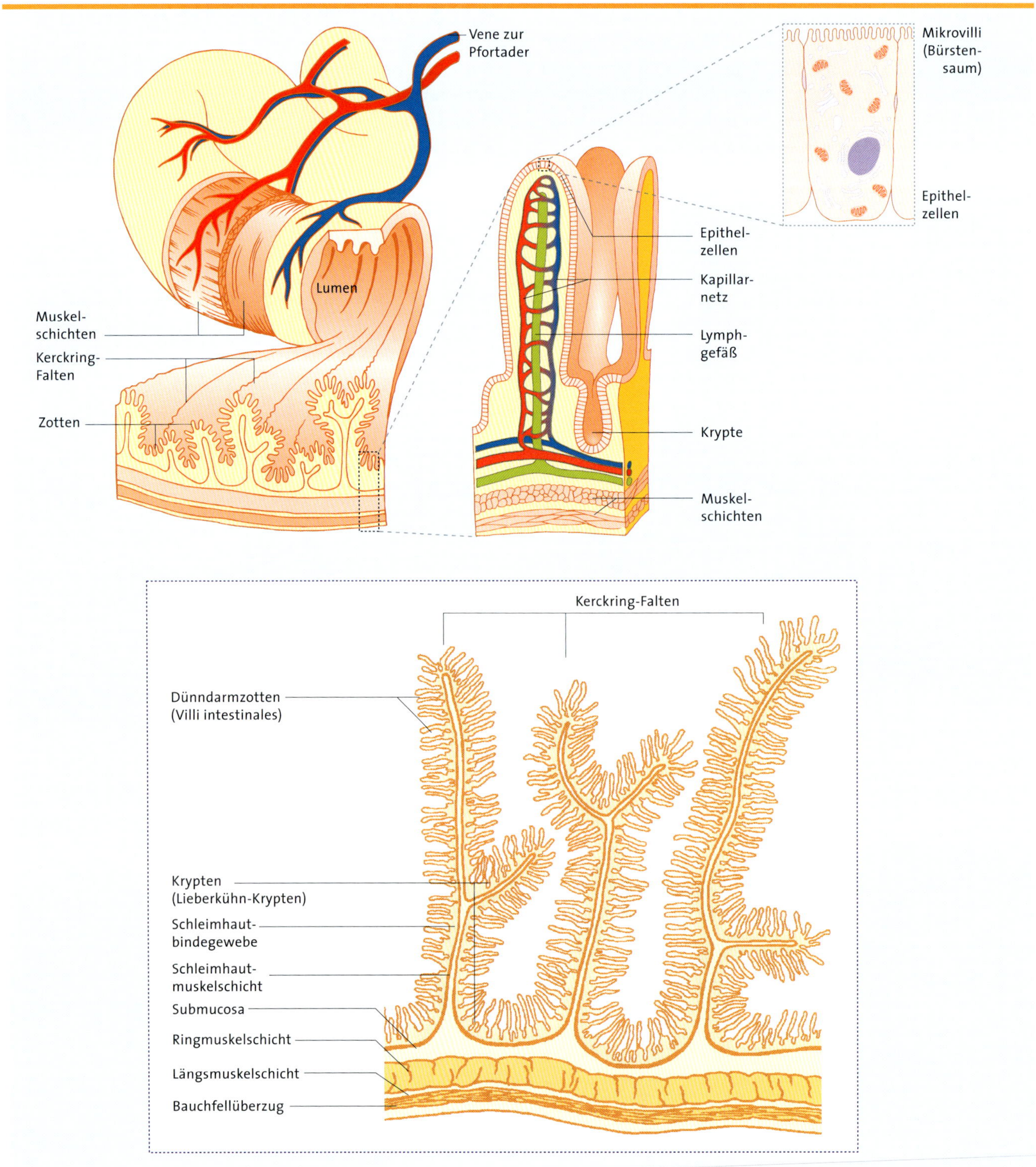

Abb. 14 ▶ Anatomie der Wandstruktur des Dünndarms

6.6.3.1 *Mucosa*

Um die Resorption der Nährstoffe zu gewährleisten, ist die Oberfläche immens vergrößert, nämlich auf ca. 200 m^2.

> **Oberflächenvergrößerung des Dünndarms:**
> 1. Kerckring-Falten (Plicae circulares)
> 2. Darmzotten (Villi intestinales)
> 3. Krypten (Cryptae intestinales)
> 4. Bürstensaum (Mikrovilli).

In das Lumen ragen makroskopisch sichtbare, ca. 1 cm hohe Falten, die als *Kerckring-Falten* oder *Plicae circulares* bezeichnet werden und aus Mucosa und Submucosa bestehen. Auf den Kerckring-Falten liegen ca. 0,5 – 1,2 mm hohe fingerförmige Ausstülpungen, die *Darmzotten* oder *Villi intestinales*. Sie enthalten ein zentrales Lymphgefäß sowie Arterien und Venen und sind für die Resorption der Nährstoffe zuständig. Zwischen den Zotten befinden sich die *Cryptae intestinales*. Dabei handelt es sich 0,2 – 0,4 mm tiefe Einziehungen. Sie bestehen aus Epithelschläuchen mit Drüsenzellen und sezernieren den Dünndarmsaft. Nach ihrem Entdecker werden sie auch als *Lieberkühn-Krypten* bzw. *Lieberkühn-Drüsen* bezeichnet.

Zylindrische Saumzellen, die Enterozyten, und dazwischen liegende, Schleim produzierende Becherzellen bilden die Oberfläche der Zotten aus. Auf dem äußeren Rand der Saumzellen sitzt ein *Bürstensaum*, die *Mikrovilli*, ca. 1,2 – 1,5 nm große Epithelausstülpungen. Mit ca. 3000 pro Zelle und etwa 200 Mio. pro mm^2 leisten sie den größten Beitrag zur Oberflächenvergrößerung. Mikrovilli leben nur ca. drei Tage, wachsen aber ständig von unten nach. Sie werden dann abgeschilfert, also abgeschuppt, und mit dem Stuhl ausgeschieden. An den Mikrovilli werden die Nährstoffe über die Saumzellen in die Zotten aufgenommen.

Weitere Zellarten in den Krypten sind die Schleim bildenden *Becherzellen*, die *Paneth-Körnerzellen* und verschiedene endokrine Zellen. Schleim bildende Becherzellen liegen nicht nur in den Krypten, sondern auch an den Saumzellen. Sie bilden neutralen Schleim, Muzin genannt, der für die Durchfeuchtung der Schleimhaut und die Gleitfähigkeit des Chymus sorgt. Ihre Anzahl nimmt zum Ende des Dünndarms ständig zu. Für die Erregerabwehr sind die Paneth-Körnerzellen zuständig. Sie bilden Lysozyme, die Bakterienwände zerstören. Im unteren Drittel der Krypten liegen verschiedene endokrine Zellen, die Granula enthalten. In diesen Körnchen befinden sich *Verdauungshormone*, zum Beispiel Somatostatin, Secretin, Gastrin, Enteroglucagon, Serotonin oder Cholezystokinin (Pankreozymin), das die Ausschüttung von Pankreasenzymen und die Kontraktion der Gallenblase stimuliert. Im untersten Teil der Krypten liegen *Stammzellen*, um die ständige Regeneration der Darmzellen zu sichern.

▶ Brunner-Drüsen und Dünndarmsaft

Im Duodenum muss der saure Chymus aus dem Magen alkalisiert werden, damit die Enzyme des Pankreas bei einem pH-Optimum von 7,5 – 8 wirken können. Daher befinden sich in der Submucosa die *Brunner-Drüsen*, die in die Krypten münden und reichlich alkalisches Sekret ausschütten. Zur Optimierung dieses Vorgangs enthält der Pankreassaft u. a. Bikarbonat.

Als *Dünndarmsaft* bezeichnet man das Sekret, das von den Brunner-Drüsen, Lieberkühn-Drüsen und Schleimdrüsen gemeinsam gebildet wird. Er beträgt pro Tag zwischen fünf und 20 Liter.

▶ Abwehrmechanismen

In der Darmschleimhaut liegen viele Lymphfollikel bzw. -knötchen, entweder vereinzelt oder gruppiert. Im terminalen Ileum bilden sie dichte Platten, die *Peyer-Plaques*, die für die lokale Immunität sorgen. Ferner finden sich zahlreiche Lymphozyten, die den Antikörper Immunglobulin A produzieren.

▶ Morphologie der Mucosa

Im Verlauf des Dünndarms ändert sich die Mucosa in ihrem Aussehen, der *Morphologie*, durch ihre unterschiedlichen Aufgaben. Im Duodenum steht die Aufspaltung noch vor der Resorption, daher finden sich hier zahlreiche tiefe Kerckring-Falten, hohe plumpe Zotten und flache Krypten sowie die Brunner-Drüsen. Im Jejunum ist der größte Teil bereits aufgespalten, daher steht hier die Resorption im Vordergrund. Die Kerckring-Falten sind hoch, die Zotten zahlreich, plump und lang, und die Krypten tiefer. Im Ileum nimmt die Resorption ab, die Abwehr wird wichtig. Daher werden die Kerckring-Falten im Verlauf immer flacher und seltener und fehlen gegen Ende komplett. Die Zotten werden spärlich und flach, die Becherzellen nehmen zu und es finden sich zahlreiche circa 1 cm lange Lymphfollikelansammlungen, die Peyer-Plaques.

6.6.3.2 *Submucosa*

Als Submucosa bezeichnet man eine bindegewebige Verschiebeschicht zwischen Mucosa und Muscularis. Sie enthält Blut- und Lymphgefäße sowie die Brunner-Drüsen. Hier liegt der *Plexus submucosus*, auch *Meißner-Plexus* genannt, der die Schleimhaut innerviert, d. h. die Drüsentätigkeit wird unabhängig vom ZNS gesteuert. Er gehört zum Darmwandnervensystem.

6.6.3.3 *Muscularis*

Die Muskelschicht besteht aus unwillkürlicher glatter Muskulatur, die aus zwei Schichten aufgebaut ist. Innen liegt Ringmuskulatur und außen Längsmuskulatur, die über den *Plexus myentericus* oder *Auerbach-Plexus* innerviert wird, der ebenfalls zum Darmwandnervensystem gehört.

Der Dünndarm erzeugt autonom verschiedene Typen der Motilität mit folgenden Zielen: Es soll ein möglichst häufiger Kontakt zwischen Zotten und Chymus erreicht, der Chymus transportiert und die Selbstreinigung gesteuert werden.

Sympathikus und Parasympathikus haben analog dem Herzen nur modifizierenden Einfluss. Zur Durchmischung des Darminhaltes kontrahiert nur die Ringmuskulatur auf kurzen Abschnitten. Man bezeichnet dies als nicht-propulsive Peristaltik.

Zum Transport des Darminhaltes werden unter Einbeziehung der Längsmuskulatur peristaltische Wellen über längere Abschnitte erzeugt, die sogenannte propulsive Peristaltik. Hierbei geht der Hauptreiz von der Dehnung der Darmwand durch ballaststoffreiche Nahrung, wie zum Beispiel Gemüse, Obst oder Vollkornprodukte, und viel Flüssigkeit aus.

Zwischen den Mahlzeiten läuft eine Reinigungsperistaltik, ausgelöst durch den N. vagus und das Hormon Motilin. Sie dient der Entfernung abgestorbener Darmwandzellen und soll das Aufsteigen von Bakterien aus dem Dickdarm verhindern.

6.6.3.4 *Zottenpumpe*

Dieser Mechanismus ist ein verknüpftes System aus vertikalen glatten Muskelzellen und horizontalen Myofibroblasten, welche abwechselnd kontrahieren. Bei Kontraktion der Zotten werden die in ihnen liegenden Gefäße zusammengepresst und die aufgenommenen Nährstoffe weiter in den Körper geleitet. Nach dieser Verkürzung erschlafft die Muskulatur, die Zotten tauchen zur weiteren Resorption in den Chymus. Somit bewirkt die Zottenpumpe einen *beschleunigten Transport der Nährstoffe* über Venen und Lymphgefäße und einen *verbesserten Kontakt zum Chymus*.

6.7 Dickdarm

6.7.1 Funktionen

Der ca. 1,5 – 1,8 m lange Dickdarm, das *Intestinum crassum,* bildet den letzten Abschnitt des Verdauungskanals und dient der Vorbereitung der Ausscheidung. Hier erfolgt die Rückresorption von Wasser und wichtigen Elektrolyten aus dem Chymus, der ab dieser Stelle als *Fäzes* (Kot) bezeichnet wird, weil keine Nährstoffe mehr resorbiert werden. Der Wasserentzug ist lebensnotwendig, damit der Mensch nicht austrocknet. Daher sind zum Beispiel Durchfallerkrankungen bei Säuglingen und Kleinkindern besonders heikel, weil ihr Wasserbestand höher ist als bei Erwachsenen (Säugling 75 %, Erwachsene 50 - 60 % des KG). Durch die Eindickung werden die Fäzes auf ihrem Weg durch den Dickdarm immer fester. Um ihre Gleitfähigkeit zu erhalten, sitzen in den Krypten viele Schleim bildende *Becherzellen*. Durch die Vermischung mit dem Schleim können sie ungehindert vorwärts transportiert werden.

Weiterhin werden unverdauliche Nahrungsreste durch Bakterien im Rahmen von *Gärungs- und Fäulnisprozessen* zersetzt. Im Dickdarm befinden sich weitaus mehr Bakterien als im Dünndarm, sie werden in ihrer Gesamtheit als *Darmflora* bezeichnet und sind für einen gesunden Darm unerlässlich. Zu den wichtigsten gehören Escherichia coli, Enterokokken, Bacillus acidophilus und Lactobacillus bifidus. Durch ihre Anwesenheit und eine ausgewogene Zusammensetzung verdrängen sie auch schädigende Bakterien, Pilze oder andere Erreger. Bei Infektionskrankheiten oder Einnahme von Antibiotika werden sie dezimiert, das natürliche Gleichgewicht wird zerstört.

Tab. 6 ▶ Funktionen des Dickdarms

- Wasserresorption
- Eindickung der Fäzes durch Wasserentzug
- Elektrolytresorption
- Abbau nicht resorbierbarer Nahrungsreste durch Bakterien
- Gleitfähigkeit der Fäzes durch Schleim
- Vorbereitung der Defäkation

6.7.2 Form und Lage

Der Dickdarm besteht aus *Blinddarm* (*Caecum*) mit *Wurmfortsatz* (*Appendix vermiformis*), *Grimmdarm* (*Colon*) und *Mastdarm* (*Rektum*) und endet mit dem *Darmausgang* (*Anus*). Er umschließt den Dünndarm wie ein Rahmen.

Er beginnt im rechten Unterbauch mit dem Blinddarm, verläuft weiter mit dem aufsteigenden Grimmdarm (*Colon*

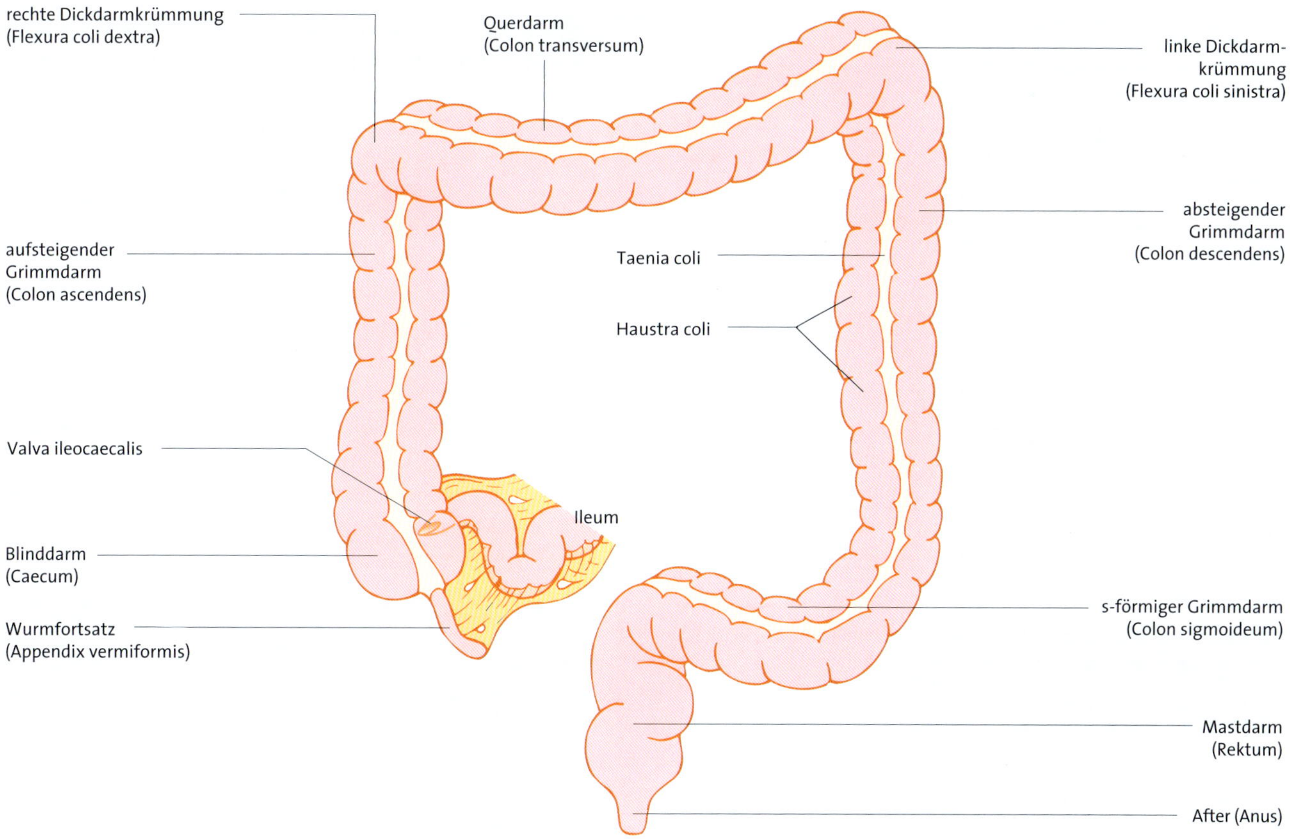

ABB. 15 ▶ Anatomie des Dickdarms mit Valva ileocaecalis

ascendens) in den quer verlaufenden Grimmdarm (*Colon transversum*) und geht in den absteigenden Grimmdarm (*Colon descendens*) über. Daran schließt sich s-förmig das Sigmoid (*Colon sigmoideum*) an. Der Dickdarm endet im Mastdarm mit dem Darmausgang.

6.7.2.1 *Caecum*

Der Blinddarm, *Caecum* oder auch *Coecum* genannt, ist der Anfang des Dickdarms und mit ca. 6 – 8 cm der kürzeste, aber auch weiteste Abschnitt. In ihn mündet das terminale Ileum über die Valva ileocaecalis, die auch als Ileozäkalklappe oder Bauhin-Klappe bezeichnet wird. Am unteren Ende hängt der ca. 10 cm lange Wurmfortsatz, die Appendix vermiformis.

Die *Ileozäkalklappe* stellt einen Verschlussmechanismus zwischen Dünn- und Dickdarm dar. Sie ist wichtig, damit die Bakterienbesiedlung des Dickdarms nicht auf den Dünndarm übergreift. Daher lässt der Klappenmechanismus den Chymusfluss normalerweise nur in einer Richtung zu. Zum Aufbau der Klappe stülpt sich das untere Ileumende in das Caecum vor und schiebt die zirkuläre Muskelschicht auseinander, dadurch entstehen zwei Lippen. Bei höherem Druck aus dem Dünndarm durch eine peristaltische Welle öffnen sich die Lippen, der Speisebrei tritt über, danach schließt sich die Klappe wieder.

Der *Wurmfortsatz,* die Appendix vermiformis, ist ein rudimentärer Teil des Caecum. Er erfüllt keine Verdauungsfunktion, sondern wurde zum lymphatischen Abwehrorgan umgestaltet. Seine Lage variiert stark, er kann bei lokaler Entzündung als Abwehrorgan überschießend reagieren oder sich durch eingedrungene Fäzesreste entzünden. Das Krankheitsbild wird als *Appendizitis,* im Volksmund Blinddarmentzündung, bezeichnet. Da der Appendix vermiformis intraperitoneal liegt, besteht bei einem Durchbruch in den Bauchfellspalt die Gefahr der gefürchteten Bauchfellentzün-

TAB. 7 ▶ Abschnitte des Dickdarms und Lage im Peritoneum

1. Caecum (Blinddarm) mit Wurmfortsatz (Appendix vermiformis)	– intraperitoneal
2. Colon (Grimmdarm)	
› Colon ascendens	– sekundär retroperitoneal
› Colon transversum	– intraperitoneal
› Colon descendens	– sekundär retroperitoneal
› Colon sigmoideum	– intraperitoneal
3. Rektum (Mastdarm) mit Anus	– extraperitoneal

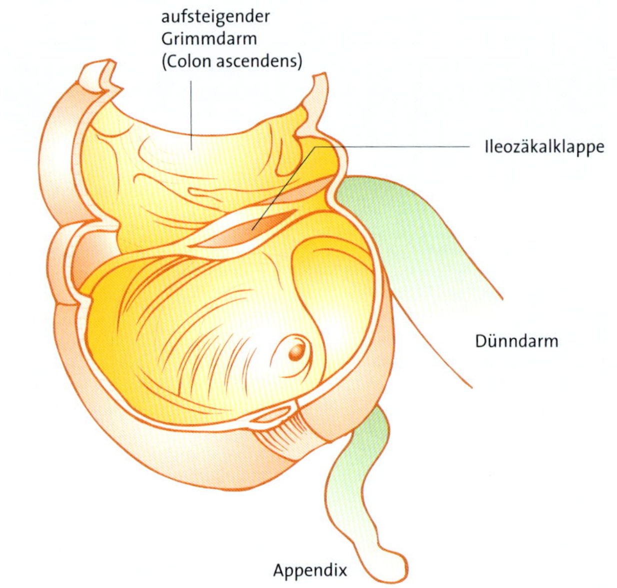

Abb. 16 ▶ Blinddarm mit Übergang zwischen Dünn- und Dickdarm und Appendix

dung, der *Peritonitis*. Daher ist bei einer sehr heftigen oder ständig wiederholt auftretenden Entzündung die operative Entfernung, die Appendektomie, indiziert.

6.7.2.2 *Colon*

Der Grimmdarm ist der Hauptteil des Dickdarms und besteht aus vier Teilen, dem aufsteigenden, dem quer verlaufenden, dem absteigenden und dem s-förmigen Grimmdarm.

Das *Colon ascendens* (aufsteigender Grimmdarm) liegt sekundär retroperitoneal, d.h. seine Vorderseite liegt dem Peritoneum an (ventral) und endet in der rechten Biegung, der Flexura coli dextra. Diese grenzt ventral an die Leber und dorsal an die rechte Niere. Das *Colon transversum* (quer verlaufender Grimmdarm) liegt intraperitoneal und ist meist nach unten gekrümmt. Es trennt den Ober- vom Unterbauch und endet in der Nähe der Milz in einer spitzwinkligen Linksbiegung, der Flexura coli sinistra. Da sie wie eine Haarnadel gebogen ist, stellt sie einen Passageengpass dar, z.B. bei Kindern, die Gegenstände verschluckt haben. Starke Gasbildung in diesem Bereich, Meteorismus genannt, führt zur Verschiebung des Herzens und kann Herzbeschwerden hervorrufen, z.B. das Roemheld-Syndrom. Das *Colon descendens* (absteigender Grimmdarm) verläuft wieder sekundär retroperitoneal und geht in Höhe der linken Darmbeinschaufel in das Sigmoid über. Das *Colon sigmoideum* (s-förmiger Grimmdarm) bildet eine s-förmige Schleife, liegt intraperitoneal und mündet etwa in Höhe des zweiten bis dritten Sakralwirbels in den Mastdarm (Rektum).

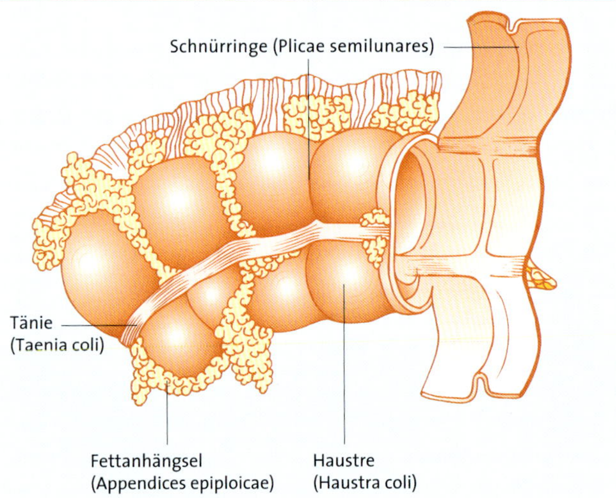

Abb. 17 ▶ Dickdarm-Muscularis

6.7.3 Mikroskopische Anatomie

Die *Mucosa* des Dickdarms enthält keine Zotten mehr, da die Nahrungsresorption abgeschlossen ist. Es finden sich tiefe Krypten mit vielen Becherzellen, die den Gleitschleim bilden, sowie viele Mikrovilli zur Wasser- und Elektrolytresorption. Eingelagerte Lymphfollikel sichern die Abwehr.

Die *Submucosa* besteht aus lockerem Bindegewebe mit eingelagerten Drüsen.

In der *Muscularis* (Abb. 17) finden sich einige Besonderheiten. Zunächst entstehen durch straffe Bündelung der äußeren Längsmuskelschicht – ähnlich einem aufgenähten straffen Band – ca. 1 cm breite Längsstreifen, die sogenannten Tänien. Durch Kontraktion der Ringmuskulatur bilden sich typische Schnürringe, die Plicae semilunares, die wie halbmondförmige Falten in das Dickdarmlumen vorspringen. Die Abschnitte zwischen den Schnürringen sind halbkugelig nach außen gewölbt und werden – nach dem lateinischen Wort für »Schöpfrad« – als Haustren bezeichnet. Haustren und Schnürringe sind ca. 3 – 5 cm lang und rein funktionelle Gebilde, d.h. sie ändern ständig ihre Lage. Durch die abwechselnd eingeschnürten oder nach außen gewölbten Abschnitte entsteht die Dickdarmperistaltik und der Darminhalt wird in Richtung Mastdarm gedrückt.

Die *Adventitia (Subserosa)* des Dickdarms ist sehr fettreich. Entlang der Tänien hängen zahlreiche zipfelförmige Fettanhängsel. Sie dienen als Fettspeicher; ihre Größe hängt vom Ernährungszustand des Individuums ab. Bei den intraperitoneal gelegenen Anteilen (Caecum mit Appendix, Colon transversum und Sigmoid) bildet sie das viszerale Blatt des Peritoneums. Ähnlich wie beim Jejunum und Ileum gehen das viszerale und das parietale Blatt des Peritoneums in das Mesocolon über, das Dickdarmgekröse. Es handelt sich dabei

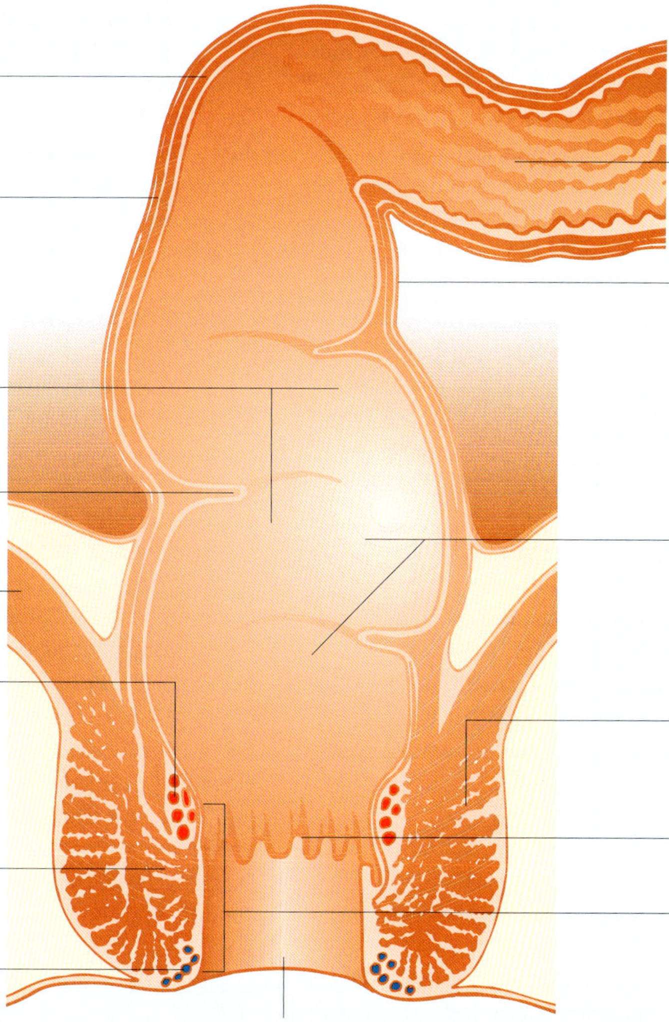

Abb. 18 ▶ Rektum und Analkanal

um ein bindegewebiges Band, das mit der hinteren Bauchwand verwachsen ist und versorgende Gefäße, Nerven und Lymphknoten enthält. Da der Dickdarm wesentlich kürzer ist, hat es nicht die starke Fältelung des Dünndarms. Die sekundär retroperitonealen Anteile (Colon ascendens und descendens) sind zur Befestigung dorsal und lateral mit der Bauchwand verwachsen.

6.7.4 Rektum

Der 15 – 20 cm lange *Mastdarm* hat die Aufgabe, die Fäzes bis zur Ausscheidung zu sammeln. Das Rektum schließt sich in Höhe des zweiten bis dritten Sakralwirbelkörpers an das Sigmoid an und liegt im kleinen Becken zwischen dem Kreuzbein, der Harnblase und beim Mann zusätzlich der Prostata bzw. bei der Frau der Gebärmutter und der Scheide. Anfänglich ist es noch mit Bauchfell überzogen, liegt im weiteren Verlauf jedoch extraperitoneal und weist eine s-förmige Krümmung auf. Der Anfangsteil ist zur besseren Speicherung nach dorsal konvex in die Kreuzbeinkrümmung geschmiegt, während sich der Endteil konvex nach ventral krümmt. Hierbei hilft ein Muskel der Beckenbodenmuskulatur, der Afterheber (M. puborectalis). Er hält das Rektum wie eine Schlinge nach vorn oben und verursacht dadurch die S-Form. Wird er verletzt, kommt es zur Inkontinenz, der Unfähigkeit, den Darminhalt zu halten. Drei in das Darmlumen hineinragende Falten, die *Plicae transversales recti*, verhindern eine zu schnelle Passage und entlasten dadurch auch die Schließmuskeln. Unterhalb der mittleren Falte, der Kohlrausch-Falte, beginnt etwa 8 cm vom Anus entfernt die Ampulle, der eigentliche, *Ampulla recti* genannte Sammelbehälter für den Kot.

6.7.4.1 *Analkanal*

Das Rektum endet mit dem *Canalis analis* (Abb. 18), der mit dünner, schwach verhornter, sensibel innervierter Schleimhaut ausgekleidet ist. In dieser ca. 1 – 2 cm breiten Region befinden sich sechs bis zehn Schleimhautlängsfalten, die Columnae anales. Sie sind arteriovenöse Schwellkörper, die ins Lumen hineinragen. Wenn der Kot zu dünn ist oder einen zu hohen Anteil an Gasen hat, wird die arterielle Blutzufuhr gesteigert und der venöse Abfluss verringert. Dadurch schwellen sie an und dichten so den Anus ab. Erweitern sie sich krankhaft, spricht man von inneren Hämorrhoiden.

6.7.4.2 *Schließmuskeln*

Der Analkanal ist von zwei Schließmuskeln umgeben, einem inneren und einem äußeren. Der innere Afterschließmuskel, der *M. sphincter ani internus*, besteht aus glatter Muskulatur und ist willentlich nicht beeinflussbar. Er steht unter Dauertonus über sympathische Nervenfasern. Der äußere Afterschließmuskel, der *M. sphincter ani externus*, besteht aus quer gestreifter Muskulatur und ist daher über Äste des Schamnervs (N. pudendus) willentlich beeinflussbar. Auch er steht unter Dauertonus und erschlafft bei der willkürlichen Defäkation.

6.7.4.3 *Stuhlentleerung*

Füllt sich das obere Rektum, werden Druckrezeptoren erregt. Sie leiten nervale Impulse über die Sakralnerven – hier liegt das »Stuhlentleerungszentrum« – zum Gehirn. Das Gehirn meldet »Stuhldrang«; wird dem nachgegeben, kommt es zur Stuhlentleerung, der *Defäkation*. Über parasympathische Nervenbahnen aus dem Sakralnervengeflecht kontrahiert die Längsmuskulatur, die Falten verstreichen und beide Analsphinkter sowie der M. puborectalis erschlaffen. Der Darm verkürzt sich und die Ringmuskulatur drückt den Kot durch den After, den Anus, ins Freie. Dieser Prozess wird von der Bauchmuskulatur unterstützt, der sogenannten Bauchpresse. Die häufige Unterdrückung des Stuhldrangs ist die Hauptursache für chronische Verstopfung, die *Obstipation*.

6.7.4.4 *Zusammensetzung der Fäzes*

Die abgesetzten Fäzes bestehen normalerweise immer noch zu etwa 76 % aus Wasser. Die restlichen 24 % sind feste Bestandteile, vor allem abgeschilferte Darmzellen, Darmbakterien (3 % der Stuhlmasse) und Nahrungsrückstände. Ihre Farbe sollte mittelbraun sein, ein zu heller Kot weist auf zu wenig Galle hin, während ein dunkler Kot oft durch Oxidationsvorgänge bei zu langer Verweildauer im Mastdarm entsteht. Dabei ist natürlich zu berücksichtigen, dass bestimmte Nahrungsmittel wie etwa Rote Bete oder Spinat die Farbe beeinflussen. Er sollte von der Konsistenz leicht breiig geformt sein, der optimale pH-Wert beträgt 5,5 – 6,5. Ein leicht säuerlicher Geruch ist normal, zu sauer deutet auf extreme Gärungsprozesse hin, zum Beispiel bei zu viel Kohlenhydraten, während ein fauliger Geruch auf eine gestörte Eiweißverdauung hinweist. Tägliche Entleerung ist wünschenswert, weil es bei zu langer Verweildauer zu abnormen Fäulnis- und Gärungsprozessen kommt, die durch Ansammlung von Giften zur Leberbelastung führen und das Darmkrebsrisiko steigern. Daher sollte die Nahrung genug Ballaststoffe enthalten, und es muss genug getrunken werden.

6.8 Peritoneum

Das *Bauchfell* kleidet die Bauchfellhöhle, die Peritonealhöhle, aus und kann große Mengen an Flüssigkeit aufnehmen. Die Peritonealhöhle wird ventral von der Muskulatur der Bauchwand, dorsal von der Muskulatur des Rückens, kranial vom Zwerchfell und kaudal von der Beckenbodenmuskulatur begrenzt. Sie ist die größte der drei serösen Höhlen des Körpers, die sich in Brust- und Bauchraum befinden: die Pleurahöhle (Brustfellhöhle), die Perikardhöhle (Herzbeutelhöhle) und die Peritonealhöhle (Bauchfellhöhle). Die Aufgaben dieser Höhlen bestehen in der Trennung der darin liegenden Organe von muskulären und knöchernen Strukturen und in der Unterstützung ihrer Verschiebbarkeit nach innen und außen.

6.8.1 Serosa

Die Höhlen sind nach innen und außen mit einer dünnen, spiegelnden, epithelartigen Schicht, also einer serösen Haut, ausgekleidet, einem »Fell«. Ihre obere Schicht, die *Tunica serosa*, sondert eine Gleitflüssigkeit ab, die die Verschiebbarkeit der Organe unterstützt. Darunter liegt zur Fixierung mit der Umgebung eine Bindegewebsschicht, die *Tunica subserosa*. Die innere Schicht liegt den Organen als sogenanntes viszerales Blatt an und die äußere Schicht stellt als parietales Blatt die Verbindung mit der Rumpfwand her. Zwischen diesen beiden Häuten ist ein feiner Spalt, in dem die Flüssigkeit *Liquor peritonei* zirkuliert und den Austausch ermöglicht.

Das Peritoneum ist besonders reich mit Blut- und Lymphgefäßen sowie Nerven versorgt, beispielsweise im Mesenterium und im Mesocolon. Dadurch erhält es seine hohe Sekretions- und Resorptionsfähigkeit auf einer Fläche von etwa zwei Quadratmetern.

Die Bauchorgane entwickeln sich während der Embryonal- und Fetalzeit zunächst im Retroperitonealraum. Ein Teil der Organe wandert dann in den Peritonealraum ein und wird dabei mit dem Bauchfell »eingehüllt«. Dies kann man vergleichen mit einer Faust, die sich in einen nicht zu

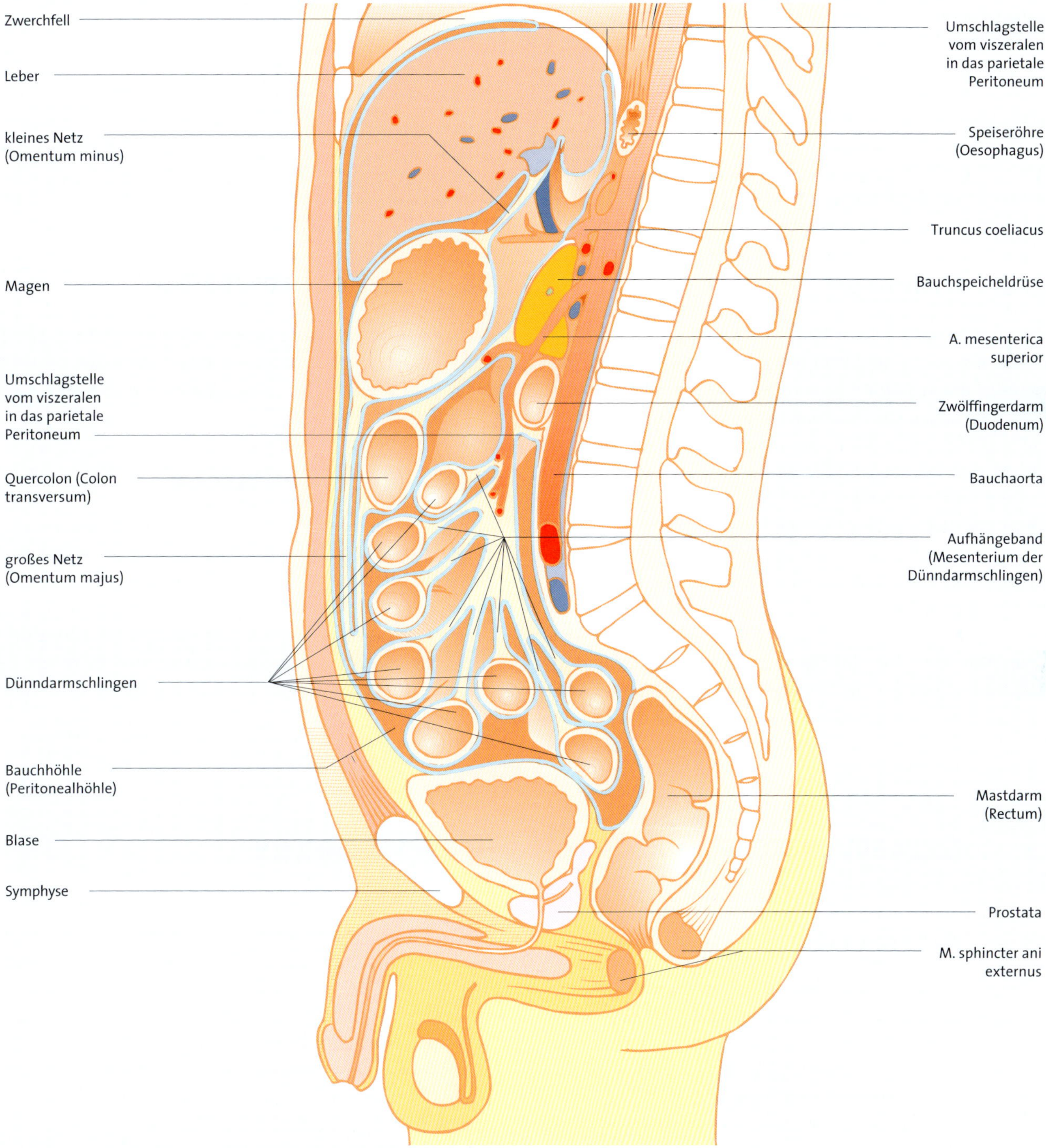

Abb. 19 ▶ Schnittmodell der Bauchorgane

Tab. 8 ▶ Lage der Bauchorgane

intraperitoneale Organe	retroperitoneale Organe	extraperitoneale Organe
Leber Milz Magen Dünndarm Caecum und Appendix Colon transversum Colon sigmoideum Eierstöcke (Ovarien)	Pankreas Duodenum Colon ascendens und descendens Niere und Nebenniere Harnleiter Aorta abdominalis V. cava inferior	Blase Gebärmutter (Uterus) und Eileiter (Tuben) Prostata Rektum

stark aufgeblasenen Luftballon drückt. Alle Organe, die vom Bauchfell umgeben sind, d.h. intraperitoneal liegen, haben Aufhängebänder. Retroperitoneale Organe sind nur teilweise vom Bauchfell überzogen, während extraperitoneale Organe außerhalb der Bauchhöhle liegen (Abb. 19).

6.8.2 Omentum majus

Dieses »*große Netz*« ist eine bindegewebige, fettreiche Struktur, die auf beiden Seiten vom Peritoneum umkleidet ist. Das Omentum majus hängt wie eine Schürze vom Magen nach unten und bedeckt die Dünndarmschlingen fast vollständig. Es ist reichlich mit Makrophagen und Lymphozyten besetzt und legt sich bei lokalen Entzündungen schützend um die entzündete Stelle, um eine Ausbreitung zu verhindern. Durch seine große Oberfläche hat es eine gute Resorptionsfähigkeit und trägt damit zur Erhaltung des Flüssigkeitsgleichgewichts im Bauchfellspalt bei. Mit seinen eingelagerten Fettzellen dient es als Energie- und Wärmespeicher. Bei adipösen Menschen kann es zu einer mehreren Zentimeter dicken Platte anwachsen. Die stark vermehrten oder vergrößerten Fettzellen begünstigen nach neueren Erkenntnissen das Entgleisen des Stoffwechsels zum Diabetes mellitus Typ 2.

Funktionen des Omentum majus:
- Abwehr
- Resorption
- Fettdepot.

6.8.3 Omentum minus

Dieses »*kleine Netz*« ist eine Bindegewebsstruktur, die die kleine Magenkurvatur und das Duodenum mit der Leber verbindet. Das Omentum minus enthält viele Blutgefäße und den Hauptgallengang.

6.8.4 Bauchfelltasche

Die *Bursa omentalis* entsteht während der embryonalen Entwicklung durch Drehung des Magens. Die Bauchfelltasche liegt hinter dem Magen und dem Omentum minus und vor der Bauchspeicheldrüse und der hinteren Bauchwand. Sie hat *Aussackungen*, sogenannte *Recessus*, in Richtung Milz, Leber, Zwerchfell und Omentum minus und dient als Verschieberaum für die Bauchorgane, insbesondere den Magen.

6.9 Gefässversorgung der Verdauungsorgane

6.9.1 Arterien des Bauchraums

Aus der *Aorta abdominalis* zweigen drei Arterienstämme zur Versorgung des Bauchraums ab. Diese sind der Truncus coeliacus, der »Bauchhöhlenstamm«, die obere Eingeweidearterie (Arteria mesenterica superior) und die untere Eingeweidearterie (Arteria mesenterica inferior) (Abb. 20).

Der *Truncus coeliacus* versorgt die Oberbauchorgane und teilt sich auf in die linke Magenschlagader (*A. gastrica sinistra*), die Leberschlagader (*A. hepatica communis*) und die Milzschlagader (*A. lienalis*). Mit seinen weiteren Aufzweigungen versorgt er arteriell Leber, Magen, Pankreas, Duodenum, Milz und die angrenzenden Bauchfellstrukturen. Die obere Eingeweidearterie (*A. mesenterica superior*) versorgt den Dünndarm und das Colon bis zur Mitte des Colon transversum und erreicht über weitere Äste teilweise noch Pankreas, Duodenum und Magen. Die *A. mesenterica inferior* versorgt das Colon ab der Mitte des Colon transversum und das obere Rektum.

Anschließend verzweigt sich die Aorta abdominalis nach rechts und links in die gemeinsame Beckenarterie, die *Arteria iliaca communis sinistra* und *dextra*. Diese teilen sich in je

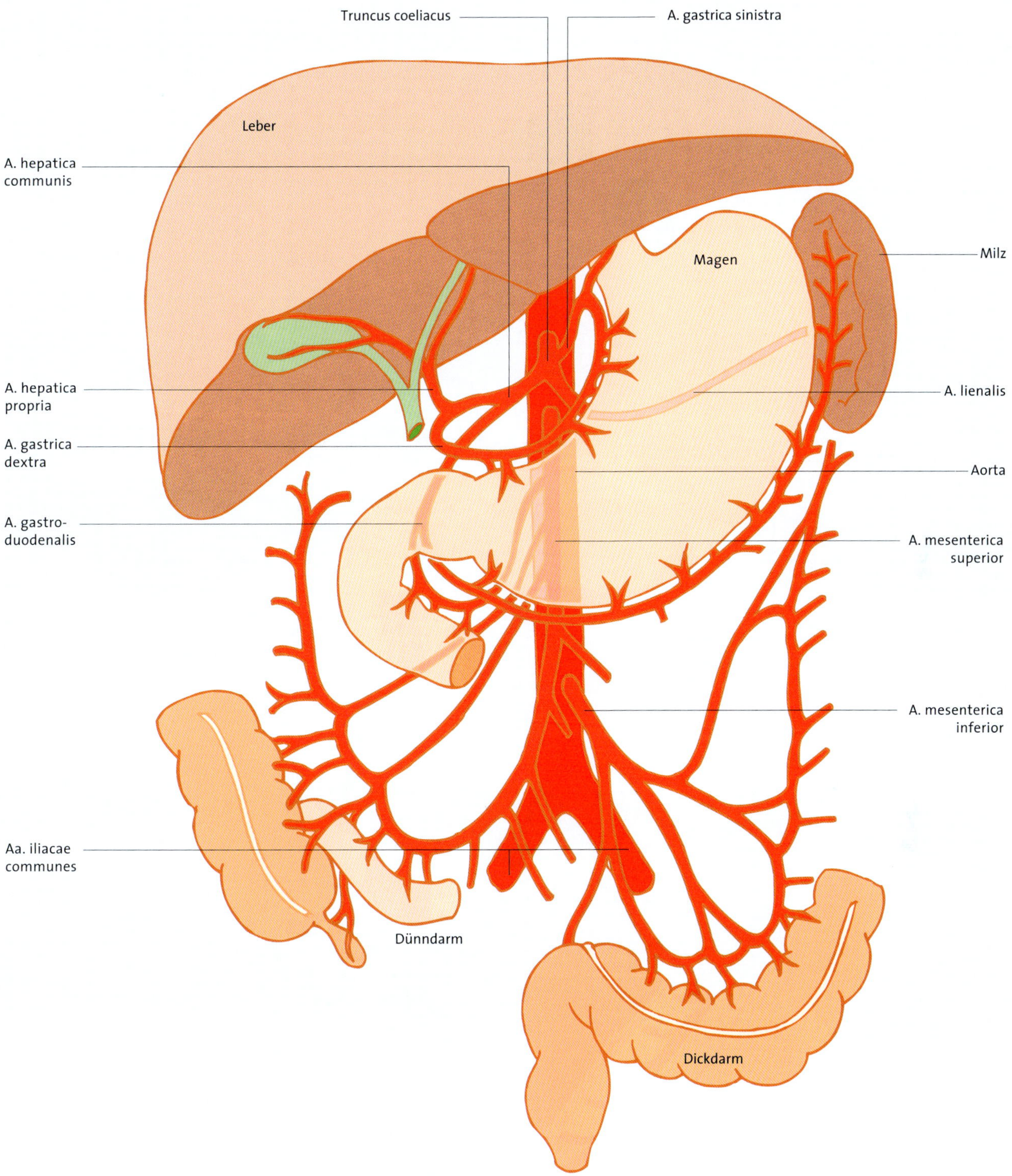

Abb. 20 ▶ Arterien des Bauchraums

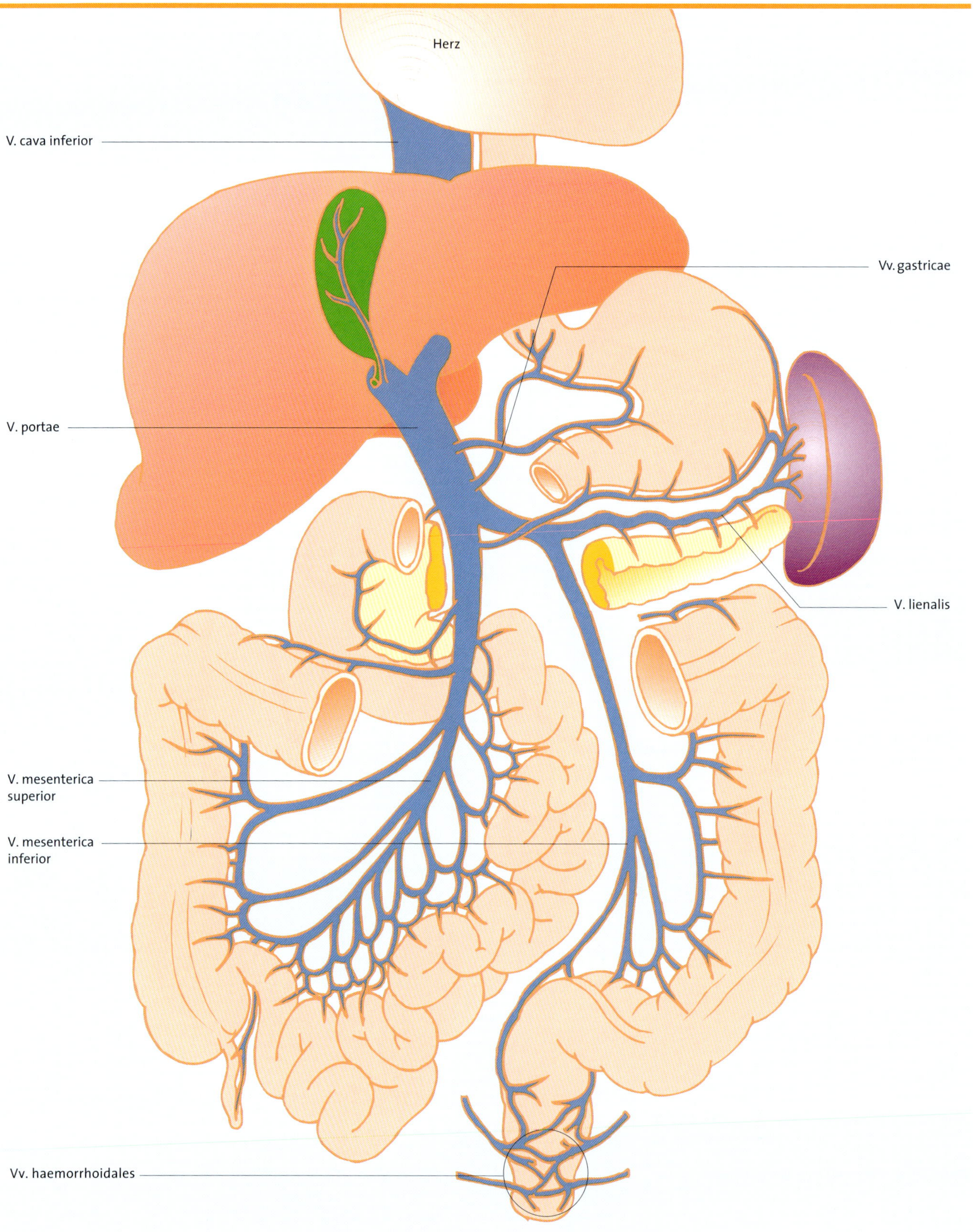

Abb. 21 ▶ Venen des Bauchraums mit Pfortaderkreislauf und Einbindung der Leber in das venöse System

eine innere Beckenarterie (*Arteria iliaca interna sinistra* und *dextra*) zur Versorgung der Beckenorgane und des unteren Rektums sowie je eine äußere Beckenarterie (*Arteria iliaca externa* sinistra und *dextra*), die in die Beine ziehen.

6.9.2 Venen des Bauchraums

Sie weisen eine Besonderheit auf, da sie nicht direkt in die V. cava münden, sondern zunächst in die *Pfortader*, die V. portae, fließen. Das von der Pfortader »eingesammelte« Blut aus den unpaarigen Bauchorganen – Magen, Milz, Pankreas sowie Dünn- und Dickdarm – mündet in das Kapillargebiet der Leber. Hier wird das Blut gereinigt und entgiftet. Ferner erfolgt hier die Aufnahme der aus dem Darm stammenden Nährstoffe in die Hepatozyten, die Leberzellen, die die Stoffe für den Körper speziell aufbereiten. Danach wird das Blut über die Lebervenen (*Vv. hepaticae*) und die *V. cava inferior* zum rechten Herzen geleitet. Eine Ausnahme bilden die Venen aus dem unteren Rektum. Sie geben ihr Blut direkt über die Vv. iliacae in die V. cava inferior ab.

> Der Wirkstoff von Zäpfchen (Suppositorien) oder Rektiolen gelangt bei rektaler Gabe mit Umgehung der Leber direkt in den großen Kreislauf und wird sofort systemisch verteilt. Damit kann der »First-Pass-Effekt« umgangen werden, ein erster, noch unvollständiger Abbau des Medikaments in der Leber bei Aufnahme über den Magen-Darm-Trakt.

Wichtigste Zuflüsse zur Pfortader sind die *untere Eingeweidevene, die V. mesenterica inferior,* mit dem Blut aus der zweiten Hälfte des Colon transversum, Colon descendens, Colon sigmoideum und oberem Rektum, die *obere Eingeweidevene, die V. mesenterica superior,* mit dem Blut aus Jejunum, Ileum, Caecum, Colon ascendens und der ersten Hälfte des Colon transversum sowie mit Zuflüssen von Venen des Duodenums und Pankreas. Daneben münden auch die Milzvene, die *V. lienalis*, mit dem Blut aus der Milz und Zuflüssen von Venen des Pankreas, die rechte und linke Magenvene (*V. gastrica dextra* und *sinistra*) und die *Gallenblasenvene (V. cystica)* in die Vena portae (Abb. 21).

6.10 Pankreas

Bei der *Bauchspeicheldrüse* handelt es sich um eine gemischte Drüse, die ihre Sekrete exokrin und endokrin ausschüttet. Der exokrine Anteil besteht aus vielen Drüsenläppchen, die wichtige Verdauungsenzyme produzieren. Mit seinem endokrinen Anteil, dem *Inselapparat*, bildet das Pankreas Hormone für die Regulation des Blutzuckerspiegels. Dies sind Insulin und Glukagon sowie Somatostatin, das unter anderem die Sekretion von Magen- und Pankreassaft hemmt (s. u., 8.10).

6.10.1 Form, Lage und Aufbau

Das Pankreas ist ein Drüsenstrang und wiegt 70 – 100 g. Es ist 15 – 20 cm lang, 3 – 4 cm breit und 1 – 2 cm dick. Versteckt hinter Leber und Magen und vor der Wirbelsäule, liegt es zentral im Körper. Da nur seine Vorderfläche mit Peritoneum überzogen und die Hinterfläche mit der Bauchwand verwachsen ist, wird seine Lage als sekundär retroperitoneal bezeichnet. Das Pankreas wird in Kopf, Körper und Schwanz unterteilt.

Sein dicker Kopf, das *Caput pancreatis*, schmiegt sich in die C-Schlinge des Duodenums; der schlanke Körper, das *Corpus pancreatis*, überquert die Wirbelsäule und die Aorta in Höhe des 1. bis 2. Lendenwirbelkörpers, und der dünne Schwanz, die *Cauda pancreatis*, reicht bis zum Milzhilus. Im Verlauf vom Kopf bis zum Schwanz ist der Strang leicht schräg nach oben links gebogen (Abb. 22).

Der exokrine Teil besteht aus einer Vielzahl von serösen Drüsen, deren Ausführungsgänge in den ca. 2 mm dicken Hauptausführungsgang münden, in den *Ductus pancreaticus*. Dieser verläuft durch das gesamte Pankreas vom Schwanz bis zum Kopf und mündet an der Papilla duodeni major (auch: Papilla vateri) ins Duodenum. Bei unvollständiger Verschmelzung der Pankreasgänge in der Embryonalzeit verbleibt im Kopfbereich ein weiterer Gang, der *Ductus pancreaticus accessorius*. Er mündet über die Papilla duodeni minor ins Duodenum.

6.10.2 Pankreassaft

Die Drüsen des Pankreas produzieren täglich etwa ein bis zwei Liter Bauchspeichel mit einem pH-Wert von 8 – 8,4. Nach Durchmischung mit dem Chymus liegt der pH-Wert bei ca. 7 – 8, was für die Wirksamkeit der Verdauungsenzyme wichtig ist.

Die Bildung und Zusammensetzung des Pankreassafts wird sowohl nerval durch den Nervus vagus als auch hormonell durch Sekretin und Cholezystokinin-Pankreozymin

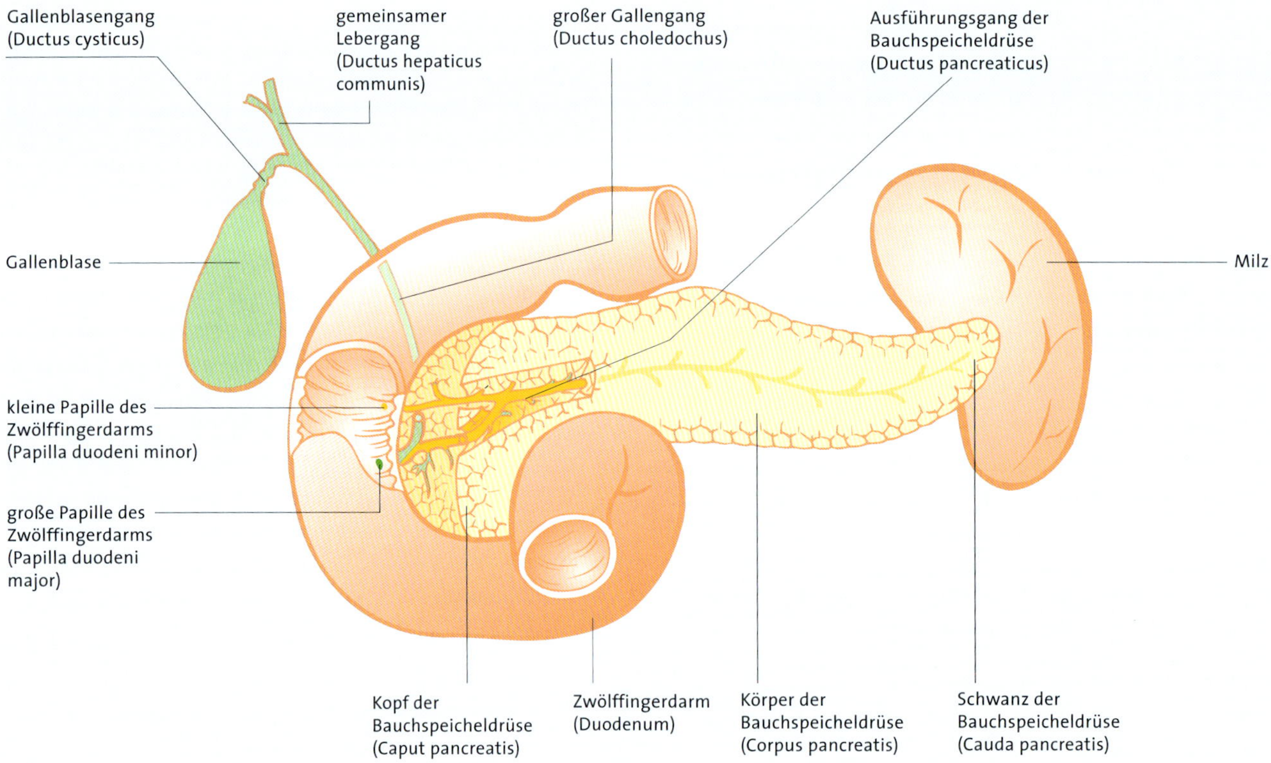

Abb. 22 ▶ Bauchspeicheldrüse und Umgebung

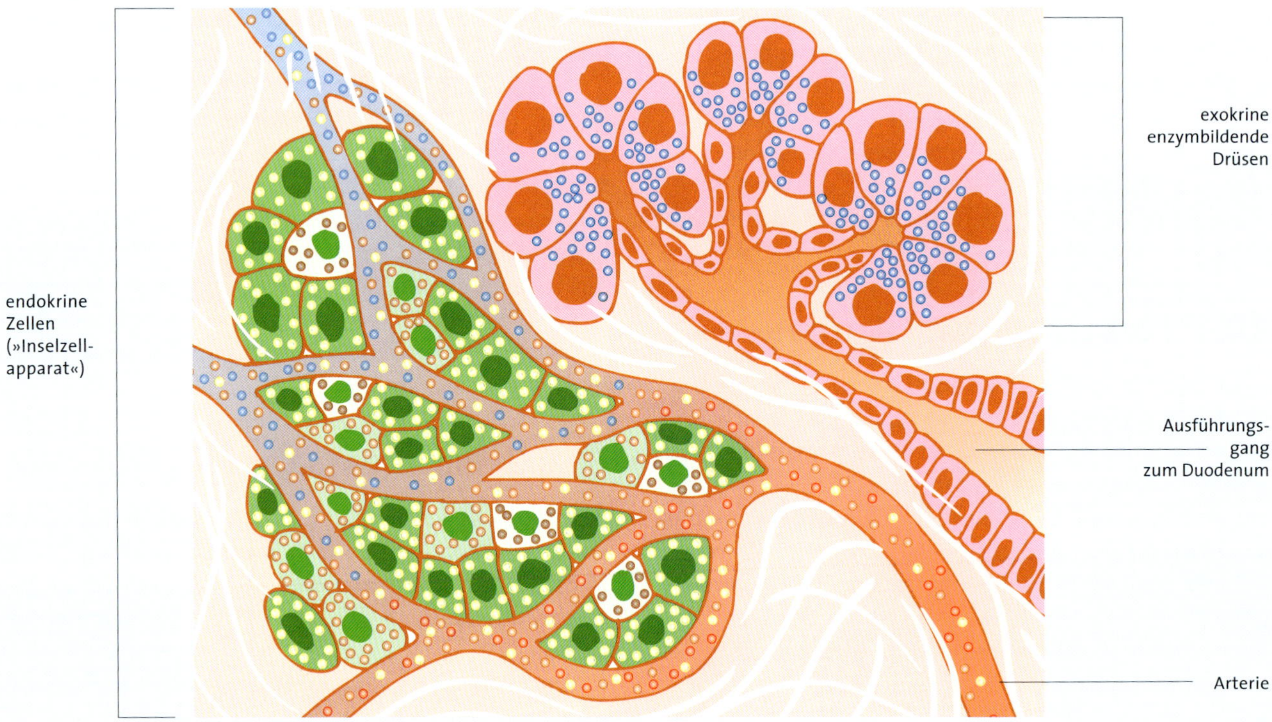

Abb. 23 ▶ Pankreas: exokriner und endokriner Anteil

Tab. 9 ▶ Zusammensetzung des Pankreassafts

- 98–99 % Wasser
- Verdauungsenzyme
  - Peptidasen → Eiweiß
  - Lipasen → Fette
  - Amylasen → Kohlenhydrate
- Mineralien
- Elektrolyte
- reichlich Bikarbonat (HCO_3^-)

(CCK-PZ) aus der Duodenum-Schleimhaut beeinflusst. Je fetter der Nahrungsbrei und je niedriger sein pH-Wert ist, desto mehr Pankreassaft wird ausgeschüttet.

6.10.2.1 *Peptidasen*

Diese Enzyme spalten Eiweiße, ihre wichtigsten Vertreter sind *Trypsin*, *Chymotrypsin* und *Carboxypeptidase*. Damit sich das Pankreas nicht selbst verdaut, werden sie als inaktive Vorstufen ausgeschüttet. Die Vorstufen heißen Tryp-

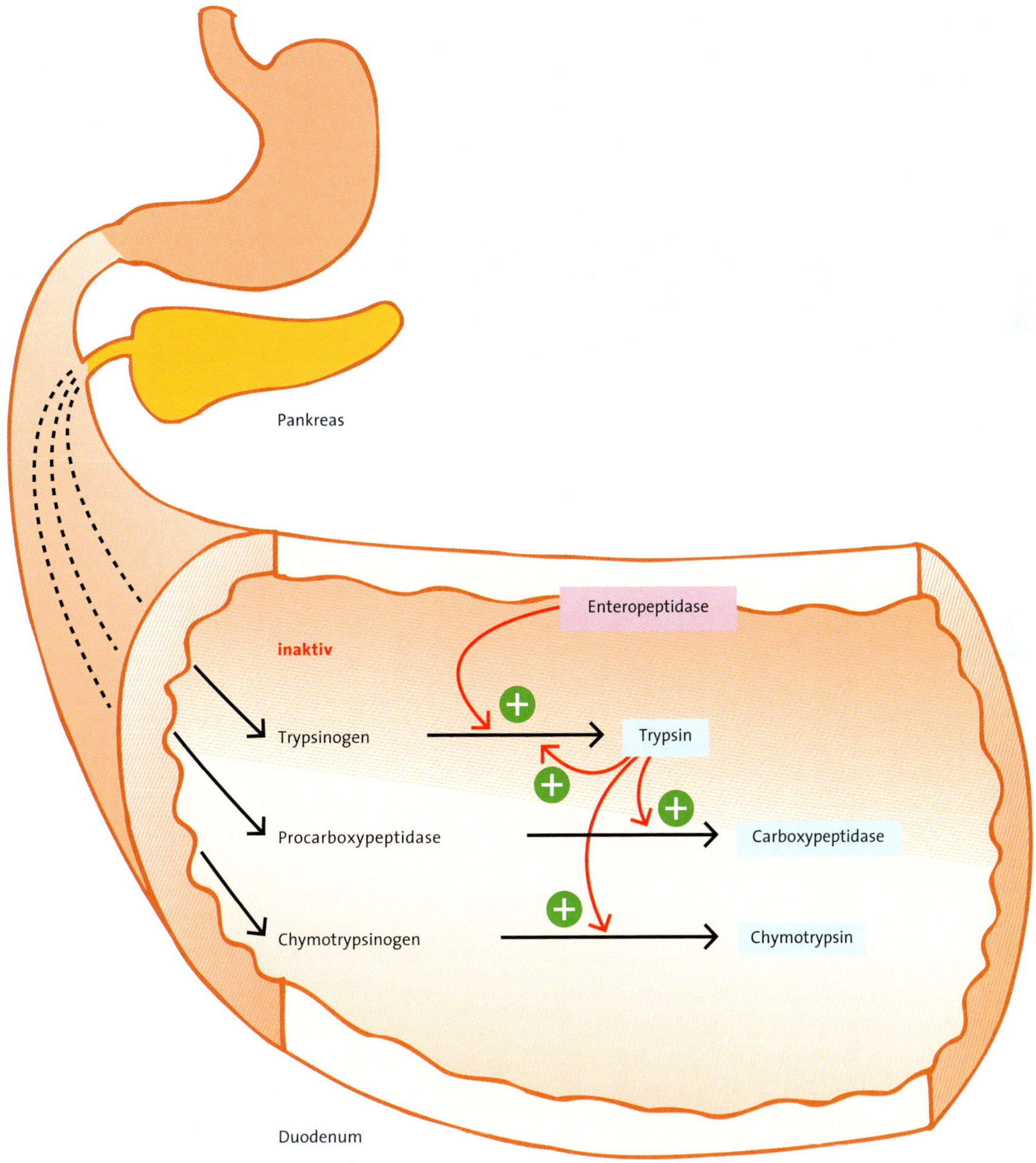

Abb. 24 ▶ Aktivierung der Pankreasenzyme im Duodenum

sinogen, Chymotrypsinogen und Procarboxypeptidase. Im Duodenum wird von den Mucosazellen das Enzym *Enteropeptidase* (oder Enterokinase) ausgeschüttet, das Trypsinogen in Trypsin umwandelt. Trypsin wiederum kann Trypsinogen und die anderen Vorstufen zu aktiven Enzymen umwandeln, die dann die Eiweiße aus der Nahrung in verwertbare Bestandteile, die *Aminosäuren*, aufspalten (Abb. 24). Auch die Galle kann die Enzyme des Pankreas aktivieren; daher kann es bei einer Verstopfung des Ausführungsganges und Rückstau der Galle in den Pankreasgang zu einer Pankreatitis mit Autodigestion, also Selbstverdauung, kommen. Um nun die verschiedenen Aminosäuren in den Körper aufzunehmen, haben die Darmzellen spezifische Transportersysteme. Anschließend werden die Aminosäuren über die Pfortader zur Weiterverarbeitung in die Leber geleitet.

6.10.2.2 *Lipasen*

Sie spalten Fette, sogenannte Lipide. Lipasen sind eine Gruppe von *Verdauungsenzymen*, *Esterasen*, die vor allem im Pankreas und im Dünndarm gebildet werden. Sie kommen in geringen Mengen auch im Blut, im Magensaft sowie im Speichel als Zungengrundlipase vor. Ihre Hauptaufgabe ist es, die *Triglyzeride*, die den größten Teil der zu verdauenden Fette ausmachen, zu einfachen Fettsäuren, den *Monoglyzeriden*, sowie zu *Glyzerol* zu spalten.

Das Pankreas bildet verschiedene Lipasen, wovon die wichtigste die *Pankreaslipase* ist, die Fett im Darm aufspaltet. Unter Einwirkung der Gallensäuren bilden sich aus den Monoglyzeriden und den langkettigen freien Fettsäuren Mizellen.

Mizellen (griech. *micellos*: kleiner Krümel) sind lipidreiche Partikel, die gleichzeitig auch wasserlöslich sind. *Gallensäuren* eignen sich hierfür besonders gut, weil sie sowohl hydrophile, d. h. wasserfreundliche, als auch hydrophobe, d. h. Wasser abweisende, Anteile besitzen. Bei der Umhüllung der einzelnen Fettspaltprodukte stellen die Gallensäuren ihre hydrophile Seite wie Stacheln eines Igels nach außen. Dadurch wird die Mizelle außen wasserlöslich. Die Wasser abweisenden Anteile der Gallensäure stellen sich nach innen und sichern die fettlöslichen Bestandteile. Dadurch kann sich die Mizelle trotz ihres lipidreichen Inhalts fast wie ein Zuckermolekül im wässrigen Milieu des Darms bewegen. Sie dockt dann an die Dünndarmzelle an, um ihren Inhalt in die Zelle zu schleusen. Bei der Passage der Zellmembran verbleiben die *Gallensalze*, die »Igelstacheln«, im Darm. Sie bilden entweder wieder neue Mizellen oder werden im terminalen Ileum umgewandelt und zum großen Teil rückresorbiert. Der nicht resorbierte Rest wird ausgeschieden. In der Dünndarmzelle werden die Fettspaltprodukte nun wieder in ganz normale Fette, die Triglyzeride, umgewandelt. Um die Fette im wässrigen Milieu zu transportieren, werden *Chylomikronen* gebildet. Dies sind Lipoproteine, d. h. es handelt sich um wasserlösliche Eiweiße, die kleine Fettmoleküle in einer Art »Huckepack«-Gemeinschaft transportieren. Sie werden an der Basis der Darmzelle in die Lymphkapillaren eingeschleust und gelangen von den Darmlymphbahnen über den Milchbrustgang, den Ductus thoracicus, zum linken Venenwinkel und von dort auf dem Blutweg zur Leber. Nur ganz kurzkettige Fettsäuren können direkt von der Darmzelle aufgenommen werden und benötigen keine Gallensalzumhüllung. Diese werden über das Blut zur Leber transportiert.

6.10.2.3 *Amylasen*

Diese Verdauungsenzyme spalten Kohlenhydrate (lat. *amylum*: Stärke), wirken aber nur in alkalischem Milieu. Daher wird die im Mund eingeleitete und im Magen unterbrochene Kohlenhydratverdauung im Duodenum durch die α-Amylase aus dem Pankreas weitergeführt. Die α-Amylase hat die Aufgabe, pflanzliche Stärke bis zum Zweifachzucker, dem *Disaccharid Maltose*, abzubauen. Maltose oder Malzzucker besteht aus zwei Molekülen Glukose. Da die Darmzotten aber nur Monosaccharide aufnehmen können, bilden die Mucosazellen des Dünndarms weitere Enzyme, die *Disaccharidasen*. Sie spalten sowohl die Maltosen als auch die anderen Disaccharide wie Laktose und Saccharose, sodass die Einfachzucker Glukose, Galaktose und Fruktose (Traubenzucker, Schleimzucker und Fruchtzucker) entstehen. Diese werden von den Darmzellen aufgenommen und über das Blut zu den Zellen und zur Leber geleitet. Da der Körper zur Energiegewinnung ausschließlich Glukose verwerten kann, müssen Galaktose und Fruktose noch in der Leber zu Glukose umgewandelt werden.

Disaccharide (Zweifachzucker):

Maltose: Malzzucker	= Glukose + Glukose
Laktose: Milchzucker	= Glukose + Galaktose
Saccharose: Rohr- oder Rübenzucker	= Glukose + Fruktose.

Fehlt im Darm das Enzym Laktase, kann die Laktose nicht aufgespalten und aufgenommen werden; es besteht Milchzuckerunverträglichkeit oder *Laktoseintoleranz*. Weil die Laktose zum einen Wasser im Darm bindet und zum anderen beim Abbau durch die Darmbakterien Toxine, also giftige Stoffe entstehen, sind die Folge Durchfälle.

6.11 Leber

Die Leber, auf Griechisch *Hepar*, ist – vergleichbar mit einer riesigen Chemiefrabrik – das größte Stoffwechselorgan und damit das wichtigste Organ zur Entgiftung des Körpers. Wegen der hohen Stoffwechselaktivität liegt ihre Temperatur etwa 1 – 2 °C über der Körpertemperatur. Sie erhält in Ruhe 28 % des Herzzeitvolumens, d. h. pro 100 g Lebergewebe etwa 100 ml/min bei einem Sauerstoffverbrauch von 5 ml/min. Im Vergleich zu anderen Organen ist sie eine »Regenerationskünstlerin«, ihre Zellen wachsen erstaunlich schnell nach. Dies erleichtert Lebertransplantationen oder die Entfernung von Lebertumoren. Auch nach einer rechtzeitigen Karenz von Leber schädigenden Stoffen wie etwa Alkohol erholt sich die Leber oft schnell.

Über die Vena portae, die Pfortader, erhält sie Stoffe zur Verarbeitung oder Speicherung und leitet dann ihre Stoffwechselprodukte über die Venae hepaticae, die Lebervenen, wieder in die Blutbahn. Stoffe, die der Körper nicht mehr benötigt oder die ihn schädigen, gibt sie mit den von ihr gebildeten Gallensäuren über die Gallenwege in das Duodenum ab (exokrine Funktion). Beim Ungeborenen ist sie noch wesentlich an der Blutbildung beteiligt.

6.11.1 Form und Lage

Die Leber ist mit einen Gewicht von 1,4 – 1,8 kg die größte Drüse des Körpers. Ihre Farbe ist dunkelrot bis braun. Sie liegt überwiegend im rechten Oberbauch und wird von ihrer Umgebung geformt. Ihre konvexe Oberfläche ist mit dem Diaphragma verwachsen und ihre konkave Unterfläche mit der Leberpforte liegt den Baucheingeweiden auf. Sie liegt intraperitoneal, lediglich die Kontaktstelle zum Diaphragma ist bauchfellfrei. Ihr linker Lappen reicht bis über den Magen, der untere Leberrand verläuft mit dem Rippenbogen.

Sie weist physiologische Lageschwankungen auf. Bei der In- und Exspiration wandert sie mit dem Diaphragma nach kaudal und kranial. Im Liegen überragt der untere Leberrand den Rippenbogen. Die frühkindliche Leber füllt fast den gesamten Oberbauch aus, und mit zunehmendem Alter tritt eine Alterssenkung von 4 – 5 cm bzw. drei Querfingern ein. Bei Schwangeren wird sie mit zunehmendem Bauchumfang nach kranial geschoben.

6.11.2 Makroskopische Anatomie

Die Leber lässt sich anatomisch in vier Lappen einteilen.

Von ventral erkennt man den größeren rechten Leberlappen, den *Lobus dexter*, und den kleineren linken Leberlappen, den *Lobus sinister*, der bis in den linken Oberbauch reicht. Durch den linken Leberlappen verläuft ein sichelförmiges Band, das Ligamentum falciforme, eine Doppelfalte des Bauchfells. Es dient neben weiteren Bändern der Befestigung der Leber in der Bauchhöhle. Die funktionelle Grenze zwischen linkem und rechtem Leberlappen liegt auf einer senkrechten Linie im Bereich der Gallenblase. An der Unterseite der Leber sind die beiden weiteren Lappen zu erkennen, die dem linken Lappen zugeordnet werden, weil sie von der linken Leberarterie versorgt werden. Der quadratische Leberlappen, der *Lobus quadratus*, liegt zwischen Gallenblase und einem weiteren Band, dem Ligamentum teres hepatis, das am Unterrand des Ligamentum falciforme verläuft und die Fixierung zum Nabel herstellt. Das Ligamentum teres hepatis ist ein rudimentärer Teil der nach der Geburt verkümmerten Nabelvene. Der geschwänzte Leberlappen, der *Lobus caudatus*, liegt neben der V. cava inferior im dorsalen Bereich.

An der Unterseite zwischen Lobus quadratus und Lobus caudatus liegt die Leberpforte, die *Porta hepatis*. Hier ziehen die *Pfortader*, die Leberarterie (*A. hepatica communis*) und vegetative Nerven in die Leber ein. Die Durchblutung der Leber beträgt normalerweise 1,5 Liter pro Minute, davon entfallen ca. 25 % auf das sauerstoffreiche aus der A. hepatica und 75 % auf das sauerstoffarme Blut der Pfortader. Die Pfortader liefert vor allem die aus der Nahrung vom Dünndarm aufgenommenen Nährstoffe zur Weiterverarbeitung, Abbauprodukte aus der Milz, zum Beispiel Bilirubin und Hormone des Pankreas zur Glukosespeicherung. Zu den ausziehenden Strukturen gehören der Gallengang sowie Lymphgefäße und vegetative Nerven.

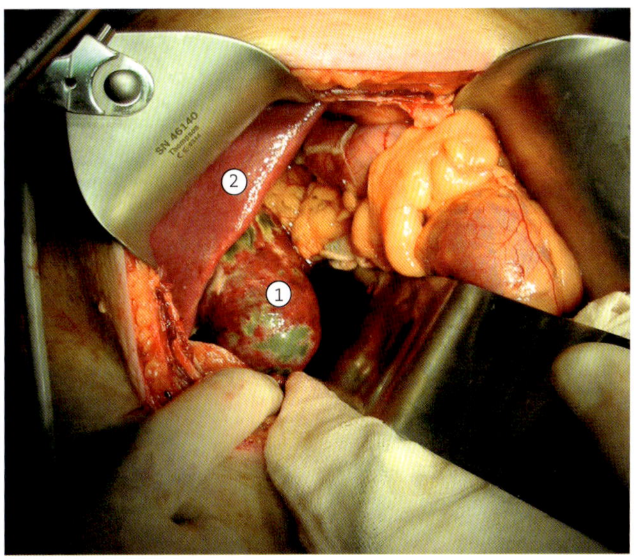

Abb. 25 ▶ Gallenblase (1) und Leber (2)

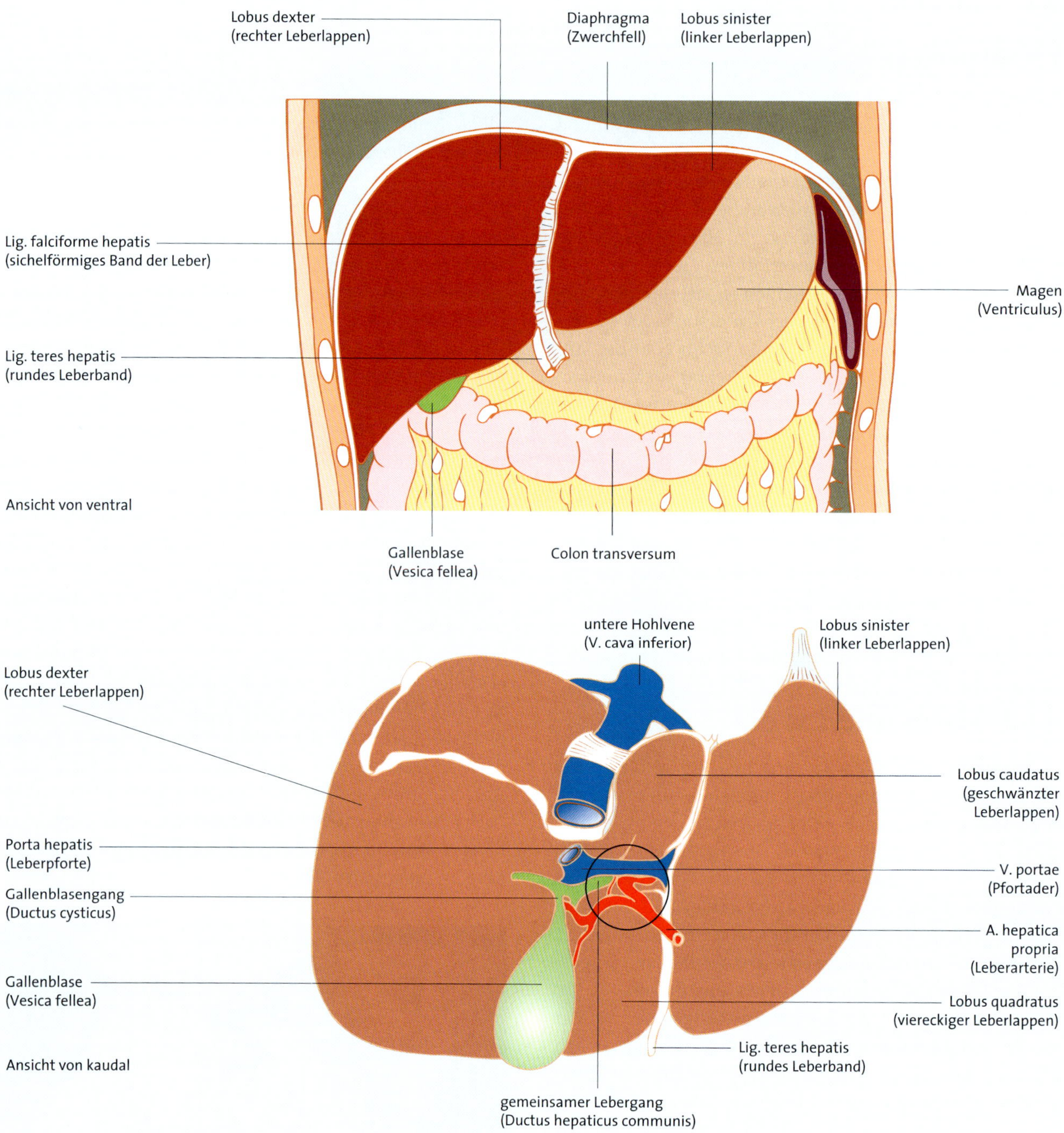

Abb. 26 ▶ Anatomie der Leber, Ansicht von ventral und kaudal

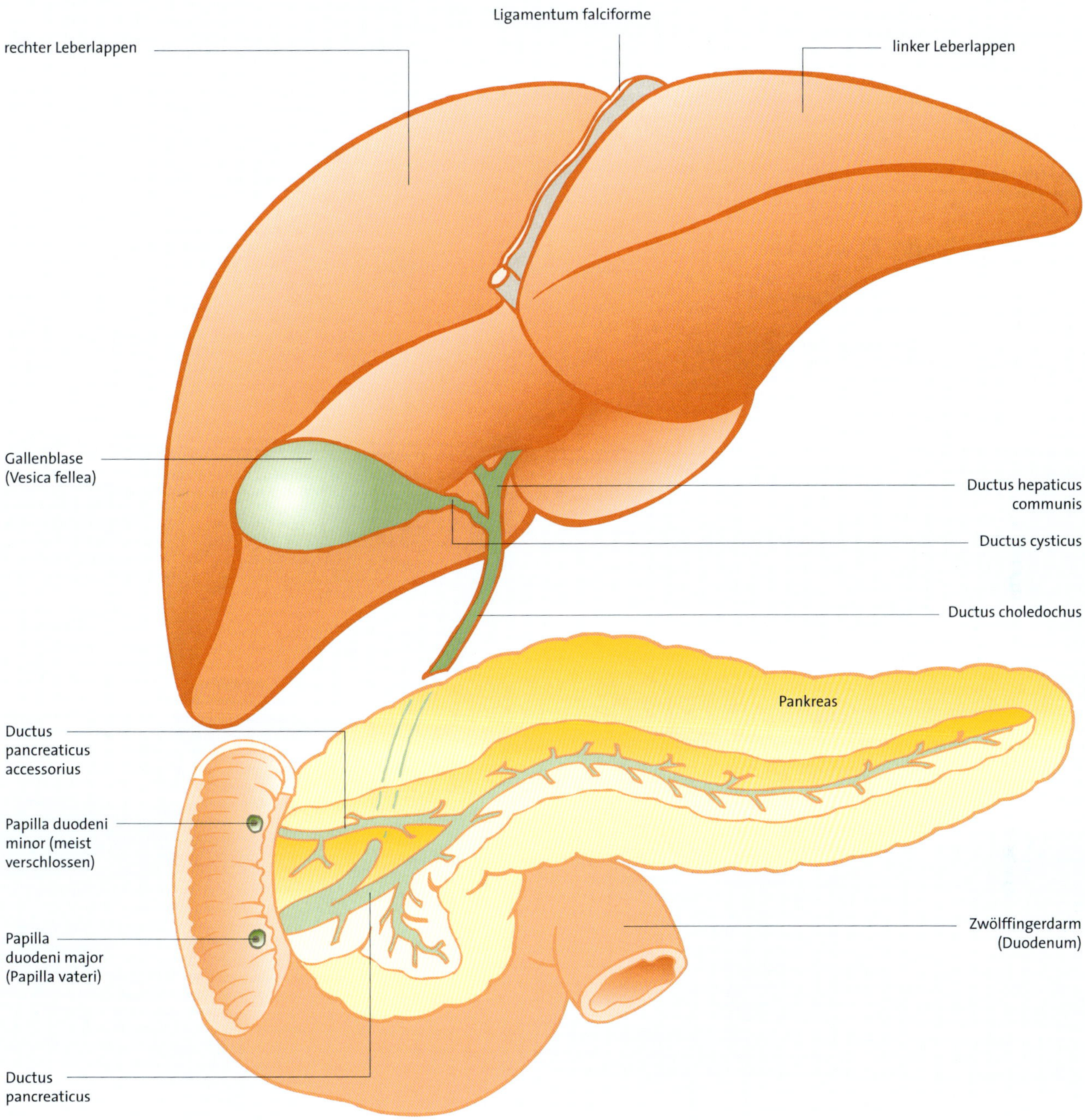

Abb. 27 ▶ Anatomie von Leber, Galle und Pankreas

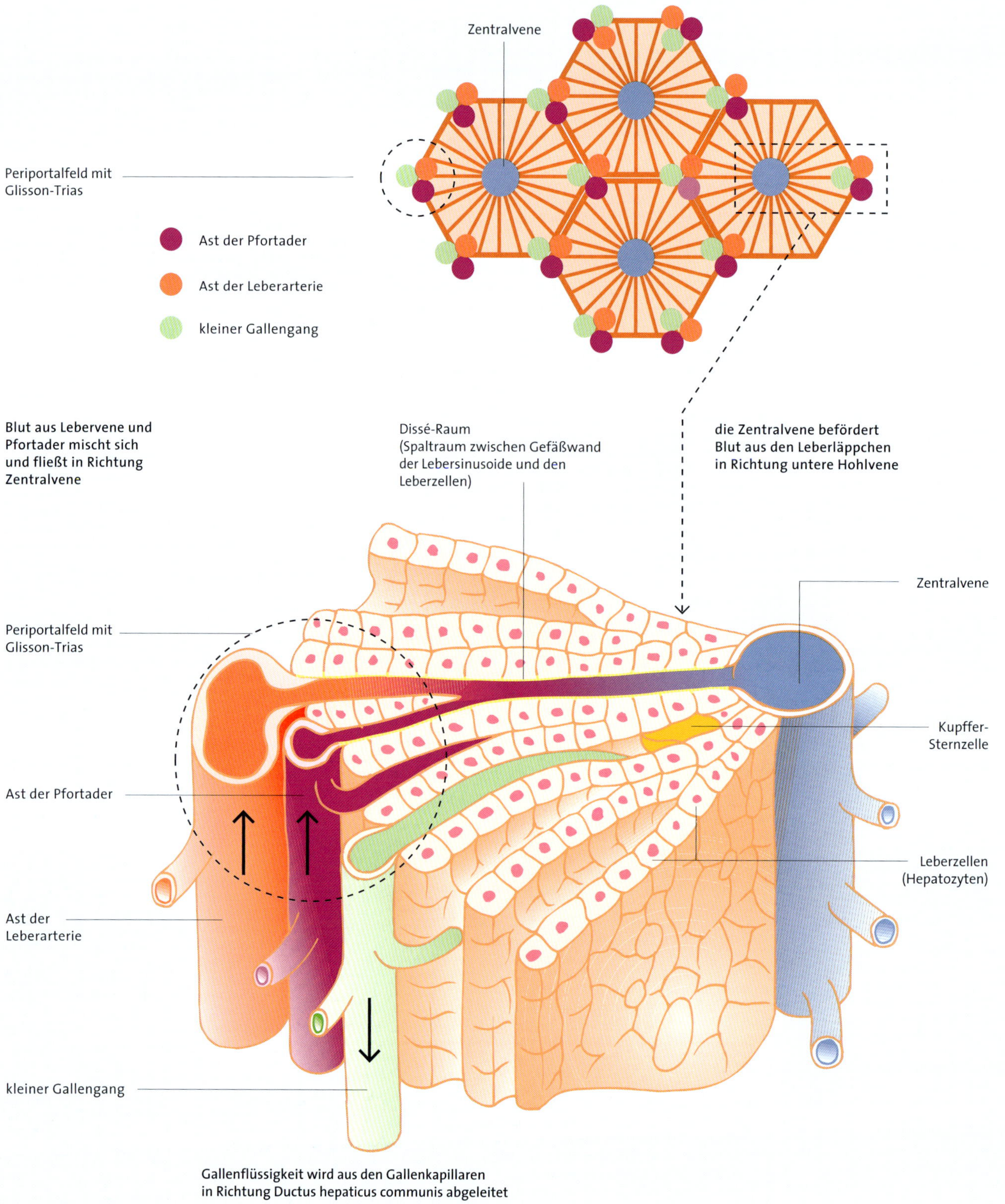

Abb. 28a ▶ Feinbau der Leber

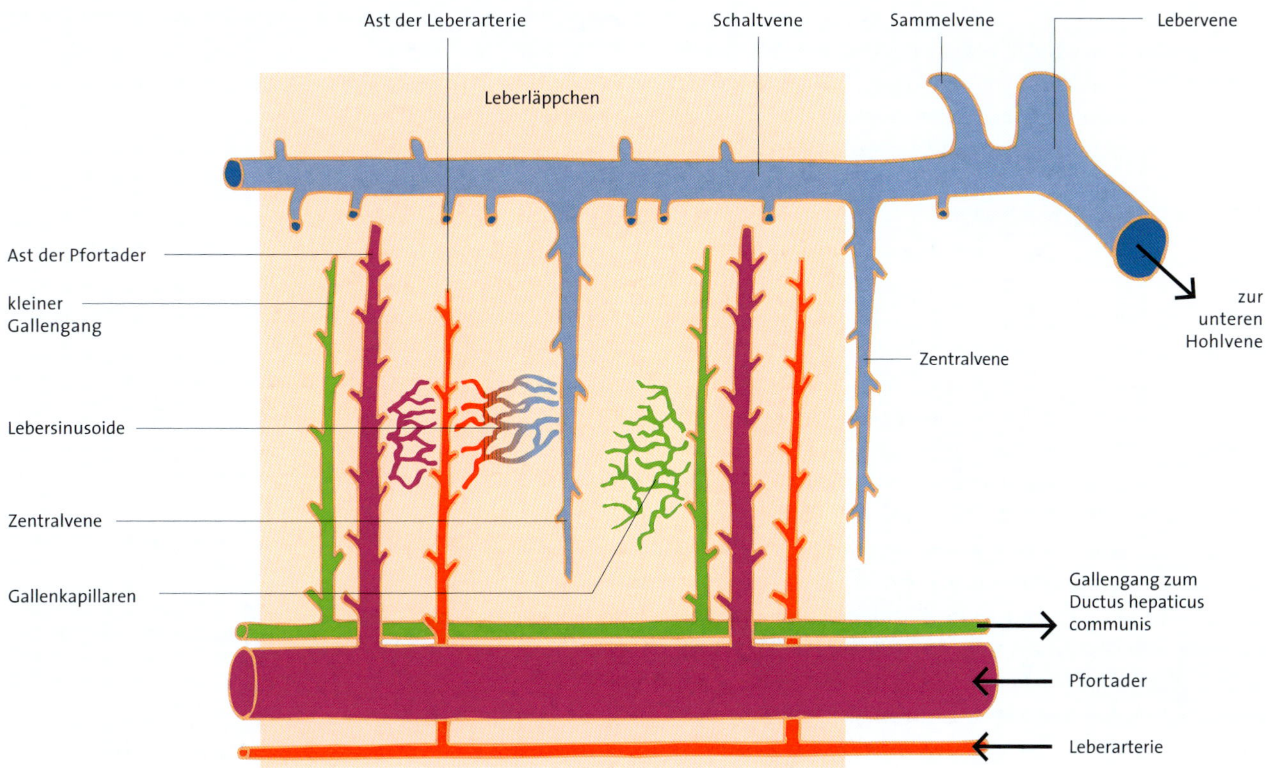

Abb. 28b ▶ Feinbau der Leber

6.11.3 Mikroskopische Anatomie

Das Stroma der Leber besteht aus einem zarten Bindegewebsgerüst, das einem Schwamm ähnelt und von vielen Gefäßen durchzogen ist. Es ist gut durch die aus derbem Bindegewebe bestehende Leberkapsel geschützt. Dieser Überzug und das umhüllende Peritoneum sind von sensiblen Nerven durchzogen und deshalb schmerzempfindlich. Im Inneren der Leber finden sich 50 000 – 100 000 Leberläppchen, die *Lobuli hepatis*, als die eigentlichen Funktionseinheiten. Ihre Größe beträgt ca. 1,2 × 2 mm. Bei einem Querschnitt erkennt man ihre sechseckige Form. Diese bewirkt, dass an jedem Eckpunkt jeweils drei Leberläppchen zusammenstoßen. An diesen Eckpunkten liegen die als periportale Felder bezeichneten »Versorgungsleitungen«; hier befindet sich die *Glisson-Trias*, die *Trias hepatica*, die drei Gefäße beinhaltet: die A. interlobularis als feinsten Ast der A. hepatica, die V. interlobularis als feinste Aufzweigung der V. portae und einen kleinen Gallengang zum Abfluss der Gallenflüssigkeit.

Ein Leberläppchen ist sternförmig aufgebaut. In der Mitte liegt die Zentralvene, die V. centralis, die strahlenförmig von den in Strängen angeordneten Leberzellen (*Hepatozyten*) umgeben ist. Die Hepatozyten bilden mit 72 % den größten Anteil der Leberzellen und leisten die hoch komplexen Stoffwechselaufgaben. Täglich laufen hier rund um die Uhr Billiarden von chemischen Reaktionen ab. Dafür besitzt jede Zelle etwa 1 000 – 3 000 Mitochondrien und mehrere Millionen Ribosomen. Ihre Lebensdauer beträgt 150 – 180 Tage. Zwischen den Hepatozytensträngen befindet sich das Kapillargebiet der Leber, die *Lebersinusoide*. In ihnen mischt sich das arterielle Blut der Leberarterie mit dem venösen Blut der Pfortader und fließt dann mittig zur Zentralvene des Leberläppchens. Die Zentralvenen aller Leberläppchen geben ihr Blut in immer größer werdende Venen ab, bis es über eine der drei großen Lebervenen – *V. hepatica dextra, V. hepatica media* und *V. hepatica sinistra* – in die untere Hohlvene, die V. cava inferior, gelangt und schließlich zum Herzen fließt.

Als schmaler Spalt befindet sich zwischen den feinen Kapillaren der Lebersinusoide und den Hepatozyten der *Dissé-Raum*. In diesen Raum diffundieren die zu bearbeitenden Stoffe aus dem Blut und werden von den Hepatozyten mithilfe von Mikrovilli aufgenommen. Die so aus dem Plasma gewonnenen Nähr- und Abfallstoffe werden in den Hepatozyten gespeichert, abgebaut oder umgebaut. Die Abgabe der verarbeiteten Stoffe erfolgt entweder zurück in die Sinusoide oder in die Gallengänge.

6.11.3.1 *Kupffer-Sternzellen*

An der Wand der Sinusoide liegen die Kupffer-Sternzellen, sie gehören zu den wandständigen Monozyten und dienen der *Abwehr*. Sie phagozytieren Bakterien, Fremdstoffe und Zelltrümmer, d. h. schließen sie ein und machen sie unschädlich.

6.11.3.2 *Gallenflüssigkeit*

Eine weitere wichtige Aufgabe der Hepatozyten ist die Produktion der Gallenflüssigkeit, etwa 600 ml pro Tag. Da sie direkt ins Duodenum gelangen soll, fließt sie nicht in die Sinusoide, sondern in ein feines System aus Gallenkapillaren. Die *Gallenkapillaren* besitzen keine eigenen Wände, sondern sie werden von der Zellmembran benachbarter Hepatozyten gebildet. In diesen winzigen Spalten fließt die Gallenflüssigkeit in umgekehrter Richtung wie das Blut von der Mitte zu den kleinen Gallengängen in den periportalen Feldern. Diese Gallengänge schließen sich zu immer größeren Gängen zusammen und münden in ihre beiden Hauptäste, den *Ductus hepaticus dexter* aus dem rechten Leberlappen und den *Ductus hepaticus sinister* aus dem linken Leberlappen. Außerhalb des Lebergewebes vereinigen sich diese beiden zu einem gemeinsamen Gallengang, dem *Ductus hepaticus communis*. In ihn mündet der Gallenblasengang, der *Ductus cysticus*, der die Verbindung zur Gallenblase herstellt. Nach dieser Einmündung verläuft er als großer Gallengang, *Ductus choledochus* genannt, und gibt seine Flüssigkeit über die Papilla Vateri ins Duodenum ab. Der *M. sphincter Oddi* regelt als Schließmuskel den Zufluss. Ist er verschlossen, weil kein Verdauungsbedarf besteht, staut sich die Gallenflüssigkeit zurück in die Gallenblase, die wie ein Pool als Zwischenspeicher funktioniert. Aufgrund ihres Fassungsvermögens von nur 30 – 60 ml dickt sie die Gallenflüssigkeit ein und gibt sie bei Bedarf ins Duodenum ab. Die Galle ist vor allem für die Fettverdauung verantwortlich sowie für die Neutralisation des sauren Speisebreis aus dem Magen und die Aktivierung der Pankreasenzyme. Ferner gelangen über sie nicht mehr verwertbare Abbauprodukte der Leber zur Ausscheidung in den Darm, z. B. das Bilirubin.

6.11.4 Aufgaben der Leber

6.11.4.1 *Proteinstoffwechsel*

Die Leber stellt dem Körper eine Fülle von Aminosäuren zur Verfügung, ohne die der Organismus nicht lebensfähig wäre. Für diesen Aufbau, den *Anabolismus*, benötigt sie *Enzyme*, die *als Katalysatoren* die chemischen Reaktionen beschleunigen, z. B. GOT, GPT, Gamma GT und AP. Ist die Leber geschädigt, gelangen diese aus den zerstörten Leberzellen vermehrt ins Blut und können mittels einer Blutprobe bestimmt werden.

Zu den wichtigsten von der Leber produzierten Proteinen gehört das *Albumin*, ein unspezifisches, lipophiles Carrierprotein, ein Transporteiweiß, welches ferner unentbehrlich zum Aufbau des kolloid-osmotischen Drucks ist. Weitere wichtige Proteine sind die *Gerinnungseiweiße*, das inaktive Gerinnungseiweiß *Fibrinogen* und das *Prothrombin*, der Faktor II der Blutgerinnung. Auch die *Lipoproteine*, die »U-Boote« für den Transport von Blutfetten, wie Cholesterin, Triglyzeriden oder anderen fettlöslichen Substanzen, werden von der Leber gebildet oder abgebaut, wie LDL, HDL und VLDL. Wären sie nicht vorhanden, würden die Fette als ölige Tropfen im wässrigen Blut die Blutgefäße vollständig verstopfen.

Wichtige Leberenzyme:

– GOT (= ASAT, AST, SGOT)	Glutamat-Oxalacetat-Transaminase
– GPT (= ALAT, ALT, SGPT)	Glutamat-Pyruvat-Transaminase
– Gamma-GT (= GGT)	Gamma-Glutamyl-Transferase
– AP	alkalische Phosphatase.

6.11.4.2 *Produktion der Gallenflüssigkeit*

Tag für Tag produzieren die Hepatozyten bis zu 1 Liter Gallenflüssigkeit, kurz *Galle*. Sie besteht überwiegend aus Wasser und ist durch ihre dem Blutplasma ähnliche Elektrolytzusammensetzung leicht alkalisch. Ihr wichtigster funktioneller Bestandteil sind die Gallensäuren für die Fettverdauung. Weiterhin enthält sie Lecithin und andere Phospholipide, Cholesterin und Abbauprodukte der Leber zur Ausscheidung über den Kot sowie einige Hormone und Medikamente. Ferner werden über sie die giftigen Abbauprodukte des Blutfarbstoffs Hämoglobin entsorgt, die ihr auch ihre Farbe geben. Daher werden das gelbliche Bilirubin und das grünliche Biliverdin auch als Gallenfarbstoffe bezeichnet. Je nach Anteil und Eindickungsgrad kann die Farbe bis ins Bräunliche wechseln. Sind die Gallenwege verlegt, kommt es zu einem Rückstau ins Blut. Die Haut verfärbt sich gelblich, der Zustand wird als Ikterus oder Gelbsucht bezeichnet. Gleichzeitig wird der Urin bierbraun und der Kot lehmfarben (griech. *acholisch:* »ohne Galle«).

6.11.4.3 *Entgiftung und Abwehr*

Die Leber verfügt über Möglichkeiten, giftige Stoffe abzubauen oder in ungiftige Substanzen umzubauen. Ferner kann sie nichtwasserlösliche Stoffe in eine wasserlösliche Form umwandeln. Die Ausscheidung erfolgt über Gallenflüssigkeit → Darm → Kot oder Blut → Nieren → Urin.

Ein wichtiges endogenes Toxin ist das oben erwähnte *Bilirubin*, das die Leber durch Konjugation mit Glukuronsäure wasserlöslich macht und über die Gallenflüssigkeit ausscheidet. Ein weiteres wichtiges endogenes Gift stellt das *Ammoniak* dar. Dieses wird in der Leber aus dem Stickstoff, der beim Eiweißabbau anfällt, gebildet. Da Ammoniak (NH_3) hochgiftig ist, wird es mit Kohlendioxid (CO_2) zu Harnstoff umgewandelt. Dieser wird über die Nieren ausgeschieden, geringe Mengen auch mit Schweiß und Darmsekreten. Bei schweren Leberstörungen kann Ammoniak nicht abgebaut werden, es gelangt ins Gehirn, schädigt das zentrale Nervensystem und führt bei höherer Konzentration zum Leberkoma.

Zu den exogenen Toxinen zählt neben Medikamenten und Pilztoxinen insbesondere der *Alkohol*. Alkohol wird in drei Schritten abgebaut:

Alkohol (C_2H_5OH) → Acetaldehyd (C_2H_4O)
→ Essigsäure ($C_2H_4O_2$)
→ Wasser (H_2O) und Kohlendioxid (CO_2)

Hauptsächlich erfolgt dieser Abbau durch das Enzym Alkoholdehydrogenase. Da es nur in begrenztem Maße vorliegt, wird der Alkohol fast linear mit einer festen Rate zwischen 0,1 und 0,2 Promille pro Stunde abgebaut.

Tab. 10 ▶ Umwandlungsprozesse in der Leber

Glykolyse	Abbau von Glukose in den Zellen zu ATP
Glykogenese	Umwandlung von Glukose in Glykogen
Glykogenolyse	Umwandlung von Glykogen in Glukose
Glukoneogenese	Umwandlung von Nichtzuckern (Glyzerol, Aminosäuren oder Laktat) in Glukose
Lipolyse	Umwandlung von Triglyzeriden in Glyzerol und freie Fettsäuren
Lipogenese	Umwandlung von Glyzerol und freien Fettsäuren in Triglyzeride

Die Mitwirkung der Leber an der Immunabwehr besteht in der *Phagozytose* von Bakterien, körperfremden und körpereigenen Zellbestandteilen durch die hoch spezialisierten, nach ihrem Entdecker benannten *Kupffer-Sternzellen*. Diese Zellen entfernen auch die überzähligen und geschädigten Erythrozyten und geben die Reste zur Weiterverarbeitung an die Hepatozyten ab.

6.11.4.4 *Hämatopoese beim Ungeborenen*

Ab der achten Schwangerschaftswoche ist die kindliche Leber so weit entwickelt, dass sie zusammen mit der Milz

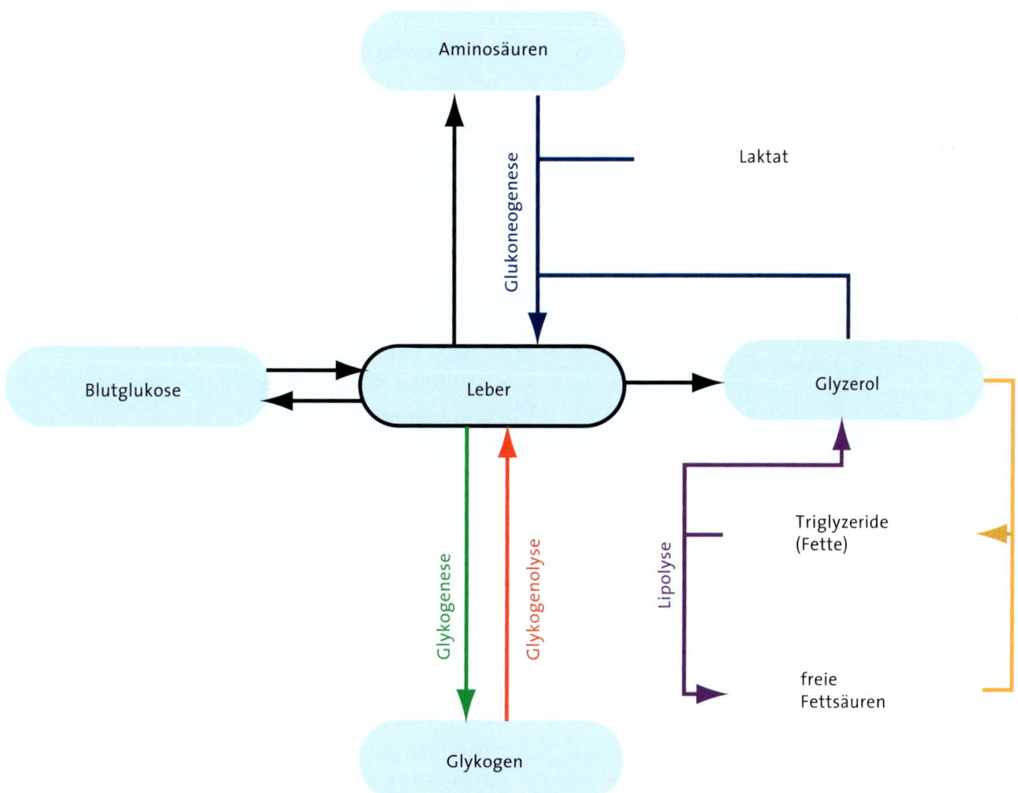

Abb. 29 ▶ Verstoffwechselung in der Leber

die *Blutbildung*, die bisher vorwiegend im Dottersack erfolgte, übernehmen kann. Da die Plazenta eine geringere Austauschfläche darstellt als die Lunge, hat das Ungeborene eine höhere Hämoglobinkonzentration zur besseren O_2-Bindungsfähigkeit und relativ mehr Erythrozyten, die allerdings nur 70 – 90 Tage leben, also kürzer als beim Erwachsenen. Nach der Geburt werden die Erythrozyten abgebaut. Dadurch fällt sehr viel Bilirubin im Blut an, es kommt zur *Hyperbilirubinämie*, und die Leber muss verstärkt Bilirubin abbauen. Die relativ hohe Bilirubinkonzentration im Blut führt zur physiologischen Neugeborenengelbsucht, dem *Ikterus neonatorum*. Bei Frühgeborenen kann es wegen Mangels an Albumin und der noch nicht voll entwickelten Blut-Hirn-Schranke zur Schädigung des Gehirns durch das Bilirubin kommen. Aber Bilirubin kann unter UV-Einstrahlung auch über die Haut abgebaut werden. Daher erhalten Neugeborene mit einem Neugeborenenikterus bei zu hohen Bilirubinwerten eine Phototherapie mit blauem Licht zum verstärkten Abbau über die Haut.

6.11.4.5 *Speicherfunktion*

In der Leber wird eine Vielzahl unterschiedlicher Stoffe gespeichert, daher werden im Folgenden nur die wichtigsten aufgezählt. Durch das verzweigte Kapillarnetz der Leber strömt viel Blut. Daher zählt sie neben den tiefen Beinvenen, der Milz und dem Herzen zu den großen *Blutspeichern*. Des Weiteren sammelt sie überschüssige Glukose aus dem Blut, speichert sie in molekular komprimierter Form als Glykogen und gibt sie bei Bedarf wieder ins Blut ab. Diesen Vorgang bezeichnet man als Glykogenolyse. Ist ihr *Glykogenvorrat* aufgebraucht, kann sie auch aus Nichtzuckern, d. h. Fetten und Aminosäuren, mittels Glukoneogenese Glukose erzeugen. Ferner besitzt die Leber einen großen *Vorrat an Aminosäuren* zum Aufbau von Plasmaproteinen und Enzymen und lagert überschüssiges *Eisen* ein, das nicht im Knochenmark zur Blutbildung benötigt wird. Die Leber reguliert als Zwischenspeicher auch den *Spurenelement- und Vitaminstoffwechsel*. Hierzu gehören insbesondere das Vitamin B_{12} und die fettlöslichen Vitamine A, D, E und K (Merkwort »EDEKA«). Auch Fette können hier kurzfristig gespeichert werden, bevor sie an Lipoproteine gekoppelt über das Blut zu den Fettzellen gesandt werden. Bei Alkoholmissbrauch ist die Leber so stark mit dem Alkoholabbau beschäftigt, dass sie nicht ausreichend Lipoproteine produziert. Die Fette können nicht aus der Leber abtransportiert werden, es entsteht die Fettleber.

Tab. 11 ▶ Zusammenfassung der wichtigsten Aufgaben der Leber

1. Proteinstoffwechsel
› Synthese lebensnotwendiger Eiweiße, z. B. Albumin, Gerinnungseiweiße (Fibrinogen, Prothrombin) und Lipoproteine (z. B. LDL und HDL)
2. Produktion der Gallenflüssigkeit
3. Entgiftung/Abwehr
› endogene Toxine, z. B. Bilirubin und Ammoniak
› exogene Toxine, z. B. Medikamente und Alkohol
› Phagozytose durch Kupffer-Sternzellen
4. Blutbildung (Hämatopoese) beim Ungeborenen und Abbau des fetalen Hämoglobins nach der Geburt
5. Speicherfunktion
› Blut, Glykogen, Aminosäuren, Fette, Eisen, Vitamin B_{12}, fettlösliche Vitamine (A, D, E, K)
6. Aufrechterhaltung des Energiehaushaltes
› Glykogensynthese
› Glykogenolyse
› Glukoneogenese
7. Hormonbalance
› Synthese von Cholesterin als Vorstufe der Steroidhormone
› Abbau der Steroidhormone

6.11.4.6 *Aufrechterhaltung des Energiehaushaltes*

Glukose ist der zentrale Energielieferant des menschlichen Stoffwechsels, daher muss sie ständig für die Zellen verfügbar sein. Insbesondere das Gehirn und die Erythrozyten sind absolut glukoseabhängig.

Über die Darmzotten werden die Monosaccharide Glukose, Galaktose und Fruktose ins Blut aufgenommen. Der dadurch gestiegene Blutglukosespiegel bewirkt, dass die B-Zellen des Pankreas das Hormon Insulin ins Blut ausschütten. Je höher der Glukosespiegel ist, desto mehr Insulin wird ausgeschüttet. Insulin bewirkt, dass die Körperzellen die Glukose in ihr Inneres aufnehmen können, um in ihren Mitochondrien das *Adenosintriphosphat (ATP)* zu bilden. Diesen Prozess in den Zellen bezeichnet man als *Glykolyse*. Ferner sorgt Insulin dafür, dass die überschüssige Glukose von den Hepatozyten in Glykogen umgewandelt und gespeichert wird; das nennt man *Glykogenese*. Falls immer noch zu viel Glukose im Blut ist, z. B. nach einer übermäßigen Kohlenhydratmahlzeit, wird sie zuerst in Glyzerol, einen dreiwertigen Alkohol mit hoher Wasserbindungsfähigkeit, umgewandelt. Glyzerol kann wieder in Glukose zurückverwandelt werden. Folgt jedoch ständig neue Glukose mit der Nahrung und findet wenig Abbau durch mangelnde Bewegung statt, wird das Glyzerol mit freien Fettsäuren in Triglyzeride, d. h. Fette, umgewandelt und in die Fettzellen eingelagert. Diesen Vorgang bezeichnet man als *Lipogenese*. Daher führt ein zu hoher Verzehr von leicht verfügbaren Kohlenhydraten in Verbindung mit Bewegungsmangel zu Übergewicht. Eine weitere Aufgabe der Hepatozyten besteht darin, Galaktose und Fruktose in Glukose umzuwandeln.

Wenn der Blutzuckerspiegel sinkt, schütten die A-Zellen des Pankreas Glukagon ins Blut aus. Dieses Hormon bewirkt in der Leber die *Glykogenolyse*, die Umwandlung von Glykogen in Glukose, und die *Glukoneogenese*, die Umwandlung von anderen Stoffen in Glukose. Dies kann aus Glyzerol, Aminosäuren oder Laktat erfolgen. Laktat entsteht, wenn im Muskel Glykogen in Glukose zurückverwandelt wird und nicht genug Sauerstoff vorhanden ist. Man bezeichnet dies als anaerobe Glykolyse. Reicht die Glukose nicht aus, sorgt Glukagon auch für die *Lipolyse*, den Fettabbau durch Umwandlung von Triglyzeriden in Glyzerol und freie Fettsäuren. Ab etwa 0,5 Promille Blutalkoholspiegel öffnet die Leber ihre Glukosespeicher nicht mehr, dies kann zur Unterzuckerung und im Extremfall zur Ohnmacht bzw. zum Koma führen. Im Normalfall bekommt der Mensch jedoch nach entsprechendem Alkoholgenuss Hunger und füllt so den Blutzuckerspiegel von außen wieder auf.

6.11.4.7 *Hormonstoffwechsel*

Das von der Leber synthetisierte Cholesterin ist neben seiner Bedeutung für die Stabilität von Zellmembranen auch die Vorstufe der Steroidhormone. Zu dieser Gruppe gehören Aldosteron, Cortisol und die Sexualhormone (s.u. 8.3.1). Eine verminderte Bildung kann sich auf das gesamte Energielevel auswirken (»Der Schmerz der Leber ist die Müdigkeit!«).

Ferner werden die »verbrauchten« Steroidhormone von der Leber auch wieder abgebaut. Wird beispielsweise Östrogen vermindert abgebaut, weil die Leber erschöpft ist, kann dies unangenehme Folgen haben. Bei Frauen kann es zu Störungen im Zyklus oder sogar zum Ausbleiben der Periode kommen. Bei Männern führt es zu Potenzproblemen, Verkleinerung der Hoden, Verlust der Bauchbehaarung, die sogenannte Bauchglatze, oder zur Bildung kleiner Brüste, Gynäkomastie genannt.

6.12 Gallenblase

Die *Vesica fellea* ist ein kleines birnenförmiges Organ, das 8 bis 11 cm lang und 3 bis 4 cm breit ist. Ihr Fassungsvermögen beträgt 30 bis 60 ml. Die Gallenblase speichert die von den Hepatozyten produzierte Galle und dickt sie ein. Sie liegt an der Unterseite der Leber, umschlossen vom Peritoneum, in einer kleinen Grube zwischen Lobus quadratus und Lobus dexter. Im Aufbau unterscheidet man Boden, Körper und Hals, die ohne scharfe Grenzen ineinander übergehen. Nur der Körper der Gallenblase ist mit der Leber verwachsen.

6.13 Ernährung und Stoffwechsel

Als Stoffwechsel oder *Metabolismus* werden alle biochemischen Auf-, Um- und Abbauvorgänge des Körpers bezeichnet, die lebensnotwendig sind. Sie werden unterteilt in einen Baustoffwechsel und einen Betriebs- bzw. Energiestoffwechsel. Der *Betriebsstoffwechsel* umfasst alle chemischen Reaktionen, die die Energie erzeugen, die der Körper zur Aufrechterhaltung der Lebensvorgänge benötigt. Da es sich hierbei um Abbauprozesse, beispielsweise von Kohlenhydraten, Eiweißen und Fetten, handelt, wird er auch als *Katabolismus* oder Abbaustoffwechsel bezeichnet. Der *Baustoffwechsel* umfasst alle Prozesse, die dem Aufbau, dem *Anabolismus*, dienen. Dazu gehören der Neuaufbau von Molekülverbänden, Organellen, Zellen, Geweben und Wirkstoffen, wie etwa Neurotransmitter, Hormone, Enzyme und Abwehrstoffe.

6.13.1 Energiebedarf

Der tägliche Energiebedarf eines Menschen ist so individuell wie der Mensch selbst, weil er von vielen Faktoren beeinflusst wird. Hierzu zählen vor allem Geschlecht, Alter, Gewicht, Außentemperatur, körperliche Aktivität und das Verhältnis zwischen Muskelmasse und Fettgewebe. Man unterscheidet den fixen Grundumsatz und den variablen Arbeitsumsatz. Der tägliche *Grundumsatz* ist die Energie, die ein Mensch benötigt, wenn er den ganzen Tag – 24 Stunden – in angenehmer Umgebungstemperatur liegend verbringt. Der tägliche *Arbeitsumsatz* dagegen ist der zusätzliche Energiebedarf, den ein Mensch benötigt, um mit seinem Körper die darüber hinausgehenden Aktivitäten ausführen zu können. Er ist daher sehr unterschiedlich.

Tab. 12 ▶ Beispiele für den physiologischen Brennwert

1 g Kohlenhydrate (z. B. Stärke)	17,6 kJ	oder	4,2 kcal
1 g Fett (z. B. Triglyzeride)	38,9 kJ	oder	9,3 kcal
1 g Protein (z. B. tierisches Eiweiß)	17,2 kJ	oder	4,1 kcal
1 g Alkohol	30,0 kJ	oder	7,1 kcal

Zur Deckung des Energiebedarfs wird die aufgenommene Nahrung im Körper abgebaut, d. h. »verbrannt«. Die Energiemenge, die dabei im Organismus frei wird, bezeichnet man als physiologischen Brennwert. Die Maßeinheit hierfür ist das Joule (s. o., 1.2.1.5), das seit 1978 die Kalorie (lat. *calor*: Wärme) abgelöst hat.

Der durchschnittliche Grundumsatz für einen Menschen mit 70 kg Gewicht beträgt:

- Mann: 7 100 kJ/24 h (1 700 kcal/24 h) = 80 W
- Frau: 6 300 kJ/24 h (1 500 kcal/24 h) = 70 W

Etwa 70 – 80 % der erzeugten Energie werden als Wärme abgegeben. Daher entspricht die Heizleistung eines Menschen ungefähr der Leistung einer 60-Watt-Glühbirne. Bei geistiger Tätigkeit, starken emotionalen Regungen wie Freude oder Angst, Fieber oder einer Überfunktion der Schilddrüse erfolgt eine Steigerung des Grundumsatzes. Eine Verminderung dagegen tritt bei Schlaf, Koma, Narkose und bei Unterfunktion der Schilddrüse ein.

6.13.2 Nahrungsstoffe

Für einen ausgeglichenen Stoffwechsel benötigt der Körper eine ausgewogene Zufuhr von *Nährstoffen*. Hierzu zählen neben Kohlenhydraten, Eiweißen und Fetten auch Vitamine, Mineralstoffe, Spurenelemente und genügend Wasser. Da der Mensch etwa zu 75 % aus Wasser besteht, kann er ohne Wasser maximal vier Tage überleben, ohne Nahrung können es je nach Ernährungszustand Wochen sein. Ferner sind zur Anregung der Darmtätigkeit *Ballaststoffe* wichtig, die aus nichtverdaulichen Pflanzenbestandteilen mit hohem Quellvermögen im Darm bestehen.

Tab. 13 ▶ Die sieben Säulen der Ernährung

1.	**Kohlenhydrate**	reine Energielieferanten
2.	**Eiweiße**	meist Baustoffe, versorgen mit lebensnotwendigen Aminosäuren
3.	**Fette**	Energielieferanten und Energiereservoir, enthalten die fettlöslichen Vitamine und mehrfach ungesättigte Fettsäuren
4.	**Vitamine**	unentbehrliche organische Verbindungen
5.	**Mineralstoffe**	chemische Elemente, benötigte Zufuhr > 100 mg/Tag
6.	**Spurenelemente**	chemische Elemente, benötigte Zufuhr < 100 mg/Tag
7.	**Wasser**	

6.13.2.1 *Kohlenhydrate*

Kohlenhydrate bestehen aus Kohlenstoff, Wasserstoff und Sauerstoff in unterschiedlicher Zusammensetzung. Sie werden unterteilt in *Monosaccharide*, beispielsweise Fruchtzucker oder Traubenzucker, *Disaccharide*, zum Beispiel Malz-, Milch- oder Haushaltszucker, und *Polysaccharide*, beispielsweise pflanzliche und tierische Stärke. Der Körper kann Kohlenhydrate nur in geringem Maße speichern, zum Beispiel als Glykogen oder Glyzerol. Der Glykogenvorrat in Leber und Skelettmuskeln reicht bei mäßiger Bewegung etwa für einen Tag.

▶ Kohlenhydratverdauung

Die Verdauung der Kohlenhydrate beginnt bereits im Mund durch die enzymatische Wirkung der *Amylase* aus der Ohrspeicheldrüse. Im Dünndarm spaltet die Amylase aus dem Pankreas den Hauptteil der Kohlenhydrate in Disaccharide, die von den Bürstensaumenzymen der Dünndarmmucosa, den Disaccharidasen, weiter in Monosaccharide aufgespalten werden. Mono- und Disaccharide werden von den Darmzotten aufgenommen und über das Pfortaderblut zur Leber geleitet. Schnell resorbierbare Kohlenhydrate wie Mono- und Disaccharide sind aus ernährungsphysiologischen Gründen ungünstig, weil sie zu einem raschen Blutzuckeranstieg führen. Dies bewirkt eine zu starke Insulinausschüttung und damit in einer zweiten Phase besonders niedrige Blutzuckerwerte und Hungergefühle. Daher sind langsam resorbierbare Kohlenhydrate wie Stärke günstiger, weil deren Aufspaltung in Monosaccharide eine längere Zeit beansprucht. Der Blutzuckerspiegel steigt nur mäßig und das Sättigungsgefühl hält länger an. Diese Art von Kohlenhydraten befindet sich in Getreide, Obst, Gemüse und Hülsenfrüchten. Sie enthalten zusätzlich auch Ballaststoffe, Vitamine, Mineralstoffe und Spurenelemente, während Weißbrot und Kuchen noch nicht einmal die für ihre Verdauung notwendigen Vitamine und Mineralstoffe liefern.

▶ Funktionen der Kohlenhydrate im Körper

Kohlenhydrate sind die Energiequelle für das Gehirn und die Erythrozyten, die ihren Energiebedarf ausschließlich mit Glukose decken, während andere Organe auch Fettsäuren in Glukose umwandeln können. In molekular komprimierter Form, dem Glykogen, stellen die Kohlenhydrate eine kurzfristige Energiereserve dar. Die Leber speichert etwa 10 % ihres Gewichts, also etwa 140 – 180 g. Ein weiterer Speicher ist die Muskulatur mit etwa 1 – 2 % ihres Gewichts. Daher schwankt die Glykogenreserve zwischen 300 – 400 g bei einem untrainierten Erwachsenen und bis zu 600 g bei Ausdauersportlern. Unverdauliche Kohlenhydrate wie Zellulose dienen als Ballaststoffe. Sie regen die Kautätigkeit an und erhöhen das Sättigungsgefühl durch ihre längere Verweildauer im Magen. Im Darm fördern sie die Peristaltik und beugen damit einer Verstopfung vor. Ferner können sie Schadstoffe in der Nahrung binden. Komplexe Kohlenhydrate sind Bestandteile von Knochen, Sehnen und Bindegewebe und bewirken damit eine Stützfunktion.

6.13.2.2 *Eiweiße*

Eiweiße sind Proteine, die aus mehr als 100 *Aminosäuren* zusammengesetzt sind. In der Nahrung sind sie vor allem in Fleisch, Fisch, Milch, Käse, Ei, Sojaprodukten oder Hülsenfrüchten enthalten. Aminosäuren sind die Bausteine der Eiweiße. In der Natur kommen 20 verschiedene Aminosäuren vor. Einige können vom Körper selbst synthetisiert werden, andere dagegen nicht und müssen daher mit der Nahrung zugeführt werden. Diese werden als »essenziell« bezeichnet.

▶ Eiweißverdauung

Nachdem die Eiweiße im Mund mechanisch zerkleinert worden sind, werden sie im Magen durch Salzsäure und Pepsin denaturiert und in größere Bruchstücke gespalten. Im Dünndarm fließen die Peptidasen des Pankreas hinzu. Die Endopeptidasen Trypsin und Chymotrypsin spalten die inneren Bindungen der *Peptide*, während die Exopeptidasen, z. B. Carboxypeptidase, die Peptide vom Ende her spalten. Die Dünndarmmucosa liefert noch die Dipeptidasen hinzu, sodass am Ende Aminosäuren entstehen. Die Darmzotten können sowohl Aminosäuren als auch Dipeptide, Tripeptide und sogar Oligopeptide resorbieren. Die resorbierten Eiweißabbauprodukte gelangen über das Pfortaderblut zur Leber. Hier wird etwa ein Fünftel zum Aufbau von körpereigenen Eiweißen verwendet. Der Rest wird gespeichert oder zur Energiegewinnung herangezogen oder abgebaut und ausgeschieden.

▶ Funktionen der Eiweiße im Körper

Sie sind lebensnotwendig für den Organismus und erfüllen die vielfältigsten Aufgaben. *Transportproteine* binden spezifische Moleküle oder Ionen. Sie befördern sie im Blutplasma oder durch die Zellmembran. So transportiert das Hämoglobin den Sauerstoff in den Erythrozyten, Albumin das giftige Bilirubin zur Leber, Transferrin bindet Eisen, die Lipoproteine umhüllen die Blutfette und die Schilddrüsenhormone werden mit Globulinen durch das Blut zu den Zielzellen geleitet. Proteine können ferner als *Speicherproteine* vorkommen, wie zum Beispiel als Ferritin, das Eisen speichert. Im Skelettmuskel finden sich als *Bewegungsproteine* Myosin und Aktin, die die Kontraktion der Muskeln bewirken. Auch das Tubulin, das für die Bewegung der Flimmerhärchen zuständig ist, zählt hierzu.

Tab. 14 ▶ Wichtigste Proteine im Körper nach Funktionen

Transportproteine	Hämoglobin, Albumin, Globuline, Transferrin, Lipoproteine
Speicherproteine	Ferritin
Bewegungsproteine	Aktin, Myosin, Tubulin
Strukturproteine	Keratin, Kollagen, Elastin
Enzyme	fast alle mit der Endung »-ase«: z. B. Lipasen, Peptidasen oder Amylasen (Ausnahmen: z. B. Chymotrypsin)
Verteidigungsproteine	Immunsystem: Immunglobuline, Zytokine, Interferone Blutgerinnung: Fibrinogen und (Pro)-Thrombin
Regulationsproteine	viele Hormone und Botenstoffe

Eine weitere Gruppe sind die *Strukturproteine*, beispielsweise Kollagen in Sehnen und Knorpel, Keratin in Haaren und Fingernägeln oder Elastin in den Bändern. Sie geben dem Körper Festigkeit und Formbeständigkeit.

Auch *Enzyme* werden aus Proteinen aufgebaut. Sie beschleunigen als *Katalysatoren* chemische Reaktionen, die mit ihrem Namen durch die Endung »-ase« gekennzeichnet werden, wie zum Beispiel Peptidase, Amylase oder Lipase. Unentbehrlich sind ferner die Proteine der *Immunabwehr* und der *Blutgerinnung*, die dem Körper Schutz verleihen. Zu dieser Fraktion gehören zum einen die Immunglobuline, Zytokine und Interferone, zum anderen Fibrinogen und Thrombin bzw. Prothrombin.

Einen letzten großen Bereich stellen die *regulatorischen Proteine* dar. Sie steuern natürliche Prozesse und Zyklen wie Wachstum, Schlaf-Wach-Rhythmus, Sexualzyklen, Hungergefühle und die Kalzium-Aufnahme, aber auch biosynthetische Prozesse. Hierunter fällt ein Teil der Hormone, die Peptidhormone und die Aminosäureabkömmlinge, beispielsweise die Hormone von Schilddrüse und Nebenschilddrüse, Hypothalamus und Hypophyse sowie Adrenalin und Noradrenalin aus dem Nebennierenmark.

6.13.2.3 *Lipide*

Lipide sind wasserunlösliche Moleküle, die sehr unterschiedliche molekulare Strukturen aufweisen können. Wichtige Lipide des Körpers sind als klassisches Fett die *Triglyzeride*, die Gruppe der *Phospholipide*, die die Zellmembranen bilden, und *Cholesterin*, das die Stabilität der Zellmembran erhöht und die Vorstufe für verschiedene im Körper produzierte Stoffe bildet, wie zum Beispiel für Gallensäuren und Steroidhormone. Über Nahrungsfette werden dem Körper auch die fettlöslichen Vitamine A, D, E und K zugeführt.

TAB. 15 ▶ Wichtigste Funktionen der Fette im Körper

- **Energielieferant**
- **Energiereserve:** Speicherung als Depotfett
- **Schutzfunktion:** Wärmeisolierung, mechanische Belastung
- **Strukturfunktion:** wesentlicher Bestandteil der Zellmembranen
- **Ausgangssubstanz** vieler Hormone
- **Trägersubstanz** zur Aufnahme fettlöslicher Vitamine
- **Sensorische Aspekte:** Geschmacksträger, Sättigungsgefühl

Die mit der Nahrung aufgenommenen Fette bzw. Öle sind hauptsächlich Triglyzeride, die auch als Neutralfette bezeichnet werden. Sie bestehen aus drei Fettsäuren, die an einen Zuckeralkohol, das Glyzerol (auch Glyzerin genannt), gebunden sind. Die Fettsäuren lassen sich in ungesättigte und gesättigte Fettsäuren einteilen. *Ungesättigte Fettsäuren* sind bei Normaltemperatur flüssig und finden sich in pflanzlichen Ölen. Je nach Anzahl der Doppelbindungen spricht man von einfach oder mehrfach ungesättigten Fettsäuren. Auch die Stelle der Doppelbindung ist für die Funktion im Stoffwechsel wichtig. Omega-3-Fettsäuren haben die Doppelbindung zwischen dem 3. und 4. Kohlenstoffatom, während bei Omega-6-Fettsäuren die Doppelbindung zwischen dem 6. und 7. C-Atom liegt (VGL. 1.3.10.2 ABSCHNITT FETTE). Omega-3-Fettsäuren haben einen schützenden Effekt bezüglich Herzinfarkt und Schlaganfall, während Omega-6-Fettsäuren zu entzündungsfördernden Prostaglandinen verstoffwechselt werden.

Zu den *essenziellen Fettsäuren* gehören die zweifach ungesättigte Linolsäure und die dreifach ungesättigte Linolensäure. Sie sind notwendig für eine Vielzahl von Stoffwechselprozessen. Ferner wird aus ihnen die vierfach ungesättigte Arachidonsäure hergestellt, die zur Synthese von Prostaglandinen oder Leukotrienen, z.B. Thromboxan, benötigt wird. Prostaglandine sind eine Gruppe von Gewebshormonen, die vor allem Einfluss auf die Weitstellung von Blutgefäßen, auf die Vermittlung von Schmerzzuständen und Entzündungen haben. Leukotriene stehen in Zusammenhang mit allergischen bzw. entzündlichen Reaktionen des Körpers, zum Beispiel beim Asthma bronchiale. Thromboxane hemmen die Thrombozytenaggregation und bewirken auch eine Kontraktion sämtlicher glatter Muskeln an Gefäßen und Luftwegen.

Gesättigte Fettsäuren liefern viel Energie, sind aber nicht essenziell. Sie finden sich hauptsächlich in tierischen Fetten wie Butter, Schmalz, Wurst und fettem Fleisch. Eine Ausnahme bilden die Meeresfische, die hochwertige Omega-3-Fettsäuren enthalten. Alle Pflanzenfette, die bei Normaltemperatur fest sind, wie etwa Kokos- oder Palmfett, sind ebenfalls gesättigt.

▶ **Fettverdauung**

Sie beginnt bereits in Mund und Magen durch die Wirkung der Zungengrundlipase. Die eigentliche Aufspaltung erfolgt jedoch hauptsächlich im Dünndarm durch die Zusammenarbeit von Gallensäuren und Pankreaslipase. Es entstehen Mono- und Diglyzeride, Glyzerol und freie Fettsäuren. Die freien Fettsäuren werden als Mizellen verpackt von der Dünndarmmucosa resorbiert und dort mit dem resorbierten Glyzerol neu zu Fetten verestert. Die entstandenen Triglyzeride werden an Lipoproteine, die *Chylomikronen*, gebunden und gelangen über das Lymphsystem in die Blutbahn. Die Lymphflüssigkeit verfärbt sich durch die Fettaufnahme weislich und wird als *Chylus* bezeichnet, »Milchsaft«.

Kurz- und mittelkettige Triglyzeride mit Kettenlängen von 8 – 10 Kohlenstoffatomen können auch ohne Gallensäuren resorbiert werden und erreichen ohne den Umweg über das Lymphsystem direkt über das Pfortaderblut die Leber. Daher werden mittelkettige Triglyzeride, sogenannte »Medium-Chain Triglycerides« (MCT) diätetisch bei Syndromen in Verbindung mit Verlegung der Gallenwege und intestinalen Lymphabflussstörungen verwendet (MCT-Kost). In der Natur kommen mittelkettige Triglyzeride in Kokosfett und Palmkernöl vor.

▶ **Funktionen der Fette im Körper**

Fette dienen zunächst als Energielieferanten, sie haben einen mehr als doppelt so hohen Brennwert wie Kohlenhydrate. Überschüssiges, nicht als Energie verwertetes Fett wird als Depotfett in den Fettzellen gespeichert und kann von dort bei Bedarf mobilisiert werden. Als Baufett hat es Schutzfunktionen vor Auskühlung und harten Stößen oder mechanischen Belastungen. Als Beispiel sind hier die Fettkapsel der Niere oder die Fettpolster unter den Sitzknochen zu nennen. In der Unterhaut, der Subkutis, bildet es eine Isolierschicht und verhindert damit Wärmeverluste. Als Strukturlipide sind sie in allen Körperzellen ein wesentlicher Bestandteil der Zellmembranen. Sie bilden weiterhin die Ausgangssubstanzen vieler Hormone oder hormonähnlicher Stoffe wie der Steroidhormone Cortisol, Aldosteron und der Sexualhormone. Für die Aufnahme aller fettlöslichen Stoffe, zum Beispiel fettlösliche Vitamine und Aromastoffe, sind sie als Trägersubstanz erforderlich. Letztlich ist Fett ein Geschmacksträger und verlängert nach dem Essen das Sättigungsgefühl.

6.13.2.4 *Vitamine*

Sie sind verschiedenartige organische Verbindungen, die für den Stoffwechsel unentbehrlich sind. Vitamine können entweder nicht oder nur ungenügend vom Körper synthetisiert werden und müssen deshalb mit der Nahrung zugeführt werden. Eine Unterversorgung mit Vitaminen, die *Hypovitaminose*, führt zu Mangelkrankheiten, völliges Fehlen führt zum Tod. Auch eine Überversorgung mit Vitaminen, die *Hypervitaminose*, kann bei den speicherbaren Vitaminen zu Störungen im Organismus führen. Vitamine haben keinen Brennwert, sie wirken vor allem als *Katalysatoren* und *Koenzyme*. Der Tagesbedarf wird durch minimale Mengen (0,001 – 75 mg) gedeckt. Sie besitzen unterschiedliche Lösungseigenschaften und werden daher in fettlösliche und wasserlösliche Vitamine unterteilt. Die fettlöslichen Vitamine können in der Leber und im Fettgewebe gespeichert werden.

Wasserlösliche Vitamine können nicht im Körper gespeichert werden, zirkulieren im Blut und werden nach Bedarf abgerufen. Die einzige Ausnahme ist das Cobalamin, nämlich Vitamin B_{12}, das in der Leber gespeichert wird.

Die wichtigsten Krankheitsbilder, die durch Vitaminmangel verursacht werden, sind Skorbut (Mangel an Vitamin C), Beriberi (Mangel an Vitamin B_1), Pellagra (Mangel an Vitamin B_3), Rachitis (Mangel an Vitamin D), Blutgerinnungsstörungen (Mangel an Vitamin K), perniziöse Anämie (Mangel an Vitamin B_{12}) und Nachtblindheit (Mangel an Vitamin A).

6.13.2.5 *Mineralstoffe*

Mineralstoffe sind – wie die Spurenelemente – chemische Elemente, nicht-organische Nährstoffe, die der Körper nicht selbst synthetisieren kann und die für den Stoffwechsel unverzichtbar sind. Die Unterscheidung erfolgt aufgrund des mengenmäßigen Vorkommens im Körper.

Die sieben Mineralstoffe *Kalzium, Chlor, Kalium, Magnesium, Natrium, Phosphor* und *Schwefel* bilden etwa 3 % der Körpermasse und werden daher zu den Mengenelementen gerechnet. Sie werden auch als *Elektrolyte* bezeichnet und finden sich im Organismus als positiv geladene Kationen und negativ geladene Anionen in den mit Flüssigkeit gefüllten Räumen (griech. *ionos*: »der Wanderer«). Sie regulieren und gewährleisten den *osmotischen Flüssigkeitsausgleich* zwischen diesen Räumen und bestimmen die Löslichkeit von Proteinen. Die Ionen sind zwischen den intrazellulären und extrazellulären Räumen nicht gleich verteilt. Daher herrscht im Inneren einer Zelle eine andere Ladung als außerhalb der Zelle. Dieser Ladungsunterschied ist die Voraussetzung für die Erregbarkeit von Zellen und die *Reizweiterleitung*. Für die Aufrechterhaltung dieser Polaritäten muss der Körper viel Energie aufwenden. Da die Ausscheidung der osmotisch wirkenden Elektrolyte nur zusammen mit Wasser möglich ist, ist der Stoffwechsel der Elektrolyte eng mit dem Wasserhaushalt verknüpft.

▶ Kalzium

Mit 1,5 % Anteil am Körpergewicht ist Kalzium der am meisten vorkommende Mineralstoff. Es ist besonders wichtig für den Aufbau der Knochen und Zähne. Etwa 99 % des Kalziumbestandes befindet sich im *Knochengewebe*, das gleichzeitig als Kalziumspeicher dient. Weiterhin steuert Kalzium zusammen mit Enzymen die Kontraktion der gesamten *Muskulatur*. Kalziummangel, die *Hypokalzämie*, führt deshalb zu Krämpfen im Magen-Darm-Trakt bzw. im Bewegungsapparat und im Extremfall zum Herzstillstand. Ein Kalziumüberschuss, die *Hyperkalzämie*, dagegen bewirkt Muskelschwäche, verminderte Reflexe, Apathie, Obstipation und Herzrhythmusstörungen. Zudem wirkt Kalzium gegen Entzündungen und Allergien und ist für die Blutgerinnung notwendig. Die Regulation des Kalziumbestandes im Blut erfolgt über die Hormone *Calcitonin, Parathormon* und *Vitamin D_3* (s. u. 8.7.3 und 8.8)

Gute natürliche Kalziumquellen sind grüne Gemüsesorten wie Brokkoli und Grünkohl sowie Nüsse oder Vollkornbrot.

▶ Phosphor, Phosphat

Hierbei handelt es sich um die Salze und Ester der Phosphorsäure. Diese sind Bausteine vieler wichtiger Moleküle im Organismus, zum Beispiel von ATP und DNA. Der größte Anteil befindet sich in Knochen und Zähnen, wo er zusammen mit Kalzium die Stabilität bewirkt. Weiterhin kann er als Phosphatpuffer H+-Ionen binden und trägt damit zum Säuren-Basen-Gleichgewicht im Blut bei. Die Regulation erfolgt über das von der Nebenschilddrüse gebildete

Tab. 16 ▶ Fettlösliche Vitamine

Name	wichtigste Wirkungen	reichliches Vorkommen
Retinol (Vitamin A)	Sehkraft, Zellwachstum, Erneuerung von Haut und Schleimhäuten	Leber, Milchfette, Fisch, als Provitamin A (Carotin) in vielen Pflanzen
Calciferol (Vitamin D)	Kalziumaufnahme aus dem Darm, Kalziumeinlagerung in den Knochen	wird vom Körper unter UV-Lichteinwirkung aus Cholesterin hergestellt; cholesterinhaltige Nahrungsmittel
Tocopherole (Vitamin E)	Zellerneuerung, Hemmung entzündlicher Prozesse, Stärkung des Immunsystems, Radikalenfänger	Öle, Sojabohnen, Blattgemüse, Vollkornprodukte
Phyllochinon (Vitamin K)	Synthese von Gerinnungsfaktoren	Blumenkohl, Rosenkohl, Spinat

Tab. 17 ▶ Wasserlösliche Vitamine

Name	wichtigste Wirkungen	reichliches Vorkommen
Thiamin (Vitamin B_1)	Energiegewinnung aus Kohlenhydraten, Synthese von Acetylcholin, wichtig für Herz, Nerven und Muskeln	Hefe, Getreidekeime, Schweinefleisch, bes. Innereien, Haferflocken
Riboflavin (Vitamin B_2)	Verwertung von Fetten, Eiweiß und Kohlenhydraten, Regeneration von Haut und Schleimhäuten	Hefe, Getreidekeime, Leber, Milch und Käse
Niacin (Vitamin B_3)	Energiestoffwechsel, Atemkette, Fettsäurestoffwechsel, senkt den Cholesterinspiegel	Hefe, Weizenkeime, Nüsse, Hülsenfrüchte, Innereien und Milchprodukte, Darmbakterien aus Tryptophan
Pantothensäure (Vitamin B_5)	als Koenzym A unentbehrlich für den Zellstoffwechsel, insbesondere Regenerationsprozesse (Wundheilung), Aufbau der Schleimhaut und Biosynthese von Steroidhormonen	Leber, Weizenkeime, Erdnüsse, Champignons und Blumenkohl
Pyridoxin (Vitamin B_6)	Aminosäurestoffwechsel, Glykogenolyse	Hefe, Vollkornprodukte, Leber, Kiwis, Kartoffeln
Folsäure (Vitamin B_9)	Blutbildung, Wundheilung, DNA-und RNA-Synthese, verhindert Missbildungen bei Neugeborenen (z.B. Spina bifida)	Leber, Weizenkeime, Salat, Hülsenfrüchte, Getreide
Cobalamin (Vitamin B_{12})	Blutbildung, Nervenfunktion, Schleimhäute	Fleisch, Fisch, Eier, Käse, Lupinen, Sauerkraut, Algen
Ascorbinsäure (Vitamin C)	Schutz vor Infektionen, Radikalenfänger, Kollagensynthese, Eisenresorption, Kofaktor für diverse Stoffwechselprozesse	Hagebutten, Acerola-Kirsche, Zitrusfrüchte, Sanddorn, Kiwi, Paprika
Biotin (Vitamin H)	Haut, Haare und Nägel, Auf- und Abbau der Fettsäuren sowie Abbau von vier essenziellen Aminosäuren	Leber, Milch, Eier, Sojabohnen, Nüsse, Blumenkohl und Haferflocken, durch Dickdarmbakterien

Parathormon. Der Phosphatbedarf ist an den Kalziumbedarf gekoppelt und sollte im Verhältnis 1 : 1 bis 1 : 1,2 (Kalzium: Phosphat) liegen. Kalzium und Phosphat konkurrieren bei der Resorption aus dem Darm, daher vermindert eine zu hohe Zufuhr von Kalzium die Aufnahme von Phosphat und umgekehrt. Ein Phosphatmangel, die *Hypophosphatämie*, führt zu einer Störung aller Zellfunktionen und Zellstoffwechselvorgänge, die Symptome sind ähnlich wie bei der Hypokalzämie. Umgekehrt ähneln die Symptome des Phosphatüberschusses, der *Hyperphosphatämie*, denen der Hyperkalzämie.

Phosphatreiche Lebensmittel sind Hart- und Schmelzkäse, Nüsse, Vollkornprodukte, getrocknete Steinpilze, geräucherte Lebensmittel und Schokolade.

▶ Kalium

Diese Substanz befindet sich fast ausschließlich intrazellulär, d.h. in den Zellen, und ist neben Natrium für den *Ablauf des Aktionspotenzials* notwendig (s.o., 2.1.4.6). Daher beeinträchtigt ein Kaliumungleichgewicht insbesondere die Tätigkeit von Herz, Nerven und Muskeln. Es führt vor allem zu Muskelschwäche, Muskelzuckungen, Herzrhythmusstörungen, Kribbeln der Haut, Müdigkeit, geistiger Abwesenheit, Meteorismus und Verstopfung. Ein Kaliumungleichgewicht ist in den seltensten Fällen ernährungsbedingt. Kaliummangel, die *Hypokaliämie*, kann u.a. durch die regelmäßige Verwendung von Abführmitteln bzw. Diuretika oder nach einem Durchfall entstehen, während ein Kaliumüberschuss, die *Hyperkaliämie*, vor allem durch Erkrankungen der Niere hervorgerufen wird.

Besonders reich an Kalium sind Obst, vor allem Bananen und Aprikosen, Kartoffeln, Spinat, Fenchel, Grünkohl und Fleisch.

▶ Schwefel

Dieser Mineralstoff ist für den Körper von essenzieller Bedeutung, da Schwefel in den Aminosäuren Cystein und Methionin und in allen darauf aufbauenden Polypeptiden, Proteinen und Enzymen enthalten ist. Er ist zum Beispiel notwendig für die Insulinproduktion und die Synthese von Keratin, Kollagen und Elastin. Daher ist Schwefel besonders wichtig für Haare, Nägel und Bindegewebe und für alle Wachstums- und Umbauprozesse im Gewebe.

Weiterhin wirkt Schwefel entzündungshemmend, indem er die Gefäßpermeabilität erhöht und dadurch die Abwehrzellen leichter an den Ort des Geschehens gelangen können. Im Körper eines Erwachsenen mit einem Durchschnittsgewicht von 70 kg sind ca. 150 g Schwefel enthalten. Der Tagesbedarf wird auf knapp 900 mg geschätzt und durch Nahrungsmittel gedeckt, die reich an den Aminosäuren Methionin und Cystein sind, z.B. viele frische Früchte und Gemüse, Fleisch, Lachs und Garnelen sowie Cashewnüsse.

▶ Chlor

In Form von Chloridionen bzw. Chlorid ist Chlor das am häufigsten vorkommende *Anion des Extrazellulärraums*, es findet sich in den Zellzwischenräumen sowie der Blut- und Lymphflüssigkeit. Durch seine negative Ladung stellt es einen wichtigen Gegenpol zu den positiv geladenen Natriumionen im Extrazellulärraum dar. Ferner ist Chlorid Bestandteil der

TAB. 18 ▶ Mengenelemente (Elektrolyte)

Name	Symbol und Ladung	Anteil an der Körpermasse	Wichtigste Funktionen
Kalzium	Ca^{+}	1,5 %	Härtung von Knochen und Zähnen (mit Phosphat), Muskelkontraktion, Blutgerinnung
Phosphor, Phosphat	P, PO_4^{-}	1,0 %	Baustein von ATP und DNA, Härtung von Knochen und Zähnen (mit Kalzium), Pufferfunktion
Kalium	K^{+}	0,4 %	Leitung der Nervenimpulse, Muskelkontraktion
Schwefel	S	0,3 %	Synthese von Keratin, Kollagen und Elastin, entzündungshemmend
Natrium	Na^{+}	0,2 %	Leitung der Nervenimpulse, Ausgleich des Wasserhaushalts
Chlor	Cl^{-}	0,2 %	Elektrolytausgleich, Bestandteil der Magensäure (HCl)
Magnesium	Mg^{+}	0,1 %	vielfältiger Enzymaktivator

Salzsäure im Magen. Chlor wird vom Körper in Verbindung mit Natrium als *Kochsalz* (NaCl) aufgenommen. Mangelerscheinungen, die *Hypochlorämie*, können daher nur bei sehr starkem, lang anhaltenden Schwitzen, starkem Erbrechen und Durchfall auftreten. Ein Überschluss an Chlor, die *Hyperchlorämie*, wird meist durch mangelnde Ausscheidung bei Nierenfunktionsstörungen verursacht.

▶ Natrium

Das positiv geladene Natrium ist das wichtigste *Kation im Extrazellulärraum*. Es erzeugt mit Kalium das *Aktionspotenzial* und ist daher unentbehrlich für die Funktionsfähigkeit der Zelle und die Informationsvermittlung zwischen den Zellen. Eine andere wichtige Funktion hat Natrium in der Regulation des Wasserbestandes. Der Natrium- und der Wasserhaushalt greifen komplex ineinander. Steigt die Natriumkonzentration, erhöht sich die Osmolarität, d.h. die Anzahl der gelösten aktiven Teilchen, und Wasser strömt zum Ausgleich aus der Umgebung in diesen Bereich. Damit kann der Körper den Flüssigkeitsbestand inner- und außerhalb der Zellen sowie im Blut regulieren. In der Niere sorgt Natrium für die Rückresorption des mit dem Primärharn abgepressten Wassers. Ferner wird über die Niere überschüssiges Natrium ausgeschieden. Ein Ungleichgewicht im Natriumbestand ist meist mit einem Ungleichgewicht des Wasserbestandes verbunden und in den seltensten Fällen durch die Nahrungsaufnahme verursacht. Im Vordergrund stehen zu geringe oder zu hohe Flüssigkeitszufuhr, Verlust von Flüssigkeit durch Erbrechen, Durchfall oder Einnahme von Diuretika, zum Beispiel Lasix, Erkrankungen der Niere oder hormonelle Dysregulation, beispielsweise inadäquate ADH-Produktion (s. u., 7.2.3.3, ABSCHNITT DISTALER TUBULUS, UND 7.2.4.1).

▶ Magnesium

Diese Substanz steht mit 0,1 % des Körpergewichtes an letzter Stelle der Mineralstoffe, ist aber an vielen Stoffwechselvorgängen im Körper beteiligt. Fast 300 *Enzyme* können ihre Wirkung erst mit Magnesium entfalten. Magnesiummangel, *Hypomagnesiämie*, verursacht eine Vielzahl von Beschwerden, zum Beispiel Muskelkrämpfe, nervöse Beschwerden durch neuromuskuläre Übererregbarkeit, Herzrhythmusstörungen, Magen-Darm-Beschwerden, Wachstumsstörungen, brüchige Fingernägel, Karies und Menstruationsbeschwerden.

Fett- und phosphatreiche Kost sowie reichlicher Alkoholkonsum vermindern die Magnesiumresorption, Kochsalz erhöht die Magnesiumausscheidung. Magnesium ist besonders reichlich enthalten in Sojabohnen, Vollkornbrot, Spinat und Grünkohl, Seezunge sowie in Schokolade und Nüssen.

6.13.2.6 *Spurenelemente*

Diese nicht-organischen Nährstoffe kommen in äußerst geringen Konzentrationen im Körper vor und werden auch nur in winzigsten Mengen aufgenommen. Sie sind dennoch an vielen biologischen Funktionen beteiligt. Zu den wichtigsten Spurenelementen zählen *Eisen, Jod, Fluor, Zink* und *Selen*. Auch toxische Spurenelemente können mit der Nahrung aufgenommen werden, hierzu gehören Antimon, Arsen, Blei, Cadmium, Quecksilber und Thallium.

▶ Eisen

Bei Stoffwechselprozessen, die Sauerstoff benötigen, spielt Eisen eine wichtige Rolle. Zwei Drittel des Eisenbestands von etwa vier bis fünf Gramm finden sich im Hämoglobin des *Erythrozyten* und im *Myoglobin* des Muskels, der Rest ist in Leber und Knochenmark gespeichert. Bei schwerem Eisenmangel kommt es zur Blutarmut, der sogenannten *Anämie*. Leichter Mangel führt zu Müdigkeit, Kopfschmerzen, verminderter Leistungsfähigkeit sowie Wachstumsstörungen von Haut, Schleimhaut sowie Nägel und Haaren. Eisen findet sich in Fleisch und vielen Gemüsearten.

▶ Jod

Der Körper enthält nur eine winzige Menge an Jod, etwa 14 Milligramm, wovon 98 % in der Schilddrüse gespeichert sind. Ein Fehlen dieser geringen Menge hat weitreichende Folgen für den Organismus, weil dann die *Schilddrüsenhormone* nicht ausreichend produziert werden können. Ein Jodmangel führt zur Vergrößerung der Schilddrüse, der Struma oder dem Kropf. Der Jodbedarf kann durch Fisch und jodiertes Speisesalz gedeckt werden.

▶ Fluor

Dieses Spurenelement ist wahrscheinlich nicht lebensnotwendig, besitzt aber eine – noch nicht restlos geklärte – hemmende Wirkung auf die Bakterien, die Karies verursachen. Bei übermäßiger Zufuhr kann es im leichtesten Fall zu einer fleckigen Weiß-Verfärbung der Zähne führen, in schweren Fällen zur Braun-Verfärbung. Zu viel Fluor ist giftig, es setzt die Wirkung verschiedener Enzyme herab, zerstört Kollagen, hemmt die DNA-Reparatur-Enzyme und die Verwertung von Sauerstoff in den Zellen. Knochen macht es brüchig, weil das Knochengewebe verdichtet wird und damit an Elastizität verliert. Fluor kommt in Walnüssen, Sojabohnen, Fisch, Vollkornprodukten und schwarzem Tee vor. Daher sollte von fluorisiertem Wasser oder fluorisierter Zahnpasta abgesehen werden bzw. die Zahnpasta nicht heruntergeschluckt werden, damit im Magen nicht die giftige Fluorsäure oder Flusssäure entsteht.

▶ Zink

In ionisierter Form ist Zink Bestandteil vieler *Enzyme*, wie zum Beispiel der Carboanhydrase, die die Umwandlung von Kohlendioxid und Wasser in Wasserstoffionen und Bikarbonat beschleunigt und vor allem in den Erythrozyten vorkommt (s.o., 5.5.1.4). Weiterhin wirkt es als *Enzymaktivator* bei der Insulinspeicherung und im Immunsystem. Der Bedarf wird durch Fleisch, Fisch, Vollkorn und Gemüse gedeckt. *Zinkmangel* entsteht meist bei Resorptionsstörungen und führt vor allem zu erhöhter Infektionsgefahr und verzögerter Wundheilung.

▶ Selen

Dieser Stoff ist Bestandteil des Enzyms Glutathionperoxidase, das eine wichtige Rolle als sogenannter *Radikalenfänger* spielt. Freie Radikale sind Moleküle, die bei der Verbrennung von Nährstoffen im Stoffwechsel, zum Beispiel in den Mitochondrien, entstehen. Ihnen fehlen Bindungselektronen, die sie anderen Molekülen des Körpers »entreißen«. Dadurch können sie molekulare Strukturbestandteile wie beispielsweise die DNA angreifen, zerstören und verändern. Die Glutathionperoxidase »fängt« diese Radikale ein und macht sie damit für den Körper unschädlich. Selen wird daher eine *antikanzerogene*, d.h. Krebs hemmende Wirkung zugesprochen. Selenreich sind vor allem Fisch, Leber, Eier, Gemüse, Hülsenfrüchte und Buchweizen.

7 Harnorgane

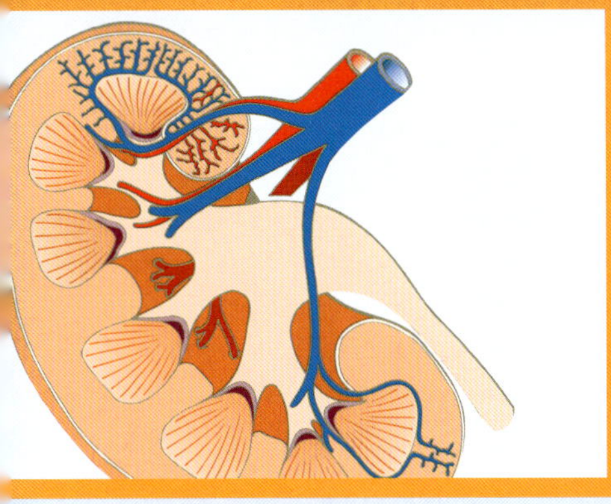

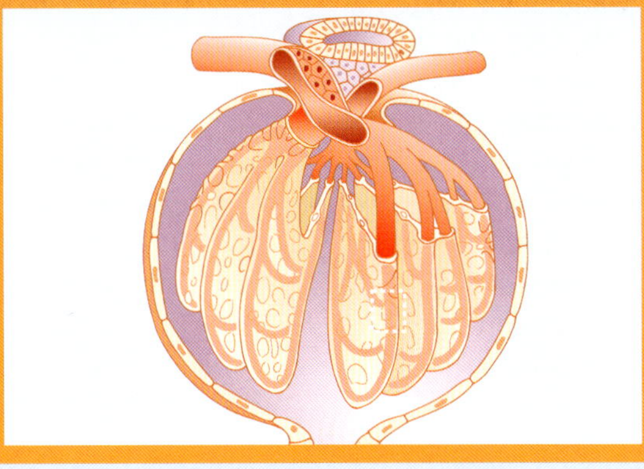

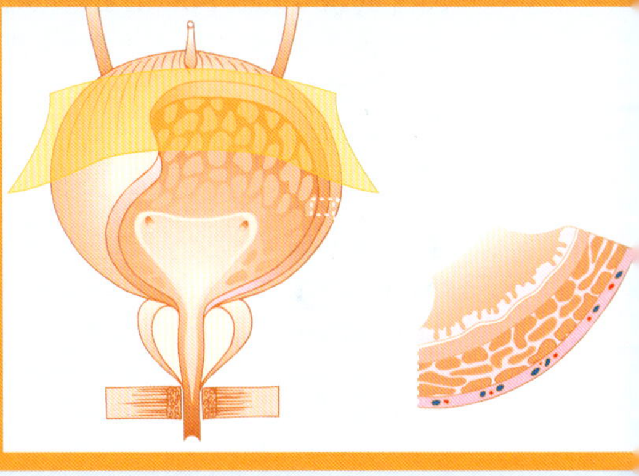

Inhalt:

7.1 Aufgaben 156

7.2 Nieren 156

7.3 Harn ableitende Organe 165

7.1 Aufgaben

Die Harnorgane lassen sich unterteilen in die paarigen Nieren als Harn bildende Organe und die Harn ableitenden Organe. Hierzu zählen Nierenbecken, Harnleiter, Harnblase und Harnröhre.

Die Hauptaufgabe der Niere ist die Regulation des inneren Milieus der Gewebe, die im Wesentlichen durch die vielfältige Arbeit der Niere gewährleistet wird. Dazu gehört zunächst die Ausscheidung von schädlichen Stoffwechsel-Endprodukten wie zum Beispiel Kreatinin, Harnstoff und Harnsäure, aber auch von Umweltgiften, Medikamenten oder abgebauten Hormonen. Stoffe, die über die Niere mit dem Harn ausgeschieden werden, werden als »harnpflichtige Substanzen« bezeichnet. Die Niere sorgt weiterhin für die Aufrechterhaltung der Elektrolytkonzentrationen, indem sie Salze rückresorbieren oder mit dem Harn abgeben kann. Des Weiteren leistet sie neben der Lunge auch einen wichtigen Beitrag zur Aufrechterhaltung des Säuren-Basen-Haushaltes durch die Wiederaufnahme oder Ausscheidung von Bikarbonat und H^+-Ionen. Ferner hält sie durch die Rückresorption von Natrium den Wassergehalt und den osmotischen Druck der Körperflüssigkeiten konstant. Letztlich hat die Niere auch einige endokrine, d.h. hormonelle Funktionen. Durch die Bildung des Enzyms Renin ist sie an der Blutdruckregulation beteiligt. Die Neubildung von Erythrozyten wird durch das von ihr ausgeschüttete Hormon Erythropoetin angeregt. Weiterhin wandelt die Niere Vitamin D in seine aktive Form Vitamin D_3 um. Dieses fördert im Darm die Aufnahme von Kalzium und Phosphat aus der Nahrung und deren Einlagerung in den Knochen.

Tab. 1 ▶ Aufgaben der Niere

- Ausscheidung von schädlichen Stoffwechsel-Endprodukten und Fremdsubstanzen
- Aufrechterhaltung des Elektrolytgleichgewichtes
- Aufrechterhaltung des Säuren-Basen-Gleichgewichtes
- Konstanthaltung des Wassergehaltes und des osmotischen Drucks der Körperflüssigkeiten
- Steigerung des Blutdrucks
- Anregung der Erythropoese
- Unterstützung des Kalzium-Phosphat-Haushalts

7.2 Nieren

7.2.1 Form und Lage

Die Nieren, *Renes*, haben eine bohnenförmige Gestalt und sind etwa 4 cm dick, 5,5 cm breit und 11 cm lang. Ihr Gewicht kann zwischen 120 – 300 g betragen. Sie liegen ebenso wie die Harn ableitenden Organe im Retroperitonealraum, dem Raum hinter der Bauchfellhöhle, der sich vom Zwerchfell bis zum kleinen Becken erstreckt und an die Wirbelsäule angrenzt. Da sich die Nieren direkt unterhalb des Zwerchfells befinden, sind sie atemverschiebbar, d.h. ihre Lage verändert sich im Rhythmus der Atmung um etwa 3 cm auf der Höhe zwischen 12. Thorakal- und 3. Lendenwirbel. Die rechte, gewöhnlich kleinere Niere liegt tiefer, weil sich über ihr die Leber ausbreitet, während sich über der linken Niere die wesentlich zierlichere Milz befindet.

Das zarte Nierengewebe ist durch drei Umhüllungen gut geschützt. Zunächst ist es von einer Organkapsel aus derbem Bindegewebe mit vielen Kollagenfasern überzogen. Die nächste Schicht ist ein Fettpolster aus Baufett, das die Lage

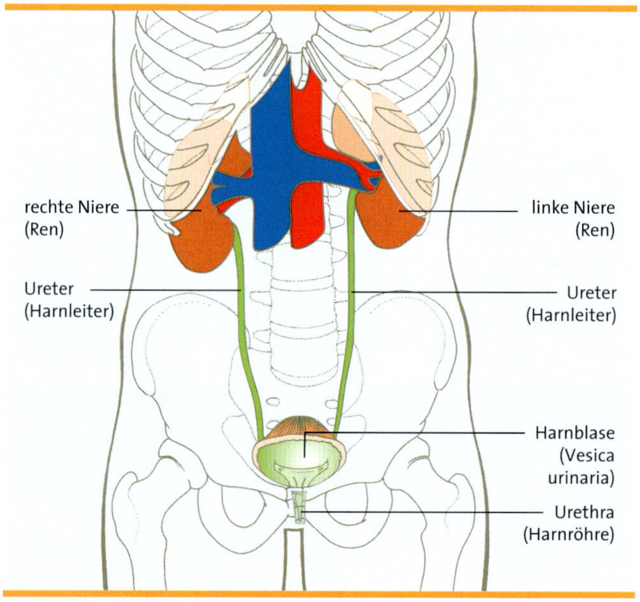

Abb. 1 ▶ Das Harnsystem

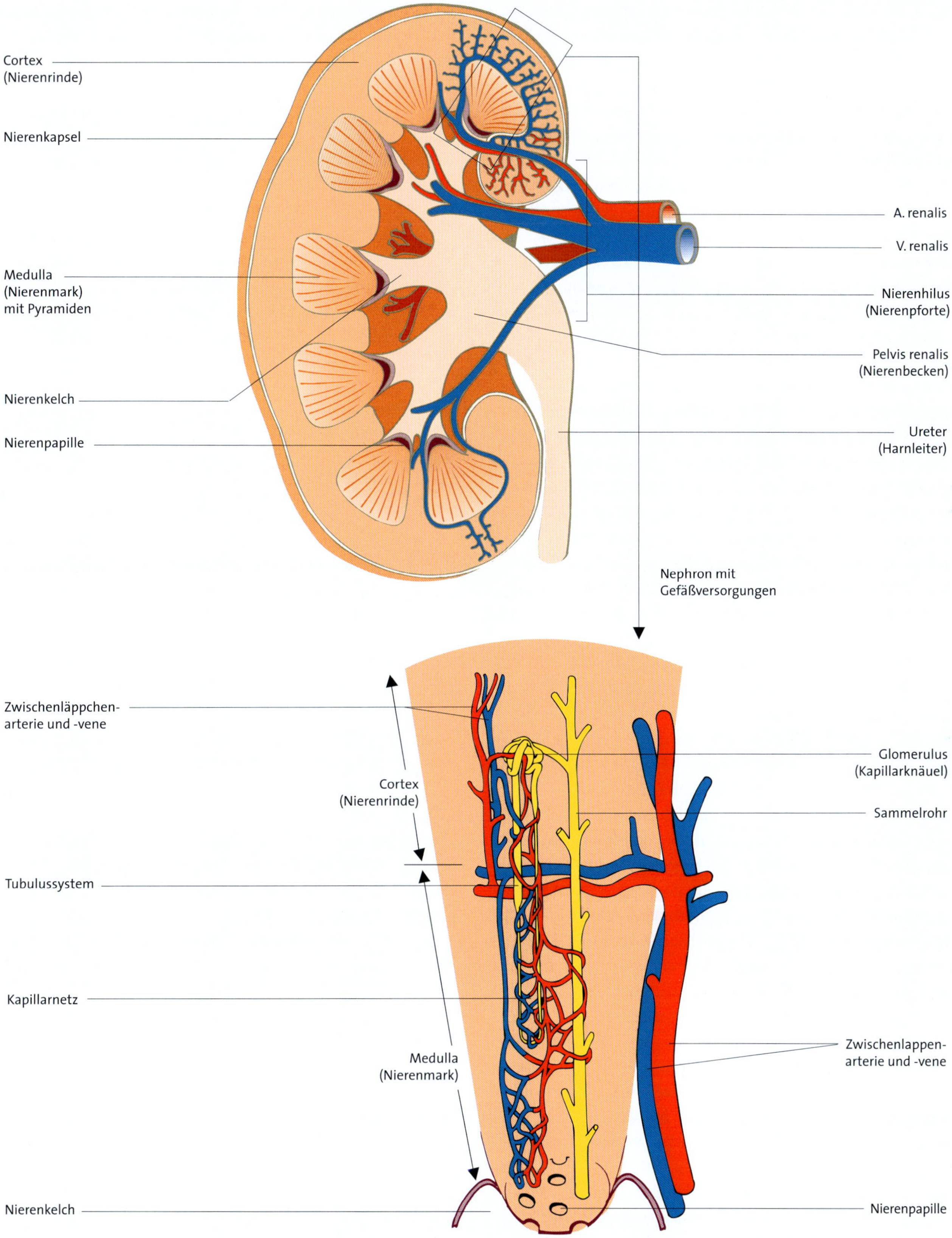

Abb. 2 ▶ Anatomie der Niere und ihrer Gefäße

im Körper stabilisiert und vor Auskühlung und Erschütterungen bewahrt. Die abschließende Begrenzung bildet ein feiner Fasziensack, der an der hinteren Körperwand befestigt ist. Er wirkt lagestabilisierend und sichert gleichzeitig die Lageverschiebbarkeit. Seine Haltefunktion ist jedoch nicht so stark wie etwa die des Peritoneums. Auf der der Wirbelsäule zugewandten Seite befindet sich der Nierenhilus, der den Gefäßstiel oder die Nierenpforte darstellt. An dieser tiefen Einziehung treten die ver- und entsorgenden Blutgefäße, die A. und die V. renalis, sowie Nerven, Lymphgefäße und der Harnleiter ein bzw. aus.

7.2.2 Makroskopischer Aufbau

Bei einem Längsschnitt durch die Niere erkennt man im äußeren Bereich eine körnige Schicht, die Nierenrinde oder Cortex renalis. Sie enthält die Nierenkörperchen, die ihr die dunkelrote Farbe geben, und die Anfangs- und Endstücke der Nierenkanälchen. Dazwischen liegt eine streifige Schicht, das Nierenmark oder Medulla renalis. In ihr liegen etwa zehn bis zwölf Markpyramiden mit den Mittelstücken der Nierenkanälchen. An den Spitzen der Markpyramiden münden je zehn bis zwanzig Sammelrohre über die Nierenpapillen – ähnlich wie über eine Gießkannentülle – in die Nierenkelche. Aus der Vereinigung der Nierenkelche entsteht das Nierenbecken oder Pelvis renalis. Hier sammelt sich der Urin und fließt über den Harnleiter, den *Ureter*, in die Blase.

Um ihren vielfältigen Aufgaben gerecht zu werden, besitzen die Nieren ein kompliziert aufgebautes Gefäßsystem (Abb. 2). Hierdurch fließen ca. 20 % des Herzminutenvolumens, im Durchschnitt etwa 1,5 l/min oder etwa 1800 l/Tag. Das bedeutet, dass jeder Tropfen Blut, den ein Mensch besitzt, etwa alle fünf Minuten durch die Niere fließt.

Aus der Bauchaorta, der Aorta abdominalis, entspringt rechts und links je eine Nierenarterie, A. renalis genannt. Die Aa. renales verzweigen sich in der Niere in die Zwischenlappenarterien, die Aa. interlobares, die zwischen den Markpyramiden in den Nierensäulen zur Nierenrinde aufsteigen. Da sie Endarterien sind, mithin keine Verbindungen zu anderen Arterien haben, stirbt bei einem Verschluss, dem Niereninfarkt, das versorgte Segment ab. Sie umrunden die Markpyramiden als Bogenarterien, Aa. arcuatae genannt, und verzweigen sich in Richtung Nierenkapsel. Aus den Verzweigungen entspringen winzigste Arteriolen, die zu den Nierenkörperchen ziehen. Jedes Nierenkörperchen hat sein eigenes zuführendes Gefäß, latcinisch Vas afferens. Im Nierenkörperchen bildet es etwa 30 bis 40 kapillarfeine Schlingen, die als *Glomerulus* (lat.: »kleines Knäuel«) bezeichnet werden. Danach verlässt es das Nierenkörperchen als abführendes Gefäß, als Vas efferens, und zieht in die Markpyramide. Hier liegt das eigentliche Kapillargebiet der Niere. Der venöse Abfluss erfolgt über die Bogenvenen, die Vv. arcuatae, in die Zwischenlappenvenen. Diese Vv. interlobares vereinigen sich in der Nierenvene, der V. renalis. Sie verlässt die Niere durch den Nierenhilus und mündet in die untere Hohlvene ein.

7.2.3 Mikroskopischer Aufbau

Die kleinste funktionelle Einheit der Niere ist das Nephron. Jede Niere besitzt ca. 1,2 Millionen Nephrone. Jedes Nephron besteht aus dem Nierenkörperchen mit dem Glomerulus und der umhüllenden Bowman-Kapsel sowie einem Nierenkanälchen, dem Tubulusapparat. Hier werden täglich etwa 10 % des durchfließenden Blutes abgefiltert, im Durchschnitt zwischen 150 und 180 Liter. Rund 99 % davon werden im anschließenden Tubulusapparat wieder rückresorbiert, der Rest als Urin ausgeschieden.

Anteile eines Nephrons:
- Nierenkörperchen
  - Glomerulus
  - Bowman-Kapsel
- Nierenkanälchen (Tubulusapparat).

7.2.3.1 *Nierenkörperchen und Harnfilter*

Im Nierenkörperchen wird der Primärharn erzeugt. Er ist ein Ultrafiltrat des Blutplasmas ohne großmolekulare Bestandteile wie Albumine oder Blutzellen. Hierzu wird ein Filter, der Harnfilter, benötigt (Abb. 3). Er besteht aus drei Teilen und wird auch als Blut-Harn-Schranke bezeichnet. Zur Blutseite hin wird er aus dem Gefäßendothel der Kapillarschlingen gebildet, das große offene Poren hat. In der Mitte liegt die Basalmembran. Sie enthält eine negative elektrische Ladung und hält dadurch Bestandteile des Blutes, die ebenfalls negativ geladen sind, im Blutgefäß zurück. Zur Harnseite an der inneren Wand der Bowman-Kapsel befinden sich die »Füßchenzellen«, die Podozyten. Diese hoch differenzierten Zellen besitzen winzige Fortsätze, mit denen sie sich an der Basalmembran verankern. Dabei greifen die Fortsätze der einen Zelle zwischen die der anderen, ohne sich jedoch zu berühren. Die kleinen Spalten, die dadurch entstehen, bilden den Filtrationsschlitz, durch den als Filtrat der Primärharn abgepresst wird. Die schmalen Schlitze verhindern vor allem das Durchtreten von größeren Eiweißen. Damit der Primärharn aufgefangen wird, stülpt sich der Anfang des Nierenkanälchens wie ein Blindsack über den Glomerulus. Dadurch bildet sich ein doppelwandiger Becher, die Bowman-Kapsel. In den Spalt zwischen beiden Wänden tropft der Primärharn. Der Filter muss ständig gereinigt werden. Dies übernehmen die Podozyten und Mesangiumzellen. Sie können phagozytieren und Stoffe auflösen.

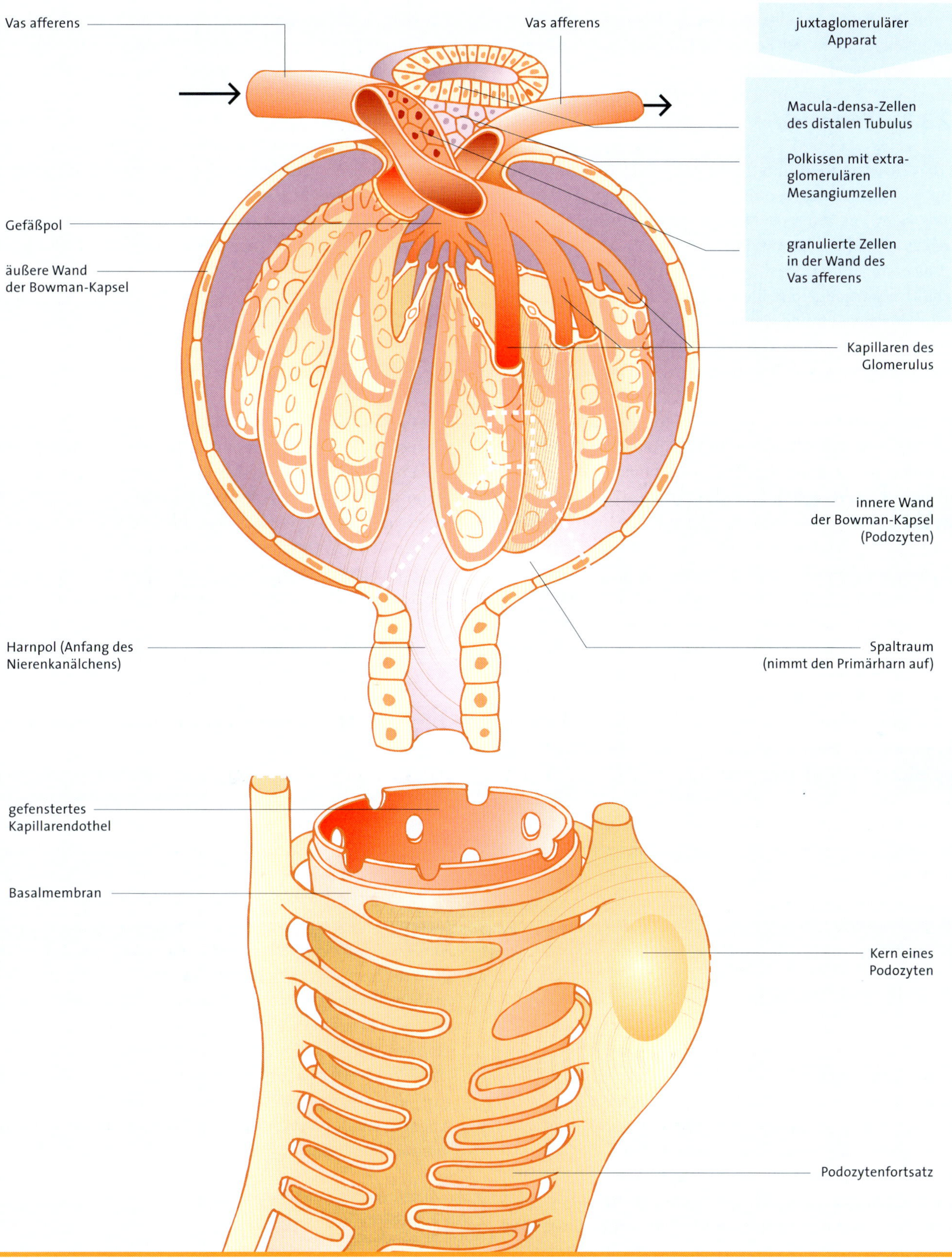

Abb. 3 ▶ Nierenkörperchen und Harnfilter

Das obere Ende des Nierenkörperchens, an dem das Vas afferens eintritt, wird als Gefäßpol bezeichnet, während der untere Teil, an dem der Primärharn in den Tubulusapparat tropft, Harnpol genannt wird.

7.2.3.2 *Filtration*

Da die Filtration des Primärharns ein passiver Transportvorgang ist, wird Druck benötigt. Der Druck im zuführenden Gefäß, dem Vas afferens, beträgt etwa 48 mmHg. Er wird durch zwei Faktoren gemindert.

Das erste Hindernis ist der kolloidosmotische oder onkotische Druck im Blut, d.h. die Kraft, mit der die Plasmaproteine die Flüssigkeit binden. Er beträgt ungefähr 20 mmHg und entsteht dadurch, dass die Plasmaproteine im Blut bleiben, da sie den Filter wegen ihrer Größe nicht passieren können.

Das zweite Hindernis ist der hydrostatische Druck innerhalb der Bowman-Kapsel, der ca. 13 mmHg ausmacht. Als effektiver Filtrationsdruck verbleiben nur noch annähernd 15 mmHg. Am Anfang der Kapillarschlinge wird am meisten Blut gefiltert, gegen Ende hin am Übergang zum Vas efferens sinkt die Filterleistung gegen Null. Um nicht durch starken Blutdruckabfall oder sehr hohen Blutdruck in ihrer Filtertätigkeit eingeschränkt zu werden, kann die Niere über das *Renin-Angiotensin-Aldosteron-System* (RAAS) die Gefäßweite und somit den Blutdruck ändern (s. Abb. 7). Angiotensin II wird auch als der stärkste Vasokonstriktor des menschlichen Körpers bezeichnet.

Normale Blutdruckschwankungen des Körpers zwischen 80 und 180 mmHg bleiben ohne Auswirkung auf die Nieren. Diese besitzen Druckrezeptoren zur Autoregulation. Steigt der Druck im Vas afferens, weitet es sich und hält damit in der Kapillarschlinge den Druck konstant. Im umgekehrten Fall, bei zu niedrigem Druck im Vas afferens, verengt sich das Vas efferens und bewirkt den Druckausgleich über den verminderten Abfluss.

Filtrationsdruck:	
RR Vas afferens	48 mmHg
- kolloidosmotischer Druck (Blut)	– 20 mmHg
- Druck in Bowman-Kapsel	– 13 mmHg
= effektiver Filtrationsdruck	= 15 mmHg

Das Maß für die Harnbildung, d.h. die Ausscheidungsfähigkeit der Niere, ist die glomeruläre Filtrationsrate (GFR). Hierunter versteht man das pro Zeiteinheit von allen Glomeruli beider Nieren aus dem Blut gebildete Filtrationsvolumen, den Primärharn. Wenn der Blutdruck im Körper sinkt, sinkt auch der Kapillardruck und damit die GFR. Wird der systolische Wert von 80 mmHg unterschritten, droht akutes Nierenversagen. Des Weiteren steigert eine erhöhte Proteinkonzentration im Plasma den onkotischen Druck und bewirkt ebenso ein Absinken der GFR wie ein Harnstau, der den Druck in der Bowman-Kapsel erhöht. Aber auch der Zustand der Harnfilter ist von Bedeutung. Werden sie im Rahmen von chronischen Nierenerkrankungen irreparabel zerstört, sinkt die GFR auf Dauer immer weiter ab.

Eine Steigerung der GFR und damit auch eine Mehrbelastung der Harnfilter wird durch eine Hypertonie mit einem systolischen Blutdruckwert über 180 mmHg ausgelöst und als Druckdiurese bezeichnet. Ferner kann ein Absinken des onkotischen Drucks durch fehlende Plasmaproteine bei Unterernährung oder Lebererkrankungen die glomeruläre Filtrationsrate erhöhen.

Die GFR ist abhängig von
- effektivem Filtrationsdruck
- glomerulärer Filtrationsfläche.

Um die Effizienz der glomerulären Filtration zu messen, wird die renale Clearance bestimmt, das Maß für die exkretorische Nierenleistung. Sie gibt das Blutvolumen an, welches pro Zeiteinheit von einer Testsubstanz befreit wird. Bei Routineuntersuchungen wird als Testsubstanz Kreatinin gewählt, dessen Wert aber Schwankungen unterliegt. Für genauere Untersuchungen wird Inulin, eine unschädliche Substanz, die der Körper nicht abbauen kann, intravenös verabreicht. Nach einer gewissen Zeit wird Blut entnommen und untersucht, ob das Inulin vollständig über die Nieren abgefiltert wurde.

7.2.3.3 *Nierenkanälchen und Sammelrohr*

Die Nierenkanälchen, die auch als Tubulusapparat bezeichnet werden, beginnen am Harnpol des Nierenkörperchens. Jedes Nierenkanälchen führt zunächst von seinem Nierenkörperchen weg und zieht in Schlangenlinien durch die Nierenrinde. Dieser Abschnitt wird *proximaler Tubulus* genannt. Anschließend zieht das Nierenkanälchen in die Markpyramide und bildet einen u-förmigen Bogen, der als Henle-Schleife bezeichnet wird und stark von Blutgefäßen umschlungen ist. Der dickere, aufsteigende Teil der Henle-Schleife führt wieder zurück in Richtung Nierenkörperchen und geht in den *distalen Tubulus* über. Nach einem kurzen geraden Stück schlängelt sich der distale Tubulus am Nierenkörperchen entlang und hat am Gefäßpol eine Kontaktstelle zum Vas afferens. Hier befindet sich der juxtaglomeruläre Apparat, ein Bestandteil des RAA-Systems. Danach mündet er in ein Sammelrohr.

Anteile des Tubulusapparates:
1. proximaler Tubulus
2. Henle-Schleife
3. distaler Tubulus.

Der Sinn dieses Kanälchensystems besteht darin, den Durchfluss des Primärharns durch die Niere zu verlängern. Da der Harnfilter aufgrund begrenzter Druckverhältnisse nicht zu fein sein darf, werden Stoffe abgefiltert, die der Körper noch benötigt. Diese Stoffe können während der Passage durch den Tubulusapparat wieder in das Blut zurück gewonnen werden. Auch können Stoffe, die nach der Filtration noch eine zu hohe Konzentration im Blut haben, zusätzlich über das Blut in den Tubulusapparat abgegeben werden. Für diese Zwecke haben sich die einzelnen Abschnitte im Tubulusapparat auf bestimmte Substanzen spezialisiert.

Die drei Schritte der Harnbildung:
1. glomeruläre Filtration
2. tubuläre Rückresorption
3. tubuläre Sekretion.

▶ Proximaler Tubulus

Im proximalen Tubulus, der in der Nierenrinde liegt, werden 60 – 70 % aller Stoffe rückresorbiert. Dies sind vor allem Elektrolyte wie Natrium, Kalium, Kalzium, Chlorid und Bikarbonat; Glukose und Aminosäuren werden hier in der Regel zu 100 % zurückgewonnen. Der Transport kann transzellulär, also durch die Zellen, oder parazellulär, also zwischen den Zellen, erfolgen. Gleichzeitig werden Stoffe über die Tubuluszellen in den Primärharn geleitet, zum Beispiel H^+-Ionen, Harnsäure, Kreatinin, Ammoniak oder Medikamente.

Da der Primärharn überwiegend aus Wasser besteht, darf die Wasserresorption möglichst wenig Energie kosten. Gleichzeitig werden mit ihr andere Effekte wirkungsvoll gekoppelt. Zunächst pumpt die Natrium-Kalium-Pumpe der Tubuluszelle aktiv und damit unter Energieverbrauch Na^+ aus der Zelle ins Interstitium. Von dort gelangt es in ein

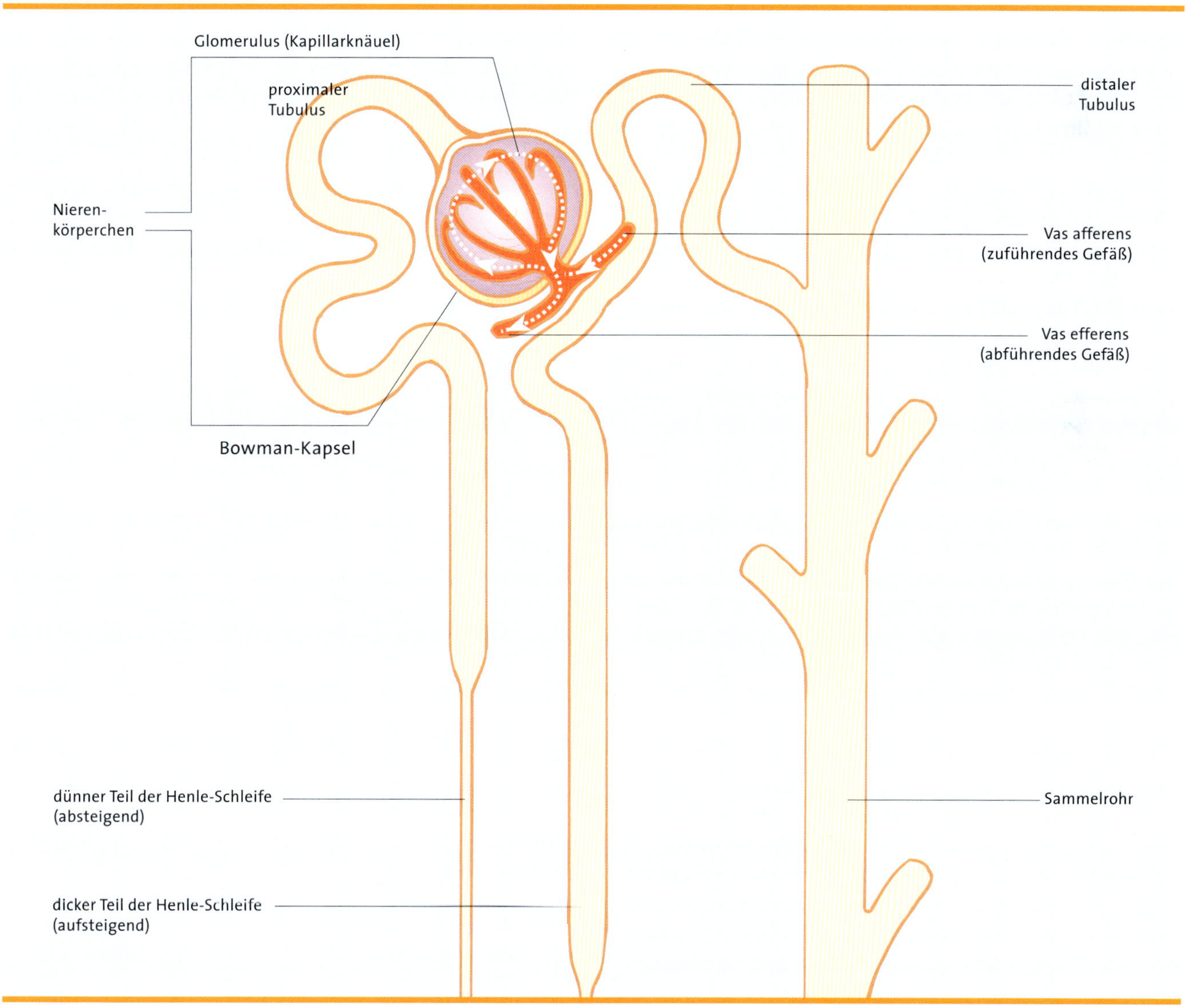

Abb. 4 ▶ Aufbau eines Nephrons

umliegendes Blutgefäß, bis die optimale Sättigung erreicht ist.

Dem Natrium folgt passiv aus dem Lumen parazellulär Wasser, das ebenfalls zurück in die Blutgefäße gezogen wird. Gleichzeitig werden im Wasser gelöste Teilchen mitgerissen. Diesen Vorgang bezeichnet man als »Solvent Drag«, das »Mitnehmen von gelösten Stoffen«. Auch Cl^--Ionen werden passiv transportiert. Sie folgen den Na^+-Ionen, weil sie ihr elektrisches Gegenstück im Kochsalzmolekül (NaCl) sind. Die Tubuluszelle gleicht ihren Na^+-Verlust dadurch aus, dass sie aus dem Primärharn neues Natrium resorbiert und im Austausch H^+-Ionen in das Lumen abgibt. Die H^+-Ionen stammen aus der Bikarbonatresorption. Bikarbonat (HCO_3^-) kann nicht direkt rückresorbiert werden. Zunächst wird CO_2 am Bürstensaum der Tubuluszelle aufgenommen. Dort wird es mithilfe des Enzyms Carboanhydrase und von H_2O zu Kohlensäure (H_2CO_3) umgewandelt. Die Kohlensäure wird aufgespalten in Wasserstoff-Ionen (H^+) und Bikarbonat (HCO_3^-). Das Bikarbonat wird ins Blut bis zum Schwellenwert von ca. 28 mmol rückresorbiert, während die H^+-Ionen im Austausch gegen Na^+-Ionen in den Primärharn abgegeben werden. Somit trägt die Niere zum Säure-Basen-Gleichgewicht bei.

$$H_2O + CO_2 \overset{CA}{\leftrightarrows} H_2CO_3 \leftrightarrows H^+ + HCO_3^-$$

Wenn Natrium aus dem Lumen in die Tubuluszelle fließt, wird ein Carrier, ähnlich einer Drehtür, aktiviert, der Glukose aus dem Lumen in die Zelle zieht und in das angrenzende Kapillargebiet abgibt. Dieser Carrier ist jedoch zu sättigen, ab 180 mg/dl Glukose ist die sogenannte Nierenschwelle erreicht. Die überschüssige Glukose wird über den Harn ausgeschieden, was als *Glukosurie* bezeichnet wird. Eine kurzfristige Glukosurie kann nach einem opulenten Mahl mit vielen leicht verfügbaren Kohlenhydraten auftreten, ansonsten ist sie ein Hinweis auf einen Insulinmangel, wie beim Diabetes mellitus. Da Glukose viel Wasser bindet, führt sie zur vermehrten Harnausscheidung, der *Polyurie*, die – kompensatorisch verbunden mit vermehrtem Durst – ein Erstsymptom darstellt für einen beginnenden Diabetes mellitus (griech.: »honigsüßer Durchfluss«).

▶ Henle-Schleife

Die Henle-Schleife ist ein sehr dünnes Kanälchen, das aus einem absteigenden und einem aufsteigenden Ast besteht. Ihre Aufgabe ist die weitere Wasserrückresorption. Dafür ist ihr absteigender Teil wasserdurchlässig, der aufsteigende Teil wasserundurchlässig. Im aufsteigenden Teil wird Natrium ins Interstitium gepumpt, das Wasser kann nicht folgen, dadurch entsteht im Interstitium eine hohe Osmolarität, ähnlich wie in einem Salzsumpf. Diese hohe Konzentration zieht das Wasser aus dem absteigenden Teil, das von den umliegenden Gefäßen, den Vasa recta, sofort resorbiert wird, da sie ihren Wasserverlust durch die Filtration ausgleichen müssen.

▶ Distaler Tubulus

Auch hier wird weiterhin aktiv Natrium resorbiert und damit dem Harn Wasser entzogen. Gleichzeitig erfolgt die Feinjustierung durch hormonelle Regulation. Wichtig sind hierbei Aldosteron (s.u. 7.2.4) und ADH, das antidiuretische Hormon, Adiuretin oder Vasopressin, das die Tubuluszellen wasserdurchlässig macht. Es wird im Hypothalamus gebildet, im Hypophysenhinterlappen gespeichert und auf »Befehl« des Hypothalamus ausgeschüttet. Bei Mangel oder Hemmung dieses Hormons, zum Beispiel durch Alkohol, kommt es zur übermäßigen Ausscheidung von Wasser, der Wasserdiurese. Ferner werden hier überschüssige H^+-Ionen, K^+-Ionen und Ammoniak (NH_3) ins Lumen abgegeben, K^+-Ionen können bei Mangel auch vollständig rückresorbiert werden.

Obwohl ein einziges Nierenkanälchen nur etwa 3 – 4 cm lang ist, bilden die Kanälchen in ihrer Gesamtheit eine Oberfläche von ca. 20 m². Reiht man alle Nephrone einer Niere aneinander, ergibt sich eine Strecke von etwa 50 km Länge.

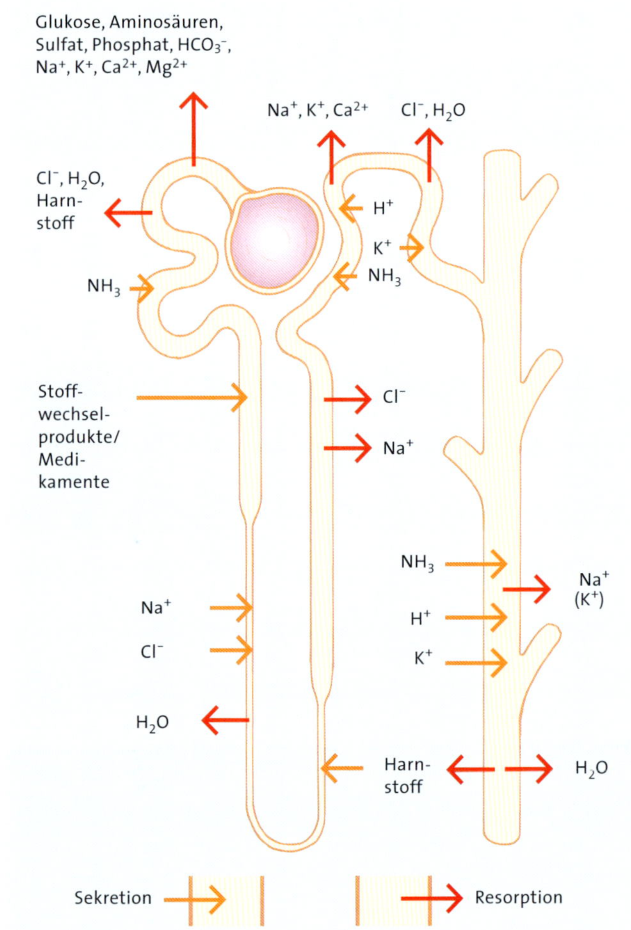

Abb. 5 ▶ Transportprozesse im Nephron

▶ Sammelrohr

Acht bis zehn Nephrone münden jeweils mit ihren distalen Tubuli in ein Sammelrohr. Hier erfolgt die endgültige Konzentration des Harns durch das Hormon ADH und damit die Regulation des Wasserhaushaltes. Der Harn wird nun als Sekundärharn bezeichnet und fließt durch die Papillen in die Nierenkelche und dann ins Nierenbecken (Abb. 2).

7.2.4 Hormonelle Regulation

7.2.4.1 *Wasserhaushalt*

Der durchschnittliche tägliche Wasserumsatz beträgt beim Erwachsenen ¹⁄₃₀ des Körpergewichts, beim Säugling ¹⁄₁₀ des Körpergewichts, daher sind hier Flüssigkeitsverluste besonders dramatisch. Bei Wasserverlust von mehr als 0,5 % des Körpergewichts entsteht Durst, der durch das im Hypothalamus gelegene Durstzentrum vermittelt wird. Extra- und intrazelluläre Flüssigkeiten müssen mit wenigen Ausnahmen die gleiche Osmolarität von 280 – 296 mosmol/l haben. Der Körper regelt dies mithilfe von Osmorezeptoren, die vor allem im Hypothalamus sowie im juxtaglomerulären Apparat der Niere sitzen, dem antidiuretischen Hormon (ADH, Adiuretin) und der Niere als Zielorgan.

Bei einem Wassermangel steigt die Plasmaosmolarität im Blut. Damit nun kein Wasser aus den im Blut befindlichen Zellen, beispielsweise den Erythrozyten, ins Plasma gezogen wird und damit die Erythrozyten nicht zusammenschrumpfen, muss der Körper reagieren. Die gestiegene Osmolarität wird von Osmorezeptoren im Hypothalamus registriert, daraufhin wird die Durstempfindung ausgelöst. Daneben bewirkt der Hypothalamus durch den Hypophysenhinterlappen eine erhöhte ADH-Ausschüttung ins Blut, was eine verstärkte Wasserretention durch die Niere zur Folge hat. Im distalen Tubulus bzw. Sammelrohr wird nun vermehrt Wasser in den Körper bzw. ins Blut rückresorbiert, der Harn wird hyperton, d.h. er ist sehr konzentriert und gelblicher.

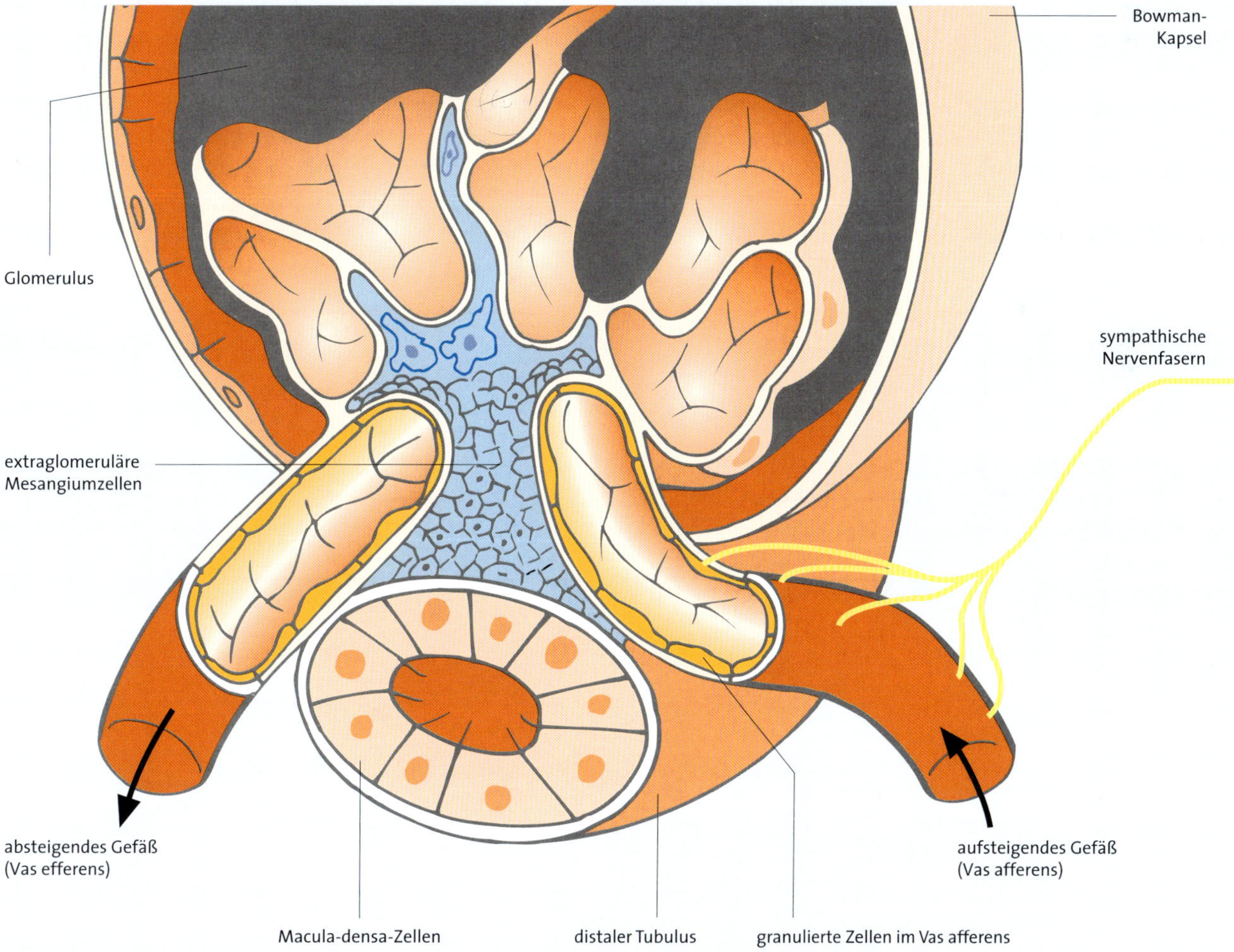

Abb. 6 ▶ Der juxtaglomeruläre Apparat

Tab. 2 ▶ Aktivierung des RAA-Systems

- Durchblutung des Nierenkörperchens ↓
- Blutdruck im Vas afferens ↓
- GFR ↓
- NaCl-Gehalt im distalen Tubulus ↓
- Adrenalin und Noradrenalin ↑

Ein Wasserüberschuss führt zum Absinken der Plasmaosmolarität. Damit die Zellen nun nicht das Wasser anziehen und aufquellen, muss auch hier ein Ausgleich geschaffen werden. In diesem Falle hemmen die Osmorezeptoren die ADH-Ausschüttung ins Blut. Daraufhin wird im distalen Tubulus vermindert Wasser rückresorbiert, der Harn wird hypoton, d.h. wenig konzentriert und fast farblos.

7.2.4.2 *Salzhaushalt*

Das Volumen der extrazellulären Flüssigkeit und damit auch des Plasmavolumens ist abhängig vom Na^+-Gehalt. Als Kochsalzmolekül (NaCl) bindet es Wasser im Blut. Die physiologische Konzentration beträgt 9 g/l, daher wird eine 0,9 %ige Kochsalzlösung als isoton bezeichnet. Der Salzhaushalt hängt somit eng mit dem Wasserhaushalt zusammen. Die Regulation der Na^+-Ausscheidung erfolgt mithilfe des juxtaglomerulären Apparates über das Renin-Angiotensin-Aldosteron-System (RAAS).

Der juxtaglomeruläre Apparat besteht aus den drei Anteilen:

- granulierte Zellen in der Gefäßwand des Vas afferens, die Renin enthalten
- Macula-densa-Zellen mit Chemorezeptoren in der Wand des distalen Tubulus
- extraglomeruläre Mesangiumzellen am Gefäßpol.

Das RAA-System ist ein mehrfach rückgekoppeltes komplexes Regulationssystem zur Konstanterhaltung bzw. Normalisierung von Blutdruck, Plasmavolumen und Plasmaosmolarität. Es bewirkt, dass zum einen die Gefäße verengt werden, zum anderen mehr Salz und damit Wasser in den Körper zurückgeholt wird. Ferner entsteht Durst, das Signal zum Auffüllen der Wasserreserven auch von außen.

Es gibt verschiedene Gründe, die das RAA-System in Aktion treten lassen. Hierzu zählen zunächst eine Verringerung der Durchblutung des Nierenkörperchens oder ein verminderter Blutdruck im Vas afferens, der von den Barorezeptoren in der Gefäßwand registriert wurde. Diese Faktoren gehen häufig mit einer Abnahme der filtrierten Flüssigkeitsmenge, einer verminderten glomerulären Filtrationsrate, einher. Ein weiterer Auslöser ist eine zu geringe Konzentration von NaCl im distalen Tubulus. Dies wird von den Chemorezeptoren in den Macula-densa-Zellen in der Wand des distalen Tubulus registriert. Letztlich kann auch eine Aktivierung des sympathischen Nervensystems durch die Katecholamine Adrenalin und Noradrenalin das RAA-

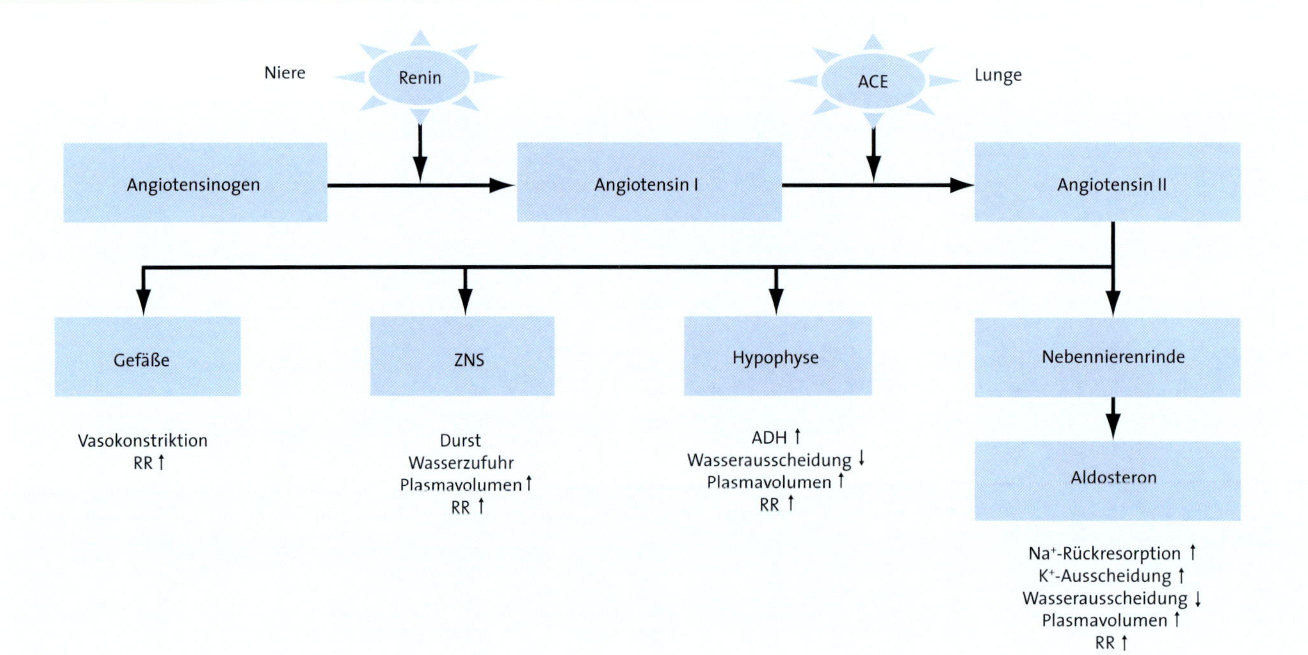

Abb. 7 ▶ Renin-Angiotensin-Aldosteron-System (RAA-System)

System starten. Dies erfolgt über sympathische Nervenfasern, die zum Vas afferens ziehen.

▶ Ablauf des RAA-Systems

Zunächst wird aus den Epitheloidzellen der Vasa afferentia das Enzym Renin in das Blut abgegeben. Dieses Enzym spaltet dem in der Leber produzierten Angiotensinogen einen Eiweißrest ab und es entsteht *Angiotensin I*. Dies wird mithilfe eines zweiten Enzyms, des ACE oder Angiotensin Converting Enzyme, in das wirksame *Angiotensin II* umgewandelt. Angiotensin II hat insgesamt vier Wirkungen. Zunächst führt es zu einer Engstellung der Gefäße, der Vasokonstriktion. Daher führen ACE-Hemmer zur Vasodilatation und senken so effektiv den erhöhten arteriellen Blutdruck. Des Weiteren bewirkt Angiotensin II über den Thalamus ein verstärktes Durstgefühl und außerdem die Ausschüttung von ADH durch die Hypophyse. Als letztes regt es die Nebennierenrinde zur Produktion von Aldosteron an. Dieses Hormon sorgt im Tubulusapparat für eine höhere Natriumrückresorption und damit verbunden für eine höhere Wasserrückresorption. Gleichzeitig werden vermehrt Kalium- und Wasserstoff-Ionen mit dem Urin ausgeschieden.

▶ Salzmangel

Bei Salzmangel ist häufig das Plasmavolumen niedrig, da Kochsalz im Blut Wasser bindet. Das geringere Volumen bewirkt meistens zusätzlich einen verminderten Blutdruck. In der Niere wird der niedrigere Druck von den Barorezeptoren des Vas afferens oder der Salzmangel von den Chemorezeptoren im distalen Tubulus festgestellt. Das im Rahmen des RAA-Systems aktivierte Aldosteron gleicht durch die verstärkte Natriumrückresorption den Salzmangel aus. Gleichzeitig folgt Wasser zurück in den Körper, was durch die ADH-Ausschüttung gefördert wird. Ebenso wird durch Trinken Wasser von außen zugeführt. Der gestiegene Wasserbestand gleicht das Plasmavolumen und den Blutdruck wieder aus.

▶ Salzüberschuss

Zuviel Salz führt im Blut zu einer höheren Wasserbindung und damit zu einem höheren Plasmavolumen. Dadurch steigt auch meist der Blutdruck. In diesem Rahmen kommt es zu einer erhöhten Vorhofdehnung. Diese Dehnung registrieren Herzmuskelzellen, die in ihren Granula (Zelleinlagerungen) das Hormon ANP, das atriale natriuretische Peptid, gespeichert haben und nun ausschütten. ANP bewirkt innerhalb weniger Minuten in Tubulusapparat und Sammelrohr eine erhöhte Natrium- und Chloridausscheidung und damit auch eine erhöhte Wasserausscheidung. Gleichzeitig werden die Renin-Ausschüttung und damit das RAA-System abgebremst und darüber eine Vasodilatation der Arteriolen erreicht. Ferner wird im Hypothalamus durch ANP das Durstgefühl gehemmt und in der Hypophyse die ADH-Ausschüttung vermindert. Nun sind der Salz- und Wasserhaushalt und letztlich auch der Blutdruck wieder reguliert.

7.3 Harn ableitende Organe

Zu den Harn ableitenden Organen zählen die Nierenbecken, die Harnleiter, die Harnblase und die Harnröhre.

7.3.1 Nierenbecken

Das *Pelvis renalis* ist ein kurzer, trichterförmiger Schlauch. Es entsteht aus dem Zusammenfluss seiner etwa zehn bis zwölf röhrenförmigen Fortsätze, der Nierenkelche. Sie fangen den Endharn auf, der aus den Nierenpapillen tropft. Das Fassungsvermögen beträgt ca. 3 – 8 ml.

7.3.2 Harnleiter

Der *Ureter* ist ein dünner, dehnbarer Schlauch und dient dem Transport des Harns vom jeweiligen Nierenbecken zur Blase. Dazu kann er peristaltische Wellen ein- bis dreimal pro Minute erzeugen. Seine Länge beträgt ca. 25 – 30 cm, sein Durchmesser 4 – 7 mm. Er verläuft retroperitoneal und ist wie der gesamte Harntrakt mit Urothel ausgekleidet. Urothel ist stark dehnbar und weist eine verdickte Zellmembran an der Oberfläche zum Schutz gegen den Urin auf.

Auf seinem langen Weg zur Blase im kleinen Becken kommt es physiologisch zu drei Engstellen:

1. Übergang Nierenbecken – Harnleiter
2. Überkreuzung der Beckengefäße (V. und A. iliaca communis)
3. Einmündung in die Harnblase im unteren Drittel am Blasendreieck, dem uretro-vesikalen Übergang.

An diesen Stellen können sich abgehende Nierensteine am ehesten festsetzen und Koliken verursachen.

7.3.3 Harnblase

Die *Vesica urinaria* ist ein Hohlorgan, das von einer Schicht aus netzartig verlaufender glatter Muskulatur, dem Detrusormuskel, umgeben ist. Die innere Schleimhaut besteht aus Urothel. Die Blase liegt subperitoneal im kleinen Becken direkt hinter der Schambeinfuge, der Symphyse, und unterhalb des Dünndarmkonvoluts. Daher ist ihr äußerer oberer Bereich noch vom Peritoneum bedeckt. Bei der Frau befindet sich die Blase ventral, also vor der Vagina und unterhalb des Uterus, während sie beim Mann über der Prostata gelegen ist (s. Kap. 15 Abb. 1 u. 6). Sie sammelt den Urin, der ihr über die beiden Harnleiter zufließt. Ihre Form und Größe hängen von ihrem Füllungsgrad ab. Ist sie leer, liegt sie am Schambein an, bei Füllung dehnt sie sich in Richtung Nabel aus.

Harndrang entsteht ab einer Menge von etwa 350 ml, dies kann aber je nach »Trainingszustand« individuell mehr oder weniger sein. Das Fassungsvermögen beträgt bis zu 1 000 ml, bei Blasenlähmung zum Beispiel durch Querschnittslähmung sogar wesentlich mehr.

Die Blase lässt sich anatomisch in drei Bereiche aufteilen. Das Dach der Blase wird vom Blasenkörper gebildet, der mit dem Blasenscheitel beweglich an der vorderen Bauchwand fixiert ist. Der nach hinten zum Beckenboden ausladende Anteil der Blase wird als Blasengrund bezeichnet. Hier münden von dorsal an beiden Seiten des Blasendreiecks die beiden Harnleiter in schrägem Verlauf, um einen Reflux, einen Rückfluss, zu vermeiden. Der Blasengrund verschmälert sich wie ein Trichter nach unten zum Blasenhals, der dann in die Harnröhre übergeht.

7.3.4 Harnröhre

Über die *Urethra* gelangt der Urin aus der Blase nach außen. Sie ist bei Frauen und Männern unterschiedlich lang, ferner ist sie beim Mann zusätzlich der Ausführungsgang für das Ejakulat.

Die weibliche Harnröhre ist bis zu 5 cm lang und mündet zwischen Klitoris und Scheideneingang in den Scheidenvorhof. Durch ihre Nähe zum Anus und ihre Kürze ist sie anfällig für aufsteigende Infektionen. Die männliche Harnröhre ist ca. 20 – 25 cm lang, verläuft durch den Penis und mündet in die Eichel, die Glans penis. Ab der Prostata wird sie auch *Harnsamenröhre* genannt, da hier über den rechten und linken Spritzgang, die Ductus ejaculatorii, die Samenflüssigkeit zufließt.

Harn ableitende Organe:
1. Nierenbecken (Pelvis renalis)
2. Harnleiter (Ureter)
3. Harnblase (Vesica urinaria)
4. Harnröhre (Urethra).

7.3.5 Schließmuskeln und Blasenentleerung

Der Mensch besitzt zwei Harnröhrenschließmuskeln, einen inneren, den M. sphincter urethrae internus, und einen äußeren, den M. sphincter urethrae externus. Der innere Schließmuskel liegt im Bereich des Blasenhalses und ist unwillkürlich innerviert. Er kontrahiert bei sympathischen Reizen und erschlafft durch parasympathische Einflüsse. Der äußere Schließmuskel liegt im Beckenboden und ist willkürlich innerviert. Seine Muskelfasern haben sich aus der Beckenbodenmuskulatur abgespalten. Daher ist eine Schwäche der Beckenbodenmuskulatur zum Beispiel nach einer Schwangerschaft eine häufige Ursache für Inkontinenz.

Die Entleerung der Blase, auch als *Miktion* bezeichnet, ist ein Zusammenspiel von verschiedenen Zentren. In der Blasenwand befinden sich Dehnungsrezeptoren, die die jeweilige Füllung messen. Sie senden ein Nervensignal zum Blasenzentrum im sakralen Rückenmark. Dieses Zentrum wird kontrolliert vom Hirnstamm; dort liegt in der Brücke, der Pons, das *pontine Miktionszentrum*, das hemmende oder stimulierende Impulse aussenden kann. Während der Blasenfüllungsphase werden über sympathische Nervenfasern die Erschlaffung des Blasenwandmuskels und eine Kontraktion der Schließmuskeln bewirkt. Die willkürliche Miktion wird durch das Zusammenpressen der Bauchmuskulatur eingeleitet. Der zusätzliche Druck auf die Blase erregt das Miktionszentrum, das parasympathisch über den N. pelvicus die Kontraktion des Blasenwandmuskels und die Erschlaffung

Tab. 3 ▶ Übersicht pathologischer Harnbefunde

Stoff	Bezeichnung	Häufigstes Vorkommen
Glukose	Glukosurie	Diabetes, Nierenerkrankungen, Schwangerschaft
Eiweiß	Proteinurie	Nierenerkrankungen, Fieber, Schwangerschaft
Leukozyten	Leukozyturie	bakterielle Entzündung, Nieren- oder Blasenerkrankung
Erythrozyten	Hämaturie	Nieren- oder Blasenerkrankung, abgehende Steine, Tumoren
Nitrit	Nitriturie	bakterielle Entzündung der Blase oder Niere
Ketonkörper	Ketonurie	Diabetes, Hungerzustände
Bilirubin	Bilirubinurie	Gallestau, Lebererkrankung
Urobilinogen	Urobilinogenurie	Leberschäden, Hämolyse (vermehrter Abbau von Erythrozyten)

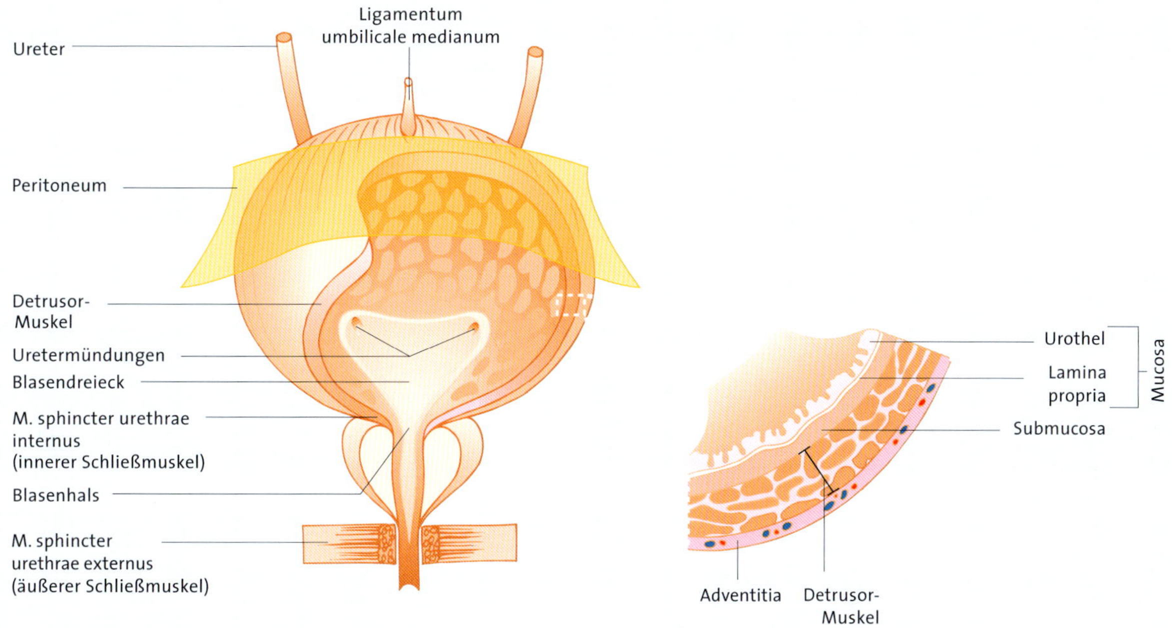

Abb. 8 ▶ Die Harnblase und ihre Schichten

des inneren Schließmuskels auslöst. Danach erfolgt über den N. pudendus das Öffnen des äußeren Schließmuskels und die Blase entleert sich. Nach kompletter Entleerung verbleiben normalerweise nicht mehr als fünf bis zehn Milliliter Harn in der Blase.

7.3.6 Zusammensetzung des Harns

Ein Erwachsener scheidet am Tag unter normalen Bedingungen zwischen einem halben und zwei Liter Harn mit einem pH-Wert von 5,5 – 7,0 aus. Pathologische Harnmengen sind definiert als:

- *Polyurie* (erhöhte Harnausscheidung): > 2 000 ml/24 h
- *Oligurie* (verminderte Harnausscheidung): < 500 ml/24 h
- *Anurie* (minimale Harnausscheidung): < 100 ml/24 h.

Eine Anurie ist ein Notfall und erfordert eine sofortige Klinikeinweisung!

Der Harn enthält physiologisch ca. 95 – 98 % Wasser, die organischen Substanzen Harnstoff, Harnsäure und Kreatinin sowie als anorganische Substanzen Natrium-, Kalium-, Kalzium-, Chlor-, Sulfat-, Phosphat- und Ammonium-Ionen. Je nach Wasseranteil ist er hell- oder dunkelgelb gefärbt. Seine Konzentration wird anhand seines spezifischen Gewichts gemessen. Die Normalwerte liegen zwischen 1 015 und 1 025 g/l.

Sichtbare Hinweise auf ein Krankheitsgeschehen sind eine veränderte Farbe, beispielsweise rot bei Blutbeimengungen, braun bei Leber- und Gallenerkrankungen, weißlich bis cremig durch eine hohe Leukozytenzahl bei Infektionen oder gelbe, gelb-braune oder orange Harnverfärbung durch Medikamente. Schaumbildung deutet auf einen zu hohen Eiweißgehalt. Eine weißliche Trübung des Harns kann im Rahmen eines Harnwegsinfekts durch Zellreste, Bakterien, Pilze oder Eiter verursacht werden.

Auch ein veränderter Geruch kann hinweisend sein, zum Beispiel jauchig bei akutem Harnwegsinfekt, obstartig durch die Ketonkörper bei Diabetes oder Hungerzuständen oder faulig bei bösartigen Tumoren durch Zellzerfall. Ferner kann ab einem Blutalkoholwert von zwei Promille auch Alkohol im Harn wahrgenommen werden.

Weitere Untersuchungen erfolgen über Teststreifen mit präparierten Markierungsfeldern, beispielsweise den Combur9-Test® mit neun Feldern, die man in den Harn taucht, oder über ein Labor.

8 Hormonsystem

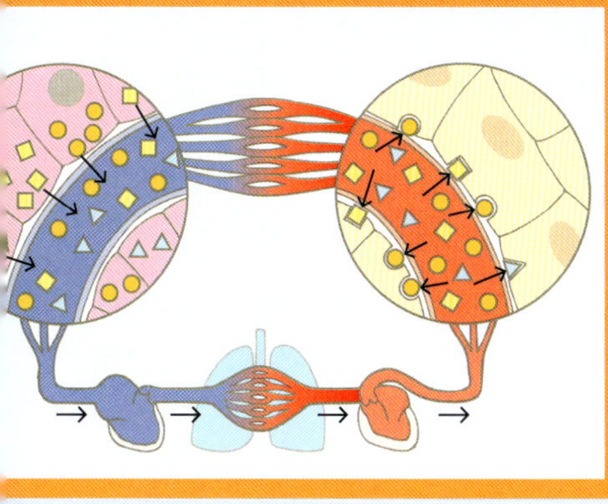

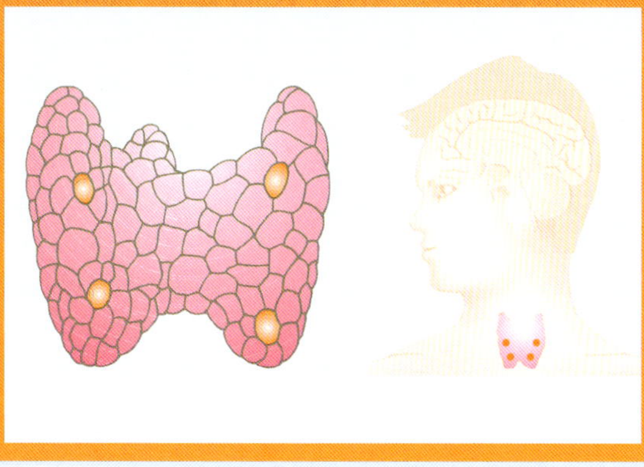

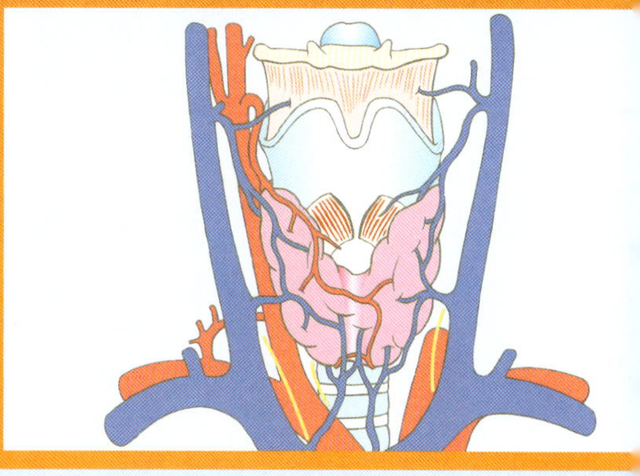

Inhalt:

8.1	Kommunikation im Körper	170
8.2	Aufgaben des Hormonsystems	170
8.3	Hormone	171
8.4	Hypothalamus	175
8.5	Hypophyse	176
8.6	Epiphyse	176
8.7	Schilddrüse	177
8.8	Nebenschilddrüse	179
8.9	Nebennieren	179
8.10	Pankreas	183

8.1 Kommunikation im Körper

Um seine vielen Milliarden Zellen zu steuern und zu koordinieren, benötigt der Körper ein ausgeklügeltes Nachrichten- und Informationssystem. Dafür hat er drei große Kommunikationssysteme: das Nerven-, das Hormon- und das Immunsystem.

Sie arbeiten eng zusammen, um den Körper am Leben zu erhalten und den jeweiligen Umweltbedingungen optimal anzupassen. Das *Immunsystem* wehrt mit seinen äußeren Barrieren, Zellen und Botenstoffen ständig Erreger ab und benötigt zur Unterstützung sowohl das Hormon- als auch das Nervensystem. So lassen Gewebshormone, die bei Entzündungen die Gefäße durchlässiger machen, die Abwehrzellen aus dem Blut in das Gewebe gelangen; der Hypothalamus hingegen unterstützt das Immunsystem durch die Erhöhung der Körpertemperatur, also durch Fieber.

Das *Nervensystem* ist für die direkte Leitung von Informationen zu ausgewählten Zellen zuständig. Dazu dienen Nervenfasern und Synapsen, durch die die Signale mithilfe von Botenstoffen, den Neurotransmittern, gesteuert werden. Nervensignale sausen blitzschnell über die Nervenbahnen durch den Körper zu den Erfolgsorganen und erzeugen dort eine sofortige Wirkung. Gleichzeitig laufen viele Informationen aus der Peripherie über Nervenbahnen im Gehirn zusammen und der Hypothalamus kann dann zum Beispiel über die Hypophyse eine hormonelle Antwort bewirken.

Das *Hormonsystem* benutzt hauptsächlich das Blut als Transportmedium. Seine Hormonsignale kreisen im Blut und können im Prinzip alle Zellen erreichen. Die jeweilige Ansprechbarkeit der Zellen wird durch Rezeptoren in der Zellmembran geregelt. Die Wirkung von Hormonen ist unterschiedlich schnell. Sie kann Minuten betragen, zum Beispiel in Bezug auf Adrenalin, aber auch Stunden, wie etwa der durch Melatonin geregelte Schlaf-Wach-Rhythmus. Auch Steuerungen über Tage (z.B. Menstruation), Monate (z.B. Schwangerschaft) oder Jahre (z.B. Wachstum und Pubertät) sind über Hormone möglich.

Da der Körper in seinen drei Kommunikationssystemen teilweise mit gleichen Substanzen arbeitet, aber unterschiedliche Effekte auslöst, kommt es zur Überschneidung der Bezeichnungen. Ein Beispiel von vielen ist das Noradrenalin. Als Neurotransmitter überträgt es Nervenimpulse des sympathischen Nervensystems und als Hormon, das vom Nebennierenmark ausgeschüttet wird, ist es nach Angiotensin II der zweitstärkste Vasokonstriktor. Daher werden die *Botensubstanzen* nach ihrer jeweiligen Funktion und ihrem Ausschüttungsort bezeichnet, im Hormonsystem als *Hormone*, im Nervensystem als *Neurotransmitter* oder *Neuromodulatoren* und im Immunsystem als *Zytokine, Lymphokine* oder *Monokine*.

> Der Ort der Sekretion sowie die jeweilige Funktion bestimmen die Bezeichnung der Botensubstanzen.

Die innere Medizin befasst sich mit dem Hormonsystem im Rahmen ihres Teilgebietes *Endokrinologie*. Sie ist die Lehre von der Morphologie (Gestalt) und der Funktion der endokrinen Drüsen sowie von den Hormonen und ihren Regelungs- und Wirkungsmechanismen.

8.2 Aufgaben des Hormonsystems

Das Hormonsystem spielt bei fast jedem Vorgang im Körper eine Rolle. Zu seinen wichtigsten Aufgaben zählen die Regulation des inneren Milieus durch Ausgleich des Elektrolyt-, Wasser- und Salzhaushalts sowie die Sicherstellung des Zell- und Organstoffwechsels und der Energiebalance durch optimale Verwertung von Nährstoffen.

Es mobilisiert Reserven und Abwehrkräfte und hilft damit bei Belastungen, beispielsweise Infektionen, Blutungen und Traumen, emotionalem Stress, Durst oder Hunger und extremen Temperaturen. Wachstum und Entwicklung des Körpers in physischer und psychischer Hinsicht werden ebenso über Hormone gesteuert wie die Arterhaltung, also die Steuerung der Reproduktionsvorgänge.

Hierzu zählen die Eizell- und Spermienbildung, die Befruchtung, die Versorgung des Embryos bzw. Fötus im Mutterleib, die Einleitung der Geburt und die Ernährung des Neugeborenen durch die Produktion der Muttermilch, die sogenannte *Laktation*.

8.3 Hormone

Hormone als die Regler der Lebensfunktionen sind chemische Botenstoffe unterschiedlicher Stoffgruppen. Man unterscheidet Aminosäureabkömmlinge, Peptidhormone und Steroidhormone.

Aminosäureabkömmlinge leiten sich von einer Aminosäure ab, sind meistens wasserlöslich und können oral eingenommen werden, z.B. Schilddrüsenhormone. *Peptidhormone* bestehen aus langen Ketten von Aminosäuren und sind ebenfalls meistens wasserlöslich. Da die Enzyme des Magensaftes sie in ihrer Struktur zerstören, können sie nur parenteral, d.h. unter Umgehung des Verdauungstraktes, aufgenommen werden. Hierzu zählt das Insulin, das nur über eine subkutane Injektion, in das Unterhautfettgewebe, wirkungsvoll appliziert werden kann. *Steroidhormone* werden vom Körper aus der Vorstufe Cholesterin gebildet. Sie sind sehr gut fettlöslich und können ebenfalls oral zugeführt werden, z.B. die »Pille«.

8.3.1 Wirkmechanismen der Hormone

Hormone werden klassischerweise von den hormonproduzierenden Organen, den endokrinen Drüsen, gebildet. Sie können aber auch von endokrinen Geweben oder spezialisierten Einzelzellen ausgeschüttet werden.

Sie werden zunächst in den Raum zwischen den Zellen abgegeben. Von hier aus gibt es drei Möglichkeiten, zu den Zielzellen zu gelangen. Der häufigste Weg ist über die Blut- oder Lymphbahn. Hierbei diffundieren die Hormone aus dem Interzellulärraum durch die Kapillarwände der Venolen und werden mit dem Blutstrom im gesamten Körper verteilt. Da das Gefäßsystem mit seinen feinsten Ausläufern eine Länge von etwa 100 000 Kilometern aufweist, kann jede Zelle erreicht werden. Die jeweiligen Zielzellen besitzen spezifische Rezeptoren, über die sie die für sie bestimmten Hormone erkennen. Dies bezeichnet man auch als *Schlüssel-Schloss-Prinzip*. Dockt ein Hormon an einem Rezeptor an, werden in der Zelle die Stoffwechselvorgänge ausgelöst, die die Hormonausschüttung bewirken sollen. Je nach Rezeptor kann das gleiche Hormon im Körper ganz unterschiedliche Wirkungen haben.

So kann beispielsweise Adrenalin über α_1-Rezeptoren die Gefäße im Körper zur Steigerung des Blutdrucks kontrahieren, über β_2-Rezeptoren die Bronchien und die Gefäße der Muskeln weiten sowie die Leber zur Bereitstellung von Energie durch Glykogenolyse anregen, über α_2-Rezeptoren die Verdauungstätigkeit herunterfahren und über β_1-Rezeptoren das Herz anregen. Hormone, die auf dem Blutweg ihre Zielzellen erreichen, werden als echte oder glanduläre Hormone bezeichnet, weil sie von Hormondrüsen ausgeschüttet werden.

Tab. 1 ▶ Hormonklassen

Klasse	Hormon	Hauptbildungsort
Aminosäureabkömmlinge	Thyroxin (T_4) und Trijodthyronin (T_3)	Schilddrüse
	Adrenalin und Noradrenalin	Nebennierenmark
Peptidhormone	Oxytocin, antidiuretisches Hormon (ADH) Releasing Hormone (RH) Inhibiting Hormone (IH)	Hypothalamus
	Insulin, Glukagon, Somatostatin	Pankreas
	STH (Wachstumshormon Somatotropin) Prolaktin Thyreoidea-stimulierendes Hormon (TSH) und adrenocorticotropes Hormon (ACTH) Melanozyten-stimulierendes Hormon (MSH) Follikel stimulierendes Hormon (FSH) und luteinisierendes Hormon (LH)	Hypophyse
	Calcitonin (CT)	Schilddrüse
	Parathormon (PTH)	Nebenschilddrüse
Steroidhormone	Aldosteron Cortisol Dehydroepiandrosteron (DHEA)	Nebennierenrinde
	Testosteron	Hoden
	Östrogene Progesteron	Eierstöcke

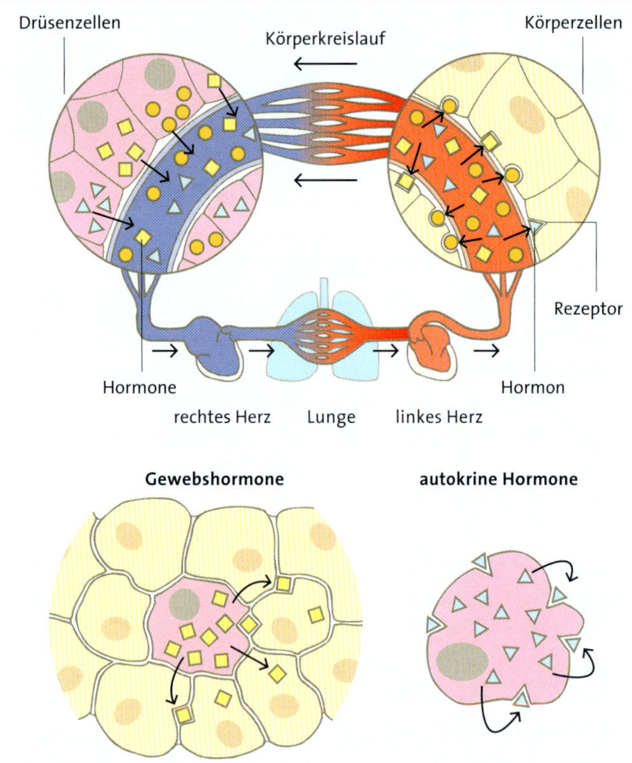

Abb. 1 ▶ Hormontypen

Eine weitere Möglichkeit ist die Aufnahme der Hormone durch Nachbarzellen. Diese Hormone werden *Gewebshormone* oder *parakrine Hormone* genannt. Sie werden meist von spezialisierten Einzelzellen produziert, die über ein Gewebe verteilt sein können. Hierzu gehören zum Beispiel Histamin, Heparin oder Serotonin, die von den basophilen Granulozyten ausgeschüttet werden.

In manchen Fällen muss eine Zelle auch ein Hormon ausschütten, um sich selbst zu einer bestimmten Stoffwechselleistung zu stimulieren. Dies erfolgt durch sogenannte *autokrine Hormone*. Die T-Helferzelle schüttet beispielsweise Interleukin II aus, um dadurch ihre Zellteilung auszulösen.

Tab. 2 ▶ Endokrine Organe / Drüsen

- Hypothalamus
- Hypophyse (Hirnanhangdrüse)
- Epiphyse (Zirbeldrüse)
- Schilddrüse (Glandula thyroidea)
- Nebenschilddrüse (Glandula parathyroidea)
- Thymus
- Nebennieren (Glandulae suprarenales)
- Langerhans-Inseln im Pankreas
- Eierstöcke (Ovarien)
- Hoden (Testes)

Der Transport der Hormone im Blut erfolgt meist über Transportproteine. Daher kann ein Mangel an Globulinen oder Albuminen einen Hormonmangel vortäuschen. Die Hormone werden je nach chemischer Struktur an den Zielzellen durch unterschiedliche Rezeptorentypen aufgenommen: Lipophile, »Fett liebende« Hormone wie die Steroid- und Schilddrüsenhormone werden durch intrazelluläre Rezeptoren und hydrophile, »Wasser liebende« Hormone wie die Katecholamine und Peptidhormone durch Membranrezeptoren aufgenommen.

8.3.1.1 *Aufnahme durch intrazelluläre Rezeptoren*

Die lipophilen Hormone durchdringen die Zellwand und verbinden sich mit intrazellulären Hormonrezeptoren am Zellkern. Dort erfolgt die Proteinbiosynthese des gewünschten Stoffes am endoplasmatischen Retikulum; dieser Vorgang heißt Hormonantwort.

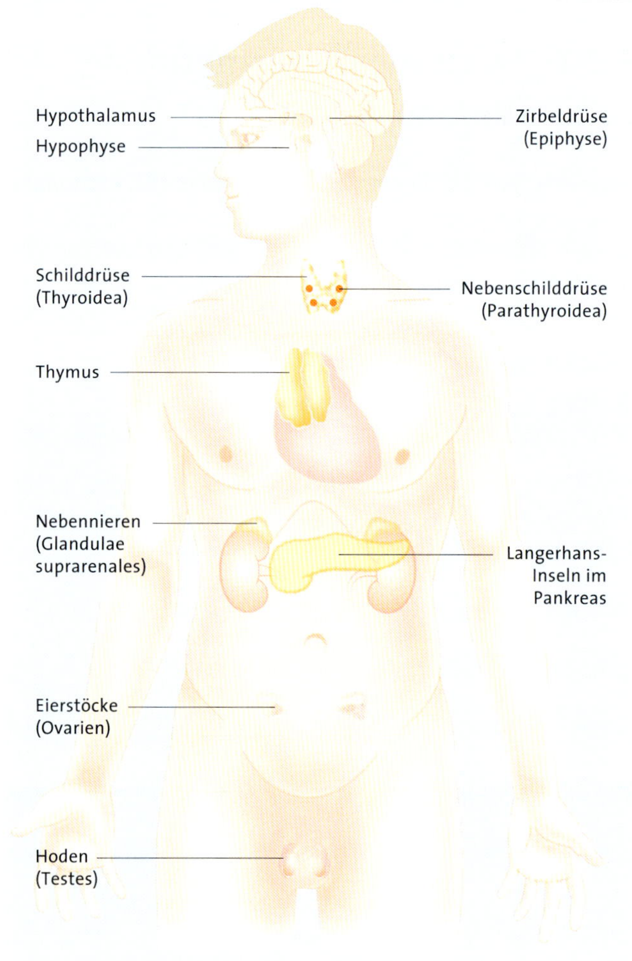

Abb. 2 ▶ Drüsen

8.3.1.2 *Aufnahme durch Membranrezeptoren*

Die hydrophilen Hormone können die lipophile Zellwand nicht direkt passieren. Daher verbinden sie sich als sogenannter »*First Messenger*« mit einem Zellmembranrezeptor. Dieser aktiviert in der Zelle das Enzym Adenylatcyclase. Dadurch wird ATP in cAMP (zyklisches Adenosin-Monophosphat) umgewandelt. Das cAMP wird als »*Second Messenger*« bezeichnet, weil es Proteinkinasen aktiviert. Diese bilden die Hormonantwort über Enzyme. Gleichzeitig erfolgt der Abbau von cAMP enzymatisch über Phosphodiesterase.

8.3.1.3 *Abbau der Hormone*

Nachdem der entsprechende Stoffwechselvorgang ausgelöst wurde, erfolgt der Abbau des Hormons in der Zielzelle. Die Ausscheidung der Abbauprodukte erfolgt über die Leber mit der Ausscheidung über die Gallenflüssigkeit in den Darm oder über die Niere. Teilweise können die Abbauprodukte im Labor erfasst und zur Diagnose herangezogen werden. So findet sich z.B. beim Phäochromozytom, einem Katecholamin produzierenden Tumor, im Urin eine erhöhte Konzentration von Vanillinmandelsäure, dem Abbauprodukt von Adrenalin und Noradrenalin.

8.3.2 Endokrine Organe

Die Produktion der meisten Hormone erfolgt in den endokrinen Organen (Abb. 2). Sie werden auch als *endokrine Drüsen* bezeichnet, da sie ihre Sekrete in den Interzellulärraum abgeben. Im Gegensatz dazu werden Drüsen, die ihre Sekrete über Ausführungsgänge auf innere oder äußere Körperoberflächen abgeben, etwa die Verdauungsdrüsen oder die Schweißdrüsen der Haut, *exokrine Drüsen* genannt.

Die endokrinen Drüsen befinden sich an verschiedenen Stellen des Körpers.

8.3.3 Hierarchie des Hormonsystems

Hormone sind schon in geringsten Mengen hochwirksam. Daher können Über- oder Unterdosierungen tief greifende Wirkungen haben. Aus diesem Grund muss das Hormonsystem exakt gesteuert werden. Durch verschiedene physiologische Regelkreise werden Stimulation und Hemmung fein aufeinander abgestimmt.

Ein wichtiges Bindeglied ist hierbei der *Hypothalamus*. Er empfängt über Rezeptoren aus dem Körper verschiedenste Informationen, zum Beispiel über den Wasserhaushalt, die

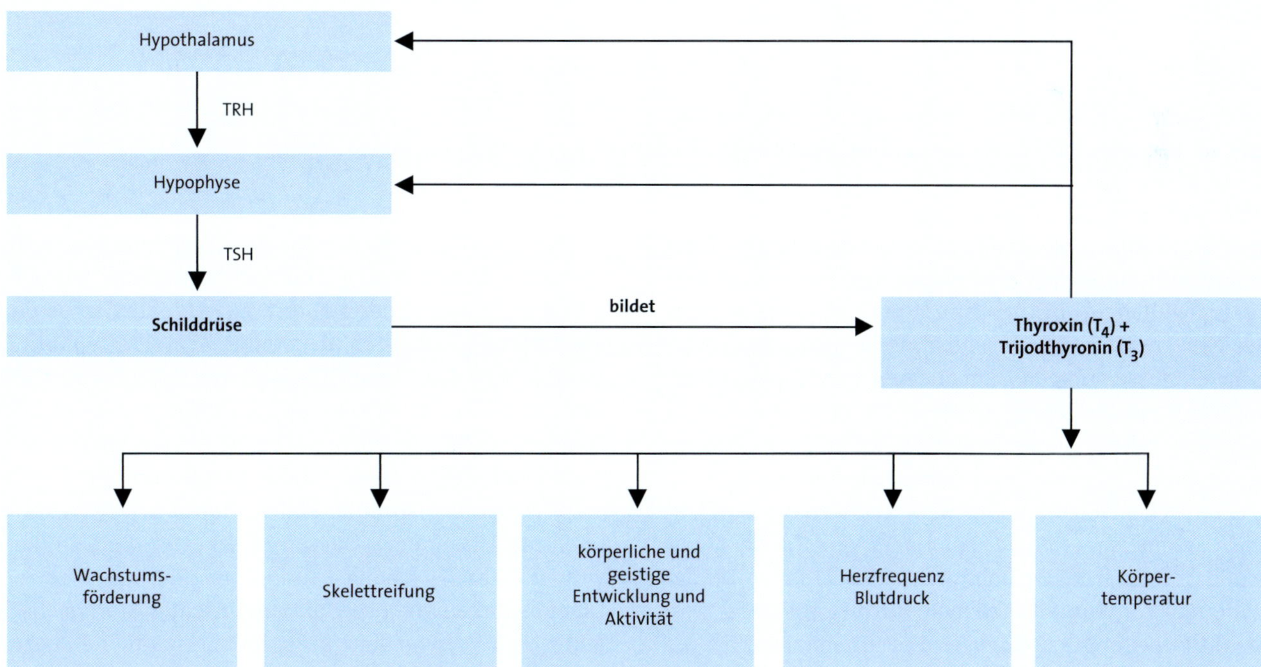

Abb. 3 ▶ Schematische Darstellung des Schilddrüsenhormonkreislaufs

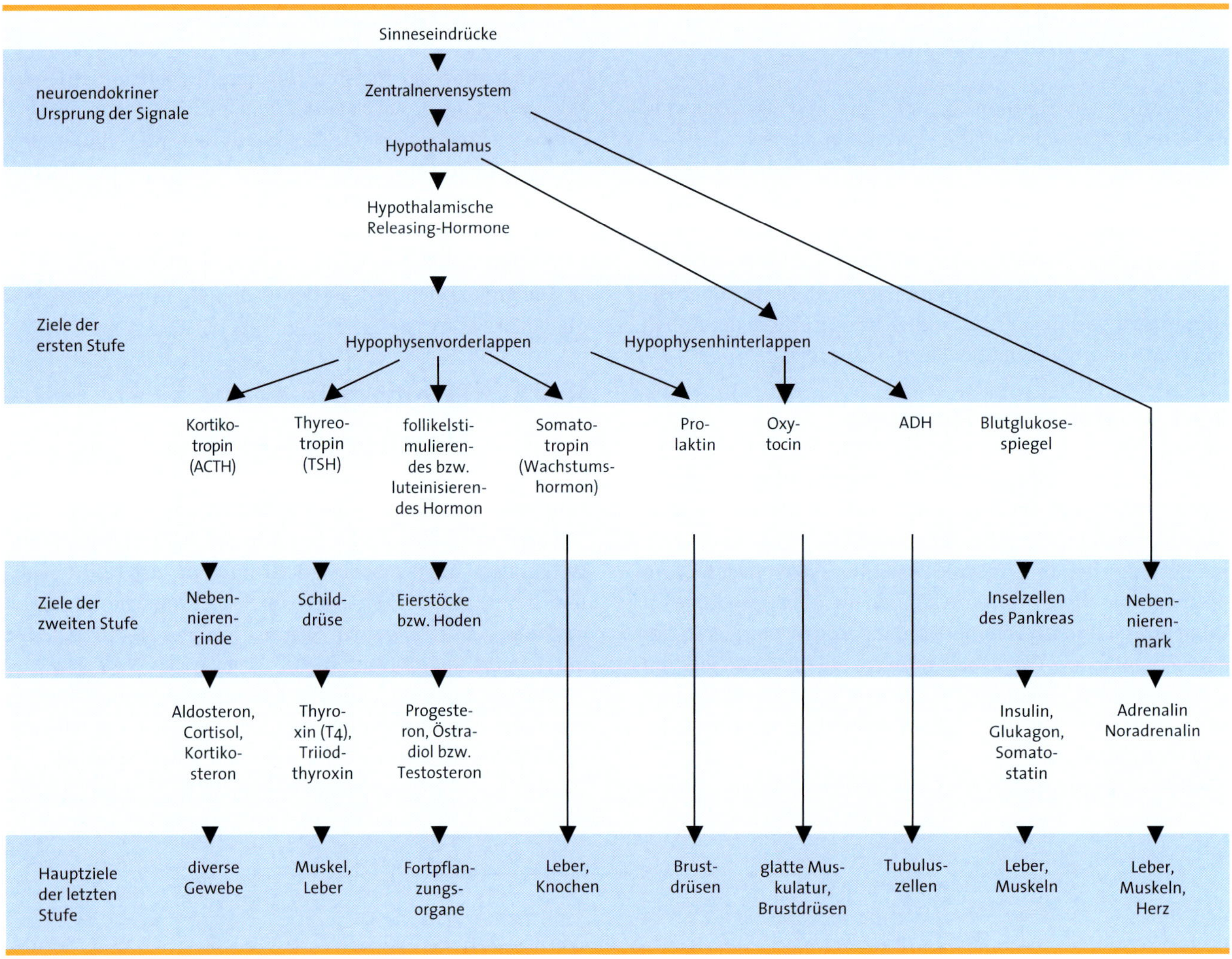

Abb. 4 ▶ Hierarchisches System der neuroendokrinen Hormonsteuerung (Quelle: Lehninger et al. 2001)

Körpertemperatur, den Kreislauf, den Magen-Darm-Trakt oder die Blasenfunktion. Bei Abweichungen vom Sollzustand greift er regulierend ein. Dies kann zum einen über das vegetative Nervensystem durch sympathische oder parasympathische Einflüsse erfolgen. Zum anderen steht ihm das Hormonsystem zur Verfügung. In diesem Rahmen schüttet er sogenannte *Releasing* oder *Inhibiting*-Hormone aus. »Releasing« bedeutet freigebend und »Inhibiting« hemmend.

Ferner ist der Hypothalamus eng verbunden mit dem *limbischen System*, dem Sitz der Emotionen und Triebe. Somit beeinflusst er auch das Gefühls- und Sexualverhalten. Bei der Regulierung von Körperfunktionen durch Hormone ist sein bester Mitarbeiter die *Hypophyse*, die Hirnanhangdrüse. Sie produziert in ihrem Vorderlappen mehrere Hormone, die entweder glandotrop wirken, d.h. eine Hormondrüse wie etwa die Schilddrüse stimulieren, oder direkt an ausgewählte Körperzellen in der Peripherie gerichtet sind, wie beispielsweise das Wachstumshormon Somatotropin.

Das Zusammenspiel von Hypothalamus, Hypophyse und Hormonregulierung wird nachfolgend am Beispiel der Schilddrüsenhormone erläutert: Der Hypothalamus erhält die Meldung, dass sich zu wenige Schilddrüsenhormone im Blut befinden. Daraufhin sendet er das TRH oder »Thyrotropin Releasing Hormone« als Hormonbotschaft an die Hypophyse. Die Hypophyse reagiert hierauf wiederum mit einem weiteren Hormon, dem Thyreotropin oder TSH, also dem Thyreoidea-stimulierenden Hormon (»Thyreoid Stimulating Hormone«). Daraufhin schüttet die Schilddrüse vermehrt ihre Hormone T_3 und T_4 ins Blut aus (s.u., 8.7.2). Diese bewirken im Körper die gewünschten Stoffwechseleffekte. Über verschiedene Rezeptoren erfolgt eine Rückmeldung an die Hypophyse bzw. den Hypothalamus. Die Hypophyse stellt daraufhin ihre TSH-Ausschüttung ein und der Thalamus beendet seine TRH-Ausschüttung. Dies bezeichnet man auch als *Rückkopplungs-* oder *Feedback-Mechanismus*.

Nicht alle Hormonausschüttungen werden durch das Zusammenspiel von Hypothalamus und Hypophyse gesteuert. Eine andere Möglichkeit nutzen die Hypophysenvorderlappenhormone Prolaktin und Somatotropin (»Growth Hormone«, GH). Sie wirken direkt an den Zielzellen, ohne eine untergeordnete Hormonzelle zu beeinflussen. Ferner gibt es noch *unabhängige Hormone*. So regelt das Parathormon die Kalziumkonzentration im Blut. Insulin oder Glukagon dagegen regeln als Gegenspieler die Stoffkonzentrationen von Glukose. Eine weitere Ausnahme sind die Hormone des Hypothalamus wie das ADH und das Oxytocin, die im Hypophysenhinterlappen gespeichert werden. Auch die Gewebshormone und die autokrinen Hormone bedürfen keiner besonderen Steuerung, da sie nur vor Ort unter bestimmten Bedingungen reagieren.

8.4 Hypothalamus

Der Hypothalamus ist das übergeordnete Koordinationszentrum der vegetativen Funktionen und bildet eine wichtige Schnittstelle vom Nervensystem zum Hormonsystem (Näheres s. u., 10.5.2).

Neben den bereits erwähnten stimulierenden und hemmenden Hormonen, die die Hypophyse beeinflussen, produziert er zwei Hormone, die in der Peripherie wirken, das antidiuretische Hormon (ADH) und das Oxytocin. Wegen der Undurchlässigkeit der Blut-Hirn-Schranke kann er sie nicht selbst ausschütten und sendet sie über Nervenfasern zum Hypophysenhinterlappen. Dort werden sie gespeichert und auf seinen Befehl in das dort liegende Kapillarnetz ausgeschüttet. Das ADH bewirkt über V2-Rezeptoren eine stärkere Wasserdurchlässigkeit der Tubuluszellen in der Niere und begünstigt damit die Wasserrückresorption. Ferner kann es in höheren Konzentrationen über V1-Rezeptoren eine Gefäßverengung, die Vasokonstriktion, verursachen. Oxytocin veranlasst bei der Geburt das Zusammenziehen der Gebärmuttermuskulatur zur Wehenauslösung. Ferner kontrahiert es während der Stillperiode die Milchbläschen, damit die Muttermilch in die Ausführungsgänge gelangt. Es kann darüber hinaus den Blutdruck senken und wirkt im Gehirn zusammen mit den Steroidhormonen fördernd auf das zwischenmenschliche Verhalten, weshalb es auch als »Kuschel-Hormon« bezeichnet wird. Beim Orgasmus bewirkt es das rhythmische Zusammenziehen von Gebärmutter und Samenleiter. Weitere Bildungsstätten sind Gelbkörper und Hoden.

Tab. 3 ▶ Hormone des Hypothalamus

Hormon	Wirkung
TRH (Thyrotropin Releasing Hormone; Thyreotropin)	stimuliert die Ausschüttung von TSH (Thyreoidea-stimulierendes Hormon)
CRH (Corticotropin Releasing Hormone)	stimuliert die Ausschüttung von ACTH (adrenocorticotropes Hormon)
GnRH (Gonadotropin Releasing Hormone)	stimuliert die Ausschüttung von FSH (Follikel stimulierendes Hormon) und LH (luteinisierendes Hormon)
GHRH (Growth Hormone Releasing Hormone)	stimuliert die Ausschüttung des Wachstumshormons Somatotropin
GHIH (Growth Hormone Inhibiting Hormone)	hemmt die Ausschüttung des Wachstumshormons Somatotropin
PRH (Prolactin Releasing Hormone)	stimuliert die Ausschüttung von Prolaktin
PIH (Prolactin Inhibiting Hormone)	hemmt die Ausschüttung von Prolaktin
Oxytocin	Wehenauslösung, Milcheinschuss, psychisch: Förderung der zwischenmenschlichen Kontakte
ADH / Adiuretin / Vasopressin	Steigerung der Wasserdurchlässigkeit der Tubuluszellen; in hoher Konzentration auch vasokonstriktorisch (vor allem venös)

8.5 Hypophyse

Die *Hirnanhangdrüse* ist kirschkerngroß, wiegt knapp ein Gramm und liegt gut geschützt im Türkensattel, der *Sella turcica*, einem Teil des Keilbeins. Sie ist über den Hypophysenstiel, das *Infundibulum*, mit dem Hypothalamus verbunden. Man unterscheidet den Hypophysenvorderlappen (HVL) vom Hypophysenhinterlappen (HHL). Der Hypophysenhinterlappen oder die *Neurohypophyse* entsteht aus neuronalem Gewebe. Er besteht aus marklosen Nervenfasern, einem Kapillarnetz und speziellen Gliazellen, den Pituizyten. Hier werden die vom Hypothalamus gebildeten Hormone ADH und Oxytocin gespeichert und auf Befehl ins Blut ausgeschüttet.

Der Hypophysenvorderlappen oder die *Adenohypophyse* ist eine endokrine Drüse. Sie entsteht embryonal aus einer Abschnürung des Rachendachs. Hier werden ihre Hormone TSH, ACTH, FSH, LH, MSH (Melanozyten-stimulierendes Hormon), Somatotropin und Prolaktin gebildet.

Sie lassen sich nach drei Kriterien einteilen, in die *glandotropen Hormone*, die auf andere endokrine Drüsen wirken, die *gonadotropen Hormone*, die die Geschlechtsdrüsen beeinflussen, und die Hormone, die direkt die *Zielzellen* ansprechen.

Tab. 4 ▶ Hormone des Hypophysenvorderlappens

glandotrop	
TSH	regt die Schilddrüse zur Bildung von T_3 und T_4 an
ACTH	stimuliert die Cortisolausschüttung in der Nebenniere
gonadotrop	
FSH	*Frauen:* Follikelreifung *Männer:* Spermienbildung
LH	*Frauen:* Eisprung (Ovulation), Bildung des Gelbkörpers (Corpus luteum) *Männer:* Spermienreifung, Erhöhung der Testosteronproduktion in den Leydig-Zellen des Hodens
Hormone des HVL, die direkt an den Zielzellen wirken	
MSH	Anregung der Melanozyten zur Ausschüttung von Melanin (Pigmentierung der Haut)
Somatotropin oder STH oder GH	Anregung des Wachstums DNA-Synthese ↑ Proteinbiosynthese ↑
Prolaktin	Wachstum der Milchdrüsen Milchproduktion Hemmung der Ausschüttung von FSH und LH

8.6 Epiphyse

Die *Zirbeldrüse* hat die Größe einer Weintraube und liegt im Zwischenhirn. Sie produziert in ihren Pinealozyten aus der Aminosäure Tryptophan das Hormon Melatonin, einen Abkömmling des Serotonins, das im ZNS als Neurotransmitter wirkt. Die Epiphyse ist damit das zentrale Regulationsorgan für die Synchronisation des 24-Stunden-Rhythmus. Sie regelt den Schlaf-Wach-Rhythmus, tages- und jahreszeitlich bedingte Prozesse und ist an der Alterung beteiligt.

Die Bildung von Melatonin wird durch den Hell-Dunkel-Rhythmus gesteuert. Seine Konzentration ist am intensivsten während der Dunkelheit und am geringsten am Ende eines Tages. Durch strahlendes Morgenlicht kann die nächtliche Melatoninsekretion schneller abgebaut werden. Darum fühlen sich die meisten Menschen an einem hellen Sommermorgen wacher als an einem trüben Wintermorgen. Ein hoher Melatoninspiegel kann eine Erhöhung der Depressionsanfälligkeit bewirken; daher wirkt eine Lichttherapie antidepressiv, insbesondere bei Menschen mit Winterdepressionen. Ferner hat Melatonin eine ausgleichende Wirkung beim Jetlag. Der oft propagierte »Anti-Aging-Effekt« ist wissenschaftlich nicht nachgewiesen. Auch fehlen bisher Langzeitstudien zu möglichen Nebenwirkungen.

8.7 Schilddrüse

8.7.1 Lage und Aufbau

Die *Glandula thyroidea* ist schmetterlingsförmig und liegt vor der Trachea in Höhe des zweiten und dritten Trachealknorpels. Sie wölbt sich mit ihrem meist etwas größeren rechten und dem linken Lappen um Schild- und Ringknorpel des Kehlkopfes. Das mittlere Verbindungsstück zwischen den Lappen wird als *Isthmus* bezeichnet (griech. *isthmos*: Enge). Die Länge der Lappen liegt zwischen 3 und 5 cm. Das Gewicht der Schilddrüse schwankt zwischen etwa 18 g bei Frauen und ungefähr 25 g bei Männern. Bei Jodmangel vergrößert sie sich, es entsteht eine sogenannte Struma. An beiden Seiten der Schilddrüse verläuft der Gefäßnervenstrang des Halses mit der A. carotis communis, der V. jugularis interna und dem N. vagus.

Sie ist von einer dünnen Organkapsel, der *Capsula fibrosa,* umhüllt. Diese Kapsel fixiert sie mit der Umgebung und bildet nach innen feine Bindegewebszüge. Dadurch entsteht die innere Unterteilung in einzelne, unregelmäßig große Läppchen. In den Läppchen liegen schlauchförmige Hohlräume, die Follikel. Sie sind von Hormone bildenden Drüsenepithelzellen umgeben, die gleichzeitig ihre Wand bilden. Die hier produzierten Hormone T_3 und T_4, das auch als Thyroxin bezeichnet wird, werden in den Follikeln als Vorrat gespeichert, der bis zu zehn Monate hält. Sie liegen als sogenanntes Kolloid vor, d.h. sie sind gebunden an das Glykoprotein Thyreoglobulin. Bei Bedarf werden sie wieder in die Zellen zurücktransportiert und von dort in die Blutbahn abgegeben. Dafür durchzieht ein feines Kapillarnetz die Schilddrüse. Im Blut werden die Schilddrüsenhormone zu über 99 % an das Globulin (TBG) gebunden, das wiederum das spezielle Trägereiweiß Thyroxin bindet. Dadurch wird es nicht so schnell über die Nieren ausgeschieden. T_4 zirkuliert etwa eine Woche, T_3 zwei Tage.

Tab. 5 ▶ Wichtigste Wirkungen der Schilddrüsenhormone

- Förderung der Thermogenese (Wärmeproduktion)
- Erhöhung des O_2-Verbrauchs
- Steigerung der Glukoneogenese
- Mobilisierung des Leberglykogens
- Umwandlung der Fettreserven in Glukose (lipolytische Effekte)
- Förderung der Proteinsynthese (Enzyme, die den Stoffwechsel aktivieren)
- Beschleunigung der Cholesterinsynthese und des Cholesterinabbaus
- Steigerung der Herzleistung (chronotrop und inotrop)
- Beeinflussung des Knochenstoffwechsels durch Aktivierung der Osteoblasten und Osteoklasten

8.7.2 Schilddrüsenhormone

Die Schilddrüse bildet aus der Aminosäure Tyrosin und dem Spurenelement Jod die beiden Hormone T_3 und T_4 im Verhältnis 1 : 10. An dem Trijodthyronin (T_3) sind drei Jodatome angelagert, am Tetrajodthyronin (T_4) sind es vier. T_4 ist inaktiv und wird durch Abspaltung von einem Jodatom in die aktive Wirkform T_3 umgewandelt. Bei Jodmangel produziert die Schilddrüse mehr T_3.

- T_3: Trijodthyronin, Wirkform
- T_4: Tetrajodthyronin, Transportform.

Die Schilddrüse speichert bis zu 98 % des Körperbestandes an Jod. Die optimale Zufuhr laut WHO beträgt 150 bis 300 µg pro Tag. Hochgerechnet braucht ein Mensch in seinem Leben nur etwa 5 g Jod. Er kann es nicht auf einmal aufnehmen, da es in dieser Konzentration toxisch ist. Bei ausreichender Jodversorgung reicht die Produktionsreserve der Schilddrüse rund drei Monate.

Für Wachstum und Reifung des Skeletts sowie für die Gehirnentwicklung sind Schilddrüsenhormone unentbehrlich.

Die Schilddrüsenhormone werden auch als »Peitsche des Organismus« bezeichnet, weil sie eine Leistungssteigerung des gesamten Stoffwechsels bewirken. Sie fördern Wachstum und Reifung, regen den Energiestoffwechsel bzw. den Grundumsatz an, was verbunden ist mit einer Erhöhung des Sauerstoffverbrauchs, einer gesteigerten Wärmeproduktion sowie einer verstärkten Bereitstellung von Glukose. Ferner werden die Erregbarkeit der Nerven und die Herztätigkeit erhöht sowie der Knochenstoffwechsel gesteigert. Weiterhin wird die Wirkung der Katecholamine Adrenalin, Noradrenalin und Dopamin verbessert.

8.7.3 C-Zellen

Zwischen den Follikeln liegen einzeln oder in kleinen Gruppen die C-Zellen oder *parafollikuläre Zellen*. Es handelt sich um embryonal eingewandertes Gewebe, das wahrscheinlich der Neuralleiste entstammt. Sie bilden das Hormon Calcitonin, das zusammen mit dem Parathormon aus der Nebenschilddrüse und Vitamin D_3 (Calcitriol) den Kalziumhaushalt regelt. Calcitonin senkt den Blut-Kalzium-Spiegel durch drei Maßnahmen: Es fördert den Kalziumeinbau in die Knochen und die Kalziumausscheidung über die Niere. Es ist damit der Antagonist des Parathormons (PTH).

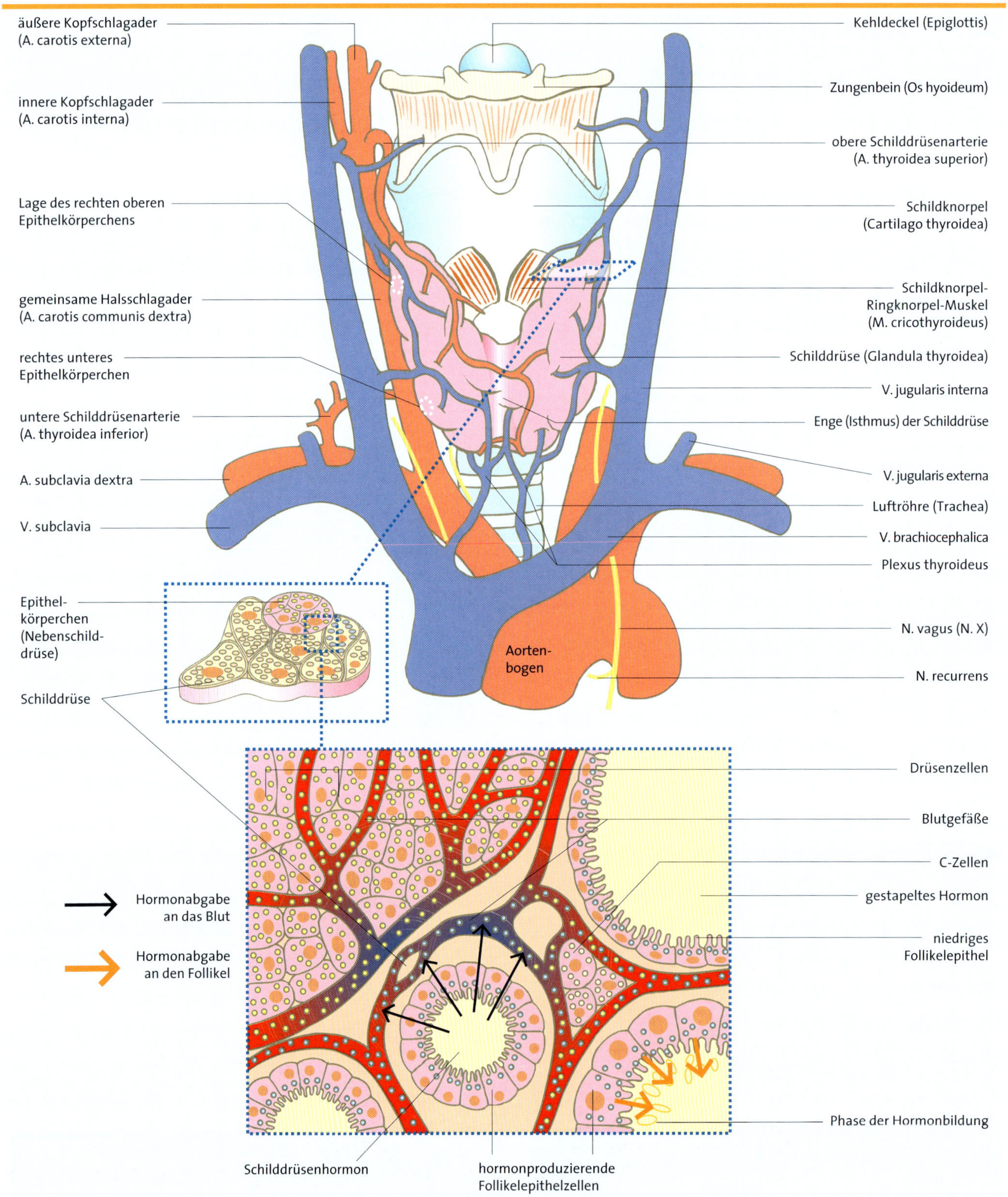

Abb. 5a ▶ Schilddrüse

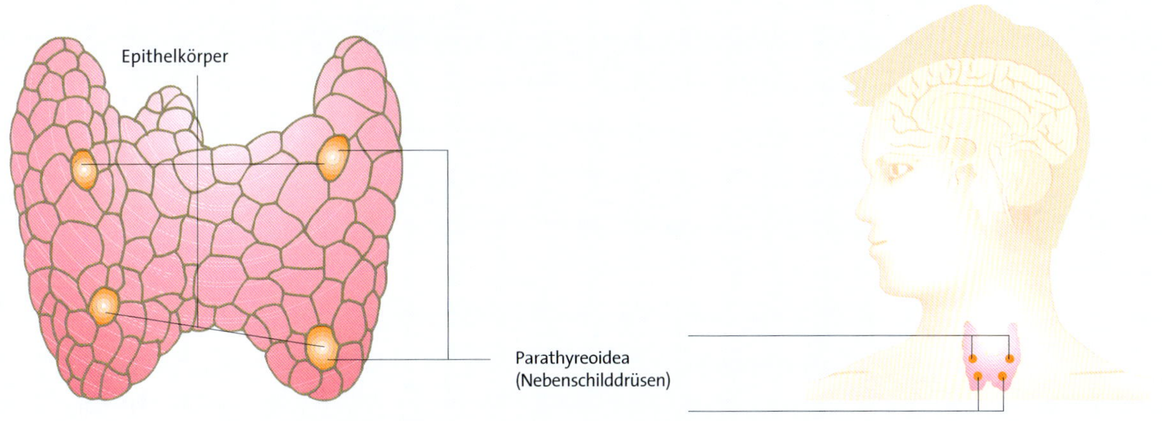

Abb. 5b ▶ Schilddrüse

8.8 Nebenschilddrüse

Die Nebenschilddrüse besteht aus vier weizenkorngroßen Epithelkörperchen an der Rückseite der Schilddrüse. Ihre Zellen schütten das Parathormon (PTH) aus und regeln damit den Kalzium- und Phosphatstoffwechsel.

Parathormon sorgt dafür, dass Knochengrundsubstanz abgebaut wird. Dadurch gelangt Kalziumphosphat ins Blut. Phosphat wird verstärkt über die Nieren ausgeschieden. Gleichzeitig wird in den Nieren das Calcitriol aktiviert, das für eine vermehrte Kalziumaufnahme im Darm sorgt.

Bei Überfunktion kommt es zur Entkalkung der Knochen, zur Ablagerung von Kalzium in Gefäßen und Organen (z.B. als Nierensteine) sowie zu einem erniedrigten Phosphatspiegel im Blut. Ferner wird die Magensaftproduktion zu stark angeregt.

> Bei Überfunktion der Nebenschilddrüse:
> »Stein-, Bein- und Magenpein«.

Bei Unterfunktion führt der verminderte Blut-Kalzium-Spiegel zu einer erhöhten Erregbarkeit der Nerven, im Extremfall kommt es zu heftigen Muskelkrämpfen.

8.9 Nebennieren

Die Nebennieren sind pyramidenförmig und liegen, umgeben vom Nierenfett, den Nieren am oberen Nierenpol auf. Sie sind ca. 5 cm lang, 3 cm breit und 1 cm dick und wiegen etwa 10 – 20 g. Sie sind eigenständige endokrine Drüsen und werden als *Glandulae suprarenales* bezeichnet. Sie bestehen aus den beiden vollkommen unterschiedlichen Gewebestrukturen Rinde und Mark. Die Nebennierenrinde (NNR) entwickelt sich ontogenetisch, also während der Embryonalphase, aus dem Peritoneum. Das Nebennierenmark (NNM) dagegen entsteht ontogenetisch durch Auswanderung von Zellen aus der Neuralleiste.

8.9.1 Nebennierenrinde

Die Nebennierenrinde macht etwa drei Viertel der Substanz aus und besteht aus drei Schichten oder Zonen. In der äußeren *Zona glomerulosa* erfolgt die Produktion der Mineralokortikoide, ihr Hauptvertreter ist das Aldosteron. Die mittlere *Zona fasciculata* produziert die Glukokortikoide, das bekannteste ist das Cortisol. Die Bezeichnung Cortison wird verwendet, wenn das Hormon von außen als Medikament zugeführt wird. Die innere *Zona reticularis* ist verantwortlich für die Produktion der Androgene, der männlichen Sexu-

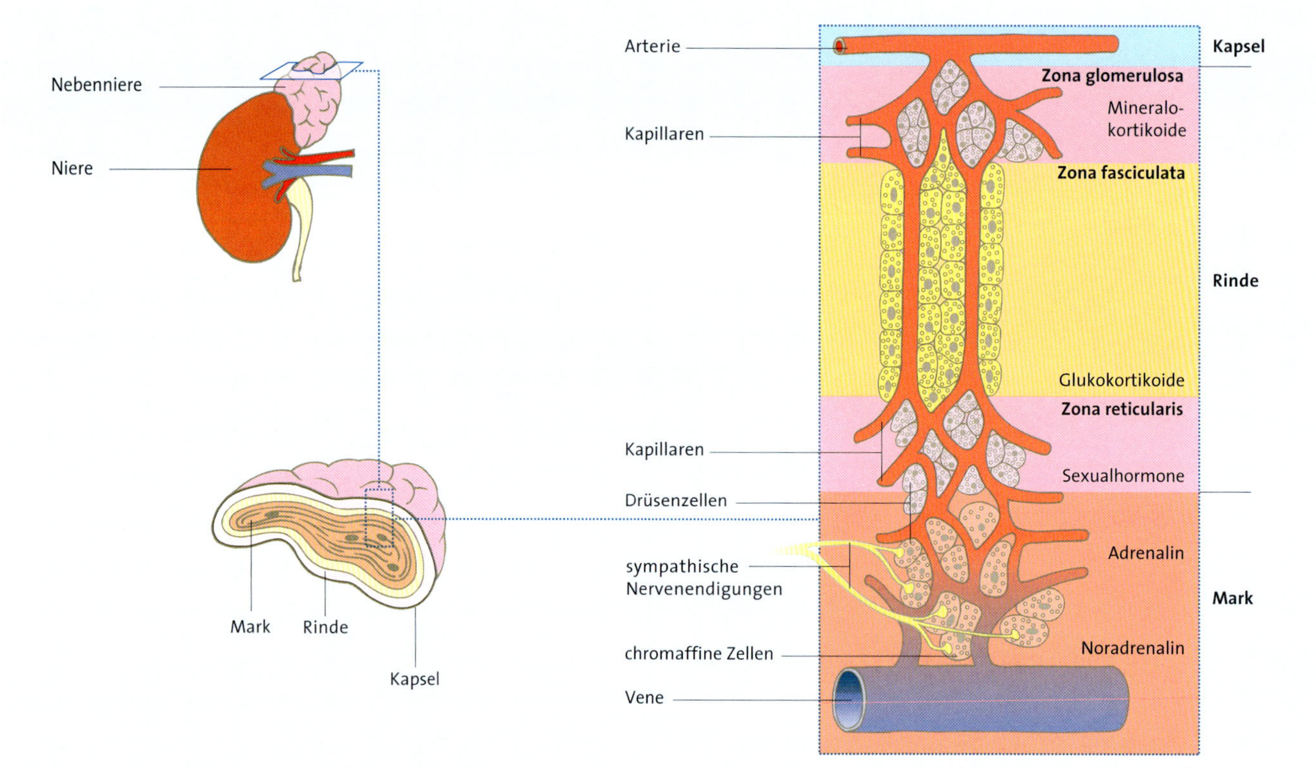

Abb. 6 ▶ Anatomischer Aufbau und Hormonsynthese der Nebenniere

alhormone. Ausgangssubstanz ist das Steroidhormon DHEA, das **D**e**h**ydro**e**pi**a**ndrosteron.

8.9.1.1 *Aldosteron*

Aldosteron dient der Regulation des Wasser- und Elektrolythaushaltes im distalen Tubulus durch Natriumretention – also -zurückhaltung – bei gleichzeitiger Kaliumausscheidung. Es wird im Rahmen des Renin-Angiotensin-Aldosteron-Systems (RAAS) aktiviert bei zu geringem Natriumbestand im Blut, der Hyponatriämie, oder zu geringem Plasmavolumen, der Hypovolämie. Bei Überproduktion durch einen Tumor spricht man vom Conn-Syndrom. Der Blutdruck steigt durch den zu hohen Flüssigkeitsbestand stark an, ferner entgleist der Stoffwechsel durch Elektrolytungleichgewicht in eine metabolische Alkalose. Muskuläre Schwäche und Krämpfe, Herzrhythmusstörungen, Lähmungen, Missempfindungen, Ödeme und Obstipation gehören zum Krankheitsbild. Eine Unterproduktion geht mit einer Unterfunktion der gesamten Nebenniere einher, dem Morbus Addison.

8.9.1.2 *Cortisol*

Das Glukokortikoid Cortisol wird zur Bewältigung von Stresssituationen ausgeschüttet, deshalb bezeichnet man es auch als Stresshormon. Hunger und Durst, extreme Temperaturschwankungen und starke physische oder psychische Beanspruchungen erhöhen den Cortisolspiegel im Blut. Da Cortisol weitreichende Wirkungen hat, unterliegt es der Kontrolle des hypothalamisch-hypophysären Regelkreises sowie einem zirkadianen Rhythmus, einem 24-Stunden-Rhythmus. Bei einem normalen Tag-Nacht-Rhythmus finden sich hohe Werte zwischen sechs und neun Uhr morgens, sodass es für die Tagesaktivität und die Belastungen voll verfügbar ist, die niedrigsten Werte gegen Mitternacht. Bei zu geringer Cortisolkonzentration im Blut bzw. Stresssituationen schüttet zunächst der Hypothalamus CRH, das Corticotropin Releasing Hormone, aus. Der Hypophysenvorderlappen reagiert daraufhin mit der Abgabe von ACTH, des adrenocorticotropen Hormons, welches in der Nebennierenrinde die Freisetzung der Glukokortikoide bewirkt.

Zu den vielfältigen Wirkungen von Cortisol zählt zunächst die Bereitstellung von Energie. Die Leber wird zur Glukoneogenese angeregt, zur Bildung von Glukose aus Fetten und Aminosäuren. Zur Unterstützung erfolgt die Lipolyse, der Abbau von Fett aus den peripheren Fettdepots. Dadurch steigt der Anteil an freien Fettsäuren im Blut. Bei pathologisch erhöhten Werten führt dies zu gesteigerten Blutfettwerten und dem Abbau von Proteinen, zum Beispiel aus den Muskeln und damit zum Muskelschwund. Zum Schutz vor

Tab. 6 ▶ Wichtigste Wirkungen von Cortisol
– Bereitstellung von Energie durch Glukoneogenese, Lipolyse und Aminosäureabbau
– Bremsung des Immunsystems
– Hypertonie durch Vasokonstriktion
– Steigerung der Magensaftsekretion
– Kalziumverlust und Knochenabbau
– schlechte Bindegewebequalität
– mentale Labilität

zu starken Reaktionen des Immunsystems bei Verletzungen senkt Cortisol die Produktion von lokalen Entzündungsmediatoren wie Histamin, Prostaglandinen, Leukotrienen und Bradykinin. Ferner wird die Lymphozytenvermehrung begrenzt und die Phagozytoseaktivität gehemmt. Zur Steigerung des Blutdrucks bewirkt Cortisol eine Sensibilisierung der Gefäßmuskulatur gegenüber Noradrenalin oder Angiotensin II und damit eine stärkere Vasokonstriktion, d.h. die Engstellung der Gefäße. Im Magen erfolgt eine Steigerung der Sekretion von Salzsäure und Pepsin; dies kann bei pathologisch erhöhten Werten zur »Stress-Gastritis« oder zum »Stress-Ulkus« führen.

Durch eine verminderte Resorption von Kalzium aus dem Darm sowie eine erhöhte Ausscheidung über die Niere wird der Knochenstoffwechsel beeinflusst, es kann zum Abbau der Knochen kommen. Cortisol hemmt die Fibroblasten, es werden weniger Kollagen und Glukosaminoglykane (GAG) produziert. Dies führt zu qualitativ minderwertigem Bindegewebe, Hämatomen, d.h. Blutergüssen, und schlechter Wundheilung. Glukokortikoide können die Blut-Hirn-Schranke passieren und das ZNS beeinflussen. Sowohl zu niedrige als auch zu hohe Werte können zu starken Stimmungsschwankungen, Manie oder Depression führen, eventuell auch zur Suizidneigung.

8.9.1.3 *Androgene*

Die aus dem Steroidhormon DHEA gebildeten Sexualhormone ergänzen die Androgene und Östrogene der Gonaden, der Keimdrüsen in Ovarien und Testes. DHEA regt den Aufbau von körpereigenen Proteinen an, es wirkt anabol. Ferner kann es umgebaut werden in Testosteron, das wichtigste männliche Androgen. Aus Testosteron entstehen wiederum Östron und Östradiol, die Vorstufen von Östrogen. Beide Hormone kommen sowohl beim Mann als auch bei der Frau vor, jedoch in unterschiedlichen Mengen, da sie die Geschlechtsmerkmale ausprägen. Androgene wirken eiweißanabol, weshalb Männer allgemein muskulöser sind als Frauen. Ferner wird über die stimulierte Eiweißsynthese auch die Knochenbildung verstärkt. Die Produktion wird durch den hypothalamisch-hypophysären Regelkreis mit den Hormonen CRH und ACTH überwacht.

8.9.2 Nebennierenmark

Das Nebennierenmark besteht aus modifizierten sympathischen Nervenzellen, die endokrine Funktion besitzen, d.h. sie sezernieren ihre Stoffe ins Blut. Da die Hormonausschüttung über Nervenbahnen und nicht über das Blut angeregt wird, wird es auch als *sympathisches Paraganglion* bezeichnet. Die hier liegenden chromaffinen Zellen, auch *Phäochromozyten* genannt, synthetisieren aus L-Tyrosin über Dopamin die Katecholamine Adrenalin und Noradrenalin im Verhältnis 4 : 1. Die Ausschüttung erfolgt bei physischem oder psychischem Stress zur kurzfristigen Leistungssteigerung. Im Körper gibt es vier verschiedene Rezeptoren, die auf die Katecholamine ansprechen. Sie werden als *adrenerge Rezeptoren* bezeichnet und wegen ihrer Wirkung und ihres Vorkommens aufgeteilt in α_1, α_2, β_1 und β_2.

8.9.2.1 *Adrenalin*

Adrenalin bewirkt die rasche Bereitstellung von Energiereserven, die in gefährlichen Situationen das Überleben sichern sollen (Kampf oder Flucht). Je nach Rezeptor ist seine Wirkung an den Organen unterschiedlich. In der Notfallmedizin ist Adrenalin das Mittel der Wahl beim allergischen Schock und bei Herzstillstand.

Tab. 7 ▶ Wirkungen von Adrenalin

Herz	positiv chronotrop, inotrop, dromotrop (β_1) bathmotrop (β_1)
Gefäße	Vasokonstriktion (α_1), vor allem Haut und Verdauungsorgane, venöser Rückstrom ↑
	Vasodilatation der Muskelgefäße (β_2)
Leber, Skelettmuskulatur	Glykogenolyse ↑, Glukoneogenese ↑ (β_2)
Lunge	Bronchodilatation (β_2)
Niere	Aktivierung des RAA-Systems
Fettgewebe	Lipolyse ↑ (β_1)
Magen-Darm-Trakt	Tonus glatter Muskulatur ↓ (α_2)
weitere Effekte:	Mydriasis (Weitstellung der Pupillen)
	Schweißsekretion ↑
	Aufrichten der Haare
	Steigerung von Blutzucker, O_2-Verbrauch, Grundumsatz und Körpertemperatur
	verstärkte ACTH-Sekretion des Hypophysenvorderlappens und Anstieg des Cortisol

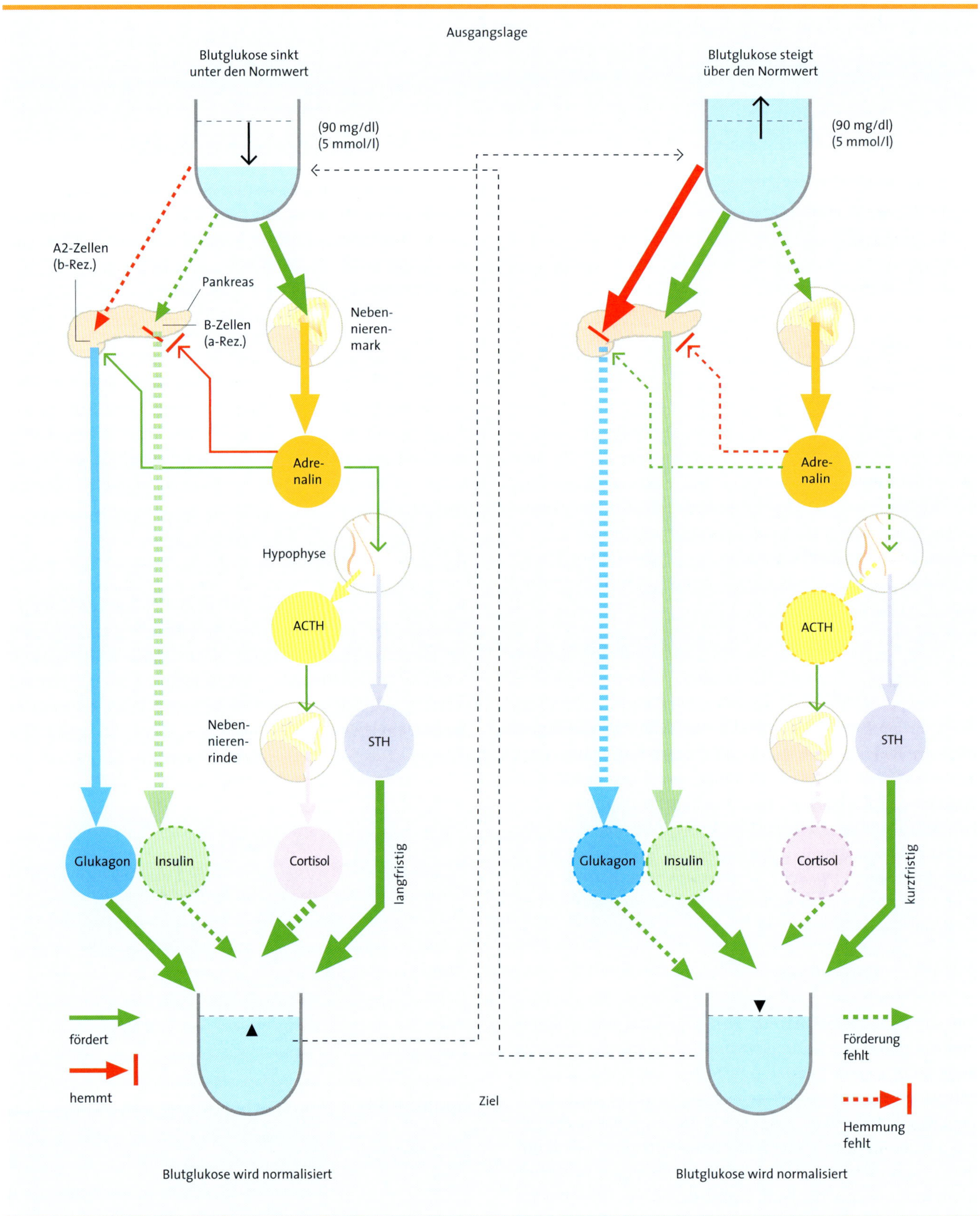

Abb. 7 ▶ Hormonaler Einfluss und Regulationsmechanismen zur Stabilisierung von Glukoseschwankungen im Blut (Quelle: Silbernagl, Despopoulos 2003)

8.9.2.2 *Noradrenalin*

Noradrenalin hat neben seinen physischen Wirkungen auch eine zentrale Funktion: Es steuert die mentale und psychische Stressanpassung, indem es Motivation, Aufmerksamkeit und geistige Leistungsbereitschaft anhebt. Kurzfristig hemmt Noradrenalin das Immunsystem und regt dabei Entzündungsmechanismen an. Bei Dauerstress kann es daher zu Entzündungen kommen.

Noradrenalin und Cortisol wirken auch auf den Mandelkern des limbischen Systems, die *Amygdala*. Werden sie über längere Zeit in höheren Mengen ausgeschüttet, kann es zu Angstzuständen kommen.

Bei lang andauernder und übermäßiger Stressbelastung entsteht ein Mangel an den Stresshormonen Cortisol, Adrenalin und Noradrenalin, das sogenannte Burnout-Syndrom.

Tab. 8 ▶ Wirkungen von Noradrenalin

Vasokonstriktion (α_1)	Blutdruck ↑ (systolisch und diastolisch)
mentale Stressanpassung	

Durch den zunächst permanent hohen Noradrenalinspiegel entwickelt sich ein andauernder Entzündungszustand. Er führt unter anderem zur Blockade der Serotoninsynthese, die die Bildung von Melatonin beeinträchtigt. Die Folgen sind ein gestörter Schlaf und die Beeinträchtigung des 24-Stunden-Rhythmus der Hormonproduktion. Damit ist auch die nächtliche Cortisolproduktion blockiert und der Mangel an Cortisol verstärkt den Entzündungszustand und beeinträchtigt den gesamten Stoffwechsel.

8.10 Pankreas

Das Pankreas, die Mehrzweckdrüse, enthält für seine endokrine Funktion drei Zellarten, die in kleinen Verbänden wie Inseln im Gewebe verteilt sind. Nach ihrem Entdecker heißen sie *Langerhans-Inseln* oder *Inselzellorgan*. Sie machen nur etwa 2 % des Gesamtgewebes aus (Anatomie und exokrine Funktionen Siehe 6.10).

Die etwa ein bis zwei Millionen Inselzellen sind Drüsenzellen, die von zahlreichen Blutkapillaren umgeben sind. Am häufigsten sind die B-Zellen mit rund 60 %, sie produzieren das Insulin. Die mit etwa 25 % vertretenen A-Zellen bilden Glukagon, und die restlichen ungefähr 15 % entfallen auf die Somatostatin herstellenden D-Zellen.

Insulin und Glukagon wirken antagonistisch, während Somatostatin sowohl die Freisetzung von Insulin als auch von Glukagon hemmen kann.

- A-Zellen → Glukagon
- B-Zellen → Insulin
- D-Zellen → Somatostatin.

8.10.1 Insulin

Insulin spielt eine entscheidende Rolle im Energiestoffwechsel, weil es die Aufnahme und Verwertung von Glukose für die Zellen ermöglicht. Es aktiviert einen Carrier in der Zellmembran, der die Glukose zur ATP-Bildung in die Zelle befördert. Es fördert in der Leber die Umwandlung von Glukose in Glykogen sowie in Glyzerol und freie Fettsäuren. Diese können dann als Triglyzeride in den Fettzellen gespeichert werden, den Vorgang bezeichnet man als Lipogenese. Ferner hemmt es die Rückumwandlung der gespeicherten Fette, die Lipolyse. Es unterstützt weiterhin die Aufnahme von Aminosäuren in die Zelle und fördert damit den Anabolismus, den Aufbaustoffwechsel und das Wachstum. Auch die Aufnahme von Kalium in die Zellen, insbesondere in die Muskelzellen, wird angeregt, daher kann bei einem zu hohen Insulinspiegel eine Hypokaliämie entstehen, ein Kaliummangel im Blut. Auch die Bildung seines Gegenspielers Glukagon im Pankreas wird von ihm gehemmt.

Insulin-Antagonisten:
- Glukagon
- Cortisol
- Adrenalin
- Noradrenalin
- Somatostatin.

Tab. 9 ▶ Funktionen von Insulin

- Versorgung der Zellen mit Glukose
- Senkung des Blutglukosespiegels
- Glykogensynthese
- Förderung der Lipogenese
- Hemmung der Lipolyse
- Speicherung von Aminosäuren
- Wachstumsförderung
- K^+-Transport in die (Muskel-)Zellen
- Hemmung der Glukagonproduktion

8.10.2 Glukagon

Glukagon, der Antagonist des Insulins, ist das zweite Schlüsselhormon für die Regulation des Kohlenhydratstoffwechsels und die Konstanthaltung des Blutzuckerspiegels. Der Normalwert liegt zwischen 60 – 100 mg Glukose/100 ml Blut. Glukagon wird bei einem zu niedrigen Blutzuckerspiegel ausgeschüttet, um Glukose aus den Speicherdepots ins Blut zurückzuholen. Daher wirkt es vorwiegend auf die Leber und stimuliert sie zur Glykogenolyse und zur Glukoneogenese. Glukagon wirkt auch schwach auf den Fettstoffwechsel und regt die Lipolyse und damit die Abgabe von freien Fettsäuren ins Blut an. Glukagon und Adrenalin wirken synergistisch, sie verstärken sich gegenseitig. Durch die Erhöhung des Blutzuckerspiegels wird die Insulinausschüttung stimuliert, damit die im Blut bereitgestellte Glukose in die Zellen befördert werden kann.

Wirkung von Glukagon:
- Erhöhung des Blutglukosespiegels
- verstärkte Glykogenolyse
- verstärkte Glukoneogenese.

8.10.3 Somatostatin

Somatostatin wird nicht nur von den D-Zellen des Pankreas gebildet, sondern auch von Zellen in Hypothalamus, Magen und Dünndarm. Es ist eine Art »Universalbremse« für viele Hormone im Körper. Im Pankreas wirkt es parakrin, indem es die Ausschüttung von Insulin und Glukagon in seinen Nachbarzellen hemmt.

9 Immunsystem

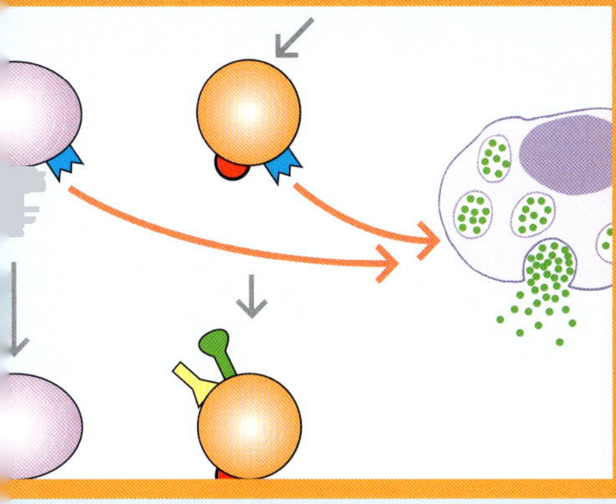

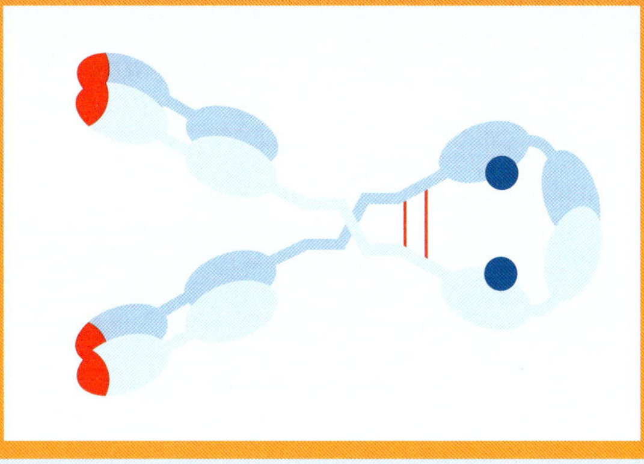

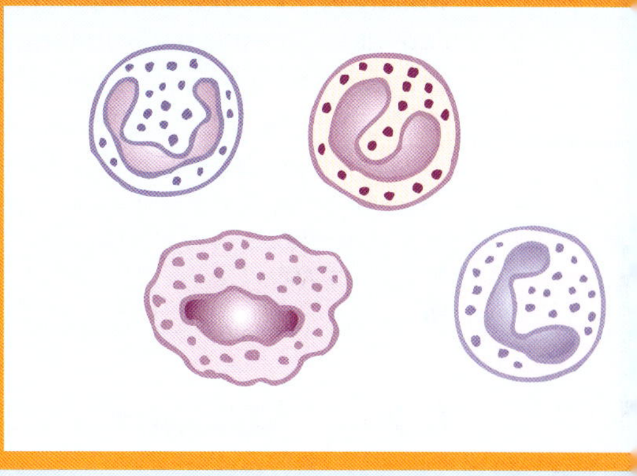

Inhalt:

9.1	Allgemeines	186
9.2	Aufbau	186
9.3	Unspezifisches Immunsystem	187
9.4	Spezifisches Immunsystem	190
9.5	Gewebeunverträglichkeiten	194
9.6	Immunreaktionen bei Infektionen und ausgewählten Erkrankungen	197

9.1 Allgemeines

In unserer Umwelt existiert eine Fülle von Bakterien, Viren, Pilzen und Parasiten, die versuchen, in den Körper einzudringen. Sie können mit der eingeatmeten Luft über die Atemwege, mittels der Nahrung über die Verdauungsorgane, aber auch über die verletzte Haut aufgenommen werden. Manche der Erreger sind sehr nützlich. So sind zum Beispiel die von den Darmbakterien produzierten Stoffe für den Organismus überlebenswichtig. Viele Viren, Pilze, Parasiten und die überwiegende Anzahl der Bakterien beanspruchen den Körper als einen willkommenen Wirt zur Vermehrung und etliche schädigen ihn dabei. Als Beispiel sind vor allem die Viren zu nennen, die nur aus Erbsubstanz, DNA oder RNA, bestehen und daher zur Replikation, der Selbstvermehrung durch Vervielfachung, eine Wirtszelle brauchen.

Der Körper benötigt also ein effizientes, ausgeklügeltes Abwehrsystem, das folgende Aufgaben löst. Körpereigene gesunde Zellen dürfen nicht angegriffen werden. Es muss nach dem Motto »Vorbeugen ist besser als heilen« äußere Barrieren bilden, um die potenzielle Zahl der Eindringlinge zu senken. Sind schädigende Mikroorganismen oder fremde Substanzen eingedrungen, muss es sie eliminieren können. Darüber hinaus muss es auch in der Lage sein, körpereigene fehlerhafte oder entartete Zellen zu zerstören. Aus diesem Grund ist das Immunsystem ein komplexes Netzwerk aus den lymphatischen Organen sowie unterschiedlichen Zelltypen und Stoffen.

> Prinzipien des Immunsystems:
> erkennen → markieren → eliminieren.

9.2 Aufbau

Das Immunsystem arbeitet mit zwei Abwehrmechanismen, und zwar auf humoraler und auf zellulärer Ebene. *Humoral* bedeutet »eine Körperflüssigkeit betreffend«. Es handelt sich hierbei nicht um zelluläre Substanzen, sondern um Eiweißfaktoren, Enzyme oder Antikörper, die in den Körperflüssigkeiten gelöst sind. Zum *zellulären* Bereich gehören alle Abwehrzellen, die direkt an der Beseitigung der Erreger beteiligt sind.

Des Weiteren gibt es zwei Abwehrsysteme, die man in die unspezifische und in die spezifische Abwehr unterteilt. Die *unspezifische Abwehr* ist angeboren und richtet sich generell gegen alle Eindringlinge. Sie reagiert sehr schnell, aber nicht selektiv. Die *spezifische Abwehr* muss gelernt oder erworben werden. Als Erkennungsmerkmal dienen ihr spezielle Oberflächenmerkmale der Zellen. Sind diese Merkmale unbekannt, so handelt es sich um einen Fremdstoff im Organismus. Dieser Stoff wird als *Antigen* (Antikörpergenerator) bezeichnet. Er kann sich auf der Zelloberfläche von Bakterien, Mikroorganismen oder Tumorzellen sowie in der Umhüllung von Viren befinden. Auch allergene Substanzen wie Pollen oder Stäube wirken als Antigene. Für jeden Erregertyp, der neu in den Körper eindringt, entwickelt die spezifische Abwehr individuelle Erkennungsmarker: die *Antikörper*. Diese werden wie »Steckbriefe« im Körper verteilt und docken an »ihren« Erreger an. Damit sind diese Zellen markiert und können von den Abwehrzellen zerstört werden. Dieses Abwehrsystem ist bei Erstkontakt langsam. Da aber bei jeder Antikörperbildung gleichzeitig eine Gedächtnis- oder Memory-Zelle erzeugt wird, kann beim nächsten Kontakt mit dem gleichen Erreger sofort mit der Antikörperproduktion begonnen werden. Dies bezeichnet man als Immunität.

9.3 Unspezifisches Immunsystem

Zum unspezifischen Immunsystem gehören auf der humoralen Seite die Zytokine, die Lysozyme und das Komplementsystem. Die zelluläre Seite wird repräsentiert durch die phagozytierenden Monozyten, Makrophagen und Granulozyten. Ergänzt werden diese durch die Antigen-präsentierenden Zellen und die natürlichen Killerzellen. Ferner werden sämtliche äußeren Barrieren diesem System zugeordnet.

9.3.1 Äußere Barrieren

Die flächenmäßig größte äußere Barriere ist die Haut. Ihre Hornschicht ist mit einem feinen Film aus Sekreten der Talg- und Schweißdrüsen überzogen und wird als Säureschutzmantel der Haut bezeichnet. Er hat einen sauren pH-Wert von etwa 5,5 und hält damit Erreger ab. Die Tränen- und Speichelflüssigkeit sowie die Nasen- und Darmsekrete enthalten das Enzym Lysozym, das Bakterienwände zerstört. Ferner sind alle Schleimhäute mit dem Immunglobulin A ausgestattet, welches potenzielle Eindringlinge sofort markiert. Das Flimmerepithel des Respirationstrakts mit seinen Schleim bildenden Becherzellen fungiert vor allem als mechanische Barriere.

Im Magen wirken die Salzsäure mit einem pH-Wert von 1 – 2 und der Magensaft als natürliche Schranke und töten aktiv die Erreger ab; dies funktioniert jedoch nur, solange sie nicht in übergroßen Mengen einfallen. Die starke Veränderung des pH-Wertes im nachfolgenden Abschnitt, dem Duodenum, stellt eine weitere chemische Barriere dar. Der Urogenitaltrakt ist durch ein saures Milieu gegen aufsteigende Keime geschützt. Bereits eingedrungene Erreger können durch den permanenten Harnfluss wieder ausgespült werden. Daher ist es auch sinnvoll, bei beginnenden Harnwegsentzündungen die Trinkmenge drastisch zu erhöhen.

9.3.2 Humorales unspezifisches Immunsystem

9.3.2.1 *Zytokine*

Zytokine sind eine große Gruppe verschiedenartiger Eiweißmoleküle, die von vielen Zellen im Körper gebildet werden. Das Immunsystem arbeitet mit ihnen als Botenstoffe, über die sie miteinander »kommunizieren«. Zytokine können Immunantworten stimulieren oder hemmen, indem sie Immunzellen aktivieren oder deaktivieren. Damit koordinieren sie die Abwehr von Krankheitserregern und sind mitverantwortlich dafür, dass eine Immunreaktion erfolgreich

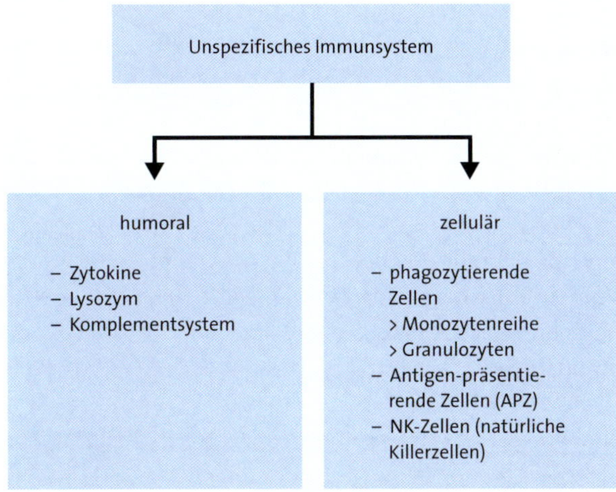

Abb. 1 ▶ Schema des unspezifischen Immunsystems

abläuft. Ihre Tätigkeit besteht darin, dass sie an Zellrezeptoren andocken und dadurch eine bestimmte biologische Reaktion in der jeweiligen Zelle auslösen. Zu den bekanntesten entzündungsfördernden Zytokinen gehören zum Beispiel der Tumornekrosefaktor (TNF)-α, die Interferone (IFN) und die Interleukine (IL) 1, 2, 6 und 12. Entzündungshemmende Zytokine, die nach erfolgreicher Immunantwort die aktivierten Zellen wieder abschalten, sind beispielsweise IL-10 und β-IFN. Zytokine müssen immer im Gleichgewicht bleiben. Ein ständiges Übergewicht an entzündungsfördernden Zytokinen wird bei chronischen Erkrankungen wie Psoriasis, Morbus Crohn und rheumatoider Arthritis beobachtet.

9.3.2.2 *Lysozym*

Dieses Enzym wird auch als Muramidase bezeichnet, es greift die Zellwände von Bakterien an und zerstört sie. Im

Tab. 1 ▶ Äußere Barrieren

- Haut mit Säureschutzmantel
- Tränenflüssigkeit
- Speichel
- Flimmerepithel und Schleim
- Magensäure
- alkalisches Milieu im Duodenum und saures Milieu im Urogenitaltrakt
- Harnfluss
- Verdauungsflora

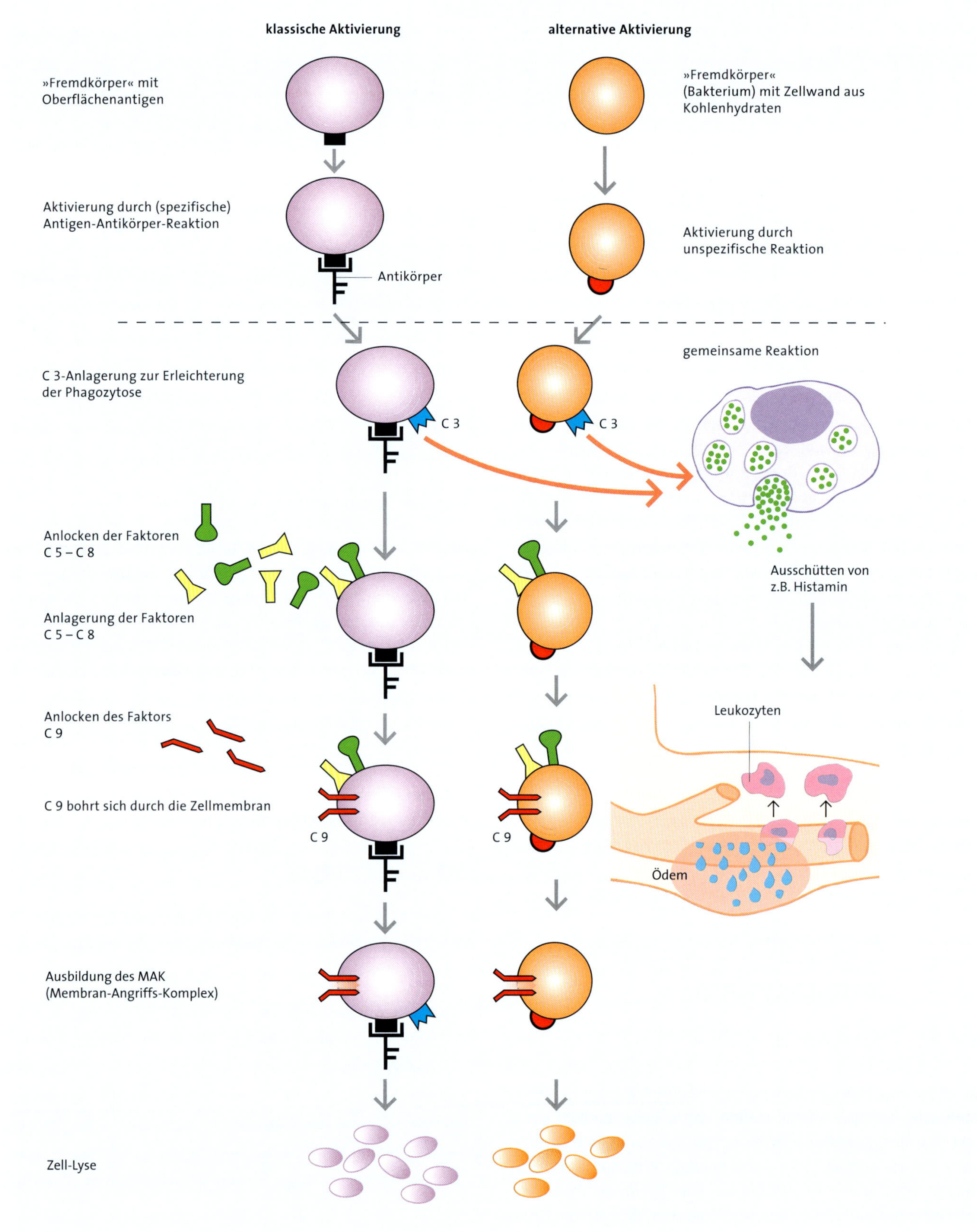

Abb. 2 ▶ Ablauf des Komplementsystems

Körper findet es sich in Speichel, Schweiß, Tränen, Ohrenschmalz sowie in den Nasen- und Darmschleimhäuten, aber auch im Blutplasma.

9.3.2.3 *Komplementsystem*

Es besteht aus mehr als 30 verschiedenen Proteinen, die zusammengefasst werden in den Faktoren C 1 – C 9. Sie werden kontrolliert kaskadenartig aktiviert wie umfallende Dominosteine, ähnlich wie bei der Blutgerinnungskaskade. Das Ergebnis ist der lytische Komplex, ein Membranzerstörungsprozess, und damit die Auflösung der betroffenen Zelle. Das Komplementsystem kann auf drei Wegen ausgelöst werden, dem klassischen Weg durch Antigen-Antikörper-Komplexe, dem alternativen Weg durch bakterielle Antigene oder dem Lektin-Weg.

Im Rahmen seines äußerst komplizierten biochemischen Ablaufs werden drei wichtige Effekte erzielt. Die Faktoren C 3 und C 5 lagern sich an der Fremdzelle an und opsonisieren sie, d.h. sie werden für Makrophagen markiert. Der Faktor C 5a bewirkt die Chemotaxis, also die zielgerichtete Wanderung der Phagozyten zum Ort der Erreger. Die Faktoren C 5 – C 9 bilden gemeinsam den Membranangriffskomplex. Mit ihren Enzymen bohren sie eine Art Tunnel in die Zellmembran der Fremdzelle. Diese verliert dadurch ihr Zytoplasma, sie »läuft aus« und stirbt ab. Ferner erhöht das Komplementsystem lokal die Gefäßpermeabilität. Durch die erhöhte Durchlässigkeit der Gefäßwand wird den Makrophagen der Übergang ins Gewebe erleichtert.

Wichtigste Aufgaben des Komplementsystems:
1. Opsonisieren
2. Chemotaxis
3. lytischer Komplex.

9.3.3 Zelluläres unspezifisches Immunsystem

9.3.3.1 *Phagozytierende Zellen / Fresszellen*

Hierzu zählen vor allem die neutrophilen Granulozyten, die Monozyten und die Makrophagen. Sie sind die Ersten am Ort des Geschehens, zum Beispiel einem Infektionsherd oder einer Verletzung. Sie werden über verschiedene chemische Botenstoffe wie beispielsweise Zytokine oder das Komplementsystem »angelockt«. Im Rahmen der Phagozytose werden die zu eliminierenden Zellen oder Zelltrümmer zunächst von Ausläufern der Zellen umschlossen und dann in die Zelle aufgenommen. Hier befinden sich stark wirksame Enzyme,

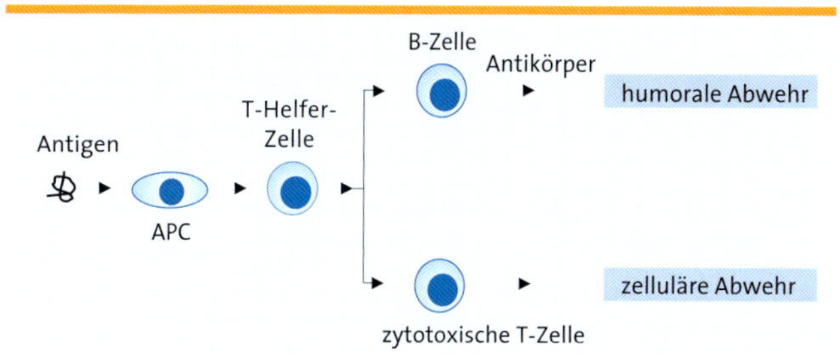

Abb. 3 ▶ Funktion des Immunsystems

mit deren Hilfe die Partikel abgebaut und damit regelrecht »verdaut« werden.

Manche Makrophagen haben sich auf bestimmte Bereiche des Körpers spezialisiert. So befinden sich in der Leber die Kupffer-Sternzellen, in der Oberhaut die Langerhans-Zellen, im Knochen die Osteoklasten, in der Plazenta die Hofbauer-Zellen, im Gehirn die Mikrogliazellen und in der Niere die Mesangiumzellen.

9.3.3.2 *Antigen-präsentierende Zellen (APC)*

Hierbei handelt es sich um eine zusätzliche Eigenschaft vieler Abwehrzellen. Sie präsentieren aufgespürte Antigene an ihrer Oberfläche den T-Lymphozyten und aktivieren dadurch schneller die spezifische Abwehr.

9.3.3.3 *Natürliche Killerzellen*

NK-Zellen stammen aus der Lymphozytenreihe. Sie bekämpfen vor allem körpereigene virusinfizierte oder tumorbefallene Zellen. Diese Zellen locken die NK-Zellen mit speziellen Interferonen an. Im Inneren der natürlichen Killerzellen befinden sich Granula mit zytotoxischen Substanzen, die sie über der erkrankten Zelle ausschütten. Daraufhin stirbt diese und der Vermehrung von Viren oder der Entartung von Gewebe wird Einhalt geboten.

9.4 Spezifisches Immunsystem

Das Grundprinzip des spezifischen Immunsystems ist die spezifische Erkennung. Alle Abwehrzellen tragen jeweils unterschiedliche Antikörper auf ihrer Oberfläche. Sie passen nach dem Schlüssel-Schloss-Prinzip auf die Antigene der Erreger. Ferner werden nach jedem Infekt sogenannte Gedächtniszellen produziert, die bei erneuter Infektion mit dem gleichen Erreger sofort reagieren.

9.4.1 Humorales spezifisches Immunsystem

Die Antikörper oder *Immunglobuline* (Ig) werden von den aktivierten B-Lymphozyten, die auch Plasmazellen genannt werden, erregerspezifisch gebildet und ausgeschüttet. Um auf jeden denkbaren Erreger vorbereitet zu sein, sind etwa 100 Millionen Kombinationen möglich. Antikörper sind mikroskopisch kleine Proteine und haben eine Y-Form. Sie überschwemmen den ganzen Körper und heften sich mit ihren beiden »Ärmchen« an die Oberfläche »ihres« Erregers. Dadurch werden die schädlichen Wirkungen blockiert, z.B. ein Eindringen in Körperzellen oder das Ausschütten von Toxinen. Ferner erfolgen die Aktivierung des Komplementsystems und das Anlocken von Phagozyten oder lymphozytären Killerzellen, um den Erreger zu eliminieren.

Man unterscheidet fünf Klassen von Antikörpern: die Immunglobuline A, D, E, G und M; Merkwort: »MEDAG«. Sie können im Labor durch ein spezielles Untersuchungsverfahren, die Elektrophorese, quantitativ nachgewiesen werden. Dies ist eine Technik, bei der Gemische von Stoffen oder Teilchen voneinander getrennt werden können, weil sie in einem elektrischen Feld unterschiedlich schnell wandern. Hierzu wird die Blutprobe mit einem Spezialgel vermischt und auf einen Träger aufgebracht. Danach wird Strom angelegt. Im elektrischen Feld wandern kleine oder stärker geladene Moleküle schneller. Aus dem Ergebnis lässt sich ablesen, welche Teilchen in welcher Konzentration vorliegen. Dies erlaubt bei den Immunglobulinen Rückschlüsse auf den Krankheitserreger oder auf die bisherige Dauer der Infektion.

▶ Immunglobulin G (IgG)

Die IgG sind mit ca. 75 % die häufigsten Antikörper. Bei einer Erstinfektion sind sie erst nach ungefähr drei Wochen nachweisbar. Sie sind das «immunologische Gedächtnis» und treten bei einer Zweitinfektion sofort in Aktion. Sie aktivieren das Komplementsystem, opsonisieren und ihre Zahl ist bei chronischen Erkrankungen erhöht. Ferner sind sie plazentagängig und schützen das Baby noch etwa drei Monate nach der Geburt.

▶ Immunglobulin A (IgA)

Antikörper dieser Gruppe haben sich auf Schleimhäute und Körpereintrittspforten spezialisiert und sind in Spei-

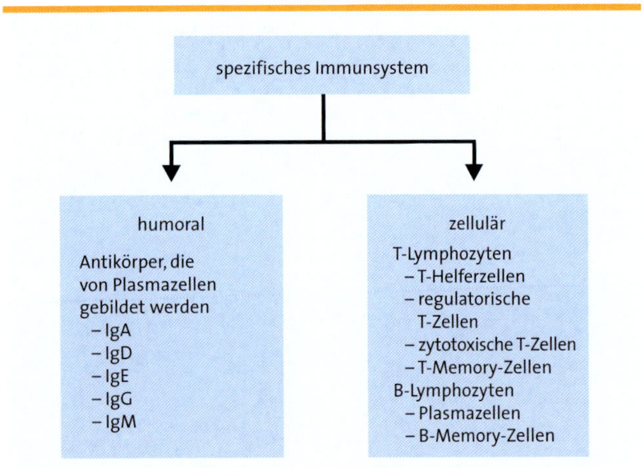

Abb. 4 ▶ Schema des spezifischen Immunsystems

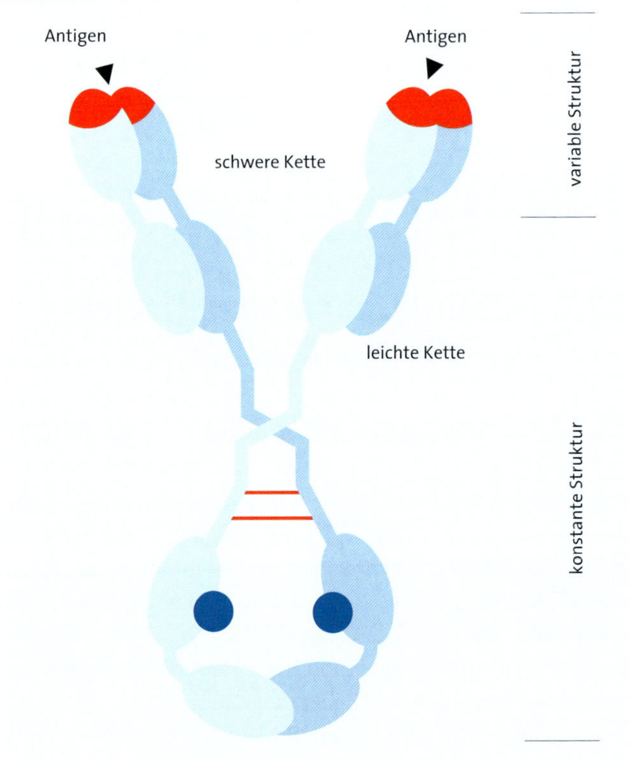

Abb. 5 ▶ Immunglobulin G als ein typischer Antikörper

chel, Schweiß, Tränenflüssigkeit, Bronchialschleim, Darmsekreten, Urogenitaltrakt und in der Muttermilch zu finden. Ihr Anteil an den Immunglobulinen beträgt ca. 17 %.

▶ Immunglobulin M (IgM)
Sie werden auch als Frühantikörper bezeichnet und sind bei einer frischen Erstinfektion verstärkt zu finden. Im Verlauf der Infektion werden sie durch IgG abgelöst. Ist die akute Phase der Infektion überwunden, sinkt daher die Konzentration des IgM wieder ab. Werden bei einer frischen Infektion niedrige IgM- und hohe IgG-Werte festgestellt, handelt es sich um eine Zweitinfektion. Dies bedeutet, dass der Erreger dem Körper bekannt ist. Zu der Klasse der IgM gehören auch die Blutgruppenantikörper Anti-A und Anti-B im Plasma.

▶ Immunglobulin E (IgE)
Dieser Antikörper wird überwiegend in den Plasmazellen der Schleimhaut des Darms und des Respirationstraktes gebildet. Er hat sich auf die Abwehr von Parasiten wie zum Beispiel Würmern spezialisiert. Ferner ist er von Bedeutung für das Zustandekommen von allergischen Reaktionen vom Typ I, der Sofortallergie. Beim Erstkontakt mit dem Allergen setzt er sich auf die Zellmembran von Mastzellen. Beim zweiten Kontakt bewirkt IgE die Freisetzung von Entzündungsmediatoren, beispielsweise von Histamin, aus Mastzellen, was die bekannten allergischen Erscheinungen von Haut und Atemwegen wie Schwellung, Rötung, Jucken oder Tränenfluss hervorruft. Bei Allergien vom Typ I bzw. bei Atopikern, Menschen mit angeborener hoher Allergiebereitschaft, sind die Werte permanent erhöht. Da im Alter die Zahl der Mastzellen abnimmt, vermindern sich auch die allergischen Reaktionen.

▶ Immunglobulin D (IgD)
Diese Antikörperklasse dient der Signalübertragung bei der Immunabwehr. Sie befindet sich auf der Oberfläche der B-Lymphozyten und ist an deren Differenzierung und Reifung beteiligt.

9.4.2 Zelluläres spezifisches Immunsystem

Dieses System besteht aus zwei Gruppen, den T-Lymphozyten oder T-Zellen und den B-Lymphozyten oder B-Zellen.

9.4.2.1 *T-Lymphozyten*

Sie wandern nach ihrer Bildung im Knochenmark in den Thymus und werden dort zu immunkompetenten Zellen geprägt. Danach wandern sie über die Blut- und Lymphbahnen in die lymphatischen Organe, vor allem Milz und Lymphknoten. T-Lymphozyten tragen auf ihrer Oberfläche

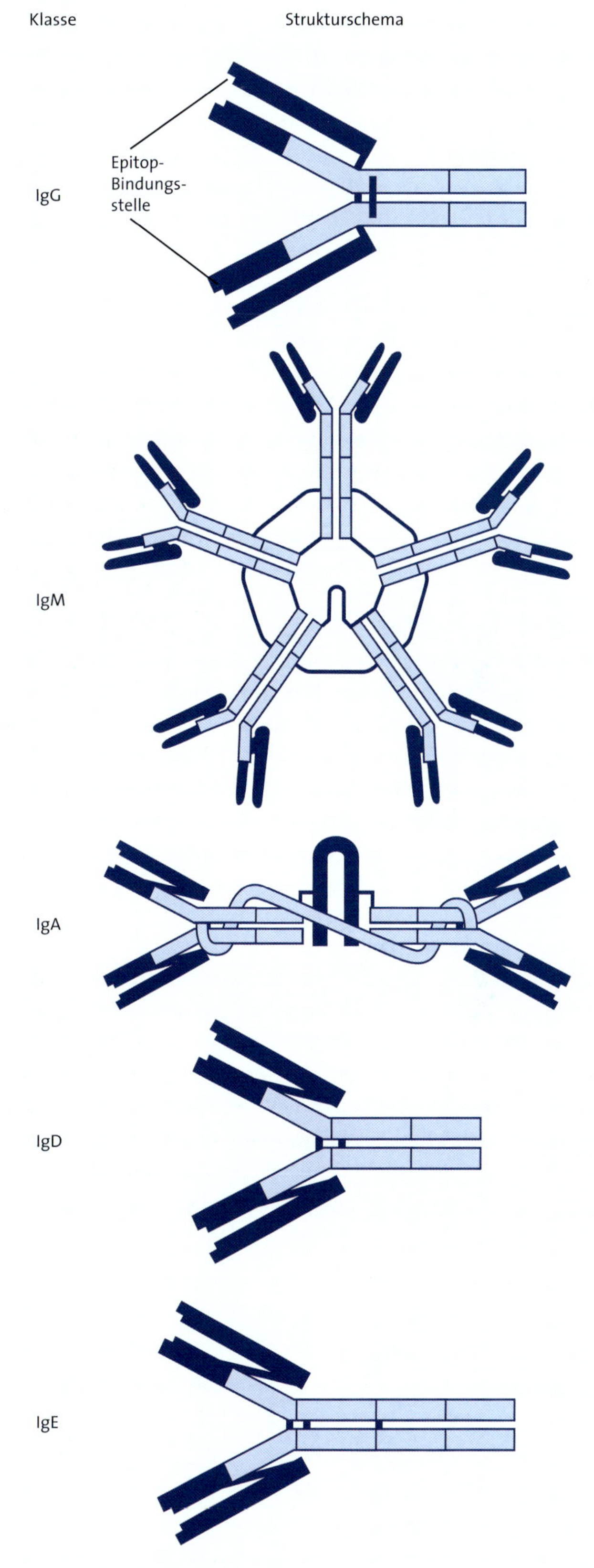

Abb. 6 ▶ Unterschiedliche Antikörper der fünf Ig-Klassen

Erkennungsmoleküle, mit denen sie Antigene identifizieren können. Sie machen etwa 20 % aller Lymphozyten aus und lassen sich unterscheiden in T-Helferzellen, regulatorische T-Zellen, zytotoxische T-Zellen und T-Gedächtniszellen.

▶ T-Helferzellen

Diese erkennen die Antigene, die die Antigen-präsentierenden Zellen auf ihrer Oberfläche zeigen. Dazu benötigen sie noch als »Schlüsselhilfe« das MHC-II-Molekül (engl. *Major Histocompatibility Complex*: Haupthistokompatibilitätskomplex), welches sich ebenfalls auf der Oberfläche der Antigenpräsentierenden Zellen befindet. Dieser Proteinkomplex findet sich auf der Oberfläche nahezu aller kernhaltigen Zellen. Sie dienen der Antigenpräsentation für T-Killerzellen sowie dem Schutz gesunder Zellen vor einer Zerstörung durch diese. Nachdem die Rezeptoren der T-Helferzelle an Antigen und MHC-II-Molekül angedockt und dadurch die Information über die neuen »Feinde« erhalten haben, schlagen sie auf zwei Wegen Alarm. Die T-Helfer-1-Zellen aktivieren die zytotoxischen T-Zellen, während die T-Helfer-2-Zellen die dem Antigen entsprechenden B-Zellen zur Vermehrung und zur Produktion der passenden Antikörper anregen. Danach werden, falls es sich um einen Erstkontakt handelt, T-Memory-Zellen gebildet, die jahrelang durch den Körper patrouillieren und eine schnelle Immunantwort bewirken.

Das HI-Virus vermehrt sich im Körper über die T-Helferzellen und wird leider vom Körper nicht erkannt. Die T-Helferzellen gehen dabei zugrunde und die Erkrankung geht über in das AIDS-Stadium mit der bekannten Immunschwäche.

▶ Regulatorische T-Zellen

Diese ehemals unter dem Namen T-Suppressorzellen bekannten Zellen werden auch als die »Anwälte des Friedens« bezeichnet und sind die Gegenspieler der T-Helferzellen. Sie können eine spezifische Immunantwort in Grenzen halten, indem sie direkt auf die T-Helferzellen und auf die Zytokinausschüttung einwirken. Sie sind damit die Regulatoren und auch die Beender einer Immunreaktion. Bei Krebspatienten sind die T-Suppressorzellen häufig stark vermehrt. Es herrscht ein falscher Frieden, der Körper wehrt sich nicht richtig gegen den Tumor.

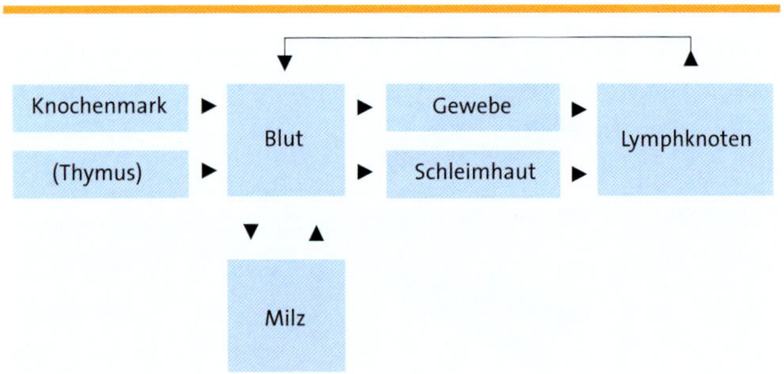

Abb. 7 ▶ Schematische Darstellung der Wanderungswege der Lymphozyten

▶ Zytotoxische T-Zellen

Früher wurden die zytotoxischen T-Zellen auch als *T-Killerzellen* bezeichnet. Sie kontrollieren die Zelloberflächen auf Veränderungen wie Entartung oder Virusbefall. Entweder spüren sie auf ihrem Weg durch den Körper zufällig Zellen auf oder sie werden durch die T-Helferzellen angelockt und gleichzeitig zur Vermehrung angeregt. Sie sind das »Killerkommando« der T-Zellen, da ihre Aktivität für die betroffene Zelle immer tödlich endet. In ihrem Inneren befinden sich dazu mit zytotoxischen Enzymen gefüllte Granula, mit denen sie die Zelle vernichten.

▶ T-Memory-Zellen

Diese Gedächtniszellen sind ehemalige T-Helferzellen, sie aktivieren bei einer erneuten Infektion sofort die Immunantwort. Daher kann eine Erkrankung sogar inapparent verlaufen, d. h. ohne spezifische Symptome, außer vielleicht einer leichten Abgeschlagenheit, weil der Körper einen Großteil seiner Energie für das Immunsystem benötigt.

9.4.2.2 *B-Lymphozyten*

Sie werden wie alle Blutzellen im Knochenmark gebildet. B-Lymphozyten wandern jedoch nicht wie die T-Zellen aus, sondern reifen im Knochenmark zu immunkompetenten Zellen heran. Aufgrund dieses Vorgangs werden sie als B-Lymphozyten bezeichnet, wobei sich der Buchstabe B von »Bone Marrow«, Knochenmark, ableitet. Erst nach dieser Reifung bewegen sie sich zu ihren »Arbeitsplätzen« im lymphatischen Gewebe und in den interstitiellen Räumen vieler Organe. Sie tragen auf ihrer Oberfläche Antikörper der Klasse IgM sowie IgD und sind zunächst »naiv«. Erst nach Kontakt mit ihrem spezifischen Antigen präsentieren sie es zusammen mit einem MHC-II-Molekül an ihrer Oberfläche, nun sind sie einsatzbereit. Wenn sich eine aktivierte T-Helferzelle mit dem gleichen Antigen nähert, kann sie andocken und die B-Zelle durch Zytokine aktivieren. Die B-Zelle zieht sich daraufhin in die Keimzentren von Lymphknoten oder Milz zurück. Dort teilt sie sich vielfach und wandelt sich zu Antikörper produzierenden Plasmazellen um, die auch als »schwangere B-Lymphozyten« bezeichnet werden. Dieser Prozess dauert zwar einige Tage, aber danach können bis zu 2 000 Antikörper pro Sekunde »abgefeuert« werden. Die Antikörper kreisen in den Körperflüssigkeiten und markieren die entdeckten Erreger zur Vernichtung. Einige der so aktivierten B-Zellen verbleiben in einem inaktiven Prä-Plasmazellen-Stadium und werden als B-Gedächtniszelle bezeichnet. Dadurch ist bei einer Sekundärinfektion eine schnellere Reaktion gewährleistet.

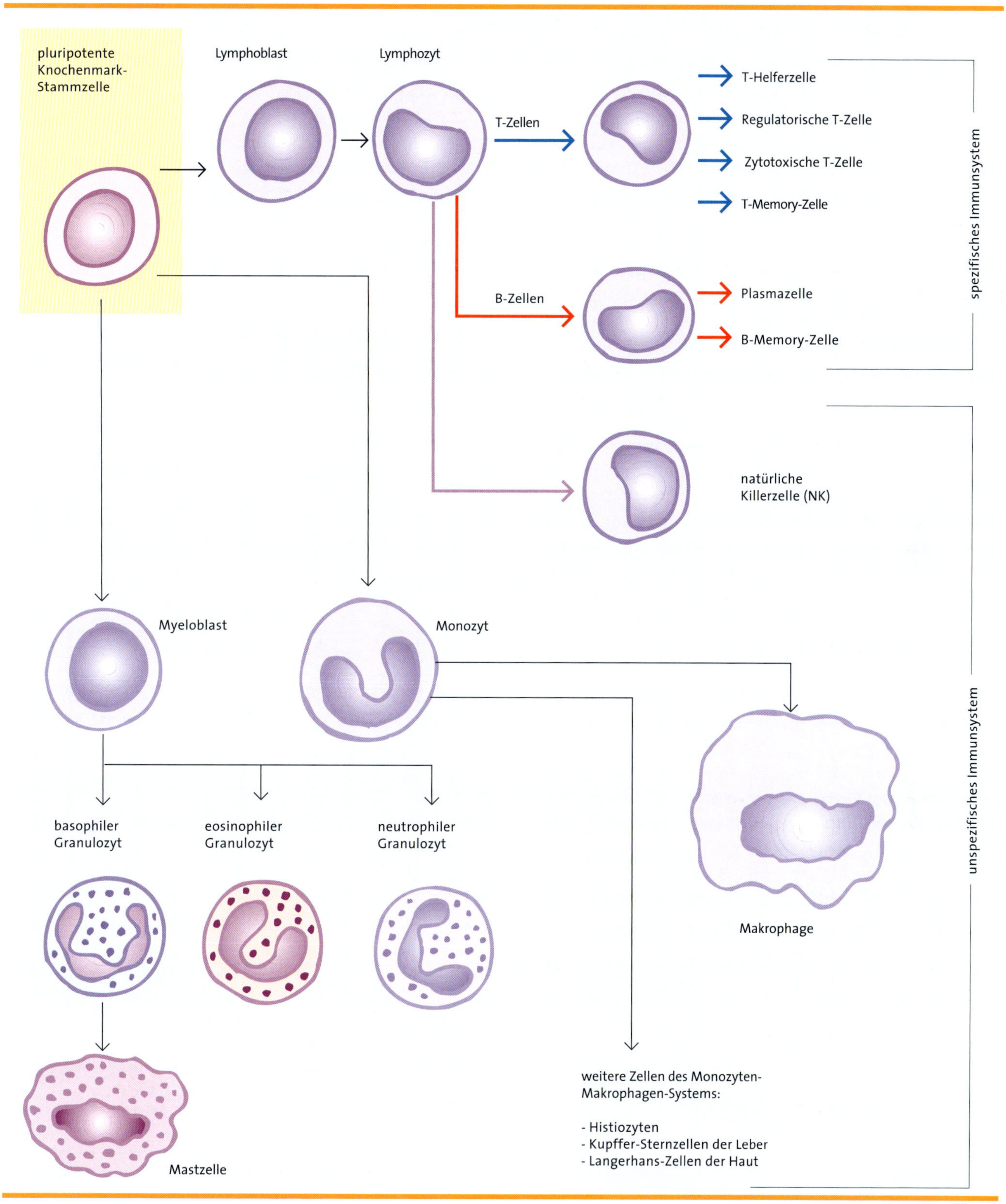

Abb. 8 ▶ Übersicht: zelluläre Abwehr

9.5 Gewebeunverträglichkeiten

Oberste Priorität bei der Immunabwehr hat die Unterscheidung zwischen körpereigen und körperfremd. Für diesen Zweck besitzt jeder Mensch individuelle Zelloberflächenmoleküle, die als MHC-Moleküle oder Gewebeverträglichkeitsproteine bezeichnet werden. Bei Irreleitung dieses körpereigenen Systems treten Autoimmunerkrankungen auf. Der Körper greift seine eigenen gesunden Zellen an, weil er sie mit zu bekämpfenden Fremdzellen verwechselt. Die Bildung der MHC-Moleküle wird von sechs Genen gesteuert. Sie sind nur bei eineiigen Zwillingen identisch. Diese Zelloberflächenmoleküle lösen beim Eindringen von Fremdorganismen die Bildung von Antikörpern aus. Folglich stellen sie ein großes Problem bei Gewebs- oder Organverpflanzungen dar. Damit es nicht zur Abstoßung des Organs kommt, müssen ständig Medikamente zur Unterdrückung des Immunsystems verabreicht werden. Da das Immunsystem nicht zu stark unterdrückt werden darf, kommen bei einer Transplantation als Spender nur Personen in Frage, die ein ähnliches MHC-Muster wie der Empfänger aufweisen.

9.5.1 Blutgruppen

Auch auf der Oberfläche der Erythrozyten können sich bestimmte Antigene befinden, die Glykolipide Antigen A und Antigen B. Dies wurde 1901 von dem österreichischen Bakteriologen und späteren Nobelpreisträger Karl Landsteiner entdeckt. Nach der antigenen Eigenschaft erfolgte die Einteilung in das AB0-System mit vier Blutgruppen. Träger der Blutgruppe A besitzen an ihren Erythrozyten die Antigene A, Blutgruppe B die Antigene B, Blutgruppe AB die Antigene A und B. Nur die Blutgruppe 0 weist weder Antigene A noch Antigene B am Erythrozyten auf.

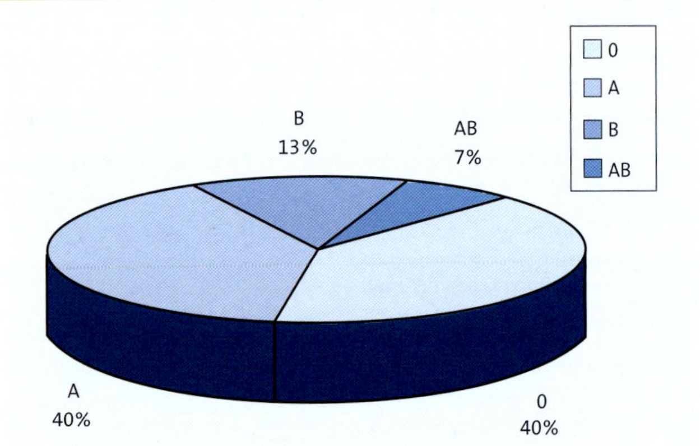

Abb. 9 ▶ Prozentuale Verteilung der Blutgruppen

Gleichzeitig können sich im Plasma bestimmte Antikörper gegen die Antigene befinden. Sie bewirken bei Kontakt eine Agglutination. Darunter versteht man eine Verklumpung der Erythrozyten, die je nach Schwere tödlich enden kann.

Die Blutgruppe A besitzt Antikörper gegen Antigen B (Anti-B), die Blutgruppe B gegen Antigen A (Anti-A) und die Blutgruppe 0 gegen Antigen A und B (Anti-A und Anti-B),

Tab. 2 ▶ Antigene und Antikörper der Blutgruppen

Blutgruppe	Antigen am Erythrozyten	Antikörper im Plasma
A	Antigen A	Antikörper B
B	Antigen B	Antikörper A
AB	Antigen A und B	*keine* Antikörper A und B
0	*kein* Antigen A und B	Antikörper A und B

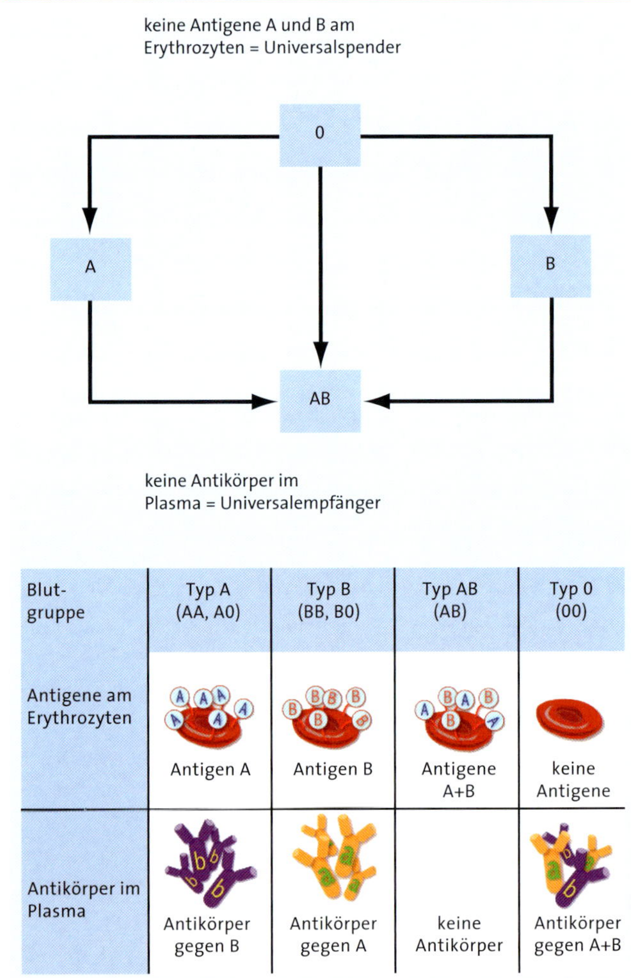

Abb. 10 ▶ Blutgruppen: Antigene und Antikörper

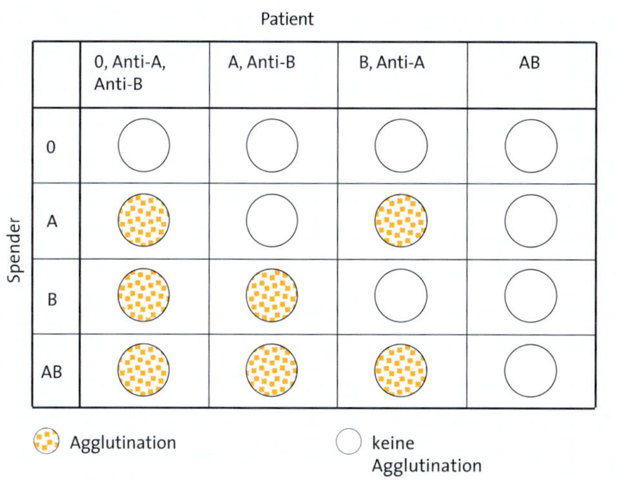

Abb. 11 ▶ Agglutinationstest

während die Blutgruppe AB keine Antikörper gegen Antigen A oder B im Plasma aufweist.

Daraus resultiert, dass die Blutgruppe 0 ihre Erythrozyten an alle anderen Blutgruppen spenden kann, da sie weder mit den Antigenen A noch B behaftet sind. Sie wird deshalb als Universalspender bezeichnet. Gleichzeitig kann sie von keiner anderen Blutgruppe Erythrozyten empfangen, da sie die Antikörper A und B im Plasma besitzt.

Umgekehrt verhält es sich mit der Blutgruppe AB. Sie hat keine Antikörper A und B im Plasma und kann daher als Universalempfänger von allen Blutgruppen Erythrozyten empfangen. Dagegen kann sie keiner Blutgruppe, außer sich selbst, spenden, da ihre Erythrozyten die Antigene A und B aufweisen.

Vor jeder Bluttransfusion muss daher eine Kreuzprobe durchgeführt werden, um die Verträglichkeit zu überprüfen. Es darf dabei nicht zur Agglutination kommen. Man kann eine große Kreuzprobe, Majorprobe genannt, von einer kleinen Kreuzprobe, der Minorprobe, unterscheiden. Bei der Majorprobe werden die roten Blutkörperchen des Spenders mit dem Serum des Empfängers vermischt. Enthält das Serum des Empfängers Antikörper gegen das Erythrozyten-Antigen des Spenders, so tritt eine Verklumpung auf. Bei der Minorprobe mischt man im Gegensatz zur Majorprobe die Erythrozyten des Empfängers mit dem Serum des Spenders. Normalerweise werden beide Verfahren verwendet, um eine Unverträglichkeit sicher ausschließen zu können.

9.5.2 Rhesus-System

Dieser Zusammenhang wurde erst 1940 zunächst im Blut von Rhesusaffen und dann im Blut von Menschen entdeckt. Es handelt sich um die Blutgruppenantigene C, D, E und c, d, e. Das bedeutsamste ist Antigen D, weil es über die höchste Antigenität verfügt. Etwa 85 % der Menschen besitzen Antigen D, sie werden als Rh^+ oder Rh-positiv bezeichnet. Die restlichen 15 %, die kein Antigen D aufweisen, werden rh^- oder Rh-negativ genannt.

Im Gegensatz zum AB0-System entwickeln sich die Antikörper nur bei Kontakt mit den Antigenen, wodurch es erst beim Zweitkontakt zur Reaktion kommt. Bei bestimmten Konstellationen können Probleme bei Schwangerschaften oder Bluttransfusionen auftauchen. Man spricht in diesem Rahmen von der Rhesusinkompatibilität.

Ist eine Rh-negative Mutter erstmals mit einem Rh-positiven Kind schwanger – was bei einem Rh-positiven Vater zu erwarten ist –, bildet sie durch den Kontakt mit dem Kindsblut Rhesusantikörper. Da sich dieser Kontakt in größeren Mengen erst während der Geburt ereignet, schadet es dem Ungeborenen meist nicht. Wird die Frau erneut mit einem Rh-positiven Kind schwanger, treten die mittlerweile zahlreich gebildeten Rhesus-Faktor-Antikörper des Typs IgG durch die Plazenta in den fetalen Kreislauf über. Sie heften sich an die Erythrozyten des Ungeborenen, die daraufhin verklumpen und aufgelöst werden. Dies führt zum Absterben des Fötus, dem Morbus haemolyticus neonatorum oder M. h. fetalis. Das erste Kind wäre nur dann gefährdet, wenn die Rh-negative Mutter irgendwann vor der Schwangerschaft eine Rh-positive Bluttransfusion erhalten und dadurch bereits Antikörper gebildet hätte.

Heutzutage wird diese schwere Komplikation von vornherein verhindert. Müttern, die das Merkmal Rhesusfaktor negativ besitzen, wird bereits beim ersten Kind in der 28. bis 30. Schwangerschaftswoche ein Anti-D-Immunglobulin gespritzt. Dadurch werden keine Antikörper gegen eintretende Erythrozyten des Fötus gebildet, da eine Sensibilisierung durch das Abfangen der Antigene vermieden wird. Ist das Kind geboren, bekommt die Mutter eine weitere Dosis des Immunglobulins. Auf diese Weise sind sowohl das erste Baby und vor allem alle weiteren Kinder geschützt.

Analog hierzu verhält es sich mit Bluttransfusionen. Erhält ein Rh-negativer Patient eine Spende mit Rh-positivem Blut, bildet er beim Erstkontakt die Antikörper aus. Eine Zweittransfusion mit Rh-positivem Blut ist meist tödlich, weil die gespendeten Erythrozyten im Empfängerblut sofort agglutinieren. Eine Ersttransfusion kann nur dann schädigen, wenn es sich um eine Rh-negative Mutter handelt, die vorher ein Rh-positives Baby geboren und keine Anti-D-Immunglobuline erhalten hat.

> Rhesusinkompatibilität bereitet dann Probleme, wenn Rh-negatives Blut zum zweiten Mal mit Rh-positivem Blut in Kontakt kommt, weil in der Zwischenzeit im Rh-negativen Blut Antikörper gebildet wurden.

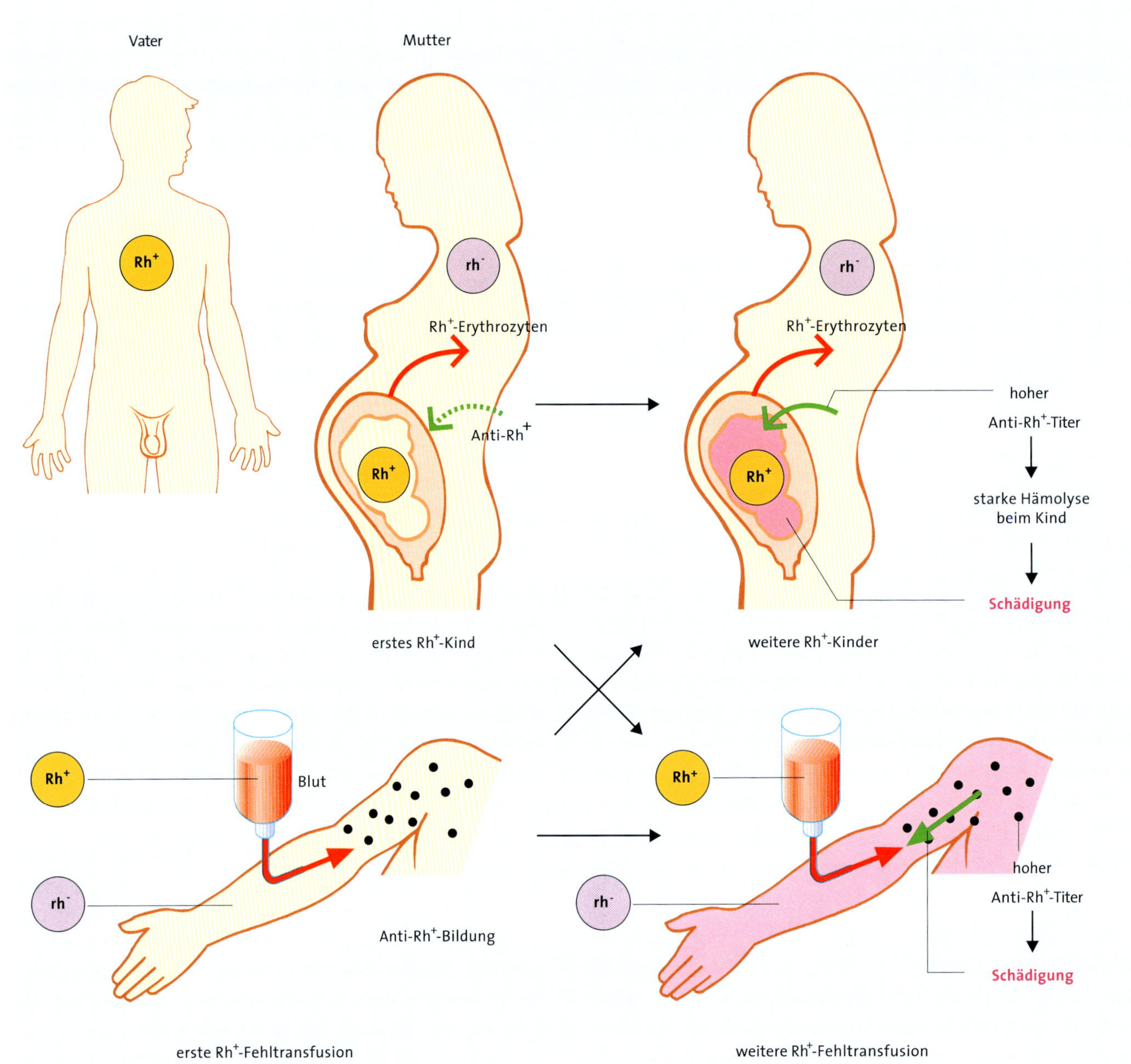

Abb. 12 ▶ Rhesus-System: Unverträglichkeiten

9.6 Immunreaktionen bei Infektionen und ausgewählten Erkrankungen

Lothar Jäger

Das Immunsystem kann auf verschiedene Krankheitserreger unterschiedlich reagieren und diese im günstigen Fall eliminieren bzw. neutralisieren. Probleme können sich ergeben, wenn die Immunreaktion unzureichend ist, aber auch, wenn die Immunantwort zu groß ausfällt oder sich gegen körpereigene Zellen richtet.

9.6.1 Immunologische Abwehrmechanismen bei Infektionen

Grundlage des Schutzes sind Antikörper bzw. T-Zellen, die gegen Infektionserreger oder ihre Produkte (Gifte) gerichtet sind (Tab. 3). Je nach Krankheitserreger werden sie unterschiedlich wirksam.

Der Effekt von Schutzimpfungen beruht darauf, dass durch die Gabe der entscheidenden Antigene der jeweiligen Krankheitserreger ein immunologischer Schutz erzeugt wird. Bedeutsamer als das Vorhandensein der entsprechenden Abwehrstoffe ist jedoch das »immunologische Gedächtnis«, das das Immunsystem bei erneuter Infektion befähigt, sehr rasch den immunologischen Schutz zu verstärken und auf diese Weise den Krankheitserreger schnell abzutöten.

Bei der aktiven Immunisierung wird der Organismus mit abgeschwächten Erregern »infiziert«, erkennt diese als Antigen und bildet Antikörper bzw. vermehrt spezifisch reaktionsfähige T-Zellen. Parallel dazu entstehen Gedächtniszellen mit jahre- oder lebenslanger Immunität. Passive Immunisierung bedeutet, dass dem Organismus Immunseren/Immunglobulinfraktionen zugeführt werden, um Abwehrreaktionen bei Infektionen zu unterstützen, es resultiert eine Immunität über wenige Wochen.

9.6.1.1 *Viruserkrankungen*

Viren dringen in der Regel in Zellen ein und verändern den Stoffwechsel so, dass neue Viren produziert werden, die wiederum andere Zellen befallen und sich auf diese Weise ausbreiten. Da die Antikörper die Viren in der Zelle nicht erreichen, können sie im Allgemeinen keinen zuverlässigen Schutz bieten. Bedeutsamer sind in dieser Hinsicht meist zytotoxische T-Zellen. Sie erkennen die virusbefallenen Zellen an den Spuren, die die Viren an deren Oberfläche hinterlassen. Diese Zellen werden abgetötet und damit die weitere Virusvermehrung und -ausbreitung verhindert.

9.6.1.2 *Bakterielle Infektionen*

Bakterien können sowohl direkt als auch über die Produktion von Giften Krankheiten auslösen. Da sie sich meist außerhalb von Zellen vermehren, sind Antikörper wesentlich effektiver. Sie können die Keime unmittelbar zerstören und die Aufnahme und den Abbau in Phagozyten fördern. Bei manchen Infektionen, zum Beispiel bei Diphtherie und Wundstarrkrampf, spielt auch die Fähigkeit, die Gifte zu neutralisieren, eine wesentliche Rolle.

9.6.1.3 *Pilzinfektionen*

Pilze als Krankheitserreger sind meist sehr widerstandsfähig gegen Antikörper. So steht die Abwehr durch T-Zellen im Vordergrund.

9.6.1.4 *Würmer- und Parasiteninfektionen*

Das Spektrum der Würmer- und Parasiteninfektionen reicht von Einzellern bis zum Bandwurm, dementsprechend unterschiedlich sind auch die Abwehrmechanismen. Bei manchen dominieren Antikörper, bei anderen T-Zellen. Eine Besonderheit weisen Wurmerkrankungen auf. Bei ihrer Abwehr spielt ein Antikörper-Typ die entscheidende Rolle, der auch die Ursache von allergischen Erkrankungen ist: der IgE-Antikörper.

Tab. 3 ▶ Mechanismen der Infektionsabwehr

1.	**unspezifisch = Resistenz, z. B.**
–	intakte verhornte Haut
–	Magensäure
–	Phagozyten (Fresszellen)
2.	**spezifisch = Immunität**
–	humorale Immunität: Antikörper Schutz v. a. gegen Bakterien (Auflösung, Neutralisation von Giften, Verstärkung der Effektivität von Fresszellen/Immunphagozytose); Antikörper inaktivieren auch manche Viren und können Protozoen sowie Würmer abwehren
–	zelluläre Immunität: T-Lymphozyten Schutz vor allem gegen Viren (Zerstörung virusbefallener Zellen), Pilze und bestimmte Bakterien (zytotoxische Effekte)

9.6.2 Immundefektkrankheiten

Bei angeborenen oder erworbenen Defekten des Immunsystems wird seine Lebensnotwendigkeit besonders deutlich. Solche Defekte können die Antikörperproduktion betreffen (humorale Defekte), die T-Zell-Funktionen (zelluläre Defekte) oder auch beide zusammen (kombinierte Defekte). Bei humoralen Defekten stehen bakterielle Infektionen im Vordergrund. Zelluläre Defekte gehen vor allem mit schweren Virus- und Pilzinfektionen einher. Erworbene Defekte entwickeln sich im Gefolge von Unterernährung (dies hat besondere Bedeutung in der Dritten Welt), bei Stoffwechselerkrankungen (Diabetes), Vergiftungen, Nierenversagen, im hohen Alter und bei manchen Viruserkrankungen. Eine Sonderstellung nimmt die HIV-Infektion ein, bei der es zu zunehmender Zerstörung der T-Helferzellen und damit zu einem besonders ausgeprägten Immundefekt kommt – schwere Infektionen und Tumoren sind die häufigsten Todesursachen. Die Behandlung humoraler Defekte erfolgt durch Gabe von Immunglobulinpräparaten. Bei zellulären Defekten kommt in manchen Fällen eine Knochenmark- oder Stammzelltransplantation in Frage. Bei AIDS versagen allerdings diese Möglichkeiten. Die Kombination von verschiedenen Virostatika (virushemmenden Mitteln) konnte die Lebenserwartung und -qualität der Patienten verbessern. Die Bemühungen um einen Impfstoff versagten bislang jedoch.

9.6.3 Allergische Erkrankungen

Allergien liegt eine überschießende Immunreaktion gegen meist harmlose Bestandteile unserer Umwelt zugrunde, z.B. gegen Gräserpollen oder Mehlstaub. Die Mechanismen sind sehr unterschiedlich – zwei spielen eine besondere Rolle.

Zu den Allergien im engeren Sinn *(atopischen Erkrankungen)* gehören:

- allergische Rhinitis (z.B. Heuschnupfen) und Asthma
- Hauterkrankungen (atopische Dermatitis bzw. endogenes Ekzem; Urtikaria)
- Magen-Darm-Beschwerden
- anaphylaktischer Schock.

Ausgelöst werden sie vor allem durch Substanzen, die eingeatmet (Pollen, Pilzsporen, Tierschuppen, Hausstaubmilben), durch den Mund aufgenommen (Nahrungs- und Arzneimittel) oder injiziert wurden (Insektengift, Medikamente). Verantwortlich sind Antikörper einer speziellen Klasse (IgE), die bei Allergiepatienten vermehrt produziert werden. Sie können im Hauttest (Prick-Test, Reaktion nach ungefähr 15 bis 20 Minuten) und auch durch Laboruntersuchungen nachgewiesen werden.

Die *Kontaktallergie* zeigt sich vor allem an der äußeren Haut (Kontaktdermatitis bzw. Ekzem). Die häufigsten Ursachen sind Kosmetika, Desinfektions- und Arzneimittel, Chemikalien sowie Metalle. Ausgelöst wird diese Reaktion durch T-Zellen. Auch hier hilft der Hauttest (Läppchentest) mit einer Reaktion nach zwei bis drei Tagen diagnostisch weiter.

9.6.4 Autoimmunerkrankungen

Autoimmunerkrankungen entwickeln sich, wenn das Immunsystem die Unterscheidungsfähigkeit zwischen »körpereigen« und »körperfremd« verliert. Es greift dann die betreffenden Zellen bzw. Gewebe an. Folgen sind z.B. rheumatische Erkrankungen, Entzündungen von Leber, Niere, Schilddrüse oder der Untergang von Blutzellen (Anämie, Thrombozytopenie).

9.6.5 Immunologische Probleme bei Transplantationen

Jeder Organismus besitzt eine spezielle genetische Struktur. Die Vielfalt solcher individueller Antigene (Transplantationsantigene) erklärt, dass sich identische Strukturen nur bei eineiigen Zwillingen finden. Je größer die Unterschiede zwischen Empfängerorganismus und Spenderorgan sind, desto rascher kommt es zur immunologischen Abstoßung. Die Bemühungen, dies zu verhindern, gehen in zwei Richtungen: Erstens wird jedes für die Transplantation verfügbare Organ exakt »typisiert« und z.T. in internationaler Kooperation jener Empfänger ermittelt, der es wahrscheinlich am besten verträgt. Da eine vollständige Identität nicht zu erwarten ist, wird zweitens das Immunsystem nach der Transplantation durch Immunsuppressiva (das Immunsystem unterdrückende Mittel) gedämpft. Damit steigt allerdings auch die Gefahr bedrohlich verlaufender Infektionen, zumal diese Behandlung in der Regel lebenslang erfolgen muss.

> Das Immunsystem dient in erster Linie der Abwehr von äußeren Einflüssen (z.B. Infektionserregern oder Tumorzellen). Die Abwehr erfolgt mithilfe von Antikörpern und T-Lymphozyten. Immundefekte (z.B. AIDS) sind daher durch schwere Infektionen und Tumorerkrankungen gekennzeichnet. Störungen im Immunsystem können sich aber auch darin zeigen, dass körpereigene Strukturen geschädigt werden, sodass es zu Autoimmunerkrankungen kommt (z.B. Rheuma, chronische Leber- oder Nierenerkrankung). Aktivierungen des Immunsystems können andererseits durch harmlose Umwelteinflüsse (Allergene, z.B. Gräserpollen, Milben, Nahrungs- oder Arzneimittel) erfolgen. Gelegentlich können diese allergischen Reaktionen bis zum anaphylaktischen Schock führen. Schließlich ist die Abstoßung von Transplantaten eine Reaktion des Immunsystems auf körperfremde Strukturen.

10 Nervensystem

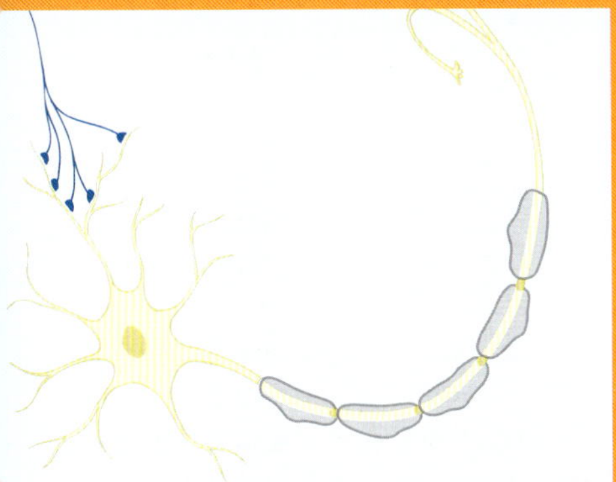

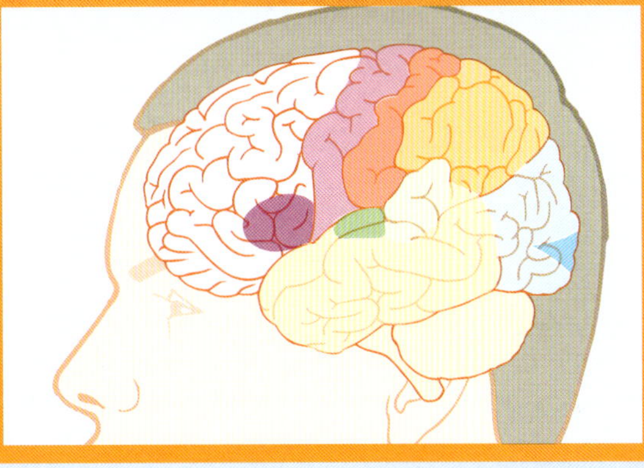

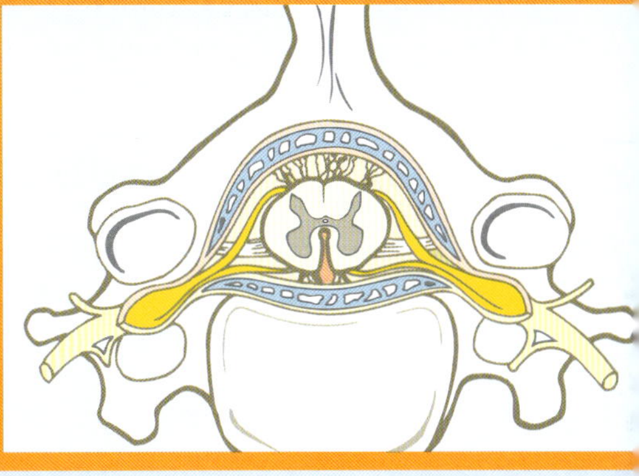

Inhalt:

10.1 Einführung 200

10.2 Einteilung 200

10.3 Aufgaben des Nervensystems 203

10.4 Zellen des Nervengewebes 203

10.5 Gehirn 207

10.6 Rückenmark 217

10.7 Peripheres Nervensystem 220

10.1 Einführung

Anne Stege

Das Nervensystem gehört neben dem Hormon- und dem Immunsystem zu den drei großen Kommunikationssystemen des Körpers. Ein gigantisches Netzwerk aus etwa 30 Milliarden Nervenzellen durchzieht den menschlichen Organismus. Jede Nervenzelle ist dabei über ihre Fortsätze mit anderen Nervenzellen verbunden. Die Kontaktstellen werden als Synapsen bezeichnet. Eine einzige Nervenzelle kann bis zu 10 000 solcher Synapsen besitzen. Durch diese Verknüpfungen können viele Prozesse mit hoher Geschwindigkeit parallel verarbeitet werden. Die Anzahl der möglichen Kombinationen aller synaptischen Verbindungen beim Menschen ist möglicherweise höher als die Anzahl aller Atome im Universum. Dies hat noch kein Computernetz trotz seiner Schnelligkeit erreichen können. Aufgrund seiner hohen Spezialisierung ist das Nervensystem insbesondere anfällig bei Sauerstoff- und Glukosemangel. Bereits nach drei bis vier Minuten ohne Sauerstoffversorgung gehen Nervenzellen irreversibel zugrunde.

10.2 Einteilung

Das Nervensystem lässt sich nach zwei grundlegenden Kriterien einteilen, zum einen anatomisch-morphologisch und zum anderen physiologisch-funktionell.

10.2.1 Anatomie / Morphologie

Die anatomische Sichtweise unterscheidet zwischen zentralem und peripherem Nervensystem. Das *zentrale Nervensystem* umfasst alle Strukturen, die von Hirnhaut und Liquor umgeben sind, und besteht aus Gehirn und Rückenmark. Dagegen zählen die zwölf Hirnnervenpaare, die 31 Spinalnervenpaare und die peripheren Ganglien zum *peripheren Nervensystem*.

Je nach Richtung des Informationsflusses unterscheidet man eine afferente und eine efferente Erregungsleitung. Die *afferente Erregungsleitung* verläuft von der Peripherie zum zentralen Nervensystem (ZNS). Hierzu gehören die sensorischen Bahnen der Sinnesorgane – Auge, Ohr, Nase und Haut –, die sensiblen Bahnen aus den Gelenken und der Skelettmuskulatur sowie die viszeralen Bahnen der inneren Organe. Die *efferente Erregungsleitung* umfasst alle Signale vom ZNS in die Peripherie. Mit ihrer Hilfe wird über die motorischen Bahnen die Skelettmuskulatur aktiviert, während ihre vegetativen Bahnen die inneren Organe steuern, zum Beispiel den Verdauungstrakt, das Herz, die Drüsentätigkeit oder die Weite der Gefäßwände.

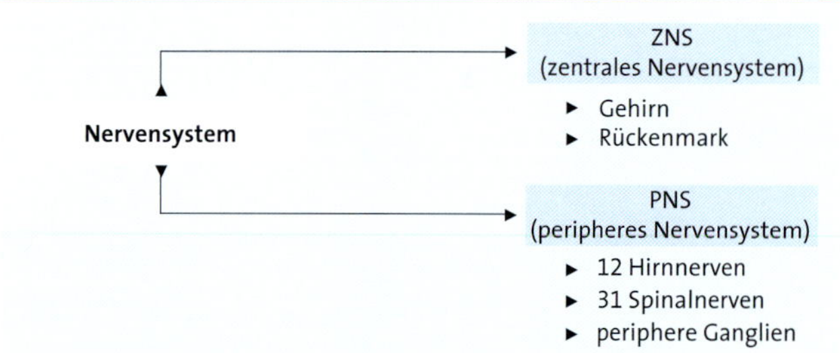

Abb. 1 ▶ Schematische Darstellung der anatomisch-morphologischen Einteilung des Nervensystems

10.2.2 Physiologie / Funktionen

Die funktionelle Einteilung trennt in willkürliches und unwillkürliches Nervensystem. Das *willkürliche Nervensystem* regelt alle bewusst steuerbaren Funktionen des Organismus. Es umfasst die Wahrnehmung von Reizen, deren Verarbeitung und die Steuerung der Willkürbewegungen. Sein sensorischer Anteil ist für die bewusste Wahrnehmung und sein motorischer Anteil für bewusste Bewegungen verantwortlich. Ein Beispiel hierfür ist das Tanzen. Die Musik wird bewusst gehört, d.h. über afferente Bahnen zum Gehirn geleitet. Von hier werden dann bewusst Informationen über efferente Bahnen zur Skelettmuskulatur gesendet, um möglichst rhythmische Bewegungen im Takt zu erzeugen.

Der überwiegende Anteil der Körperfunktionen wird jedoch in der Regel sehr zuverlässig unbewusst vom *unwillkürlichen Nervensystem* gesteuert. Man schätzt, dass etwa 95 Prozent der Prozesse, vergleichbar mit dem Betriebssystem eines Computers, »im Hintergrund« ablaufen. Dies ist sinn-

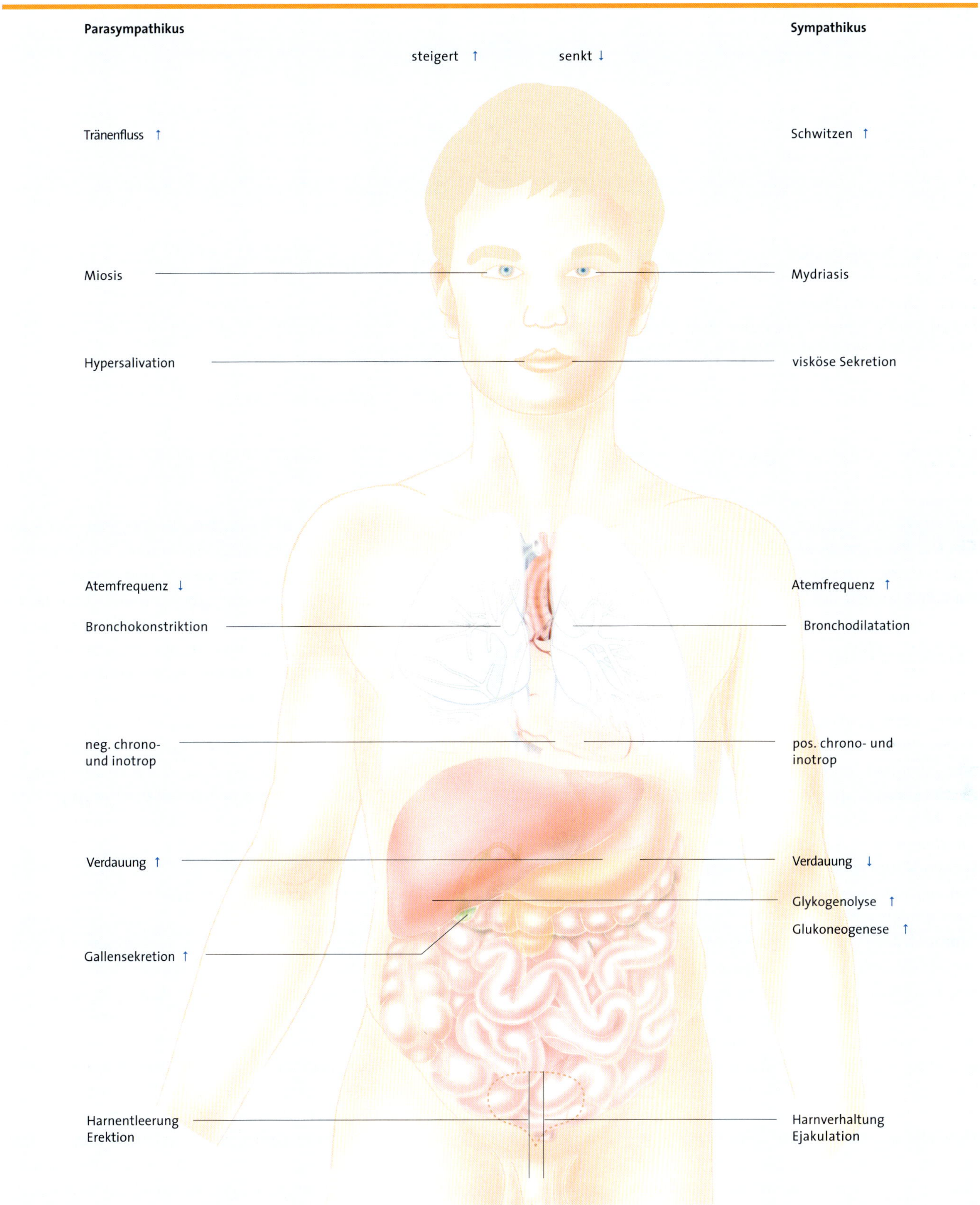

Abb. 2 ▶ Effekte von Sympathikus und Parasympathikus

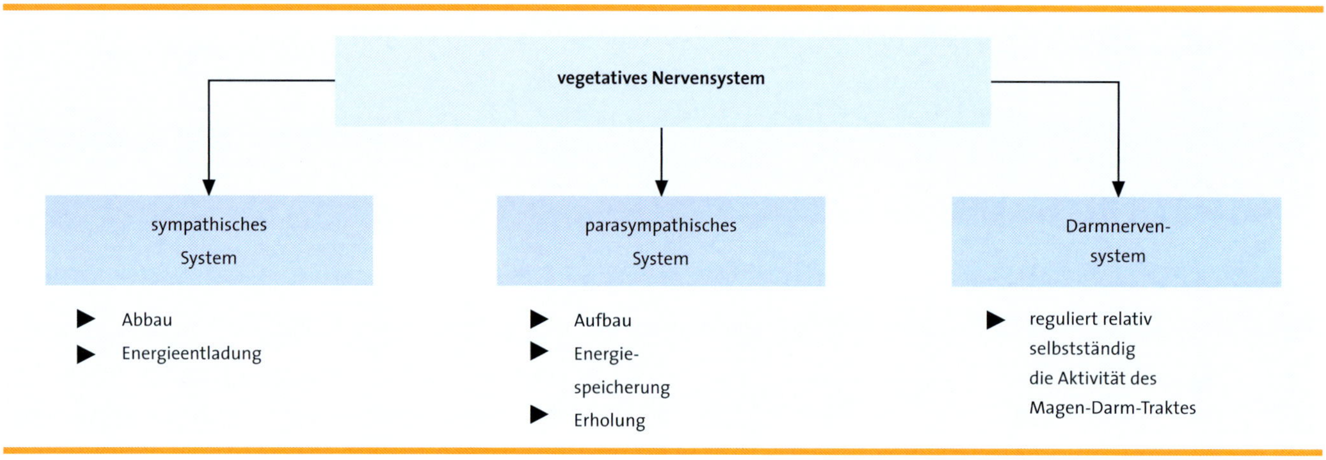

Abb. 3 ▶ Bestandteile des vegetativen (autonomen/unwillkürlichen) Nervensystems

voll, denn das Bewusstsein wäre aufgrund der Informationsflut nach wenigen Sekunden hoffnungslos reizüberflutet und damit handlungsunfähig. Während sich das willkürliche Nervensystem mit dem Tanzen abmüht, werden unwillkürlich ganz selbstverständlich Atmung, Herztätigkeit, Kreislauf, Sekretion, Verdauung, Wasserhaushalt und Stoffwechsel im Hintergrund angepasst gesteuert. Hierzu existieren drei Systeme, der Sympathikus, der Parasympathikus und das Darmnervensystem.

10.2.2.1 *Sympathikus*

Die Bahnen des Sympathikus entspringen dem Brustmark und den oberen zwei bis drei Segmenten des Lendenmarks, daraus resultiert die Bezeichnung thorakolumbales System. Unter dem Einfluss des Sympathikus kommt es zur Leistungssteigerung des Organismus; er bereitet sich auf Angriff, Flucht, Verteidigung und außergewöhnliche Anstrengungen vor. Der Stoffwechsel mobilisiert seine Reserven durch Bereitstellung von Glukose durch die Glykogenolyse und die Glukoneogenese (vgl. 6.11.4.6). Das Herz schlägt schneller und kräftiger, der Blutdruck und die Atemfrequenz steigen, die Bronchien werden zur besseren Sauerstoffaufnahme geweitet. Das Blut wird aus Haut und Peripherie abgezogen und in Herz und Muskeln geleitet. Die Schweißproduktion wird angeregt und die Pupillen weiten sich. Verdauung und Blasenentleerung werden gehemmt und beim Mann die Ejakulation ausgelöst. Als Überträger- bzw. Transmittersubstanz an den Zielorganen von den Nervenzellen wird meist Noradrenalin verwendet. Eine weitere Möglichkeit besteht darin, das Hormonsystem zur Unterstützung heranzuziehen. Ein Nervenimpuls läuft zum Nebennierenmark und bewirkt dort die Freisetzung von Adrenalin oder Noradrenalin ins Blut.

10.2.2.2 *Parasympathikus*

Die Bahnen des Parasympathikus entspringen dem Hirnstamm und dem Sakralmark, daraus resultiert die Bezeichnung *kraniosakrales System*.

Der Parasympathikus, der auch als Gegenspieler des Sympathikus bezeichnet wird, regelt die inneren Körperfunktionen für Essen, Verdauen, Ausscheiden und Fortpflanzung. Er sorgt für Ruhe, Erholung und Schonung des Organismus und baut verbrauchte Reserven wieder auf. Der Verdauungstrakt wird ebenso angeregt wie die Speichel-, Gallen- und Tränensekretion sowie die Blasenentleerung. Das Herz ist weniger erregbar und schlägt langsamer, die Atemfrequenz sinkt und die Bronchien ziehen sich zusammen. Die Pupillen werden eng gestellt und beim Mann eine Erektion ausgelöst. Die Transmittersubstanz in den Synapsen des Parasympathikus ist das Acetylcholin. Atropin hemmt den Parasympathikus und wird beispielsweise als Notfallmedikament zur Steigerung der Herzfrequenz verabreicht.

10.2.2.3 *Darmnervensystem*

Das Darmnervensystem steuert die Leistung des Magen-Darm-Trakts, also die Sekretion, Motorik und Durchblutung. Es weist strukturelle und funktionelle Analogien zum ZNS auf und wird oft als »zweites Gehirn« bezeichnet. Im Darm liegen zwei wichtige Nervengeflechte. So regelt der Auerbach-Plexus oder *Plexus myentericus*, der zwischen der Längs- und der Ringmuskelschicht in der Muscularis liegt, die Peristaltik. Der Meissner-Plexus oder *Plexus submucosus* befindet sich zwischen der Mucosa und der Submucosa und steuert die Drüsentätigkeit. Sympathikus und Parasympathikus dienen nur der Anpassung bzw. Feinabstimmung ähnlich wie beim Herzen.

10.3 Aufgaben des Nervensystems

Das Nervensystem nimmt ständig Reize auf, die aus der Umwelt auf den Körper einwirken oder im Körper selbst entstehen. Als nächstes werden diese Reize kodiert und weitergeleitet. Hierzu werden sie in eine Aktionspotenzialfolge umgewandelt und über afferente Bahnen an das zentrale Nervensystem weitergeleitet. Hier erfolgt dann die Beurteilung und Verarbeitung. Ist eine Reaktion erforderlich, werden über efferente Bahnen Nervenimpulse in die Peripherie zu Organen oder Muskeln gesendet.

Neben diesen mehr funktionellen Aspekten werden noch weitere Leistungen erbracht. Sinnesreize können mit Empfindungen wie Freude, Angst oder Ekel verknüpft werden. Erhaltene Informationen werden individuell im Gedächtnis gespeichert. Das Nervensystem ist zuständig für Kreativität und Intuition sowie Motivation und Antrieb. Auch die Reflexion über sich selbst, das Bewusstsein der eigenen Persönlichkeit, und der individuelle Biorhythmus werden hier gesteuert. Ferner erfolgt über den Hypothalamus als Schnittstelle in Zusammenarbeit mit dem Hormonsystem die Steuerung des gesamten Organismus.

Tab. 1 ▶ Aufgaben des Nervensystems

- Reizaufnahme in den Rezeptoren
- spezifische Erregungsbildung
- Weiterleitung der Erregung
- Verarbeitung im Zentralnervensystem
- Reizbeantwortung zu den peripheren Empfängern (Effektoren)

10.4 Zellen des Nervengewebes

Zu den Zellen des Nervengewebes gehören die Nervenzellen, die auch als Neuronen bezeichnet werden, und die inhomogene Gruppe der Gliazellen.

10.4.1 Neuronen

Die Nervenzellen oder Neuronen sind die kleinsten Funktionseinheiten des Nervensystems. Ihre Funktionen sind die Reizaufnahme, die Erregungsleitung und die Reizverarbeitung. Sie stehen untereinander in Verbindung durch Synapsen und bilden dadurch Neuronenketten bzw. Neuronenkreise. Ihre Hauptbestandteile sind Dendriten, Soma und Axon.

Die *Dendriten* sind baumartig verzweigte Fortsätze und nur wenige Millimeter lang. Ein Neuron kann bis zu 1000 Dendriten mit je über 100 Synapsen besitzen. Die Erregungen werden von den Dendriten über die Synapsen empfangen und zum Zellleib, der auch *Soma* genannt wird, weitergeleitet. Im Soma finden sich Zellkern, Zytoplasma und die Zellorganellen. Am Zellkern liegen Bereiche von stark ausgebildetem endoplasmatischem Retikulum und Ribosomen, die als Nissl-Schollen bezeichnet werden. Ferner enthält der Zellleib viele Mitochondrien und Neurotubuli. Diese Neurotubuli sind kleine Röhrchen für den Stofftransport zu den Synapsen.

Das *Axon* oder der *Neurit* entspringt am Axonhügel, einer kleinen Ausbuchtung des Soma. Es ist der unverzweigte Fortsatz der Nervenzelle und kann über einen Meter lang sein. Hierüber werden die Impulse zur Synapse geleitet. Pro Sekunde sind bis zu 500 Impulse möglich.

Anteile eines Neurons:
- Dendrit (Impulse zuführend)
- Soma (Stoffwechselzentrum)
- Axon (Impulse weiterleitend).

Jedes Neuron hat immer nur ein Axon. Man kann marklose von markhaltigen Axonen unterscheiden. *Markhaltige Axone* sind solche, die eine hohe Leitungsgeschwindigkeit haben. Sie besitzen eine Myelinhülle, die Mark- oder Myelinscheide, die aus Membrananteilen von Gliazellen besteht und eine elektrische Isolierung darstellt. Im peripheren Nervensystem wird das Myelin von Schwann-Zellen, im ZNS von Oligodendrozyten gebildet. Zwischen den Markscheiden liegen in Abständen von 0,8 – 1 mm die Ranvier-Schnürringe. Hier befinden sich fast alle Natriumkanäle für die Einleitung des Aktionspotenzials (vgl. 2.1.4.6).

Das Aktionspotenzial muss sich bei diesen Nervenfasern nicht mühsam an der Zellmembran fortentwickeln, es kann von Schnürring zu Schnürring springen. Dies bezeichnet

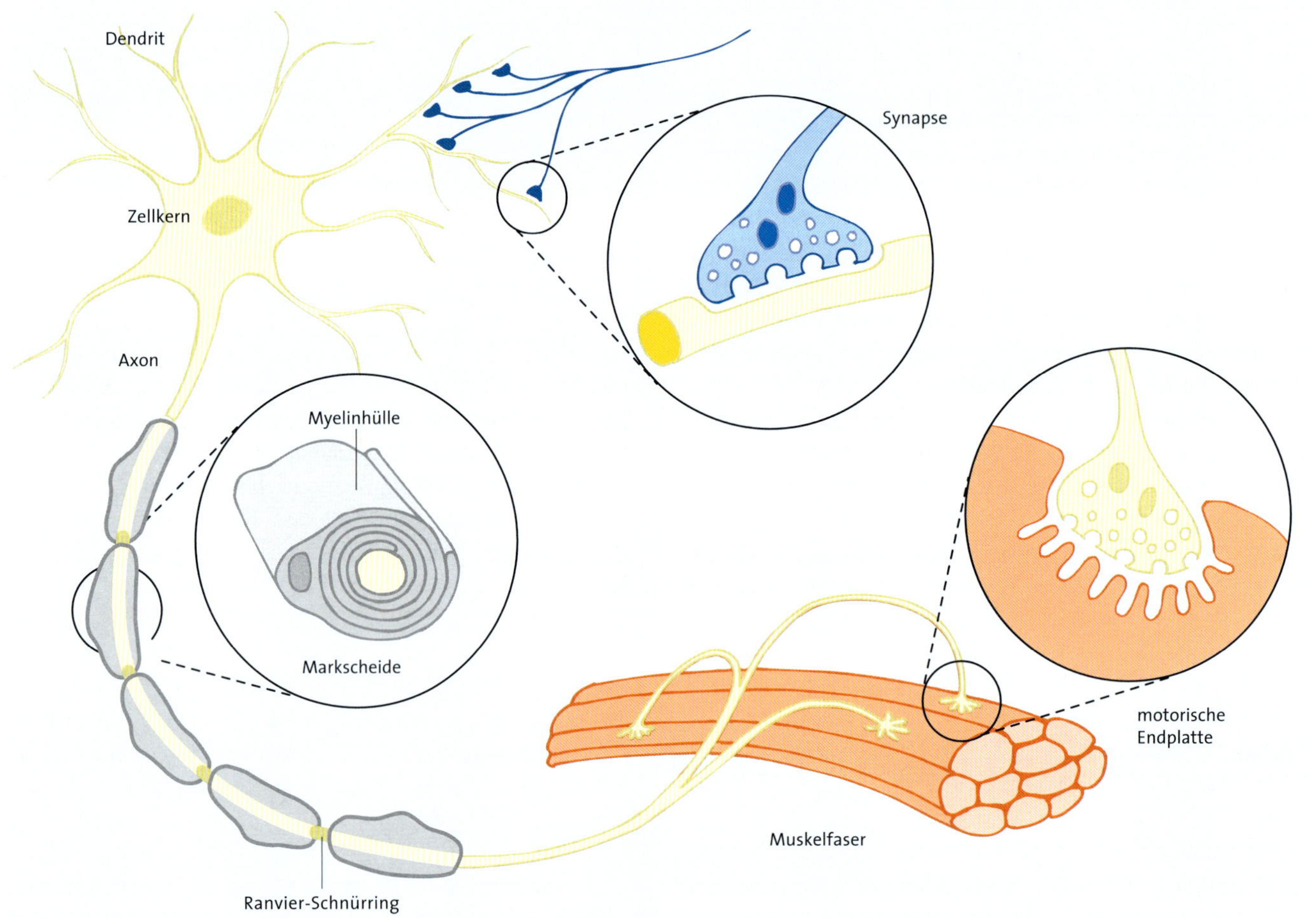

Abb. 4 ▶ Schematische Darstellung des Aufbaus einer Nervenzelle

man als saltatorische Impulsweiterleitung. Die Geschwindigkeit beträgt bis zu 120 m pro Sekunde. Die inneren Organe werden meist von *marklosen Fasern* gesteuert, weil bei diesen Prozessen keine blitzschnelle Reaktion erforderlich ist.

Nervenzellen können durch Reize von außen wie Lichtreize, mechanische, thermische oder Schmerzreize erregt werden. Eine weitere Möglichkeit ist die Übertragung der Reize durch Synapsen auf chemischem Weg mit Botenstoffen, den Neurotransmittern.

10.4.1.1 *Synapsen*

Synapsen sind Umschaltstellen für die sogenannte diskontinuierliche Erregungsübertragung, entweder von einem Neuron auf ein anderes oder auf das Erfolgsorgan, beispielsweise eine Muskelzelle. In diesem Fall wird die Synapse als motorische Endplatte bezeichnet und die impulsführenden Nervenzellen als Motoneuronen.

Der Übertragungsmechanismus läuft wie folgt ab: In der Synapse befinden sich viele Vesikel. Diese synaptischen Bläschen enthalten Übertragungsstoffe, Neurotransmitter genannt. Trifft ein Aktionspotenzial ein, werden die Neurotransmitter in den synaptischen Spalt abgegeben. Sie diffundieren zur postsynaptischen Membran und werden dort an Rezeptoren gebunden. Je nach Neurotransmitter und Rezeptor kann es zur Weiterleitung oder zur Hemmung der Erregung kommen. Bei der Weiterleitung erfolgt ein Natriumeinstrom in die anliegende Zelle. Man bezeichnet dies als *exzitatorische Synapse*. An einer *inhibitorischen Synapse* wird der Natriumeinstrom nicht ausgelöst und der Reiz dadurch nicht weitergeleitet. Die Wirkung eines Neurotransmitters dauert zwischen einer halben und einer Millisekunde. Danach erfolgen der Abbau der Neurotransmitter und der Rücktransport in die Synapse.

Komponenten der Synapse:
- präsynaptische Membran
- synaptischer Spalt
- postsynaptische Membran.

10.4.1.2 *Neurotransmitter*

Neurotransmitter sind eine heterogene Gruppe biochemischer Stoffe. Zu den wichtigsten zählen Acetylcholin, Noradrenalin, Dopamin, Serotonin, Glutamat, Glyzin und die γ-Aminobuttersäure (GABA).

▶ Acetylcholin

Dieser Überträgerstoff ist der am längsten bekannte Neurotransmitter. In der Peripherie steuert er die Übertragung von Nervenimpulsen auf die Muskulatur an den motorischen Endplatten. Von seiner Wirkung im Gehirn weiß man vor allem, dass er hilft, Informationen im Hippocampus zu speichern, sowie die Aufmerksamkeit zu erhöhen. Weitere Wirkungen sind Blutdrucksenkung durch Dilatation der peripheren Gefäße, Bronchokonstriktion, Anregung der Peristaltik im Darm, Zunahme der Drüsensekretion sowie negativ chronotrope und negativ inotrope Einflüsse auf das Herz (VGL. 4.1.4.2 UND 4.2.8.1).

Störungen der Acetylcholinwirkung können weitreichende Folgen haben. Das Gift des Stäbchenbakteriums Clostridium botulinum verhindert die Ausschüttung von Acetylcholin aus den Vesikeln. Die Folge ist eine Lähmung der Muskulatur. Eine Variante dieses Toxins, das Botox, wird zur Faltenreduzierung eingesetzt: Der Muskel, der die Falte bildet, wird gelähmt.

Das bekannteste Pfeilgift der Indios ist das Curare. Es lähmt ebenfalls die Muskulatur, indem es die postsynaptischen Acetylcholinrezeptoren besetzt, sodass Acetylcholin nicht andocken kann. Bei Narkosen angewendete Muskelrelaxanzien sind auch Acetylcholinrezeptorenblocker, aber in kontrollierter Dosis.

Eine umgekehrte Wirkung hat das Insektizid E 605. Es blockiert das Enzym Acetylcholinesterase, das das Acetylcholin nach seiner Wirkung am postsynaptischen Rezeptor abbaut. Dadurch kommt es zum tödlichen Muskelkrampf innerhalb von Minuten.

▶ Noradrenalin

Noradrenalin kann entweder als Neurotransmitter über Nervenbahnen wirken oder als Hormon über die Blutbahn. In diesem Falle wird es vom Nebennierenmark ausgeschüttet. Es ist ein wichtiger Stressbotenstoff. Als entscheidender Neurotransmitter des sympathischen Nervensystems dient es allen Bereichen, die für Aufmerksamkeit und die Anpassung an mentale und psychische Belastungen zuständig sind. Es bewirkt durch eine Vasokonstriktion eine Blutdruckerhöhung. Noradrenalin hemmt kurzfristig die Immunfunktion, sodass es bei Dauerbelastung zu Entzündungen kommen kann.

▶ Dopamin

Dopamin wird aus der Aminosäure Tyrosin synthetisiert und ist die Vorstufe der Katecholamine Noradrenalin und Adrenalin. Ferner ist es ein wichtiger Neurotransmitter im Zentralnervensystem. In Zusammenarbeit mit Adrenalin und Noradrenalin regelt es Koordination, Motorik, Konzentration, Antrieb, Motivation und die kognitive Leistungsbereitschaft. Über extrapyramidale Bahnen, die Bahnen der unwillkürlichen Motorik, steuert es auch den Muskeltonus.

Bei der Parkinson-Krankheit verlieren Neuronen des Mittelhirns die Fähigkeit, Dopamin zu produzieren. Die Folge sind Rigor, Tremor und Akinese: Unter Rigor versteht man die übermäßige Steifheit, unter Tremor das grobschlägige Zittern in Ruhe und unter Akinese das Unvermögen, Bewegungen rasch und leicht durchzuführen.

▶ Serotonin

Beim Serotonin handelt es sich um einen dämpfend wirkenden Neurotransmitter. Zu seiner Bildung aus der Aminosäure Tryptophan wird Vitamin B_6 benötigt. Serotonin wirkt entspannend und hellt die Stimmung auf. Es fördert die Motivation und einen guten Schlaf. Ferner wird die Schmerzempfindung herabgesetzt. Da es positiv das Sättigungsempfinden beeinflusst, wird der Appetit reguliert. Bei Serotoninmangel, der häufig durch einen Mangel an Melatonin und Dopamin verstärkt wird, kann es vor allem zu Schlaflosigkeit, Migräne, Depressionen, Angstzuständen, Konzentrationsmangel und schwerer Abgeschlagenheit kommen. Im Körper finden sich die größten Konzentrationen im Gastrointestinaltrakt. Hier hilft es bei der Regulation von Moto-

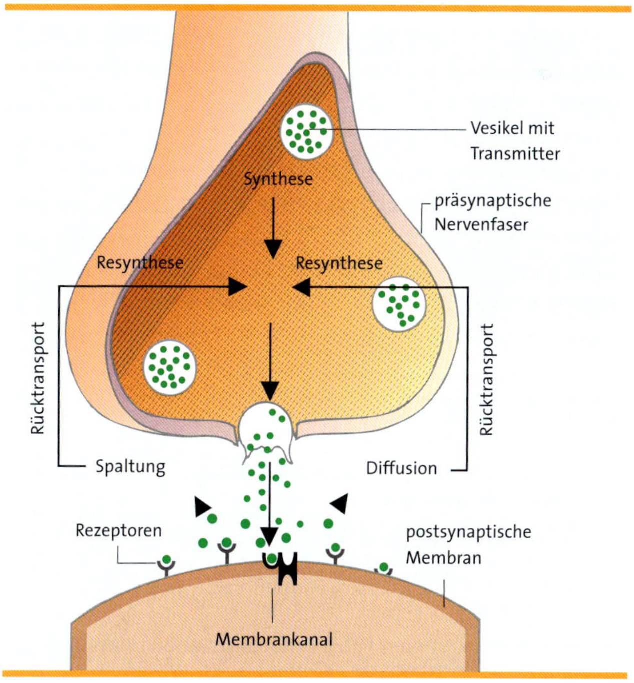

ABB. 5 ▶ Schematische Darstellung einer Synapse

rik und Resorption. Weiterhin enthalten die Thrombozyten sehr viel Serotonin für die Blutstillungsphase.

▶ Glutamat
Glutamat ist das Anion der Aminosäure L-Glutaminsäure und der wichtigste erregende Neurotransmitter im zentralen Nervensystem. Etwa 70 Prozent der erregenden Prozesse finden unter Beteiligung von Glutamat statt. Daher ist dieser Stoff unverzichtbar bei der Vermittlung von Sinneswahrnehmungen, der Ausführung von Bewegungen und bei höheren Gehirnfunktionen wie Lernen, Speichern und Abrufen von Informationen.

Bei der Alzheimer-Erkrankung befindet sich im Ruhezustand eine permanente geringe Glutamatkonzentration im synaptischen Spalt zwischen den Nervenzellen. Dadurch strömen ständig Kalzium-Ionen in die Nervenzelle. Dies bewirkt zum einen, dass eintreffende Signale nur schwer oder gar nicht weitergeleitet werden, zum anderen auf Dauer die Zerstörung der Nervenzelle.

▶ Glyzin
Glyzin zählt zu den wichtigsten inhibitorischen, d.h. dämpfenden Neurotransmittern des peripheren Nervensystems. Es findet sich vor allem im Rückenmark und hemmt über die Motoneuronen des Vorderhorns die nachgeschalteten Muskeln. Dadurch kommt es zur Herabsetzung der Muskelaktivität. Strychnin und das Tetanustoxin hemmen die Ausschüttung von Glyzin. Die erhöhte Muskelaktivität kann zu lebensbedrohlichen Krämpfen führen.

▶ γ-Aminobuttersäure (GABA)
GABA stellt den wichtigsten inhibitorischen Neurotransmitter im ZNS dar. Er ist hier in etwa 30 % aller Synapsen nachweisbar. GABA wirkt antikonvulsiv, d.h. krampflösend und relaxierend auf den Muskeltonus. Der Blutdruck wird stabilisiert, Schmerzen und Ängste gemildert, typischen Stressreaktionen also entgegengewirkt. Neben Serotonin und Melatonin sorgt sie für einen langen und intensiven Schlaf. Weitere Wirkungen sind Einflüsse auf die Ausschüttung von Wachstumshormonen durch die Hypophyse und die Insulinausschüttung. Störungen der GABA-Transmission werden mit dem Auftreten von Epilepsie, Angsterkrankungen und Schlafstörungen in Verbindung gebracht.

- Synapsen spielen eine wichtige Rolle bei Gedächtnis- und Lernfunktionen.
- Je häufiger sie benutzt werden, desto leichter werden die Reize weitergeleitet.
- Nicht genutzte Synapsen werden nach einiger Zeit zurückgebildet.
- Beim Erlernen neuer Fähigkeiten entstehen unabhängig vom Alter zahlreiche neue Synapsen.

10.4.2 Gliazellen

Dieser Oberbegriff umfasst eine Gruppe verschiedenartiger Zellen. Im Gegensatz zu den Nervenzellen können sie sich teilen und geschädigte Nervenzellen überbrücken. Sie füllen den Raum zwischen den Neuronen auf und bilden dadurch ein Stützgerüst mit isolierender Funktion. Einige von ihnen können auch phagozytieren. Gliazellen finden sich im peripheren Nervensystem zum Beispiel als Myelin bildende Schwann-Zellen. Im zentralen Nervensystem zählen zu ihnen vor allem die Astrozyten, Oligodendrozyten, Mikrogliazellen, Ependymzellen und die Zellen des Plexus choroidei, die den Liquor produzieren.

10.4.2.1 *Astrozyten*

Die Astrozyten besitzen sternförmig angeordnete, lange Ausläufer und einen runden Kern. Sie können phagozytieren sowie Botenstoffe aufnehmen, speichern oder abgeben. Ihre wichtigste Aufgabe ist die Kontrolle des Übergangs von Stoffen aus dem Blut in die Nervenzellen. Sie bilden mit ihren Membranen die sogenannte Blut-Hirn-Schranke. Glukose, Sauerstoff und lipophile Substanzen können frei passieren, hydrophile nicht. Diese werden kontrolliert über die Transportsysteme der Endothelzellen in das Gehirn befördert. Dadurch soll das Gehirn vor im Blut zirkulierenden schädigenden Stoffen geschützt werden. Dennoch können Substanzen wie Alkohol, Nikotin, LSD, Ecstasy oder Heroin diese Schranke überwinden – eben weil sie fettlöslich sind. Die Blut-Hirn-Schranke kann durch Entzündungen, Durchblutungsstörungen, übermäßigen Alkoholgenuss, starke Überhitzung des Kopfes und verschiedene Erkrankungen gestört oder geschädigt werden.

10.4.2.2 *Oligodendrozyten, Mikroglia und Ependymzellen*

Oligodendrozyten bilden die Markscheiden im ZNS; im peripheren Nervensystem entsprechen ihnen die Schwann-Zellen.

Mikroglia- oder *Hortega-Zellen* sind kleine, mobile Zellen im ZNS, die der Abwehr dienen. Diese Gehirnmakrophagen, die auch zur Antigenpräsentation fähig sind, werden im Knochenmark gebildet und wandern über das Blut ein. Unter den Bedingungen des ZNS haben sie ihre Gliaform ausgebildet.

Ependymzellen dienen der Auskleidung von Hohlräumen in Gehirn und Rückenmark. Sie bilden Zotten und Zilien, feine Härchen.

10.5 Gehirn

Das menschliche Gehirn ist ein sehr komplexes Gebilde. Es ähnelt einer Walnuss, hat die Konsistenz einer reifen Avocado und wiegt bei einem Mann durchschnittlich 1 375 g, bei einer Frau 1 245 g. Auf das Körpergewicht bezogen, besitzen Frauen 22 g Hirngewebe pro kg Körpergewicht, während Männer 20 g erreichen. Allerdings besteht zwischen Hirngewicht und Intelligenz keine Korrelation!

Vereinfachend kann man das Gehirn unterteilen in Großhirn, Kleinhirn, Zwischenhirn und Hirnstamm, der aus Mittelhirn, Brücke und verlängertem Mark besteht.

Tab. 2 ▶ Gehirn (Encephalon)

1. Großhirn oder Endhirn (Telencephalon)
2. Kleinhirn (Cerebellum)
3. Zwischenhirn (Diencephalon)
4. Mittelhirn (Mesencephalon)
5. Brücke (Pons)
6. Medulla oblongata (verlängertes Rückenmark)

10.5.1 Großhirn

Das Großhirn, *Telencephalon* oder *Cerebrum*, ist das höchste Integrationszentrum des ZNS und der Sitz des Bewusstseins. Es ist zugleich der jüngste Hirnanteil. Seine äußerste Schicht besteht aus einer zwei bis vier Millimeter dicken Rinde, dem *Cortex*. Dieser ist stark aufgefaltet, dadurch wird die Oberfläche um ein Vielfaches vergrößert. Die Windungen werden als *Gyri* und die Furchen als *Sulci* bezeichnet.

Hier liegt die sogenannte graue Substanz. Diese *Substantia grisea* ist eine Anhäufung von Milliarden von Nervenzellen. Der Volksmund bezeichnet sie auch als die »kleinen grauen Zellen«. Weitere Gebiete aus grauer Substanz finden sich im Inneren des Großhirns und werden als *Basalganglien* bezeichnet. Zu ihren Hauptaufgaben zählt die Regulation der Motorik. Störungen dieses Systems zeigen sich in unkontrollierten unwillkürlichen Bewegungen, beispielsweise bei der Parkinson-Krankheit.

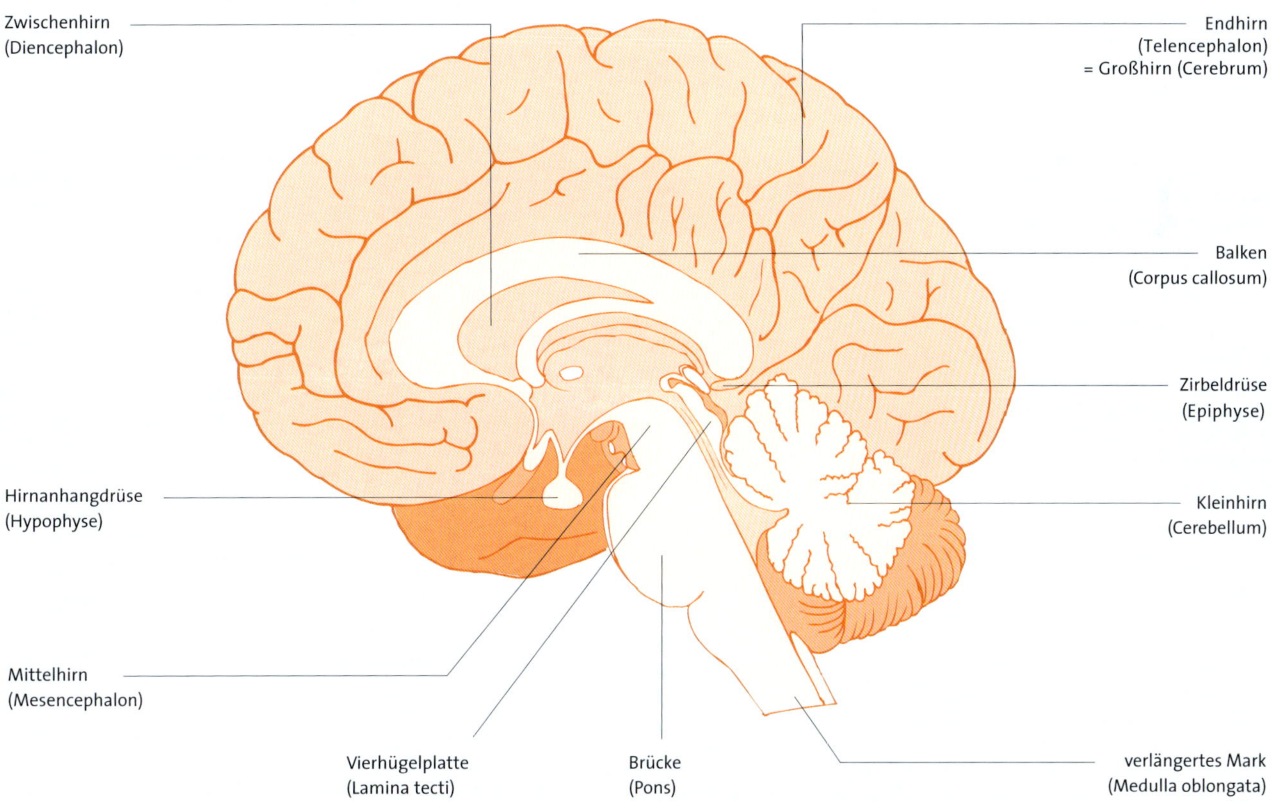

Abb. 6 ▶ Längsschnitt durch das Gehirn

Eine lange Furche, die *Fissura longitudinalis cerebri*, unterteilt das Gehirn sagittal in rechte und linke Hemisphäre, die an der Unterseite durch den Balken, das *Corpus callosum*, verbunden sind. Die linke Hirnhälfte ist bei 80 – 90 % der Menschen dominant. Dies zeigt sich zum Beispiel in der Rechtshändigkeit, da die linke Hirnhälfte die rechte Körperhälfte motorisch steuert.

Die linke Gehirnhälfte steht für Details und die rechte Hälfte für die Gesamtheit. Wenn man einem Menschen begegnet, registriert die linke Hemisphäre alle Einzelheiten wie Haar- und Augenfarbe, Größe, Körperbau und Geruch, während die rechte Hemisphäre schnell erkennt: Das ist Frau oder Herr Meier. Die linke Hirnhälfte ist zuständig für das Intellektuelle, Analytische und die Fokussierung auf das Detail. Sprachverständnis, Reden, Rechnen, Lesen und Schreiben oder die Zeitempfindung werden beispielsweise von hier gesteuert. In der rechten Hirnhälfte werden ganzheitliche Zusammenhänge erfasst. Hier finden sich Bereiche für räumliche Vorstellung, Gedächtnis, Kreativität, Spontaneität, Intuition, spielerische Neugierde, Körperbewusstsein und Musik-

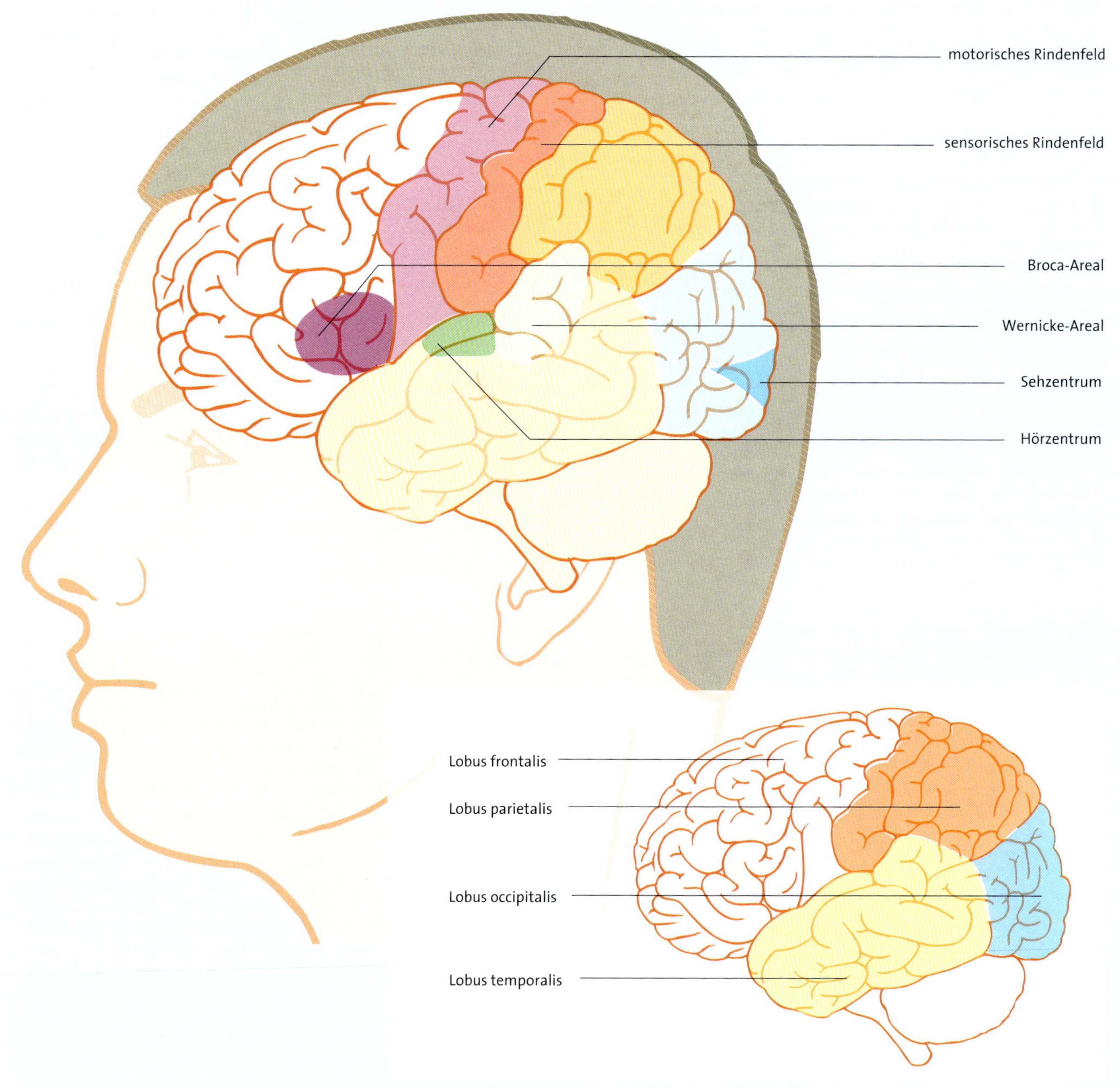

Abb. 7 ▶ Areale und Anteile des Gehirns/Funktionsbereiche des Großhirns

verständnis. Die Kommunikation beider Hirnhälften erfolgt über den Balken, der bei Frauen breiter ist.

Das Großhirn lässt sich in vier Lappen oder Lobi unterteilen:
- den Stirnlappen (*Lobus frontalis*),
- den paarigen Scheitellappen (*Lobus parietalis*),
- den paarigen Schläfenlappen (*Lobus temporalis*)
- und den Hinterhauptlappen (*Lobus occipitalis*).

Der *Stirnlappen* enthält das motorische Rindenfeld. Es wird auch als Zentrum der Willkürmotorik bezeichnet, da von hier alle willkürlichen Bewegungen gesteuert werden. Es zieht, einem Haarreif vergleichbar, um das Ende des Lobus frontalis und wird auch als vordere Zentralwindung oder *Gyrus praecentralis* bezeichnet. Von hier aus ziehen dicke Nervenfaserbündel über die sogenannte Pyramidenbahn durch das Zwischenhirn in den Hirnstamm. Der Name leitet sich von ihren beiden dreieckigen Vorwölbungen in der Medulla oblongata ab. Für Bewegungen im Gesichts- und Kopfbereich werden sie in diesem Bereich auf die entsprechenden peripheren Nerven umgeschaltet. Für Bewegungen des restlichen Körpers ziehen die Nervenbahnen als Motoneuronen weiter über die Medulla oblongata, das verlängerte Mark, durch das Hinterhauptsloch, das *Foramen magnum*, in das Rückenmark. Da diese Nervenbahnen von Myelinscheiden umgeben sind, die weiß erscheinen, hat man ihnen den Namen weiße Substanz, *Substantia alba*, verliehen. Die weiße Substanz breitet sich ferner wie ein riesiger Fächer über das gesamte Gehirn aus und verbindet so sämtliche Areale miteinander in alle Richtungen. Ein weiterer wichtiger Bereich auf der linken Seite des Lobus frontalis ist das Broca-Areal, das für die Sprachbildung zuständig ist. Bei Störungen weiß der Patient zwar, was er sagen will, er kann es aber nicht richtig aussprechen. Weitere wichtige Symptome bei Störungen des Lobus frontalis sind eine zentrale spastische Lähmung, Persönlichkeitsveränderungen mit gestörtem Sozialverhalten und die Unfähigkeit, komplexe Handlungen durchzuführen.

Der *Scheitellappen* enthält das sensorische Rindenfeld, das als Zentrum der bewussten Empfindungen fungiert. Es liegt gegenüber dem motorischen Rindenfeld im *Gyrus postcentralis*. Von den peripheren Empfindungsrezeptoren, zum Beispiel in Haut, Muskeln, Gelenken oder inneren Organen, fließen permanent die Informationen zum Thalamus, werden dort umgeschaltet und den entsprechenden Arealen im Rindenfeld zugeleitet. Bei Störungen werden die sinnlichen Empfindungen eingeschränkt wahrgenommen. Äußerlich auffällig ist oft die Unfähigkeit, die Aufmerksamkeit auf mehrere Objekte gleichzeitig zu richten, oder trotz erhaltener Bewegungsfähigkeit und Wahrnehmung die Störung von Handlungen bzw. die Unfähigkeit, Gegenstände sinnvoll zu verwenden. Zum Beispiel nimmt ein Patient einen Kamm, trägt Zahnpasta auf und streicht über die Haare, oder er versucht, die Suppe mit der Gabel zu essen, oder er zieht die Jacke als Hose an. Dies bezeichnet man als Apraxie, also die Störung erlernter Bewegungsfolgen.

TAB. 3 ▶ Wichtigste Funktionen der Großhirnlappen

Großhirnlappen	wichtige Zentren	wichtigste Funktionen
Lobus frontalis (Stirnlappen)	motorisches Rindenfeld, Broca-Areal	– motorische Aktivitäten – Sprache und Wortwahl – Persönlichkeit – Urteilsvermögen, Planung – Kontrolle der Emotionalität – Assoziationen (Verknüpfungen)
Lobus parietalis (Scheitellappen)	sensorisches Rindenfeld	– Zentrum der sinnlichen Aufmerksamkeit – Berührungsempfindungen – Zuordnung und Gebrauch von Objekten
Lobus temporalis (Schläfenlappen)	Wernicke-Areal, Hörrinde	– Hören und Verstehen des Gehörten – Wiedererkennen – Bedeutungsgebung
Lobus occipitalis (Hinterhauptlappen)	Sehrinde	– Bildverarbeitung – räumliches Sehen – Farbunterscheidung – Abschätzung von Bewegungen

Im *Schläfenlappen* sitzen als wichtigste Zentren das Wernicke-Areal und die *Hörrinde*. Die Hörrinde ermöglicht das eigentliche Hören, indem aus den über das Ohr aufgenommenen Schallwellen die verschiedensten Geräusche wahrgenommen werden; die Bedeutungsgebung erfolgt über das Wernicke-Areal, ebenso das Wiedererkennen und Zuordnen von optischen, akustischen oder haptischen Informationen. Bei Schädigungen dieser Areale wird das Gehörte nicht mehr erkannt, es kommt zu einer starken Störung des Sprachverständnisses bei flüssiger, aber sinnloser Sprachproduktion. Ein weiteres Symptom ist die Prosopagnosie, bei der ein Gesicht als solches erkannt wird, aber nicht die dazugehörige Person.

Der *Hinterhauptslappen* enthält als wichtigstes Zentrum die *Sehrinde*. Hier endet die von den Augen durch das Gehirn ziehende Sehbahn, wobei das eigentliche Bild erst nach verschiedenen Kriterien zusammengesetzt wird. Bei Schädigung kommt es zu Gesichtsfeldausfällen, Problemen beim räumlichen Sehen, eingeschränkter Farbunterscheidung, Halluzinationen und Sinnestäuschungen. Ferner können Bewegungen von Objekten nicht mehr abgeschätzt werden. Es treten dann häufig Schreib- und Leseprobleme auf.

10.5.2 Zwischenhirn

Das Zwischenhirn oder *Diencephalon* liegt als Schaltstelle zwischen Großhirn und Mittelhirn. Es umschließt den dritten Ventrikel und beherbergt Epiphyse, Thalamus und Hypothalamus. Über den Hypophysenstiel, das *Infundibulum*, ist es mit der Hypophyse verbunden.

Der *Thalamus* wird auch als »Tor zum Bewusstsein« bezeichnet, weil er die Informationen aus der Außen- und der Innenwelt filtert. Er ist die letzte große Umschaltstation vor der Großhirnrinde für sensorische und sensible Reize, wie zum Beispiel Schmerz, Temperatur, Druck, Berührung sowie Sehen und Hören. Er entscheidet, welche der unzähligen Informationen uns bewusst werden, und schützt uns damit vor totaler Reizüberflutung. Hier wird auch das sogenannte Schmerzgedächtnis erzeugt.

Der *Hypothalamus* ist das übergeordnete Koordinationszentrum der vegetativen Funktionen. Hier liegen Thermorezeptoren zur Messung der Körpertemperatur oder Osmorezeptoren zur Kontrolle des Wasserhaushaltes. Er überwacht die Funktionen von Kreislauf, Verdauungstrakt und Blase und kann die Nahrungs- und Flüssigkeitsaufnahme durch Durst-, Hunger und Sättigungszentren steuern. Ferner bildet er eine wichtige Schnittstelle vom Nervensystem zum Hormonsystem und produziert das Antidiuretische Hormon (ADH) und Oxytocin, die beide im Hypophysenhinterlappen gespeichert werden (VGL. 8.4).

Die *Hypophyse* ist ein wichtiges endokrines Organ. In ihrem Vorderlappen, der Adenohypophyse, bildet und sezerniert sie die Hormone ACTH, TSH, FSH, LH, STH, MSH und Prolaktin. In ihrem Hinterlappen, der Neurohypophyse, speichert und sezerniert sie die im Hypothalamus gebildeten Hormone ADH und Oxytocin (VGL. 8.5).

10.5.3 Kleinhirn

Das Kleinhirn oder *Cerebellum* ist mit 130 – 140 g der zweitgrößte Teil des Gehirns. Es liegt unterhalb des Lobus occipitalis in der hinteren Schädelgrube und ist vom Großhirn durch das sogenannte Kleinhirnzelt, das *Tentorium cerebelli*, abgetrennt. Sein Aufbau gliedert sich in ein wurmförmiges Mittelstück, den Kleinhirnwurm oder Vermis cerebelli, und die beiden rechten und linken Kleinhirnhemisphären. Über die drei Kleinhirnschenkel besteht eine Verbindung zum Hirnstamm und über ihn auch zum Großhirn und zum Gleichgewichtsorgan im Innenohr. Das Kleinhirn ist verantwortlich für das Gleichgewicht, den Muskeltonus sowie die Koordination und Feinabstimmung der willkürlichen Muskelaktivität. Da es das flüssige Zusammenspiel der Antagonisten von Muskelbeugern und -streckern regelt, dient es sozusagen als »Servolenkung des Gehirns«.

Bei Schädigungen des Kleinhirns kommt es zur Störung der Koordination von Bewegungsabläufen, der Ataxie. Ein typisches Beispiel hierfür ist der Intentionstremor, das zunehmende Zittern bei willkürlichen Bewegungen sowie überschießende Bewegungen. Weiterhin sind Gleichgewichtsstörungen und Schwindel sowie Hypotonie der Muskulatur mit Überstreckbarkeit der Gelenke und Reflexabschwächung zu beobachten. Die häufigsten Ursachen sind Alkoholintoxikation, Multiple Sklerose, Kleinhirninfarkt oder Tumoren.

10.5.4 Hirnstamm

Der *Truncus cerebri* bzw. Hirnstamm ist der älteste Teil des Gehirns. Er ist etwa daumengroß und wird gebildet von Mittelhirn, Brücke und Medulla oblongata. Zusätzlich beinhaltet der Begriff Stammhirn auch das Zwischenhirn.

10.5.4.1 *Mittelhirn*

Das Mittelhirn oder *Mesencephalon* ist mit nur ca. 1,5 cm der kleinste Hirnabschnitt. Es liegt über der Brücke und unter der Basis des Zwischenhirns. Hier findet sich vorwiegend weiße Substanz als dicht gepackte Leitungsbahnen. Man kann das Mittelhirn in drei Teile einteilen: Dach, Haube und Fuß. Das Dach wird von den grauen Kernen der Vierhügelplatte gebildet, dem akustischen und optischen Reflexzentrum. In der Haube liegt der *Nucleus ruber*, ein rötlicher Kern. Er bildet eine Art Neuronenschleife zwischen Groß- und Kleinhirn und sorgt damit für die Abstimmung von Muskeltonus und Körperhaltung. Weiterhin liegen hier die Kerne von zwei der drei Hirnnerven, die die Augenmuskeln ansteuern, N. oculomotorius und N. trochlearis. Diese koordinieren die Augenbewegungen und sind zuständig für eine schnelle Orientierung im optischen Bereich und somit für das Bewegungssehen. Durch den Fuß des Mesencephalon verläuft die Pyramidenbahn, die im motorischen Rindenfeld beginnt und in das Rückenmark zieht. Daneben liegen die Hirnschenkel, die dem Austausch von motorischen und sensiblen Informationen zwischen Großhirn, Thalamus, Medulla oblongata und Kleinhirn dienen. An den Hirnschenkeln befindet sich auch die Substantia nigra oder schwarze Substanz. Sie ist durch Melanin dunkel gefärbt. Hier sitzen Dopamin produzierende Zellen, die bei der Parkinson-Krankheit degenerieren.

10.5.4.2 *Brücke*

Über die Brücke, lateinisch *Pons,* laufen viele Bahnen vom Großhirn zum Kleinhirn und weiter in die Medulla oblongata; somit stellt sie eine Verbindung dar. Ferner liegen hier die Kerngebiete weiterer Hirnnerven sowie das Blasenkontrollzentrum und ein Atemregulationszentrum.

10.5.4.3 *Medulla oblongata*

Das *verlängerte Mark* ist etwa 4 cm lang und bildet den Übergang vom Gehirn zum Rückenmark am Foramen magnum. Es enthält die Kerngebiete der restlichen Hirnnerven und in seiner weißen Substanz auf- und absteigende Bahnen. Hier kreuzen an der *Decussatio pyramidum*, der sogenannten Pyramidenbahnkreuzung, der größte Teil der absteigenden motorischen Nerven und 80 % der aufsteigenden sensiblen Fasern auf die gegenüberliegende Seite.

In der grauen Substanz liegen die Steuerungszentren lebenswichtiger Regelkreise (Tab. 4).

Schädigungen des Hirnstamms, zum Beispiel durch Anstieg des Hirndruckes im Rahmen einer Hirnblutung oder eines Tumors, können lebensbedrohlich sein. Je nach Bereich ist die Symptomatik unterschiedlich. Ist das Mittelhirn betroffen, finden sich Streckkrämpfe in Extremitäten und Rumpf, Störungen der Augenmotorik, akute Beeinträchtigungen der vegetativen Funktionen, insbesondere Tachykardie bis zu 150 Schlägen pro Minute, Blutdrucksteigerung, Hyperthermie sowie maschinenartige Atmung bis zu 36 Atemzügen pro Minute. Eine Schädigung der Brücke zeigt sich vor allem in herabgesetztem Muskeltonus und mittelweiten lichtstarren Pupillen. Ist die Medulla oblongata betroffen, zeigen sich ein tiefes Koma, fehlende Eigenreflexe, maximal weite und lichtstarre Pupillen sowie Schnappatmung.

Tab. 4 ▶ Medulla oblongata – Steuerungszentren

- Kreislaufzentrum
  - Herzschlag
  - Kontraktilität des Herzmuskels
  - Weite der Blutgefäße
- Atemzentrum
  - Grundrhythmus von In- und Exspiration
- Reflexzentren
  - Schlucken
  - Husten
  - Niesen
  - Brechen

10.5.5 Limbisches System

Das limbische System ist keine anatomische, sondern eine funktionelle Einheit. Sie wird gebildet aus einer Vielzahl von Strukturen von Großhirn, Zwischenhirn und Mittelhirn und umschließt wie ein Saum (lat.: *limbus*) den Balken und die Kerngebiete des Hirnstammes. Zusammengefasst ausgedrückt, ist das limbische System eine Zentralstelle zur Regulierung endokriner, vegetativ-nervaler und psychischer Funktionen, also eine Art vegetatives Gehirn. Reize aus dem Körperinneren und von außen werden verarbeitet und moduliert weitergeleitet. Hier wird die »affektive Tönung des Gesamtverhaltens« eines Menschen, also seine jeweilige Stimmungslage, erzeugt. Das limbische System regt an, Handlungen, die Lust und Freude bereiten, zu wiederholen, und hemmt als »innerer Schweinehund« die Ausführung unangenehmer Tätigkeiten. Als evolutionsgeschichtlich sehr alte Einheit beeinflusst es angeborene Triebe und Instinkte und löst Handlungen in diesem Bereich aus. Emotionale Reaktionen wie Wut, Furcht oder Zuneigung werden hier ganz individuell abgestimmt.

Der *Hippocampus* hat die Form eines Seepferdchens und spielt eine zentrale Rolle bei der Gedächtnis- und Lernfunktion des Gehirns. Die *Amygdala*, auch Mandelkern genannt, ist sehr aktiv bei Angst, Ekel und Aggressionen, weil sie für die Stabilisierung der Gemütslage und ein gesundes Sozialverhalten sorgt. Ferner hat sie eine direkte Verbindung zum Riechhirn, dem olfaktorischen Cortex. Daher lösen unterschiedliche Gerüche verschiedenste Empfindungen aus, die dann über den Hippocampus als Erinnerungen abgespeichert werden.

Das limbische System ist auch bei der Schmerzwahrnehmung beteiligt. Einerseits können Schmerzen über dieses System Befindlichkeiten wie Unruhe oder Trauer auslösen. Andererseits kann es die Schmerzqualität auch beeinflussen, indem in einer euphorischen Stimmung der Schmerz abgeschwächt oder bei gedämpfter Stimmung der Schmerz verstärkt wird.

Störungen im limbischen System werden zum Beispiel bei Epilepsien oder Psychosen wie Schizophrenie, Manie und Depression beobachtet.

10.5.6 Meningen

Das Gehirn und das Rückenmark sind von bindegewebigen Häuten umhüllt, die als Hirnhäute oder *Meningen* bezeichnet werden. Man unterscheidet von außen nach innen:

- Dura mater (harte Hirnhaut)
- Arachnoidea (Spinnwebhaut)
- Pia mater (weiche Hirnhaut).

10.5.6.1 *Dura mater*

Die harte Hirnhaut oder *Dura mater* bildet eine fibröse Schutzkapsel des Gehirns und gleichzeitig das Periost der Schädelinnenfläche. Sie hat die Form einer Badekappe. Zwischen Schädelkalotte und Dura mater verläuft der Epiduralraum. Es handelt sich dabei um einen pathologischen Raum, d.h. dass es bei einer Läsion der A. meningea oder ihrer Äste infolge eines Traumas zur Blutung in diesen Raum kommt.

Man spricht deshalb auch von einer Epiduralblutung. Im Gehirn faltet die Dura mater ihre beiden meist verwachsenen Lagen an bestimmten Stellen auseinander. Es entstehen dadurch die als Sinus bezeichneten venösen Blutleiter. Im Rückenmark besteht die harte Hirnhaut aus einem äußeren und einem inneren Blatt, dem Duralsack. Er umhüllt neben dem Rückenmark die *Cauda equina* sowie mit seitlichen Aussackungen die Spinalganglien und reicht über das Rückenmark hinaus bis zum zweiten oder dritten Sakralwirbel.

10.5.6.2 *Arachnoidea*

Die Spinngewebshaut oder *Arachnoidea* ist eine hauchdünne, »spinnwebartige« bindegewebige Membran. Sie zieht über die Furchen und Windungen des Gehirns und Rückenmarks. Ihre Außenfläche liegt der Dura mater an; dieser Zwischenraum wird als Subduralraum bezeichnet. In diesen Raum fließt das Blut bei der durch Ruptur von Brückenvenen hervorgerufenen Subduralblutung. Oft hilft in diesen Fällen nur die schnellstmögliche Druckentlastung über ein Bohrloch.

Ihre Innenfläche ist mit der weichen Hirnhaut, der *Pia mater,* durch ein bindegewebiges Bälkchenwerk verbunden. Zwischen Arachnoidea und Pia mater befindet sich ein weiterer größerer Raum, der als Subarachnoidalraum oder *Cavitas subarachnoidea* bezeichnet wird. Hier zirkuliert der *Liquor cerebrospinalis*, die Gehirn-Rückenmarks-Flüssigkeit. Blutungen in diesen Bereich bezeichnet man als Subarachnoidalblutung. Sie wird häufig durch rupturierte Aneurysmen, Ausweitungen von größeren Gefäßen, hervorgerufen.

10.5.6.3 *Pia mater*

Diese »weiche Hirnhaut« bedeckt Gehirn und Rückenmark komplett als innerste Schicht. Mit ihrem weichen, zarten Bindegewebe reicht sie in alle Furchen hinein und führt viele Blutgefäße.

10.5.7 Ventrikelsystem

Das Ventrikelsystem liegt tief im Inneren des Gehirns und besteht aus vier Ventrikeln (Abb. 9). Sie werden auch als

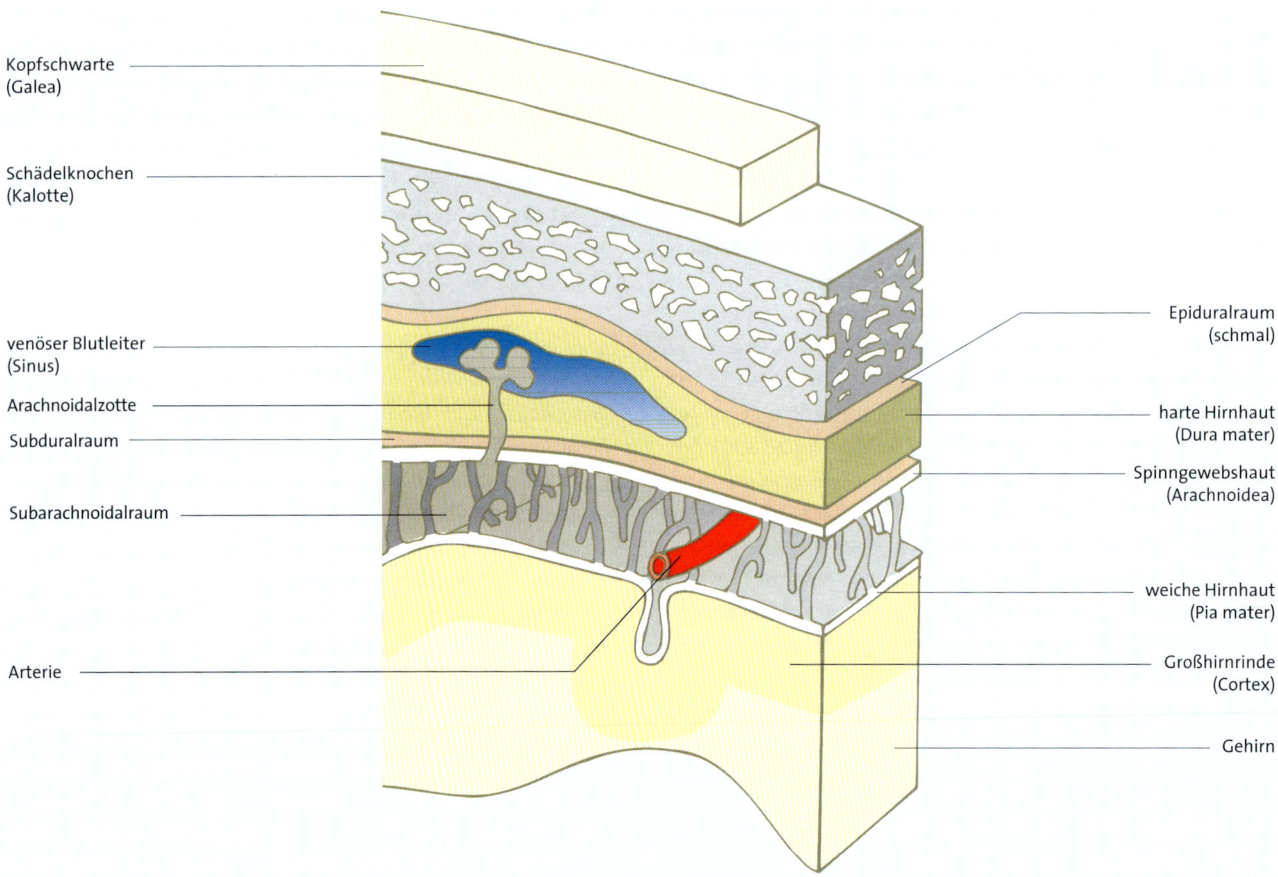

Abb. 8 ▶ Anatomie der hirnumhüllenden Schichten

innere Liquorräume bezeichnet. Im Großhirn liegen der erste und zweite Ventrikel rechts bzw. links als paarige Seitenventrikel. Mit ihren Ausläufern ragen sie in jeden Hirnlappen und sind verbunden über Zwischenkammerlöcher (Foramina Monroi) mit dem dritten Ventrikel. Er befindet sich im Zwischenhirn direkt unter dem Balken. An ihn schließt sich der Aquädukt oder die »Wasserleitung« an, der durch das Mittelhirn fließt und in den vierten Ventrikel übergeht, der in Höhe des Kleinhirns liegt. Hier befinden sich drei Ausflussöffnungen, das Foramen Luschkae rechts und links sowie das Foramen Magendii mittig hinten. Über diese *Aperturae* fließt der Liquor in die äußeren Liquorräume. Dazu zählen der Subarachnoidalraum über der Hirnoberfläche, die Zisternen an der Schädelbasis und der Spinalkanal. Nach unten verschmälert sich der vierte Ventrikel und wird zum Rückenmarkskanal, dem *Canalis centralis*. Er zieht durch das gesamte Rückenmark und ist beim Erwachsenen häufig verschlossen. Da er für den Liquorabfluss keine Rolle mehr spielt, bleibt der Verschluss ohne Folgen.

Das Ventrikelsystem dient der Produktion und Verteilung des Liquor sowie der Gewichtsreduktion des Schädels. Ein Liquorstau oder ein Verschluss der Abflüsse des Liquors aus den Ventrikeln führt zum Hydrocephalus, der in der Umgangssprache als »Wasserkopf« bezeichnet wird.

10.5.8 Liquor

Die als Liquor bezeichnete zerebrospinale Flüssigkeit ist klar wie Wasser und besteht hauptsächlich aus H_2O, Na^+, Cl^-, K^+, wenigen Proteinen und Glukose. Die Gesamtmenge in den Ventrikeln beträgt 125 – 150 ml. Der Liquor, ein Ultrafiltrat vom Plasma, wird in den *Plexus choroidei* gebildet. Diese Adergeflechte liegen am Dach des dritten und vierten Ventrikels und an einem Teil der medialen Wandung der Seiten-

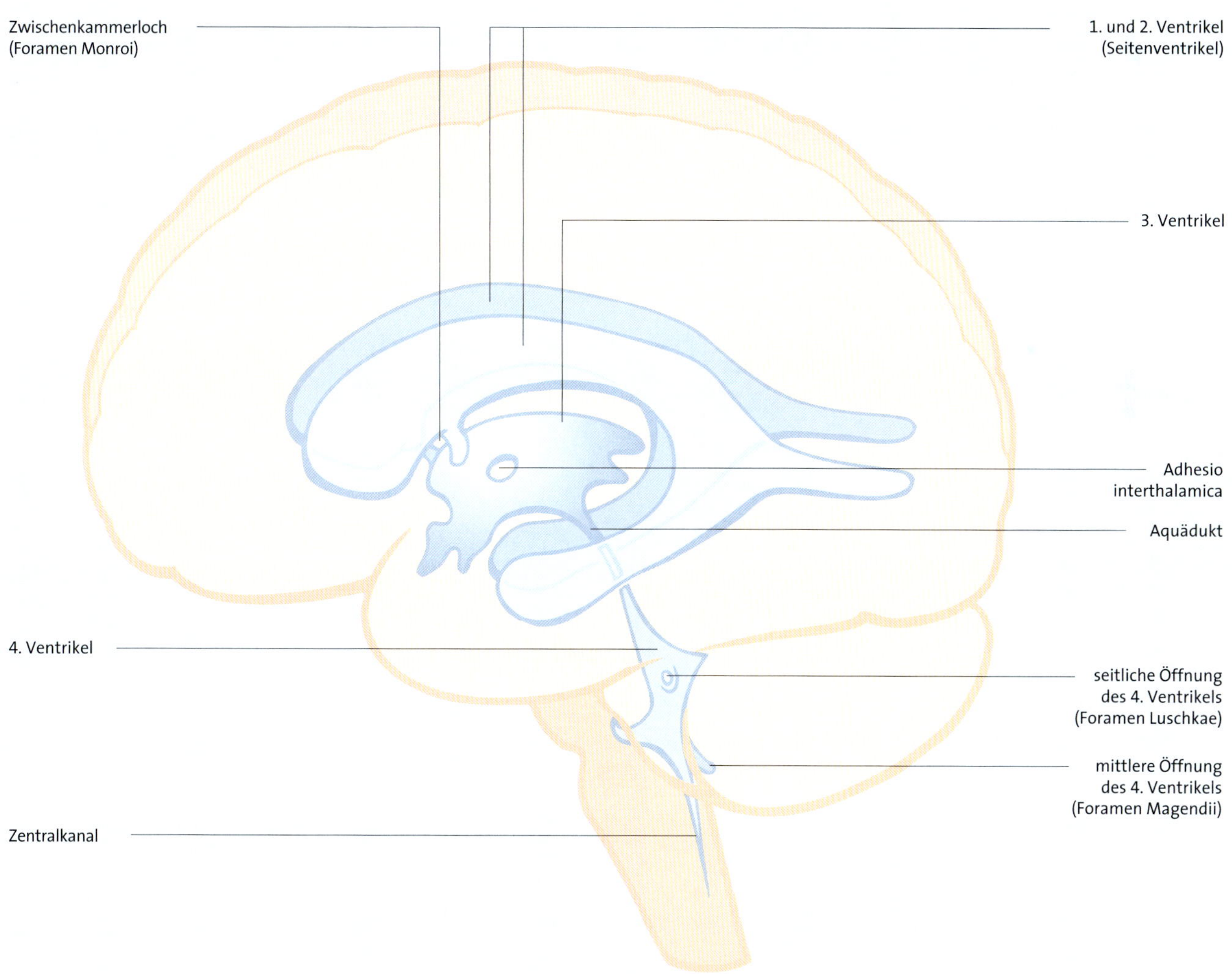

Abb. 9 ▶ Lage der Ventrikel im Längsschnitt

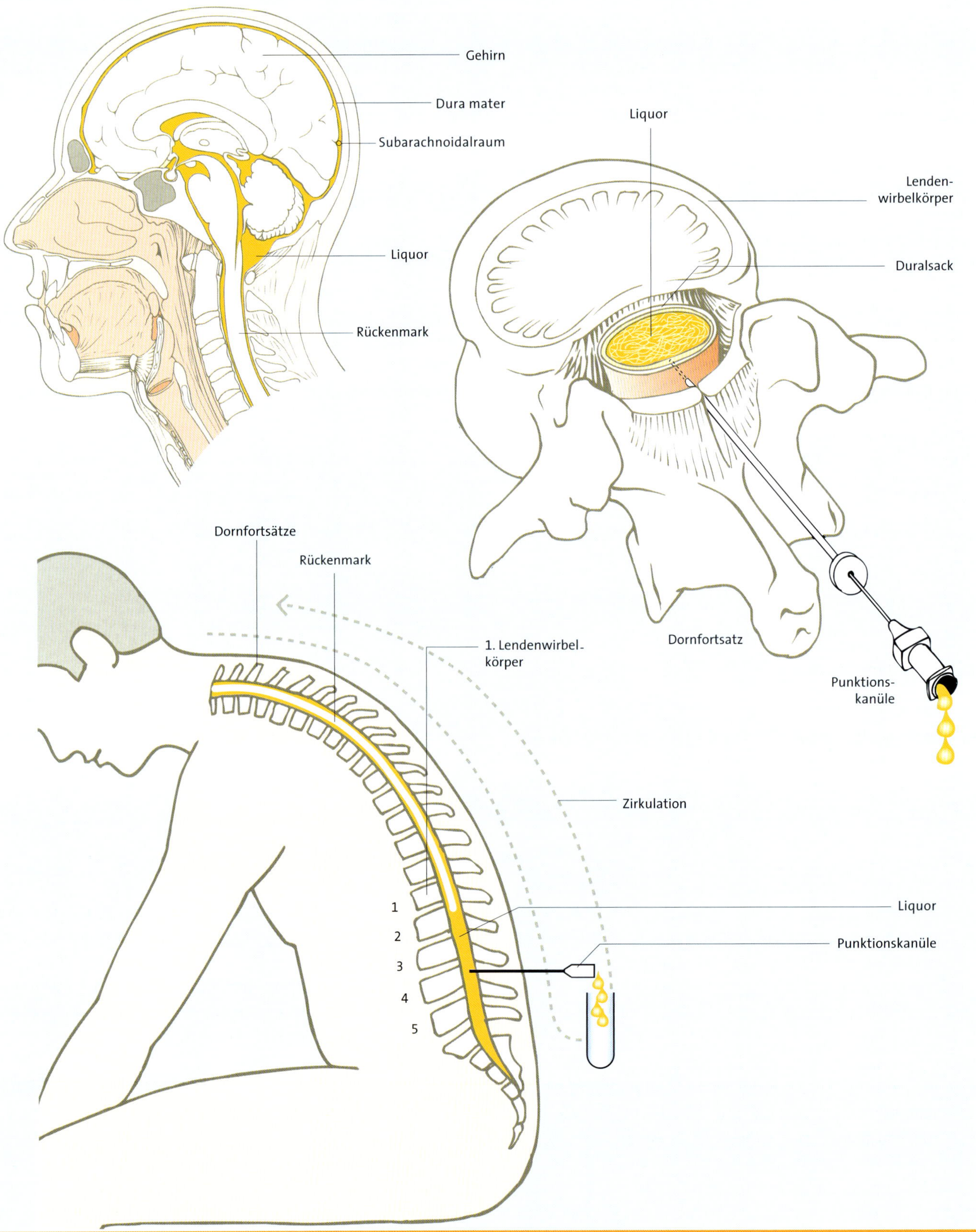

Abb. 10 ▶ Liquorräume, Liquorzirkulation und Liquorentnahme durch Lumbalpunktion

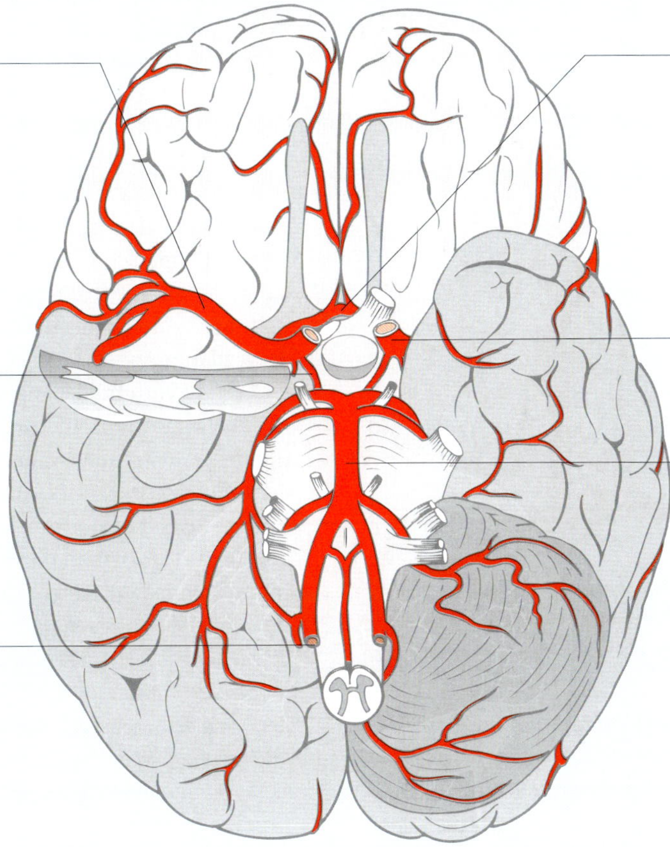

Abb. 11 ▶ Wichtige Arterien des Gehirns

ventrikel. Pro Tag werden 400 – 500 ml neu produziert. Der Abfluss erfolgt über die sogenannten Arachnoidalzotten, die in die venösen Blutleiter münden. In der Arachnoidea findet ein Austausch des Liquors mit dem Blut statt. Hier befindet sich die Blut-Liquor-Schranke, die einem unkontrollierten Austausch entgegensteht und somit einen wesentlichen Anteil an der Liquorzusammensetzung hat. Die Umhüllung des Gehirns mit dem zirkulierenden Liquor bietet mechanischen Schutz vor Stößen und eine Reduktion des Drucks auf das Gehirn durch den Auftrieb wegen der »flüssigen Lagerung«.

Der Liquor eignet sich gut zur Diagnose bei entzündlichen Erkrankungen des ZNS wie Meningitis oder bei Blutungen im Subarachnoidalraum. Die Entnahme des Liquors erfolgt im Rahmen einer Lumbalpunktion: Zwischen drittem und viertem Lendenwirbel wird mit einer Kanüle Liquor zur Untersuchung entnommen. Eine Gefahr der Rückenmarksverletzung besteht hier kaum, da das Rückenmark bei erwachsenen Europäern meist in Höhe des ersten bis zweiten Lendenwirbels endet, der Duralsack mit dem Liquor jedoch bis zum zweiten Sakralwirbel reicht. Ferner können über diesen Weg auch Medikamente, Röntgenkontrastmittel oder – bei der Spinalanästhesie – Anästhetika verabreicht werden.

10.5.9 Blutversorgung des Gehirns

Nervenzellen haben einen hohen Sauerstoffbedarf und können ihre Energie ausschließlich aus Glukose gewinnen. Der Tagesbedarf liegt im Durchschnitt bei 120 g. Daher verbraucht das Gehirn 15 – 20 % des Herzzeitvolumens, obwohl es nur 2 % des Körpergewichts ausmacht. Es erhält in Ruhe ca. 1 Liter Blut pro Minute. Ischämiebedingte Symptome wie Schwindel, Sehstörungen, Übelkeit oder leichte Lähmungen können bereits auftreten, wenn die Durchblutung um ein Drittel sinkt.

10.5.9.1 *Arterielle Versorgung*

Die Blutversorgung erfolgt links und rechts über den Hals durch die beiden Kopf-Halsschlagadern Aa. carotis communis dextra bzw. sinistra und über die Wirbelsäule durch die zwei paarigen Wirbelsäulenarterien Aa. vertebralis dextra und sinistra.

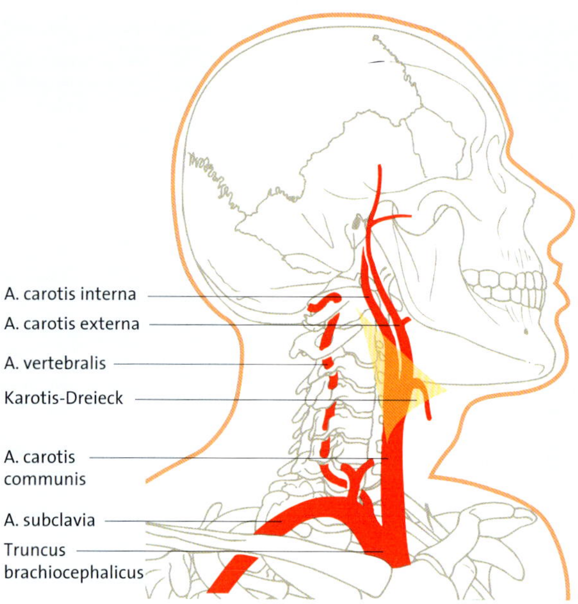

Abb. 12 ▶ Versorgende Arterien des Gehirns

Die A. carotis communis dextra entspringt aus dem *Truncus brachiocephalicus*, dies ist der erste Abgang aus dem Aortenbogen, während die A. carotis communis sinistra direkt aus dem zweiten Abgang hervorgeht. Sie verlaufen beide rechts und links zusammen mit der *V. jugularis*, der Drosselvene, und dem N. vagus unterhalb des *M. sternocleidomastoideus*, dem Kopfnicker. Im *Trigonum caroticum*, dem Karotisdreieck, ist sie bei gestrecktem Hals unter dem Unterkiefer gut sicht- und tastbar. Hier befinden sich auch die Pressorezeptoren des Karotissinus.

Die A. carotis communis teilt sich an der Karotisgabel auf in die A. carotis externa und die A. carotis interna. Als A. carotis externa versorgt sie den Kopf und die oberen Halsorgane wie Kehlkopf, Schilddrüse und Rachen. Als A. carotis interna zieht sie durch Öffnungen an der Schädelbasis in das Schädelinnere zum Gehirn und von hier über die A. ophthalmica auch zu den Augen.

Die A. vertebralis entspringt rechts und links aus der A. subclavia und zieht zur Halswirbelsäule. Hier verläuft sie gut geschützt durch kleine Löcher in den Querfortsätzen, die *Foramina transversaria*. Am Foramen magnum tritt sie in die hintere Schädelgrube ein. Dort vereinigen sich A. vertebralis dextra und sinistra in der A. basilaris. Diese zieht nach frontal und bildet mit der A. carotis interna sinistra und dextra um den Hypophysenstiel einen Arterienring, der auch als *Circulus arteriosus cerebri Willisii* bezeichnet wird.

Er bietet einerseits den Vorteil, dass bei Verschluss eines der vier zuführenden Gefäße das betroffene Gebiet über andere Gefäße versorgt werden kann. Andererseits bilden sich hier insbesondere bei Hypertonie Aneurysmen, sackförmige Gefäßerweiterungen, die bei Ruptur eine lebensbedrohliche Gehirnblutung verursachen. Die aus dem Arterien-

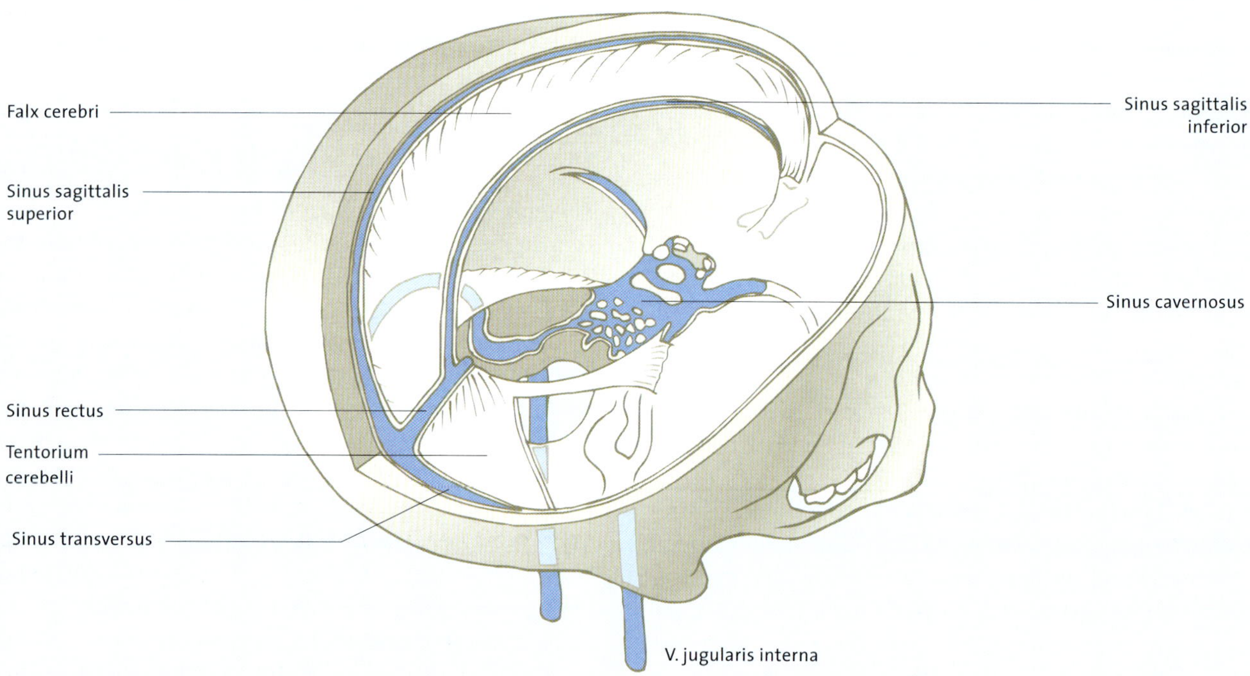

Abb. 13 ▶ Venöses System des Gehirns im Längsschnitt

ring abgehenden Arterien wie zum Beispiel die Aa. cerebri anterior, media oder posterior sind Endarterien.

10.5.9.2 *Venöser Abfluss*

Während die Arterien über die Schädelbasis in das Gehirn ziehen, erfolgt der venöse Abfluss hauptsächlich im Bereich der Gehirnoberfläche. Das venöse Blut fließt aus den Kapillaren durch die Pia mater und sammelt sich in den großen venösen Blutleitern, die *Sinus* genannt werden. Diese entstehen durch Auffaltung der doppellagigen Dura mater und sind mit Endothel ausgekleidet. In ihnen wird das Blut am Gehirn entlang geleitet (ABB. 13 UND 14). Der Austritt ist rechts und links am Foramen jugulare. Dabei handelt es sich um zwei Öffnungen in der Schädelbasis seitlich neben dem Foramen magnum. Dort wird das venöse Blut über die beiden inneren Drosselvenen, die *Vv. jugulares internae*, in die V. cava superior und dann in das rechte Herz geleitet.

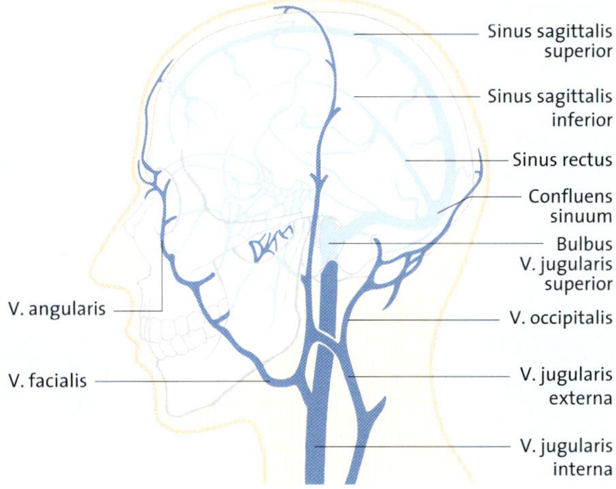

ABB. 14 ▶ Die großen Hirnvenen

10.6 RÜCKENMARK

Die *Medulla spinalis* ist die Verbindung zwischen Gehirn und Spinalnerven. Es handelt sich um einen fingerdicken, 40 – 45 cm langen Strang. Er beginnt am *Foramen magnum*, dem Hinterhauptloch, zieht mitten durch die knöchernen Wirbellöcher und endet bei Erwachsenen meist in Höhe von L1 – L2 am sogenannten *Conus medullaris*. Von hier aus setzt sich das Rückenmark bis zum Kreuzbein in einem Nervenfaserbündel, der *Cauda equina* oder dem sogenannten Pferdeschweif, fort (s. ABB. 17 U. 11.3.2.3).

Auch das Rückenmark besteht wie das Gehirn aus grauer und weißer Substanz, allerdings ist die Anordnung zwischen innen und außen genau umgekehrt. Hier liegt die graue Substanz innen, ist schmetterlingsförmig und enthält die Nervenzellen mit ihren Verzweigungen. Die äußere weiße Substanz enthält aufsteigende (afferente, sensible) und absteigende (efferente, motorische) myelinisierte Bahnen. Über seine gesamte Länge entspringen in regelmäßigen Abständen in der grauen Substanz 31 Paare von Nervenwurzeln, die sich nach wenigen Millimetern jeweils zu Spinalnerven vereinigen.

10.6.1 Graue Substanz

Die graue Substanz lässt sich in ein ventral gelegenes Vorderhorn, ein dorsal gelegenes Hinterhorn und ein Seitenhorn einteilen.

Im *Vorderhorn* liegen die motorischen, also efferenten Nervenzellen, deren Axone die Vorderwurzel bilden. Hier beginnt der motorische Anteil des jeweiligen Spinalnerven, das sogenannte zweite Motoneuron. Es zieht mit seinen Ästen zur quer gestreiften Muskulatur. Der längste periphere Nerv ist der Ischiasnerv, der mit seinen Ästen bis zur Zehenmuskulatur reicht. Bei Störungen kommt es zur schlaffen Lähmung der Muskulatur und auf Dauer zur Muskelatrophie, der Rückbildung des Muskels. Ferner lassen sich in diesem Bereich dann keine Reflexe mehr auslösen, es besteht Areflexie.

Im *Hinterhorn* münden die sensiblen, afferenten Nervenfasern der Peripherie. Hier kommen also über den jeweiligen Spinalnerv Signale an, die durch Berührungen, Druck, Vibrationen, Temperaturempfindungen oder Schmerz in der Peripherie ausgelöst wurden. Die Zellkörper dieser afferenten Fasern liegen im jeweiligen Spinalganglion, das sich zwar außerhalb des Rückenmarks, aber noch innerhalb des Wirbelkanals im *Foramen intervertebrale* befindet. Über zentrale Fortsätze werden die Nervensignale in das Hinterhorn geleitet. Hier können sie zusätzlich auf ein anderes Neuron umgeschaltet werden (VGL. 10.7.2.1), oder sie ziehen direkt über die aufsteigenden Bahnen ins Gehirn.

Im Seitenhorn befinden sich die afferenten und efferenten Nervenzellen des vegetativen Nervensystems: Brust- und Lendenbereich sind dem Sympathikus zugeordnet, der Sakralbereich dem Parasympathikus.

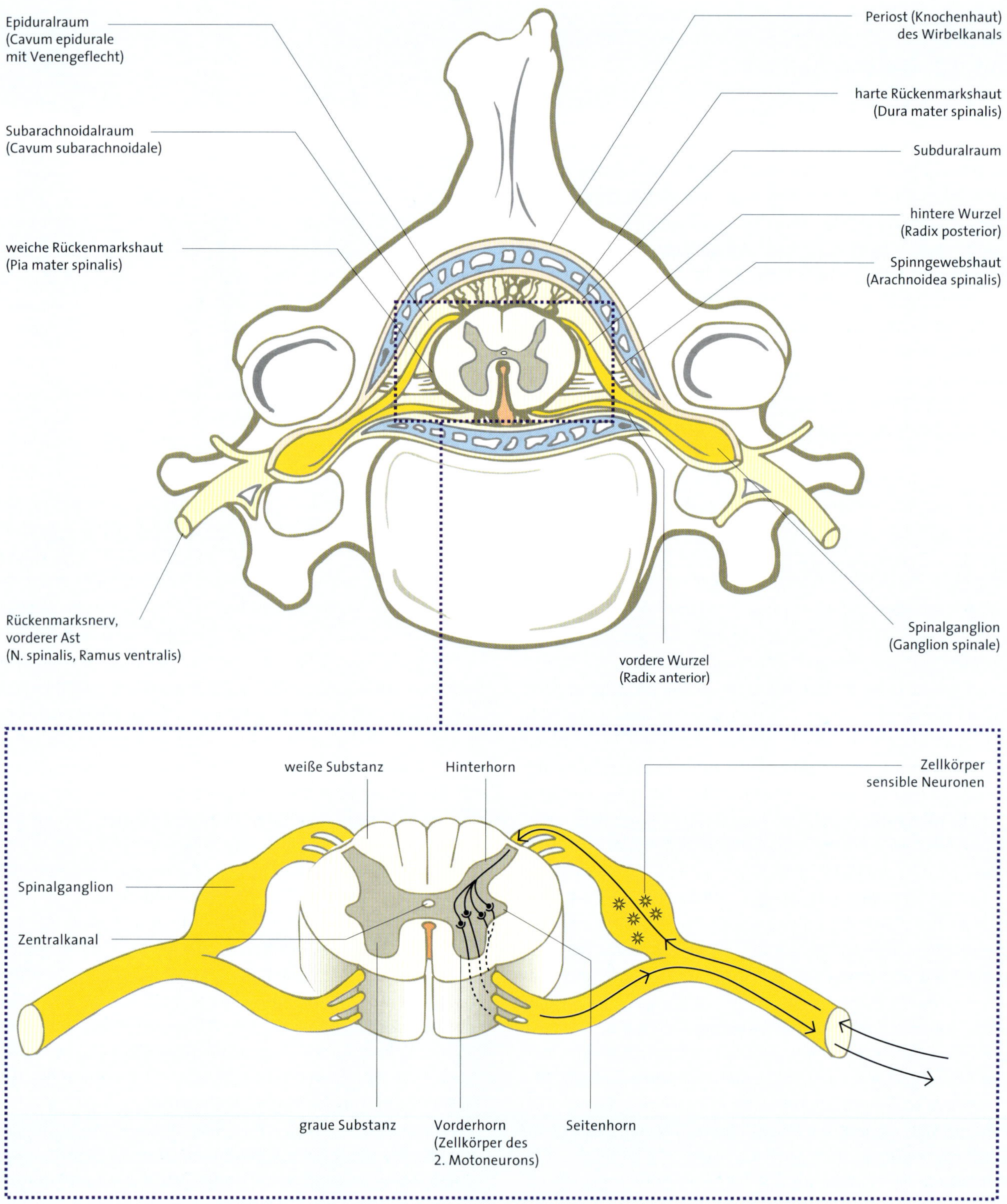

Abb. 15 ▶ Anatomie des Rückenmarks im Querschnitt

10.6.2 Weiße Substanz

In der weißen Substanz befinden sich die auf- und absteigenden Bahnen, in denen die Nervensignale vom Rückenmarksegment ins Gehirn oder zurück geleitet werden.

In den aufsteigenden Bahnen werden die Informationen aus der Peripherie oder dem Körper an das ZNS geleitet. Über die Hinterstrangbahn, die in der Medulla oblongata kreuzt, werden Berührung, leichter Druck, Vibrationen und die Tiefensensibilität übermittelt. Die auf Segmentebene kreuzende Vorderseitenstrangbahn leitet groben Druck, Schmerz- und Temperaturempfindung.

Die absteigenden Bahnen leiten die Informationen aus dem ZNS an den Körper oder die Peripherie. Man unterscheidet die Pyramidenbahn für die Willkürmotorik und die extrapyramidalen Bahnen für unwillkürliche Motorik.

10.6.2.1 *Pyramidenbahn*

Die Pyramidenbahn entspringt in der Großhirnrinde und wird auch als erstes Motoneuron bezeichnet. Für die Willkürmotorik des Kopfes zieht sie als sogenannter Tractus corticonuclearis zu den Kernen der Hirnnerven. Für die Willkürmotorik des Rumpfes und der Extremitäten muss sie zu den Vorderhornzellen des Rückenmarks ziehen und wird dann als Tractus corticospinalis bezeichnet. An den jeweiligen Endstellen wird sie umgeschaltet auf den peripheren Nerv, der das zweite Motoneuron darstellt, und mündet an den motorischen Endplatten der Körpermuskulatur. Die bereits in der Medulla oblongata gekreuzten Fasern verlaufen in der Pyramidenseitenstrangbahn. Die restlichen Fasern verlaufen in der Pyramidenvorderstrangbahn und kreuzen im Zielsegment des Rückenmarks.

Bei Schädigung der Pyramidenbahn kommt es zu Störungen der Feinmotorik, Lähmungen, Steigerung der Eigenreflexe und Abschwächung bis Verlust der Fremdreflexe sowie pathologischen Reflexen. Je nachdem, ob das erste oder zweite Motoneuron geschädigt ist, unterscheidet man eine spastische und eine schlaffe Lähmung (TAB. 5). Bei der spastischen oder zentralen Lähmung bewirkt die Störung des ersten Motoneurons einen Hypertonus der Muskulatur – die sogenannte Spastik –, gesteigerte Eigenreflexe – sogenannte Hyperreflexie – sowie pathologische Reflexe wie den Babinski-Reflex. Hierbei kommt es beim Bestreichen des lateralen Randes der Fußsohle zur Dorsalextension der Großzehe sowie zur Plantarflexion und Spreizung der kleinen Zehen. Er ist ein frühkindlicher (»primitiver«) Fremdreflex und nur bei Kleinkindern bis zum ersten Lebensjahr physiologisch.

Tritt eine periphere oder schlaffe Lähmung auf, ist das zweite Motoneuron, also der periphere Nerv, geschädigt. In diesen Fällen zeigen sich ein Hypotonus der Muskulatur, abgeschwächte oder erloschene Eigenreflexe und Muskelatrophie. Ein Beispiel hierfür ist die Poliomyelitis. Bei dieser Erkrankung greift das Virus bei 0,1 % der Infizierten das Vorderhorn an und zerstört die motorischen Ganglienzellen. Das Ergebnis sind die typischen schlaffen Lähmungen der entsprechenden Muskelgruppen. Da das Hinterhorn nicht geschädigt wird, bestehen keine sensiblen Ausfälle, d. h. der Patient spürt es, wenn man zum Beispiel sein gelähmtes Bein berührt.

TAB. 5 ▶ Vergleich zwischen zentraler und peripherer Lähmung

	zentrale »spastische« Lähmung	periphere »schlaffe« Lähmung
Lokalisation	1. motorisches Neuron	2. motorisches Neuron
Muskeltonus	hyperton (kann anfangs auch schlaff sein)	hypoton
Muskelatrophie	nein	ja
grobe Muskelkraft	vermindert	vermindert
Feinmotorik	fehlt, nur Massenbewegungen möglich	beeinträchtigt
Eigenreflexe	können anfangs normal sein, später gesteigert	herabgesetzt oder erloschen
pathologische Reflexe	vorhanden	keine
Fremdreflexe	abgeschwächt	fehlen (beim betroffenen Erfolgsmuskel)

10.6.2.2 *Extrapyramidale Bahnen*

Diese Bahnen entspringen unterhalb der Hirnrinde und in zahlreichen anderen Kerngebieten im Gehirn. Ihr wichtigster Bestandteil sind die Basalganglien und der häufigste Neurotransmitter ist das Dopamin. Sie sind mit dem Pyramidalsystem parallel geschaltet und stehen in Verbindung mit der Großhirnrinde, dem Kleinhirn, dem visuellen System sowie dem Gleichgewichtssinn. Ihre Hauptfunktion ist die Regulierung des Muskeltonus, von unwillkürlichen und koordinierenden Bewegungen, Körperhaltung, Ausdrucks- und Abwehrbewegungen sowie des Gleichgewichts. Sie sorgen für die Geschwindigkeit und Geschmeidigkeit der Bewegungen. Eine typische Störung des extrapyramidalen Systems findet sich bei der Parkinson-Krankheit mit den Symptomen Hypo- oder Akinese, Ruhetremor und Rigor. Auch die Chorea Huntington, der »Veitstanz«, mit regellosen, plötzlich einschießenden unwillkürlichen und häufig asymmetrischen Bewegungen gehört in diesen Bereich.

10.7 Peripheres Nervensystem

Zum peripheren Nervensystem gehören die Hirnnerven, die Spinalnerven und die peripheren Ganglien.

10.7.1 Hirnnerven

Jeder Mensch besitzt zwölf Hirnnervenpaare. Ihr Name leitet sich davon ab, dass sie das ZNS oberhalb des Rückenmarks, also im Schädel verlassen. Zu ihren Funktionen zählt die Versorgung von Kopf- und Halsbereich sowie eines Großteils der inneren Organe. Ferner verbinden sie alle Sinnesorgane mit dem Gehirn. Ihre Nummerierung von I bis XII erfolgt in der Reihenfolge ihres Austritts aus dem ZNS:

- Großhirn: I
- Zwischenhirn: II
- Mittelhirn: III + IV
- Pons: V – VII, ein Teil von VIII
- Medulla oblongata: ein Teil von VIII, IX – XII.

Es gibt rein sensorische Nerven, die nur afferente Bahnen haben, oder rein motorische, die nur efferente Bahnen aufweisen, und Nerven, die sowohl sensorisch-sensible als auch motorische und parasympathische Anteile besitzen. Sie werden als »gemischte Nerven« bezeichnet. Tabelle 6 zeigt die wichtigsten Funktionen der Hirnnerven.

»Eselsbrücke« für die Reihenfolge der Hirnnerven nach Anfangsbuchstaben:
Onkel Otto Orgelt Tag Täglich, Aber Freitags Verspeist er Gerne Viele Alte Hamburger.

10.7.2 Spinalnerven

Die 31 paarigen Spinalnerven verbinden das Rückenmark mit der Peripherie und sind gemischte Nerven. Sie enthalten afferente und efferente willkürliche und unwillkürliche Nervenfasern.

- afferent willkürlich: Verbindung von Haut- oder Schmerzrezeptor zum Rückenmark
- efferent willkürlich: Weg vom motorischen Vorderhorn zum Skelettmuskel
- afferent unwillkürlich: Verbindung von Eingeweiden, Gefäßen und Drüsen zum Rückenmark
- efferent unwillkürlich: Weg vom Rückenmark zu Eingeweiden, Gefäßen und Drüsen.

Jeder Spinalnerv versorgt sensibel bestimmte Hautareale, die als Dermatome bezeichnet werden. Daher können Schmerzen oder Parästhesien, d.h. Missempfindungen wie Kribbeln, Brennen oder Taubheitsgefühle, an umschriebenen Körperstellen Rückschlüsse auf die entsprechende Störung im Rückenmark erlauben. Bei der Gürtelrose, dem Herpes zoster, wird der Dermatombezug besonders deutlich. Das Virus wandert aus dem befallenen afferenten Neuron des Spinalganglions auf die Hautoberfläche. Im betroffenen Dermatom finden sich dann die typischen Bläschen.

Der Phantomschmerz funktioniert auf ähnliche Weise. Nach Amputation einer Extremität sind die zugehörigen Nervenwurzeln im Rückenmark und auch die Anfänge der Nerven noch erhalten. Kommt es zur Reizung dieser Wurzeln, zum Beispiel durch Prothesen, denkt das Gehirn aus früherer Erfahrung, dass die Extremität betroffenen sei, und signalisiert Schmerzen in der nicht mehr vorhandenen Extremität. Mit der Zeit stellt sich das Gehirn jedoch auf die veränderte Situation ein, die zugehörigen Bereiche im ZNS werden überlagert.

Auch innere Organe stehen nerval mit bestimmten Hautgebieten in Beziehung, man bezeichnet sie als Head-Zonen.

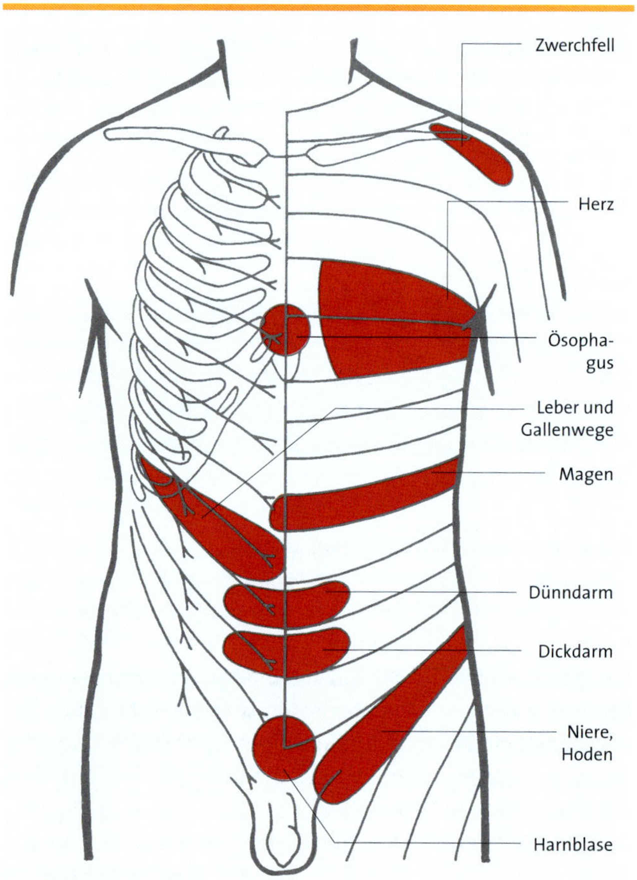

Abb. 16 ▶ Schmerzzonen

TAB. 6 ▶ Wichtigste Funktionen der Hirnnerven

Nr.	Name	Fasern	Funktion
I	N. olfactorius (Riechnerv)	afferent	beginnt am Riechepithel der Nasenschleimhaut und zieht ins Gehirn zum Bulbus olfactorius
II	N. opticus (Sehnerv)	afferent	beginnt an der Retina des Auges und zieht durch das Gehirn zum Sehzentrum
III	**N. oculomotorius (Augen bewegender Nerv)**	**gemischt**	**versorgt motorisch den Lidheber und vier der sechs Augenmuskeln; bewirkt über parasympathische Fasern die Verengung der Pupille und die Kontraktion des Ziliarmuskels für die Anpassung der Linse zur Nah-Fern-Akkomodation**
IV	N. trochlearis (Rollnerv)	efferent	versorgt motorisch den oberen schrägen Augenmuskel
V	N. trigeminus (Drillingsnerv)	gemischt	1. Ast: N. ophthalmicus (Augenhöhlennerv), versorgt sensibel Stirn, Stirnhöhlen, Oberlider der Augen, Augenhöhle und Nasenrücken 2. Ast: N. maxillaris (Oberkiefernerv), versorgt sensibel Gesichtshaut unter der Orbita, Nasenschleimhaut, Wangenbereich, Oberlippe und Zähne des Oberkiefers 3. Ast: N. mandibularis (Unterkiefernerv), versorgt sensibel Unterkiefer, Rest von Wange und Kinn, Unterlippe und Zähne des Unterkiefers; innerviert motorisch alle Kau- und Mundbodenmuskeln
VI	**N. abducens (abziehender Nerv)**	**efferent**	**versorgt motorisch den seitlichen geraden Augenmuskel**
VII	**N. facialis (Gesichtsnerv)**	**gemischt**	**versorgt motorisch die mimische Muskulatur des Gesichtes, führt Geschmacksfasern (N. intermedius) und sekretorische Fasern (N. petrosus major) für Tränen-, Nasen- und Gaumendrüsen**
VIII	N. vestibulocochlearis (Gleichgewichts- und Hörnerv)	afferent	leitet die Impulse aus dem Vestibularorgan (Gleichgewichtsorgan) und dem Cochlearorgan (Hörorgan) zum Gehirn
IX	N. glossopharyngeus (Zungen-, Schlund- oder Geschmacksnerv)	gemischt	leitet Geschmackseindrücke vom hinteren Zungendrittel, Schmerzempfindungen von Mundhöhle und Schlund; innerviert einen Teil der Schlundmuskulatur und regelt die Durchblutung der Mundschleimhaut
X	**N. vagus (»herumstreifender« Nerv)**	**gemischt**	**Hauptnerv des parasympathischen Systems, zieht u.a. zu den Kreislauf-, Atmungs- und Verdauungsorganen; führt ferner Fasern für die willkürliche Betätigung der Kehlkopfmuskulatur (N. recurrens) und bestimmter Schlundmuskeln**
XI	N. accessorius (»zusätzlicher« Nerv)	efferent	versorgt motorisch den M. sternocleidomastoideus und den M. trapezius
XII	**N. hypoglossus, (Zungennerv)**	**efferent**	**steuert die Zungenbodenmuskulatur und die Kehlkopfbewegung**

Rettungsdienstlich relevante Hirnnerven sind hervorgehoben.

Bei Erkrankung eines Organs kommt es daher zu Schmerzen in diesem Bereich. Gleichzeitig kann man dort mit Anwendungen, beispielsweise Wärme oder Injektionen, heilende Einflüsse anstoßen.

10.7.2.1 *Spinalnervenplexus*

Jeder Spinalnerv teilt sich nach seinem Austritt in vier verschiedene Äste auf. Die hinteren Äste versorgen sensibel und motorisch die Haut des Rückens und die Rückenmuskulatur. Die rückläufigen Äste sind für die sensible Versorgung der Rückenmarkshäute und die Bänder der Wirbelsäule zuständig. Die Verbindungsäste verbinden die sympathischen Anteile des vegetativen Nervensystems mit dem bewussten Nervensystem. Die vorderen Äste bilden teilweise Nervengeflechte, sogenannte Spinalnervenplexus. Danach teilen sie sich erneut in einzelne periphere Nerven auf. Man unterscheidet:

1. Plexus cervicalis – Halsgeflecht (C1 – C4)
2. Plexus brachialis – Armgeflecht (C5 – Th1)
3. Plexus lumbalis – Lendengeflecht (L1 – L4)
4. Plexus sacralis – Kreuzgeflecht (L4 – S3).

Der *Plexus cervicalis* versorgt die Haut und die Muskeln in der Hals- und Schulterregion und über den N. phrenicus das Diaphragma.

Der *Plexus brachialis* ist zuständig für Nacken, Schulter und Arme. Im Arm teilt er sich in den N. radialis, N. medianus und N. ulnaris.

Der *N. radialis* oder Speichennerv zieht an der Streckseite des Armes zum Unterarm. Er versorgt motorisch die Extensoren, die Strecker des Ober- und Unterarms. Seine sensiblen Bahnen betreffen die Streckseite von Ober- und Unterarm sowie einen Teil des Handrückens. Bei Schädigung wird die sogenannte Fallhand beobachtet: Bei aufrecht oder horizontal gehaltenem Unterarm hängt die Hand mit leicht im Grundgelenk gebeugten Fingern herab, sie kann nicht mehr gestreckt werden.

Der *N. ulnaris* oder Ellennerv verläuft an der inneren Beugeseite des Armes. Er versorgt motorisch die Flexoren, die Beuger am Unterarm und an den Handmuskeln. Seine sensiblen Areale sind die Hautbezirke der Finger 4 und 5 sowie des angrenzenden Handrückens. Bei Schädigung tritt die sogenannte Krallenhand auf, die Finger können nicht mehr gestreckt werden.

Der *N. medianus* oder Mittelnerv verläuft daumenwärts an der Beugeseite des Armes. Er versorgt motorisch die Flexoren am Unterarm und Daumen und sensibel die Hautbezirke der Finger 1 bis 4 sowie die angrenzende Handinnenfläche. Bei Schädigung kommt es beim Versuch, eine Faust zu ballen, zur Schwurhand.

Der *Plexus lumbalis* versorgt die untere Bauchwand, die äußeren Geschlechtsorgane sowie die Hautgebiete und Muskeln ventral und lateral des Beines. Sein wichtigster Nerv ist der N. femoralis. Er innerviert vor allem die sogenannte Extensorengruppe des Oberschenkels, den M. sartorius und den M. quadriceps femoris. Ein klinisches Zeichen für seine Lähmung ist, dass die Beugung des Knies nicht gehemmt werden kann. Die Kranken drücken mit der Hand auf das Knie, um es in Streckstellung zu bringen.

Der *Plexus sacralis* versorgt das Gesäß, Teile des Perineums sowie die dorsalen und lateralen Anteile der unteren Gliedmaßen. Sein wichtigster Nerv ist der N. ischiadicus, der Ischiasnerv, der sich im Unterschenkel in zwei Äste aufspaltet, den N. tibialis und den N. fibularis oder peroneus. Bei der Peroneuslähmung kommt es durch Ausfall des Fußhebers zum Hängefuß und zum typischen Steppergang. Das Bein wird extrem hoch angehoben und mit der Fußspitze zuerst aufgesetzt. Die Lähmung des N. tibialis bewirkt den Ausfall der oberflächlichen und tiefen Wadenmuskeln, es ist dann kein Zehenstand mehr möglich.

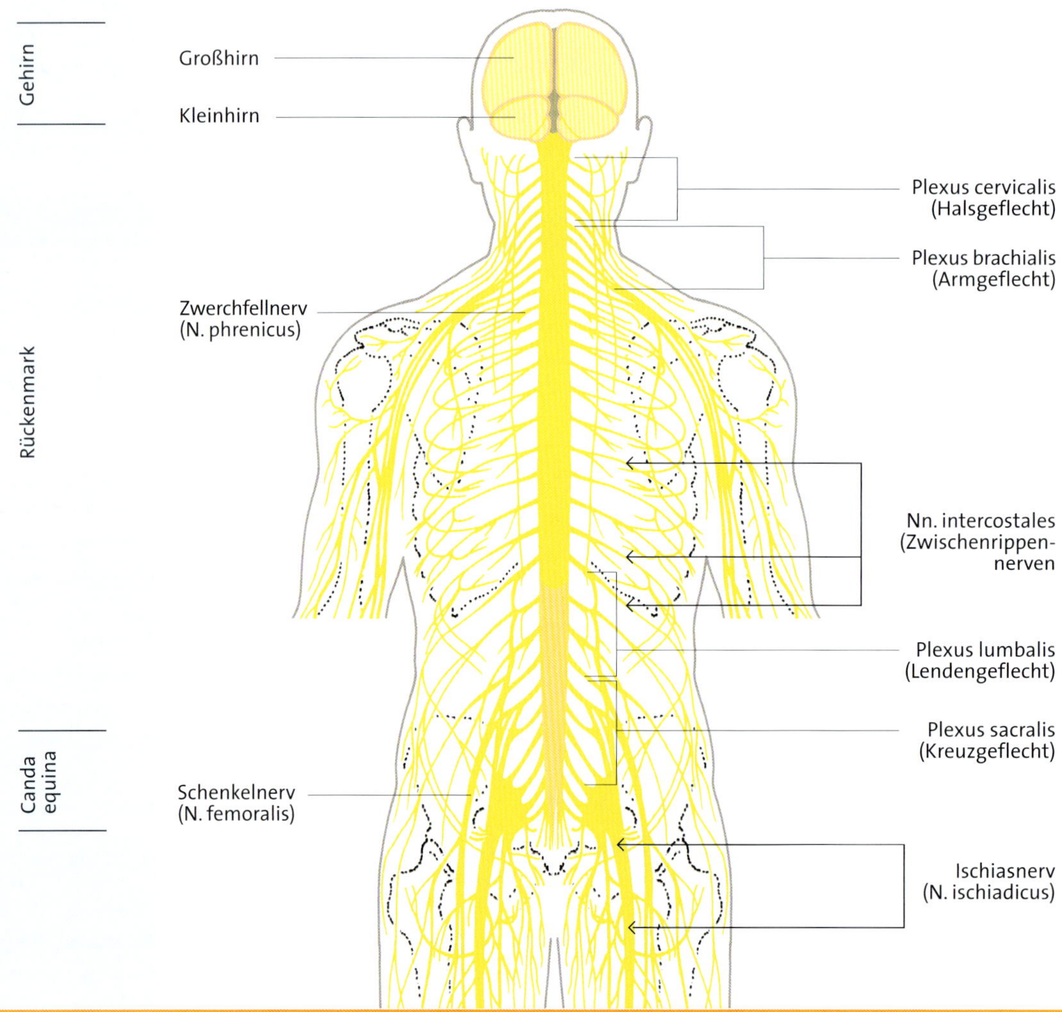

Abb. 17 ▶ Spinalnervenplexus

10.7.2.2 *Reflexe*

Um das Bewusstsein zu entlasten, werden bestimmte Nervensignale reflektorisch gesteuert. So wird zum Beispiel ständig der Muskelgrundtonus angepasst, das Augenlid schließt und öffnet sich regelmäßig zur Verteilung der Tränenflüssigkeit und der Speichel »läuft im Munde zusammen« beim Anblick einer schmackhaften Mahlzeit. Auch bei Gefahr sind Reflexe wichtig und zum Teil sogar lebensrettend, weil das Bewusstsein viel zu lange brauchen würde, um die Situation zu analysieren.

> Ein Reflex ist eine vom Willen unabhängige, stereotype Antwort eines Organs bzw. Gewebes auf einen Reiz.
> Das Organ, das den Reiz erhält, heißt Rezeptor.
> Das Organ, das die Antwort gibt, heißt Erfolgsorgan oder Effektor.

Der Ablauf eines Reflexes – d.h. die Stationen, die schematisch nacheinander aktiviert werden – wird als Reflexbogen bezeichnet: Ein Rezeptor eines Endorgans, zum Beispiel von Muskelspindeln oder Hautrezeptoren, nimmt einen Reiz auf und übersetzt ihn in neuronale Erregungen. Sensible Nervenfasern leiten das Signal über afferente Bahnen zum Reflexzentrum im ZNS in das Hinterhorn im Rückenmark. Dort erfolgt die monosynaptische oder polysynaptische Umschaltung zum Vorderhorn sowie eine sensorische Weiterleitung zum Gehirn. Das Signal wird sofort vom Vorderhorn über efferente Fasern zum Erfolgsorgan, dem Effektor, weitergeleitet, zum Beispiel zu einem Muskel. Anschließend erfolgt eine hemmende Reaktion vom Großhirn über die Pyramidalbahnen, beispielsweise erschlafft der Muskel wieder.

Ein Beispiel hierfür ist der Patellarsehnenreflex (Abb. 19). Bei einem Schlag auf die Sehne des M. quadriceps femoris unterhalb der Patella kommt es zu einer Kontraktion des Muskels mit der Folge, dass sich das Kniegelenk streckt und dadurch der Unterschenkel angehoben wird. Durch die anschließende Hemmung über die Pyramidenbahn erschlafft der Muskel wieder.

Reflexe werden in der Medizin zur Überprüfung der Funktion der entsprechenden Nervenbahnen herangezogen. Man unterscheidet hierbei Eigen- und Fremdreflexe (Tab. 7).

Zu den Fremdreflexen gehören auch die frühkindlichen Reflexe, die nur bis zum Ende des ersten Lebensjahres physiologisch sind. Hierzu gehören Schreitreflex, Suchreflex, Saug-Schluck-Reflex, palmarer und plantarer Greifreflex und der Babinski-Reflex. Können diese Reflexe beim Erwachsenen ausgelöst werden, ist die Pyramidenbahn gestört.

Tab. 7 ▶ Eigen- und Fremdreflexe

1. Eigenreflexe	
	– Rezeptor und Effektor liegen in demselben Organ.
	– Es gibt nur eine Umschaltung (monosynaptisch).
	– Die Antwort ist nur eine kurze Einzelzuckung.
	– unermüdbar, unabhängig von der Stärke des Reizes
Beispiele:	Masseterreflex, Bizepssehnenreflex, Brachioradialisreflex, Trizepssehnenreflex, Patellarsehnenreflex, Achillessehnenreflex
2. Fremdreflexe	
	– Rezeptor und Effektor liegen in unterschiedlichen Organen.
	– Es erfolgt mehrmalige Umschaltung (polysynaptisch).
	– Die Antwort erfolgt langsamer als beim Eigenreflex und dauert auch länger an.
	– ermüdbar, d.h. es gibt einen Gewöhnungseffekt, nach mehrmaligem Auslösen wird die Reaktion schwächer bzw. bleibt aus
	– teilweise erst nach mehrmaliger bzw. länger andauernder Reizung auslösbar
Beispiele:	Pupillenreflex, Kornealreflex, Niesreflex, Würgereflex, Bauchhautreflex, Kremasterreflex, Analreflex, epigastrischer Reflex

10.7.3 Ganglien

Ganglien sind knotenartige Anhäufungen von Nervenzellkörpern. Im Bereich des Rückenmarks findet man sensible und vegetative Ganglien. Die sensiblen Ganglien werden auch als Spinalganglien bezeichnet und enthalten die Zellkörper des ersten afferenten Neurons, und zwar willkürliche und unwillkürliche. Die vegetativen Ganglien, zum Beispiel die parasympathischen Kopfganglien oder der sympathische Grenzstrang, sind eine Art Zwischenverschaltung. Die efferenten Bahnen bestehen im vegetativen Nervensystem aus zwei Neuronen. Das präganglionäre Neuron zieht vom Seitenhorn des Rückenmarks zum Ganglion, wird dort verschaltet und zieht als postganglionäres Neuron vom Ganglion zum Erfolgsorgan, beispielsweise einer Drüse oder der glatten Muskulatur. Die Ganglien stehen vertikal untereinander in Verbindung, dies bewirkt eine bessere Koordination.

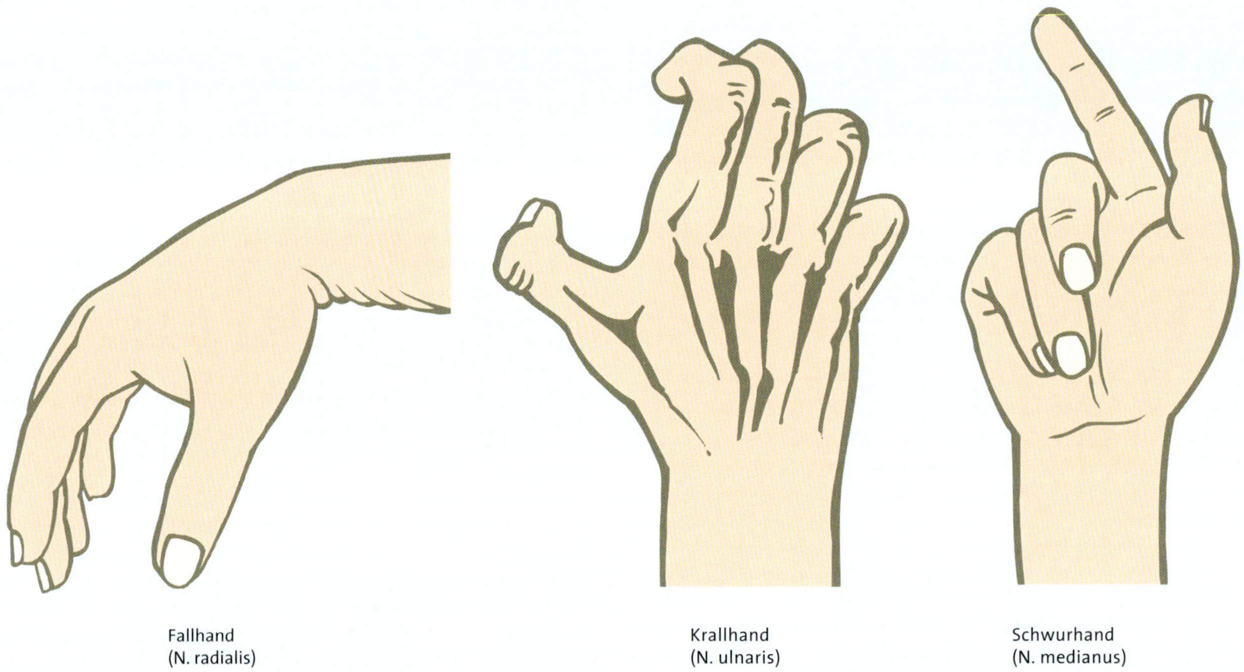

Abb. 18 ▶ Symptome bei Schädigung der Nerven des Unterarms

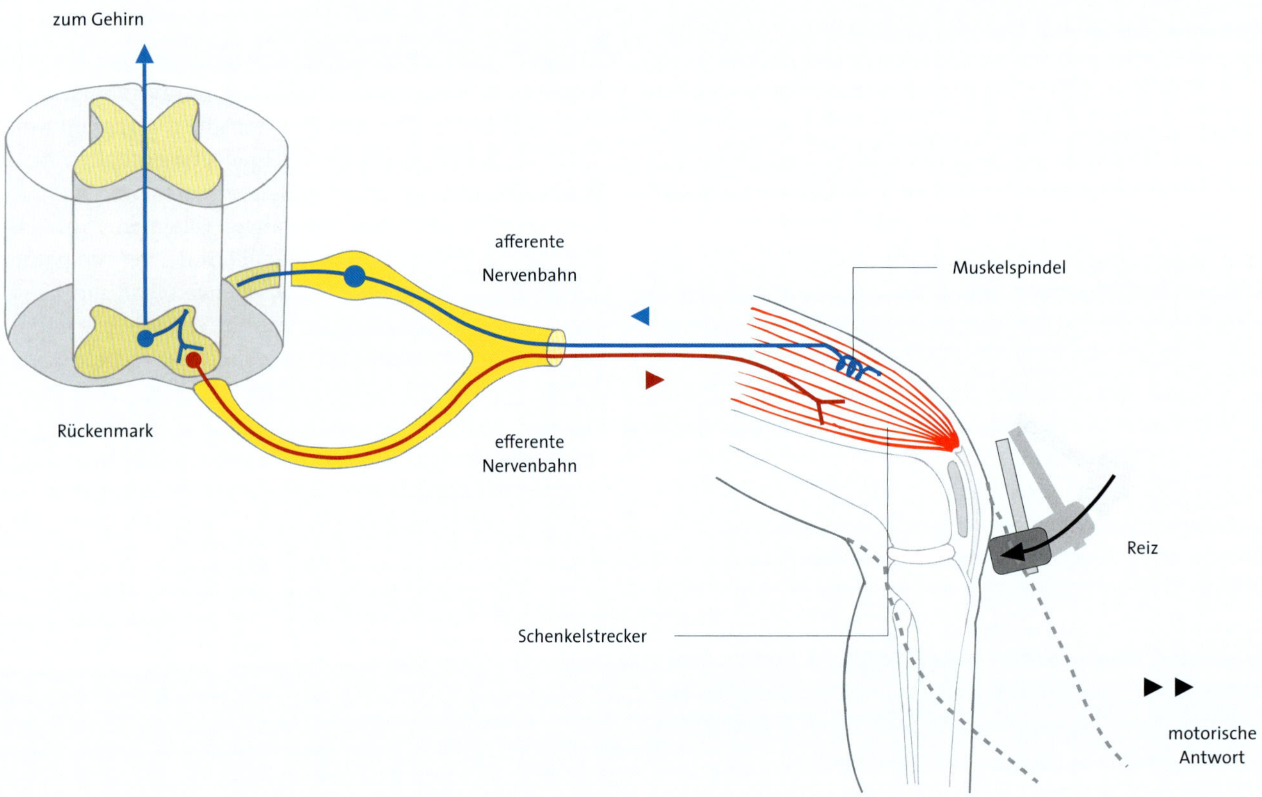

Abb. 19 ▶ Funktionsweise des Patellarsehnenreflexes (Reflexbogen)

11 Bewegungsapparat

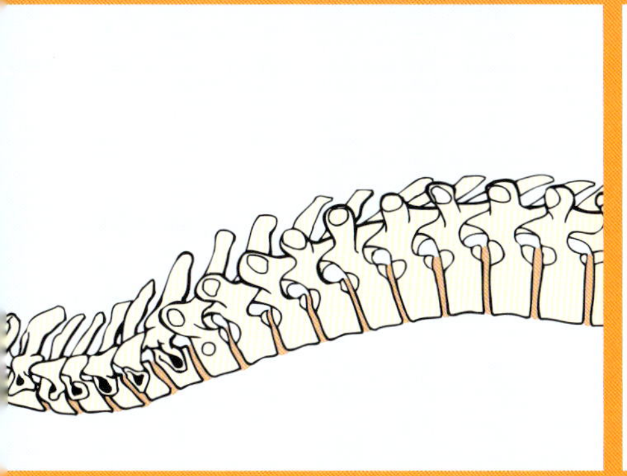

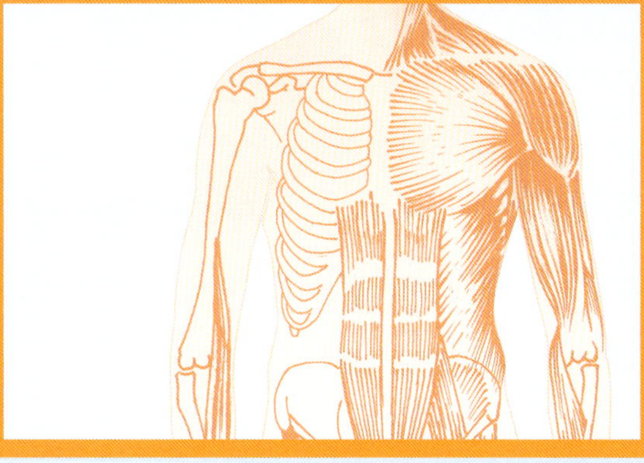

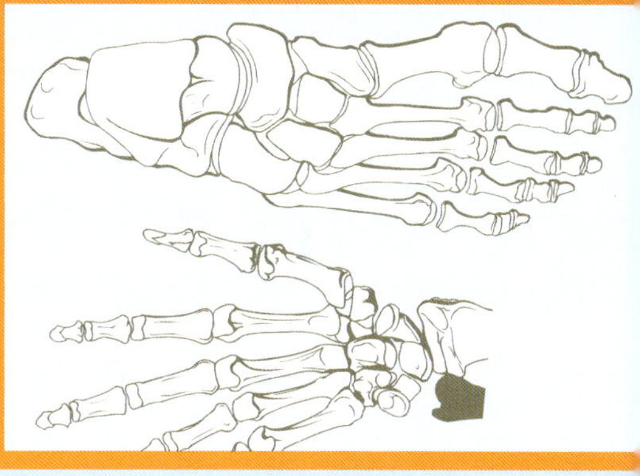

Inhalt:

11.1 Orientierung am Körper 226

11.2 Skelettsystem 229

11.3 Spezielle Anteile des Skeletts 238

11.1 Orientierung am Körper

Für die genaue Lageangabe von Körperteilen sind exakt festgelegte Begrifflichkeiten entwickelt worden. Zum einen handelt es sich um die Achsen und Ebenen, zum anderen um die Lage- und Richtungsbezeichnungen sowie die Bewegungsrichtungen des Körpers.

11.1.1 Körperachsen

Man kann je nach ihrer Ausrichtung drei Körperachsen beschreiben (Abb. 1).

1. *Longitudinalachse* (Längsachse oder Vertikalachse): steht bei aufrechtem Stand senkrecht zur Unterlage (*Beispiel:* Drehung um die Längsachse = Pirouette)
2. *Horizontalachse* (Querachse oder Transversalachse): verläuft waagerecht und steht senkrecht auf der Längsachse (*Beispiel:* Drehung um die Querachse = Salto)
3. *Sagittalachse* (Pfeilachse): verläuft von der Hinterfläche zur Vorderfläche des Körpers bzw. umgekehrt und steht jeweils senkrecht zur Quer- und Längsachse (*Beispiel:* Drehung um die Pfeilachse = Rad schlagen).

11.1.2 Körperebenen

Ebenfalls nach der Ausrichtung unterscheidet man drei Körperebenen.

1. *Frontalebene:* alle parallel zur Stirn ausgerichteten Ebenen werden als Frontalebene bezeichnet (*Beispiel:* eine aufgesetzte Brille).
2. *Transversalebene*: alle Schnittebenen, die den Körper parallel zum Boden durchschneiden (*Beispiel:* ein um die Hüften kreisender Hula-Hoop-Reifen).

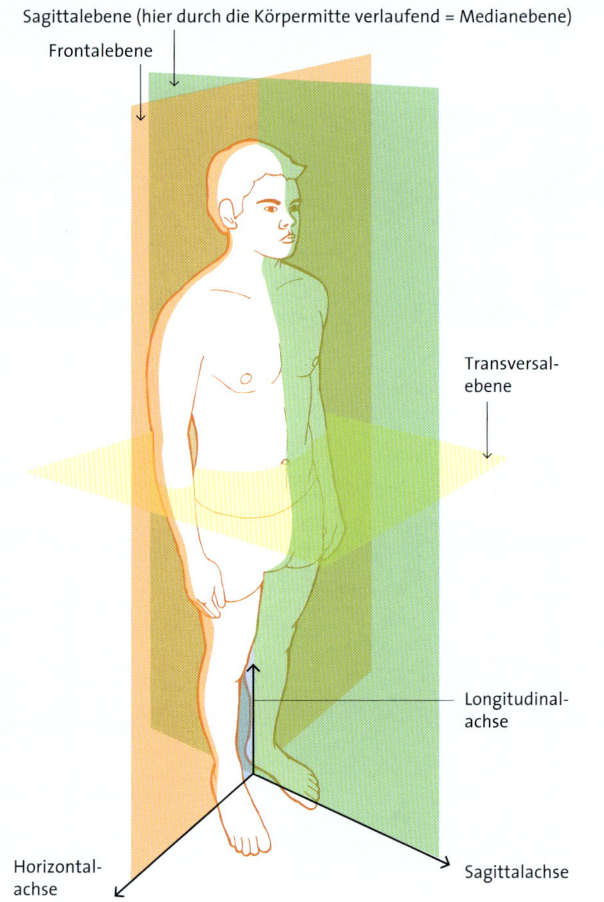

Abb. 1 ▶ Hauptachsen und -ebenen des Körpers

3. *Sagittalebene*: Schnitte längs durch den Menschen, parallel zur Pfeilachse. Wenn dadurch zwei spiegelbildliche Teile entstehen, spricht man auch von der *Medianebene*.

Tab. 1 ▶ Bewegungsrichtungen

Abduktion	Bewegung vom Körper weg
Adduktion	Bewegung zum Körper hin
Flexion	Beugung
Extension	Streckung
Innenrotation	Einwärtsdrehung
Außenrotation	Auswärtsdrehung
Anteversion	Vorwärtsbewegung
Retroversion	Rückwärtsbewegung
Supination	Auswärtsdrehung von Hand oder Fuß
Pronation	Einwärtsdrehung von Hand oder Fuß

11.1.3 Lage und Richtung

Die Lage- und Richtungsbezeichnungen dienen der Bestimmung der Position oder des Verlaufs von Strukturen am menschlichen Körper (Abb. 2, 3).

11.1.4 Bewegungsrichtungen

Um jede Körperachse sind grundsätzlich Bewegungen in zwei entgegengesetzte Richtungen möglich, zum Beispiel vom Körper weg oder zum Körper hin, Streckung oder Beugung, Innen- oder Außenrotation sowie Vorwärts- oder Rückwärtsbewegung (Abb. 4).

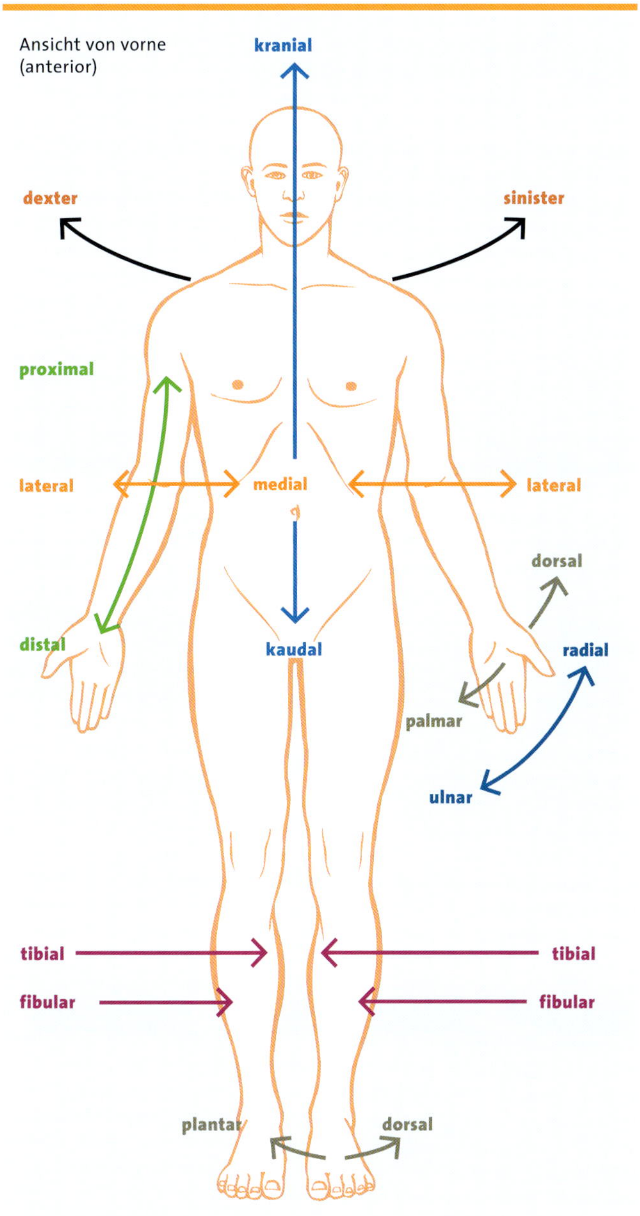

Abb. 2 ▶ Wichtigste Lage- und Richtungsbezeichnungen am Körper (von vorn)

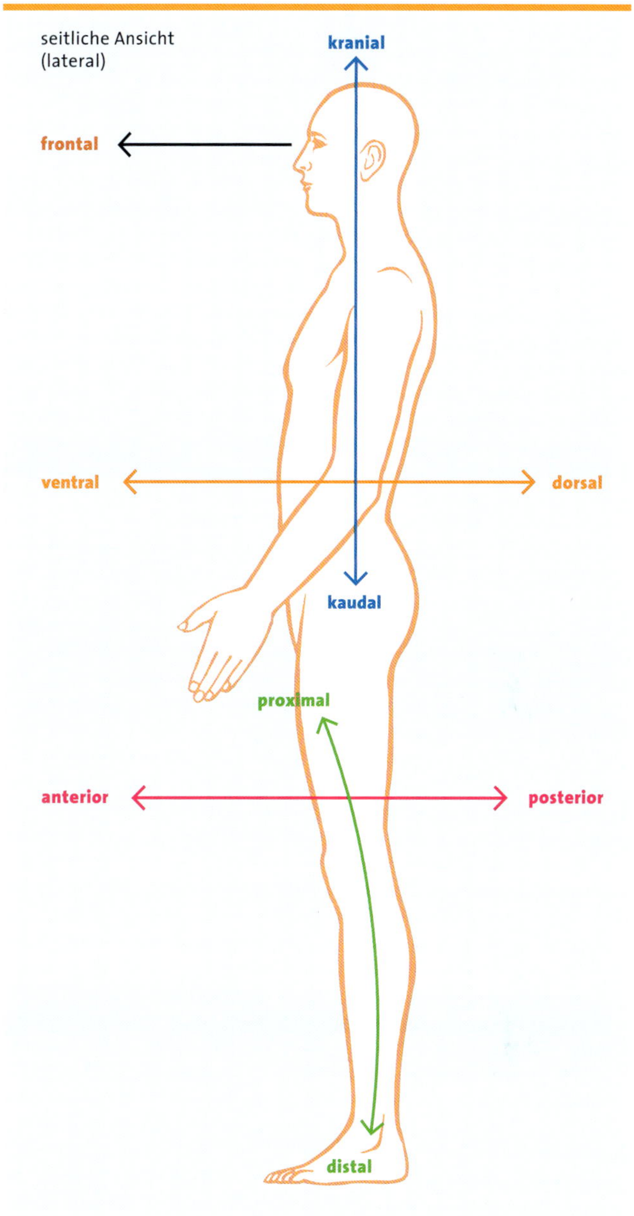

Abb. 3 ▶ Wichtigste Lage- und Richtungsbezeichnungen am Körper (von der Seite)

- *kranial*: kopfwärts, zum Kopfende hin
- *kaudal*: steißwärts, zum Steißende hin
- *medial*: zur Körpermitte hin
- *lateral*: seitwärts
- *proximal*: zum Rumpf hin
- *ventral*: zur Vorder- / Bauchseite hin
- *dorsal*: zur Rückenfläche hin
- *frontal*: stirnwärts
- *anterior*: vorn
- *posterior*: hinten
- *dexter, dextra*: rechts
- *sinister, sinistra*: links
- *distal*: zum Ende der Gliedmaßen hin
- *palmar (volar)*: zur Handfläche hin
- *dorsal*: zum Hand- bzw. Fußrücken hin
- *plantar*: zur Fußsohle hin
- *radial*: zur Daumenseite hin
- *ulnar*: zur Kleinfingerseite hin
- *tibial*: zur Schienbeinseite hin
- *fibular*: zur Wadenbeinseite hin

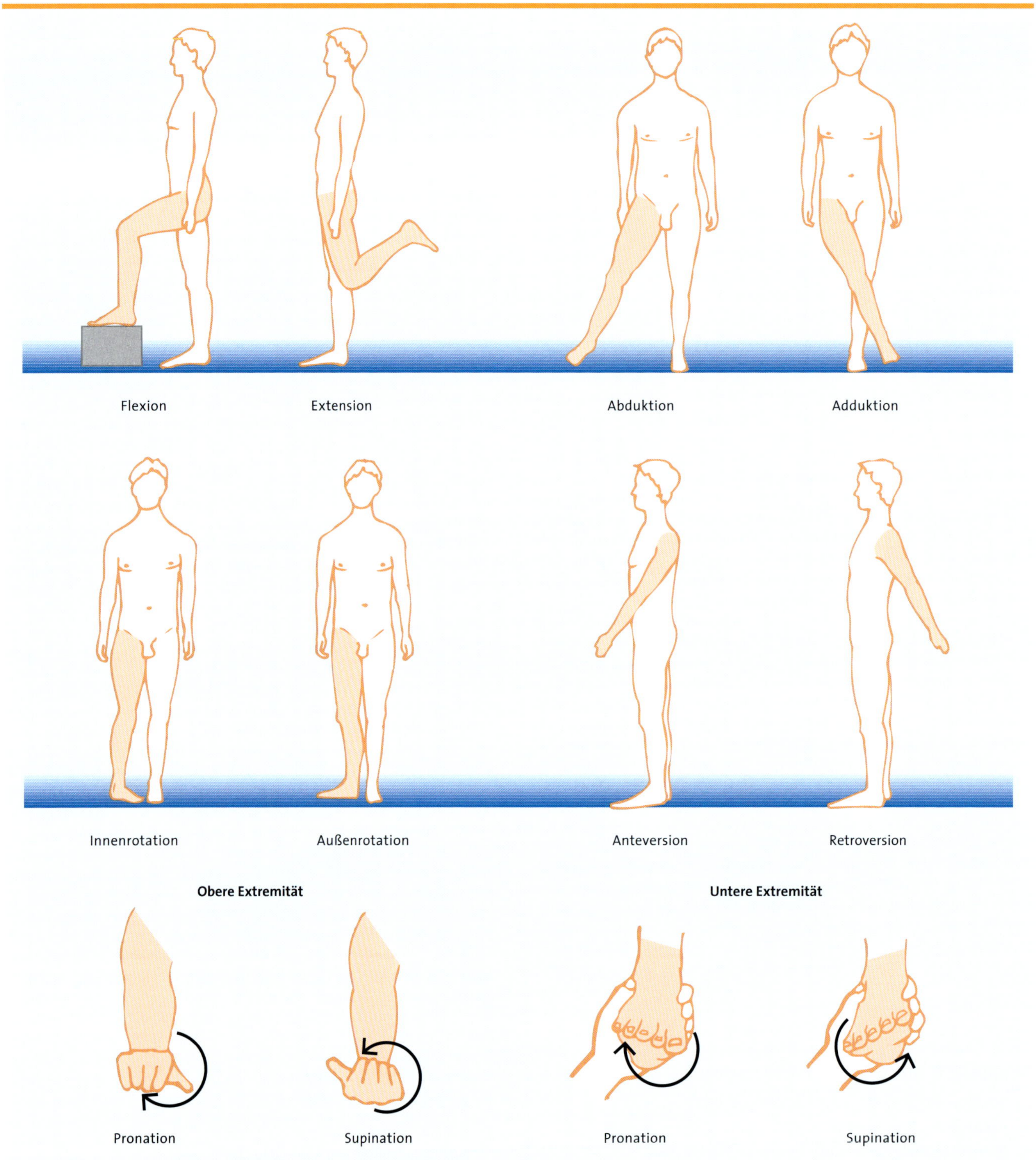

Abb. 4 ▶ Bewegungsrichtungen der Extremitäten

11.2 Skelettsystem

Der Bewegungsapparat des Menschen lässt sich in das statische Skelettsystem und das dynamische Muskelsystem einteilen. Zum Skelettsystem zählen *Knochen, Gelenke* und *Bänder*, während das Muskelsystem die Skelettmuskulatur sowie Sehnen, Sehnenscheiden und Faszien umfasst.

11.2.1 Knochen

Das Skelett des Erwachsenen besteht aus über 200 Knochen, die über echte und unechte Gelenke miteinander verbunden sind. Muskeln und Bänder bewirken Stabilität und Beweglichkeit. Die Knochenverbindungen ermöglichen im Zusammenspiel mit den Muskeln Bewegungen.

Die Knochen übernehmen dabei folgende wichtige *Aufgaben*: Die Bildung des Skeletts gibt dem Körper Form und Halt und bestimmt die individuelle Körpergestalt. Das Knochengerüst schützt lebenswichtige Organe wie beispielsweise das Gehirn in der Schädelhöhle, das Rückenmark im Wirbelkanal, Herz und Lunge im Brustkorb und die Harn- und Geschlechtsorgane im kleinen Becken. Das rote Knochenmark ist die wichtigste Struktur bei der Bildung der Blutzellen.

Hauptaufgaben der Knochen:
1. Stützfunktion
2. Schutzfunktion
3. Bewegungsfunktion
4. Bildung der Blutzellen.

Nach Form und Funktion lassen sich die Knochen einteilen in *Röhrenknochen* (Abb. 5) wie den Oberschenkelknochen (Femur), das Schienbein (Tibia), das Wadenbein (Fibula) und den Oberarmknochen (Humerus) sowie Elle (Ulna) und Speiche (Radius), *kurze Knochen* (z.B. Hand- und Fußwurzelknochen), *platte oder flache Knochen* (z.B. Rippen [Costae], Hirnschädel, Becken), *unregelmäßige Knochen* (z.B. Wirbelkörper, Gesichtsschädel), teilweise *mit Luft gefüllte Knochen* (z.B. Stirn- und Kieferhöhlen) sowie *Sesambeine* (z.B. Kniescheibe [Patella]).

Ein *Röhrenknochen* besteht aus einem langen, röhrenförmigen Schaft, der *Diaphyse*, und zwei verdickten Enden, den *Epiphysen*. Zwischen Diaphyse und Epiphyse liegt eine weitere Schicht, die als *Metaphyse* bezeichnet wird. Jeder Röhrenknochen besitzt demnach eine Diaphyse, zwei Metaphysen und zwei Epiphysen. In der Diaphyse befinden sich Knochenmark und der Eintritt einer Arterie, der A. nutricia, die den Knochen versorgt. Zwischen Metaphyse und Epiphyse liegt die Wachstumszone, die *Epiphysenfuge*. Sie verknöchert nach Abschluss des Wachstums, also ungefähr mit dem 20. Lebensjahr, und bleibt als Epiphysenlinie sichtbar. Alle Knochen sind mit Knochenhaut – *Periost* genannt – überzogen, lediglich die Gelenkflächen sind mit hyalinem Knorpel umhüllt. Durch die Knochenhaut ziehen feinste Nervenfasern; sie sind verantwortlich für die Schmerzen bei einer Schädigung des Knochens.

Rotes, Blut bildendes Knochenmark findet sich beim Erwachsenen nur noch im Epiphysenbereich des Röhrenknochens sowie in *kurzen und platten Knochen*; in der Diaphyse ist es in Fettmark – das ist gelbes Knochenmark – umgewandelt worden. Daher besteht bei Brüchen, den Frakturen, in diesem Bereich die Gefahr einer Fettembolie. Dabei gelangt das Fettmark über die Blutbahn in die Lunge und verstopft die feinen Gefäße. Röhrenknochen sind gute Hebel, da sie lang und weniger breit sind.

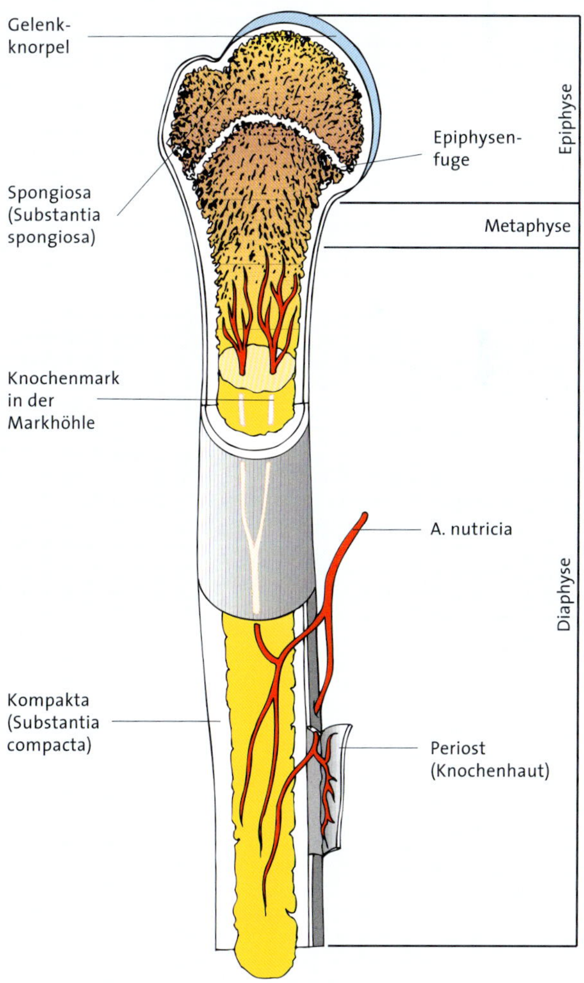

Abb. 5 ▶ Anatomie eines Röhrenknochens

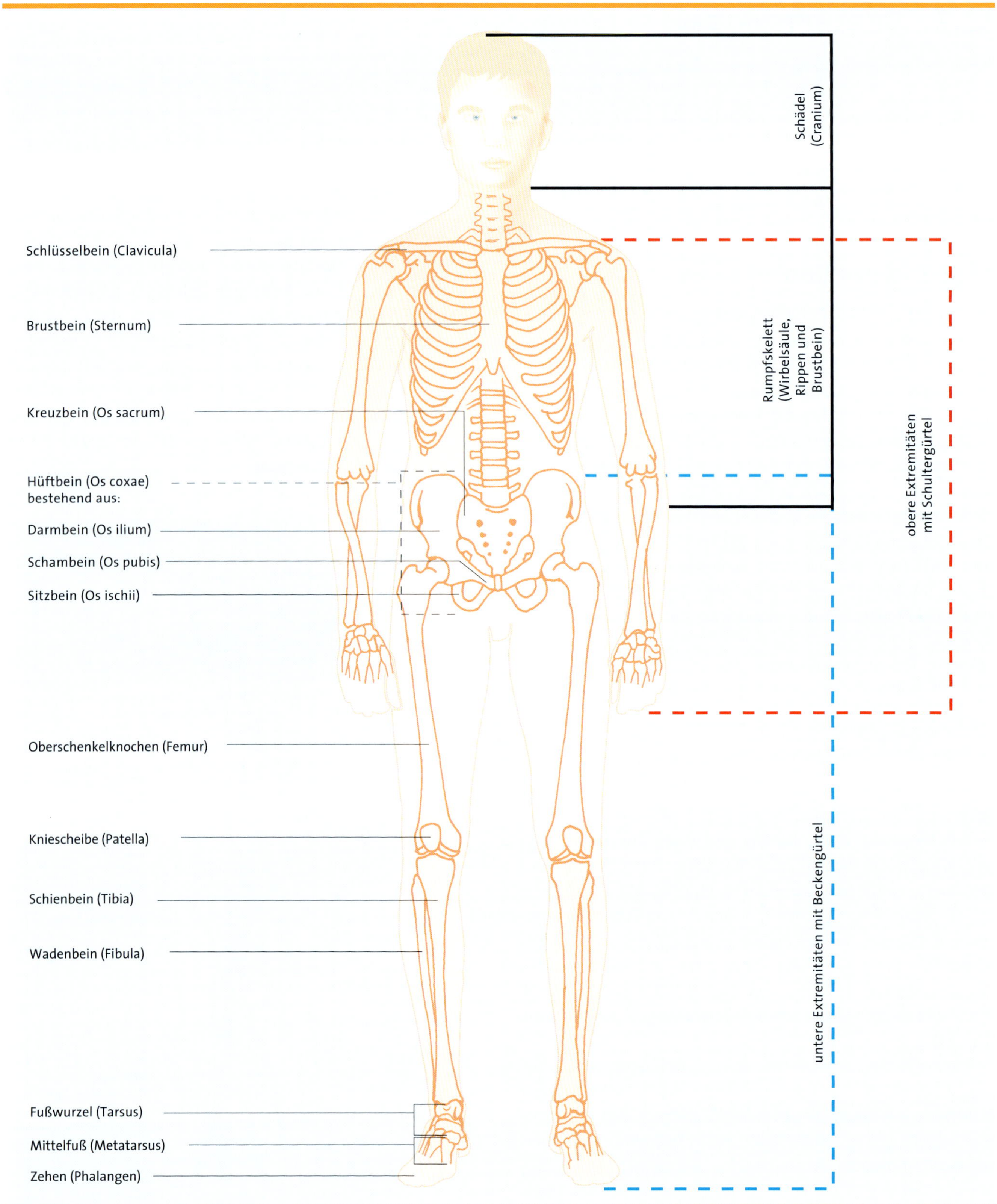

Abb. 6 ▶ Das Skelett von vorn

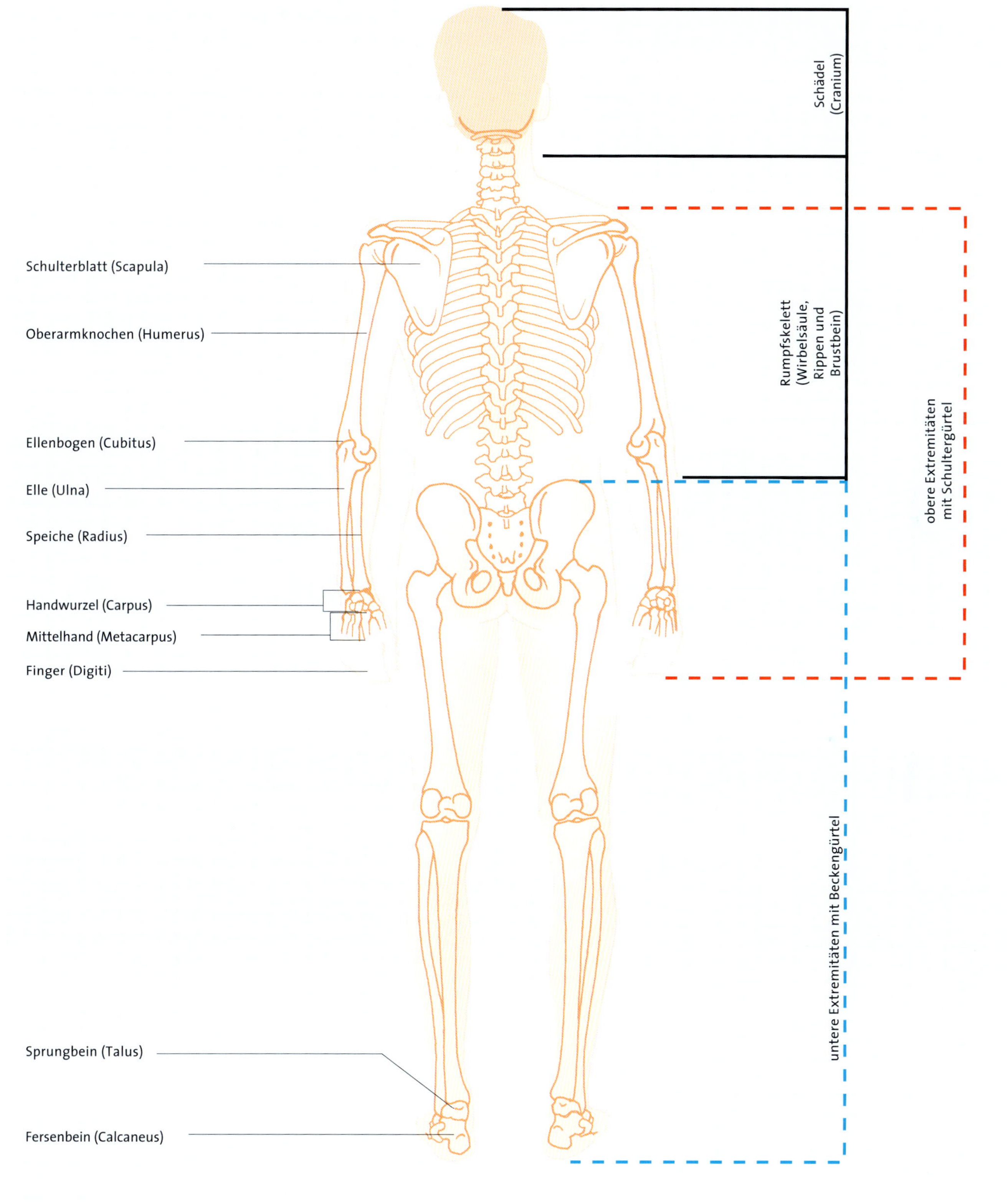

ABB. 7 ▶ Das Skelett von hinten

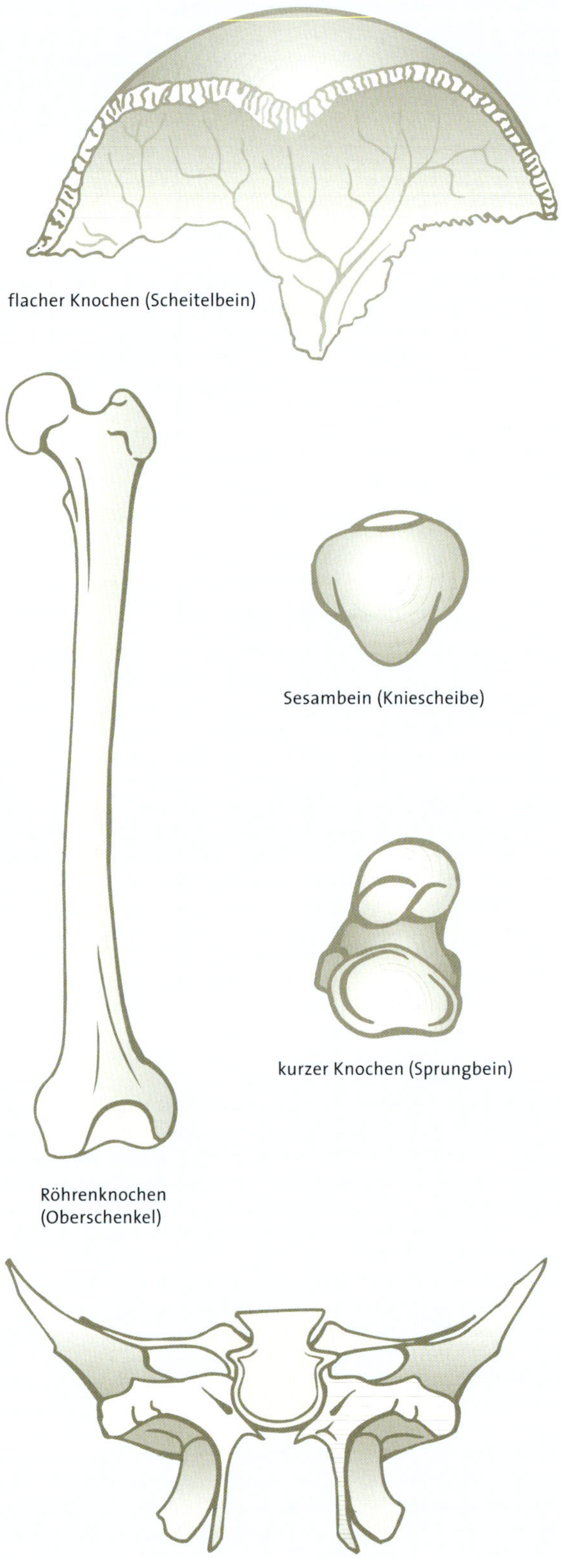

Abb. 8 ▶ Beispiele für Knochenarten

Flache Knochen sind platt und kompakt, hierzu gehören die Kalotte – die Schädelknochen –, Brustbein, Rippen, Schulterblätter und Darmbeinschaufeln. Mit ihnen können schützende Käfige gebaut werden wie etwa der Brustkorb.

Kurze Knochen sind meist würfel- oder quaderförmig und weisen eine hohe Stabilität auf, beispielsweise die Handwurzel- und die Fußwurzelknochen.

Unregelmäßige oder irreguläre Knochen haben keine einheitliche Form; einprägsame Beispiele hierfür sind die Wirbelkörper und viele Knochen des Gesichtsschädels.

Lufthaltige, pneumatisierte Knochen enthalten luftgefüllte Höhlen, zum Beispiel Stirnbein (→ Stirnbeinhöhle), Siebbein (→ Siebbeinhöhle) oder Oberkiefer (→ Kieferhöhle). Durch ihren Aufbau verringern sie das Gewicht des Schädels. Die Höhlen sind mit Schleimhaut ausgekleidet. Das Anschwellen der Schleimhäute bei Entzündungen verursacht Druckschmerzen.

Sesambeine sind Knochen, die in Sehnen eingelagert sind. Sie schützen die Sehnen vor zu hohen Zugkräften und verlängern den Hebelarm. Ein Beispiel ist die Patella, die Kniescheibe, in der Sehne des vierköpfigen Oberschenkelmuskels, die am Schienbein ansetzt.

Wichtigste Knochenarten:
1. lange (Röhren-)Knochen
2. flache Knochen
3. kurze Knochen
4. unregelmäßige Knochen
5. lufthaltige Knochen
6. Sesambeine.

Die Gestalt vieler Knochen hängt weiterhin davon ab, dass sie andere Körperteile unterstützen. Sie bilden Öffnungen (lat. *Foramen*: Loch), um Blutgefäße, Nerven oder Bänder passieren zu lassen. Als Beispiel seien hier das große Hinterhauptsloch (Foramen magnum) an der Schädelbasis oder die Wirbellöcher (Foramina vertebrales) genannt, durch die das Rückenmark zieht. Andere Knochen weisen eine kleine Grube (lat. *fossa*) oder Einkerbung (lat. *incisura*) auf. So bildet sich die Tränendrüsengrube (Fossa glandulae lacrimalis) an der seitlichen Wand der Augenhöhle zur Aufnahme der Tränendrüse. Andere Knochen bilden sogar Gänge, beispielsweise den Gehörgang (Meatus acusticus).

11.2.2 Gelenke

Gelenke sind bindegewebige Verbindungsstellen zwischen den Knochen. Sie ermöglichen die Beweglichkeit in unterschiedlichem Ausmaß und übertragen Kräfte. Man unterscheidet unechte Gelenke, *Synarthrosen*, echte Gelenke, *Diarthrosen*, und straffe, gering bewegliche Gelenke, *Amphiarthrosen*.

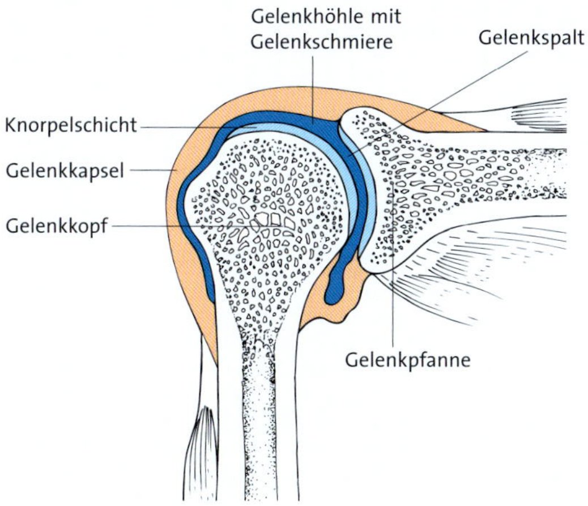

ABB. 9 ▶ Grundaufbau eines Gelenks

11.2.2.1 *Unechte Gelenke*

Unbewegliche bzw. kaum bewegliche Knochenverbindungen werden als *Synarthrosen* bezeichnet. Sie können aus straffem Bindegewebe, Knorpel oder verschmolzenen Knochen bestehen. Daher unterscheidet man je nach Gewebe Syndesmosen, »Bandhaften«, Synchondrosen, »Knorpelhaften«, und Synostosen, »Knochenhaften«.

Bei *Syndesmosen* werden die Knochen durch Bindegewebe aneinander »geheftet«, daher die Bezeichnung »Bandhaften«. Dazu zählen die Zwischenknochenmembran zwischen Elle und Speiche (Bandhaft), Fontanellen und Suturen (Naht) oder die federnde Befestigung der Zähne im Kiefer (Einzapfung).

Bei *Synchondrosen* oder Knorpelhaften dagegen werden die Knochen durch Knorpelgewebe miteinander verbunden. Als Beispiele zu nennen sind die Bandscheiben, die Rippenknorpel oder die auch als Schambeinfuge bezeichnete Symphysis pubica.

Bei *Synostosen*, den Knochenhaften, sind einzelne Knochen miteinander verschmolzen, so wie das Kreuzbein, das Os sacrum, das sich zwischen dem 16. bis 25. Lebensjahr aus den fünf Kreuzbeinwirbeln bildet. Ein weiteres Beispiel ist das Hüftbein, Os coxae, das aus drei Knochen besteht: dem Darmbein (Os ilium), dem Sitzbein (Os ischii) und dem Schambein (Os pubis), die zwischen dem 14. und dem 16. Lebensjahr verschmelzen.

Unechte Gelenke (Synarthrosen):
1. Syndesmosen (Bandhaften)
2. Synchondrosen (Knorpelhaften)
3. Synostosen (Knochenhaften).

11.2.2.2 *Echte Gelenke*

Die *Diarthrosen* sind in einer bis drei Achsen beweglich. Ferner besitzen sie mindestens zwei Gelenkkörper mit Gelenkflächen, die von Gelenkknorpel überzogen sind. Dazwischen liegt der Gelenkspalt, ein gewebefreier Raum. In der Gelenkhöhle befindet sich Gelenkflüssigkeit, die Synovia, die einerseits der Ernährung des Knorpels und andererseits der Reibungsverminderung dient.

Eine Gelenkkapsel umschließt das Gelenk, ihre Innenhaut, die Synovialis, produziert Gelenkflüssigkeit. Gelenkbänder aus straffem Bindegewebe gewährleisten den Zusammenhalt des Gelenks.

Echte Gelenke (Diarthrosen):
- beweglich in einer bis drei Achsen
- mindestens zwei Gelenkkörper mit Gelenkflächen
- Gelenkspalt
- Gelenkflüssigkeit (Synovia)
- Gelenkkapsel
- Gelenkbänder aus straffem Bindegewebe.

11.2.2.3 *Straffe Gelenke*

Unter *Amphiarthrosen* werden sehr straffe Gelenke mit geringer Beweglichkeit zusammengefasst. Diese Gelenke sind in ihrer Beweglichkeit stark eingeschränkt, weil sie durch feste Bänder fixiert sind. Ein Beispiel ist das Kreuzdarmbein- oder Iliosakralgelenk zwischen Kreuzbein und Darmbein, das der Kraftübertragung von der Wirbelsäule auf die Oberschenkelknochen dient.

11.2.3 Gelenkformen

Je nach Gestalt und Form der Gelenkflächen unterscheidet man Kugelgelenke, Eigelenke, Scharniergelenke, Drehgelenke, Sattelgelenke und plane Gelenke.

11.2.3.1 *Kugelgelenk*

Diese Gelenkform besitzt einen kugelförmigen Gelenkkopf und eine dazu passend geformte Gelenkpfanne. Sie wird auch als vielachsiges Gelenk bezeichnet, weil sie die größtmögliche Beweglichkeit auf allen drei Bewegungsachsen bietet. Sechs verschiedene Hauptbewegungen sind möglich: Flexion, Extension, Abduktion, Adduktion, Innenrotation und Außenrotation (VGL. TAB. 1). Beispiele: Schultergelenk und Hüftgelenk.

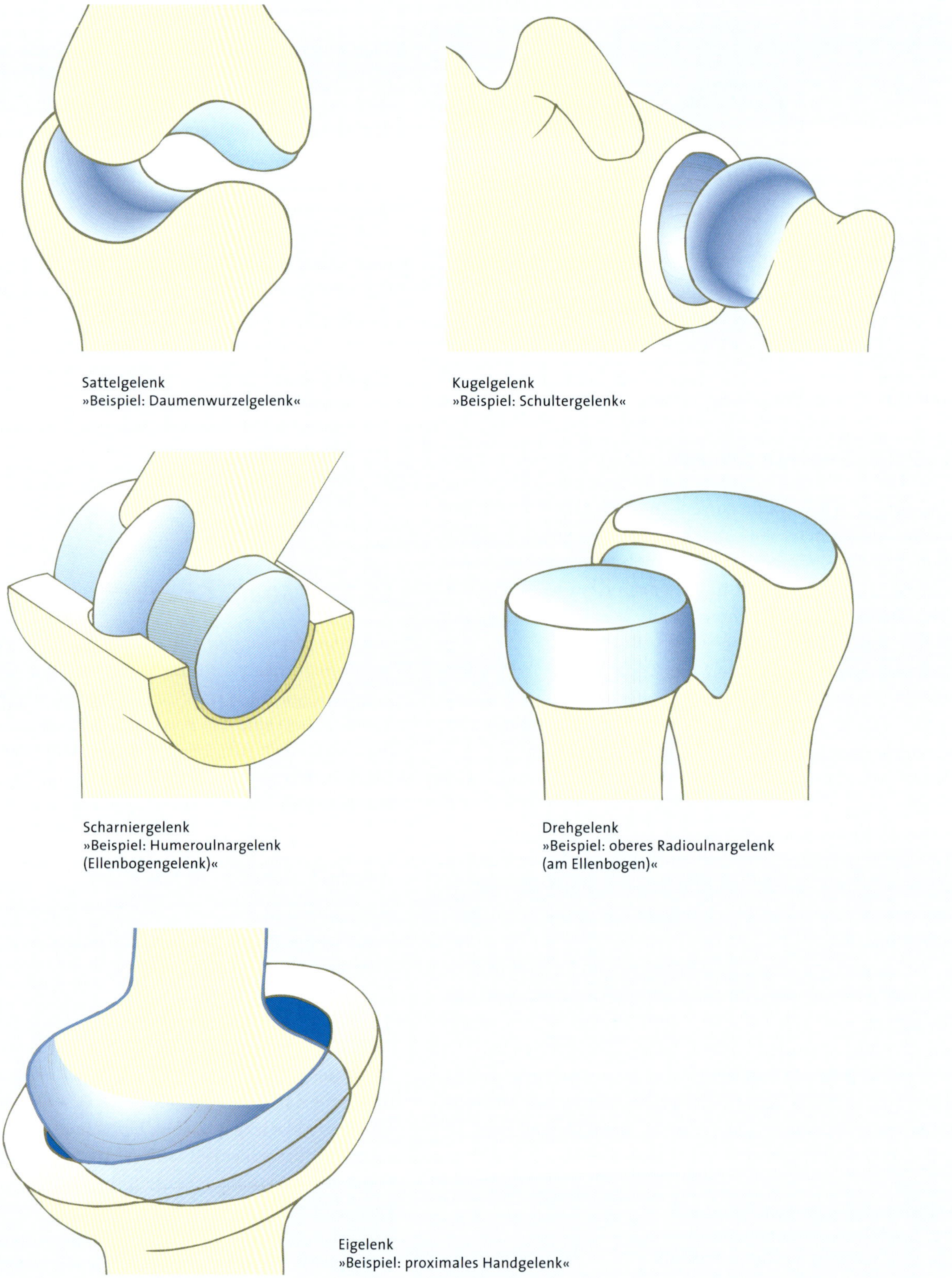

Abb. 10 ▶ Beispiele für Gelenkarten

11.2.3.2 *Eigelenk*

Dieses Gelenk ist ellipsenförmig und besitzt eine konvexe und eine konkave Gelenkfläche. Als zweiachsiges Gelenk ermöglicht es vier Hauptbewegungen: Flexion, Extension, Abduktion und Adduktion. *Beispiel:* Handgelenk.

11.2.3.3 *Scharniergelenk*

Hier greift ein walzenförmiger Gelenkkörper in eine rinnenförmige Vertiefung des gegenüberliegenden Knochens. Es existiert nur eine Bewegungsachse, wie bei einer Tür, mit zwei Hauptbewegungen: Flexion und Extension. Beispiele: Ellenbogen und alle Gelenke zwischen den Finger- und Zehengliedern.

11.2.3.4 *Drehgelenk*

Bei dieser Gelenkart sind nur Drehbewegungen möglich. Je nachdem, welcher Knochen sich um den anderen Knochen dreht, unterscheidet man Rad- oder Zapfengelenk. Das Zapfengelenk besteht aus einer konvexen Gelenkfläche, die sich in einer konkaven Gelenkfläche dreht. *Beispiel:* proximales Radioulnargelenk am Ellenbogen.

Das Radgelenk besteht aus einer konkaven Gelenkfläche, die sich um eine konvexe Gelenkfläche dreht wie ein Rad. *Beispiel:* distales Radioulnargelenk am Ende des Unterarmes. Die beiden beispielhaft aufgeführten Gelenke ermöglichen die Pro- und Supination des Unterarmes.

11.2.3.5 *Sattelgelenk*

Es wird aus zwei konkav geformten Gelenkflächen gebildet, einem Sattel und seinem Reiter ähnlich. Daraus resultieren zwei Bewegungsachsen mit vier Hauptbewegungen: Adduktion, Abduktion, Flexion und Extension. *Beispiel:* Daumenwurzelgelenk zwischen dem großen Vieleckbein, einem Handwurzelknochen und dem Mittelhandknochen des Daumens.

11.2.3.6 *Planes Gelenk*

Dieses Gelenk erlaubt nur leichte Schiebebewegungen. *Beispiel:* kleine Wirbelgelenke an der Wirbelsäule.

Gelenkformen:
1. Kugelgelenke
2. Eigelenke
3. Scharniergelenke
4. Drehgelenke (Rad- oder Zapfengelenk)
5. Sattelgelenke
6. plane Gelenke.

11.2.4 Skelettmuskulatur

Das Muskelsystem umfasst die *Skelettmuskulatur* sowie *Sehnen, Sehnenscheiden* und *Faszien.*

Die Skelettmuskulatur gehört zur quer gestreiften Muskulatur, sie ist schnell und meistens willkürlich. Sie ermöglicht die aktive Bewegung des Körpers sowie die aufrechte Körperhaltung durch Anspannung und Verkürzung beziehungsweise durch Erschlaffung von unterschiedlichen Anteilen der Skelettmuskulatur. Weiterhin kann sie durch schnelle Kontraktionen, das Kältezittern, Körperwärme erzeugen. Der Anteil an der Skelettmasse beträgt ca. 45 %, wobei er bei Männern etwa 30 % höher ist als bei Frauen. Die Skelettmuskulatur besteht aus hoch spezialisierten Zellen mit vier Grundeigenschaften: Die Zellen sind erregbar, d.h. sie reagieren auf Nervenreize, sie können sich verkürzen – man spricht von Kontraktilität –, sie sind dehnbar und sie sind elastisch, d.h. sie kehren nach Kontraktion oder Dehnung in ihren ursprünglichen Tonus, die Grundspannung, zurück.

Grundeigenschaften der Skelettmuskulatur:
- Reaktion auf Nervenreize
- Kontraktilität
- Dehnbarkeit
- Elastizität.

11.2.4.1 *Aufbau des Skelettmuskels*

Der Muskel besteht aus vielen Muskelfaserbündeln. Diese Muskelfasern sind aus fadenförmigen Strukturen aufgebaut, den *Myofibrillen*. Hierbei handelt es sich um Ketten aus dicken und dünnen Myofilamenten, die als helle und dunkle Streifen erscheinen, daher die Bezeichnung »quer gestreifte Muskulatur«. Myofibrillen bestehen aus funktionellen Untereinheiten, den *Sarkomeren*, die voneinander jeweils durch die Z-Scheiben abgegrenzt werden. Sarkomere enthalten *Aktin- und Myosinfilamente*, sie bewirken die Kontraktion.

Als Voraussetzung für die Kontraktion eines Skelettmuskels muss ein Reiz durch eine Nervenzelle, ein *Motoneuron*, erfolgen. An den Synapsen, die am Muskel anliegen und *motorische Endplatten* heißen, wird der Neurotransmitter *Acetylcholin* ausgeschüttet. Das Acetylcholin diffundiert zu den Myofibrillen und löst dort ein *Aktionspotenzial* aus. Dabei strömt Kalzium in die Muskelzelle. Die Myosinköpfchen lagern sich an die Aktinketten an und erzeugen durch Abkippen eine Ruderbewegung. Hierzu werden noch Magnesium und ATP benötigt. Durch die Ruderbewegung wird das Sarkomer um ca. 1 % verkürzt. Die Myosinköpfchen lösen sich kurz und binden sich erneut, um eine weitere Kontraktion zu verursachen. Für eine komplette Muskelkontraktion sind etwa 50 dieser Aktionen nötig.

Damit ein Skelettmuskel nicht zu schnell ermüdet, kontrahiert er abschnittsweise im Wechsel. Dies erfolgt im Zehntelsekundenbereich. Die Stärke einer Muskelkontraktion hängt von der Anzahl der gleichzeitig aktivierten Abschnitte ab. Fehlt ATP, können sich die Aktin- und Myosinfilamente nicht mehr lösen. Dieser Fall setzt zum Beispiel vier bis zehn Stunden nach dem Tode ein, man bezeichnet dies als Leichenstarre oder Rigor mortis. Die Leichenstarre beginnt am Kiefergelenk bereits nach ca. zwei Stunden und löst sich nach einem bis drei Tagen, weil sich das Gewebe zersetzt (Autolyse).

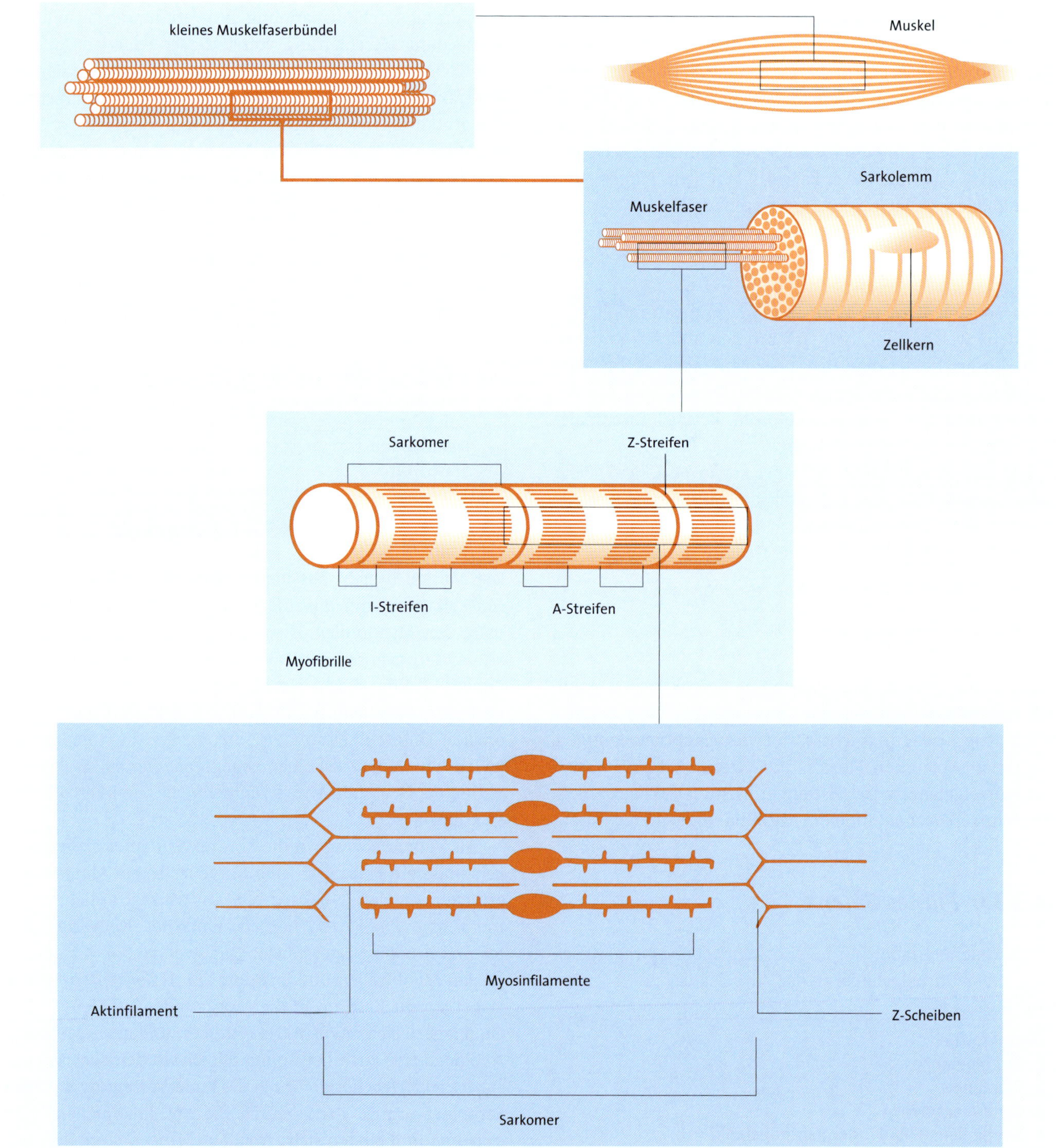

Abb. 11 ▶ Feinbau der Skelettmuskulatur

11.2.4.2 *Mechanik der Skelettmuskulatur*

Muskeln sind über die *Sehnen* an den Knochen befestigt. Man unterscheidet Muskelursprung und Muskelansatz. Der *Muskelursprung* liegt meist an dem Knochen, der sich nicht bewegt, während der Muskelansatz an dem Knochen befestigt ist, der sich bewegt. Zur Verdeutlichung ein Beispiel: Der Musculus Biceps brachii, der zweiköpfige Oberarmmuskel oder kurz Bizeps, hat seine beiden Ursprünge auf der Innenseite des Schulterblattes, zieht über den Oberarm und setzt an den beiden Unterarmknochen Speiche und Elle, dem Radius und der Ulna, an. Bei Kontraktion dieses Muskels bewegt sich der Unterarm in Richtung Oberarm, also der Ansatz zum Ursprung hin. Leider ist diese Regel nicht auf alle Muskeln anwendbar. Den zwischen Ursprung und Ansatz liegenden fleischigen Anteil bezeichnet man als *Muskelbauch*.

Eine Muskelkontraktur übt einen Zug auf die Sehne aus, diese überträgt die Zugkraft auf den Knochen und ermöglicht dadurch eine Bewegung. Muskeln spielen bei den meisten Bewegungen zusammen: Der kontrahierende Muskel ist der *Agonist*, »Spieler«, der Muskel, der erschlafft, heißt *Antagonist*, »Gegenspieler«. *Synergisten* sind Muskeln, die zusammenarbeiten.

11.2.5 Hilfseinrichtungen

Die restlichen Strukturen des Bewegungsapparates werden unter dem Begriff Hilfseinrichtungen zusammengefasst. Hierzu zählen Faszien, Schleimbeutel, Sehnenscheiden, Bänder, Sesambeine und Aponeurosen.

Faszien sind formgebende Umhüllungen von Muskeln oder Organen. Sie sind wenig dehnbar, weil sie aus gekreuzt

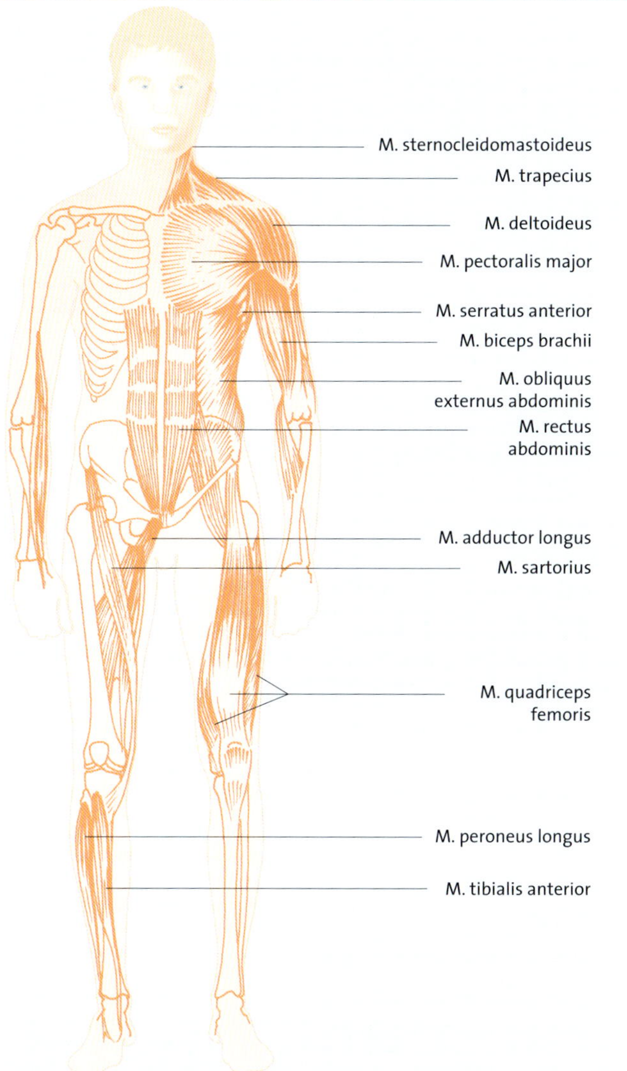

Abb. 12 ▶ Muskulatur des Menschen von vorn

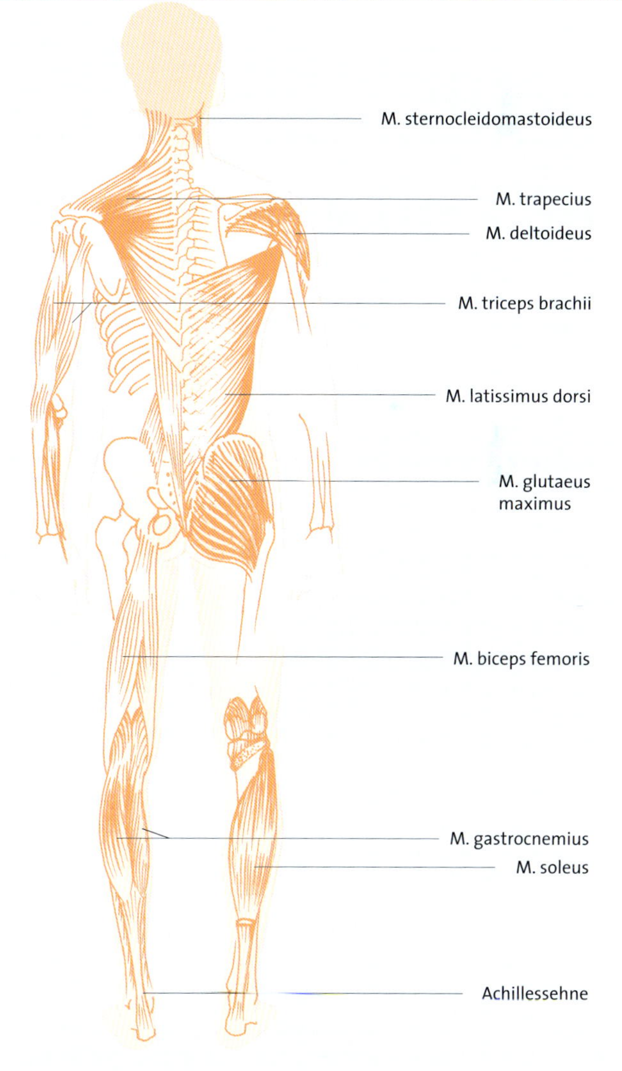

Abb. 13 ▶ Muskulatur des Menschen von hinten

verlaufenden kollagenen Fasern und elastischen Netzen aufgebaut sind. Ihre Aufgaben sind Abgrenzung und Verschiebbarkeit von Körperstrukturen. Als Beispiel kann man die Fascia pectoralis anführen, die den großen Brustmuskel von dem darüber liegenden Fettgewebe trennt.

Schleimbeutel schützen Muskeln, die über einen Knochen ziehen. Sie wirken wie Wasserkissen und verteilen den Druck gleichmäßig.

Sehnenscheiden sind die Gleitröhren für die Sehnen; sie vermindern die Reibung am Knochen und verbessern die Gleitfähigkeit der Sehnen.

Bänder, lat. *Ligamenta*, dienen der Stabilisierung von Gelenken, indem sie sie von innen und außen sichern und Überbewegungen hemmen, beispielsweise bei Innen- und Außenbändern am Kniegelenk.

Sesambeine sind in Sehnen eingelagerte Knochen, die zur Kraftersparnis die Verlängerung des Hebelarms eines Muskels bewirken, wie die Patella am Kniegelenk.

Aponeurosen sind flächenhafte Sehnen. Sie dienen zur Verspannung und Aufrechterhaltung von Strukturen und dem Schutz darunter liegender Muskeln, Sehnen, Nerven und Blutgefäße.

Hilfseinrichtungen des Bewegungsapparates:

Faszien	Abgrenzung und Verschiebbarkeit von Körperstrukturen
Schleimbeutel	Druckverteiler für Muskeln
Sehnenscheiden	Gleitröhren für Sehnen
Bänder (Ligamenta)	Sicherung von Gelenken
Sesambeine	Verlängerung des Hebelarms
Aponeurosen	Verspannung und Schutz von Strukturen.

11.3 Spezielle Anteile des Skeletts

Das Skelett wird in verschiedene Funktionseinheiten gegliedert. Beginnend mit dem Schädel (Cranium) schließen sich die Wirbelsäule (Columna vertebalis) und der Brustkorb (Thorax) an. Über den *Schultergürtel* erfolgt die Verbindung mit den oberen Extremitäten, den Armen, während der *Beckengürtel* die Verbindung zu den unteren Extremitäten, den Beinen, herstellt.

Das männliche Skelett unterscheidet sich vom weiblichen durch längere und schwerere Knochen. Ferner haben Frauen für Schwangerschaft und Geburt ein breiteres, anders geformtes Becken.

11.3.1 Schädel

Der knöcherne Schädel sitzt auf der Wirbelsäule und besteht aus zwei Knochengruppen, dem *Hirnschädel*, Neurocranium genannt, und dem *Gesichtsschädel*, dem Viscerocranium.

11.3.1.1 *Hirnschädel*

Die acht Knochen des Hirnschädels, des *Neurocraniums*, bilden die *Schädelhöhle*, die das Gehirn schützt. Sie wird begrenzt nach unten durch die Schädelbasis oder Schädelgrundplatte und nach oben durch die Schädelkalotte, das Schädeldach (Abb. 14).

Das *Stirnbein*, Os frontale, bildet die Stirn, das Dach der Augenhöhle und den größten Teil der vorderen Schädelgrube. Sie enthält ferner die als Sinus frontales bezeichneten Stirnhöhlen.

Das paarige *Scheitelbein*, Os parietale, bildet den größten Teil der Schädelkalotte. Es wird vom Os frontale durch die Kranznaht und vom Os occipitale durch die Lambdanaht abgegrenzt.

Das paarige *Schläfenbein*, Os temporale, hat Anteile an der Schädelkalotte und der Schädelbasis. Es bildet mit dem Unterkiefer das Kiefergelenk. Ferner liegen hier gut geschützt im Felsenbein das Hör-Gleichgewichtsorgan und der innere Gehörgang. Die Mündung des äußeren Gehörgangs erscheint als kleines Knochenloch. Am Hinterrand liegt als Knochenvorsprung der als Processus mastoideus

Tab. 2 ▶ Einteilung des Skeletts

1. Schädel (Cranium)
2. Wirbelsäule (Columna vertebralis)
3. Brustkorb (Thorax)
4. Schulter- und Beckengürtel
5. obere Extremitäten
6. untere Extremitäten

oder Mastoid bezeichnete Warzenfortsatz. Er enthält mit Luft gefüllte und mit Schleimhaut ausgekleidete Hohlräume, die sich entzünden können.

Das *Hinterhauptsbein,* Os occipitale, bildet die hintere Schädelgrube mit dem als Foramen magnum bezeichneten Hinterhauptsloch in der Schädelbasis. Hier befinden sich der Durchtritt des verlängerten Marks, der Medulla oblongata, zum Rückenmark und der Durchtritt der Wirbelsäulenarterien. Direkt daneben liegen rechts und links die Durchtrittslöcher für die Venae jugulares, die jeweils als Foramen jugulare bezeichnet werden.

Das *Keilbein,* Os sphenoidale, ist mit allen Knochen des Hirnschädels verbunden. Es weist eine Fledermausform auf. Als zentraler Knochen der Schädelbasis enthält es die Keilbeinhöhle und den Türkensattel, in dem gut geschützt die Hypophyse liegt. Ferner liegen hier viele Öffnungen zum Durchtritt von Hirnnerven und Gefäßen, z. B. zur Versorgung des Auges (N. opticus, A. ophthalmica).

Das *Siebbein*, Os ethmoidale, ist ein spongiöser, also schwammartiger Knochen, der den oberen Teil der Nasenscheidewand bildet und die feinen Enden des Riechnervs aufnimmt.

Hirnschädel (Neurocranium):
1. Stirnbein (Os frontale)
2. Scheitelbein (Os parietale), paarig
3. Schläfenbein (Os temporale), paarig
4. Hinterhauptsbein (Os occipitale)
5. Keilbein (Os sphenoidale)
6. Siebbein (Os ethmoidale).

Die äußeren Schädelknochen sind durch vier Schädelnähte, die *Suturen*, begrenzt. Beim Säugling klaffen die Schädelplatten noch auseinander. Diese bindegewebig überbrückten Lücken bezeichnet man als *Fontanellen*. Sie sind wichtig für die Verschiebbarkeit während des Durchtritts durch den Geburtskanal und das Gehirnwachstum nach der Geburt. Bis etwa zum dritten Lebensjahr haben sie sich geschlossen. Eingesunkene Fontanellen eines Säuglings können auf eine Exsikkose, eine Austrocknung, hinweisen, zum Beispiel durch Brechdurchfall, während nach außen gewölbte Fontanellen Zeichen eines steigenden Hirndrucks sind.

11.3.1.2 *Gesichtsschädel*

Das paarige *Tränenbein*, das Os lacrimale, ist fingernagelgroß, dünn, leicht zerbrechlich und an der Innenseite der Orbita gelegen. Es beherbergt den Tränensack und den oberen Teil des Tränennasengangs.

Der *Oberkiefer*, die Maxilla, ist mit allen Knochen verbunden und umschließt die Kieferhöhlen. Er nimmt die obere

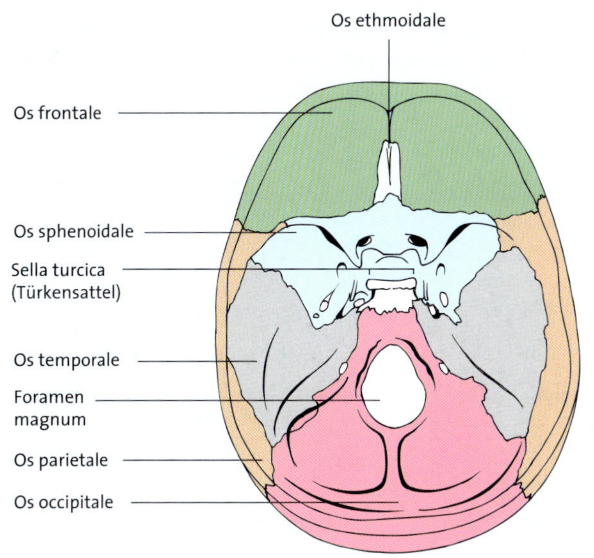

Abb. 14 ▶ Die Schädelbasis: Einblick von oben nach Entfernung des Schädeldaches (schematische Darstellung)

Zahnreihe auf und bildet mit dem *Gaumenbein* den harten Gaumen. Der *Unterkiefer*, die Mandibula, ist der größte Knochen des Gesichtsschädels. Er ist frei beweglich, nimmt die untere Zahnreihe auf und bildet mit dem Schläfenbein das Kiefergelenk.

Das *Pflugscharbein*, Vomer genannt, bildet den unteren und hinteren Anteil der Nasenscheidewand. Das paarige *Nasenbein*, Os nasale, bildet den oberen Teil des Nasenrückens, der untere Teil besteht aus elastischem Knorpel. Das *Jochbein*, das Os zygomaticum, bildet mit dem Jochfortsatz das Wangenprofil.

Gesichtsschädel (Viscerocranium):
1. Nasenbein (Os nasale)
2. Oberkiefer (Maxilla)
3. Jochbein (Os zygomaticum)
4. Tränenbein (Os lacrimale)
5. Unterkiefer (Mandibula)
6. Gaumenbein (Os palatinum)
7. Pflugscharbein (Vomer).

11.3.2 Wirbelsäule

Sie ist zu vergleichen mit einem biegsamen und elastischen Stab, der Belastungen gut abfangen kann und damit auch das Gehirn vor stärkeren Erschütterungen zum Beispiel beim Springen oder Laufen schützt. Die Wirbelsäule dient der Übertragung der Last des Oberkörpers auf das Becken und ist sehr beweglich. Sie enthält 32 bis 34 Wirbel, Zwischenwirbelscheiben – die Bandscheiben – und einen starken Band-

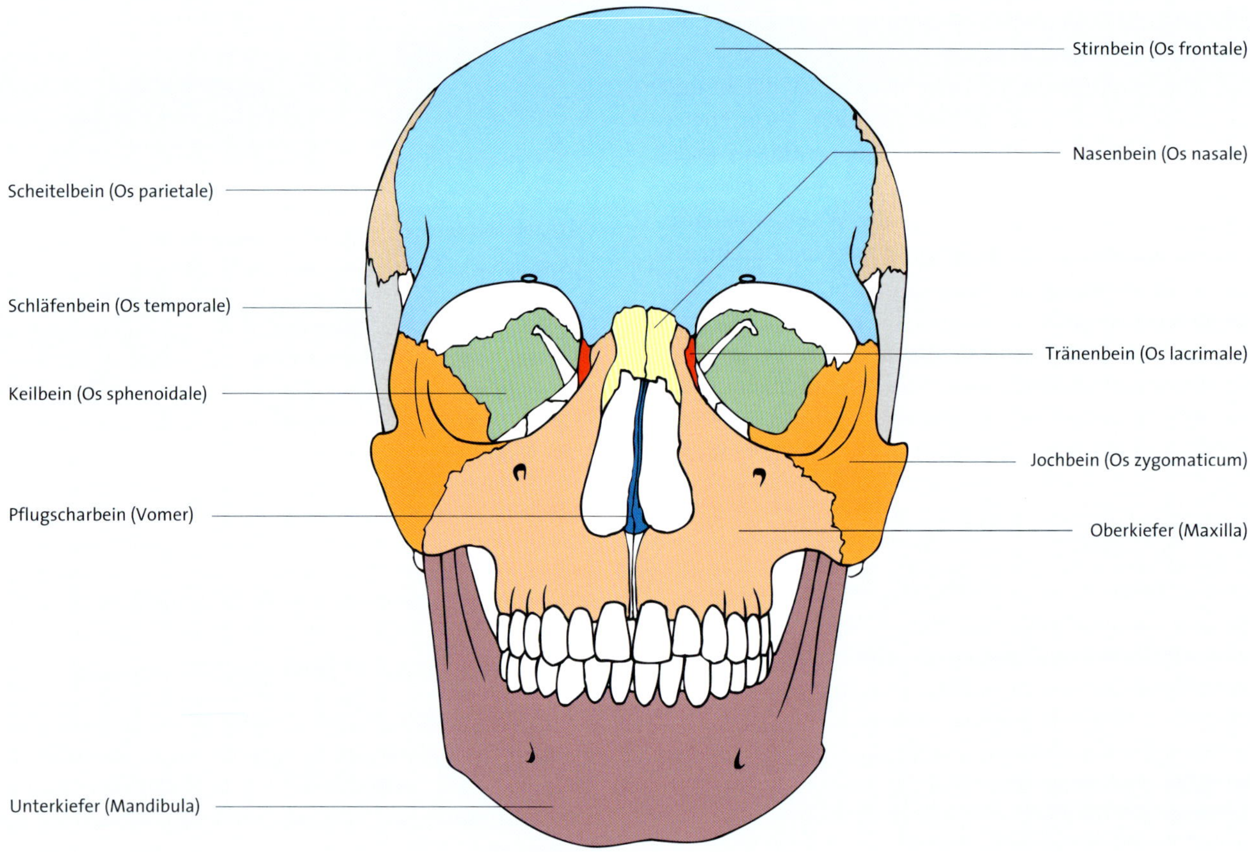

ABB. 15 ▶ Aufbau des knöchernen Schädels (Vorderansicht)

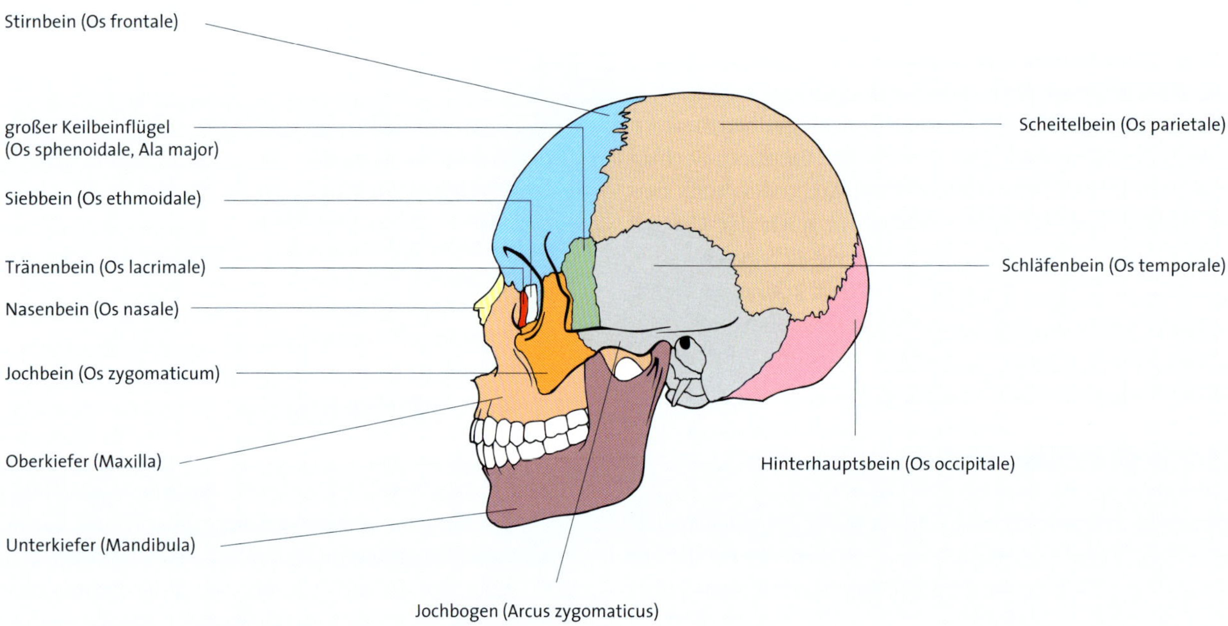

ABB. 16 ▶ Aufbau des knöchernen Schädels (Seitenansicht)

apparat. Der obere Teil, nämlich *Hals-, Brust- und Lendenwirbelsäule*, besteht aus 24 freien Wirbeln, während im unteren Teil, *Kreuzbein und Steißbein*, die Wirbel beim Erwachsenen zu Knochen verschmolzen sind. Die Wirbelsäule besitzt eine doppelte S-Form und weist folgende physiologische Krümmungen auf: *Halslordose, Brustkyphose, Lendenlordose* und *Kreuz- und Steißbeinkyphose* (VGL. TAB. 3).

11.3.2.1 *Aufbau der Wirbelkörper*

Die Wirbelkörper sind in Größe und Form den Belastungen angepasst. Sie haben eine einheitliche Grundform (C3 – L5), die beiden Ausnahmen sind der Atlas genannte erste Halswirbel und der zweite Halswirbel, der Axis (ABB. 18).

Der *Atlas* ist ein knöcherner Ring, der über obere Gelenkflächen mit dem Os occipitale, dem Hinterhaupt, verbunden ist. Dieses Gelenk bezeichnet man als Articulatio atlanto-occipitalis oder oberes Kopfgelenk. Es ist ein Eigelenk und ermöglicht die Bewegung des Kopfes nach rechts und links sowie vorne und hinten. Der sich anschließende *Axis* trägt einen Knochenzapfen, den *Dens axis*, der in den Atlas hineinragt. Dieses Drehgelenk, die Articulatio atlanto-axialis oder unteres Kopfgelenk, ermöglicht die Drehbewegung des Kopfes. Beim sog. Genickbruch bricht der Dens axis und durchbohrt das Rückenmark oder die darüber liegende Medulla oblongata. Der dadurch eintretende Atem-Kreislauf-Stillstand führt zum Tode.

Die anderen freien Wirbel haben folgenden Grundaufbau: Sie besitzen einen *Wirbelkörper*, der ventral liegt. Daran anschließend verläuft nach dorsal der *Wirbelbogen*, der das *Wirbelloch* umschließt. Die Wirbellöcher aller übereinander liegenden Wirbel formen den *Wirbelkanal*. In ihm liegt gut geschützt das Rückenmark, das am großen Hinterhauptsloch aus dem verlängerten Mark hervorgeht. Die Wirbel sind an den Seiten so geformt, dass beim Aufeinandersitzen rechts und links je ein Loch entsteht, das *Zwischenwirbelloch*. Hier treten die peripheren Nerven aus dem Rückenmark aus, um den Körper, beispielsweise Arme oder Beine, zu versorgen.

TAB. 3 ▶ Aufbau der Wirbelsäule

1. Halswirbelsäule (HWS) › sieben Halswirbel (C1 – C7)	Lordose
2. Brustwirbelsäule (BWS) › zwölf Brustwirbel (Th1 – Th12)	Kyphose
3. Lendenwirbelsäule (LWS) › fünf Lendenwirbel (L1 – L5)	Lordose
4. Kreuzbein (Os sacrum) › fünf Sakralwirbel (S1 – S5), verschmolzen	Kyphose
5. Steißbein (Os coccygis) › drei bis fünf Steißwirbel, verkümmert	Kyphose

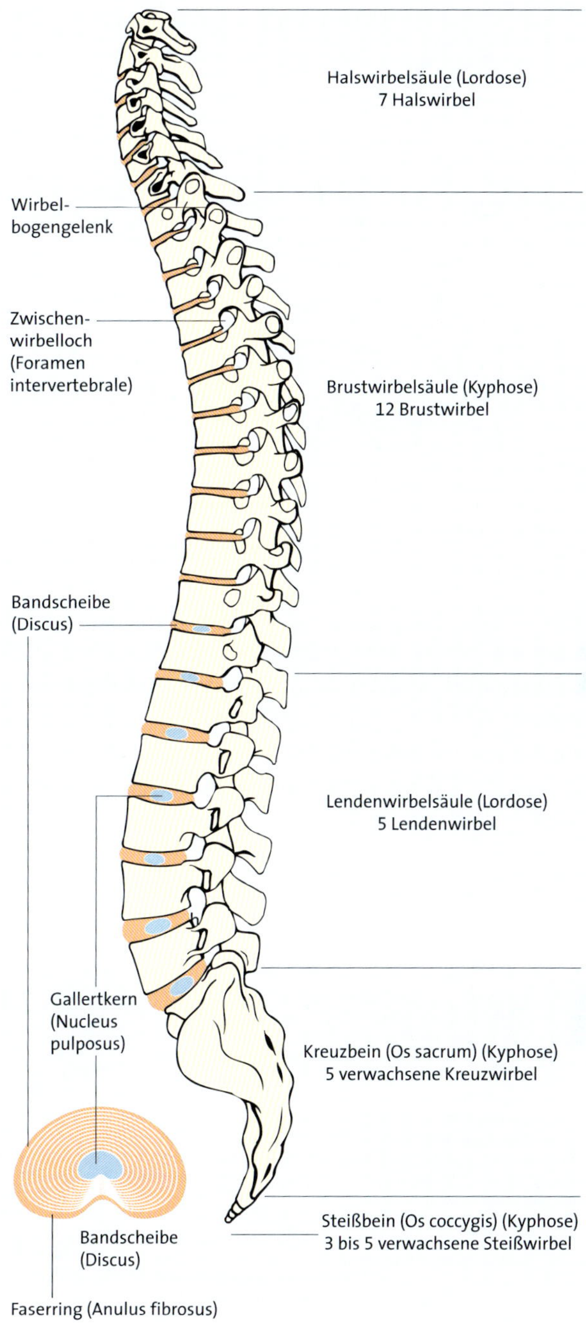

ABB. 17 ▶ Aufbau der Wirbelsäule und Krümmungen

Zur Passgenauigkeit besitzt jeder Wirbelkörper am Rand nach oben, also kranial, und unten, kaudal, je zwei *Gelenkfortsätze*, mit denen er mit seinem oberen und unteren Nachbarn gelenkig verbunden ist. Lateral vom Wirbelbogen liegen je zwei *Querfortsätze*. Sie dienen zum Ansatz von Bändern und Muskeln.

In den Querfortsätzen der Halswirbelsäule befindet sich zusätzlich ein kleines Loch, in dem eine Arterie, eine Vene

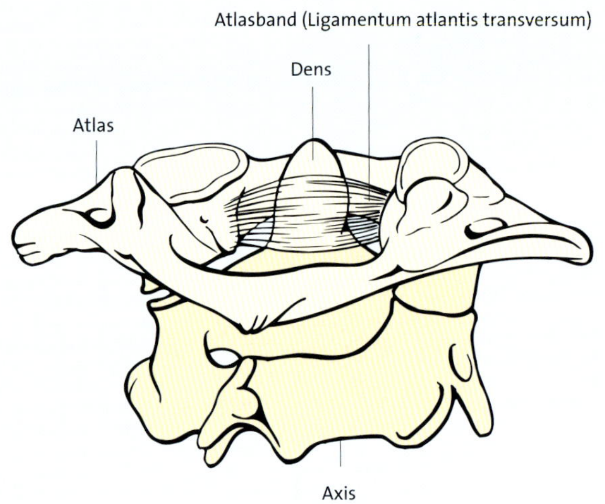

Abb. 18 ▶ Die beiden ersten Halswirbel

und ein Nerv zur Versorgung des Schädels verlaufen. Sie werden als Arteria, Vena und Nervus vertebralis bezeichnet. Die Brustwirbel besitzen an ihren Querfortsätzen auch eine gelenkige Verbindung zur jeweiligen Rippe. Bei Blockaden der Wirbelsäule können die Querfortsätze rotieren und durch eine Verengung die austretenden Spinalnerven einklemmen, was zu starken Schmerzen führen kann. Der Wirbelkörper endet nach dorsal mit dem *Dornfortsatz*, der gut von außen tastbar ist. Er dient als Ansatz für weitere stabilisierende Bänder (Ligamentum interspinale bzw. Ligamentum supraspinale, vgl. Abb. 19, 20) sowie einen Teil der Rückenmuskeln.

Aufbau C3 – L5:
- Wirbelkörper (Corpus vertebrae)
- Wirbelloch (Foramen vertebrale)
- Wirbelbogen (Arcus vertebralis)
- zwei Querfortsätze (Processus transversi)
- Dornfortsatz (Processus spinosus)
- vier Gelenkfortsätze (Processus articulares).

11.3.2.2 *Zwischenwirbelscheiben*

Die *Disci intervertebrales* liegen zwischen den Deckplatten der Wirbelkörper, sie werden auch als »Bandscheiben« bezeichnet (Abb. 17). Die Zwischenwirbelscheiben stellen eine elastische Verbindung der Wirbelkörper dar und fangen ähnlich wie ein Stoßdämpfer Stauchungen ab. Außen bestehen sie aus einem straffen Faserring, dem Anulus fibrosus; innen liegt ein gallertartiger Kern, der Nucleus pulposus. Bei Beugung verschiebt dieser Kern sich nach dorsal, bei Überstreckung nach ventral.

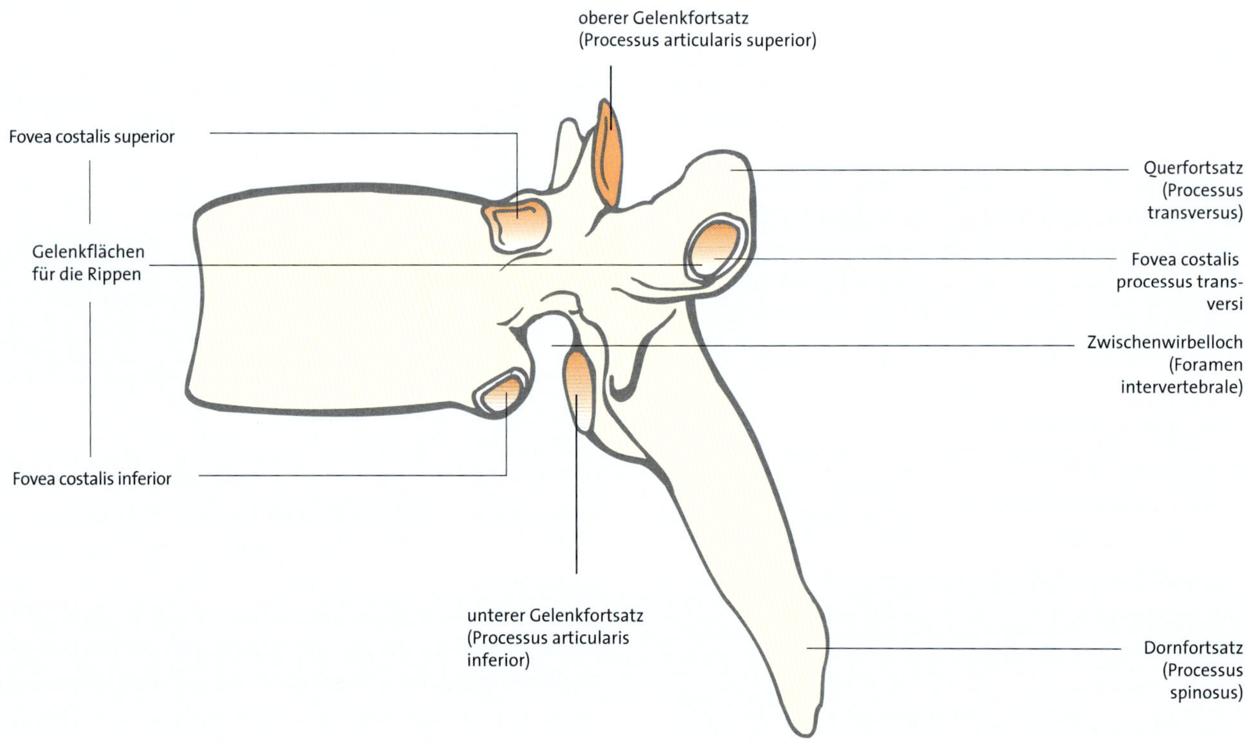

Abb. 19 ▶ Grundaufbau eines Wirbelkörpers (6. Brustwirbel, Seitenansicht)

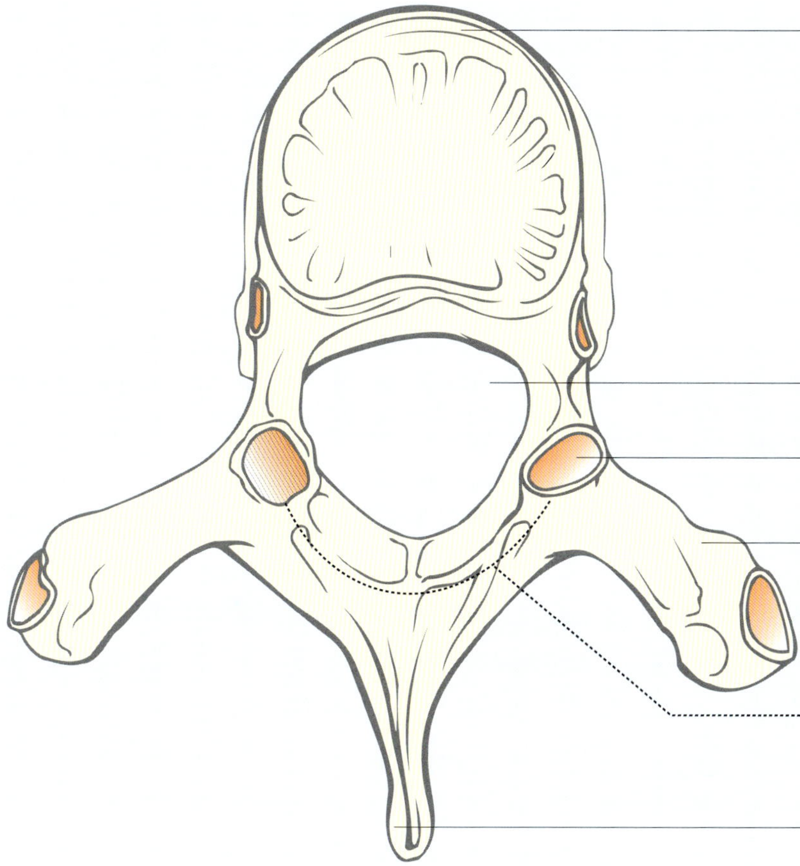

Abb. 20 ▶ Aufsicht auf einen Wirbelkörper (6. Brustwirbel)

Die Bandscheiben verändern sich mit dem Alter. Der Wassergehalt des Nucleus pulposus nimmt ab, dadurch kann die Wirbelsäule bis zu 3 cm kürzer werden: Der Mensch schrumpft. Ferner wird der Anulus fibrosus rissig, der Nucleus pulposus kann durchtreten und es kommt zum Prolaps, dem Bandscheibenvorfall.

11.3.2.3 *Anteile der Wirbelsäule*

Die *Halswirbelsäule* (HWS) ist der beweglichste, aber auch der schwächste Teil der gesamten Wirbelsäule. Sie besitzt kleine Wirbelkörper mit großen Wirbellöchern. Der 7. Halswirbel weist einen besonders großen Dornfortsatz auf, er ist durch die Haut tast- und sichtbar und wird als Prominens bezeichnet.

Die *Brustwirbelsäule* (BWS) ist wenig beweglich, weil an ihr über die Rippen der Thorax aufgehängt ist. Sie hat hauptsächlich eine Haltefunktion. Die Wirbel sind größer und stärker als in der Halswirbelsäule, die Dornfortsätze länger und nach schräg unten gerichtet.

Die *Lendenwirbelsäule* (LWS) ist der stabilste Teil der Wirbelsäule. Sie besitzt die fünf größten Wirbel, die Wirbelkörper sind fast nierenförmig und die Dornfortsätze verlaufen fast gerade. Der 5. Lendenwirbelkörper (L5) ist keilförmig, der Übergang zum Kreuzbein (Lordose → Kyphose) wird als Promontorium bezeichnet. Die Lendenwirbelsäule ist sehr beweglich, dadurch ist sie anfälliger für Frakturen, Luxationen und Blockierungen. Das Rückenmark endet in Höhe des 1. bis 2. Lendenwirbels am sogenannten *Conus medullaris*. Die einzelnen Spinalnerven laufen von hier als Nervenbündel (lat. *cauda equina*: Pferdeschweif) zu den einzelnen Austrittsstellen (s. Abb. 17 in 10.7.2.1).

Das *Kreuzbein* besteht aus fünf verschmolzenen Wirbeln. Die Verschmelzung beginnt zwischen dem 16. und 18. Lebensjahr und ist bis zum Ende des 25. Lebensjahres abgeschlossen. Das Os sacrum ist dreieckig abgeplattet und wird über das Iliosakralgelenk mit dem Becken verbunden. Frakturen des Kreuzbeins können daher zu starken Blutungen der Beckenorgane führen. Da die Wirbel verschmolzen sind, treten die Sakralnerven durch die vier Kreuzbeinlöcher aus, die Foramina sacralia.

Das *Steißbein* besteht aus einer Verschmelzung von drei bis fünf rudimentären Schwanzwirbeln. Das Os coccygis hat keine direkte Funktion.

11.3.3 Thorax

Der *Brustkorb* ähnelt einem ovalen Bienenkorb (ABB. 21) und ist nach kranial und kaudal offen. Er wird gebildet aus Brustbein, Rippen und Brustwirbelsäule. Hier liegen gut geschützt die Lunge in der Pleurahöhle und das Herz im Mediastinum, dem Raum zwischen den Lungenflügeln. Nach kaudal wird der Thorax durch das Diaphragma, das Zwerchfell, begrenzt.

11.3.3.1 *Sternum*

Das *Brustbein* ist ein flacher, schmaler Knochen, bestehend aus dem »Handgriff« Manubrium sterni, dem Brustbeinkörper, Corpus sterni, und dem Schwertfortsatz, Processus xiphoideus. Am Handgriff befindet sich der Ursprung vieler vorderer Hals- und Zungenbeinmuskeln. Er bildet die Gelenkflächen für das Schlüsselbein, die Clavicula, sowie für die erste Rippe und am Übergang zum Brustbeinkörper auch für die zweite Rippe. Dieser bildet die Gelenkflächen für die dritte bis siebte Rippe. Der Schwertfortsatz dient als Ansatz für die Brustmuskeln.

11.3.3.2 *Rippen*

Die seitliche Begrenzung des Brustkorbes besteht aus 12 Rippenpaaren, die dorsal einen knöchernen Anteil und ventral einen knorpeligen Anteil besitzen. Der knöcherne Anteil ist gelenkig mit den Brustwirbeln und der knorpelige Anteil mit dem Sternum verbunden (S. A. ABB. 19).

Man unterscheidet echte, falsche und freie Rippen, lat. *Costae*. Die echten Rippen (Nr. 1 – 7) weisen eine direkte gelenkige Verbindung zum Sternum auf: wichtig für die Beweglichkeit während der Atmung. Die falschen Rippen (Nr. 8 – 10) haben nur indirekten Kontakt über Knorpelstege. Die untersten beiden Rippen (Nr. 11 und 12) sind als freie Rippen nur mit der Wirbelsäule verbunden und daher gut beweglich.

Thorax (Brustkorb):
- Brustbein (Sternum) mit
  - Handgriff (Manubrium sterni)
  - Brustbeinkörper (Corpus sterni)
  - Schwertfortsatz (Processus xiphoideus)
- Brustwirbelsäule
- Rippen (Costae).

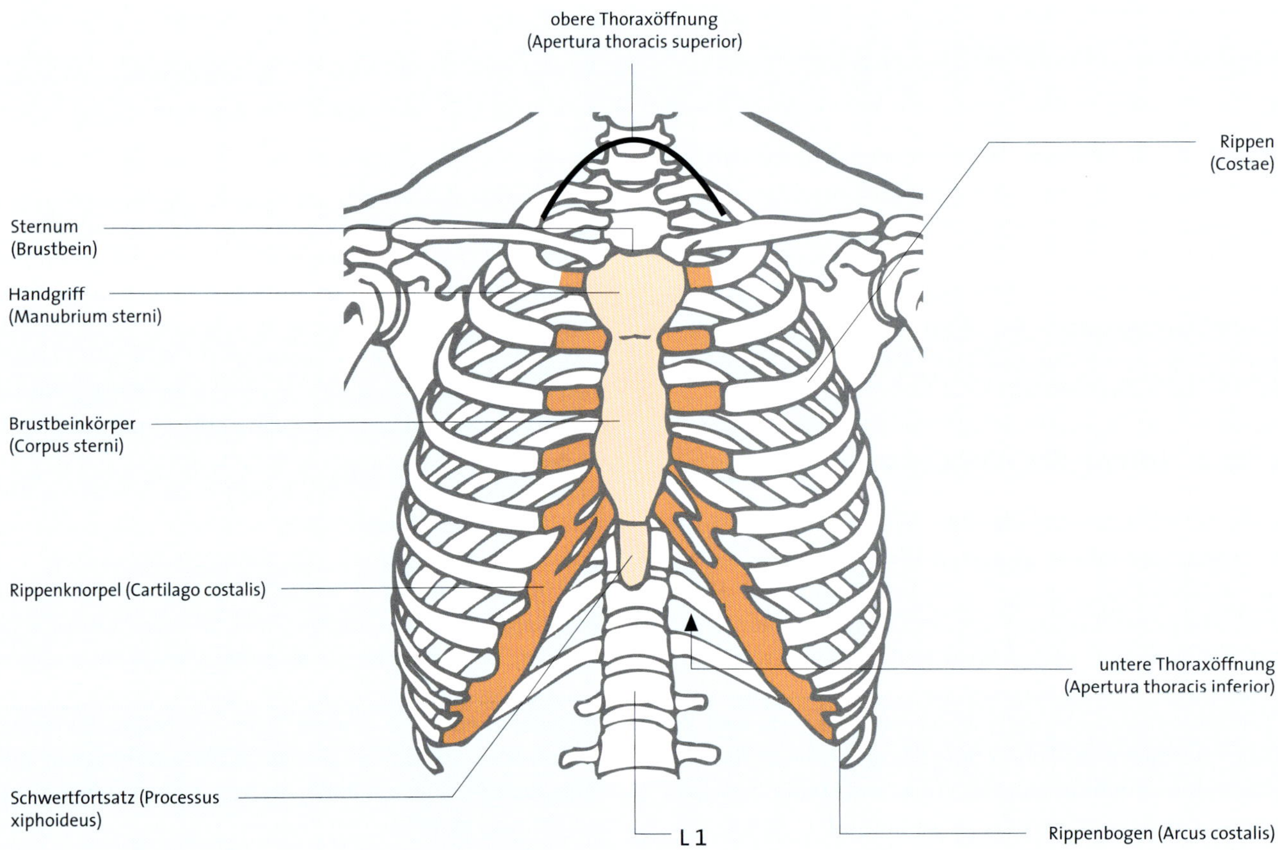

ABB. 21 ▶ Knöcherner Aufbau des Brustkorbs (Vorderansicht)

11.3.3.3 *Zwischenrippenraum*

Dieser Raum, auch *Interkostalraum* (ICR) genannt, enthält die Zwischenrippen- oder Interkostalmuskeln. Sie leisten neben dem Hauptatemmuskel, dem Zwerchfell oder Diaphragma, einen wichtigen Beitrag zur Ein- und Ausatmung (s.o., 5.4.1.2). Am jeweiligen unteren Rand verlaufen je eine Arterie und Vene sowie ein Nerv. Der Interkostalraum ist zudem eine wichtige Orientierungshilfe zur Herzauskultation.

11.3.4 Schultergürtel und obere Extremität

11.3.4.1 *Schultergürtel*

Der Schultergürtel (Abb. 23) verbindet die obere Extremität mit dem Körperstamm und besteht aus Schlüsselbein und Schulterblatt, Clavicula und Scapula. Die Clavicula ist ein relativ dünner s-förmiger Knochen. Sie besitzt Gelenkflächen an beiden Enden. Medial ist sie über das Sternoklavikularge-

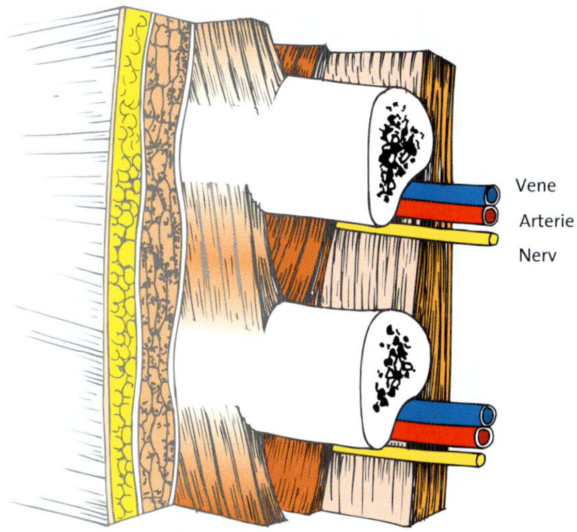

Abb. 22 ▶ Verbindung zwischen den Rippen

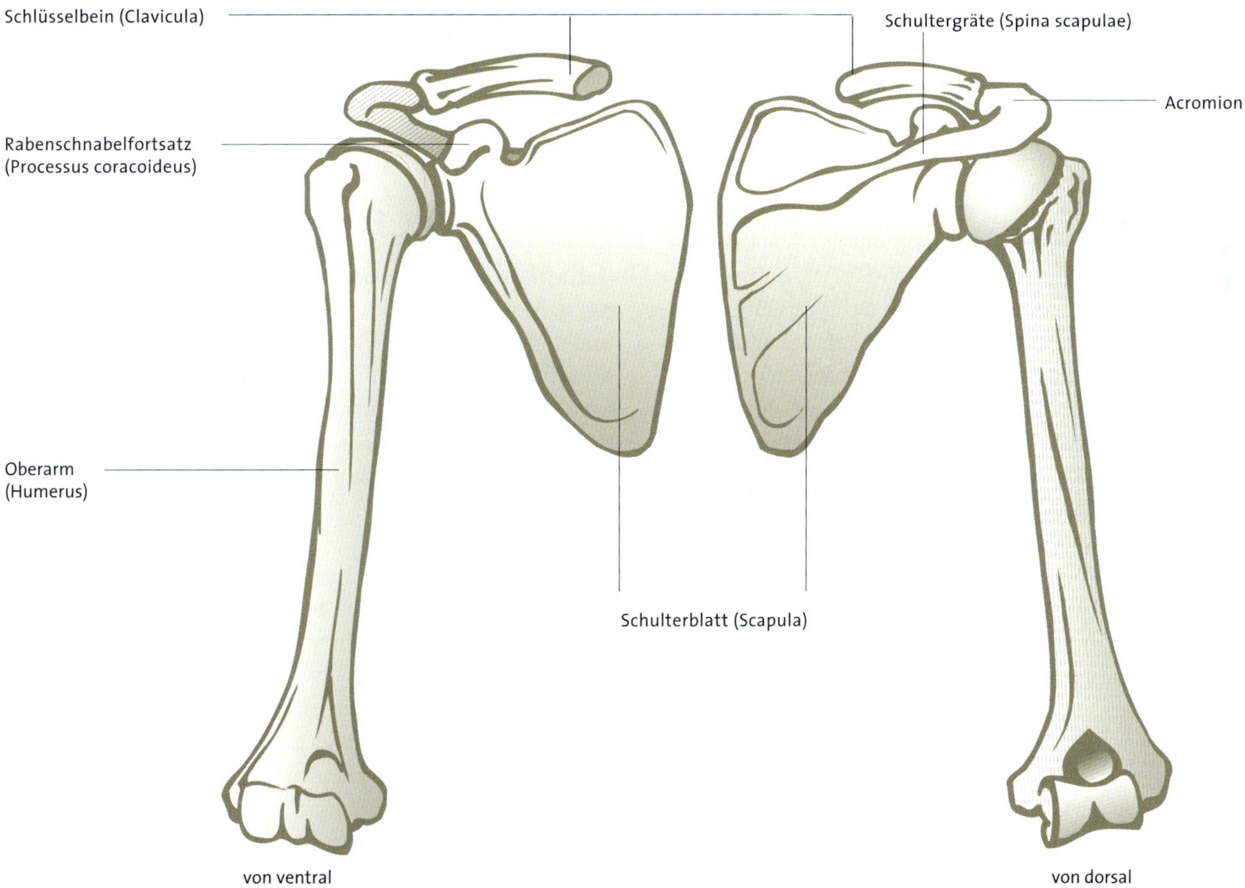

Abb. 23 ▶ Schultergürtel von vorn und hinten

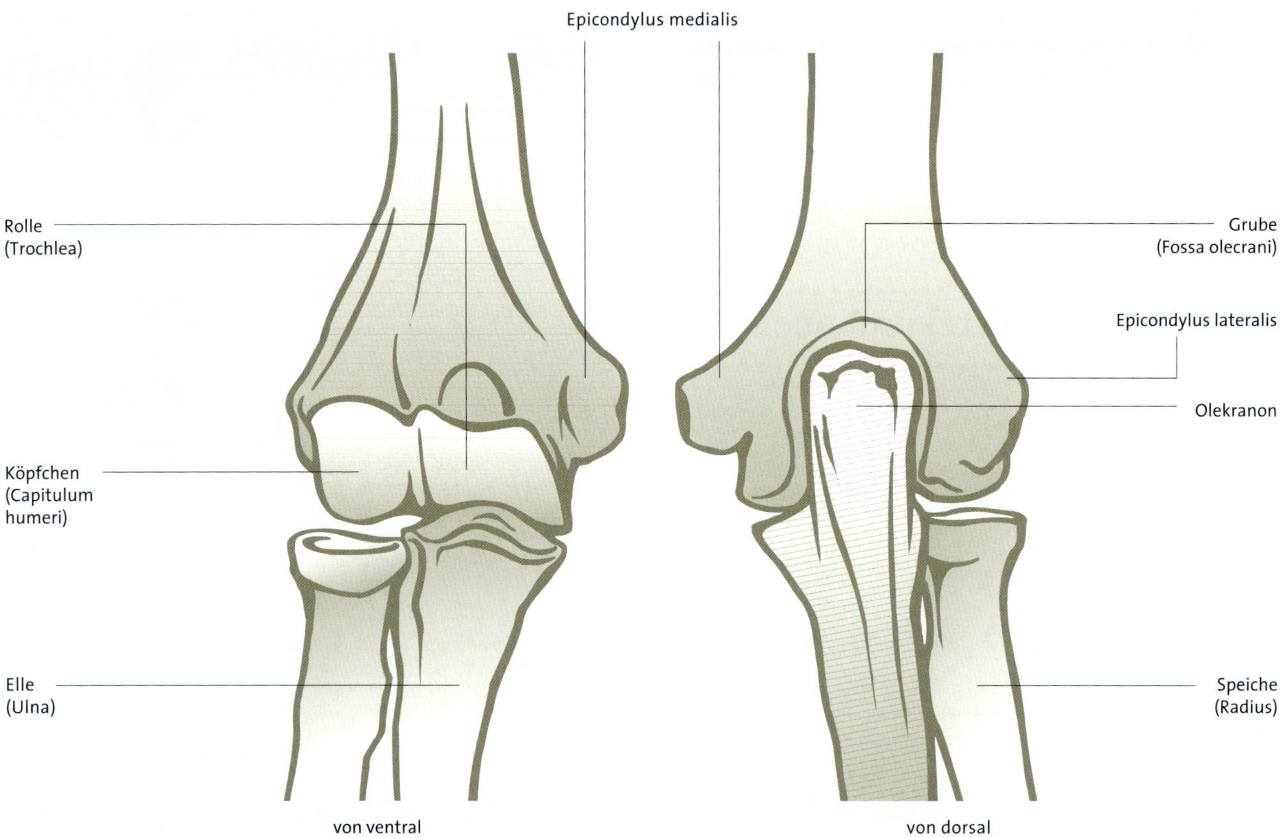

Abb. 24 ▶ Ellenbogengelenk von vorn und hinten

lenk mit dem Sternum und lateral über das äußere Schlüsselbein- oder Akromioklavikulargelenk mit der Scapula verbunden. Die Scapula ist ein dreieckiger platter Knochen. Dorsal springt eine Knochenleiste, die Schultergräte oder Spina scapulae, hervor. Ihr freies Ende wird als Schulterhöhe oder Akromion bezeichnet und ist mit der Clavicula gelenkig verbunden. Das Akromion ist der höchste Punkt des Schulterblatts und daher gut palpabel, d.h. tastbar. Hier liegt der Ursprung des Deltamuskels. Am lateralen kaudalen Rand des Schulterblattes entspringt ein starker, hakenförmig gebogener Knochenfortsatz der Scapula, der Rabenschnabelfortsatz, lateinisch Processus coracoideus. Er ist von ventral unter der Clavicula zu tasten. An ihm sind viele Muskeln und Bänder befestigt, zum Beispiel der M. biceps brachii, der M. coracobrachialis und der M. pectoralis minor.

Schultergürtel:
- Clavicula (Schlüsselbein)
- Scapula (Schulterblatt) mit Schultergräte (Spina scapulae).

11.3.4.2 *Obere Extremität*

Der Arm besteht aus Oberarm mit Oberarmknochen, Humerus genannt, sowie Unterarm mit Elle und Speiche – Ulna und Radius –, an die sich die Hand mit Handwurzelknochen, Mittelhandknochen und Fingerknochen anschließt (Abb. 25). Der Humerus ist der längste Knochen der oberen Extremität. Er bildet am oberen Ende mit der Scapula das Schultergelenk und am unteren Ende mit Ulna und Radius das Ellenbogengelenk.

▶ Ellenbogengelenk

Der Humerusschaft verbreitert sich distal und läuft in zwei Gelenkknorren aus. Die Knochenvorsprünge werden als Epicondylus medialis und Epicondylus lateralis bezeichnet. Hier setzen Sehnen an; werden sie gereizt, kommt es zum »Golferellenbogen« (medial) oder zum »Tennisellenbogen« (lateral). Zwischen diesen Epicondylen liegt die Gelenkfläche für das Ellenbogengelenk (Abb. 24), es besteht aus dem Köpfchen und der Rolle. Dorsal befindet sich zwischen den Gelenkknorren eine Grube, die Fossa olecrani. Sie nimmt den löffelförmigen Hakenfortsatz der Ulna als Olekranon auf und dient damit der Führung des Ellenbogens.

▶ Unterarm

Dieser erstreckt sich vom Ellenbogengelenk bis zur Handwurzel. Er besteht aus zwei Knochen, Ulna und Radius, die sich durch eine Bandhaft gegenseitig stabilisieren.

Die Ulna umgreift mit dem Olekranon, dem Ellenhaken, die Rolle des Humerus und bildet so ein Scharniergelenk, das Humeroulnargelenk. Sie verschmälert sich nach distal und trägt mit einer kleinen Fläche zur Bildung des Handgelenks bei.

Der Radius ist mit seinem Kopf, dem Caput radii, gelenkig mit dem Humerus über das Humeroradialgelenk verbunden. Es ist ein »eingeschränktes« Kugelgelenk, weil es durch Bandstrukturen fixiert ist und daher nur Beugung oder Streckung sowie Rotation ermöglicht.

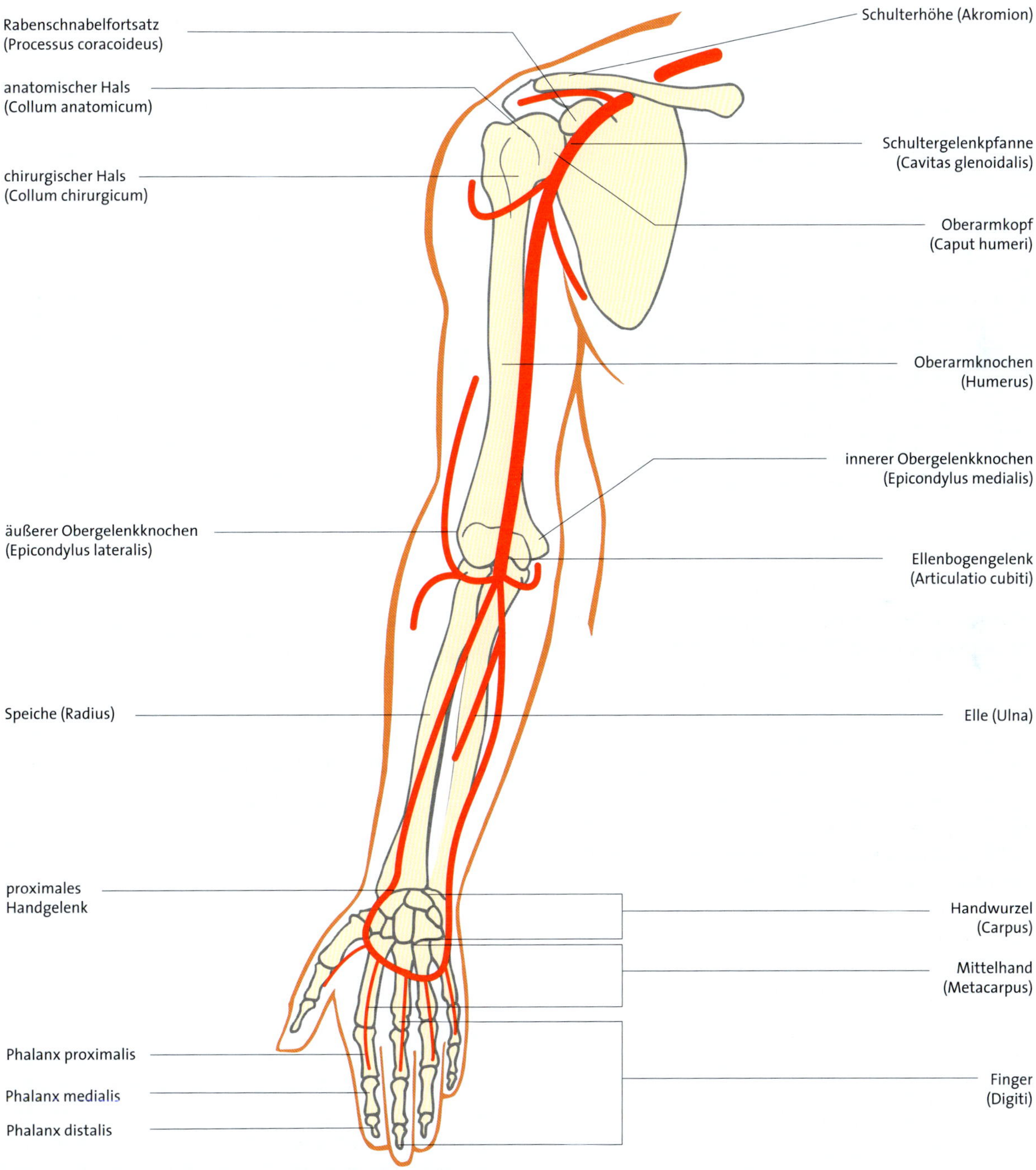

Abb. 25 ▶ Anatomie der oberen Extremität

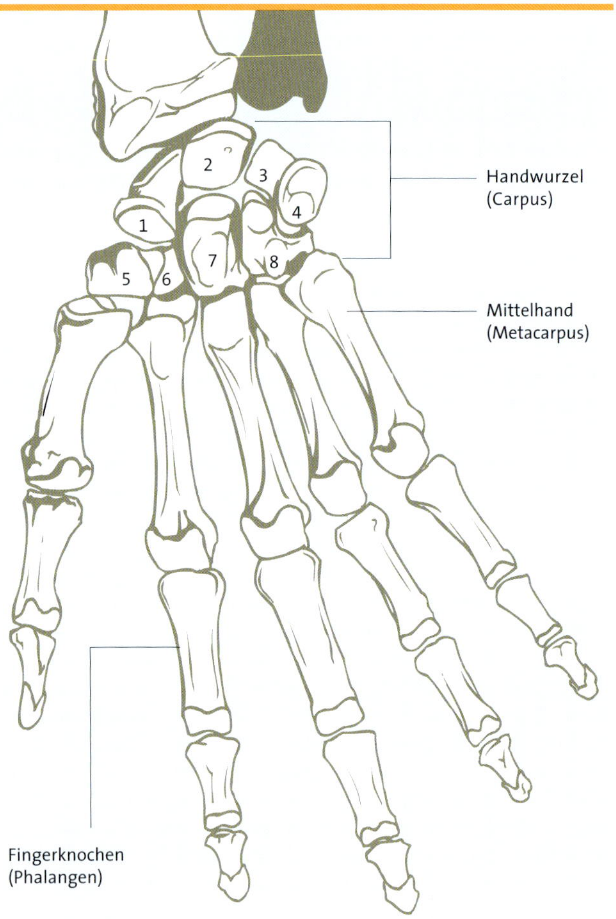

ABB. 26 ▶ Handskelett

Der Radius bildet mit der Ulna zum einen das proximale Radioulnargelenk, ein Zapfengelenk, und zum anderen das distale Radioulnargelenk, ein Radgelenk. Diese beiden Gelenke ermöglichen Supination und Pronation. Nach distal verbreitert sich die Speiche und trägt mit einer großen Fläche zur Bildung des Handgelenks bei.

▶ Hand

Sie besteht aus Handwurzel, *Carpus*, Mittelhand, *Metacarpus*, und den Fingern, den *Digiti manus*, mit dein einzelnen knöchernen Fingergliedern, den *Phalangen*. Die Handwurzel besteht aus acht Handwurzelknochen, den *Ossa carpi* (s. ABB. 26):

1. Kahnbein (Os scaphoideum)
2. Mondbein (Os lunatum)
3. Dreieckbein (Os triquetrum)
4. Erbsenbein (Os pisiforme)
5. großes Vieleckbein (Os trapezium)
6. kleines Vieleckbein (Os trapezoideum)
7. Kopfbein (Os capitatum)
8. Hakenbein (Os hamatum)

TAB. 4 ▶ Obere Extremität

- Oberarm mit Oberarmknochen (Humerus)
- Unterarm mit
  - Elle (Ulna)
  - Speiche (Radius)
- Hand mit Handwurzel (Carpus)
  - Handwurzelknochen (Ossa carpi)
  - Mittelhandknochen (Ossa metacarpalia)
  - Finger (Digiti manus)

Merkspruch:
Es fuhr ein Kahn im Mondenschein
im Dreieck um das Erbsenbein.
Vieleck groß, Vieleck klein,
am Kopf, da muss ein Haken sein.

Die *Mittelhand* besteht aus fünf Mittelhandknochen, den Ossa metacarpalia: dem Daumen, der mit dem großen Vieleckbein das Daumensattelgelenk bildet, und vier Mittelhandknochen.

Die als *Digiti* bezeichneten *Finger* bestehen aus drei Knochen – Ausnahme: der Daumen (Pollex) mit nur zwei Knochen –, einem Grundglied, einem Mittelglied und einem Endglied.

Das Handgelenk ist ein Eigelenk. Die Gelenke zwischen den Mittelhandknochen und den Fingern sind Kugelgelenke, allerdings durch Bandstrukturen in ihrer Bewegung eingeschränkt. Bei den Gelenken zwischen den einzelnen Fingerknochen handelt es sich um Scharniergelenke.

11.3.5 Beckengürtel und untere Extremität

11.3.5.1 *Beckengürtel*

Der Beckengürtel (ABB. 27) verbindet die untere Extremität mit dem Körperstamm. Er besteht aus drei stabilen, ringförmig zusammengeschlossenen Knochen, dem Kreuzbein und dem rechten und linken Hüftbein.

Die beiden Hüftbeine münden bogenförmig in die Schambeinfuge, die Symphysis pubica, eine ca. einen Zentimeter breite Verbindung aus Faserknorpel. Mit dem Kreuzbein sind sie über das Kreuzdarmbein- oder Iliosakralgelenk verbunden, das durch einen festen Bandapparat nahezu unbeweglich ist; es ist also eine Amphiarthrose.

Das Hüftbein besteht aus drei Knochen, die bis zum 14. bis 16. Lebensjahr miteinander verschmolzen sind, dem Darmbein, dem Sitzbein und dem Schambein. Diese drei Knochen

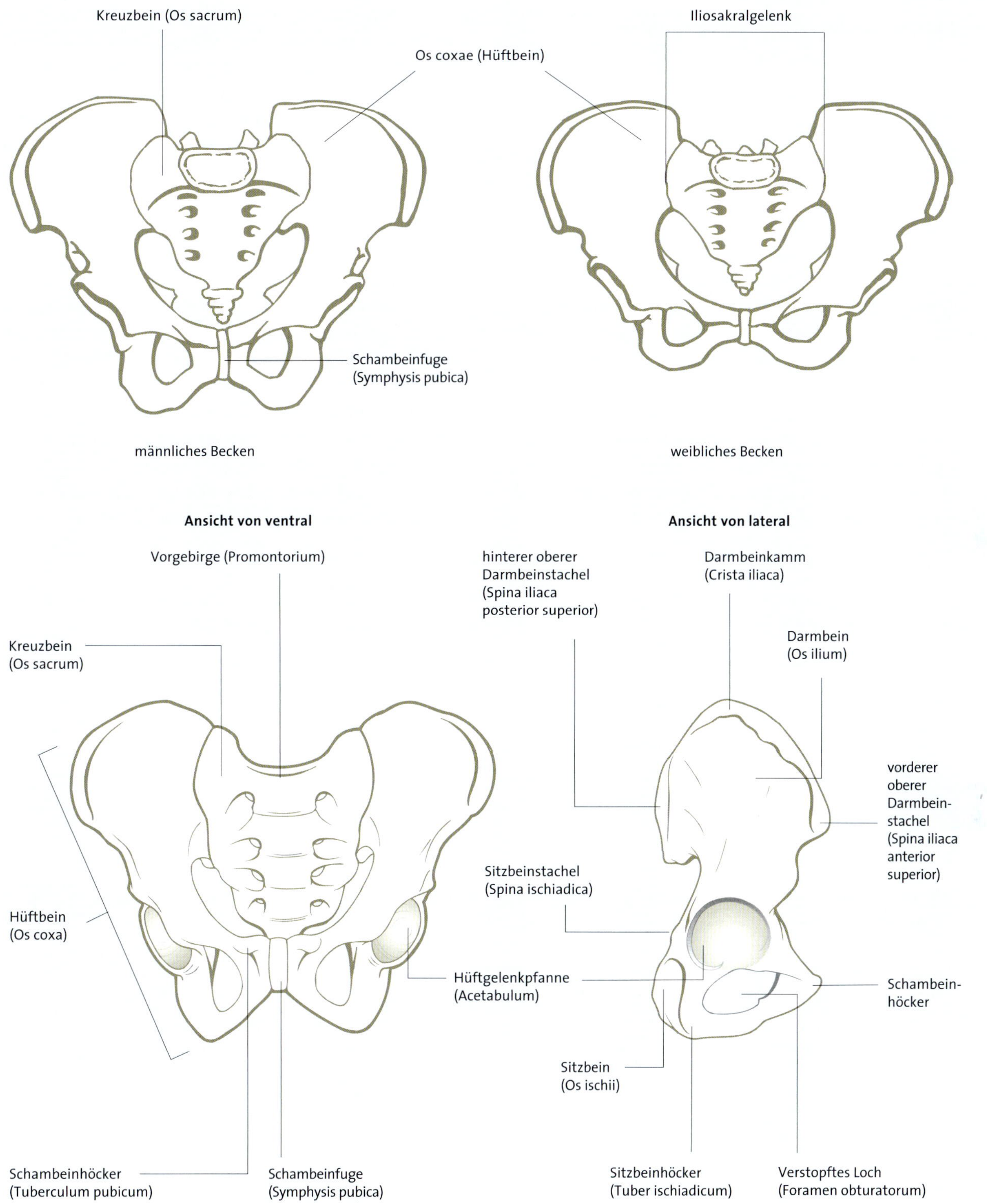

Abb. 27 ▶ Aufbau des knöchernen Beckens

Tab. 5 ▶ Beckengürtel

- Kreuzbein (Os sacrum)
- zwei Hüftbeine (Ossa coxae) mit
  - Darmbein (Os ilium)
  - Sitzbein (Os ischii)
  - Schambein (Os pubis)

bilden auch die als Acetabulum bezeichnete Hüftpfanne, die mit dem Oberschenkelkopf das Hüftgelenk bildet. Das Hüftgelenk ist als Kugelgelenk sehr beweglich, seine Belastbarkeit wird durch drei starke Bänder gesichert.

Das Darmbein umgibt die Organe des Unterbauchs und bildet die Darmbeinschaufel. Seine obere Begrenzung, der Darmbeinkamm, ist gut tastbar. An dieser Stelle werden Knochenmarkpunktionen vorgenommen. Es weist vier charakteristische Knochenvorsprünge auf: oberer hinterer Darmbeinstachel, unterer hinterer Darmbeinstachel, oberer vorderer Darmbeinstachel – ein wichtiger Orientierungspunkt für Tastuntersuchungen oder intramuskuläre Injektionen – und unterer vorderer Darmbeinstachel.

11.3.5.2 *Beckenboden*

Der *Beckenboden* bildet den unteren Abschluss der Bauchhöhle. Er wird aus längs- und querverlaufenden Muskel- und Bindegewebsplatten gebildet, ist etwa Handteller dick und besteht aus drei Schichten. Sie sind aufgespannt zwischen dem Schambein (Os pubis), dem Sitzbein (Os ischii) und dem Steißbein (Os coccygis). Von ihrer Form ähneln sie einer Acht, einem Dreieck sowie einem Fächer.

Die äußerste Schicht, die »Acht«, verläuft vom Schambein bis zum Steißbein. Der obere Teil der Acht umschlingt als Zwiebelschwellkörpermuskel (M. bulbospongiosus) beim Mann die Harnröhre und den Anfangsteil des Penis, bei der Frau den gesamten Scheidenvorhof. Der untere Teil der Acht wird vom äußeren Afterschließmuskel, dem M. sphincter ani externus gebildet und verläuft um den Anus. Diese beiden Muskeln kann man willkürlich anspannen. Die Mitte der Acht bildet das Centrum tendineum perinei, eine faserreiche, sehnige Bindegewebsplatte des Damms (Perineum).

Die mittlere Schicht, das »Dreieck«, ist wie eine Hängematte zwischen dem rechten und linken Sitzbeinhöcker

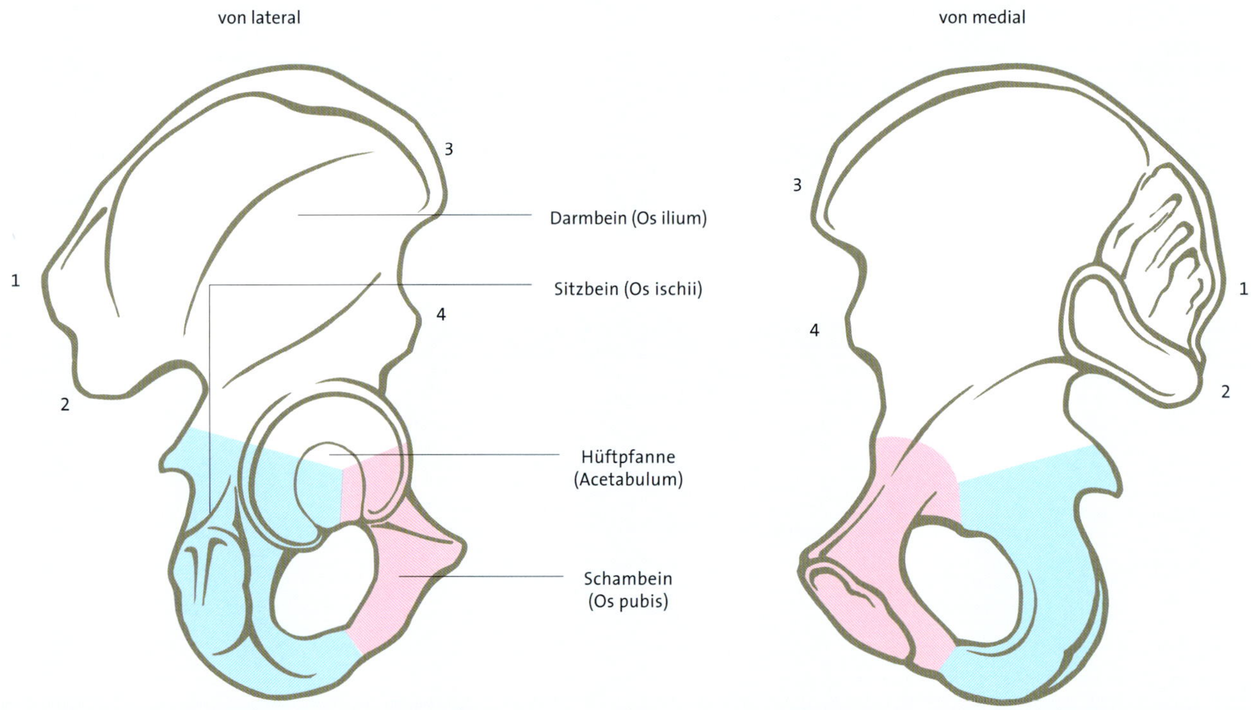

1. oberer hinterer Darmbeinstachel (Spina iliaca posterior superior)
2. unterer hinterer Darmbeinstachel (Spina iliaca posterior inferior)
3. oberer vorderer Darmbeinstachel (Spina iliaca anterior superior)
4. unterer vorderer Darmbeinstachel (Spina iliaca anterior inferior)

Abb. 28 ▶ Hüftbein (Os coxae)

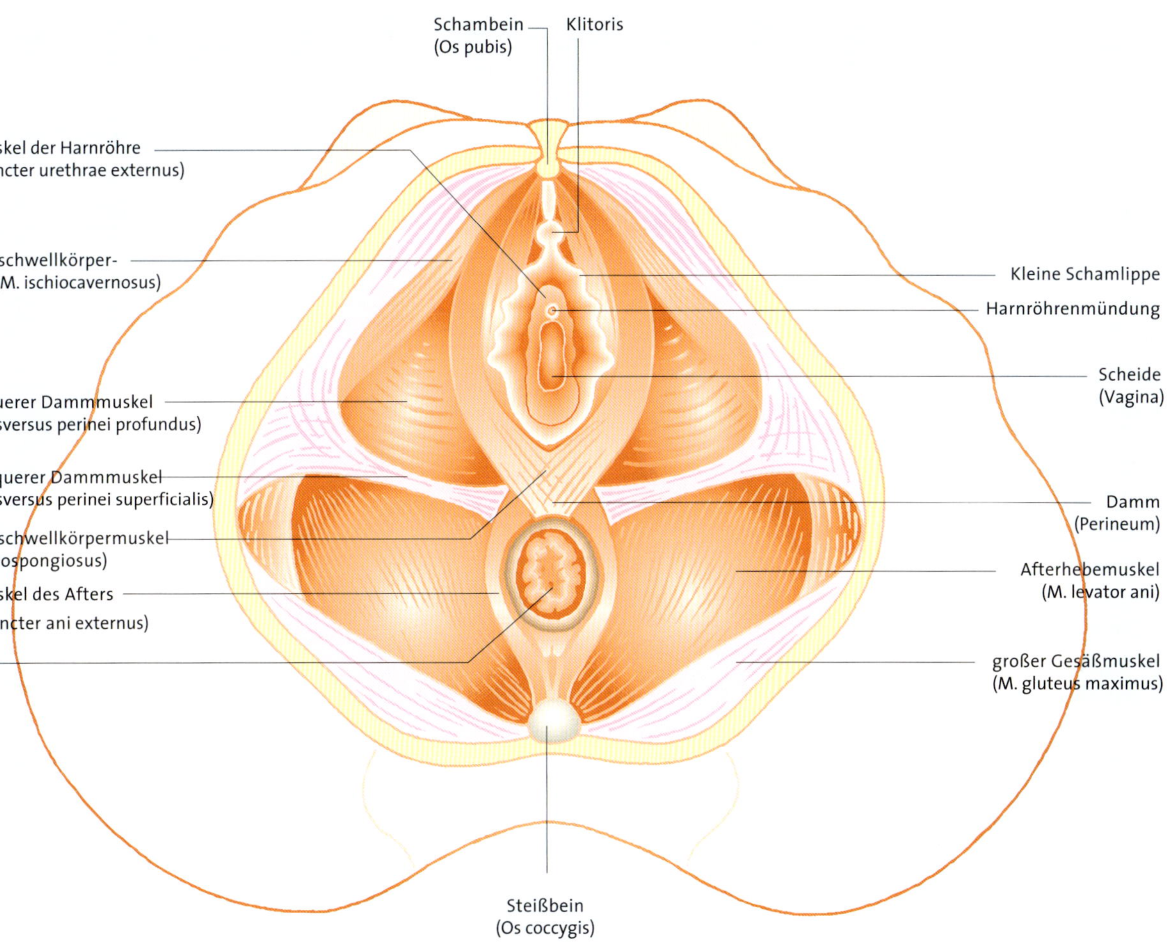

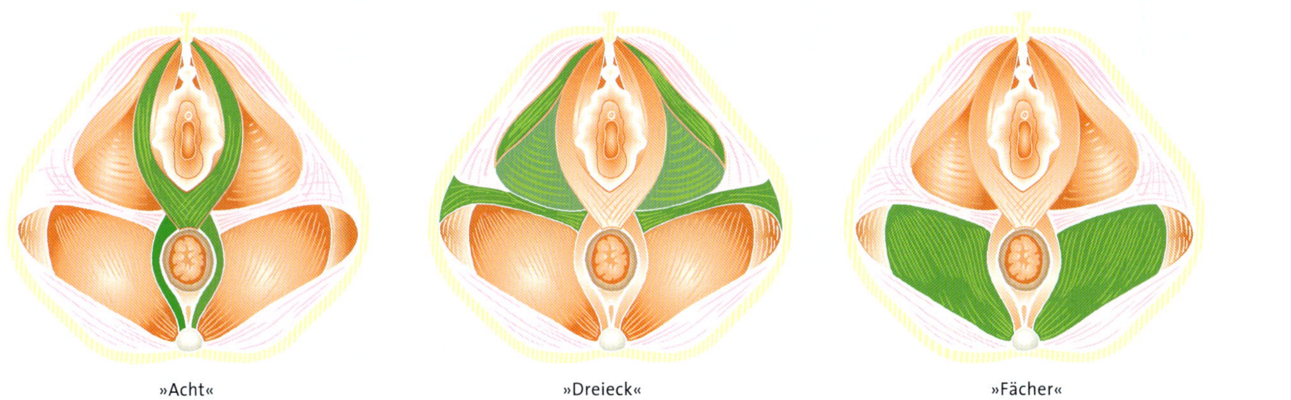

Abb. 29 ▶ Weiblicher Beckenboden (Ansicht von kaudal)

(Tuber ischiadicum) und dem Schambein aufgehängt. Sie wird auch als Diaphragma urogenitale oder vorderer Beckenbodenteil bezeichnet und besteht aus zwei Muskeln, die ebenfalls willkürlich bewegt werden können: dem tiefen und dem oberflächlichen querverlaufenden Dammmuskel (M. transversus perinei profundus und superficialis). Sie enthält Öffnungen zum Durchtritt der Harnröhre und bei Frauen auch der Vagina. An den beiden Schenkeln des »Dreiecks« liegt der Sitzbeinschwellkörpermuskel (M. ischiocavernosus), der die Erektion stabilisiert.

Die innerste Schicht, der »Fächer«, ist die breiteste und dickste Schicht, da sie die Organe trägt. Sie wird als Diaphragma

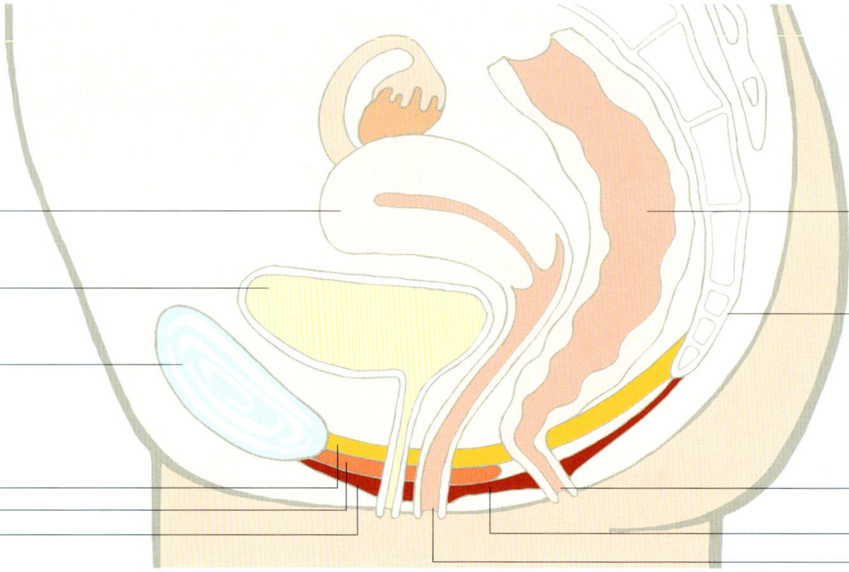

Abb. 30 ▶ Weiblicher Beckenboden (Ansicht von lateral)

pelvis, das Zwerchfell des Beckens, bezeichnet. Dieser hintere Beckenbodenteil wird vom Steißbeinmuskel (M. coccygeus) sowie dem nach beiden Seiten ausstrahlenden Afterhebermuskel (M. levator ani) mit seinen drei Anteilen gebildet. Hier tritt das Rektum, der Mastdarm, hindurch. Die drei Hauptfunktionen sind Anspannen, Entspannen und Stabilisieren.

Das Anspannen ist wichtig zur Sicherung der *Kontinenz*, der Fähigkeit, Harn und Stuhl zurückzuhalten bzw. die Entleerung bewusst auszulösen.

Das Entspannen des Beckenbodens erfolgt beim *Wasserlassen* (Miktion), *Stuhlgang* (Defäkation) sowie bei der *Erektion* des Mannes. Für die Frau ist das Entspannen während des Geschlechtsverkehrs sowie beim Gebären hilfreich. Beim Orgasmus wechseln sich Anspannung und Entspannung ab, der Beckenboden pulsiert.

Das Stabilisieren wird notwendig, wenn die Muskulatur zum Bespiel beim Husten, Niesen, Lachen, Hüpfen oder Tragen schwerer Lasten reflektorisch gegenhalten muss. Bei schwacher Muskulatur kann es deshalb zum unfreiwilligen Urinverlust kommen.

Eine besondere Beanspruchung erfährt die Beckenbodenmuskulatur im Rahmen einer Schwangerschaft. Wird sie überdehnt, kann es im Anschluss zu einer Senkung der inneren Geschlechtsorgane führen. Ferner können durch Dammrisse während der Geburt der M. levator ani oder der M. sphincter ani externus so stark geschädigt werden, dass eine Stuhlinkontinenz entsteht.

Auch Männer, denen die Prostata entfernt werden musste, haben häufig Probleme mit Harninkontinenz. Zur Unterstützung und Stärkung der Beckenbodenmuskulatur empfiehlt sich die Beckenbodengymnastik.

11.3.5.3 *Untere Extremität*

Das Bein besteht aus Oberschenkel mit Oberschenkelknochen, dem Femur, sowie Unterschenkel mit Schienbein und Wadenbein – Tibia und Fibula –, an die sich der Fuß mit Fußwurzelknochen, Mittelfußknochen und Zehen anschließt.

Das Femur ist der längste und größte Knochen der unteren Extremität. Es bildet am oberen Ende mit der Hüftgelenkspfanne, dem Acetabulum, das Hüftgelenk und am unteren Ende mit der Tibia das Kniegelenk. Seine wesentlichen Anteile sind der Kopf, der Hals und der Schaft. Es läuft in die Epicondylen, zwei Gelenkknorren, aus, die den oberen Teil des Kniegelenkes bilden. Am oberen Teil befinden sich zwei Rollhügel, der außen gelegene Trochanter major und der innen gelegene Trochanter minor, die Muskeln und Bändern als Ansatz dienen.

Schaft und Schenkelhals stehen in einem bestimmten Winkel zueinander, der für die Stabilität des Oberschenkel-

Tab. 6 ▶ Untere Extremität

- Oberschenkel mit Oberschenkelknochen (Femur)
- Unterschenkel mit
  - Schienbein (Tibia)
  - Wadenbein (Fibula)
- Fuß mit Fußwurzel (Tarsus)
  - Fußwurzelknochen (Ossa tarsi)
  - Mittelfußknochen (Ossa metatarsalia)
  - Zehen (Phalangen)

knochens von großer Wichtigkeit ist, dem Schenkelhalswinkel oder CCD-Winkel; dies steht für Centrum-Collum-Diaphysen-Winkel (Abb. 32). Damit bezeichnet man den Winkel einer mittigen (→ Centrum) Linie zwischen Hals (→ Collum) und Diaphyse. Bei Kindern beträgt er ca. 140°, beim Erwachsenen ca. 125° und bei alten Menschen nur noch ca. 115°. Bei Stürzen auf die Seite kann es eher zu einer Oberschenkelhalsfraktur führen, wenn der CCD-Winkel ungünstig ist bzw. die Knochendichte nachlässt. Daher sind ältere Menschen häufiger betroffen.

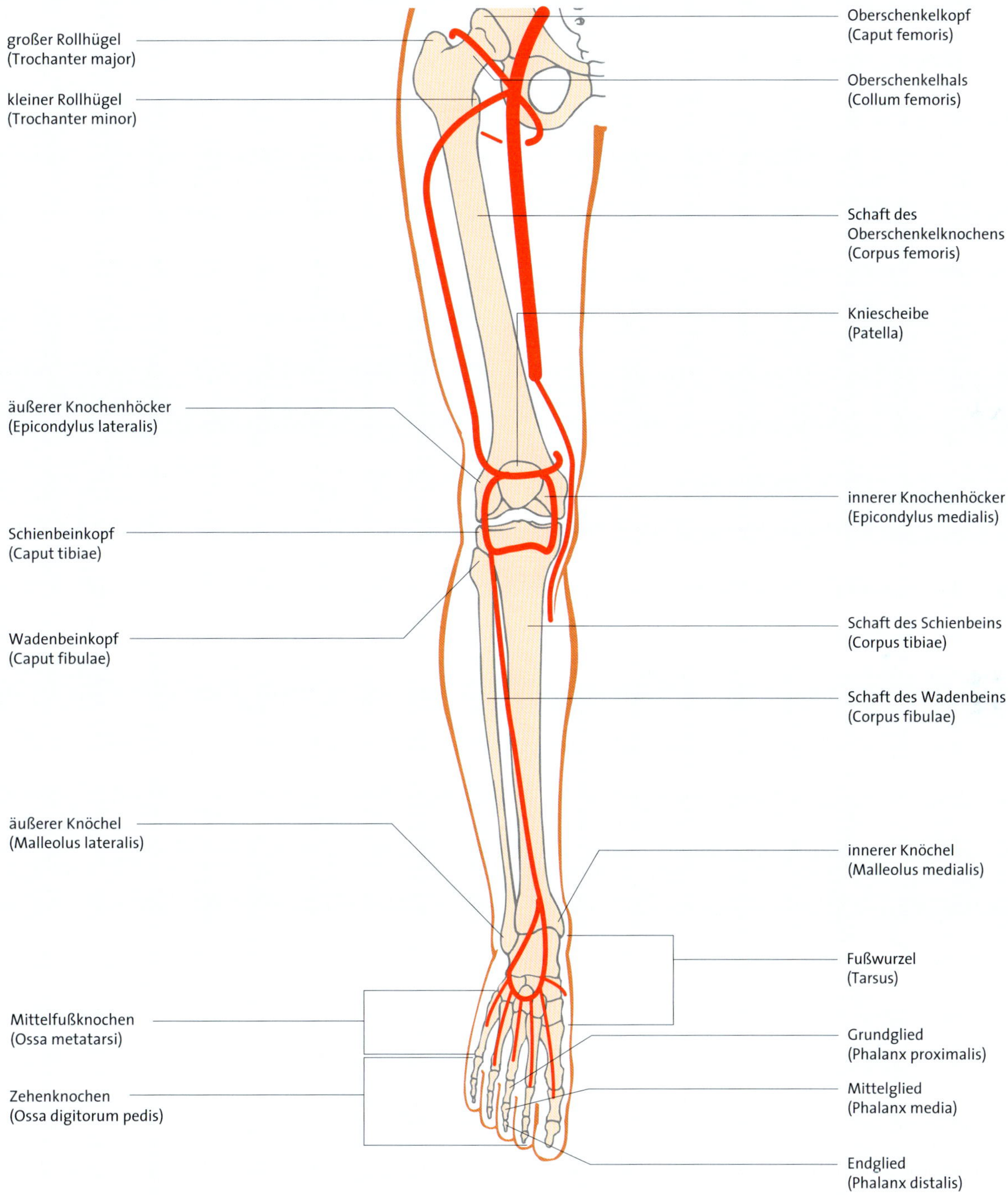

Abb. 31 ▶ Anatomie der unteren Extremität

▶ Kniegelenk

Das Kniegelenk, die *Articulatio genus*, ist das größte Gelenk des Menschen und setzt sich aus Femur, Tibia und Patella, der Kniescheibe, zusammen. Wegen seiner starken Beanspruchung ist es am besten geschützt. Femur und Tibia sind durch zwei Faserknorpel gepuffert, den Innen- und den Außenmeniskus. Ferner verfügt es über einen starken Bandapparat. Innen liegen zwei Kreuzbänder, die für die Sicherung im gebeugten Zustand sorgen, während außen die beiden Außenbänder die Sicherung im gestreckten Zustand übernehmen (Abb. 33). Die Patella dient als Abstandhalter und physikalischer Kraftumleiter, d.h. sie überträgt die Kraft der vorderen Oberschenkelmuskulatur über das Kniegelenk auf das Schienbein. Gleichzeitig bildet sie mit dem Femur ein Schlittengelenk. Das Gelenk zwischen Femur und Tibia ist eine Mischung aus Rad- und Scharniergelenk und ermöglicht dadurch Roll- und Gleitbewegungen.

▶ Unterschenkel

Der Unterschenkel erstreckt sich vom Kniegelenk bis zur Fußwurzel und besteht aus zwei Knochen, Schien- und Wadenbein (Tibia und Fibula). Diese verbinden den Oberschenkelknochen mit dem Fußskelett. Sie sind untereinander durch das Schienbein-Wadenbein-Gelenk, die Articulatio tibiofibularis, verbunden.

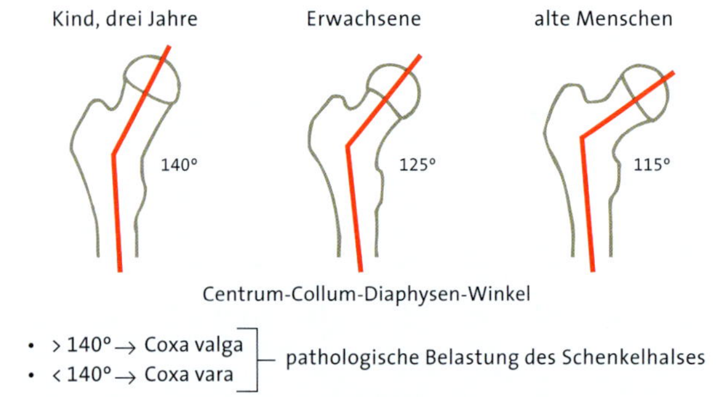

Abb. 32 ▶ Schenkelhalswinkel (CCD-Winkel)

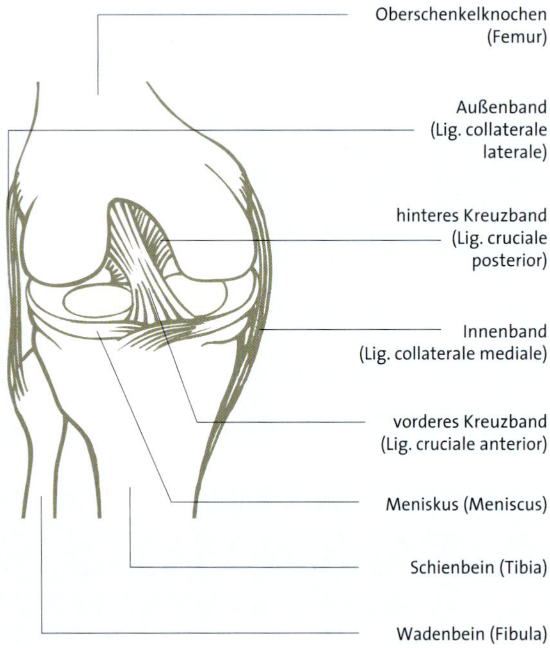

Abb. 33 ▶ Bandstrukturen des Kniegelenks

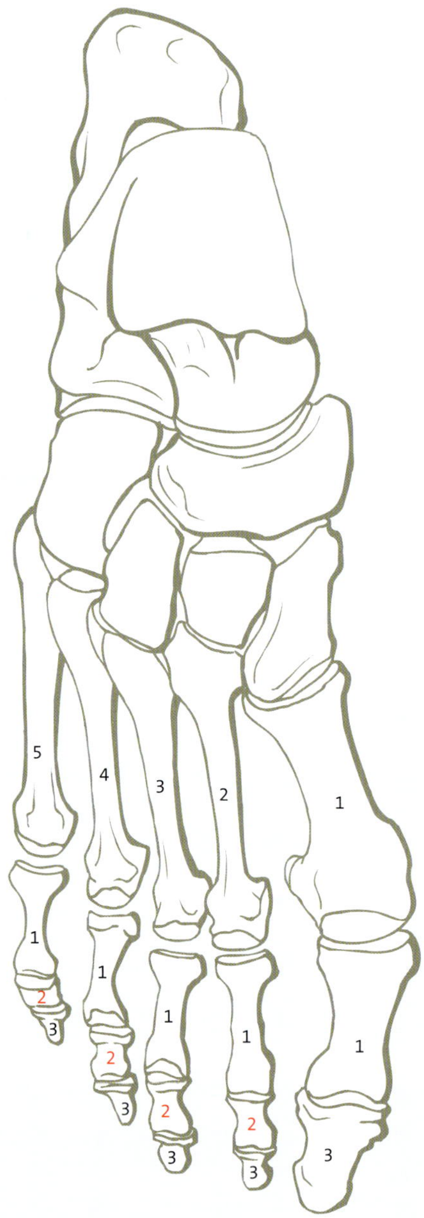

Abb. 34 ▶ Mittelfuß (Metatarsus) und Zehen (Digiti pedis)

▶ Tibia

Das *Schienbein* bildet mit seinen zwei Gelenkflächen das Gegenstück zum Femurende. Hier sind die beiden Kreuzbänder, das innere Außenband und das Patellaband befestigt. Das Schienbein ist durch eine starke Bandhaft, die Membrana interossea cruris, mit der Fibula fixiert. Sein Ende bildet distal den Innenknöchel.

▶ Fibula

Das *Wadenbein* ist ein dünner Röhrenknochen, der gelenkig über den Wadenbeinkopf mit der Tibia verbunden und als knöcherner Vorsprung unterhalb des Kniegelenks tastbar ist. Sein Ende bildet distal den Außenknöchel. Die beiden distalen Enden von Tibia und Fibula werden wegen ihrer Form als Malleolengabel bezeichnet.

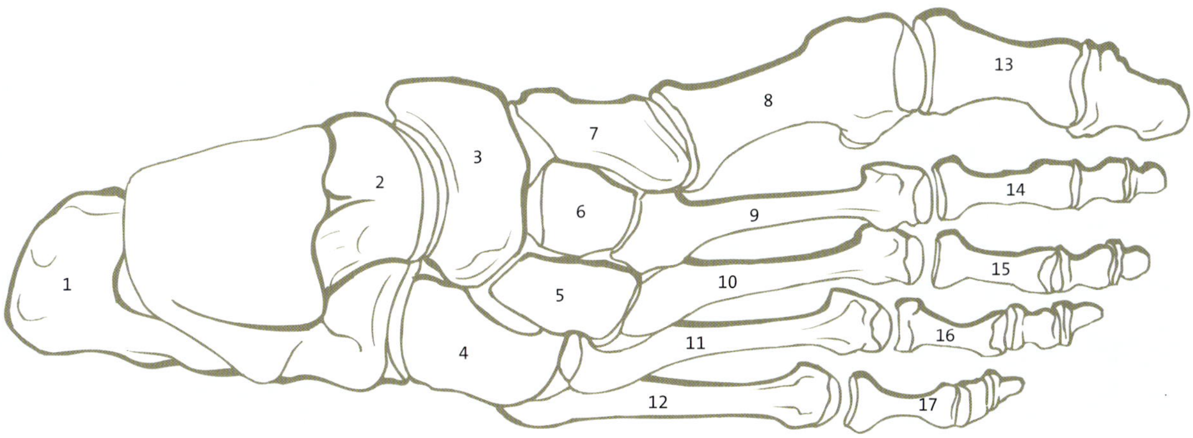

1 Fersenbein (Calcaneus)
2 Sprungbein (Talus)
3 Kahnbein (Os naviculare)
4 Würfelbein (Os cuboideum)
5–7 Keilbein I, II, III (Os cuneiforme I, II, III)
8–12 Mittelfußknochen (Ossa metatarsalia)
13–17 Grundglieder der Zehen (Digiti pedis)

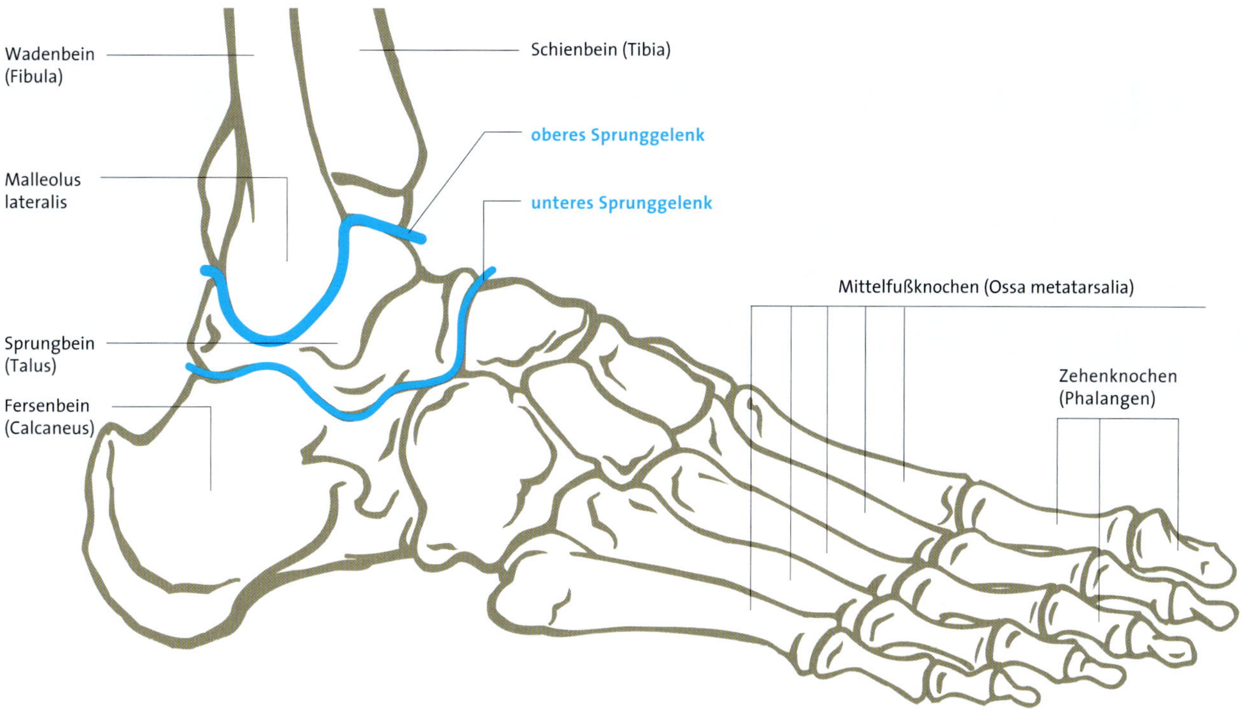

Abb. 35 ▶ Anatomie des knöchernen Fußes

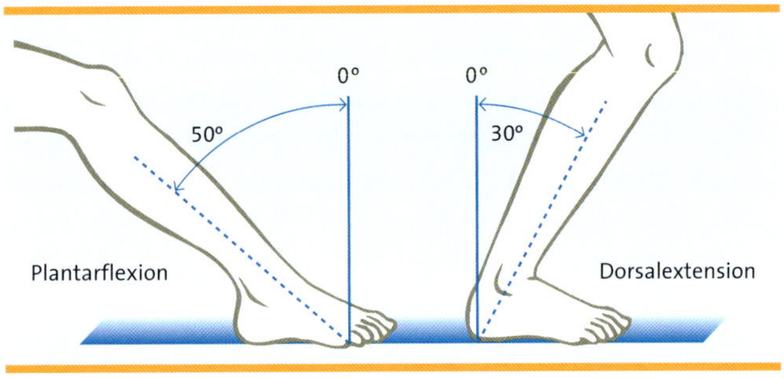

Abb. 36 ▶ Bewegung im oberen Sprunggelenk (Standbein)

▶ Fuß

Der Fuß, lat. *Pes*, besteht aus Fußwurzel, Mittelfuß – Tarsus und Metatarsus – sowie fünf Zehen, den Digiti pedis, mit den einzelnen knöchernen Zehengliedern, den Phalangen (Abb. 34).

Die Fußwurzel besteht aus sieben Fußwurzelknochen. Diese werden bezeichnet als Fersenbein, Sprungbein, Kahnbein, Würfelbein und drei Keilbeine.

> Merkspruch:
> Das Sprungbein und das Fersenbein,
> die wollten in den Kahn hinein;
> das geht nicht, sprach das Würfelbein,
> da passen nur drei Keile rein.

Die Bewegungen des Fußes gegen den Unterschenkel werden durch zwei Gelenke ermöglicht, das obere und das untere Sprunggelenk.

Das obere Sprunggelenk wird gebildet aus Tibia, Fibula und Talus, dem Sprungbein. Es ist ein Scharniergelenk und ermöglicht die Dorsalextension, die Streckung des Fußes in Richtung Fußrücken, sowie die Plantarflexion, also die Beugung des Fußes in Richtung Fußsohle.

Das untere Sprunggelenk wird aus zwei zusammenwirkenden Einzelgelenken gebildet, dem Sprungbein (Talus) und dem Fersenbein (Calcaneus) sowie dem Sprungbein und dem Kahnbein (Os naviculare). Es bewirkt die Supination, das Heben des medialen Fußrandes, und die Pronation, das Heben des lateralen Fußrandes.

Der Mittelfuß besteht aus fünf Mittelfußknochen (Abb. 34, Ziffern 1–5). Sie zählen zu den Röhrenknochen und sind an beiden Enden kolbenförmig verdickt. Die ersten drei Mittelfußknochen schließen jeweils an ein Keilbein an, die beiden letzten an das Würfelbein.

Die Zehen, die Digiti pedis, bestehen aus drei Knochen: Grundglied (1), Mittelglied (2) und Endglied (3). Die Ausnahme bildet die *Hallux* genannte Großzehe mit nur zwei Knochen, da das Mittelglied fehlt.

Die Gelenke zwischen den Mittelfußknochen und Zehen sind Kugelgelenke, allerdings durch Bandstrukturen in ihrer Bewegung eingeschränkt. Bei den Gelenken zwischen den einzelnen Zehenknochen handelt es sich um Scharniergelenke.

12 Haut und Thermoregulation

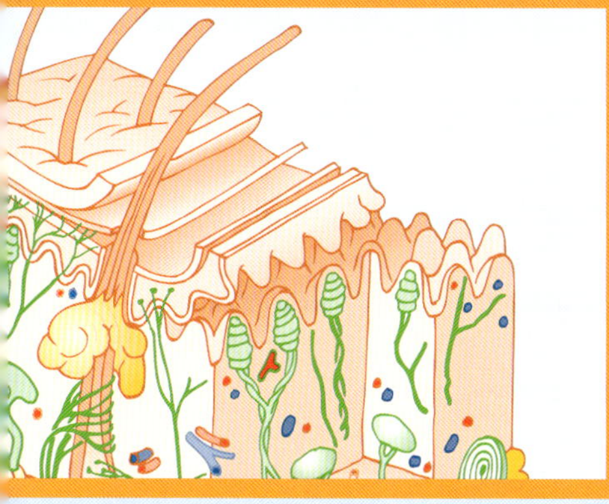

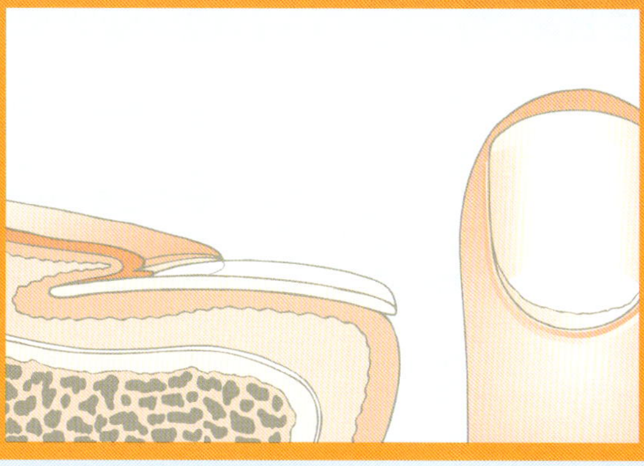

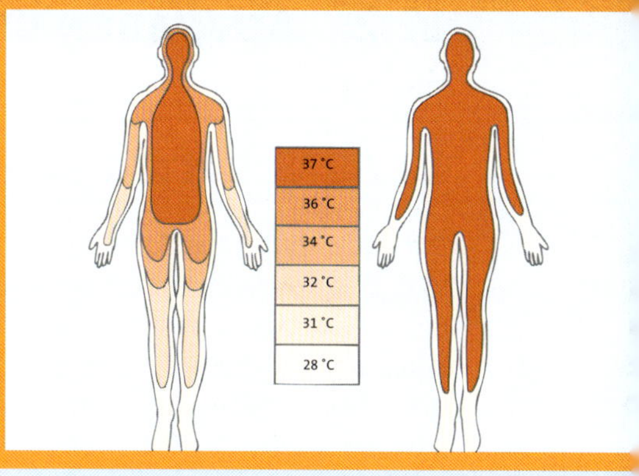

Inhalt:

12.1	Die Haut in Zahlen	258
12.2	Aufgaben der Haut	258
12.3	Aufbau der Haut	259
12.4	Nervale Versorgung der Haut	262
12.5	Anhangsorgane der Haut	263
12.6	Thermoregulation	267

12.1 Die Haut in Zahlen

Die Haut ist das größte Organ des Menschen und bildet als äußere Oberfläche des Körpers die Grenze zur Umwelt. Als Flächenorgan erreicht sie in Abhängigkeit von der Größe eines Menschen beim Erwachsenen 1,5 – 1,8 m^2. Ihre Dicke schwankt zwischen 1,5 und ca. 6 mm und ihr Gewicht beträgt beim Normalgewichtigen 16 % der Gesamtkörpermasse. Dies entspricht etwa 4 kg für Ober- und Lederhaut sowie 11 – 15 kg für die Unterhaut. Pro Quadratzentimeter enthält die Haut ca. sechs Millionen Zellen, 500 Nervenzellen und etwa einen Meter Blutgefäße. Im Bereich der Körperöffnungen geht die Haut in die Schleimhaut über.

12.2 Aufgaben der Haut

12.2.1 Schutz- und Grenzorgan

Die Haut schützt den Körper vor physikalischen, chemischen und thermischen Umwelteinflüssen. Gegen Infektionen durch Bakterien, Viren, Pilze oder andere Mikroorganismen bildet sie eine äußere Barriere durch ihre Hornschicht und ihren Säureschutzmantel, der einen pH-Wert von 5,5 – 5,7 aufweist. Dieser Oberflächenfilm schützt auch in gewissem Umfang vor chemischen Schäden. Außerdem enthält die Oberhaut einen hohen Anteil an Langerhans-Zellen, die zu den spezifischen Abwehrzellen des Monozyten-Makrophagen-Systems gehören.

Mechanische Belastungen wie Druck, Stöße oder Reibung werden durch die Oberhaut, die stabilen Kollagenfasern sowie elastische Fasern der Lederhaut und das Fettgewebe der Unterhaut abgedämpft. Des Weiteren bewahrt die Haut den Körper durch ihre flächendeckende Umhüllung vor Flüssigkeitsverlusten durch Verdunsten.

Auch vor thermischen Schäden durch Hitze oder Kälte bietet sie einen Isolationsschutz und hilft, die Körpertemperatur zu regulieren. Dies erreicht sie durch Erweiterung oder Verengung von Hautgefäßen. Bei Hitze wird durch vermehrte Schweißabgabe ein kühlender Effekt erreicht, während bei Kälte durch das Aufrichten der Flaumhaare Luftpolster zur Isolation gebildet werden. Zusätzlich wirkt das Fettgewebe der Unterhaut als Kälteschutz.

Weiterhin reflektieren und absorbieren Hornschicht und Oberflächenfilm das UV-Licht. Unterstützt wird dieser Vorgang durch die Pigmentbildung in den Melanozyten in der Oberhaut, erkennbar an der Bräunung der Haut. Weltweit werden sechs Hauttypen unterschieden, wobei in Europa vorrangig die ersten vier Hauttypen am geläufigsten sind:

- *Hauttyp I:* ca. 2 % aller Mitteleuropäer, »keltischer Typ«; auffallend helle Haut, rötliches Haar, starke Sommersprossen, blaue, selten graue Augenfarbe, bräunt nicht oder kaum, sehr starke Sonnenbrandneigung.
- *Hauttyp II:* ca. 12 % aller Mitteleuropäer, »hellhäutiger Europäer«; helle Haut, blonde bis hellbraune Haare, selten Sommersprossen, blaue bis graue oder grüne Augenfarbe, starke Sonnenbrandneigung.
- *Hauttyp III:* ca. 78 % aller Mitteleuropäer, »dunkelhäutiger Europäer«, normale Haut, dunkelblonde bis braune Haare, keine Sommersprossen, graue bis braune Augenfarbe, mäßige Sonnenbrandneigung.
- *Hauttyp IV:* ca. 8 % aller Mitteleuropäer, »Mittelmeer-Typ«; hellbraune bis olivfarbene Haut, dunkle Haare und Augenfarbe, keine Sommersprossen, kann tiefe Bräunung erreichen, kaum Sonnenbrandneigung.

Weiterhin verfügen auch die Hautzellen über enzymatische Reparaturmechanismen, die Reparasen. Sie können bei DNA-Schädigungen die zerstörten Teile in den DNA-Strängen austauschen.

12.2.2 Stoffwechselfunktion

Die Haut erfüllt auch Stoffwechselfunktionen. Durch Schwitzen, auch als Transpiration bezeichnet, können Stoffwechselendprodukte oder überschüssige Flüssigkeit ausgeschieden werden. Weiterhin kann über die Haut aus Cholesterin das *Cholecalciferol*, welches eine Vorstufe des D-Hormons darstellt, synthetisiert werden. Nach einem weiteren Umbau in der Leber in *Calcidiol* wird es in der Niere in die aktive Form *Calcitriol* umgewandelt, welches auch D-Hormon oder Vitamin D_3 genannt wird. Es fördert die Kalziumresorption aus der Nahrung im Darm. Der Mangel an D-Hormon führt bei Kindern zur Rachitis und bei Erwachsenen zur Osteomalazie, die durch eine erhöhte

Weichheit und Verbiegungstendenz der Knochen gekennzeichnet ist.

In der Unterhaut kann Fett gespeichert werden. Dies geschieht zum einen als Baufett, zum Schutz vor Beanspruchungen und Auskühlung, zum anderen als Speicherfett als Energiereserve für Zeiten des Mangels.

12.2.3 Sensorik und Kommunikation

Die Haut ist reich an Nervenfasern und besitzt viele Rezeptoren für den Tastsinn sowie für Schmerz-, Temperatur- und Vibrationsempfindungen. Auch vegetative Reaktionen lassen sich an ihr insbesondere über die Gesichtsregion gut beobachten, zum Beispiel das Erröten oder das Erblassen.

Erkrankungen oder Veränderungen von Organen können sich auf der Haut bzw. im Gesicht widerspiegeln. Als Beispiele sind der *Ikterus* zu nennen, die Gelbfärbung der Haut bei erhöhten Bilirubinkonzentrationen im Blut, das sogenannte Salbengesicht beim Morbus Parkinson oder die *Facies mitralis*, das Mitralgesicht bei der Mitralstenose mit geröteten Wangen in Folge von Gefäßerweiterung sowie ausgeprägter Lippenzyanose. Weitere sehr auffällige Erscheinungen sind die *Facies lunata*, das Mondgesicht beim Cushing-Syndrom, das Myxödem-Gesicht bei schwerer Schilddrüsenunterfunktion oder die *Facies hippocratica*, das Gesicht eines kurz vor dem Tode stehenden Menschen.

Tab. 1 ▶ Aufgaben der Haut

1. Schutzfunktion
› Eindringen von Mikroorganismen
› chemische Schäden
› Wärme- oder Wasserverluste
› Druck, Stöße und Reibung
› Kälte, Hitze und Strahlung
2. Stoffwechselfunktion
› Ausscheidung durch Transpiration
› Einleitung der Vitamin-D-Synthese
› Speicherung von Fett als Strukturkomponente oder Energiereserve
3. Sensorische Funktion und Kommunikation
› Wahrnehmung von Reizen
› Spiegel von vegetativen Reaktionen
› Gesichtsdiagnostik

12.3 Aufbau der Haut

Sie besteht aus drei funktionellen Schichten, der Epidermis, der Dermis oder Korium und der Subkutis, also Ober-, Leder- und Unterhaut. In diesen Schichten befinden sich auch die Hautanhangsgebilde, die Drüsen, Haare und Nägel.

Wegen ihrer mannigfaltigen Aufgaben setzt sich die Haut aus verschiedenen Gewebearten zusammen.

12.3.1 Epidermis

Diese oberflächliche Schicht besteht aus mehrschichtigem, verhornten Plattenepithel in verschiedenen Differenzierungsstadien, das durch Haftkontakte – sogenannte Desmosomen – mit der Dermis verbunden ist. Die *Oberhaut* ist nicht vaskularisiert, ihre Ernährung erfolgt über die Dermis durch Diffusion. Sie lässt sich einteilen in die *Leistenhaut* mit einer beanspruchungsabhängigen Dicke von 0,5 – 3 mm, die die Hohlhand und die Fußsohle bedeckt, und die *Felderhaut*, die die übrigen Regionen umhüllt. Sie hat eine Stärke von 0,05 – 0,2 mm.

12.3.1.1 *Schichten der Epidermis*

Die Epidermis besteht aus vier bzw. fünf Schichten (Abb. 2).

▶ Stratum basale

Die *Basalzellschicht* liegt als unterste Schicht direkt auf der Basalmembran und besteht aus zylindrischen Epithelzellen, den Keratinozyten, die sich ständig durch Mitose teilen. Die Tochterzellen wandern nach oben, verändern dabei ihre Form und bilden dadurch die jeweilige Schicht. Nach ca. 28 Tagen haben sie als Hornzelle das Stratum corneum, die Hornschicht, erreicht und werden abgestoßen.

▶ Stratum spinosum

In dieser *Stachelzellschicht* sind die Keratinozyten durch Zytoplasmafortsätze stachelartig untereinander verbunden. Die Zellen haben eine kubische Form. Die Umwandlung zur Hornzelle, oft als Keratinisierung bezeichnet, wird hier eingeleitet.

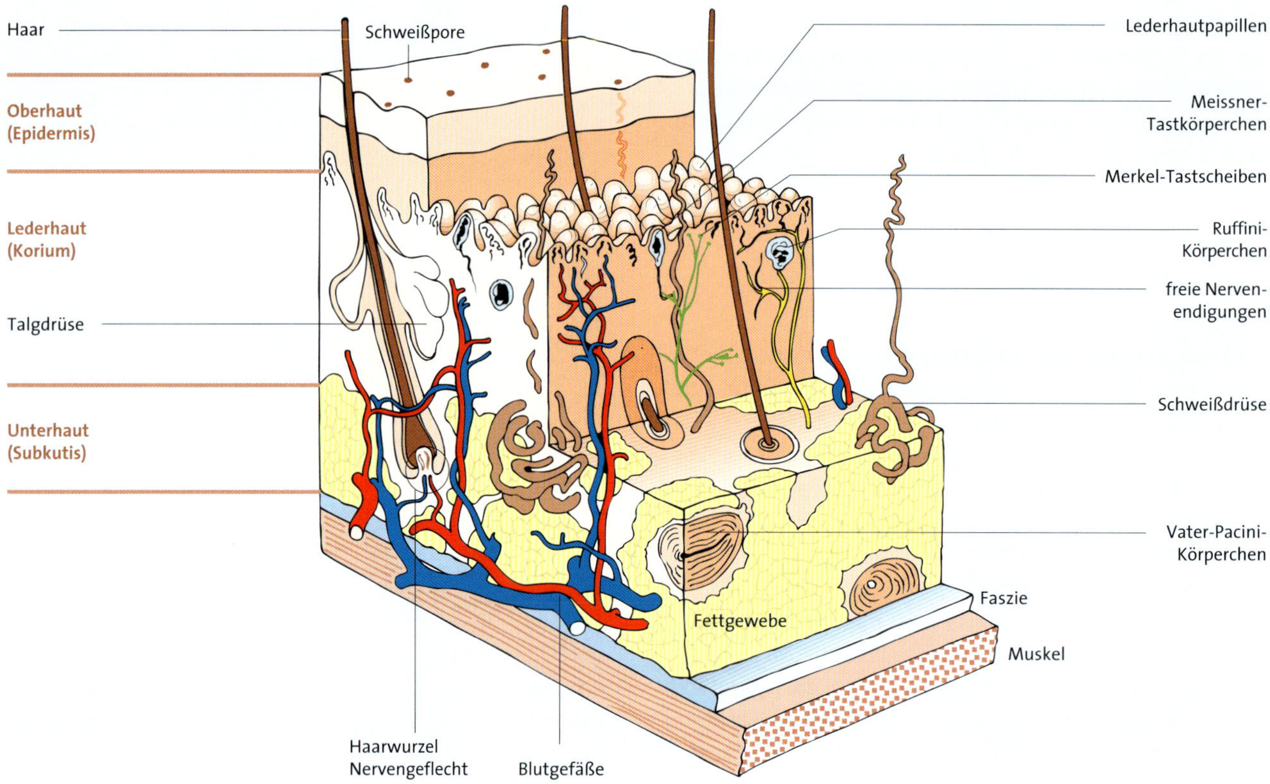

Abb. 1 ▶ Aufbau der Haut

▶ Stratum granulosum

Die Zellen der *Körnerschicht* sind flach und spindelförmig und enthalten in ihrem Inneren viele Keratohyalingranula. Diese wirken stark lichtbrechend und bilden Keratin, welches ein schwefelreiches Protein von großer Festigkeit ist. Gleichzeitig verlieren die Zellen ihre Mitochondrien, der Zellkern degeneriert und das Zytoplasma verdichtet sich.

Tab. 2 ▶ Merkspruch für die Hautschichten

Cornelias und Lucis Großvater spielt Baseball, während Papi Rettung sucht.

Epidermis (Oberhaut)	Stratum corneum (Hornschicht)	*Cornelias und*
	Stratum lucidum (Glanzschicht)	*Lucis*
	Stratum granulosum (Körnerschicht)	*Großvater*
	Stratum spinosum (Stachelzellschicht)	*spielt*
	Stratum basale (Basalzellschicht)	*Baseball*
Dermis (Lederhaut)	Stratum papillare (Papillarschicht)	*während Papi*
	Stratum reticulare (Netzschicht)	*Rettung*
Subkutis (Unterhaut)		*sucht*

▶ Stratum lucidum

Die schmale, durchsichtige *Glanzschicht* findet sich nur in den dicken Epidermisbereichen wie dem Handteller und der Fußsohle. Sie schützt vor mechanischer Beanspruchung und enthält das stark lichtbrechende Eleidin, bei dem es sich um eine halbflüssige, fett- und eiweißreiche Substanz handelt.

▶ Stratum corneum

Die *Hornschicht* bildet die äußerste Schicht. Die Zellen haben hier ihren Zellkern verloren und sind abgeplattet und verhornt. Durch ihren Keratinanteil bilden sie einen festen Schutzwall und werden permanent als feinste Hornschuppen abgestoßen.

12.3.1.2 *Weitere Zellen der Epidermis*

▶ Melanozyten

Sie befinden sich in der Keimschicht, dem Stratum basale und spinosum, um die Mitose und Differenzierung der Keratinozyten vor Strahlen zu schützen. Sie machen etwa 4 % der epidermalen Zellen aus und bilden sich bereits in der achten Schwangerschaftswoche. Über ihre Dendriten geben sie das Melanin an die Keratinozyten ab, die es um ihren Zellkern anlagern. Je nach Lichtexposition finden sich 500 – 2000

Melanozyten pro Quadratmillimeter Haut. Ein Melanozyt versorgt ca. 30 Keratinozyten.

Die Produktion von Melanin wird durch UV-Strahlung und das Melanozyten-stimulierende Hormon (MSH) angeregt. Störungen der Melaninproduktion zeigen sich in der Weißfleckenkrankheit (Vitiligo) oder dem Albinismus. Eine verstärkte Melaninproduktion tritt beispielsweise als sogenannte Bronzehaut im Rahmen eines Morbus Addison auf.

▶ **Langerhans-Zellen**

Diese Zellen gehören zum Monozyten-Makrophagen-System und befinden sich im Stratum spinosum. Sie werden im Knochenmark gebildet, über die Blutbahn transportiert und wandern von dort in das Gewebe ein. Zu ihren Aufgaben gehört die Phagozytose von zellfremdem Material. Ferner präsentieren sie dessen Proteine als Antikörper auf ihrer Zelloberfläche. Bei Allergien reagieren sie überschießend, es kommt zur Kontaktdermatitis.

12.3.1.3 *Basalmembran*

Sie ist eine Verbindungszone zwischen einem Oberflächenepithel und dem darunter liegenden Bindegewebe. Bei der Haut verbindet sie die Epidermis mit der als Dermis bezeichneten Lederhaut. Hebt sie sich ab, kommt es zur Blasenbildung; ist sie zerstört, entsteht eine Narbe.

12.3.2 Dermis / Korium

Die ca. 1 – 2 mm dicke Dermis, die *Lederhaut*, liegt zwischen Epidermis und der als Subkutis bezeichneten Unterhaut. Sie ist ein dichtes bindegewebiges Geflecht aus kollagenen und elastischen Fasern. Damit gewährleistet sie sowohl Reißfestigkeit als auch Dehnbarkeit. Weiterhin enthält sie Blut- und Lymphgefäße, Nervenfasern, Haarfollikel, Talg- und Schweißdrüsen sowie weitere Zellen der Abwehr, wie zum Beispiel T-Lymphozyten, Monozyten und Makrophagen, Plasmazellen und Mastzellen.

Die Dermis lässt sich in zwei wesentliche Schichten einteilen:

1. *Stratum papillare*: Die Papillarschicht ist mit der Epidermis durch Papillen verzahnt. Dadurch wird die Oberfläche vergrößert und ein besserer Stoffaustausch durch die hier vielfach vorhandenen Kapillargefäße erreicht. Sie bewirkt auch das individuelle Hautrelief, beispielsweise den Fingerabdruck. Weiterhin liegen in diesem Bereich die Meissner-Tastkörperchen, Rezeptoren für Berührungsempfindungen und viele freie Nervenendigungen.
2. *Stratum reticulare:* In der darunter anschließenden Netzschicht befinden sich vor allem kräftige Kollagenfaserbündel und elastische Fasernetze sowie alle größeren Strukturen der Dermis. Die Straffheit der Haut wird durch den Flüssigkeitsanteil dieser Schicht bestimmt.

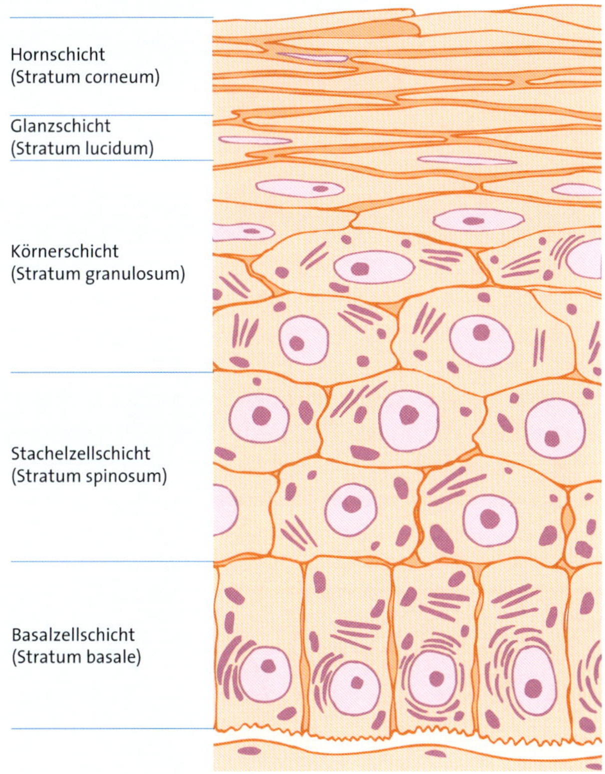

Abb. 2 ▶ Aufbau der Oberhaut

12.3.3 Unterhaut

Die *Subkutis* besteht aus lockerem Bindegewebe mit eingelagerten, als Adipozyten bezeichneten Fettzellen. Sie ermöglicht die Verschiebbarkeit der Haut zu darunter liegenden Schichten, zum Beispiel zu Muskeln, Periost oder anderen Organen. Das Fettgewebe dient als Energiespeicher, zur Wärmeisolierung und Polsterung und verleiht der Körpergestalt weiche Konturen. Die Fettverteilung ist hormonabhängig. Daher finden sich bei Frauen vermehrte Einlagerungen im Bereich Oberschenkel, Hüfte und Gesäß, die sogenannte gynäkoide oder birnenförmige Fettverteilung. Die androide Fettverteilung bei Männern betrifft mehr den Körperstamm, was auch als apfelförmig bezeichnet wird. Zwischen Subkutis und Dermis verläuft ein dichtes Netz aus Arterien und Venen.

12.4 Nervale Versorgung der Haut

Die Haut ist reichlich versorgt mit sympathischen und sensiblen Nerven.

Verschiedene *Rezeptoren in der Haut* nehmen Empfindungen auf, wandeln sie in Nervensignale um und leiten sie ans Gehirn weiter. Dort werden die Art der Empfindung und der genaue Ort identifiziert und bewertet. Zu den wichtigsten Rezeptoren zählen die freien Nervenendigungen und die Mechanorezeptoren.

Freie Nervenendigungen sind sensible Nervenfasern, die Wärme-, Kälte-, Schmerz-, Berührungs- sowie Druckempfindungen auslösen. Sie sind das häufigste und funktional wichtigste Endorgan und liegen hauptsächlich in der papillären Dermis sowie intraepidermal. Ein Erwachsener besitzt davon schätzungsweise vier Millionen, das bedeutet, auf einem Quadratzentimeter befinden sich etwa 150 freie Nervenendigungen.

Tab. 3 ▶ Aufgaben der sensiblen und sympathischen Nerven der Haut

sensible Nerven	sympathische Nerven
dienen der Wahrnehmung von – Temperatur – Schmerz – Juckreiz – Tastsinn – Druck	dienen der Versorgung von – Haarmuskeln – Schweißdrüsen – Talgdrüsen – Gefäßen (Dilatation, Konstriktion)

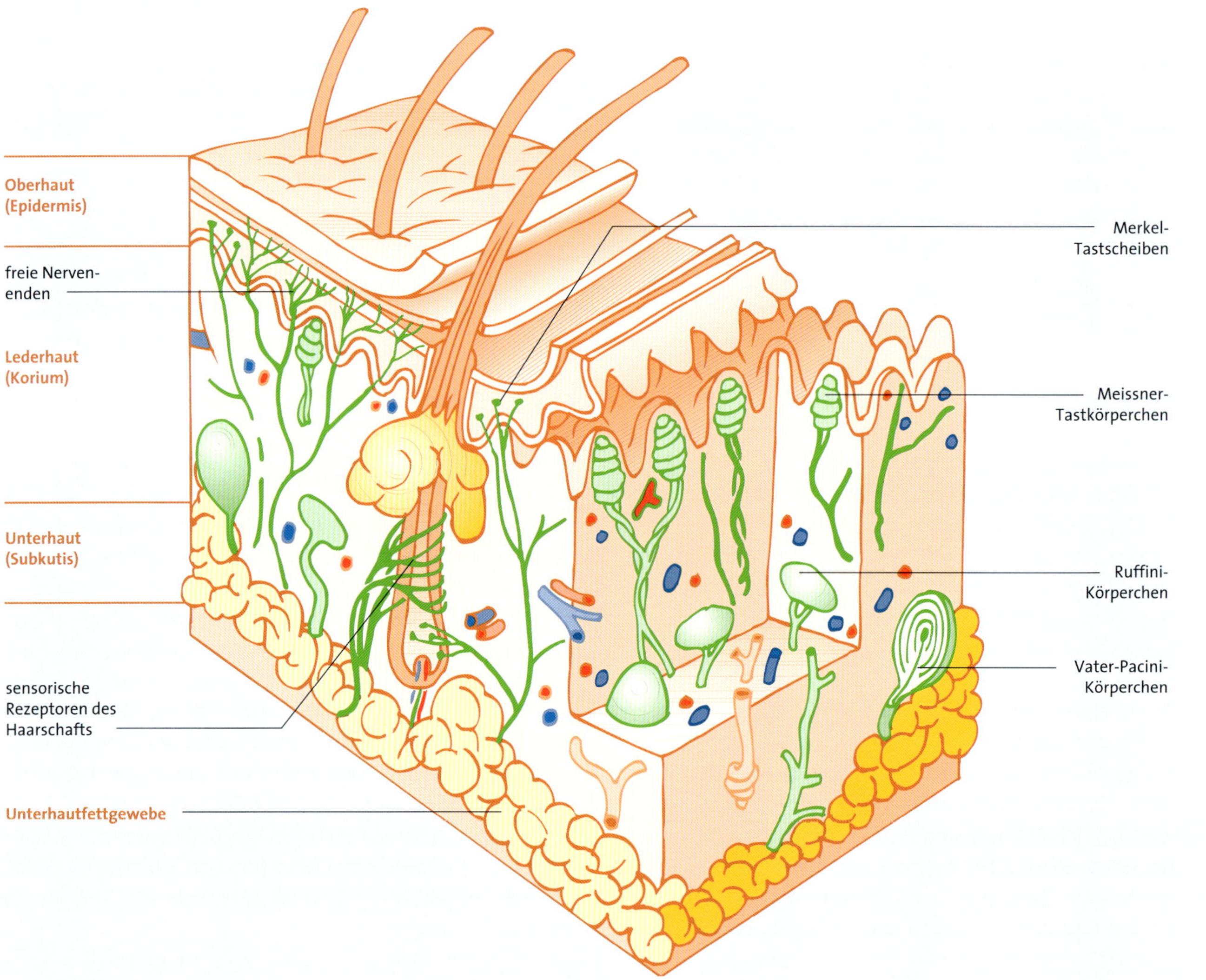

Abb. 3 ▶ Tastrezeptoren

Mechanorezeptoren sind Sinneszellen, die mechanische Kräfte in Nervenerregungen umwandeln. Sie werden auch als Tastsinneszellen bezeichnet und messen die drei Tastqualitäten Druck, Berührung und Vibration. Die vier wesentlichen Gruppen sind:

1. *Merkel-Zellen:* Dies sind langsam adaptierende Mechanorezeptoren. Diese Zellen finden sich einzeln oder in Gruppen im Stratum basale und in der äußeren Haarwurzelscheide; insgesamt sind ca. 60 Millionen über den gesamten Körper verteilt. Da sie auf statische und dynamische Reize sowie Vibrationen reagieren, dienen sie hauptsächlich als Druckrezeptoren. In der behaarten Haut ballen sie sich zu Tastscheiben zusammen.
2. *Ruffini-Körperchen:* Sie sind aus lang gestreckten, 0,25 – 1,5 mm langen Geflechten markloser Nervenfasern zusammengesetzt. Die Körperchen finden sich in der Dermis und vor allem in der Subkutis. Weil sie langsam adaptierende Dehnungsrezeptoren sind, können sie nicht nur anzeigen, dass etwas die Haut berührt, sondern auch, wie tief die Haut dabei eingedrückt wird. Sie kommen ebenfalls in der Dura mater, in Iris und Ziliarkörper sowie in den Gelenkkapseln vor. Dort registrieren sie die Stellung der Gelenke und ihre Auslenkungsgeschwindigkeit.
3. *Meissner-Tastkörperchen:* Sie bestehen aus quer aufgeschichteten, keilförmigen Sinneszellen und gewindeartig verlaufenden, marklosen Nervenfasern. Meissner-Tastkörperchen sind mittelschnell adaptierende Mechanorezeptoren für Berührungsempfindungen bzw. Oberflächensensibilität. Hauptsächlich liegen sie unter der Epidermis in den Papillen der Dermis der unbehaarten Haut, beispielsweise in den Fingerbeeren.
4. *Vater-Pacini-Körperchen:* Sie liegen in der Subkutis, sind ca. 4 mm lang und 2 mm breit und besitzen einen zwiebelschalenartigen Aufbau. Zwischen den im Durchschnitt 20 – 40 geschichteten Lamellen befinden sich flüssigkeitsgefüllte Räume. Vater-Pacini-Körperchen sind schnell adaptierende Mechanorezeptoren und registrieren den Übergang von Stillstand zu Bewegung und umgekehrt, nicht aber gleichförmige Bewegungen. Damit sind sie besonders für die Wahrnehmung von Vibrationen optimiert. Im Körper finden sich etwa 40 000 dieser Lamellenkörperchen, davon allein auf jeder Handfläche 600. Weitere Lokalisationen sind Fußsohlen, Faszien, Periost, Endsehnen, Blutgefäße, Mesenterium und das äußere Genital.

12.5 Anhangsorgane der Haut

Hierzu gehören Hautdrüsen, die *Glandulae cutis*, Nägel, die *Ungues*, und Haare, *Pili* genannt.

12.5.1 Hautdrüsen

In der Haut finden sich drei verschiedene Arten von Drüsen: Schweißdrüsen, Duftdrüsen und Talgdrüsen.

12.5.1.1 *Schweißdrüsen*

Die *Glandulae sudoriferae* bestehen aus einem knäuelartigen sekretorischen Abschnitt und einem gewundenen Ausführungsgang, der direkt auf der Haut in eine Schweißpore mündet. Schweißdrüsen gehören zu den ekkrinen Drüsen. So werden nach außen absondernde Drüsen genannt, die bei der Exozytose ohne Verlust von strukturellen Zellbestandteilen sezernieren. Im Gegensatz zu Talg- und Duftdrüsen sind sie nicht an ein Haar gebunden. In unterschiedlicher Dichte sind sie mit etwa zwei Millionen Stück über die gesamte Haut verteilt, Schwerpunkte sind Fußsohlen, Handinnenflächen und Stirn.

Sie haben einen Durchmesser von 0,4 mm und können täglich zwischen 4 und 15 µl Schweiß sezernieren. Ihr Sekret ist dünnflüssig und farblos mit einem pH-Wert von 5,7 – 7,0 und besteht zu 99 % aus Wasser. Der Rest setzt sich vor allem aus NaCl, Harnstoff, Immunglobulinen, Fettsäuren, Cholesterin und bei schwerer Belastung auch aus Milchsäure zusammen.

Die Abgabe von Schweiß hat mehrere wichtige Funktionen. Zunächst wird eine kontinuierliche Hautbefeuchtung erreicht und zusammen mit dem Talg der immunologisch wichtige Säureschutzmantel gebildet, der das Bakterienwachstum hemmt. Ferner dient die Transpiration der Wärmeregulierung des Körpers. Pro Liter Schweiß wird dem Körper eine Wärmemenge von 2 428 kJ entzogen. Die tägliche Schweißabgabe schwankt zwischen 800 ml unter Normalbedingungen bis zu 18 Liter bei Schwerstarbeit unter extremer Hitzebelastung. Ab einer Temperatur von 31 °C beginnt die sichtbare Schweißsekretion.

Auch bei Stress erfolgt als vegetative Reaktion eine verstärkte Transpiration, insbesondere an den Handtellern, Fußsohlen und Achselhöhlen. Die Regulation wird vom vegetativen Nervensystem über cholinerge Neuronen des Sympathikus gesteuert.

> Funktion des Schwitzens:
> - kontinuierliche Hautdurchfeuchtung
> - Bildung des Säureschutzmantels (zusammen mit dem Talg)
> - Thermoregulation
> - vegetative Reaktion (Stress).

12.5.1.2 *Duftdrüsen*

Die *Glandulae sudoriferae apocrinae* bestehen aus einem schlauch- oder geweihartigen sekretorischen Teil und einem Ausführungsgang, der seitlich in einen Haarfollikel mündet. Duftdrüsen werden auch als apokrine Schweißdrüsen bezeichnet, weil sie durch Vesikelabschnürung sezernieren. Besonders konzentriert finden sie sich in den Achseln, der Anogenital- und der Inguinalregion, der Leistengegend. Ihr Sekret ist trüb, lipidreich, sorgt für den charakteristischen Körpergeruch und riecht nach bakterieller Zersetzung intensiv. Die Sekretion beginnt mit der Pubertät und wird vor allem durch Sexualhormone stimuliert. Daher erfolgt während sexueller Erregung eine verstärkte Produktion, die durch den Sympathikus gesteuert wird.

> Funktion der Duftdrüsen:
> - individueller Körpergeruch
> - sexuelle Stimulation.

12.5.1.3 *Talgdrüsen*

Die *Glandulae sebaceae* bestehen aus beerenförmigen Drüsenendstücken, den Acini, die sich zu einem oder mehreren Ausführungsgängen zusammenschließen. Talgdrüsen gehören zu den holokrinen Drüsen, d.h. die Zelle zerfällt für die Sekretbildung. Talgdrüsen münden meist in einen Haarbalg, Ausnahmen sind die freien Talgdrüsen an Lippen, Augenlidern, Gehörgang, Genitalien und Brustwarzen. Völlig talgdrüsenfrei sind Handteller und Fußsohlen.

Talg (*Sebum*), ist ein dünnflüssiges gelbliches Sekret, das vor allem aus Glyzerin und Fettsäuren besteht. Zu seinen Funktionen zählen die Haut- und Haarfettung für Geschmeidigkeit und Glanz, also eine intakte Oberflächenstruktur, sowie die Bildung des Säureschutzmantels zusammen mit dem Schweiß. Die individuelle Talgproduktion ist genetisch-konstitutionell bedingt, altersabhängig und körperregionbezogen (z.B. verstärkt an Kopf, Brust, Rücken). Ferner wird sie hormonell beeinflusst. Androgene fördern die Talgproduktion, während Östrogene sie hemmen. Daher haben Jungen in der Pubertät mehr Probleme mit Akne, die durch Verstopfung und Entzündung von übermäßig produzierenden Talgdrüsen entsteht.

> Funktion des Talgs:
> - Geschmeidigkeit und Glanz von Haut und Haaren
> - Bildung des Säureschutzmantels (zusammen mit dem Schweiß).

12.5.2 Haare

Die *Pili* sind verhornte epitheliale Strukturen, die Epidermis ist zum Haarfaden umgebildet. Sie befinden sich am gesamten Körper mit Ausnahme von Handteller, Fußsohlen und Lippen. Ihre Funktion besteht in Schutz und Wärmeregulation, Tastempfindung und Weiterleitung von Duftstoffen. Weiterhin spielen Haare in allen Kulturen eine psychosoziale Rolle.

12.5.2.1 *Haarformen*

Man unterscheidet zwei Typen von Haaren, das zarte Vellushaar und das kräftigere Terminalhaar.

Das zarte Vellus- oder Wollhaar entwickelt sich in den ersten Lebensmonaten aus dem fetalen Flaumhaar, welches auch als Lanugohaar bezeichnet wird und beim Neugeborenen noch fast den gesamten Körper bedeckt. Seine Haarwurzeln liegen im Korium. Es wird mit zunehmendem Alter in vielen Hautarealen durch das Terminalhaar ersetzt. Die Wurzeln des Terminalhaars liegen in der oberen Subkutis. Sie bilden vor allem Kopfhaare, Augenbrauen, Wimpern, Schamhaare, Achselhaare, Brust- und Barthaare sowie Haare des äußeren Gehörgangs und am Naseneingang. Die individuelle Behaarung ist genetisch und hormonell bedingt.

12.5.2.2 *Aufbau des Haares*

Das Haar lässt sich in zwei Abschnitte einteilen, den »oberirdischen« Haarschaft und die »unterirdische« Haarwurzel, die vom Haarfollikel umschlossen wird. Der verhornte Haarschaft oder *Scaphus pili* ist der freie Haaranteil und ragt aus der Epidermis heraus. Er hat eine Dicke zwischen 0,08 und 0,12 mm und besteht aus kernlosen, mit Keratin gefüllten, dicht gepackten Zellen. Die oberste Schicht, die *Cuticula*, ähnelt einem Tannenzapfen. Liegen die Schuppen fest an, hat das Haar einen gesunden, farbkräftigen Glanz; stehen sie ab, wirkt das Haar stumpf, matt und spröde.

Die Haarwurzel oder *Radix pili* ist der eingesenkte Haaranteil, der sich unter der Hautoberfläche befindet. Sie ist umhüllt von der äußeren Wurzelscheide, einer Einstülpung der Epidermis, die bis in die Subkutis reichen kann. Am unteren Ende liegt die kolbenartig aufgetriebene Haarzwiebel, der *Bulbus pili*. Sie bildet mit der Haarpapille den Haarfollikel, der die Wachstumsschicht oder *Matrix* des Haares darstellt. Hier liegen die versorgenden Gefäße und sensible

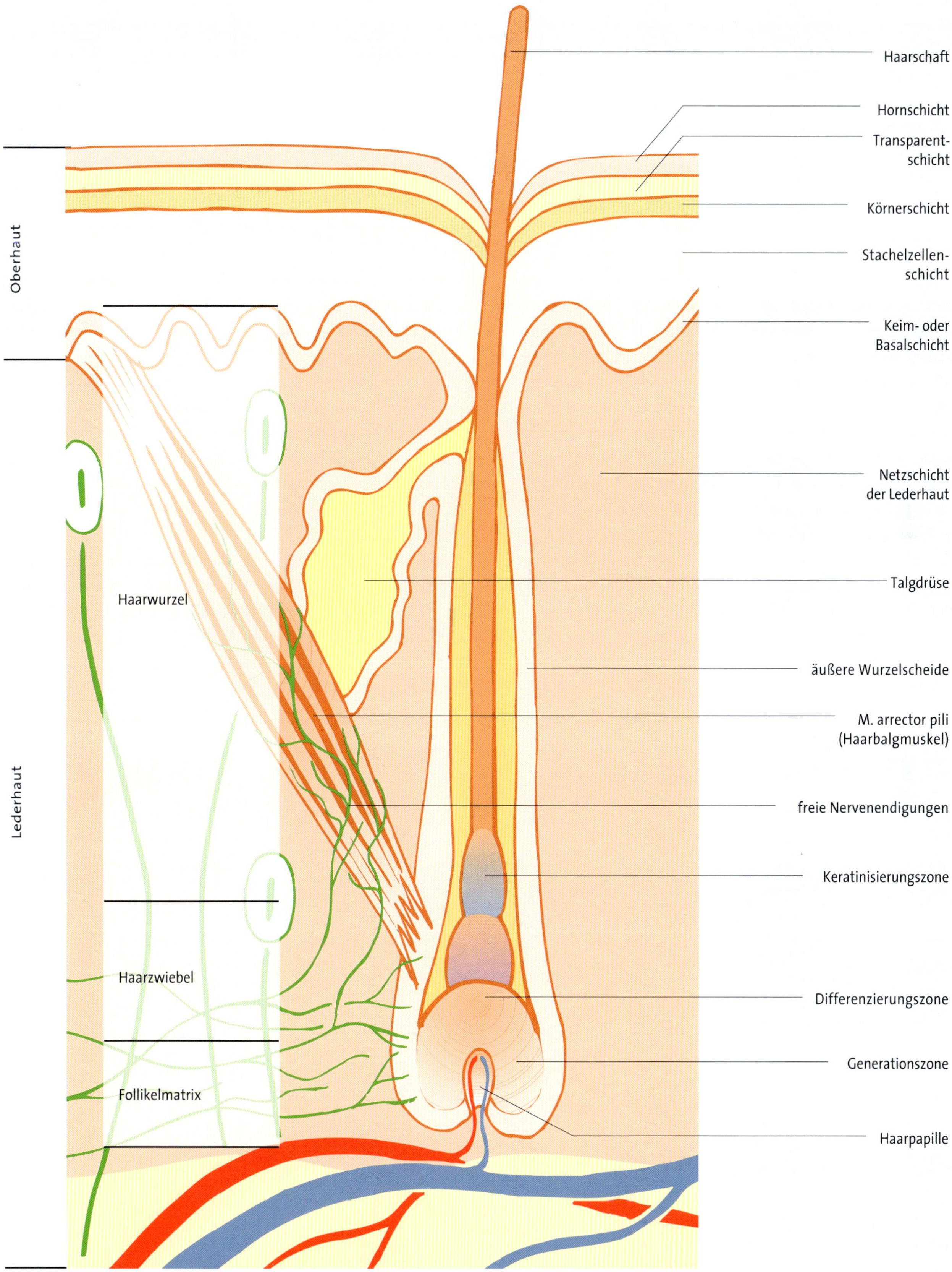

Abb. 4 ▶ Schematischer Aufbau der Haarwurzel von der Haarpapille bis zum Haarschaft

freie Nervenendigungen, die auch feinste Haarbewegungen registrieren, beispielsweise durch einen leichten Lufthauch. Jedes Haar besitzt weiter eine Talgdrüse (s.o.) und einen Haarbalgmuskel. Der *M. arrector pili*, der aus gebündelten glatten Muskelfasern besteht, richtet – durch den Sympathikus gesteuert – das Haar bei Kälte oder Furcht auf. So entsteht die »Gänsehaut«.

12.5.2.3 *Wachstum und Lebensdauer der Haare*

Haare wachsen nicht kontinuierlich wie Nägel, sondern zyklisch. Man unterscheidet eine Wachstumsphase von einer Ruhe- und einer Zwischenphase. Kopfhaare wachsen am schnellsten, im Monat durchschnittlich 1 cm, und haben eine Lebensdauer von zwei bis sechs Jahren. Das längste Haar der Welt misst 3,86 m. Barthaare wachsen pro Woche 2,1 bis 3,5 mm, im Jahr etwa 9 cm. Der tägliche Haarverlust beträgt im Normalfall beim Jugendlichen 40 Haare pro Tag, beim Erwachsenen 90 Haare und beim alten Menschen 110 Haare. Nach einer Ruhephase be-ginnt in der Haarmatrix ein neues Haar zu wachsen, sodass der Verlust ausgeglichen wird.

12.5.2.4 *Haarfarbe*

Diese wird im Wesentlichen durch Melanozyten bestimmt, die in den Haarfollikeln sitzen. Sie wandeln körpereigene Aminosäuren, insbesondere Tyrosin, in die farbigen Pigmente Eumelanin und Phäomelanin um. *Eumelanin*, das Schwarz-Braun-Pigment, sorgt für die Farbtiefe und ist in braunem und schwarzem Haar stärker vertreten. *Phäomelanin*, das Rot-Pigment, ist verantwortlich für hellblonde, blonde und rote Haare. Die unterschiedlichen Haarfarben entstehen durch entsprechende Mischungen dieser Pigmente. Im Alter lässt die Pigmentbildung nach, es lagern sich Luftbläschen ein und das Haar erscheint grau bis weiß.

12.5.3 Nägel

Die *Ungues* werden wie die Haare von der Epidermis gebildet. Das Stratum corneum ist zu einer ca. 0,5 mm dicken Hornplatte, der Nagelplatte, umgebaut, die am proximalen Rand über eine Nageltasche im Nagelbett verankert ist. Die lateralen Nagelränder liegen im Nagelfalz. Nageltasche und Nagelfalz werden durch das Nagelhäutchen schützend verschlossen. Das Nagelbett entsteht aus dem umstrukturierten Stratum basale und Stratum spinosum, von hier aus wächst der Nagel ständig nach, etwa 0,5 – 1 mm pro Woche. Es ist gut vaskularisiert, dies gibt der durchsichtigen Nagelplatte die zarte rosa Farbe.

Am proximalen Rand des Nagels liegt die Lunula, welche auch als Möndchen bezeichnet wird. Sie erscheint weißlich, weil das Nagelbett von der Nagelmatrix verdeckt wird. Der kleine Hautwulst, der die Nagelplatte lateral und proximal randständig umgibt, wird als Nagelwall, *Vallum unguis*, bezeichnet.

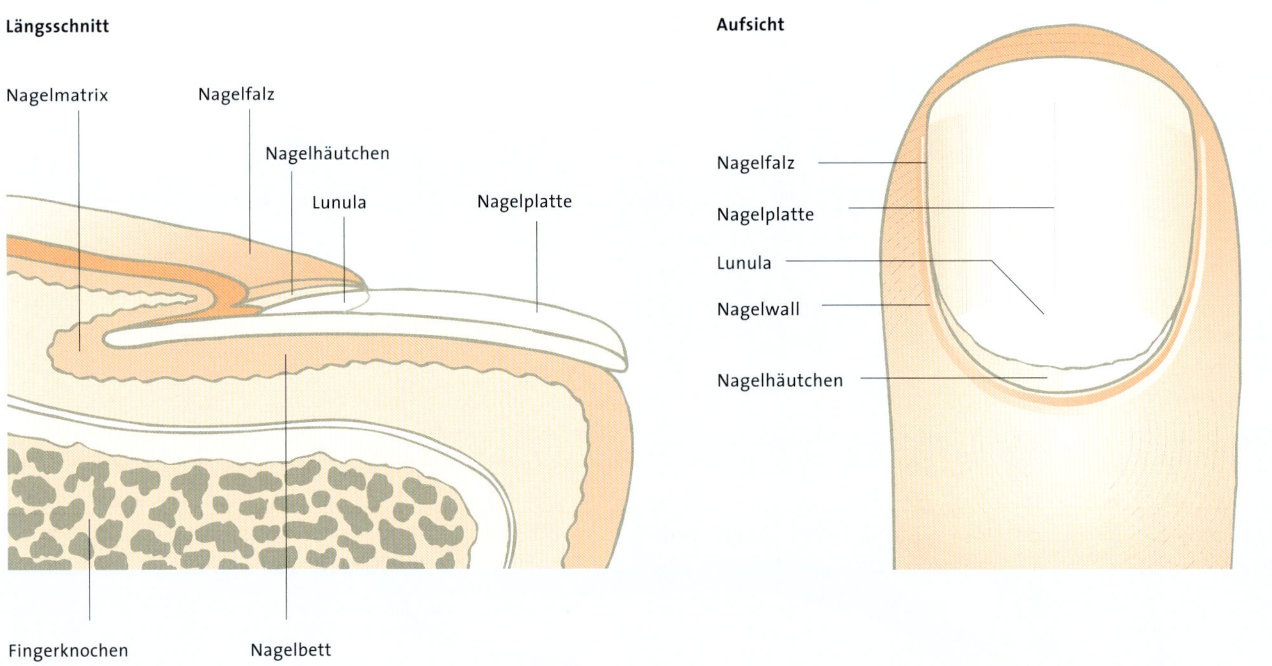

Abb. 5 ▶ Der Fingernagel

Die Nägel dienen dem Schutz der Finger und Zehen und der Verteidigung. Sie lassen sich als Werkzeug einsetzen, zum Beispiel zum Kratzen und Graben, oder feinmotorisch als Pinzette. Ferner stellen sie ein Widerlager für den Druck auf den Tastballen dar und ermöglichen damit feinere Empfindungen.

> Funktion der Nägel:
> - Schutz der Finger und Zehen
> - Verteidigung und Werkzeug
> - Unterstützung für das Tastgefühl.

Nägel wachsen wesentlich langsamer als Haare, an den Fingern etwa 3 mm pro Monat und an den Zehen nur 1 mm. Muss ein Nagel aufgrund einer Verletzung entfernt werden, dauert es im Durchschnitt 150 Tage, bis er auf seine volle Länge nachgewachsen ist.

Form, Aussehen und Beschaffenheit der Nägel sind eine wichtige diagnostische Hilfe. So weisen zum Beispiel die sogenannten Uhrglasnägel, also abnorm in Längsrichtung gewölbte Nägel, auf chronische Herz- oder Lungenerkrankungen hin und treten oft in Verbindung mit Trommelschlägelfingern auf. Hohl- oder Löffelnägel, bei denen die Nagelplatte muldenförmig eingesunken ist, treten bei chronischem Eisenmangel, Durchblutungsstörungen, Vitamin-B-Mangel oder Sprue, der Glutenunverträglichkeit, auf. Im Rahmen einer Anämie, der Blutarmut, finden sich sehr blasse Nägel.

12.6 Thermoregulation

Viele Enzyme im menschlichen Körper benötigen ein annähernd konstantes Temperaturoptimum. Enzyme sind Stoffe, die chemische Reaktionen in Organismen beschleunigen. Werden die engen Grenzen der Optimaltemperatur über- oder unterschritten, ist der normale Ablauf der katalysierten Reaktionen – das heißt der Reaktionen, an denen die Enzyme zwar beteiligt sind, bei denen sie selbst sich aber nicht verändern – nicht mehr gewährleistet.

> Extreme Temperaturabweichungen im Körperkern (< 25 °C oder > 43 °C) sind nicht mehr mit dem Leben vereinbar.

Mit 37 °C liegt das Temperaturoptimum meist deutlich über der Umgebungstemperatur. Würde nicht durch ständige Wärmeproduktion für Ersatz gesorgt, wäre ein Abfall der Körperkerntemperatur durch Wärmeverluste mit einer Unterkühlung die Folge. Bei schwerer Muskelarbeit würde andererseits durch die Stoffwechselsteigerung die Kerntemperatur innerhalb einer halben Stunde auf über 40 °C ansteigen, gäbe es nicht die Möglichkeit zur verstärkten Wärmeabgabe. Versagen diese Regulationsmechanismen (z.B. bei hoher Umgebungstemperatur oder bei hoher Luftfeuchtigkeit), steigt die Kerntemperatur bedrohlich an, es kommt zum Hitzschlag. Bereits zuvor können Wasser- und Elektrolytverluste zu Symptomen wie Kollaps oder Muskelkrämpfen führen. Besonders häufig sind ältere Menschen mit Vorerkrankungen des Herzens und Dehydratation (Flüssigkeitsmangel) betroffen.

Von den generalisierten, durch Wärme- oder Kälteeinwirkung auf den ganzen Körper entstandenen Problemen sind lokale Hautschäden (Verbrennung/Verbrühung, Erfrierung) abzugrenzen. Auch der Sonnenstich ist zunächst als lokale, Gehirn und Hirnhäute betreffende Schädigung aufzufassen.

12.6.1 Wärmeabgabemechanismen

Obwohl von außen nicht sichtbar, sind die Moleküle eines Stoffes in ständiger Bewegung. Nach physikalischem Verständnis ist Wärme Ausdruck der Bewegungsenergie (kinetische Energie) der einzelnen Moleküle. Gemessen wird diese als Temperatur.

Im *festen Aggregatzustand* (z.B. Eis) sind die Moleküle in Gitterstrukturen gebunden. Erst durch das Erwärmen, also durch Energiezufuhr, erhöht sich die Bewegungsenergie des einzelnen Moleküls derart, dass es den Gitterverband verlassen und sich frei bewegen kann. Trotzdem bewirken gegenseitige Anziehungskräfte (Molekularkräfte) noch einen Zusammenhalt. Wasser zum Beispiel liegt nun im *flüssigen Aggregatzustand* vor. Erst wenn durch weitere Wärmezufuhr auch diese Kräfte überwunden werden können, kann es in Form von Wasserdampf in den *gasförmigen Aggregatzustand* übergehen.

Unter Berücksichtigung dieser Überlegungen ergeben sich mehrere Möglichkeiten, Energie – und damit Wärme – zu übertragen.

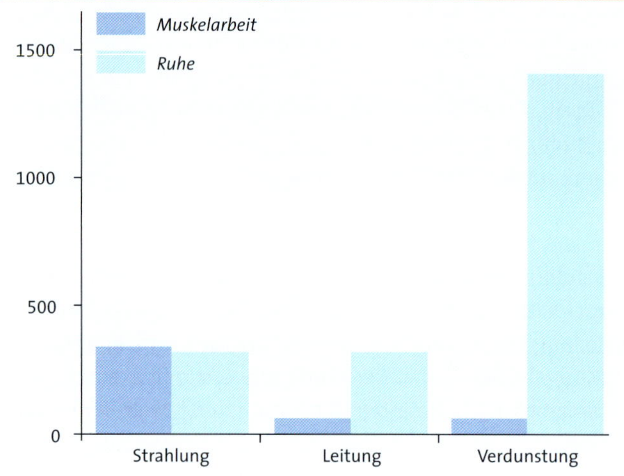

Abb. 6 ▶ Wärmeabgabe in Abhängigkeit von der Körperaktivität

12.6.1.1 *Wärmeleitung / Konduktion*

Direkt nebeneinander liegende Moleküle können sich gegenseitig anstoßen. Wie beim Billardspiel wird dabei Energie von Molekül zu Molekül weitergegeben. Ein Stoff mit geringerer Teilchendichte hat zumeist eine geringere Wärmeleitfähigkeit und wirkt isolierend, z. B. Luft zwischen den Schichten der Kleidung. Die Wärmeleitfähigkeit des Wassers ist dagegen etwa um das Zwanzigfache höher als die der Umgebungsluft. Entsprechend schneller kann es zur Auskühlung bei Wassersportunfällen kommen.

Entscheidend für das Ausmaß der Wärmeabgabe ist zudem der Temperaturunterschied an der *Kontaktfläche*. Nur die Hautoberfläche steht im direkten Kontakt mit der Umgebung.

Durch Regulation der Hautdurchblutung ist deren Temperatur (und somit auch die Differenz zur Umgebungstemperatur) beeinflussbar – Wärmeabgabe, aber auch Wärmeaufnahme werden dem Bedarf angepasst. Soll die Wärmeabgabe möglichst gering gehalten werden, verkleinert z. B. das Anziehen der Beine an den Rumpf die Kontaktfläche, ein Verhalten, das sowohl bei Tieren als auch bei Menschen beobachtet werden kann.

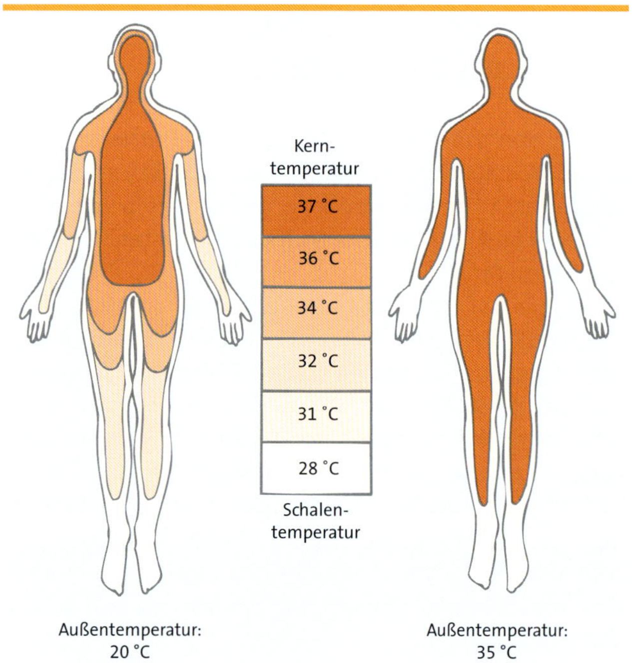

Abb. 7 ▶ Temperaturverteilung in Körperkern und Körperschale (Quelle: Aschoff)

12.6.1.2 *Strömung / Konvektion*

Treten innerhalb eines Stoffes zusätzliche Molekülbewegungen zwischen verschiedenen Temperaturzonen durch *Strömung* auf, beeinflusst dies die Wärmeleitung.

Dieses Prinzip findet Anwendung beim Wärmetransport vom Körperkern in die Körperschale durch das Blut, aber auch beim »Zufächeln« von Luft bzw. bei der Wasserbewegung beim Schwimmen. Die Kleidung und – im geringeren Ausmaß – die Körperbehaarung lassen eine unbewegte Luftschicht um den Körper entstehen und wirken so der Konvektion entgegen.

12.6.1.3 *Verdunstung / Evaporation / Transpiration*

Eine besonders effektive Wärmeabgabe ist durch Verdunstung möglich. Um Schweiß auf der Haut verdunsten zu lassen, muss jedem Wassermolekül so viel Energie zugeführt werden, dass es den Teilchenverband verlassen kann.

Bei der langsamen Anpassung an ein wärmeres Klima, der Akklimatisation, wird die Schweißabgabe gesteigert, gleichzeitig jedoch der Salzgehalt des Schweißes deutlich reduziert (vorher 2 – 3 %, nach Akklimatisation 0,3 %). Unabhängig von den Klimavoraussetzungen kommt es auch bei der Anfeuchtung der Atemluft zur Verdunstung und Wärmeabgabe. Zusammen mit der unmerklichen Verdunstung von durch die Haut diffundiertem Wasser bei niedrigen Temperaturen spricht man von der »Perspiratio insensibilis«.

12.6.1.4 *Strahlung / Radiation*

Energie kann auch in einer molekülunabhängigen Form, der elektromagnetischen Strahlung, ohne direkten Kontakt übertragen werden. Materialabhängig kann Wärmestrahlung absorbiert oder reflektiert (z. B. Rettungsdecke) werden.

Einen Vergleich der Bedeutung der unterschiedlichen Mechanismen in Ruhe bzw. bei schwerer körperlicher Arbeit bietet die ABBILDUNG 6.

12.6.2 Kern- und Schalentemperatur

Die Leistungsfähigkeit des Wärmeregulationssystems reicht nicht aus, um in der sich ständig im direkten Kontakt mit wechselnden Umweltbedingungen befindlichen Körperschale konstante Temperaturverhältnisse zu garantieren. Abhängig von den Außentemperaturen werden Schwankungen von über 10 °C gemessen. Vor allem bei extrem niedrigen Temperaturen zeigt sich schnell, dass allein die durch das Blut aus dem Körperkern mitgeführte Wärmemenge nicht ausreicht, um die fortgesetzten Wärmeverluste über die Haut auszugleichen. Eine Zentralisation des Blutes im Körperkern (vergleichbar dem Schock) hilft, die Wärmeverluste zu minimieren, führt jedoch zur Abkühlung der Hautoberfläche. Im Körperkern, der Gehirn und innere Organe umfasst, herrschen dagegen annähernd konstante Bedingungen (36,8 °C ± 0,5 °C).

Bei starker Wärmeproduktion, wie bei Muskelarbeit, oder bei erhöhten Außentemperaturen verringert sich der Unterschied zwischen Schalen- und Kerntemperatur, d.h. das Schalengebiet wird zugunsten des Kerngebietes kleiner (ABB. 7).

Am ehesten kann die im Mastdarm gemessene *Rektaltemperatur* als Näherung der Kerntemperatur gelten (Abweichung ± 0,1 °C). Ähnlich präzise ist ein auch in Notfallsituationen einsetzbares Messverfahren, bei dem die Messsonde – im *Gehörgang* platziert – mittels Infrarottechnik in wenigen Sekunden die vom Trommelfell und vom umliegenden Gewebe abgestrahlte Wärme ermittelt. Die in der Achselhöhle gemessene *Axillartemperatur* oder die unter der Zunge gemessene *orale Temperatur* weicht nicht nur stärker ab, sondern liefert auch unzuverlässigere Messergebnisse durch Mundatmung bzw. Achselschweiß.

12.6.3 Temperaturschwankungen

Auch bei relativ konstanten Umweltbedingungen werden regelmäßig leichte Tagesschwankungen der Körpertemperatur (etwa ± 0,5 °C) beobachtet. Vor allem in Phasen körperlicher Aktivität erhöht sich die Kerntemperatur. Das Minimum der Tagestemperaturkurve liegt daher morgens zwischen 5.00 und 6.00 Uhr, nach einer Phase des Schlafes und der körperlichen Ruhe. Gegen 13.00 Uhr, bedingt durch die körperliche Arbeit des Tages, erreicht die Kurve ihr Maximum.

Bei Frauen werden diese täglichen Schwankungen noch von periodischen Temperaturschwankungen im Zusammenhang mit dem Menstruationszyklus überlagert.

12.6.4 Zentrale Temperaturregulation

Ort der zentralen Temperaturregulation ist beim Menschen hauptsächlich der Hypothalamus. Während im hinteren Hypothalamus der Sollwert gespeichert ist, werden im vorderen Hypothalamus Informationen zentraler Rezeptoren (Bluttemperatur im Kopf = Körperkerntemperatur) und Informationen in der Haut gelegener peripherer Wärme- und Kälterezeptoren (= Körperschalentemperatur) zusammengefasst und verarbeitet.

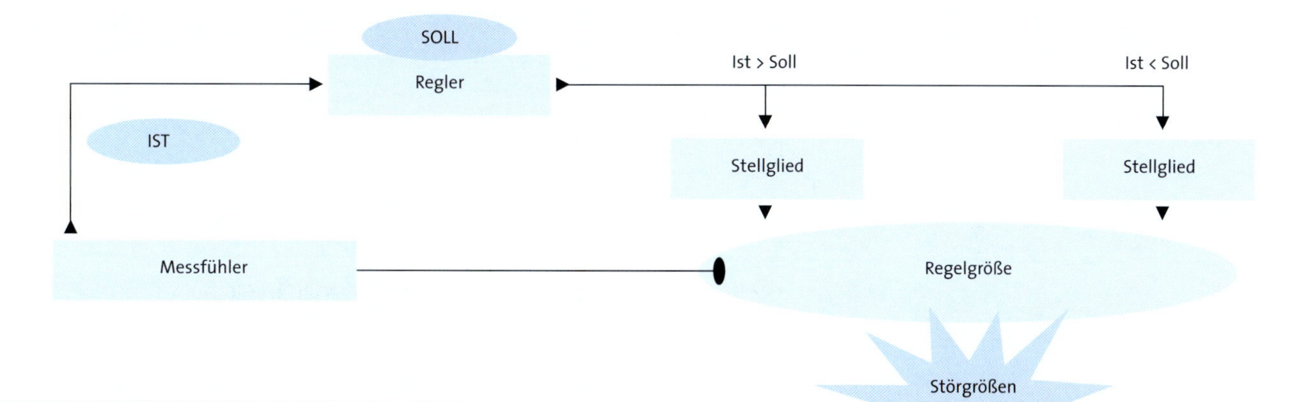

ABB. 8 ▶ Regelkreis der Wärmeregulation

12.6.5 Der kybernetische Regelkreis

Viele komplexe Mechanismen zur Aufrechterhaltung gleich bleibender Körperbedingungen lassen sich durch kybernetische Regelkreise veranschaulichen (gr. kybernetike: Steuermannskunst). Übertragen auf das Problem der Wärmeregulation bedeutet das: Die Solltemperatur von 37 °C wird vom Hypothalamus fortlaufend mit der von peripheren und zentralen Thermorezeptoren gemeldeten aktuellen Körpertemperatur verglichen. Klima, Bekleidung, Muskelarbeit etc. beeinflussen die Körperkerntemperatur. Wird eine Veränderung des Istwertes und somit eine Abweichung vom Sollwert registriert, kann über autonome (unabhängige) Mechanismen wie Muskelzittern, Veränderung der Hautdurchblutung, Stoffwechselanpassung oder Schwitzen bzw. über bewusste Verhaltensänderungen Einfluss auf die Körpertemperatur genommen werden, bis Ist- und Sollwert wieder übereinstimmen (Abb. 8). Dieses Prinzip lässt sich auch bei vielen anderen Steuerungsprozessen (pH-Wert des Blutes, Blutzucker usw.) finden.

Verallgemeinert gilt: Ein vorgegebener Sollwert wird von einem Regler fortlaufend mit den von Messfühlern gemeldeten Istwerten einer Regelgröße verglichen. Störgrößen in Form wechselnder Körper- oder Umweltbedingungen beeinflussen die Regelgröße. Wird eine Veränderung des Istwertes (und somit eine Abweichung vom Sollwert) registriert, kann über Stellglieder Einfluss auf die Regelgröße genommen werden, bis Ist- und Sollwert wieder übereinstimmen.

13 Ohr

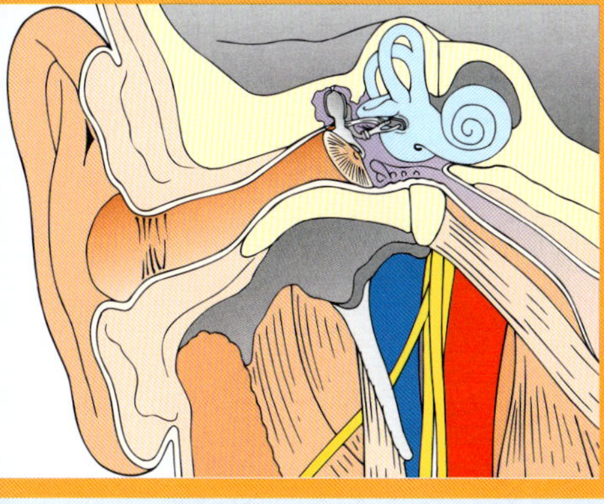

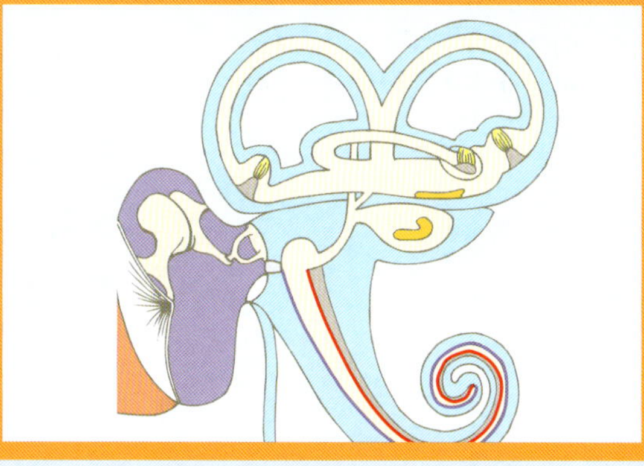

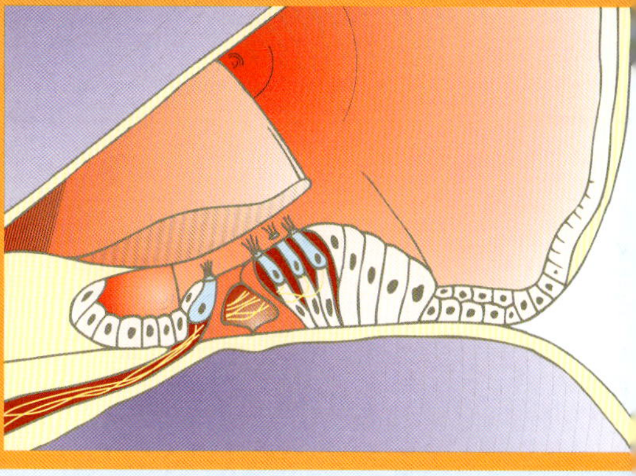

Inhalt:

13.1	Aufbau	272
13.2	Außenohr	273
13.3	Mittelohr	273
13.4	Innenohr	274
13.5	Vestibularapparat	277

13.1 Aufbau

Das menschliche Ohr enthält zwei Sinnesorgane: das Gehör- und das Gleichgewichtsorgan. Als anatomische Einheit, auch Vestibulocochlearorgan genannt, bilden sie das Innenohr. Es liegt gut geschützt in der Felsenbeinpyramide des Schläfenbeins, dem Os temporale.

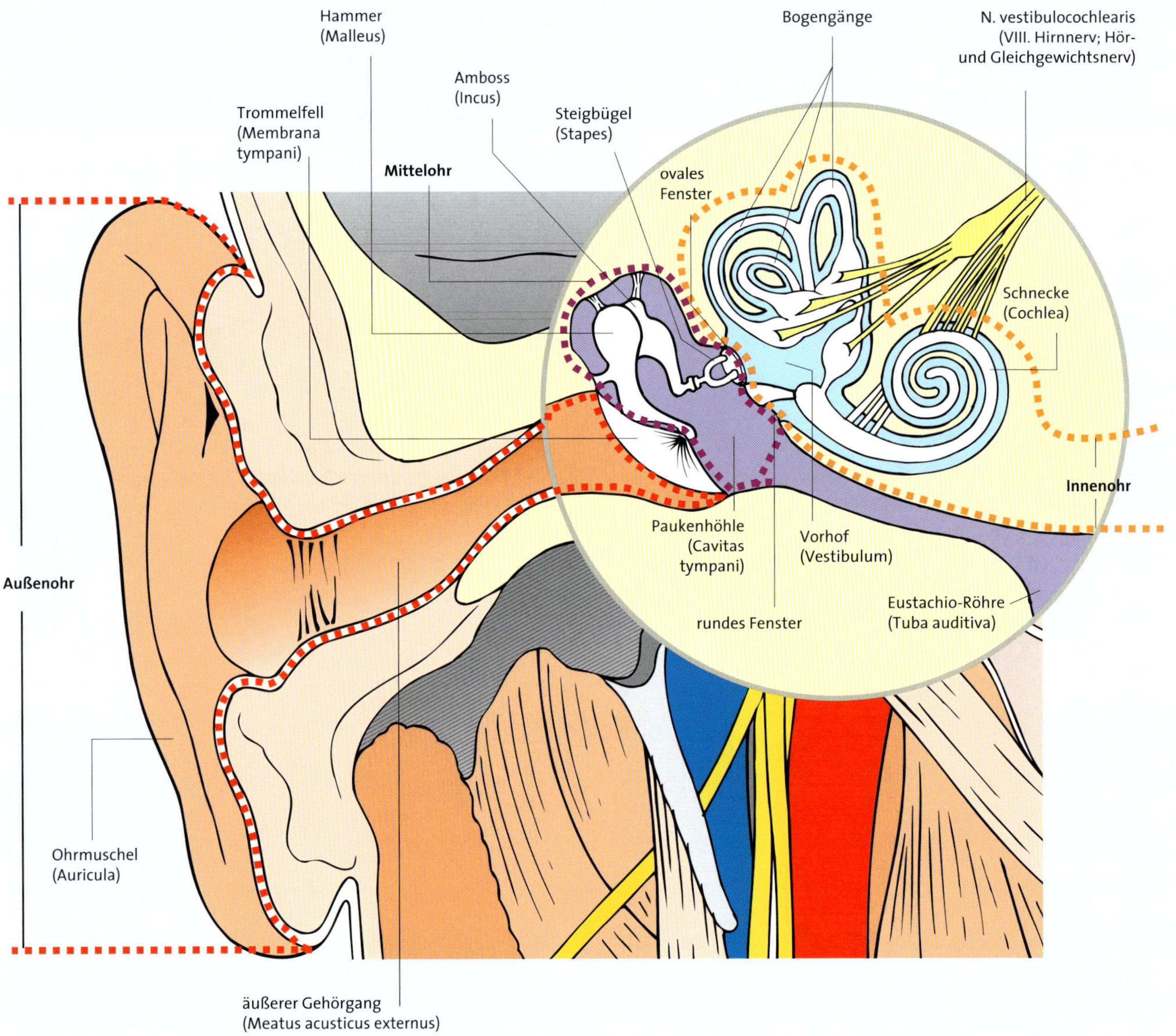

Abb. 1 ▶ Anatomie des Ohres

Das Gehör dient der Aufnahme der Schallreize, während das Gleichgewichtsorgan die Körperlage und -bewegung im Raum registriert. Die Weiterleitung dieser Informationen erfolgt gemeinsam über den VIII. Hirnnerv, den N. vestibulocochlearis, ins ZNS.

Das Ohr lässt sich anatomisch in Außenohr, Mittelohr und Innenohr einteilen: Auris externa, media und interna. »Auris« bedeutet Ohr auf Latein; in der Pathologie wird aber meist der griechische Begriff »otis« gewählt, zum Beispiel Otitis media, die Mittelohrentzündung.

Tab. 1 ▶ Aufbau des Ohres

Außenohr (Auris externa)	– Ohrmuschel – äußerer Gehörgang
Mittelohr (Auris media)	– Trommelfell – Paukenhöhle mit den Gehörknöchelchen und Öffnung zur Eustachio-Röhre, der Verbindung zum Nasenrachen
Innenohr (Auris interna)	– Vestibulocochlearorgan › Hörorgan mit Schnecke (Cochlea) › Gleichgewichtsorgan mit den beiden Maculaorganen und den drei Bogengängen

13.2 Aussenohr

13.2.1 Ohrmuschel

Das Außenohr beginnt an der Ohrmuschel, an der *Auricula*. Sie besteht größtenteils aus elastischem Knorpel und ist von gefäßreicher Haut überzogen. Form und Größe sind sehr individuell. Ihre Funktion ist mit einem Schall aufnehmenden Trichter vergleichbar, sodass die Schallwellen in den äußeren Gehörgang geleitet werden. Das knorpelfreie Ohrläppchen eignet sich gut zur Entnahme von Kapillarblut, da es nicht so empfindlich ist wie die Fingerbeeren.

13.2.2 Äußerer Gehörgang

Der sich nun anschließende *Meatus acusticus externus* ist ca. 3,5 cm lang und 1 cm breit. Anfänglich besteht er aus elastischem Knorpel, der im weiteren Verlauf verknöchert und eine leichte S-förmige Krümmung aufweist. Daher muss man das Ohr nach hinten oben ziehen, wenn man mit dem Otoskop das Trommelfell betrachten möchte. Der Gang ist mit Epithelgewebe ausgekleidet und dient der Bündelung von Schallwellen. Neben kleinen Haaren enthält er modifizierte Schweißdrüsen, die Glandulae ceruminales. Sie produzieren das Cerumen. Es handelt sich dabei um eine gelblich-bräunliche, fettige, bittere Substanz, die auch als Ohrenschmalz bezeichnet wird und mehrere Funktionen wahrnimmt. Zunächst befeuchtet sie die Haut im Gehörgang. Ferner hüllt sie abgestorbene Hautzellen, Haare, Schmutzpartikel und Fremdkörper ein und transportiert sie nach außen. Außerdem enthält sie Lysozyme zum Schutz gegen Bakterien. Wird das Cerumen beim Ohrreinigen durch ein zu tief eingeführtes Wattestäbchen hinter die Transporthärchen geschoben, kann es als Pfropf den Gehörgang völlig verlegen.

13.3 Mittelohr

13.3.1 Trommelfell

Am Ende des Gehörgangs liegt das Trommelfell und bildet so die Grenze zwischen Außenohr und Mittelohr. Die *Membrana tympani* ist eine silbriggraue dünne Membran aus fibrinösem Bindegewebe. Ihre Dicke beträgt ca. 0,1 mm, der Durchmesser schwankt zwischen 9 und 11 mm. Neben dem Verschluss des Mittelohrs ist es die wesentliche Aufgabe des Trommelfells, die sich in der Luft ausbreitenden Schalldruckwellen auf die Gehörknöchelchen zu übertragen. Deshalb ist der Hammer, das erste der drei Gehörknöchelchen, mit ihm verwachsen.

13.3.2 Paukenhöhle

Das Mittelohr besteht aus dem *Cavum tympani*, einer kleinen luftgefüllten Knochenhöhle, und den Gehörknöchelchen. Die etwa reiskorngroßen Gehörknöchelchen sind die drei kleinsten Knochen des Menschen und bilden mit dem Trommelfell den Schallleitungsapparat.

Die drei Knochen mit den Bezeichnungen Hammer, Amboss und Steigbügel sind wie eine Kette miteinander verbunden und verursachen – angeregt durch die Schwingung des Trommelfells – eine ca. 22-fache Schallverstärkung. Sie leiten den Schall auf das Innenohr. Daher liegt der Steigbügel mit seinem Fuß am Eingang des Innenohres, am ovalen Fenster, und verschließt es gleichzeitig. Zur Stabilisierung werden die Gehörknöchelchen durch Muskeln und Bänder unterstützt.

Gehörknöchelchen:
- Hammer (Malleus)
- Amboss (Incus)
- Steigbügel (Stapes).

Die Paukenhöhle hat ein Innenvolumen von etwa 1 cm^3 und die Form eines unregelmäßigen Würfels mit sechs Wänden. Die laterale Wand grenzt an das Trommelfell und die gegenüberliegende mediale Wand an das Innenohr. Hier liegen zwei Knochenfenster, das ovale und das runde Fenster. Das ovale Fenster oder *Fenestra vestibuli* führt in den Vorhof des Labyrinths des Innenohrs. Es wird durch die Fußplatte des Steigbügels verschlossen. Das runde Fenster oder *Fenestra cochleae* ist durch eine Membran abgedichtet. Es dient dem Druckausgleich der Schnecke.

Das Dach der Paukenhöhle grenzt an die mittlere Schädelgrube, unter ihrem Boden verläuft die V. jugularis interna. Die vordere Wand öffnet sich in die Eustachio-Röhre, die auch als *Tuba auditiva* oder Ohrtrompete bezeichnet wird. Diese bildet mit ihrer Länge von 4 cm die Verbindung der Paukenhöhle mit dem Nasenrachen und dient der Belüftung sowie dem Druckausgleich mit der Außenwelt. Normalerweise ist sie verschlossen und öffnet sich nur, wenn sie durch Gähnen und Schlucken gedehnt wird. Über sie können Erreger aus dem Nasenrachen in das Mittelohr eindringen. Da sie bei Kindern kürzer und gerader als bei Erwachsenen verläuft, sind Kinder häufiger von einer Mittelohrentzündung betroffen. Die hintere Wand führt zu den Nebenhöhlen und den luftgefüllten oder pneumatisierten Räumen des Warzenfortsatzes bzw. des Mastoids. Die gesamte Paukenhöhle ist mit Mucosa ausgekleidet.

13.4 Innenohr

Dieses kompliziert verzweigte System von Gängen und Hohlräumen wird auch als *knöchernes Labyrinth* bezeichnet. Es liegt im Felsenbein, genauer in der Pars petrosa des Os temporale. Hier befinden sich die Hörschnecke oder Cochlea als das eigentliche Hörorgan und das aus dem Vorhof und den drei Bogengängen bestehende Gleichgewichtsorgan. Das knöcherne Labyrinth ist mit Flüssigkeiten gefüllt, die in zwei verschiedenen Räumen zirkulieren. Sie repräsentieren den Extra- und den Intrazellulärraum. Der Intrazellulärraum wird durch das *häutige Labyrinth* gebildet, eine schlauchähnliche Membran, die mit Endolymphe gefüllt ist und im knöchernen Labyrinth liegt. Sie enthält die Sinneszellen für das Hör- und Gleichgewichtsorgan. Der Extrazellulärraum wird von der Perilymphe gebildet, die zwischen dem knöchernen und dem häutigen Labyrinth zirkuliert (Abb. 2).

13.4.1 Hörorgan

Die erbsengroße Schnecke oder *Cochlea* (Abb. 3) ist ein flüssigkeitsgefüllter Hohlraum. Sie besteht aus drei übereinander liegenden Kanälchen, die sich in zweieinhalb Windungen um eine knöcherne Achse, die Schneckenspindel, zur Schneckenform biegen:

1. *Vorhoftreppe* (Scala vestibuli): verläuft vom ovalen Fenster bis zur Schneckenspitze
2. *Schneckengang* (Ductus cochlearis): Zwischenraum zwischen beiden Treppen
3. *Paukentreppe* (Scala tympani): verläuft von der Schneckenspitze bis zum runden Fenster.

Vorhoftreppe und Paukentreppe sind an der Schneckenspitze durch das Schneckenloch, das Helicotrema, miteinander verbunden. Man kann dies mit einem Aussichtsturm mit zwei Treppen vergleichen: die eine zum Aufstieg und die andere zum Abstieg. Die Aussichtsplattform verbindet beide. Sie sind gefüllt mit Perilymphe und bilden den Extrazellulärraum, während der Schneckengang mit seiner Endolymphe den Intrazellulärraum darstellt.

Die Grenze zwischen Vorhoftreppe und Schneckengang wird *Reissner-Membran* genannt, die Grenze zur Paukentreppe ist die *Basilarmembran*. Sie trägt das *Corti-Organ*, das Hörorgan mit seinen ca. 30000 Haarzellen (Abb. 4). Diese Hörsinneszellen sind in Reihen angeordnet. Jede Zelle besitzt

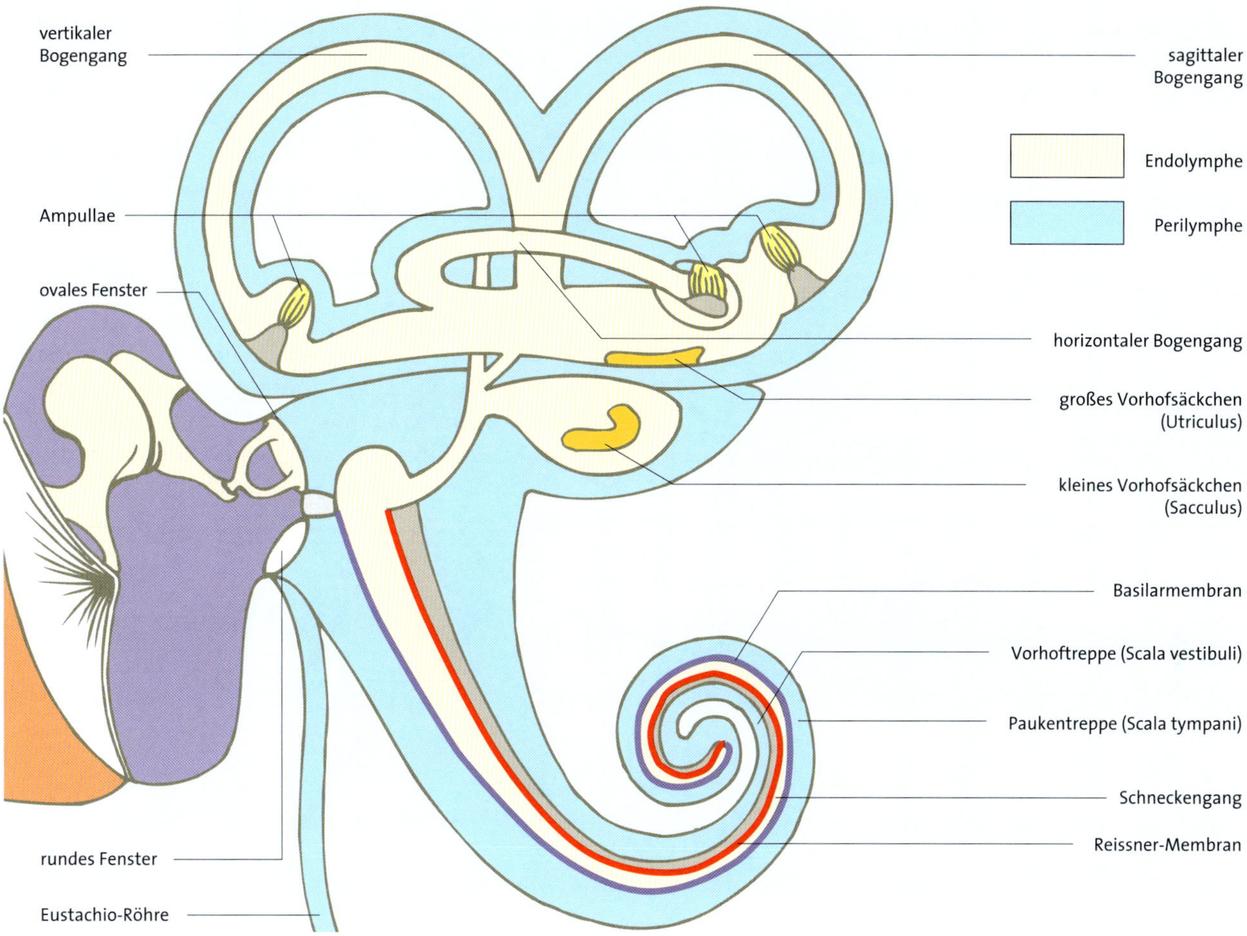

Abb. 2 ▶ Bogengangsystem

etwa 100 winzige Härchen oder Stereozilien, die mit der darüber liegenden Tektorialmembran, einer gallertartigen Schicht, verbunden sind.

13.4.2 Physiologie des Hörens

Der Mensch hört altersabhängig in einem Frequenzbereich von ca. 16 bis 20000 Hertz. Die obere Hörgrenze kann im Alter bis auf Werte von 5000 Hertz absinken. Dies bezeichnet man als Altersschwerhörigkeit.

Vom Schall zum Ton ist es ein langer und komplizierter Weg. Zunächst wird das Trommelfell durch Luftschwingungen, die Schallwellen, in Bewegung versetzt. Der mit dem Trommelfell verwachsene Hammer gibt die Schwingungen über den Amboss an den Steigbügel weiter. Die dadurch erzielte etwa 22-fache Schallverstärkung ist notwendig, weil der Schall möglichst verlustarm von einem Medium mit niedrigem Wellenwiderstand, der Luft im Außen- und Mittelohr, zu einem Medium mit hohem Wellenwiderstand, der Lymphe im Innenohr, übertragen werden muss. Begünstigt wird dieser Vorgang zum einen durch die Hebelwirkung der Gehörknöchelchen. Zum anderen ist die Fläche des Hammers am Trommelfell größer als die Fläche des Steigbügels am ovalen Fenster. Die beste Verstärkung erfolgt im Bereich von 1000 – 2000 Hertz, im Bereich der menschlichen Sprache. Ohne diesen »Impedanzwandler«, d.h. Widerstandsanpasser, würde ein großer Teil der Schallenergie am ovalen Fenster zurückgeworfen werden. Zur Veranschaulichung: Befindet man sich unter Wasser, kann man die Stimme einer über dem Wasser befindlichen Person kaum hören. Der Steigbügel ist mit dem ovalen Fenster verbunden und gibt die Energie an die sich in der Vorhoftreppe befindliche Perilymphe weiter. Hier entsteht nun eine Druckwelle, die sich in dem engen Verlauf der Vorhoftreppe bis zur Schneckenspitze ausbreitet und über die Paukentreppe zum runden Fenster zurückläuft. Die Membran am runden Fenster puffert den Druck ab. Diese so erzeugte Wanderwelle hat am Anfang der Schnecke schnellere und engere Wellen, gegen Ende werden

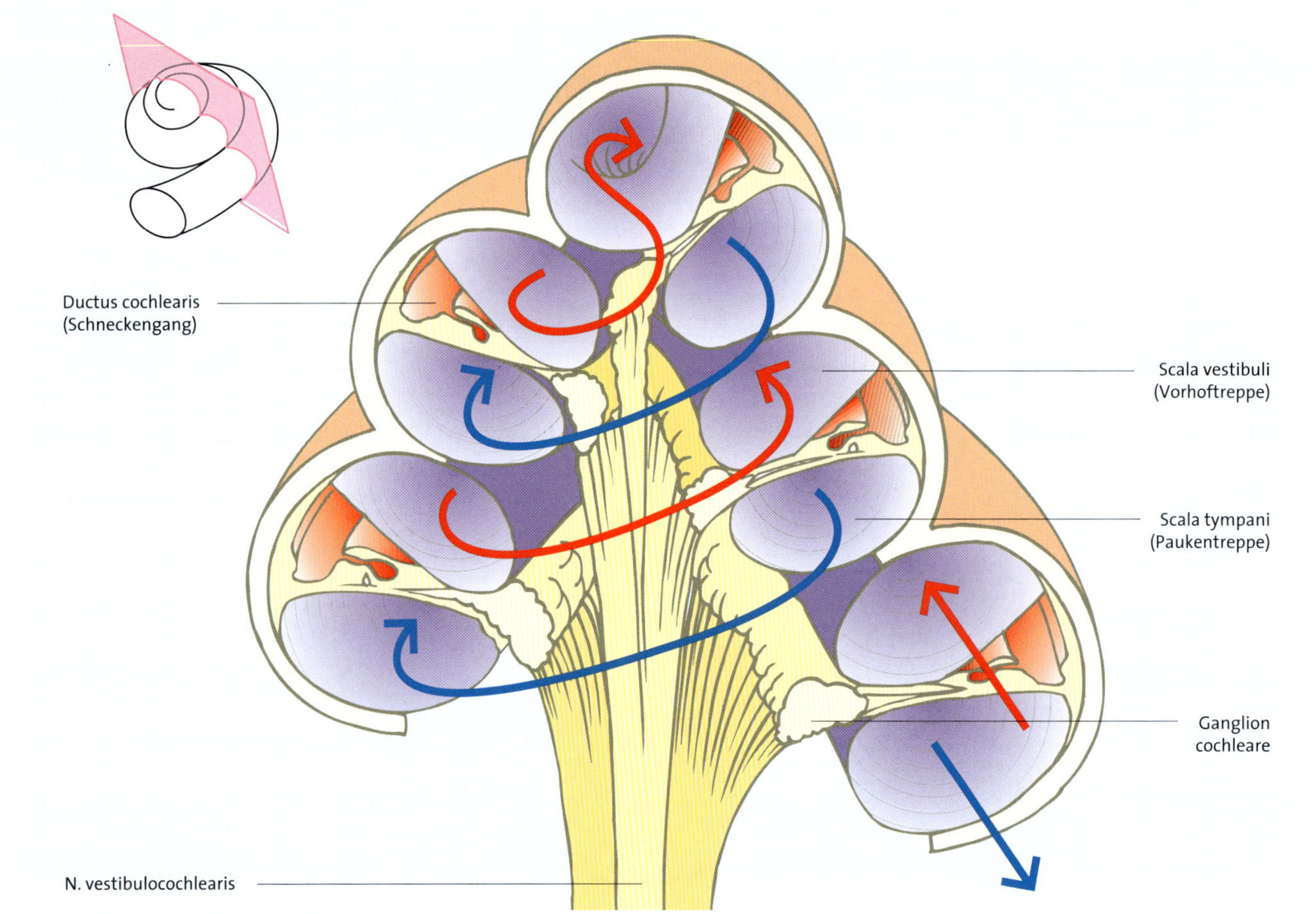

Abb. 3 ▶ Die Gehörschnecke

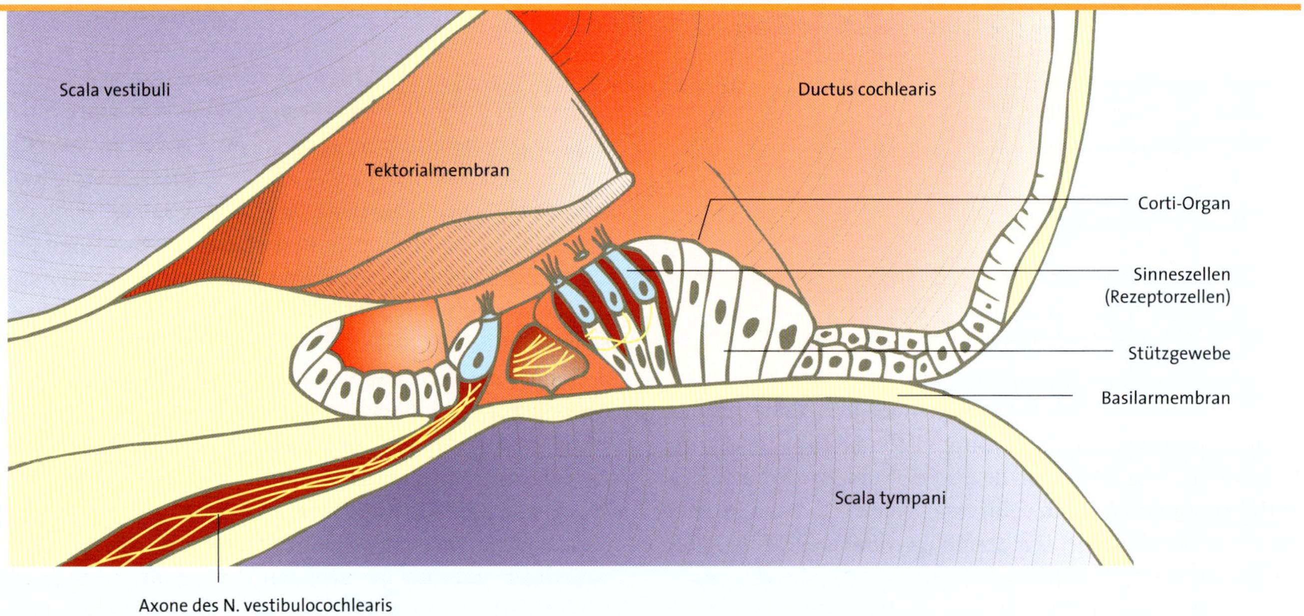

Abb. 4 ▶ Das Hörorgan

die Wellen langsamer und weiter. Ihre Amplitude, die Auslenkung, steigt jedoch durch die Form der Schnecke. Dies ist vergleichbar mit dem Aufbau einer Brandungswelle am Meer. Wenn die Amplitude der Welle ihr Maximum erreicht, den sogenannten *Punctum maximum*, verschiebt sie an dieser Stelle durch ihre Verdrängungskraft die Tektorialmembran gegenüber der Basilarmembran. Diese Bewegung überträgt sich auf die Sinneszellen. Sie sind mit ihrem unteren Ende auf der Basilarmembran verankert, ihre Härchen ragen mit ihrem oberen Ende in die Tektorialmembran hinein. Die Verschiebung der Härchen führt zum Natriumeinstrom und damit zur Auslösung eines Aktionspotenzials. Der Impuls wird über ein Axon an den N. vestibulocochlearis weitergeleitet und läuft in den Lobus temporalis zum primären Hörzentrum. Hier wird erst aus den Impulsen ein Ton errechnet. Im sekundären Hörzentrum wird dem Ton bzw. den Tönen dann ein Sinn zugeordnet, zum Beispiel eine Melodie oder die Tonhöhe C.

Die Amplitude und damit auch das Maximum der Wanderwelle sind von der Tonhöhe des ankommenden Schalls abhängig. Hohe Töne erreichen daher am Anfang der Schnecke ihr Maximum, während tiefe Töne erst kurz vor der Schneckenspitze »anschlagen«.

Die Hörsinneszellen senden nicht nur Signale, sondern sie empfangen während des »Hörens« auch Signale vom Gehirn. Dies sensibilisiert sie und führt zu einer Empfindungsmodifikation. Zu leise Töne werden verstärkt, zu laute abgeschwächt. Eine Schädigung der Haarzellen oder der Membranen, beispielsweise durch zu laute Töne oder zu hohen Schalldruck, führt zur Innenohrschwerhörigkeit, also einer Schallempfindungsstörung. Liegt die Schädigung im Bereich des Außen- oder Mittelohrs, spricht man von einer Schallleitungsstörung.

13.5 Vestibularapparat

Im Vestibularapparat, dem Gleichgewichtsorgan, werden die Körperlage und -bewegung im Raum registriert. Dies erfolgt in enger Zusammenarbeit mit den Augen und der Tiefensensibilität. Er dient damit der Gleichgewichtssteuerung. Kopf- und Körperhaltung können durch seine Informationen sowohl in Ruhe als auch in Bewegung vom Gehirn entsprechend über den Bewegungsapparat angepasst werden. Auch bei Bewegungen im Dunklen oder bei sehr komplexen Bewegungsabläufen, zum Beispiel von Turnern oder Artisten, ist er beteiligt. Für seine Aufgaben besteht er aus beiden Maculaorganen und den drei Bogengängen.

13.5.1 Maculaorgane

Der Vorhof oder Vestibulum enthält die beiden Maculaorgane, die Vorhofsäckchen mit Sinnesfeldern. Im großen Vorhofsäckchen, dem *Utriculus*, liegt horizontal die Macula utriculi, während sich im kleinen Vorhofsäckchen, dem *Sacculus*, vertikal gelegen die Macula sacculi befindet (Abb. 5).

Sie registrieren geradlinige, auch negative Beschleunigungen wie beim Abbremsen eines Autos oder beim Fahren mit dem Aufzug, aber auch das Hinlegen oder Aufstehen.

Dazu enthalten die Maculae winzige Kalksteinchen, die Statolithen. Bei Bewegung kommt es zur Verschiebung zwischen Sinneszellen und Statolithenmembran, d.h. die Steinchen drücken die Härchen der Sinneszellen entsprechend der Schwerkraft zur Seite. Dies führt zur Erregung der Sinneszellen, ein Aktionspotenzial wird eingeleitet. Der *Statolithenapparat* wird auch als Lage-Sinnes-Organ bezeichnet, weil er bewusst macht, in welcher Position sich der Körper gerade befindet.

13.5.2 Bogengänge

Die drei Bogengänge oder *Ductus semicirculares* stehen entsprechend den drei Dimensionen im rechten Winkel aufeinander. Sie haben je eine Erweiterung, die *Ampullae*, in denen sich die Sinneszellen befinden. Sie ragen mit ihren Sinneshärchen in einen gallertartigen Hut, die *Cupula*, die in der Endolymphe liegt (Abb. 6). Ihre Aufgabe ist das Registrieren von Drehbeschleunigungen.

Durch Bewegung des Kopfes wird die Cupula in die Gegenrichtung abgelenkt, wobei die Stärke sich aus dem Ausmaß der Bewegung ergibt. Dadurch werden die Sinneshärchen verschoben und erregt. Aus der Kombination der erregten Härchen wird vor allem dem Kleinhirn die Richtung der Bewegung gemeldet. Da die Endolymphe eine träge Masse ist, bleibt sie beim plötzlichen Beenden einer Drehbewegung noch etwas in Bewegung. Dadurch erhält das Gehirn aus Innenohr und Körper widersprüchliche Informationen, es reagiert mit Drehschwindel.

Auch bei der Seekrankheit wird das Gehirn durch unterschiedliche Informationen verwirrt. Der Körper registriert beispielsweise im Bauch des Schiffes die Schwankungen, aber die Augen melden festen Stand. Vegetativ sensible Menschen reagieren darauf mit Kopfschmerzen, Übelkeit und Erbrechen.

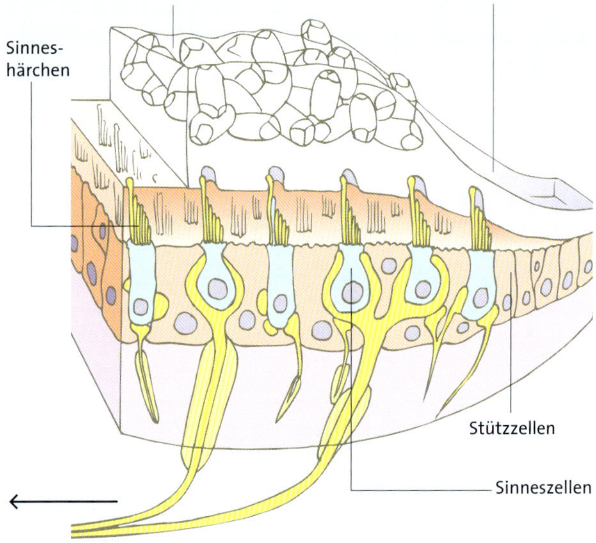

Abb. 5 ▶ Vorhofsäckchen mit Sinnesfeldern

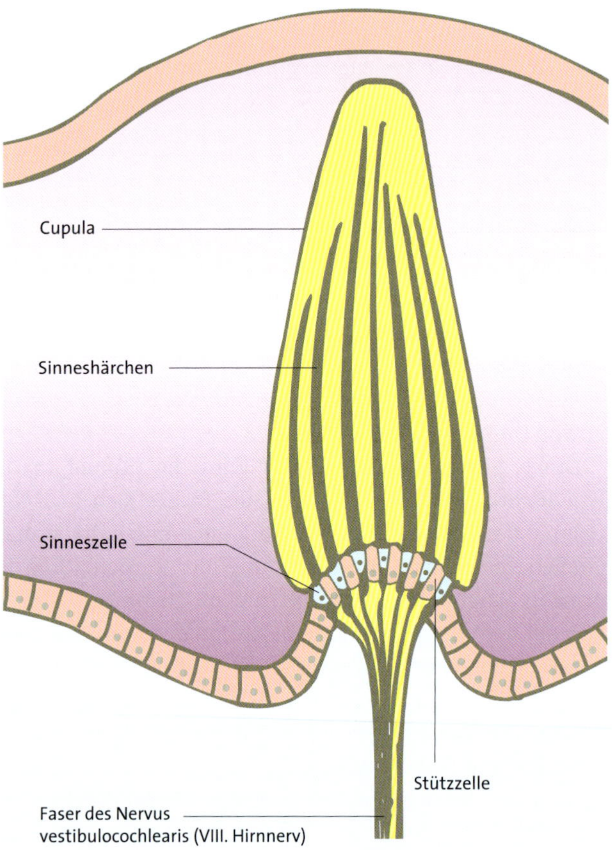

Abb. 6 ▶ Schematische Darstellung der Cupula

Die Weiterleitung der Impulse erfolgt ebenfalls über den N. vestibulocochlearis. Dessen Fasern geben dem Kleinhirn Impulse zum Halten des Körpergleichgewichtes mithilfe der Skelettmuskulatur. Weitere Fasern ziehen zum Großhirn in das sensorische Rindenfeld im *Gyrus postcentralis* zur Wahrnehmung der Bewegung. Auch die Kerne der äußeren Augenmuskeln erhalten entsprechende Informationen, damit durch Anpassung der Augenbewegung ein stabiles Bild bei gleichzeitiger Kopfbewegung ermöglicht wird.

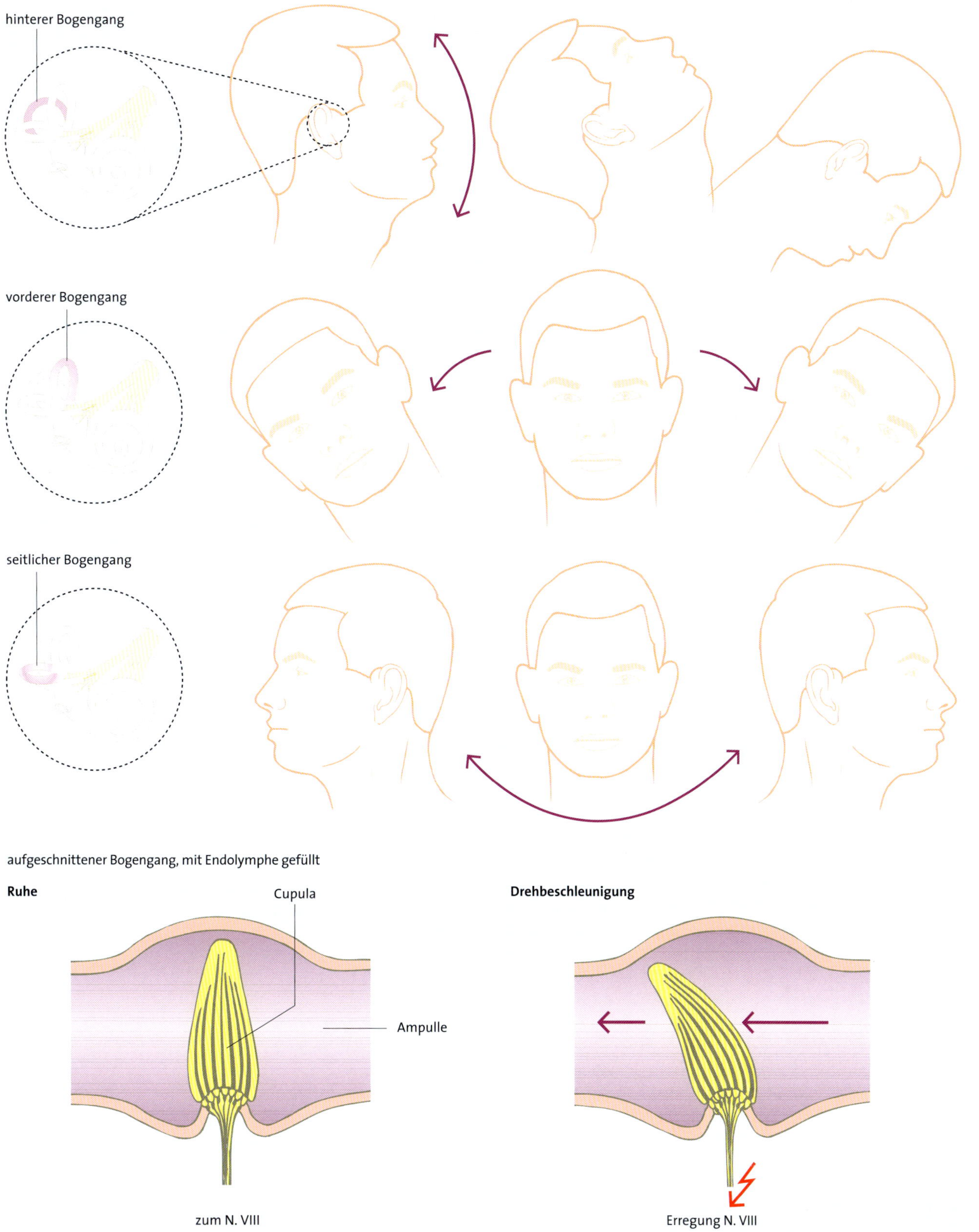

Abb. 7 ▶ Die Bogengänge bei Bewegungen des Kopfes

14 Auge

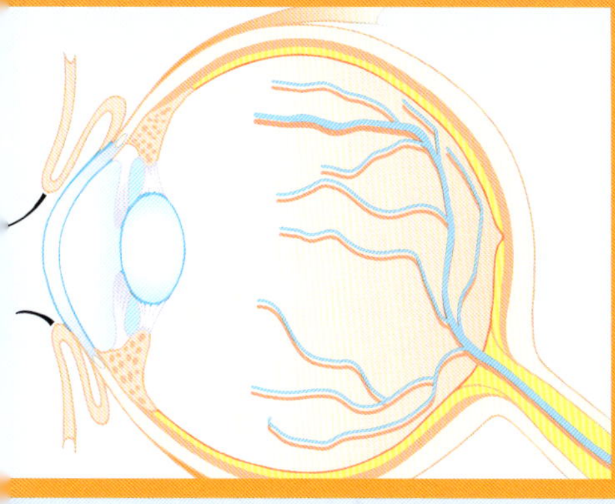
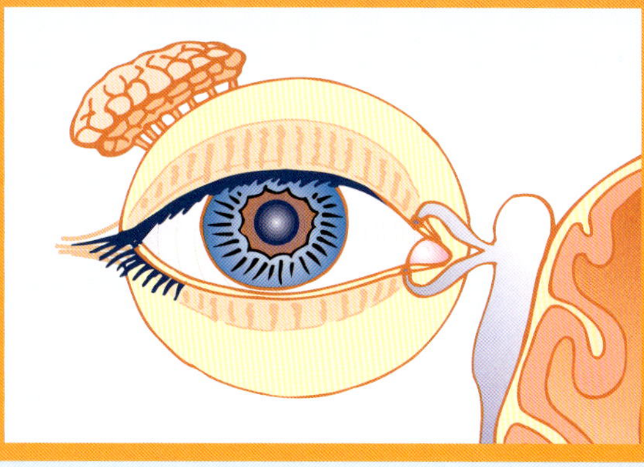
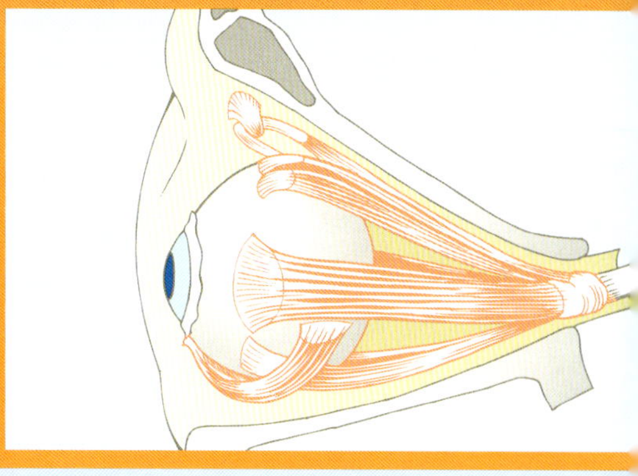

Inhalt:

14.1	Physiologie des Sehens	282
14.2	Augapfel	283
14.3	Schutzvorrichtungen	285
14.4	Augenmuskeln	287
14.5	Sehbahn	288

14.1 Physiologie des Sehens

Das Auge entwickelt sich embryonal aus einem vorgeschobenen Gehirnteil. Es sorgt dafür, dass Lichtstrahlen aufgenommen, in Nervenimpulse umgewandelt und in das Gehirn zum Sehzentrum weitergeleitet werden.

Zunächst gelangen die Lichtstrahlen durch die Hornhaut über die Pupille zur Linse. Hier werden sie scharf gebündelt und auf die Netzhaut projiziert, die sich an der Rückwand des Auges befindet. Sie besteht aus einer Schicht feinster lichtempfindlicher Rezeptoren und hauchdünner Nervenzellen, die sich zum Sehnerv vereinigen. Dieser zieht als Sehbahn durch das Gehirn bis zum Sehzentrum im Lobus occipitalis. Dort wird aus den nervalen Signalen das zusammengesetzt, was der Mensch als Bild wahrnimmt. Das menschliche Sehorgan besteht hierzu aus zwei *Augäpfeln*, *Schutzvorrichtungen* wie Augenhöhle, Augenlider, Bindehaut und Tränenapparat sowie *Augenmuskeln* und den beiden *Sehnerven*.

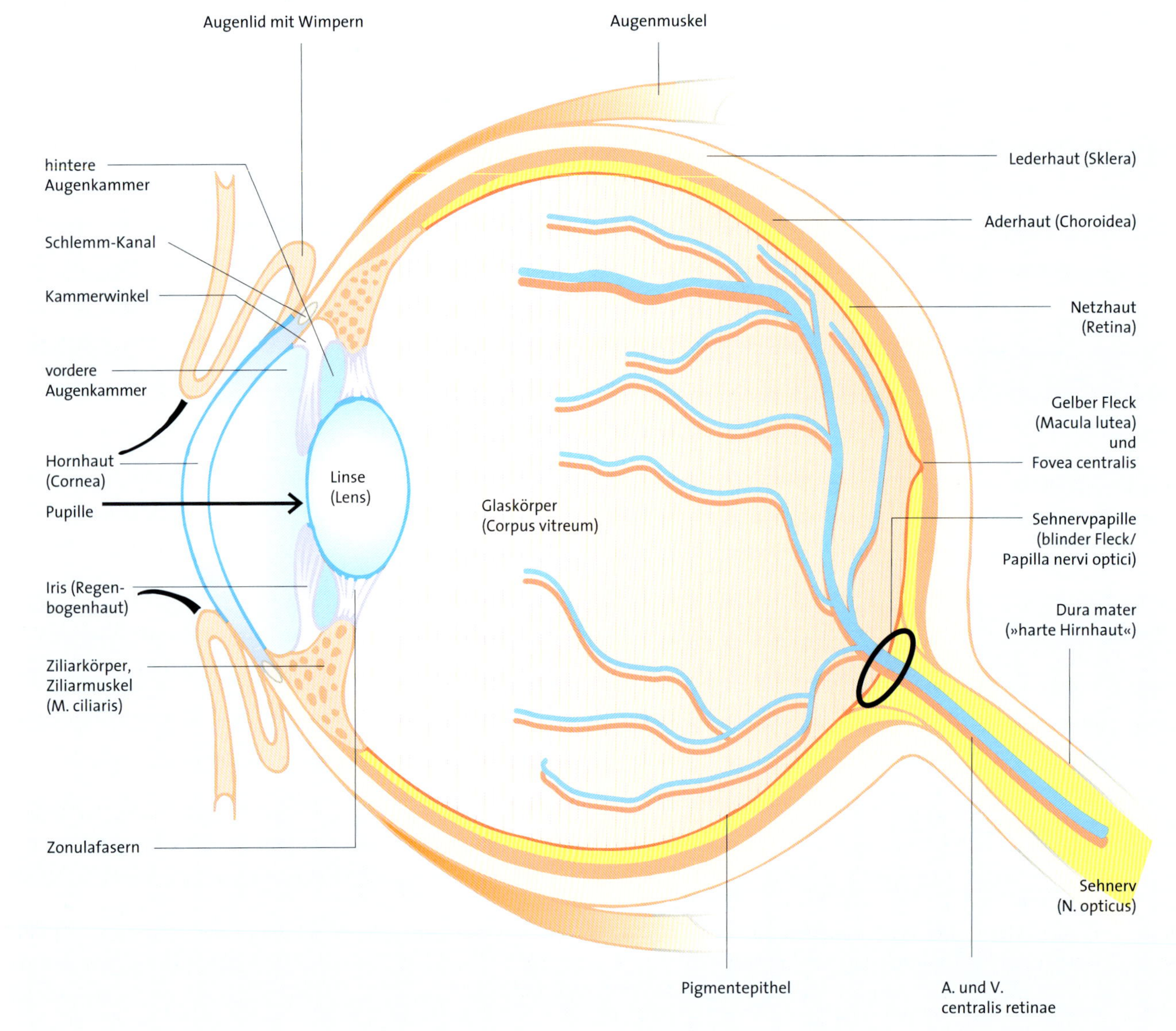

Abb. 1 ▶ Anatomie des Auges

14.2 Augapfel

Beim Erwachsenen wiegt der Augapfel etwa 7,5 g und hat einen Durchmesser von ca. 23 mm. Sein Aufbau lässt sich wie folgt gliedern: Innen liegt der Glaskörper, das *Corpus vitreum*, woran sich nach frontal die Linse und die beiden Augenkammern anschließen. Weiterhin ist er von drei umhüllenden Strukturen umgeben: Die innerste Schicht, die *Tunica interna*, enthält die Netzhaut, die *Retina*. Die mittlere Schicht, die *Tunica vasculosa* oder *Uvea*, besteht aus der *Choroidea* genannten Aderhaut, dem Ziliarkörper und der Regenbogenhaut, der Iris. Die äußerste Schicht, die *Tunica fibrosa*, beinhaltet *Sklera* und *Cornea*, das sind Lederhaut und Hornhaut.

Tab. 1 ▶ Aufbau des Auges

- innen: Glaskörper, Linse, Augenkammern
- umhüllende Schichten (von außen nach innen):
  1. Tunica fibrosa: Lederhaut, Hornhaut
  2. Tunica vasculosa: Aderhaut, Ziliarkörper, Regenbogenhaut
  3. Tunica interna: Netzhaut

14.2.1 Glaskörper

Das *Corpus vitreum* liegt zwischen Linse und Netzhaut. Der Glaskörper ist lichtdurchlässig, gallertartig und besteht zu ca. 98 % aus Wasser. Hierzu besitzt er ein dichtes Netz aus Kollagenfasern. In den Zwischenräumen befinden sich viele Hyaluronsäuremoleküle. Sie sorgen zum einen wie ein Klebstoff für den Zusammenhalt. Zum anderen besitzen sie eine sehr gute Wasserbindungskapazität. Durch seine Masse fixiert der Glaskörper die Netzhaut gegen die Aderhaut. Im Alter kann es durch Kollagenabbau oder Stoffwechseleinlagerungen zum Schrumpfen des Glaskörpers und damit zum Ablösen der Netzhaut kommen. Ferner muss der Glaskörper einen bestimmten Druck aushalten können. Der physiologische Augeninnendruck liegt bei ca. 15 – 22 mmHg.

14.2.2 Lederhaut

Die *Sklera* entspringt aus der Dura mater, die den N. opticus, den Sehnerv, umhüllt. Die Lederhaut besteht aus sehr derbem Bindegewebe, das viele Kollagen-, aber auch elastische Fasern enthält. Dadurch ist sie formerhaltend und sorgt für die Stabilität des *Bulbus* genannten Augapfels. Sie ist undurchsichtig und schützt und umhüllt alle ver- und entsorgenden Strukturen wie Gefäße und Nerven. Im sichtbaren Teil des Auges erscheint sie als »das Weiße im Auge«.

14.2.3 Hornhaut

Die *Cornea* ist die Fortsetzung der Lederhaut ab dem Bereich der Iris. Beim Erwachsenen ist sie im Zentrum ca. 0,6 mm dick, im äußeren Bereich ca. 0,8 mm und beträgt im Durchmesser etwa 11,5 mm. Sie muss lichtdurchlässig sein und kann daher keine Blut- oder Lymphgefäße enthalten. Ihre Versorgung erfolgt von außen durch die Tränenflüssigkeit und von innen durch die Kammerflüssigkeit. Trocknet sie aus, droht eine Nekrose. Die Hornhaut ist ein wichtiger Teil des optischen Apparats. Durch falsche Krümmung kann Weit-, Kurz- oder Stabsichtigkeit entstehen. Mit der Iris bildet sie den Augenkammerwinkel, in dem auch der Schlemm-Kanal liegt, der für den Abfluss des Kammerwassers notwendig ist.

14.2.4 Aderhaut

Die *Choroidea* ist blut- und lymphgefäßreich und ernährt die angrenzenden Strukturen, insbesondere die Retina. Die Aderhaut enthält den gelbbraunen Pigmentfarbstoff Fuszin. Er dient der Absorption des Lichts und verhindert Reflexionen.

14.2.5 Ziliarkörper

Die Aderhaut geht in das *Corpus ciliaris* über. Der Ziliarkörper bildet einen Ringmuskel, den M. ciliaris, der über kreisförmig angeordnete Fasern, die Zonulafasern oder Fibrae zonulares, mit der Linse verbunden ist. Durch Kontraktion oder Erschlaffung steuert er die Krümmung der Linse und damit ihre Brechkraft. Ferner liegen in ihm Drüsen, die das Kammerwasser produzieren. Es füllt die beiden im vorderen Teil des Auges gelegenen Hohlräume aus, die auch als Augenkammern bezeichnet werden.

14.2.6 Augenkammern

Die vordere Augenkammer liegt zwischen Hornhaut und Iris bzw. Linse, während die hintere Augenkammer von Glaskörper, Iris, Linse und Ziliarkörper begrenzt wird. Pro Stunde werden etwa 125 µl Kammerflüssigkeit produziert, dies entspricht dem gesamten Volumen beider Kammern. Die Flüssigkeit dient der Formerhaltung des Augapfels sowie der Ernährung von Linse und Hornhaut. Sie sickert zunächst in die hintere Kammer. Durch die ständige Nachproduktion ergibt sich ein Druck, der die Iris von der Linse wegdrückt. Das Kammerwasser gelangt dann in die vordere Kammer.

Der Abfluss erfolgt über den Schlemm-Kanal, der im Kammerwinkel liegt. Hier wird das Kammerwasser resorbiert und dem venösen System zugeführt. Bei Verstopfung dieses Kanals, zum Beispiel durch Abschilferung von Epithelzellen der Cornea, sammelt sich das Kammerwasser an. Die Folge ist ein erhöhter Augeninnendruck, das Glaukom.

14.2.7 Linse

Die Linse, lateinisch *Lens,* liegt zwischen Iris und Glaskörper und ist ebenfalls durchsichtig. Sie besteht aus elastischen Fasern, ist bikonvex und im hinteren Teil stärker gekrümmt, damit das einfallende Licht gebündelt wird. Durch Veränderung ihrer Krümmung können unterschiedlich weit entfernte Gegenstände jeweils scharf auf der Netzhaut abgebildet werden. Dies bezeichnet man als Akkommodation, die Lichtbrechung auf einen Punkt. Das Maß für die Krümmung ist die Dioptrie. Im Alter von zehn Jahren beträgt das Akkommodationsvermögen etwa 12 Dioptrien, mit 30 Jahren noch 7,5 Dioptrien und mit 60 Jahren 0 Dioptrien. Dies entsteht durch die zunehmende Sklerosierung, die Verhärtung der Linse im Alter. Die entsprechende Krümmung der Linse wird durch den Ziliarmuskel und die Zonulafasern gesteuert.

Bei der *Fernakkommodation* erschlafft der Ziliarmuskel. Da es sich um einen Ringmuskel handelt, der im Normalzustand kontrahiert, also eng gestellt ist, bedeutet Erschlaffung eine Weitung des Lumens. Dadurch werden die Zonulafasern gespannt, sie ziehen die Linse in eine flach-ovale Form, die Brechkraft nimmt ab. Der gegenteilige Vorgang erfolgt bei der *Nahakkommodation*. Hierbei kontrahiert der Ziliarmuskel, dadurch haben die entspannten Zonulafasern weniger Zug auf die Linse, sie kann sich stärker wölben, ihre Brechkraft nimmt zu.

14.2.8 Iris

Die Regenbogenhaut, die *Iris*, schließt sich an den Ziliarkörper an. Sie trennt vordere und hintere Augenkammer und liegt der Linse an. Ihre Öffnung ist die Pupille, die Blende des Auges, die den Lichteinfall reflektorisch reguliert. Für die Verengung ist der M. sphincter pupillae zuständig. Durch parasympathische Einflüsse kann sich die Pupille auf 1,5 mm zusammenziehen, eine kleine Pupille wird als Miosis bezeichnet. Die Erweiterung auf bis zu 8 mm, die Mydriasis, wird über den Sympathikus durch den M. dilatator pupillae gesteuert.

Merkhilfe: Große Pupillen sind »sympathischer«.

Die Pupillenweite läßt sich auch pharmakologisch beeinflussen, indem Sympathikus oder Parasympathikus angeregt bzw. gehemmt werden. Eine Mydriasis entsteht beispielsweise durch Atropin oder Kokain, während eine Miosis bei der Einnahme von Opiaten beobachtet wird.

Mit einer von der Seite an das Auge gehaltenen Taschenlampe kann man den Pupillenreflex, die Veränderung durch Lichteinfall, testen.

Die Farbe der Iris wird durch an verschiedenen Stellen eingelagerte Pigmente hervorgerufen. Dieser Prozess findet verstärkt in den ersten Lebensmonaten statt. Darum haben alle Babys bei der Geburt zunächst blaue Augen. Diese Einlagerungen in der Linse sind stoffwechselabhängig und folglich ergeben sich im Laufe des Alters Veränderungen. Bei völligem Fehlen der Pigmente scheinen die Blutgefäße mit ihrer roten Farbe durch, zum Beispiel beim Albinismus.

14.2.9 Netzhaut

Die *Retina* liegt der Choroidea an und kleidet den Bulbus oculi fast vollständig aus. Die Netzhaut besteht aus lichtempfindlichen Nervenzellen, den Photorezeptoren, sowie Nervenzellen, die die Signale verarbeiten, und den Stützzellen. Die *Photorezeptoren* enthalten zwei verschiedene Zellarten.

Die sehr lichtempfindlichen *Stäbchenzellen* ermöglichen mit einer Anzahl von ca. 120 Millionen die Schwarz-Weiß-Wahrnehmung und das Dämmerungssehen, welches auch als skotopisches oder Nachtsehen bezeichnet wird. Sie sind über die gesamte Netzhaut verteilt, ihre Dichte ist aber in der Peripherie höher. Daher sieht man in der Dämmerung unscharf.

Das photopische Sehen, das farbige Sehen bei Tageslicht in voller Schärfe, wird durch ca. sechs Millionen *Zapfenzellen* geregelt. Sie befinden sich vor allem im Zentrum der Netzhaut am gelben Fleck, dem Ort des schärfsten Sehens. Es gibt drei verschiedene Typen, die nach der Wellenlänge des Lichts bezeichnet werden. Der S-Typ (short) registriert kurzwelliges Licht, das vom Gehirn als blau interpretiert wird. Über den M-Typ wird das mittelwellige, als grün erscheinende Licht aufgenommen, während der L-Typ für den langwelligen gelb-roten Bereich zuständig ist. Das wahrgenommene Farbspektrum wird durch unterschiedliche Erregungsstärken der einzelnen Zapfentypen ausgelöst. Werden alle Zapfen gleich erregt, entsteht die Farbe Weiß.

Merkhilfe:
St**Ä**bchen = D**Ä**mmerungssehen
Z**A**pfen = T**A**ges- und F**A**rbsehen.

Besonders die Stäbchenzellen, aber auch die Zapfenzellen benötigen für die Umwandlung der Lichtwellen in Aktionspotenziale Vitamin A, genauer das Derivat Retinal. Daher kommt es bei Mangel dieses Vitamins zur Nachtblindheit.

Bei Störungen der Zapfenzellen kommt es zur Farbenblindheit; am häufigsten ist die Rot-Grün-Blindheit. Sie wird über das 23. Chromosom x-chromosomal rezessiv vererbt. Daher sind von ihr etwa 8 % aller Männer und nur etwa 0,5 % der Frauen betroffen. Die völlige Farbenblindheit, der komplette Ausfall der Zapfenzellen, ist selten (1 : 100 000).

Der gelbe Fleck, die *Macula lutea* liegt in der Zentralgrube genau gegenüber der Pupille als Fortsetzung der optischen Achse. Ein Stückchen tiefer liegt nach medial gerichtet an der Hinterwand der blinde Fleck, der von der Papilla nervi optici gebildet wird.

An dieser Stelle verlassen die rund 1,2 Millionen Nervenfasern der Netzhaut das Auge, um sich zum Sehnerv, dem N. opticus, zusammenzuschließen. Dazu enthält die Lederhaut, vergleichbar mit einem Sieb, winzigste Öffnungen. Gleichzeitig treten hier die A. und die V. centralis retinae zur Versorgung des Auges ein bzw. aus. Bei Hirndruck stauen sich diese Gefäße, man spricht dann von der Stauungspapille. Dies ist im Rahmen einer Untersuchung des Augenhintergrundes mit einem Augenspiegel möglich. Der rötlich-orange gefärbte Augenhintergrund zeigt ferner Veränderungen, zum Beispiel bei Hypertonie, Arteriosklerose, Diabetes, Gefäßentzündungen oder Tumoren.

TAB. 2 ▶ Merkmale der Photorezeptoren

	Stäbchen	Zapfen
Anzahl	ca. 120 Mio.	ca. 6 Mio.
Aufgabe	Dämmerungssehen	Tages- und Farbsehen
Lichtempfindlichkeit	sehr hoch	relativ gering
Typen	1	3
Verteilung	vor allem an Peripherie der Retina	vor allem im Zentrum der Retina

14.3 Schutzvorrichtungen

14.3.1 Augenhöhle

Der Augapfel oder *Bulbus oculi* liegt gut geschützt in der Augenhöhle, der *Orbita*. Er ist mit seinen sechs Augenmuskeln eingebettet in Baufett und füllt etwa ein Fünftel der Orbita aus. Diese wird patchworkartig von insgesamt sieben aneinandergrenzenden Schädelknochen gebildet: Stirnbein, Keilbein, Jochbein, Oberkiefer, Gaumenbein, Siebbein und Tränenbein.

Zwei Stellen sind besonders gefährdet: der Boden der Augenhöhle und ein Teil der seitlichen Innenwand. Dies spielt vor allem bei Schlägen auf das Auge eine Rolle, weil die Orbita durch heftigen Druck an diesen Stellen brechen kann. Zum Durchtritt der Nerven, der Gefäße und des Tränengangs befinden sich an ihrer Innenwand mehrere Öffnungen.

14.3.2 Bindehaut

Die *Conjunctiva* bedeckt als Bindehaut des Augapfels die Vorderfläche der *Sklera* bis zum Hornhautrand, also das komplette »Weiße« des Auges. Weiterhin bedeckt sie als Bindehaut des Augenlids die Hinterfläche der Lider. Sie ist schmerz- und kälteempfindlich und stellt neben den Lidern einen zweiten Schutzwall gegen das Eindringen von Keimen und Fremdkörpern dar.

14.3.3 Augenlider

Die Lider sind bewegliche Hautfalten, die das Ober- und Unterlid bilden und dem Schutz des Augapfels dienen. Dazu schließen sie sich reflektorisch bei nahenden Partikeln und Fremdkörpern oder starker Blendung. Ferner wird durch den regelmäßigen Lidschlag die Hornhaut mit der Tränenflüssigkeit benetzt. Die Wimpern verhindern, dass Staub und Schweiß ins Auge gelangen. In den Lidern findet man drei Arten von Drüsen:

1. *Zeis-Drüsen:* Sie sind die Talgdrüsen der Zilien, der Wimperhärchen, und werden deshalb auch als *Glandulae sebaceae* bezeichnet (lat. *sebum:* Talg). Der Talg hält die Wimpern geschmeidig und verhindert das Eindringen von Erregern in den Haarbalg. Bei Eiterung dieser Drüsen kann es zum schmerzhaften Gerstenkorn kommen.
2. *Moll-Drüsen:* Diese Liddrüsen werden auch als Wimperndrüsen oder *Glandulae ciliares* bezeichnet und münden am Lidrand in die Haarbälge der Augenwimpern. Da sie ihr Sekret über die Haare, hier die Wimpern, verteilen, zählen sie zu den apokrinen Schweißdrüsen. Auch hier kann durch eingedrungene Erreger ein Gerstenkorn entstehen.
3. *Meibom-Drüsen:* Sie münden in der Nähe der hinteren Lidkante und werden auch Lidplattendrüsen oder *Glandulae tarsales* genannt. Ihr talgähnliches Sekret fettet

den Lidrand ein und verhindert damit ein Überlaufen der Tränenflüssigkeit. Bei Verlegung ihres Ausführungsganges kann es durch das gestaute Sekret, das abgekapselt wird, zum schmerzlosen Hagelkorn kommen.

14.3.4 Tränenapparat

Er dient der Bildung und der Ableitung der Tränenflüssigkeit. Der sekretorische Teil besteht daher aus den Tränendrüsen, den *Glandulae lacrimales*. Sie haben Form und Größe einer Mandel und befinden sich lateral des Oberlides in einer kleinen Grube des Stirnbeins. Über sechs bis zwölf Ausführungsgänge an der Unterseite des Oberlides wird die dort gebildete Tränenflüssigkeit abgegeben (Abb. 2). Im Alter lässt die Produktion nach, man spricht vom »trockenen Auge«. Durch den Lidschlag wird die Tränenflüssigkeit schräg nach medial über das Auge verteilt. Die Aufgaben der Tränenflüssigkeit sind vor allem die Befeuchtung des Auges und die Ernährung der nicht durchbluteten Hornhaut. Weiterhin dient sie der Abwehr, enthält viel sekretorisches Immunglobulin, das viruzid und bakterizid sowie Toxin neutralisierend wirkt. Ebenso enthält sie die Bakterien abtötenden Lysozyme. Letztendlich dient sie auch dem emotionalen Ausdruck durch das Weinen.

Der Abfluss der Tränenflüssigkeit erfolgt über den Tränen ableitenden Teil des Tränenapparates. Sie sammelt sich zunächst im Bindehautsack und läuft durch den Lidschlag nach medial zum Tränensee am Lidwinkel. Hier wird sie durch die Tränenpünktchen an Ober- und Unterlid über das obere bzw. untere Tränenröhrchen – lateinisch *Canaliculus lacrimalis* – angesaugt und in den Tränensack, den Saccus lacrimalis, geleitet. Danach fließt sie durch den Tränen-Nasen-Gang, den Ductus nasolacrimalis, in den unteren Nasengang und von dort in den Rachen.

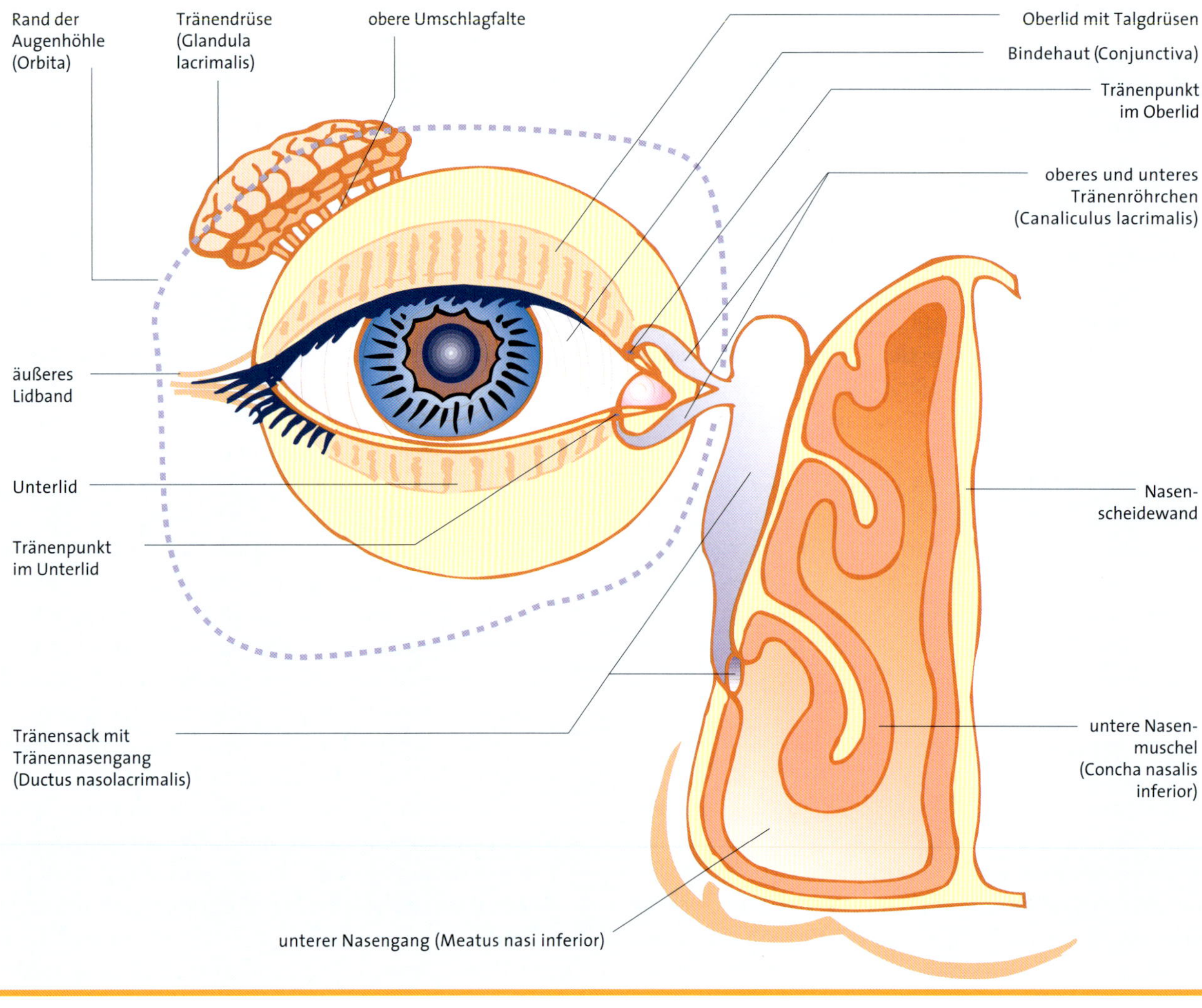

Abb. 2 ▶ Anatomie des Tränenapparates

14.4 Augenmuskeln

Diese Muskeln gewährleisten die flüssige Beweglichkeit des Augapfels in alle Richtungen und koordinieren dabei die Augen (Abb. 3). Sie sind hoch spezialisiert und sorgen dafür, dass sich die Bilder des rechten und linken Auges übereinander legen, damit das räumliche Sehen möglich ist. Ferner sind sie beim Wechsel von der Nah- auf die Fernakkommodation beteiligt.

Man unterscheidet vier gerade und zwei schräge Augenmuskeln (Tab. 3).

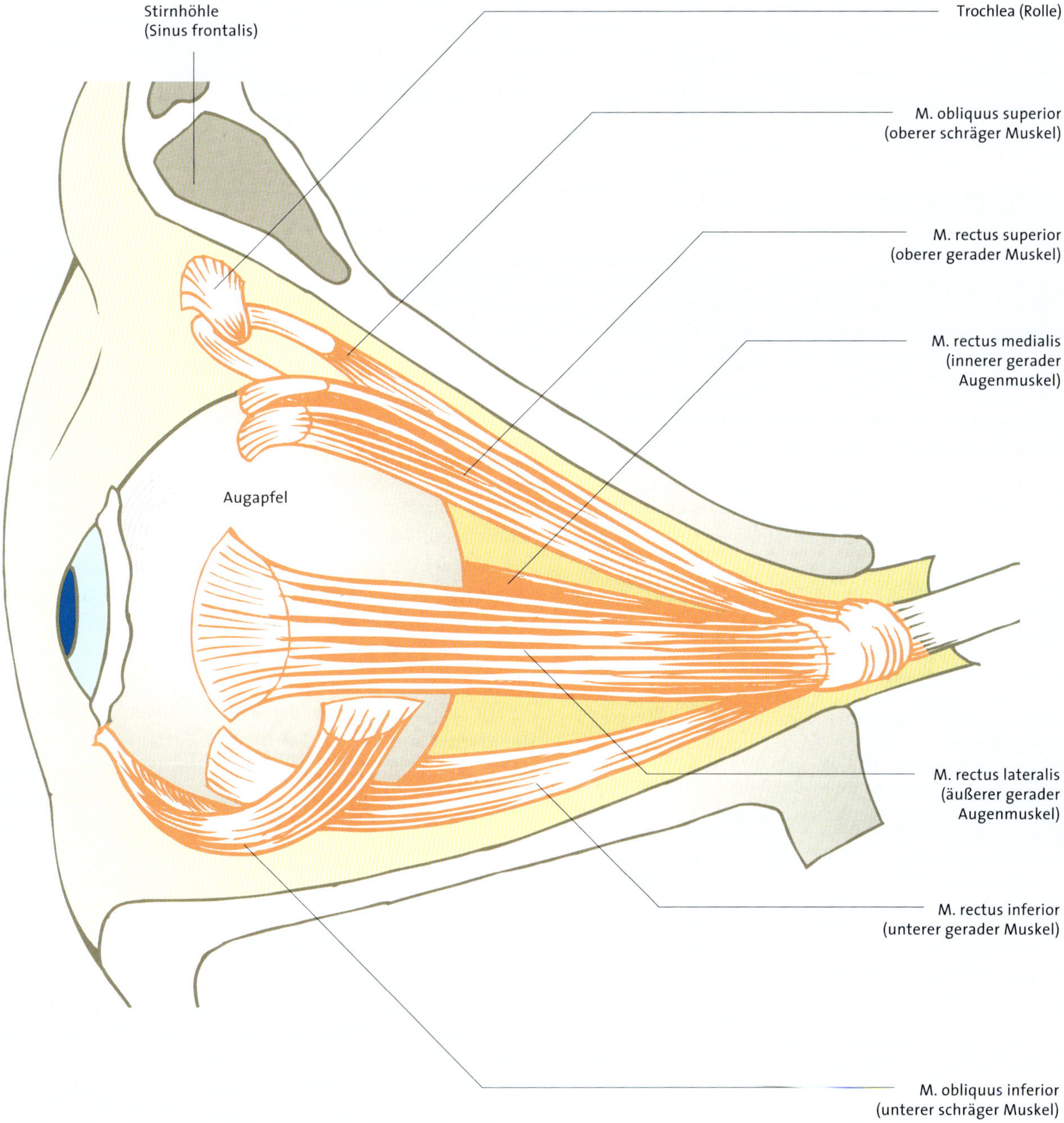

Abb. 3 ▶ Anatomische Lage der Augenmuskeln

Tab. 3 ▶ Gerade und schräge Augenmuskeln

	Bezeichnung	Funktion	Innervierung
gerade Augenmuskeln	oberer gerader Augenmuskel (M. rectus superior)	Hebung und Innenrotation	N. oculomotorius
	unterer gerader Augenmuskel (M. rectus inferior)	Senkung und Außenrotation	N. oculomotorius
	äußerer gerader Augenmuskel (M. rectus lateralis)	Abduktion (zur Schläfe)	N. abducens
	innerer gerader Augenmuskel (M. rectus medialis)	Adduktion (zur Nase)	N. oculomotorius
schräge Augenmuskeln	oberer schräger Augenmuskel (M. obliquus superior)	Blicksenkung, Abduktion und Innenrotation des Bulbus	N. trochlearis
	unterer schräger Augenmuskel (M. obliquus inferior)	Blickhebung, Abduktion und Außenrotation des Bulbus	N. oculomotorius

14.5 Sehbahn

Alle neuronalen Strukturen, die die Nervenimpulse vom Auge zur Sehrinde leiten, werden als Sehbahn bezeichnet. Sie beginnt an der Papille der Netzhaut, der Papilla nervi optici, und reicht bis zum Sehzentrum im Lobus occipitalis (Abb. 4).

Den Anfang bildet der Sehnerv, der N. opticus. Er verläuft noch 25 bis 40 Millimeter innerhalb der Orbita und tritt dann durch den Canalis opticus in das Gehirn. Nach etwa 10 bis 15 Millimetern vereinigt er sich an der Gehirnbasis in der Sehnervenkreuzung, dem Chiasma opticum, mit dem anderen Sehnerv. Hier kreuzen die inneren, also nasalen Anteile der Netzhaut auf die Gegenseite. Dies ist optimal für die Raumwahrnehmung. Die Fortsetzung zieht als Sehstrang oder Tractus opticus zum seitlichen Kniehöcker, einem Kern auf der Hinterseite jeder der beiden Thalamushälften. Hier werden die Nervenimpulse nach Wichtigkeit sortiert, umgeschaltet und verlaufen dann zur primären Sehrinde im Okzipitallappen.

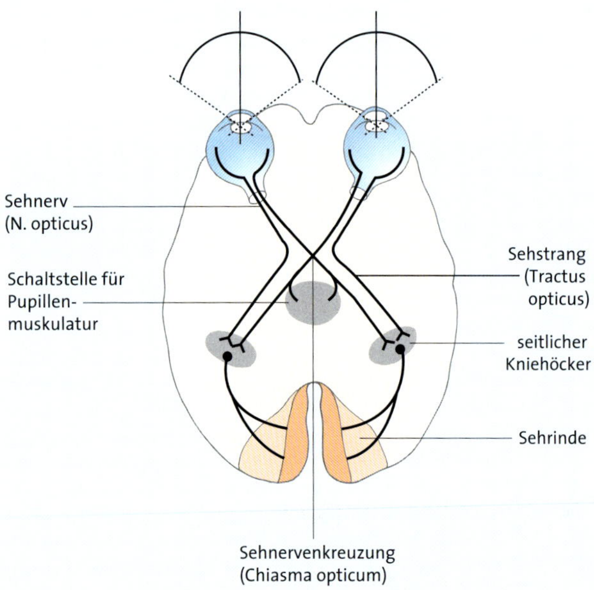

Abb. 4 ▶ Schematische Darstellung der Sehbahn

Etwa zehn Prozent der Sehnervenfasern ziehen zu den Steuerzentren des Mittelhirns. Sie liefern dort die entsprechenden Informationen für Akkommodations- und Pupillenreflexe, die Tag-Nacht-Rhythmik und Anpassungsbewegungen von Kopf und Augen.

Der wahrnehmbare Bereich bei fixiertem Kopf und fixiertem Auge ist das *Gesichtsfeld*. Es beträgt bei binokulärem Sehen 180°, pro Auge ca. 150° und lässt im Alter nach.

Die Gesichtsfelder der beiden Augen überschneiden sich um ca. 120°; nur in diesem Bereich ist Tiefenwahrnehmung möglich.

Kommt es in einigen Bereichen zu Ausfällen, einem *Skotom*, kann der Schaden durch die Netzhaut, die Sehbahn oder das Sehzentrum verursacht worden sein. Beispiele hierfür sind Netzhautablösungen, Grüner Star, Verletzung oder Erkrankung des Sehnervs und Hirnschäden durch ein Trauma, einen Tumor oder einen Schlaganfall. Eine Variante des Gesichtsfelds ist das *Blickfeld*, der wahrnehmbare Bereich bei fixiertem Kopf und maximal bewegtem Auge. Es beträgt bei binokulärem Sehen 240°.

15 Geschlechtsorgane

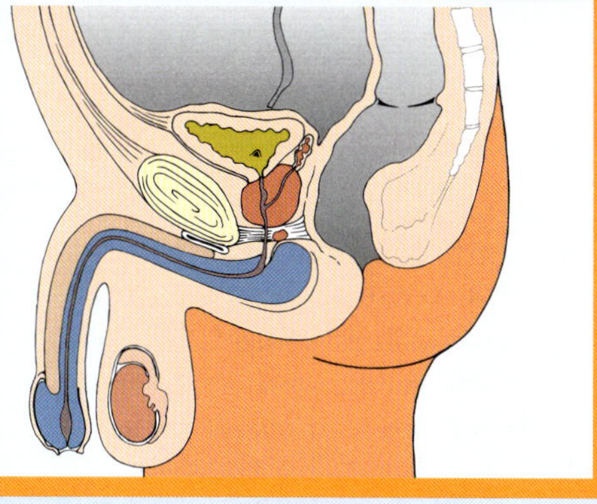

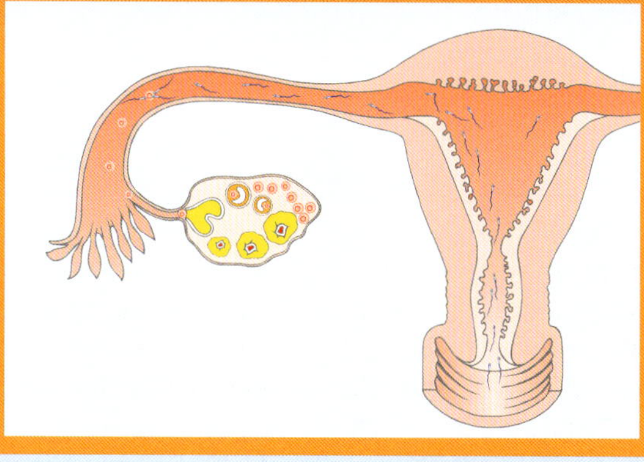

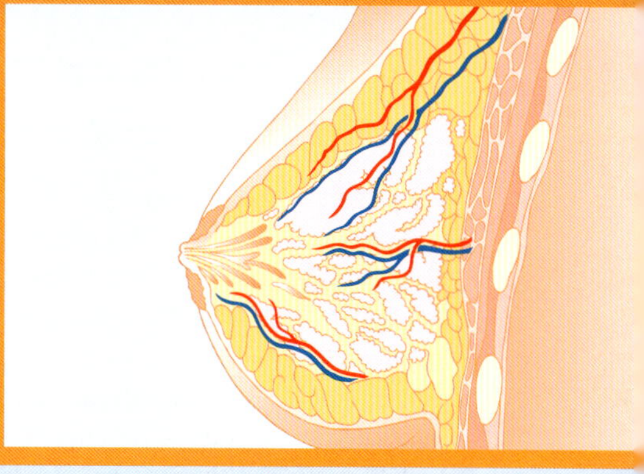

Inhalt:

15.1 Aufgaben 290

15.2 Einteilungen 290

15.3 Primäre männliche Geschlechtsorgane 290

15.4 Primäre weibliche Geschlechtsorgane 294

15.5 Befruchtung, Schwangerschaft und Geburt 298

15.6 Weibliche Brust 305

15.1 Aufgaben

Rein biologisch betrachtet, sind die Arterhaltung und die Weitergabe der Gene der einzige Zweck von Individuen einer Art. Hierzu muss der Körper im weiblichen und im männlichen Organismus Keimzellen bilden und die Vereinigung dieser Keimzellen ermöglichen. Danach müssen alle Voraussetzungen geschaffen werden, damit sich die befruchtete Eizelle vom Embryo bis zum geburtsreifen Fetus entwickeln kann. Ferner sind die Geschlechtsorgane an der äußeren geschlechtsspezifischen Prägung des Körpers beteiligt.

Um alle diese Aufgaben zu erfüllen, braucht der Körper Keimdrüsen, die Geschlechtszellen und Geschlechtshormone produzieren. Zum Transport der Geschlechtsprodukte benötigt er Geschlechtswege. Des Weiteren sind Geschlechtsdrüsen erforderlich, die Sekrete produzieren und die Vereinigung von Ei- und Samenzelle begünstigen. Den Abschluss bildet die Vereinigung der Geschlechtsprodukte. Hierzu dienen die äußeren Geschlechtsorgane.

15.2 Einteilungen

Man kann drei Gruppen von Geschlechtsmerkmalen unterscheiden, die primären, die sekundären und die tertiären. Zu den *primären Geschlechtsmerkmalen* zählen alle Geschlechtsorgane, die direkt der Fortpflanzung dienen. Sie sind bei der Geburt bereits vorhanden. Die *sekundären* Geschlechtsmerkmale entwickeln sich in der Pubertät. Diese sind der Körperbau, die Körperfettverteilung, die Muskulatur, die Stimmhöhe und die Behaarung. Sie dienen nicht direkt der Fortpflanzung, sind aber charakteristisch für das Geschlecht. Auch die weibliche Brust wird diesem Bereich zugeordnet, da ein Baby überleben kann, ohne gestillt zu werden.

Unter den *tertiären* Geschlechtsmerkmalen werden angeborene oder anerzogene geschlechtsspezifische Verhaltensweisen zusammengefasst.

15.3 Primäre männliche Geschlechtsorgane

Anatomisch unterteilt man in innen und außen gelegene Organe. Zu den inneren Anteilen zählen Hoden und Nebenhoden, ableitende Samenwege, Bläschendrüsen und Prostata. Die äußeren Anteile sind Penis und Hodensack (Abb. 1).

15.3.1 Hoden und Nebenhoden

Die Hoden (lat. *Testes*, griech. *Orches*) entwickeln sich – wie die Eierstöcke der Frau – in der Fetalzeit intraperitoneal. Sie wandern kurz vor der Geburt aus dem Bauchraum durch den Leistenkanal in den Hodensack. Dies ist erforderlich, weil die Körpertemperatur für die Samenreifung nur 32 – 35 °C betragen darf. Bei ca. 3 % aller männlichen Neugeborenen ist dieser Vorgang bei der Geburt nicht abgeschlossen, man spricht deshalb von Hodenretention. In den meisten Fällen korrigiert sich dies innerhalb des ersten Lebensjahres von selbst.

Jeder *Hoden* ist beim erwachsenen Mann ungefähr vier Zentimeter lang und besitzt etwa die Größe einer Pflaume. Die Umhüllung besteht aus einer als Tunica albuginea bezeichneten straffen Bindegewebskapsel. Scheidewände unterteilen ihn in 200 – 300 keilförmige Hodenläppchen. In diesen Lobuli testis liegen die Hodenkanälchen verknäult.

Die *Hodenkanälchen* haben eine exokrine und eine endokrine Funktion. Exokrin sind sie für die Bildung und Reifung der Spermien zuständig, was als Spermatogenese bezeichnet wird. Ein gesunder junger Mann produziert pro Sekunde etwa 1000 Spermien. Die Stimulation zur Spermienbildung erfolgt über das Follikel stimulierende Hormon, welches meist mit FSH abgekürzt wird. Es handelt sich dabei um ein gonadotropes Hormon des Hypophysenvorderlappens, dessen Ausschüttung sich beim Beginn der Pubertät erhöht. Für ihre endokrine Aufgabe liegen im Bindegewebe zwischen den Samenkanälchen die Leydig-Zellen. Sie produzieren, durch das luteinisierende Hormon (LH) angeregt, das männliche Sexualhormon Testosteron. Das LH wird ebenfalls im Hypophysenvorderlappen gebildet und beeinflusst zusätzlich die Reifung der Spermien.

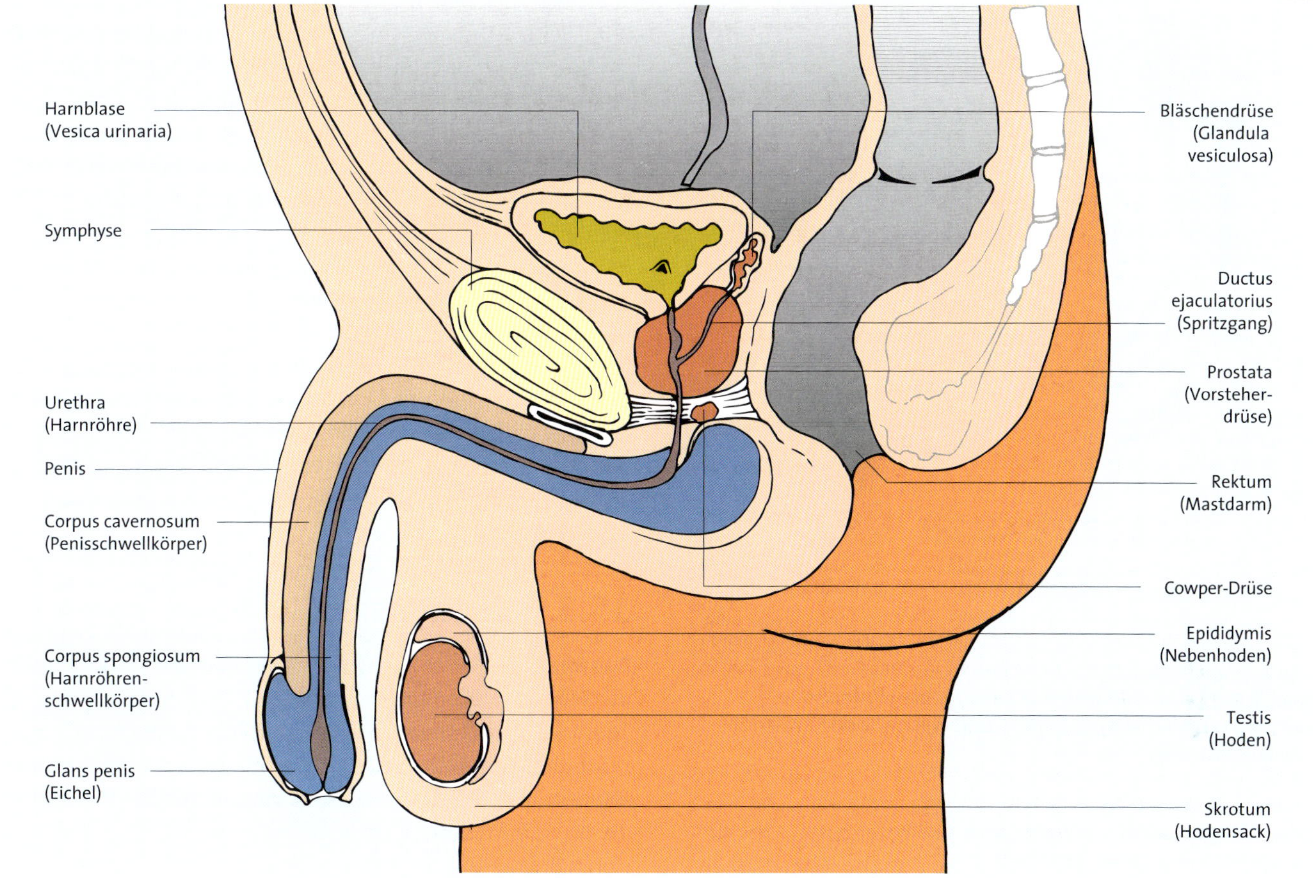

Abb. 1 ▶ Übersicht über die männlichen Geschlechtsorgane

Über und hinter dem Hoden schmiegt sich der zarte *Nebenhoden* bzw. die Epididymis an. Er besteht aus ca. zwölf stark gewundenen Samenkanälchen, die sich zum Nebenhodengang vereinigen, der auch als Ductus epididymidis bezeichnet wird. Dieser mündet in den Samenleiter. Die Aufgabe des Nebenhodens besteht hauptsächlich in der Speicherung der Spermien. Hierzu gibt er ein säurehaltiges Sekret ab, das bewegungshemmend auf die Spermien wirkt. Ferner wird die Qualität der Spermien überprüft; abnorme oder überalterte Spermien werden phagozytiert. Im Rahmen der Ejakulation kontrahiert die glatte Muskulatur und katapultiert die Spermien in den Samenleiter.

15.3.2 Ableitende Samenwege und Drüsen

15.3.2.1 *Samenleiter*

Der *Ductus deferens* ist die Fortsetzung des Nebenhodens. Der Samenleiter weist eine Länge von ca. 50 – 60 cm auf und transportiert die Spermien bei der Ejakulation. Er zieht im Samenstrang zusammen mit den Blut- und Lymphgefäßen sowie den Nerven durch den Leistenkanal in den Bauchraum. Hinter der Blase überkreuzt er den Harnleiter und erweitert sich am Ende zu einer spindelförmigen Ampulle, der Ampulla ductus deferentis. Sie mündet mit der Bläschendrüse, der Glandula vesiculosa, in den Spritzgang, den Ductus ejaculatorius.

15.3.2.2 *Bläschendrüse oder Samenblase*

Die *Glandulae vesiculosae* sind große, dünnwandige Drüsen mit einer Länge von ca. 10 cm. Sie liegen auf der Rückseite der Blase und produzieren volumenmäßig ca. 70 Prozent des Ejakulats. Ihr Sekret ist leicht alkalisch und proteinreich und erhöht die Beweglichkeit der Spermien im späteren sauren Scheidenmilieu. Ferner enthält es Fruktose als Energielieferant für die Spermien auf ihrem langen Weg.

15.3.2.3 *Spritzgang*

Im *Ductus ejaculatorius* vermischen sich die Spermien mit dem Sekret aus der Bläschendrüse. Er durchquert die Pros-

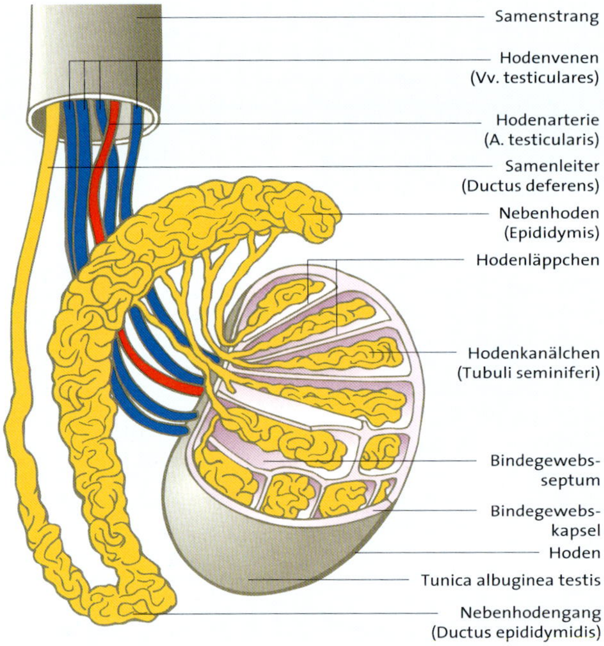

Abb. 2 ▶ Hoden und Nebenhoden: rechte Hodenhülle, Samenstrang, Kanälchensystem und Nebenhoden eröffnet; Ansicht von vorn

tata, die man auch als Vorsteherdrüse bezeichnet. Anschließend mündet er in die Harnröhre, die nun zur »Harn-Samen-Röhre« wird.

15.3.2.4 *Prostata*

Sie ist ein kastaniengroßes Organ und liegt unter der Blase. Nach dorsal grenzt sie an das Rektum und kann daher gut mit dem Finger im Rahmen einer rektalen Untersuchung getastet werden. Sie umgibt die Harnröhre ringförmig. Daher kann es bei einer pathologischen Vergrößerung der Prostata zu Problemen beim Wasserlassen kommen. Ihre 30 – 50 Drüsen münden mit ihren Ausführungsgängen in die Harnröhre. Das Prostatasekret ist mit einem pH-Wert von 6,4 leicht sauer, dünnflüssig und milchig-trübe und es trägt zum Spermageruch bei, der als kastanienblütenartig beschrieben wird. Seine Aufgaben sind neben der Sekretbildung auch die Förderung der Beweglichkeit und Befruchtungsfähigkeit der Spermien. In der eingetrockneten Samenflüssigkeit bildet das Sekret Kristalle, die beim Nachweis in der Scheide der Frau bei rechtsmedizinischen Gutachten nach Vergewaltigung zur genetischen Untersuchung und Zuordnung genutzt werden können.

Tab. 1 ▶ Primäre Geschlechtsorgane des Mannes

Innere:
– Hoden und Nebenhoden
– ableitende Samenwege
– Bläschendrüse
– Prostata
Äußere:
– Penis
– Hodensack

15.3.2.5 *Cowper-Drüsen*

Diese sind erbsengroß und im Beckenboden eingebettet. Sie münden unterhalb der Prostata in die Harn-Samen-Röhre. Ihr schwach alkalisches Sekret geht der Ejakulation als sogenannter Sehnsuchtstropfen voraus und kann bereits einzelne Spermien enthalten. Es dient der Neutralisation des sauren Harnröhrenmilieus.

15.3.3 Hodensack

Das *Scrotum* ist eine Ausstülpung der Bauchwand. Er umhüllt die Hoden, Nebenhoden sowie Teile der Samenleiter. Die Temperatur im Inneren liegt ca. 3 °C unter der Körpertemperatur. Ihre Regulation erfolgt über die Hautoberfläche durch Runzeln oder Glätten. Der dafür verantwortliche Muskel ist der M. cremaster, auch Hodenheber genannt. Ferner befinden sich auf der Haut des Hodensacks sehr viele Schweißdrüsen zur Kühlung.

15.3.4 Penis

Er ist ein zylinderförmiges Organ und mit seiner Peniswurzel, der Radix penis, fest am Beckenboden und an den Ästen der Schambeine verankert. Der Penisschaft oder Corpus penis dagegen ist frei beweglich. Er endet distal in der Eichel, der Glans penis, an deren äußerstem Ende die Harnröhrenmündung sichtbar ist.

Die frei verschiebbare Penishaut bildet an der Eichel bei unbeschnittenen Männern die Vorhaut, das Preputium.

Im Inneren des Penis befinden sich drei eng aneinander liegende Schwellkörper. Am Penisrücken sitzen die beiden paarigen arteriellen Penisschwellkörper, die *Corpora cavernosa penis*. Sie weisen eine Ypsilonform auf. Jeweils rechts und links setzen sie mit ihren Schenkeln am Tuber ischiadicum, dem Sitzbeinhöcker, an. Nach distal laufen sie zusammen und vereinigen sich an der Oberseite des Penis. Sie bestehen aus Muskulatur, Bindegewebe und Sinusoiden. Diese blutgefüllten winzigen Räume können bei einer Erektion das 40-Fache an Blut aufnehmen.

Der dritte Schwellkörper, das *Corpus spongiosum penis*, verläuft an der Unterseite des Penis und umgibt mittig die

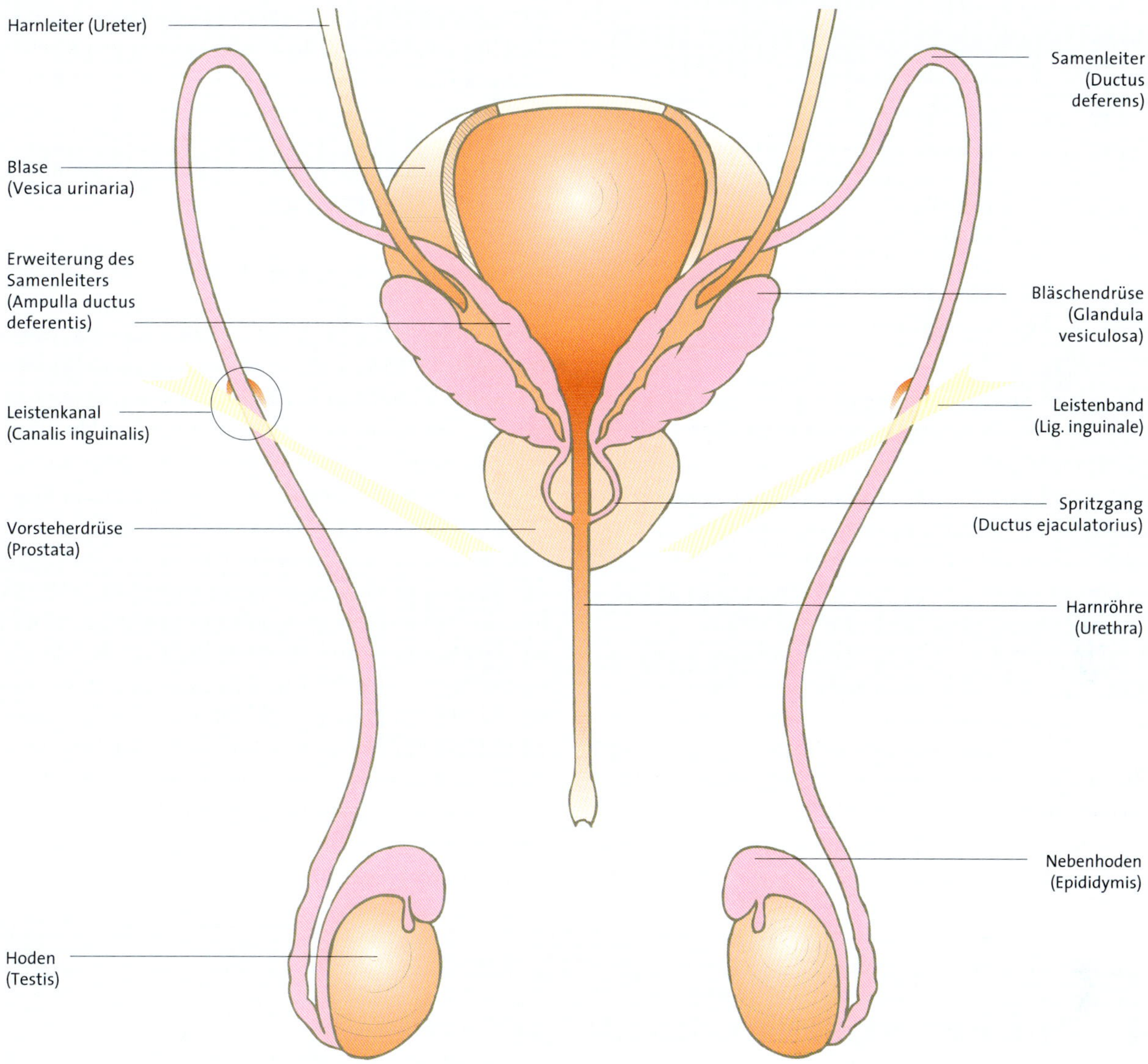

Abb. 3 ▶ Ableitende Samenwege; Ansicht von dorsal

Harnröhre. Dieser Harnröhrenschwellkörper setzt sich in der Eichel fort und verleiht ihr die charakteristische Form. Er hat keine Sinusoide, da er ein venöser Schwellkörper mit einem dichten Geflecht von Venolen ist. Ferner umgibt ihn von außen eine der dicksten Faszien des Mannes, die Tunica albuginea. Sie sorgt dafür, dass sich der Penis bei der Erektion versteift und verlängert. Ein Penis ist im erschlafften Zustand durchschnittlich zwischen sieben und zehn cm lang, erigiert schwankt seine Länge zwischen zwölf und 18 cm.

Die arterielle Blutversorgung des Penis erfolgt aus der Arteria pudenda interna und ihren Ästen – A. dorsalis penis, A. profunda penis, A. urethralis und A. bulbi urethrae –, der venöse Abfluss über die Penisrückenvene, V. dorsalis penis.

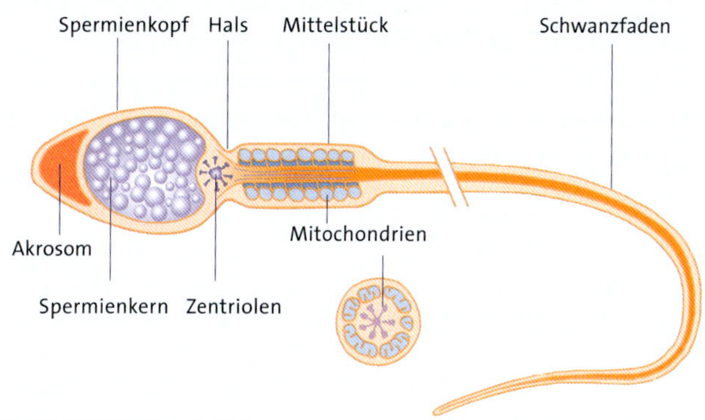

Abb. 4 ▶ Spermium

Tab. 2 ▶ Wichtigste hormonelle Wirkungen beim Mann

Hormon	Wirkung
GnRH	– stimuliert FSH und LH
FSH	– Spermatogenese
Testosteron	– Wachstum von Hoden und Penis – Ausbildung der sekundären Geschlechtsmerkmale – Beeinflussung der Aggressionsbereitschaft – Steigerung der Libido – Unterstützung der Hämatopoese – Glatzenbildung

Die *Erektion* wird parasympathisch gesteuert. Zunächst erschlafft die glatte Muskulatur. Aus der Arteria profunda penis fließt mehr Blut in den Penis. Die Sinusoide der Penisschwellkörper sowie der Harnröhrenschwellkörper füllen sich. Danach kontrahiert die Muskulatur, die Tunica albuginea spannt sich und die Drosselvenen werden komprimiert. Die Erektion ist nüchtern ausgedrückt ein kontrollierter Blutstau, also eine Blutzufuhr bei gedrosseltem Abfluss.

Die *Ejakulation* wird sympathisch gesteuert. Zunächst kontrahiert die glatte Muskulatur von Prostata, Bläschendrüsen und Samenleiter. Gleichzeitig wird der Blasenhals verschlossen. Im Anschluss zieht sich der Beckenboden zusammen. Es erfolgt nun das stoßweise Herausschleudern des Ejakulats aus der Harnröhrenöffnung. Das Ejakulat beträgt zwischen zwei und sechs Millilitern und besteht hauptsächlich aus den Sekreten der Bläschendrüsen und der Prostata. Es ist insgesamt schwach alkalisch. Ferner enthält es ca. 80 – 100 Mio. Spermien/ml (nach dreitägiger Enthaltsamkeit), davon sind etwa 10 – 20 % nicht voll entwickelt oder missgestaltet.

15.3.5 Männliche Geschlechtshormone

Die Entwicklung der männlichen Geschlechtsmerkmale wird hormonell durch eine Gruppe von Steroidhormonen gesteuert, die unter der Bezeichnung *Androgene* zusammengefasst werden. Sie werden in der Nebennierenrinde (s. 8.9.1.3) und vor allem im Hoden gebildet. Das wichtigste Androgen ist das Testosteron. Bereits im Mutterleib entscheidet es, ob aus dem Embryo ein Junge oder ein Mädchen werden soll. Es ist chemisch verwandt mit den weiblichen Sexualhormonen Östrogen und Progesteron. Mit Beginn der Pubertät wird es kontrolliert durch Hypothalamus und Hypophyse verstärkt ausgeschüttet. Zunächst stimuliert der Hypothalamus durch das GnRH (gonadotropes Releasing Hormon) den Hypophysenvorderlappen zur Bildung von LH, dem luteinisierenden Hormon. Dies bewirkt die Testosteronausschüttung in den Leydig-Zellen. Testosteron sorgt für Wachstum von Hoden und Penis und für die Ausbildung der sekundären Geschlechtsmerkmale. Es steigert die Aggressionsbereitschaft, die Libido und unterstützt die Blutbildung. Daher haben Männer einen höheren Hämoglobinwert. Ferner ist es an der Ausbildung der Glatze beteiligt.

15.4 Primäre weibliche Geschlechtsorgane

Anatomisch unterscheidet man die inneren von den äußeren Organen. Zu den inneren Anteilen zählen Eierstöcke, Eileiter, Gebärmutter und Scheide (Abb. 5, 6). Die äußeren Anteile werden als Vulva bezeichnet und beinhalten große und kleine Schamlippen mit dem Venushügel, Vestibulardrüsen, Scheidenvorhof und Klitoris. Die äußeren Geschlechtsorgane werden von den inneren Geschlechtsorganen vom Jungfernhäutchen, dem Hymen, abgetrennt, welches die Vagina vom Scheidenvorhof abgrenzt.

15.4.1 Eierstöcke

Die Ovarien liegen beidseitig des Uterus im kleinen Becken unterhalb und hinter den Eileitern. Sie sind wie auch die Eileiter durch Bandstrukturen gut mit der Umgebung fixiert. Ihre Größe und ihr Gewicht sind stark variabel. Im geschlechtsreifen Alter sind sie etwa pflaumengroß und wiegen rund 10 g. In den Eierstöcken werden befruchtungsfähige Eier produziert. Diesen Vorgang bezeichnet man als *Oogenese*. Ferner werden hier die Hormone Östrogen und Progesteron gebildet. Dieser Vorgang wird durch die im Hypophysenvorderlappen gebildeten Hormone FSH und LH stimuliert.

Von Geburt an sind in jedem Eierstock ca. 200 000 Primärfollikel angelegt. Ab der Pubertät reift monatlich unter dem Einfluss des Follikel stimulierenden Hormons ein Primärfollikel zur reifen Eizelle heran. Er wandelt sich dabei über einen Sekundär- und Tertiärfollikel in den ca. 2 – 3 cm großen sprungreifen Graaf-Follikel um. Gleichzeitig baut sich stimuliert durch Östrogen die Gebärmutterschleimhaut, das Endometrium, auf, damit sich die möglicherweise befruchtete Eizelle einnisten kann.

Der Eisprung, die *Ovulation*, erfolgt nach der *Follikelreifung* unter dem Einfluss des luteinisierenden Hormons. Der Graaf-Follikel platzt und die befruchtungsfähige Eizelle wird aus dem Ovar ausgestoßen. Diese wird von den Fäden der Eileiter aufgefangen. Danach bildet sich der Graaf-Follikel zum Gelbkörper, dem Corpus luteum, um und produziert Gelbkörperhormone, beispielsweise Progesteron. Dadurch wird die Gebärmutterschleimhaut zum Einnisten der befruchteten Eizelle vorbereitet. Kommt es nicht zur Einnistung einer Eizelle, bildet sich der Gelbkörper nach etwa zwölf Tagen zurück und die Schleimhaut wird im Rahmen der Menstruation abgestoßen.

Eine normale Regelblutung dauert fünf bis sechs, maximal sieben Tage. Der Blutverlust beträgt in dieser Zeit maximal 50 – 70 ml. Im Menstruationsblut sind ferner Schleimhaut und Schleim enthalten (zum Verlauf einer Schwangerschaft s. u., 15.5).

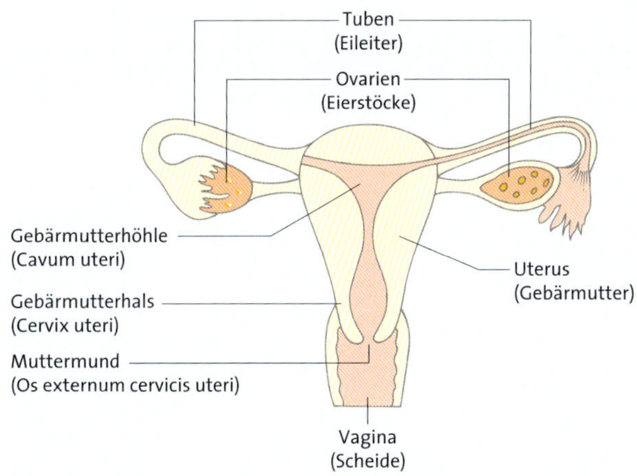

Abb. 5 ▶ Anatomie der weiblichen Geschlechtsorgane (Aufsicht)

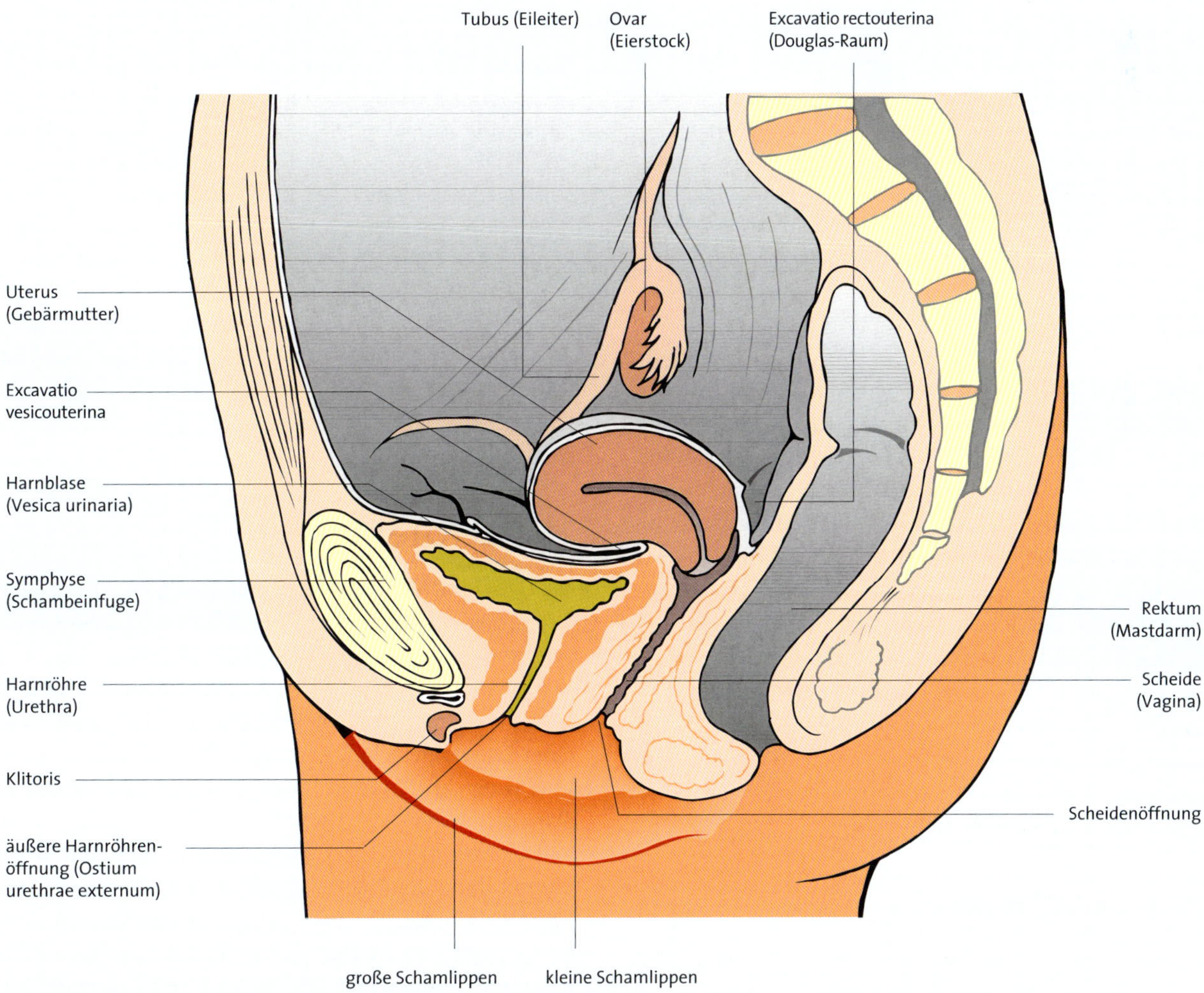

Abb. 6 ▶ Anatomie der weiblichen Geschlechtsorgane (Seitenansicht)

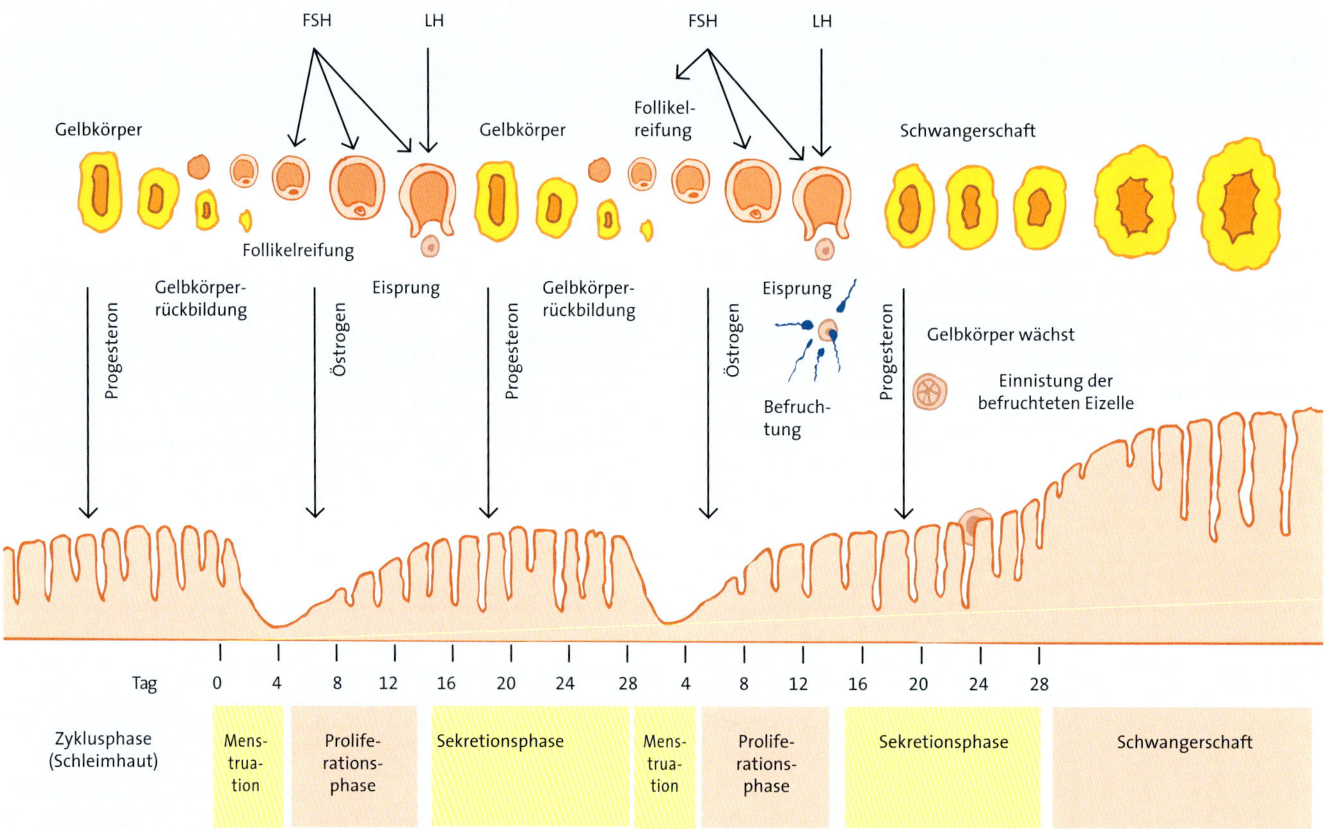

Abb. 7 ▶ Ablauf des weiblichen Zyklus

15.4.2 Eileiter

Die *Tuben* sind paarige, 10 – 15 cm lange, bleistiftdicke Schläuche. Ihre trichterförmige Öffnung liegt in der Nähe der Ovarien. Sie münden in den Uterus im Bereich des Fundus. Ihre Aufgaben bestehen in der Aufnahme der befruchtungsfähigen Eizelle aus dem Ovar und dem Weitertransport zum Uterus. Hierzu besitzen sie Flimmerepithel und können über ihre glatte Muskulatur peristaltische Wellen erzeugen. Die Befruchtung der Eizelle erfolgt in der Ampulle. Das Zeitfenster für die Befruchtung ist relativ klein, die Angaben hierzu schwanken zwischen sechs und zwölf Stunden. Danach stirbt die Eizelle ab.

Tab. 3 ▶ Primäre Geschlechtsorgane der Frau

Innere:
– Eierstöcke
– Eileiter
– Uterus
– Scheide
Äußere:
– Vulva
› große und kleine Schamlippen
› Venushügel
› Vestibulardrüsen
› Klitoris
› Scheidenvorhof

15.4.3 Uterus

Die *Gebärmutter* liegt zwischen Blase und Rektum. Sie ist gut durch das als Mutterband bezeichnete Ligamentum latum uteri fixiert. Ihre Form ähnelt einer kleinen Birne. Die Länge beträgt im geschlechtsreifen Alter zwischen fünf und sieben Zentimeter, das Gewicht liegt bei ca. 50 Gramm. Während einer Schwangerschaft kann sie sich beträchtlich vergrößern und wiegt am Ende mit Baby, Fruchtwasser und Plazenta etwa sechs Kilo.

Der Uterus lässt sich zum einen in den *Fundus* mit der Einmündung der Eileiter und den Corpus einteilen, der den eigentlichen Körper des Uterus ausmacht. Zum anderen gibt es noch den Uterushals, der auch als *Zervix* oder *Collum* bezeichnet wird. Dieser ragt in die Scheide, seine Öffnung ist der äußere Muttermund. Er ist normalerweise durch einen Schleimpfropf verschlossen. Dieser Zervixschleim soll das

Eindringen von Krankheitserregern verhindern. Während der fruchtbaren Tage verflüssigt sich der Schleim, sodass Samenzellen diese Stelle passieren können.

Die Uteruswand besteht aus drei Schichten. Das innen gelegene *Endometrium* ist eine je nach Zyklusphase 2 – 8 mm dicke Schleimhautschicht. Hier nistet sich die befruchtete Eizelle ein, ansonsten wird sie einmal pro Monat abgestoßen. Die mittlere Schicht besteht aus glattem Muskelgewebe und wird deshalb auch als *Myometrium* bezeichnet. Es kann sich bei einer Schwangerschaft stark dehnen und ist verantwortlich für die Geburtswehen. Die äußerste Schicht besteht aus einem Bauchfellüberzug und wird entsprechend *Perimetrium* genannt.

15.4.4 Vagina

Die *Scheide* ist ca. 10 cm lang und reicht vom Gebärmutterhals bis zum Scheidenvorhof. Sie besteht aus glatter Muskulatur und elastischem Bindegewebe. Anatomisch dient sie zum Ableiten des Menstruationsblutes sowie zum Aufnehmen der Spermien und bildet bei der Geburt den Geburtskanal. Da die Vagina keine Drüsenzellen besitzt, schützt sie sich auf zwei Arten. Unter Östrogeneinfluss verstärkt sie ihr Oberflächenepithel auf 20 – 30 Zelllagen. Diese Zellen sondern ständig Flüssigkeit ab, um die Scheide feucht zu halten. Je nach sexueller Erregung können sie ihre Produktion stark steigern. Da im Kindesalter das Östrogen nicht ausreicht, um entsprechende Zelllagen zu bilden, ist der Eingang zur Scheide durch das Jungfernhäutchen, das Hymen, geschützt. Seine Zerstörung beim ersten Geschlechtsverkehr wird als Defloration bezeichnet.

Ferner ist das Scheidenepithel mit sogenannten Döderlein-Bakterien besiedelt und bildet die Döderlein-Flora. Diese Bakterien produzieren Milchsäure. Dadurch wird ein pH-Wert von 4 – 5 erreicht, der als natürliche Barriere gegen aufsteigende Bakterien wirkt.

15.4.5 Vulva

Dieser Begriff umfasst die äußeren weiblichen Geschlechtsorgane. Von außen wird die Vulva begrenzt durch den Venushügel, Mons pubis, und die großen Schamlippen, Labia majora pudendi. Ihre Fettpolster dienen dem Schutz. Die Haut ist mit den Schamhaaren bedeckt. Ferner finden sich hier Schweiß-, Duft- und Talgdrüsen. In ihrem hinteren Drittel liegen die beiden Vestibulardrüsen oder die Bartholin-Drüsen. Sie sorgen für die Befeuchtung des Scheidenvorhofs. Unter den großen Schamlippen befinden sich die beiden kleinen Schamlippen. Diese dünnen Hautfalten heißen auch Labia minora pudendi. Sie sind sehr sensibel, da sie von einem dichten Geflecht aus Nerven und Blutgefäßen durchzogen werden. Ihre Aufgabe ist der Verschluss des Scheidenvorhofes. An ihrer vorderen Umschlagfalte liegt der Kitzler, die Klitoris. Sie ist ein Schwellkörper und vergleichbar mit der männlichen Eichel. Bei Stimulation kann sie einen Orgasmus auslösen. Im innen gelegenen Scheidenvorhof befinden sich die Einmündungen von Harnröhre und Vagina.

TAB. 4 ▶ Wichtigste hormonelle Wirkungen bei der Frau

Hormon	Wirkung
GnRH	– stimuliert FSH und LH
FSH	– Reifung einer Eizelle zum Graaf-Follikel – Ausschüttung von Östrogen aus den Ovarien
LH	– Eisprung – Umwandlung des Graaf-Follikels in den – Gelbkörper
Östrogen	– Wiederaufbau des Endometriums nach der Menstruation – Ausbildung der sekundären Geschlechtsmerkmale – Steigerung der Libido – Förderung des Knochenaufbaus
Progesteron	– Vorbereitung des Endometriums für die Einnistung (Nidation) der befruchteten Eizelle – vermehrte Wassereinlagerung im Gewebe – Vorbereitung der Milchbildung – Unterstützung der Embryogenese
Prolaktin	– stimuliert Wachstum der Milchdrüsen – Milchfluss während der Stillzeit
Oxytocin	– Kontraktion der Gebärmutter (Wehen) – führt zum Milcheinschuss – »Kuschelhormon«

15.4.6 Weibliche Geschlechtshormone

Der weibliche Organismus verfügt über mehr Hormone als der männliche, weil eine mögliche Schwangerschaft fein abgestimmt werden muss. Die beiden wichtigsten Hormongruppen sind die *Östrogene* und die *Gestagene*. Auch sie unterliegen dem Regelkreis von Hypothalamus und Hypophyse. Durch das vom Hypothalamus gebildete GnRH, das gonadotrope Releasing Hormone, wird der Hypophysenvorderlappen (HVL) angeregt, FSH oder LH auszuschütten. FSH, das follikelstimulierende Hormon, wird vor allem in der ersten Zyklushälfte vom HVL ausgeschüttet und bewirkt die Reifung einer Eizelle zum Graaf-Follikel sowie die Ausschüttung von Östrogen aus den Ovarien. LH, das luteinisierende Hormon, wird vor allem in der Zyklusmitte vom HVL produziert. Es bewirkt (zusammen mit FSH) den Eisprung und die Umwandlung des Graaf-Follikels in den Gelbkörper. Dieser produziert Progesteron und geringe Mengen Östrogen.

Die Östrogene haben vielfältige Wirkungen und werden hauptsächlich in der ersten Zyklushälfte ausgeschüttet.

Sie sorgen für den Wiederaufbau des Endometriums nach der Menstruation und die Ausbildung der sekundären Geschlechtsmerkmale in der Pubertät. Unter ihrem Einfluss steigt die Libido und der Knochenaufbau wird gefördert. Östrogene haben auch Eiweiß aufbauende Effekte, aber nicht so stark wie Testosteron. Das Progesteron, das zu den Gestagenen zählt, wird hauptsächlich in der zweiten Zyklushälfte vom Gelbkörper ausgeschüttet. Es bereitet das Endometrium für die Einnistung (Nidation) der befruchteten Eizelle vor und unterstützt die Embryogenese. Ferner führt es zu vermehrter Wassereinlagerung im Gewebe und bereitet die Milchbildung vor.

Im Rahmen einer Schwangerschaft werden zusätzlich Prolaktin und Oxytocin benötigt. Das im HVL gebildete Prolaktin stimuliert das Wachstum der Milchdrüsen in der weiblichen Brust und fördert den Milchfluss während der Stillzeit. Oxytocin stammt aus dem Hypothalamus und wird im Hypophysenhinterlappen gespeichert. Es übt eine kontrahierende Wirkung auf die glatte Muskulatur aus. Daher bewirkt es die Wehen und führt durch Zusammenziehen der Milchgänge zum Milcheinschuss. Weiterhin ist es als »Kuschelhormon« bekannt, weil es eine entscheidende Rolle bei Partnerbindung, Liebe, mütterlichem Pflegeverhalten, Sex und sozialem Gedächtnis spielt.

15.5 Befruchtung, Schwangerschaft und Geburt

15.5.1 Befruchtung

Die Spermien müssen zur Befruchtung die ovulierte Eizelle im Anfangsteil des Eileiters erreichen. Dabei schaffen es von den ursprünglich 200 – 300 Millionen nur ca. 200 bis 300 bis zum Ziel. Ihre Wandergeschwindigkeit beträgt durchschnittlich 3 mm/min, d.h. sie sind insgesamt zwischen einer und drei Stunden unterwegs. Spermien können bis zu vier Tage im Eileiter überleben.

Die Befruchtung lässt sich in drei Phasen einteilen: In der *Phase 1* müssen die Spermien die äußere Schicht der Eizelle, die Corona radiata, durchdringen. Hierzu befinden sich in ihren Kopfkappen Enzyme. Wenn das erste Spermium es geschafft hat, verändert die Eizelle ihre Außenschicht, sodass kein weiteres Spermium mehr eindringen kann.

Danach folgt in der *Phase 2* die enzymatische Auflösung einer weiteren Schicht, der Glashaut oder Zona pellucida.

In der sich anschließenden *Phase 3* kommt es zur Fusion der Zellmembran von Ei- und Samenzelle. Die beiden haploiden Chromosomensätze mit je 23 Chromosomen von Vater und Mutter verschmelzen zu einer diploiden Zygote. Das Geschlecht wird durch den Vater bestimmt, da die Eizelle immer ein X-Chromosom enthält. Trägt das Spermium auch ein X-Chromosom, entwickelt sich ein Mädchen (XX), bei einem Y-Chromosom ein Junge (XY).

Während des fünf bis sechs Tage dauernden Transports durch den Eileiter beginnt die Zygote sich zu teilen. Im 16-Zellen-Stadium wird sie als Morula oder Maulbeere bezeichnet. Wenn sie den Uterus erreicht hat, besteht sie aus etwa 150 – 200 Zellen und nennt sich nun Blastozyste (griech. *blastos*: Knospe). Sie ist eine Hohlkugel, die von einer Zellschicht umgeben ist. Ihre äußere Zellhülle bezeichnet man als Trophoblast, die innere Zellgruppe als Embryoblast. Die Einnistung der Blastozyste in die Gebärmutterschleimhaut erfolgt normalerweise im oberen Teil des Uteruscorpus. Dieser Vorgang wird auch als die intrauterine Nidation oder Implantation bezeichnet. Dabei gräbt sich der Trophoblast mit einem Teil seiner Zellen ähnlich wie eine wurzeltreibende Pflanze tief in die Gebärmutterschleimhaut ein und entwickelt sich zum sogenannten Mutterkuchen oder der Plazenta.

Aus dem Embryoblasten entwickelt sich der Embryo. Seine Ernährung bzw. der gesamte Gas- und Stoffaustausch mit dem mütterlichen Blut erfolgt während der Schwangerschaft über die scheibenförmige Plazenta, mit der er über die Nabelschnur verbunden ist.

Nach der Einnistung wird von der Blastozyste das Hormon HCG, das humane Choriongonadotropin produziert. HCG stimuliert den Gelbkörper im Ovar zur Ausschüttung des Progesterons. Dieses Hormon bewirkt, dass in der nächsten Zeit keine Eisprünge erfolgen und die Menstruation ausbleibt. Ferner sorgt es für die Auflockerung der Gebärmutterschleimhaut. Auch schrumpft der Gelbkörper nicht, sondern er entwickelt sich zum Corpus luteum graviditatis. Durch seine Hormonabgabe hält es die Schwangerschaft aufrecht und wird ab der 12. SSW von der dann ausgebildeten Plazenta abgelöst.

15.5.2 Schwangerschaft

Sie wird medizinisch als Gravidität oder Gestation bezeichnet. Ihre Dauer beträgt im Normalfall 280 Tage, was 40 Wochen entspricht. Sie wird berechnet vom ersten Tag der letzten Regelblutung oder 266 Tage, also 38 Wochen, vom Zeitpunkt des Eisprungs bzw. der Befruchtung. Da der Zeitpunkt der Befruchtung oft nicht bekannt ist, erfolgt die

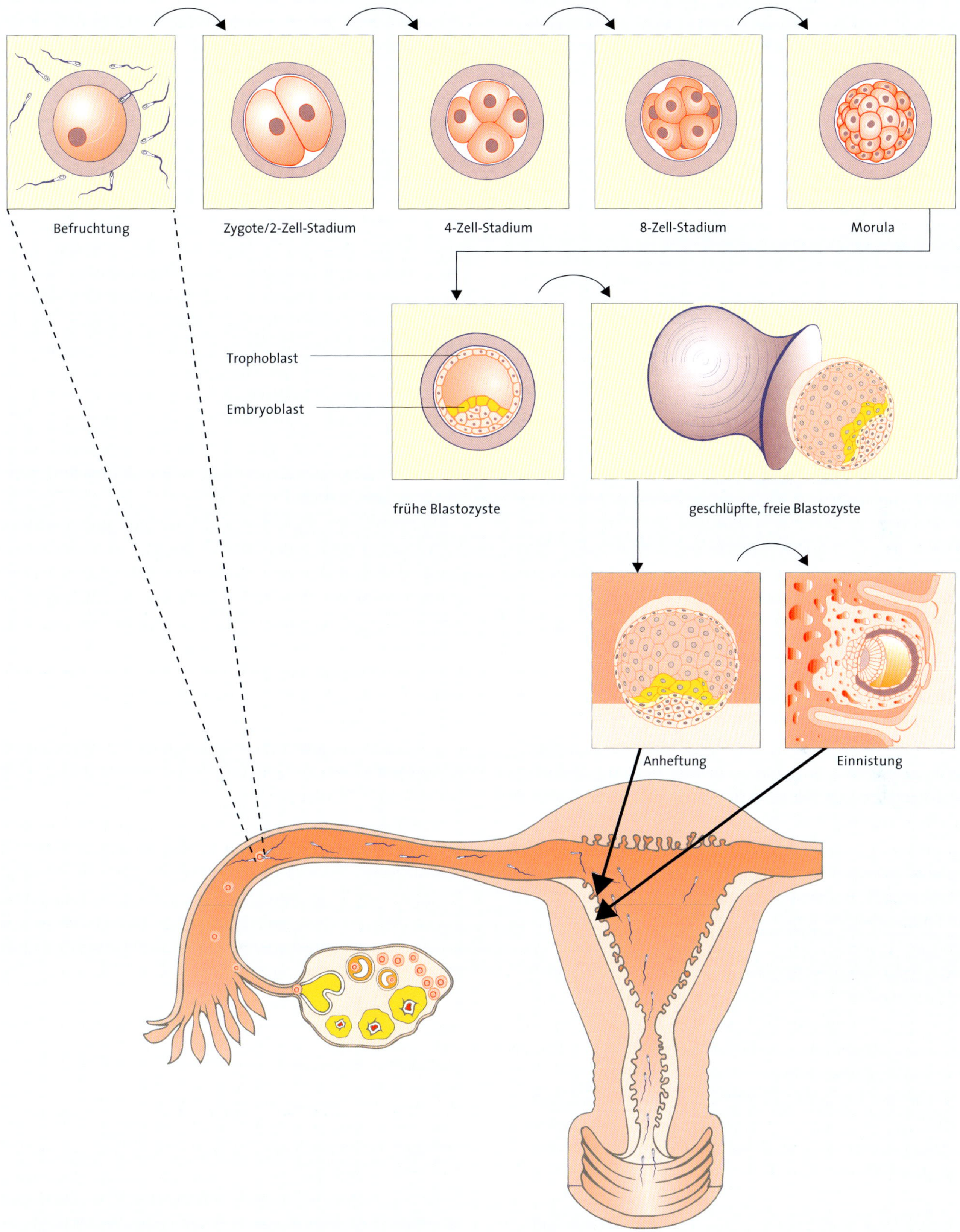

Abb. 8 ▶ Befruchtung, Wanderung und Entwicklung der menschlichen Eizelle

Berechnung meist nach der 40-Wochen-Methode. Medizinisch wird hierfür die Abkürzung p. m. für »post menstruationem«, also nach Regelbeginn, verwendet. Die zweite Berechnungsvariante wird mit p.c., post conceptionem, also nach der Befruchtung, bezeichnet.

Der voraussichtliche Geburtstermin wird nach der sogenannten Naegele-Regel ermittelt (TAB. 5).

TAB. 5 ▶ Naegele-Regel zur Berechnung des Geburtstermins

Errechneter Geburtstermin	Beispiel
erster Tag der letzten Regelblutung	1. Januar 2009
+ 7 Tage	8. Januar 2009
- 3 Monate	8. Oktober 2008
+ 1 Jahr	8. Oktober 2009

Diese Regel gilt für einen Menstruationszyklus von 28 Tagen. Ist er länger oder kürzer, müssen die Tage hinzu- oder abgerechnet werden. Bei einem Zyklus von 31 Tagen wäre im obigen Beispiel der 11. Oktober der errechnete Entbindungstermin.

Allerdings halten sich nur etwa vier Prozent aller Babys an diesen Termin, die meisten kommen im Zeitraum von zehn Tagen früher bzw. später zur Welt.

Der Verlauf einer Schwangerschaft wird in drei Abschnitte unterteilt, das 1., 2. und 3. Trimenon.

15.5.2.1 *Erstes Trimenon*

Dieses umfasst den Zeitraum von der ersten bis zwölften Woche. Die Berechnung dieser Wochen beginnt am ersten Tag der letzten Regelblutung (p.m.), d.h. etwa zwei Wochen vor der stattgefundenen Befruchtung. Dies bedeutet, dass das Heranwachsende in der zehnten Schwangerschaftswoche (SSW) erst etwa acht Wochen alt ist. Mit Beginn der 4. SSW (ABB. 9) hat sich die Blastozyste eingenistet und der Embryoblast bildet in mehreren Schritten drei verschiedene Zelllagen als Keimblätter. Dieser Vorgang wird als *Gastrulation* bezeichnet. Zuerst entwickeln sich das Ektoderm als das äußere und das Entoderm als das innere Keimblatt. Dabei streckt sich die Blastozyste in die Länge und wird flacher. Danach entsteht durch Einstülpung von Ektodermzellen entlang der Mittellinie nach innen zwischen Ekto- und Entoderm das Mesoderm als mittleres Keimblatt.

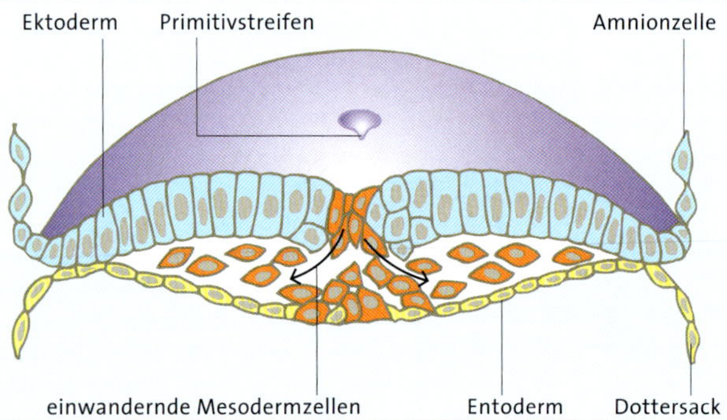

ABB. 9 ▶ Schematischer Schnitt durch eine 16 Tage alte Keimscheibe

Nun beginnt die *Organogenese* mit der Ausbildung der inneren Organe (ABB. 10). Sie entstehen aus den als Somiten bezeichneten Ursegmenten und differenzieren sich in spezielle Organe aus. Gleichzeitig senkt sich an der Rückenseite über die gesamte Längsachse das Ektoderm leicht V-förmig ab und wird von oben von den benachbarten Zellen verschlossen. Es entsteht das sogenannte Neuralrohr, aus dem sich Nervensystem und Gehirn entwickeln. Aus dem Dach des Dottersacks schnürt sich das Darmrohr ab. Der Dottersack selbst, der anfänglich Stoffwechselfunktionen der noch nicht ausgebildeten Leber übernimmt, bildet sich nach etwa sechs Wochen zurück. Nach acht Wochen, also am Ende der 10. SSW, ist die Organogenese und damit auch die Embryonalphase abgeschlossen.

Der Embryo wird nun als Fetus oder Fötus bezeichnet. Sein Herzschlag ist auf dem Ultraschall nachweisbar und seine Hirnströme lassen sich durch ein EEG registrieren. Diese erste Zeit ist eine sehr kritische Zeit, da alle Organe und Körpersysteme in relativ kurzer Zeit angelegt werden. Infektionen der Schwangeren, wie beispielsweise Röteln, Toxoplasmose, Syphilis oder Hepatitis, viele verschiedene Medikamente, Alkohol oder Röntgenstrahlen können zu schweren Missbildungen führen.

Am Ende des ersten Trimenons in der 12. Woche ist der Fetus etwa 6 cm lang und 15 g schwer. Sein Herz schlägt 120- bis 160-mal pro Minute.

Auch der Körper der Schwangeren verändert sich in dieser Phase gravierend, um sich auf die Bedürfnisse des Fetus vorzubereiten. Es zirkulieren hohe Mengen der Hormone Östrogen und Progesteron im Blut, die vom Corpus luteum graviditatis im Ovar gebildet werden. Die Bänder und die Muskulatur werden gedehnt, damit der Fetus ausreichend Raum bekommt. Das Blutvolumen erhöht sich und das Herz

TAB. 6 ▶ Herkunft der verschiedenen Organe

Keimblatt	Strukturen
Ektoderm	Nervensystem, sensorisches Epithel der Sinnesorgane (z.B. Ohr, Nase, Auge), Haut und Haare, Hypophyse, Schweiß- und Milchdrüsen, Zahnschmelz
Entoderm	Schilddrüse und Nebenschilddrüse, Leber, Pankreas, Mandeln, Thymus, Epithel des Gastrointestinal- und Respirationstraktes sowie der ableitenden Harnwege
Mesoderm	Wirbelsäule, Knorpel und Knochen, Herz, Muskulatur, Bindegewebe, Blut- und Lymphgefäße, Nieren, Geschlechtsorgane, Teile der meisten inneren Organe

muss Mehrarbeit leisten. Auch das Atemvolumen ist gesteigert, um genügend Sauerstoff bereitzustellen. Der vergrößerte Uterus drückt auf die Harnblase und bewirkt vermehrten Harndrang. Die Brüste wachsen und bereiten sich auf die Milchproduktion vor. Dies kann zu Spannungsgefühl und erhöhter Berührungsempfindlichkeit führen. Durch die Stoffwechselumstellung kommt es in dieser Zeit häufig zu Müdigkeit, Schwindel, Übelkeit und Erbrechen. Ferner wird mehr Wasser im Gewebe eingelagert. In der Hypophyse wird verstärkt MSH, das Melanozyten-stimulierende Hormon, ausgeschüttet. Es führt zu einer verstärkten Pigmentierung der Haut, insbesondere der Mamillen, der Brustwarzen. Auch die Talg- und Schweißproduktion wird erhöht. Die Gewichtszunahme in dieser Zeit liegt zwischen einem und drei Kilo, bei häufiger Übelkeit kann jedoch auch eine Gewichtsabnahme auftreten.

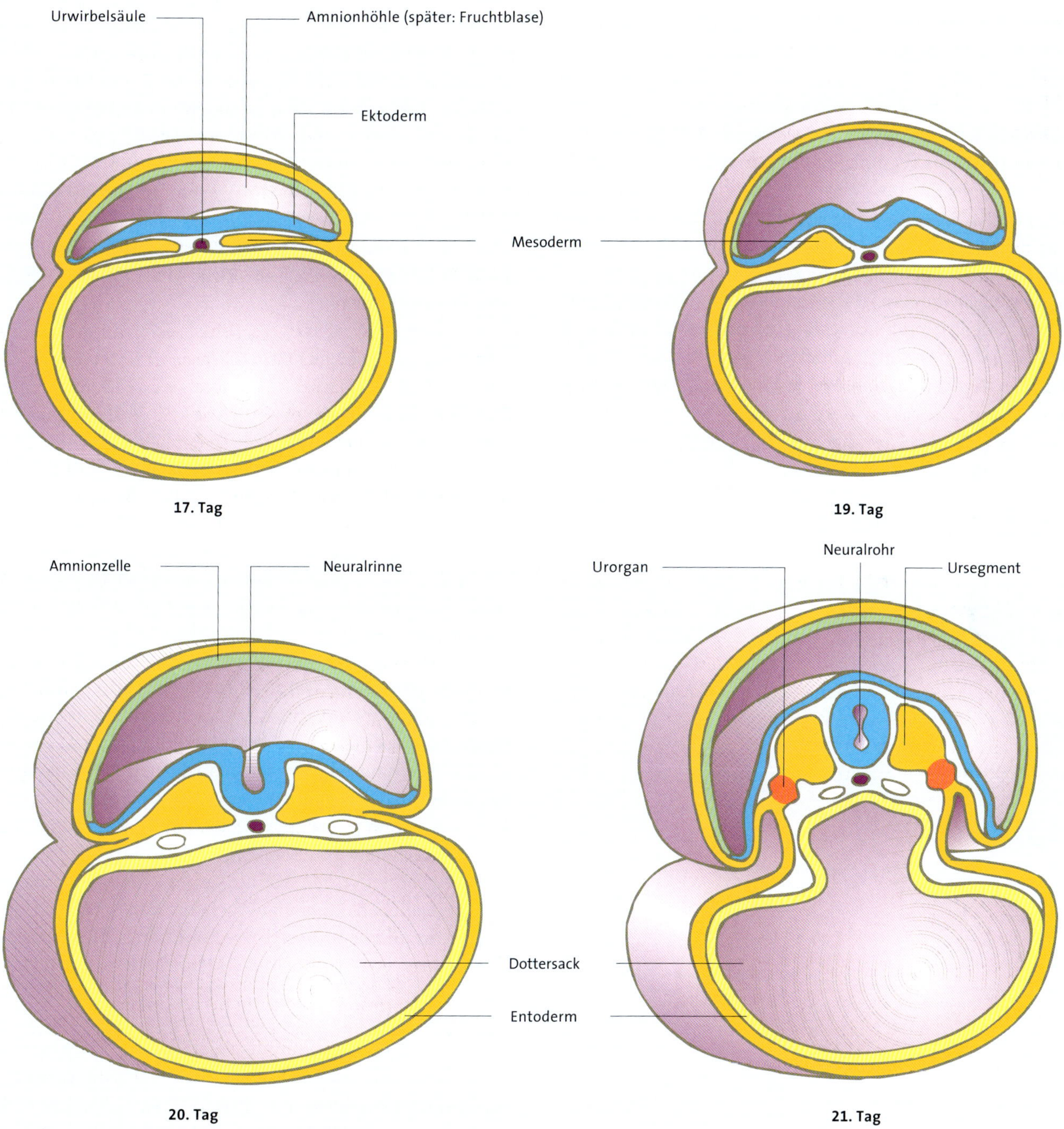

Abb. 10 ▶ Schematische Darstellung der embryonalen Entwicklung vom 17. – 21. Tag

15.5.2.2 *Zweites Trimenon*

Dieses erstreckt sich von der 13. bis zur 24. Woche. Zu Beginn sind bereits alle Organe ausgebildet und müssen nun nur noch an Größe zunehmen und ausreifen, um ihre volle Funktionsfähigkeit zu erreichen. Der Fetus trägt in diesem Stadium bereits menschliche Züge, ist aber noch unproportioniert. Ab der 14. SSW sind die äußeren Geschlechtsorgane erkennbar. In der 15. bis 18. Woche verdichten sich die Knochen, der Kalziumbedarf der Mutter steigt. Auch die knorpeligen Gehörknöchelchen verknöchern, und der Fetus kann hören. Ab der 17. Woche kann die Mutter erste Bewegungen spüren. In der 19. bis 22. Woche bilden sich die Alveolen aus und Leber und Milz starten mit der Produktion von Leukozyten.

Ab der 24. Woche stellt sich ein erster Schlaf-Wach-Rhythmus ein. Der Fetus beginnt, seine Augen zu öffnen. Die Lunge ist ab etwa der 25. bis 27. Woche nahezu voll ausgebildet, lediglich der Surfactant zur Entfaltung der Alveolen fehlt noch. Gegen Ende der 24. Woche ist der Fetus ungefähr 800 g schwer und 27 cm lang.

Für die Schwangere ist die Phase häufig die beschwerdefreieste. Übelkeit und Erbrechen sind meistens verschwunden und die Schwangerschaftshormone wirken mobilisierend auf die Schwangere. Die Schwangerschaft wird nun auch von außen deutlich sichtbar. Das Dach des Uterus dehnt sich weiter in Richtung Bauchnabel und Rippenbogen aus (Abb. 12). Durch das Gewicht des Bauches verlagert sich der Körperschwerpunkt. Rückenschmerzen können die Folge sein, wenn die Schwangere als Gegenbewegung zu oft ins Hohlkreuz geht. Ferner bildet sich eine dunkle Linie vom Nabel bis zum Schambein, die Linea nigra. Etwa ab der 16. Woche sezernieren die Brustdrüsen eine farblose Flüssigkeit, die Kolostralmilch. Gegen Ende dieser Zeit schiebt der immer weiter nach oben wachsende Uterus die über ihm liegenden Organe etwas höher. Als Folge kann Sodbrennen auftreten. Durch den Druck auf die Beckengefäße wird die Durchblutung beeinträchtigt. Es kann zu Krämpfen in den Beinmuskeln kommen, die sich durch den vermehrten Bedarf an Kalzium oder anderen Mineralien verstärken. Auch der venöse Abfluss ist eingeschränkt, je nach Bindegewebsqualität können sich Krampfadern bilden oder verschlimmern. Bei Anstrengungen führt der erhöhte Sauerstoffbedarf bei Schwangeren jetzt zu Kurzatmigkeit, zumal sie inzwischen etwa sechs Kilo zugenommen haben.

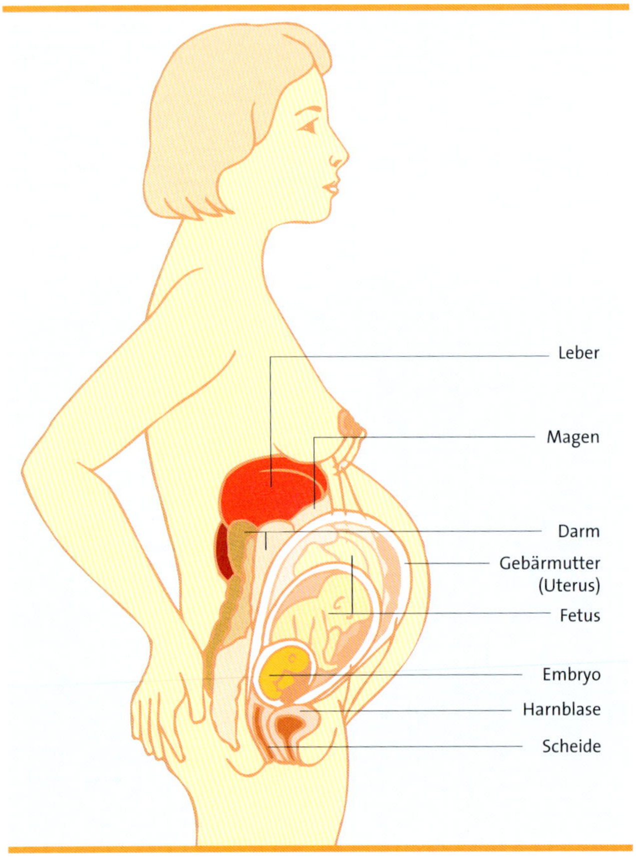

Abb. 11 ▶ Körper der Schwangeren im 1. – 3. Trimenon

15.5.2.3 *Drittes Trimenon*

Es erstreckt sich von der 25. bis zur 40. Woche und endet mit der Geburt. Die Entwicklung des Fetus ist größtenteils abgeschlossen und er hat immer weniger Platz im Uterus. Daher nimmt er die typische eingerollte Haltung mit angezogenen Beinen, verschränkten Armen und eingedrehtem Kopf ein und bewegt sich häufig. Seine Körperproportionen sind nun angepasst. Etwa zwischen der 29. und 31. SSW vergrößert sich die Gehirnmasse und die Furchen und Windungen bilden sich auf der bisher glatten Gehirnoberfläche aus. Das Ungeborene kann nun schmecken und Schmerz empfinden, seine Körpertemperatur selbst regulieren und Hell von Dunkel unterscheiden. Ab der 32. SSW lagert es für seine spätere Wärmeregulation verstärkt Fett in die Unterhaut ein. Bei den männlichen Feten beginnen die Hoden in die Leisten zu wandern und erreichen etwa in der 34. SSW den Hodensack. Ab der 34. bzw. 35. SSW hat der Fetus ein Gewicht von 2 300 bis 2 700 Gramm erreicht. Falls er jetzt geboren würde, könnte er ohne größere Komplikationen überleben. Etwa vier Wochen vor dem planmäßigen Geburtstermin beginnt sich das Köpfchen des Ungeborenen zur Geburtsvorbereitung in das kleine Becken der Mutter zu senken.

Für die werdende Mutter ist dieses Drittel meist das beschwerlichste. Sie nimmt verstärkt an Körperumfang zu und ihr Gewicht steigert sich um weitere fünf Kilo bis schließlich um durchschnittlich 11,2 Kilo. Das Zwerchfell wird immer mehr nach oben gedrückt, Sodbrennen und Kurzatmigkeit sind die Folge. Auch ermüdet die Schwangere

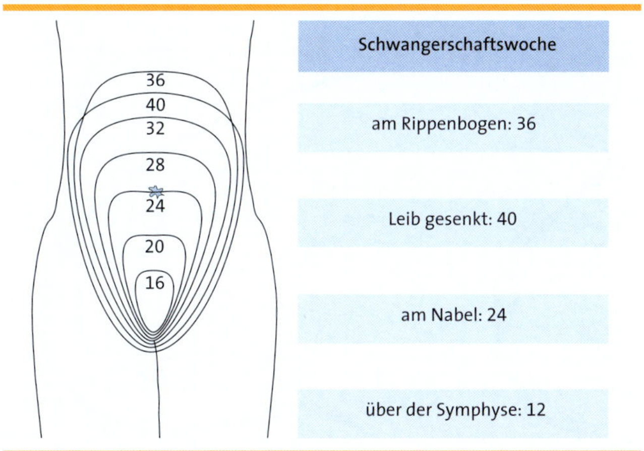

Abb. 12 ▶ Uterusgröße im Schwangerschaftsverlauf

schneller. Die Nachtruhe kann durch häufiges Wasserlassen, Kindsbewegungen oder eingeschränkte Schlafpositionen beeinträchtigt werden. Durch den zunehmenden Bauchumfang verlagert sich der Körperschwerpunkt immer mehr. In Verbindung mit der durch das Schwangerschaftshormon Progesteron bewirkten Lockerung des Bandapparates wird auch die Wirbelsäule stärker belastet. Dies kann zu teilweise heftigen Rückenschmerzen führen. Längeres Liegen auf dem Rücken kann gegen Ende der Schwangerschaft zur Einklemmung der hinter dem Uterus verlaufenden Vena cava inferior durch das Gewicht des Fetus führen. Daher sollte die Schwangere möglichst auf der linken Seite liegen.

15.5.3 Geburt

Im Vergleich zu den meisten Tierarten ist die Geburt beim Menschen ein relativ komplizierter Vorgang. Er lässt sich in drei Abschnitte einteilen: Eröffnungsphase, Austreibungsphase und Nachgeburtsphase. Der Auslöser für den Beginn ist noch nicht genau geklärt. Man vermutet inzwischen, dass das Surfactant-Protein A (SP-A), das für die Lungenreifung verantwortlich ist, über eine Reihe weiterer Reaktionen die Wehen auslöst. Auf das Herannahen des Geburtsbeginns deuten das Abgehen des Schleimpfropfes vom Gebärmutterhals, Blutungen und der Abgang von Fruchtwasser, was tröpfchenweise oder im Schwall erfolgen kann.

15.5.3.1 *Eröffnungsphase*

Sie beginnt normalerweise mit dem Einsetzen regelmäßiger Wehen in kürzeren Abständen, d.h. etwa alle drei bis sechs Minuten. Bei Erstgebärenden dauert sie zwischen zehn und zwölf Stunden, bei Mehrgebärenden etwa sechs bis acht Stunden. Sie ist abgeschlossen, wenn sich der Muttermund vollständig geöffnet hat. Bereits in dieser Phase kann es zum Blasensprung, zum Aufplatzen der Fruchtblase, kommen. Setzt der Blasensprung vor den Eröffnungswehen ein, gilt dieser Zeitpunkt als Geburtsbeginn. Das Ungeborene ist nun nicht mehr durch die Fruchtblase vor eindringenden Erregern geschützt.

15.5.3.2 *Austreibungsphase*

Sie beginnt, wenn der Muttermund vollständig geöffnet ist. In dieser Phase springt die Fruchtblase am häufigsten. Das Kind rutscht in den Geburtskanal, sein Köpfchen tritt in den Beckeneingang ein. Danach erfolgt eine Drehung des Kopfes um 90°, um mit möglichst geringem Widerstand tiefer in den Geburtskanal zu gelangen. Das Hinterhaupt ist dabei symphysenwärts gerichtet. Aus der Hypophyse der Mutter wird nun vermehrt das Hormon Oxytocin ausgeschüttet, das das Myometrium des Uterus zu verstärkten Kontraktionen anregt. Diese Wehen werden als Presswehen bezeichnet. Sie erfolgen reflexartig, weil der Kopf des Kindes auf das Rektum drückt. Mit jeder Wehe wird das Kind ein Stückchen weiter geschoben, bis das Köpfchen durch die Vulva tritt. Danach erfolgt eine weitere Drehung, die Deflexionsbewegung. Das Köpfchen steigt auf, die Schultern liegen längs zum Beckenausgang auf der Linie zwischen Damm und Symphysenfuge (Abb. 13). Wenn die vordere Schulter durchgetreten ist, folgt der restliche Körper meist problemlos und schnell. Die Austreibungsphase dauert bei Erstgebärenden in der Regel 30 bis 60 Minuten, bei Zweitgebärenden ungefähr 20 bis 30 Minuten.

15.5.3.3 *Nachgeburtsphase*

Die Nachgeburtsphase bildet den Abschluss der Geburt. Die Plazenta, der Mutterkuchen, muss sich vollständig ablösen und herausgepresst werden. Dieser Vorgang dauert im Regelfall zehn bis 30 Minuten. Die Gebärende wird danach als Wöchnerin bezeichnet.

15.5.3.4 *Beurteilung des Neugeborenen*

Zu den anatomisch-morphologischen Reifezeichen zum Zeitpunkt der Geburt gehören eine Scheitel-Fersen-Länge von 49 – 51 cm bzw. eine Scheitel-Steiß-Länge von 32 – 34 cm. Das Gewicht sollte 3200 – 3600 g betragen, der Kopfumfang etwa 33 cm. Finger- und Zehennägel überragen die Finger- bzw. Zehenkuppen. Bei männlichen Neugeborenen liegen die Hoden im Hodensack und bei weiblichen bedecken die großen Schamlippen die kleinen. Eine blass-rosa Haut und ein gut ausgebildetes subkutanes Fettgewebe runden das Bild ab. 1 % aller Geburten sind Zwillingsgeburten, davon sind 75 % zweieiige Zwillinge und nur 25 % eineiig. Die Wahrscheinlichkeit einer Drillingsgeburt beträgt 0,01 %, für Vierlinge 0,0001 %.

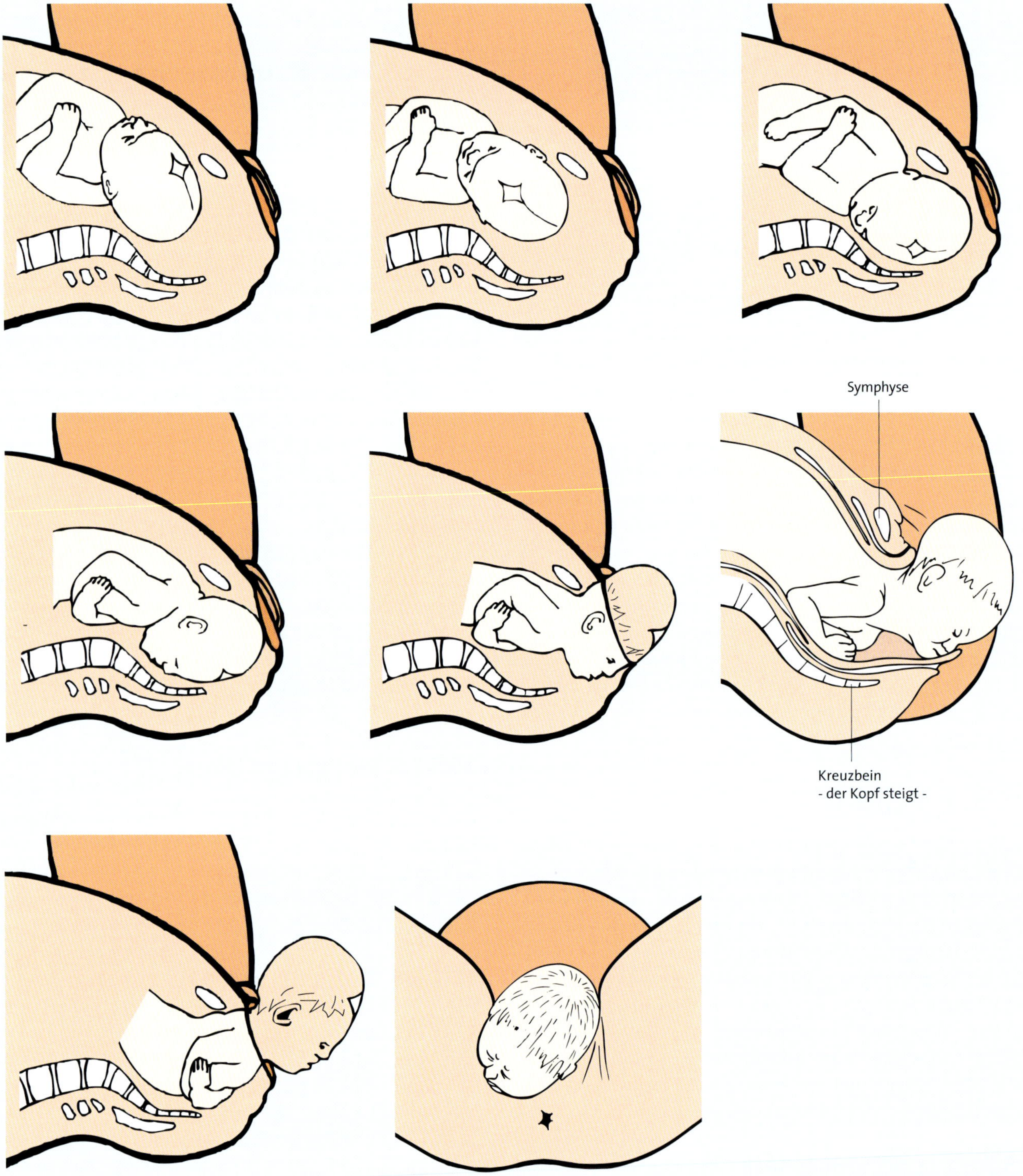

Abb. 13 ▶ Stadien der Austreibungsphase

15.6 Weibliche Brust

Die weibliche Brust oder *Mamma* zählt zu den sekundären Geschlechtsorganen. Sie entwickelt sich beim Mädchen zu Beginn der Pubertät unter Einfluss von Östrogen und Progesteron zur weiblichen Brustdrüse. Dies bezeichnet man als Thelarche.

15.6.1 Lage und Aufbau

Die Brust liegt von Haut bedeckt in Höhe der 2. bis 7. Rippe über dem großen Brustmuskel, dem M. pectoralis major. Die dazwischen liegende Fascia pectoralis gewährleistet die Verschiebbarkeit. Ihr Drüsengewebe ist in Binde- und Fettgewebe eingebettet, das die Größe und Form der Brust bestimmt. Weitere Einflussfaktoren sind hormonelle Schwankungen während des Menstruationszyklus oder längerfristige Hormonveränderungen wie eine Gravidität oder das Klimakterium.

Die Brustdrüse besteht aus etwa 15 – 20 Drüsenlappen, die durch lockeres Bindegewebe abgetrennt sind und sich in kleinere Läppchen unterteilen. Diese setzen sich aus den Milchbläschen zusammen. Im Inneren sind sie mit Zylinderepithel ausgekleidet und entwickeln sich voll erst während der Gravidität. Von jedem Drüsenlappen zieht ein Milchausführungsgang, der Ductus lactifer, zur Brustwarze, der Mamille, die in der Mitte des Warzenhofs, der Areola, liegt. Unterhalb der Mamille erweitert er sich zum Milchsäckchen, dem Sinus lactifer, und zieht mit einem schmalen Gang zur Oberfläche. Die Ausführungsgänge sind in der Mamille von vielen glatten, schraubenförmig angeordneten Muskelzellen umgeben, die durch feine Sehnen verknüpft sind. Berüh-

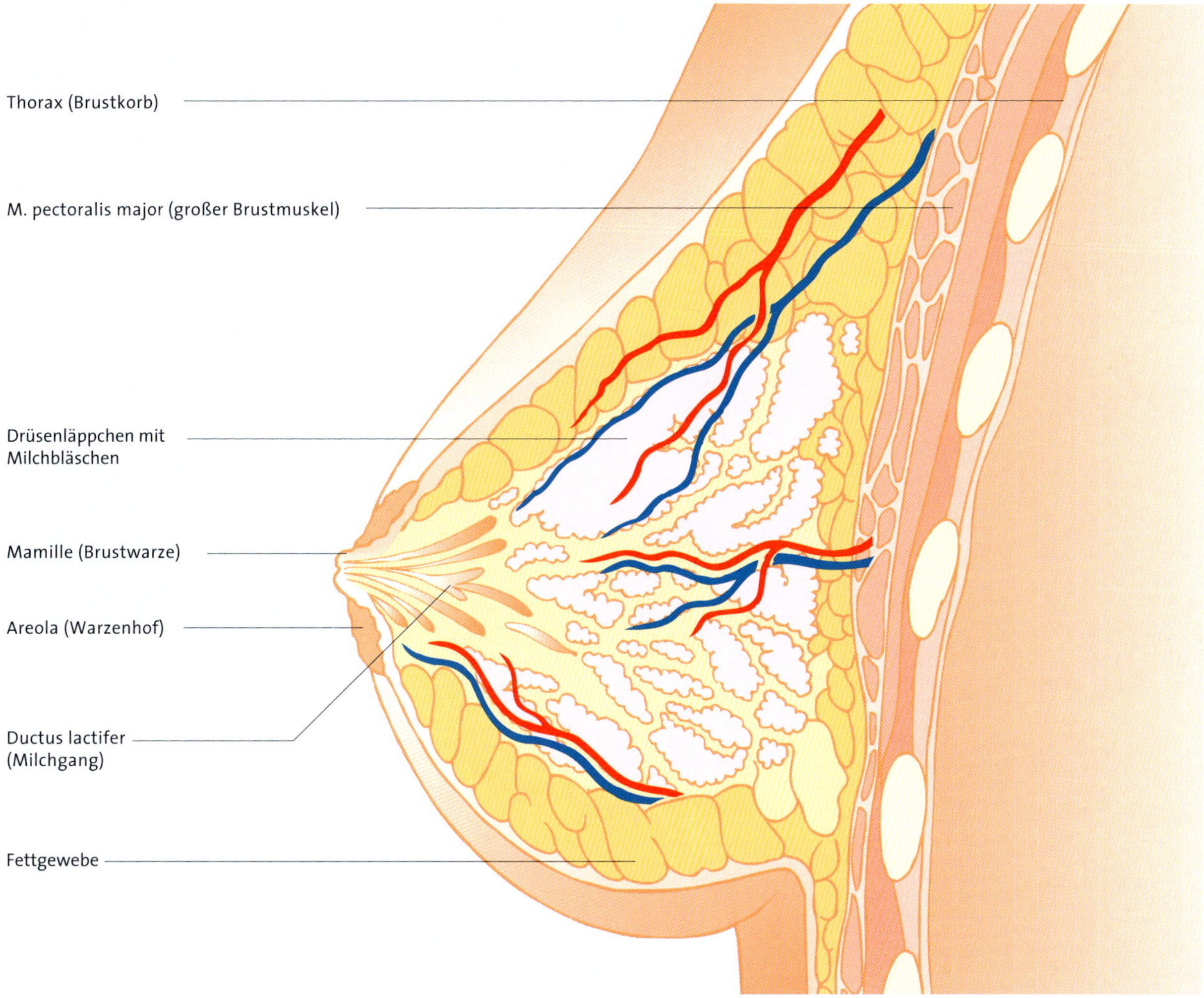

Abb. 14 ▶ Anatomie der weiblichen Brust

rungen und Kälte bewirken eine Erektion. In der Areola befinden sich kleine Talg- und Duftdrüsen. Sie schützen diesen empfindlichen Bereich, insbesondere wenn er durch das Stillen stark beansprucht wird.

15.6.2 Laktation

Während der Schwangerschaft sorgen die Hormone Östrogen und Progesteron für das Wachstum des Drüsenkörpers. Das Hormon Prolaktin aus dem Hypophysenvorderlappen setzt die Milchproduktion, die Laktation, in Gang, während das Hormon Oxytocin den Milchfluss durch Kontraktion der Ausführungsgänge fördert.

16 Pädiatrie

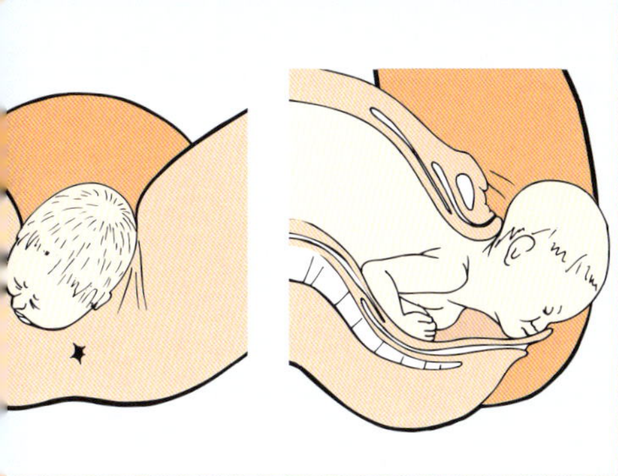

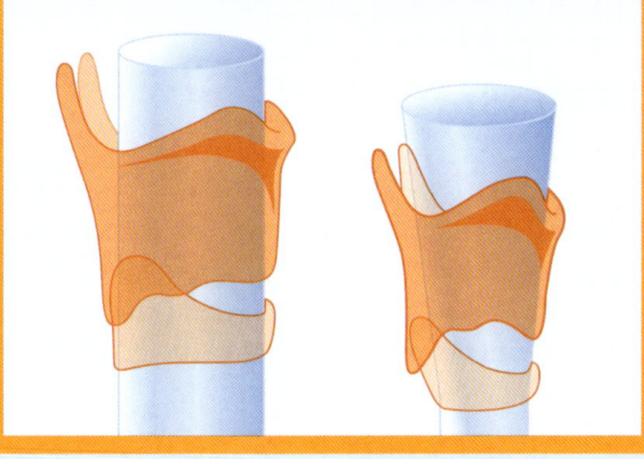

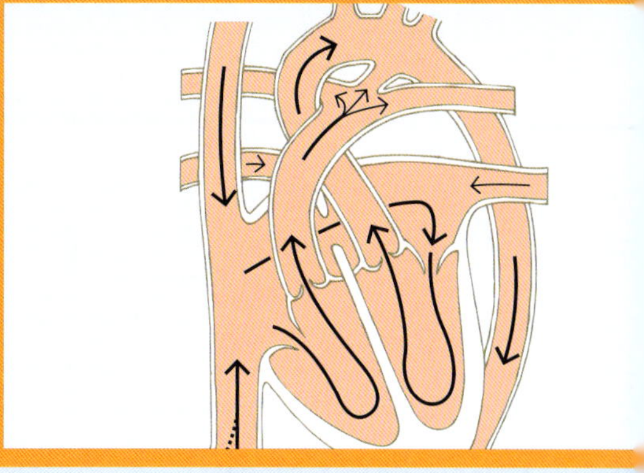

Inhalt:

16.1	Aufgaben	308
16.2	Entwicklungsphasen	308
16.3	Anatomische und physiologische Besonderheiten	312
16.4	Abschätzung des Alters	316

16.1 Aufgaben

Die Pädiatrie oder Kinderheilkunde beschäftigt sich mit den Erkrankungen des kindlichen und jugendlichen Organismus, seinen Entwicklungsstörungen, den Fehlbildungen und ihrer Behandlung. Sie umfasst alle Fachgebiete der klinischen Medizin und legt ihren Schwerpunkt auf Bereiche, in denen das Wissen über den erwachsenen Menschen nicht ohne Weiteres auf Kinder anwendbar ist, wie zum Beispiel bei den typischen Kinderkrankheiten Masern oder Windpocken. Außerdem begleiten Kinderärzte die Entwicklung von Neugeborenen zu Schulkindern durch regelmäßige Kontrolluntersuchungen.

Ein wichtiger Fachbereich ist die Neonatologie, die sich mit der Problematik von Frühgeborenen, Mangelversorgten oder anderweitig kranken oder gefährdeten Neugeborenen befasst. Angeborene Herzfehler werden im Rahmen der Kinderkardiologie behandelt, während sich die Kinderpneumologie mit kindlichen Lungenerkrankungen wie Asthma beschäftigt. Körperliche Störungen und Erkrankungen der Pubertät sind Schwerpunkt der Jugendmedizin; für entwicklungsgestörte Kinder erfolgt eine umfassende Betreuung im Rahmen der Sozialpädiatrie.

16.2 Entwicklungsphasen

Kinder und Jugendliche unterliegen während ihrer Entwicklung einem ständigen Wandel. Geschlechtsspezifisch verändern sich nicht nur Körpergröße, Gestalt und Proportionen, sondern auch die Verhaltensweisen. Zudem werden die Organfunktionen und Stoffwechselvorgänge dem Alter entsprechend in dieser Zeit modifiziert. Die nachgeburtliche oder *postnatale* Entwicklung des Kindes wird in verschiedene Phasen eingeteilt:

1. Neugeborenes (Geburt bis 28. Tag)
2. Säuglingsalter (29. Tag bis ein Jahr)
3. Kleinkind (bis fünf Jahre)
4. Schulalter (sechs Jahre bis zum Eintritt der Pubertät)
5. Pubertät oder Reifungsalter (bis zum Abschluss der Pubertät)
6. Jugendlichenalter oder Adoleszenz (bis zum Abschluss des Körperwachstums).

Um Defekte und Erkrankungen während dieser Phasen zu erkennen, gibt es die zehn ärztlichen Kindervorsorgeuntersuchungen U1 bis U10 (Tab. 1). Die Ergebnisse werden notiert in einem gelben Kinder-Untersuchungsheft, kurz »gelbes Heft« genannt.

16.2.1 »Meilensteine«

Jedes Kind entwickelt seine Fähigkeiten ganz individuell und setzt auch zeitlich seine eigenen Schwerpunkte. Um sicher feststellen zu können, ob ein Kind in seiner Entwicklung nicht gestört ist, wurde daher ein Zeitrahmensystem konzipiert, die sogenannten »Meilensteine der Entwicklung«. Hier wird angegeben, in welcher Zeit bestimmte Entwicklungsschritte erfolgen bzw. abgeschlossen sein sollten. Die Einteilung erfolgt nach verschiedenen Kriterien, wie motorische Leistungen, sprachliche Fähigkeiten und soziales Verhalten. Abb. 1 zeigt die wichtigsten Meilensteine im ersten Lebensjahr.

16.2.2 Somatogramme

Die Entwicklung von Länge, Gewicht und Körperproportionen ist ebenfalls ein geeignetes Kriterium für die Beurteilung der Gesundheit eines Kindes. Hierzu sind die Somatogramme entwickelt worden. In diesen Übersichten kann man die Werte für Körpergröße, Körpergewicht und Kopfumfang in der jeweiligen Altersstufe eintragen und mit den Durchschnittswerten Gleichaltriger vergleichen (Abb. 2 und 3). Diese Diagramme enthalten Verlaufskurven, die als *Perzentile* bezeichnet werden. Liegt der für ein Kind gemessene

Tab. 1 ▶ Pflichtuntersuchungen des Kindes

Untersuchung	Zeitpunkt
U1	direkt nach der Geburt
U2	3. – 10. Lebenstag
U3	4. – 6. Lebenswoche
U4	3. – 4. Lebensmonat
U5	6. – 7. Lebensmonat
U6	10. – 12. Lebensmonat
U7	21. – 24. Lebensmonat
U8	3,5 – 4 Lebensjahre
U9	5 – 5,5 Lebensjahre
U10/J1	13. Lebensjahr

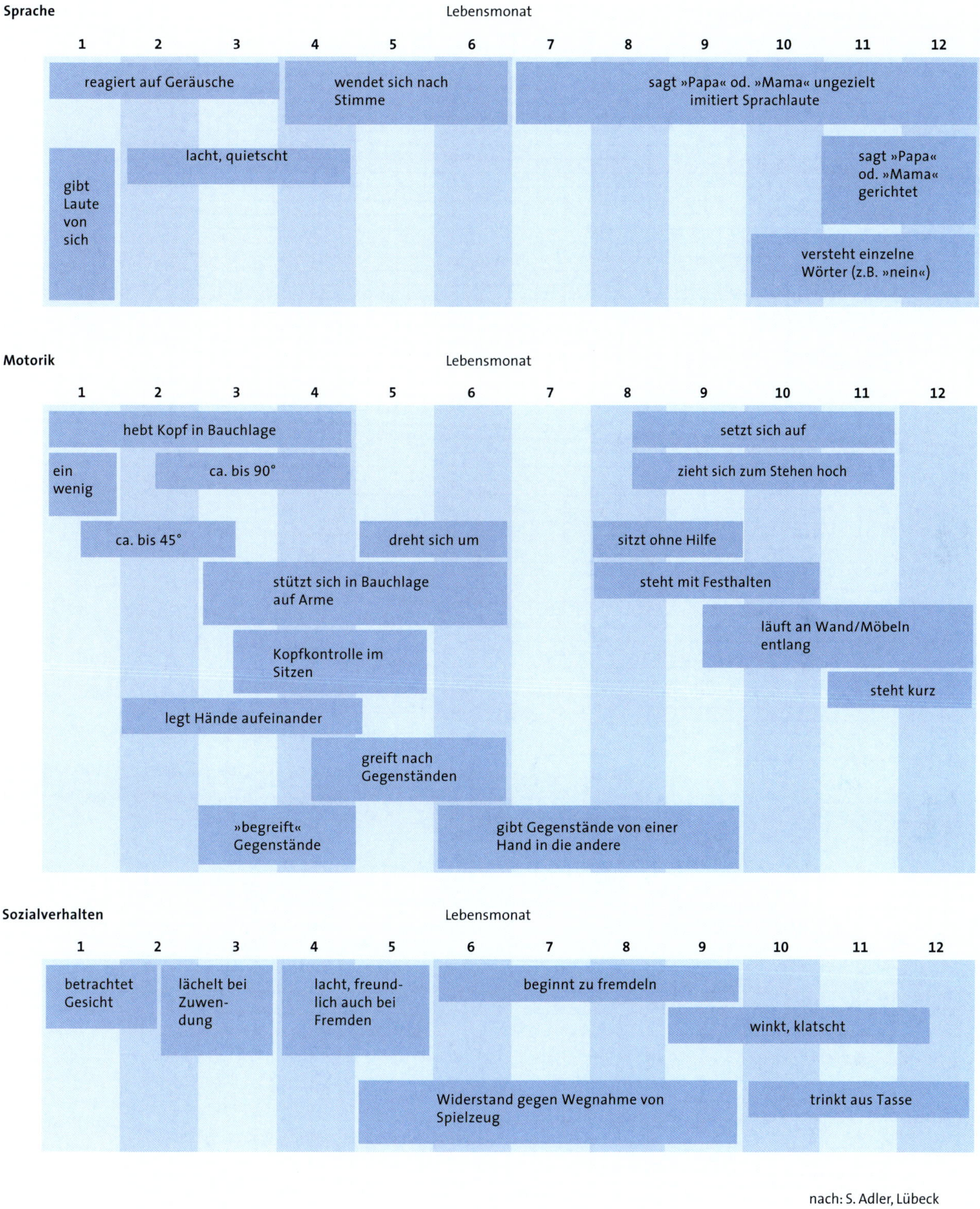

nach: S. Adler, Lübeck

Abb. 1 ▶ Die kindliche Entwicklung

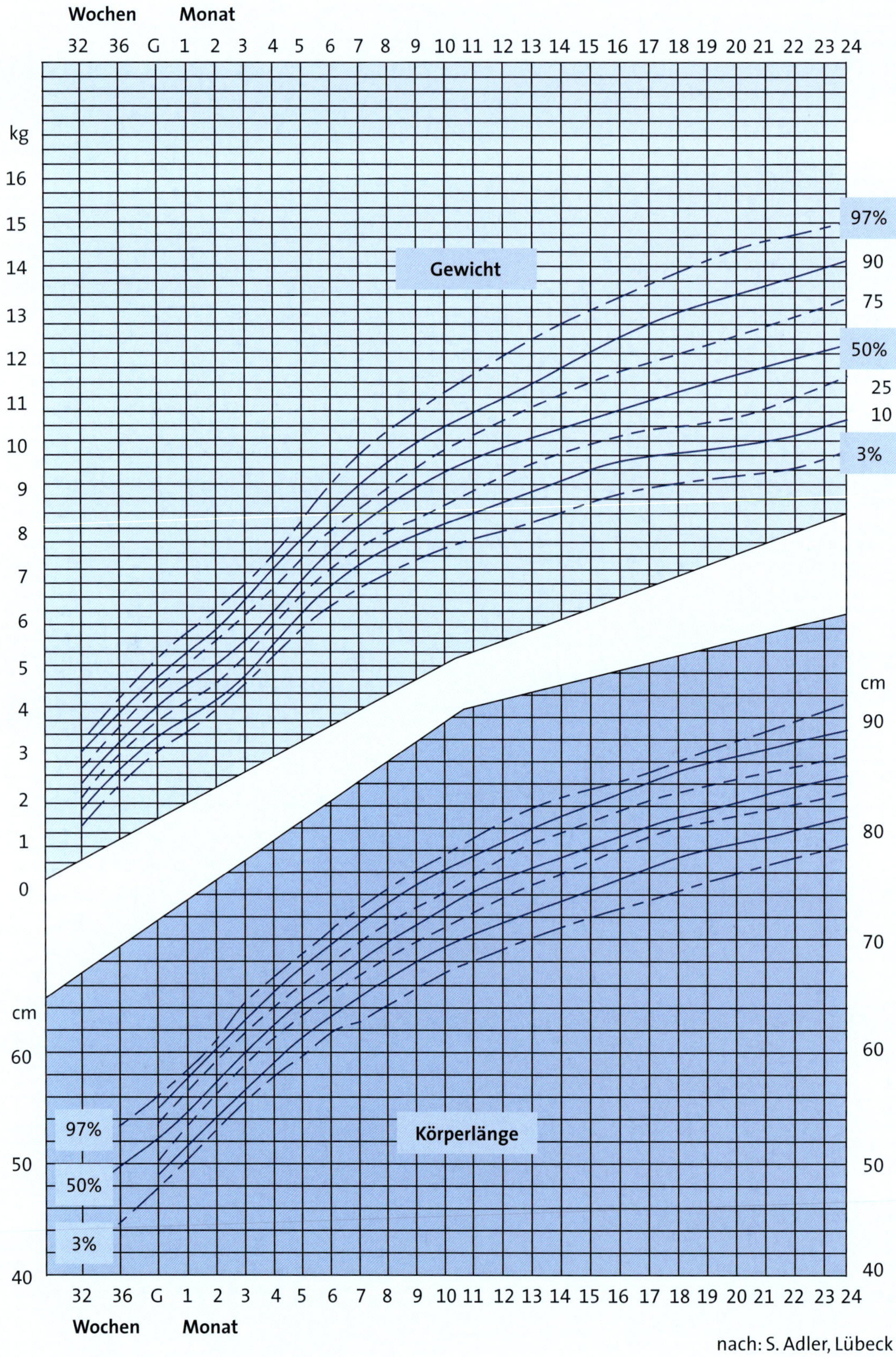

Abb. 2 ▶ Somatogramm für Mädchen bis 24 Monate

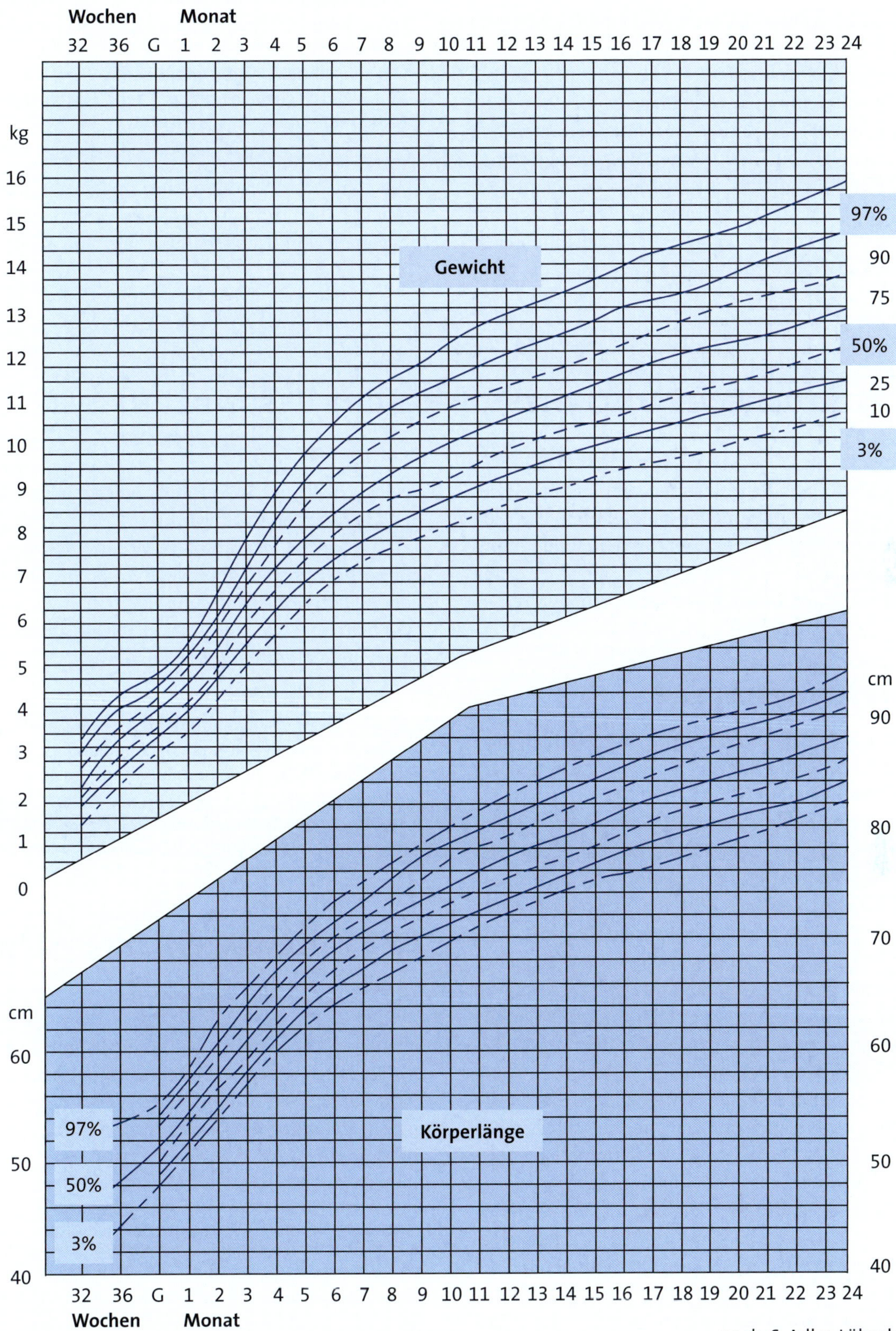

nach: S. Adler, Lübeck

Abb. 3 ▶ Somatogramm für Jungen bis 24 Monate

Wert zum Beispiel auf der 60. Perzentile, so bedeutet dies, dass 59 Prozent der Kinder in diesem Alter einen niedrigeren Wert haben.

Wichtig ist ferner, dass sich das Wachstum gleichmäßig entwickelt. So sollte ein großer Säugling, der sich beispielsweise bei der Geburt auf der 97. Perzentile befunden hat, nicht nach einem Jahr auf die 50. Perzentile gesunken sein.

Das Wachstum verläuft im ersten Lebensjahr am schnellsten, mit vier Jahren hat sich die Körperlänge auf etwa einen Meter verdoppelt. Ein weiterer Wachstumsschub erfolgt in der Pubertät bis zur endgültigen Größe, die Mädchen mit etwa 16 Jahren und Jungen mit etwa 19 Jahren erreicht haben (zum durchschnittlichen Gewichts- und Größenverlauf vom Neugeborenen bis zum Kindesalter vgl. I, Kap. 6.7.5.1).

> Ein normalgewichtiger Säugling hat nach etwa fünf Monaten sein Geburtsgewicht verdoppelt und nach einem Jahr verdreifacht.
> Mit zweieinhalb Jahren wiegt er das Vierfache, mit sechs Jahren das Sechsfache und mit zehn Jahren etwa das Zehnfache seines Ausgangsgewichtes.

16.3 Anatomische und physiologische Besonderheiten

Die Organsysteme eines Neugeborenen sind im Verlauf des Heranwachsens vielen Änderungen unterworfen. Ein Kind ist keine Miniaturausgabe eines Erwachsenen, sondern entwickelt sich dorthin. Im Folgenden werden die wichtigsten anatomischen und physiologischen Besonderheiten dargestellt.

16.3.1 Atmungsorgane

Der kindliche Respirationstrakt zeigt eine Vielzahl von Abweichungen. Kopf und Zunge sind relativ groß und der Hals ist kurz. Neugeborene atmen ausschließlich durch die Nase. Da die Schleimhaut besser durchblutet ist, schwillt sie bei Entzündungen schneller an und kann durch die Verengung eher zu Atemnot und pfeifenden Atemgeräuschen, dem Stridor, führen. Der Larynx liegt höher als beim Erwachsenen, etwa in Höhe des dritten bis vierten Halswirbels, und ist zusätzlich nach vorn verkippt (Abb. 4). Auch die Trachea ist noch kurz und beträgt beim Säugling etwa 4 cm. Folglich darf zum Freimachen der Atemwege oder zur Intubation der Kopf nicht überstreckt werden, da dies die Atemwege verlegen würde. Eine Rücken- oder Seitenlage mit Normalstellung des Kopfes, die »Schnüffelstellung«, ist zu wählen. Die engste Stelle der Atemwege liegt tiefer als beim Erwachsenen: Sie liegt nicht auf Glottisebene, sondern im darunter liegenden subglottischen Raum in Höhe des Ringknorpels.

Der Hustenreflex ist insbesondere bei Säuglingen unvollkommen ausgebildet, wodurch eine größere Aspirationsgefahr besteht. Die Dehnbarkeit der Lunge ist geringer und die Atemhilfsmuskulatur noch nicht vollständig ausgebildet. Außerdem stehen die Rippen fast gerade, sodass das maximale Volumen des Thorax bereits erreicht ist. Säuglinge und Kleinkinder atmen daher hauptsächlich mithilfe des Zwerchfells. Daher kann eine Druckerhöhung im Bauchraum die Beweglichkeit des Zwerchfells einschränken und zu einer Behinderung der Atmung führen.

Daneben ist der absolute Atemwegswiderstand durch die noch schmalen Atemwege erhöht. Kinder haben eine höhere Stoffwechselrate und dadurch einen zwei- bis dreifach höheren Sauerstoffverbrauch. Dies zusammen bedingt eine höhere Atemfrequenz (Tab. 2).

> Bereits geringe Schwellungen oder Sekretansammlungen in den Atemwegen können bei Kleinkindern zu einer erheblichen Obstruktion und Zunahme des Atemwegswiderstandes führen.
> Störungen der Atmung führen beim Kind relativ schnell zu einer Minderversorgung mit Sauerstoff, der *Hypoxie*.

16.3.2 Herz-Kreislauf-System

16.3.2.1 *Fetaler Kreislauf*

Solange sich das Kind im Mutterleib befindet, wird die Lunge des Fötus noch nicht belüftet, es findet kein Gasaustausch statt. Daher existiert ein fetaler Kreislauf, bei dem die Sauerstoffversorgung des Kindes durch das Blut der Mutter über die Plazenta erfolgt (Abb. 5). Sauerstoffarmes Blut fließt über

Tab. 2 ▶ Normale Atemfrequenz nach Alter

Alter (Jahre)	Atemfrequenz (pro min)
Neugeborenes	40 – 50
Säugling	30 – 40
Kleinkind	25 – 30
Schulkind	12 – 20

die Nabelarterien, die Aa. umbilicales, zur Plazenta, während sauerstoffreiches Blut von der Plazenta über die Nabelvene, die V. umbilicalis, in den kindlichen Organismus strömt. Da das Blut an der Lunge vorbeigeleitet werden muss, existieren hierzu zwei Kurzschlussverbindungen, das Foramen ovale und der Ductus arteriosus Botalli.

Das *Foramen ovale* ist eine ovale Öffnung in der Vorhofscheidewand. Das Blut fließt direkt vom rechten Vorhof in den linken Vorhof. Der restliche Teil des Blutes, der über die rechte Kammer in die A. pulmonalis gelangt ist, fließt über den *Ductus arteriosus Botalli* direkt in die Aorta.

Erst mit der Entfaltung der Lungen beim ersten Schrei entsteht der Lungenkreislauf. Durch die veränderten Druckverhältnisse verschließen sich Foramen ovale und Ductus arteriosus zunächst funktionell und ab Ende des dritten Lebensmonats definitiv.

Sauerstoffmangel oder Azidose beim Neugeborenen können zum Wiedereröffnen der Kurzschlussverbindungen führen.

16.3.2.2 *Herzfrequenz*

Das Myokard eines Kindes kann sich noch nicht so stark kontrahieren. Um dennoch eine ausreichende Auswurfleistung zu erzeugen, muss es daher schneller schlagen. Die Herzfrequenz eines Kindes ist deshalb relativ hoch, zumal auch sein Stoffwechsel und Sauerstoffverbrauch höher sind (TAB. 3).

Je jünger das Kind, desto höher die Herzfrequenz. Verlangsamte Herzfrequenzen, die Bradykardien, sind meist – bis zum Beweis des Gegenteils – durch Hypoxie bedingt und müssen zwingend als lebensbedrohlich erachtet werden.

16.3.2.3 *Blutvolumen*

Bis zum zweiten Lebensjahr beträgt das Blutvolumen 80 – 100 ml/kg Körpergewicht, ab dem zweiten Lebensjahr 70 – 80 ml/kg. Zum Vergleich: Frauen haben etwa 60 ml/kg und Männer etwa 70 ml/kg Körpergewicht. Ein 4 kg schwerer Säugling hat demnach etwa 330 ml Blut. Daher können schon geringe Blutverluste zu einem lebensbedrohlichen Schock führen.

TAB. 3 ▶ Normale Herzfrequenz nach Alter

Alter	Herzfrequenz (pro min)
Frühgeborene	120 – 170
Neugeborene	70 – 170
6 Monate	115 – 140
1 Jahr	115 – 140
3 Jahre	95 – 120
10 Jahre	70 – 110
14 Jahre	70 – 80

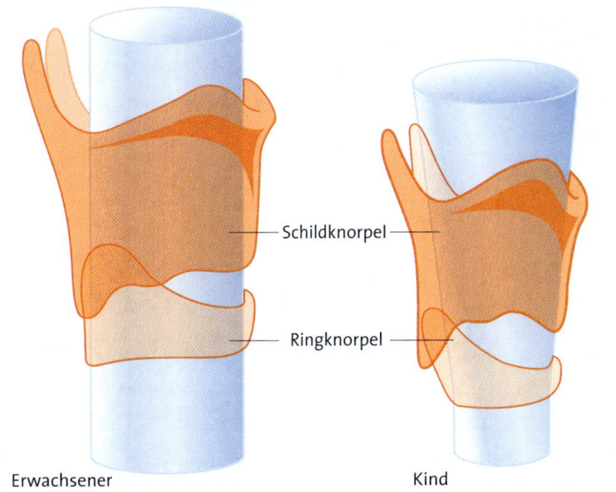

ABB. 4 ▶ Anatomie des kindlichen Kehlkopfes (nach Kretz/Becke 2007, modifiziert)

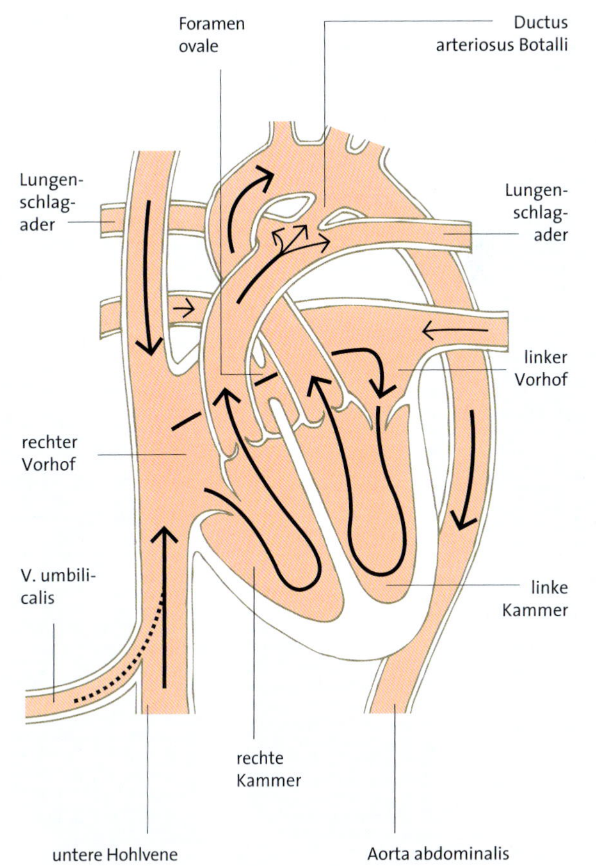

ABB. 5 ▶ Fetaler Blutkreislauf am Herzen

Tab. 4 ▶ Normale Blutdruckwerte nach Alter

Alter	Blutdruck (mmHg) (RR_{sys}/RR_{dia})	Anmerkung
Frühgeborene	45 – 85/25 – 50	von Geburtswoche und Reife abhängig
Neugeborene	75 – 85/40 – 50	von Geburtswoche und Reife abhängig
ab 6 Monate	85 – 100/60 – 65	entwicklungsabhängig
ab 3 Jahre	100/60 – 70	entwicklungsabhängig
ab 10 Jahre	100 – 110/65 – 75	von der Konstitution abhängig

16.3.2.4 *Blutdruck*

Je jünger das Kind, desto niedriger ist der Blutdruck (Tab. 4). Zur Messung benötigt man spezielle Kindermanschetten. Falls ein solcher Apparat nicht verfügbar ist, ist die »Rekapillarisierungsmessung« anzuwenden. Man presst hierbei mit zwei Fingern eine Zehe oder einen Finger des Kindes kurz zusammen, bis das Nagelbett abblasst. Dann beobachtet man, wie schnell es sich wieder mit Blut füllt, also rosig wird. Geschieht dies innerhalb von zwei Sekunden, so kann man davon ausgehen, dass der Blutdruck im Normbereich liegt. Denn eine Hypoxie als Folge eines Blutdruckabfalls führt zur Vasokonstriktion mit Abnahme der peripheren Durchblutung.

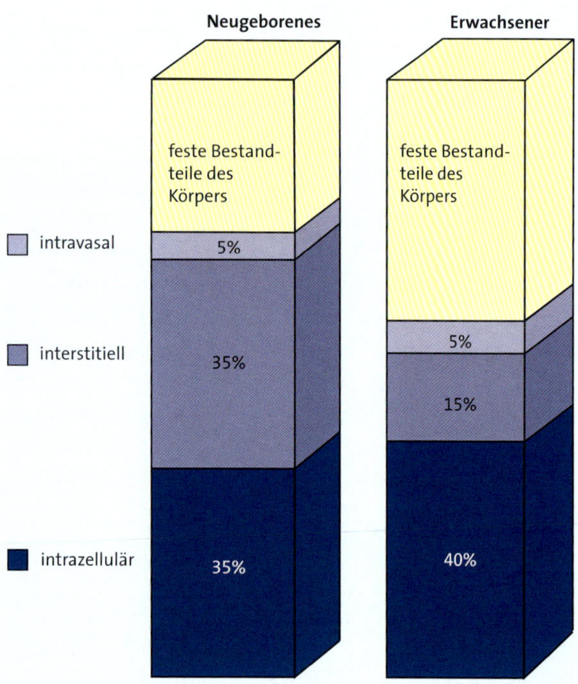

Abb. 6 ▶ Besonderheiten der Wasserverteilung beim Kind

16.3.3 Wärmeregulation

Bezogen auf die Gesamtkörperoberfläche ist der Anteil des Kopfes im Säuglingsalter etwa doppelt so groß wie im Erwachsenenalter. Kinder sind deshalb stärker durch Auskühlung gefährdet. Ferner sind insbesondere bei kleineren Kindern die Muskeln noch nicht so weit entwickelt, dass sie durch Kältezittern Wärme produzieren könnten. Der Körper kann die erforderliche Wärme nur durch Steigerung des Stoffwechsels erzeugen. Hierzu werden die Brennstoffe Glukose bzw. Glykogen, Fette und Sauerstoff benötigt. Dies kann zu Hypoglykämie, Hypoxie und Azidose – durch die bei der Fettverbrennung entstehenden Ketonkörper – führen. Die optimale Umgebungstemperatur für ein Neugeborenes liegt bei 32 °C.

Je kleiner ein Kind, desto ungünstiger ist das Verhältnis zwischen Körperoberfläche und Körpergewicht. Die große Gefahr einer schnelleren Unterkühlung droht.

16.3.4 Wasser- und Elektrolythaushalt

Kinder haben einen höheren Flüssigkeitsanteil und damit auch einen höheren Flüssigkeitsbedarf. Der Wassergehalt im Körper beträgt bei Säuglingen und Kleinkindern 75 % und bei Kindern etwa 60 %, während er bei Erwachsenen zwischen 50 und 60 % liegt. Bei Kindern ist die Verteilung im Körper anders, da der extrazelluläre Anteil wesentlich höher ist (Abb. 6). Zusätzlich ist die kindliche Niere noch nicht voll ausgereift und kann den Harn bei Wassermangel kaum konzentrieren. Sie verliert relativ viel Natrium, was mit der Gefahr der intrazellulären Ödembildung verbunden ist. Daher werden Flüssigkeitsverluste von Kindern schlecht toleriert. Hinweise hierfür sind Durst, Oligurie, Tachykardie, Hypotonie und Kollapsneigung sowie Benommenheit und Verwirrungszustände bis hin zu Krampfanfällen bei beginnendem Hirnödem.

Flüssigkeitsverluste führen bei Kindern schnell zur bedrohlichen Dehydratation.

16.3.5 Nervensystem und Reflexe

Zum Zeitpunkt der Geburt sind Gehirn und Nervensystem noch nicht vollständig entwickelt. Um dem wachsenden Gehirn Raum zu geben, klaffen die Schädelplatten zunächst an den Schädelnähten ein wenig auseinander. Die dadurch vorhandenen Lücken bezeichnet man als *Fontanellen*. Sie sind mit Bindegewebe überbrückt und verschließen sich durch das Zusammenwachsen der Knochenplatten bis zum

TAB. 5 ▶ Wichtigste frühkindliche Reflexe

Reflex	Reaktion
palmarer Greifreflex (Handgreifreflex)	Druck auf die Handinnenfläche bewirkt kräftiges Greifen oder Faustschluss
plantarer Greifreflex (Fußgreifreflex)	Druck auf die Fußballen bewirkt Zehenkrallen
Schreitreflex	Halten des Säuglings in aufrechter Position bewirkt bei Kontakt der Füße mit der Unterlage Schreitbewegungen
Suchreflex	Bestreichen der Wange führt zum Verziehen des Mundes und zur Kopfbewegung in Richtung auf den Reiz
Saug-Schluckreflex	Kombination aus Saug- und Schluckreflex: 3 × Saugen, 1 × Schlucken, 1 × Atmen
Babinski-Reflex	laterales Bestreichen der Fußsohle führt zur Dorsalextension der Großzehe sowie Spreizung und Plantarflexion der kleinen Zehen

TAB. 6 ▶ APGAR-Score

Punkte	0	1	2
A Aussehen und Hautfarbe	blass/blau	zyanotisch, Stamm rosig, Extremitäten blau	rosig
P Puls oder Herzfrequenz	keine	< 100/min	> 100/min
G Grimassen oder Reflexe beim Absaugen	keine	Verziehen des Gesichtes	Husten, Niesen oder Schreien
A Aktivität/Muskeltonus	schlaff	träge Flexion	aktive Bewegung
R Respiration oder Atmung	keine	Schnappatmung oder unregelmäßige Atmung	regelmäßig, kräftig schreiend

nach dem amerikanischen Original von Virginia Apgar

Alter von zwei Jahren; die vollständige Verknöcherung ist mit ca. 20 Jahren erreicht. Ferner erleichtert die Verschiebbarkeit des Schädels den Durchtritt des kindlichen Kopfes durch den Geburtskanal.

Voll ausgereift dagegen sind die Stammhirnfunktionen, die für das Überleben notwendig sind. Hierzu zählen vor allem die Steuerung der Atmung, des Herz-Kreislauf-Systems und der Körpertemperatur. Weil die Haut viel zarter ist als beim Erwachsenen, sind Tastsinn, Wärme- und Kältesensoren sowie Druck- und Schmerzrezeptoren empfindlicher. Komplexere Körperbewegungen sind noch nicht möglich, da die Nervenbahnen im Rückenmark noch verfeinert werden müssen.

Das Verhalten des Neugeborenen wird durch reflektorische Abläufe bestimmt. Typisch sind die frühkindlichen Reflexe, die vornehmlich dem Schutz und der Nahrungsaufnahme dienen (TAB. 5). Sie werden mit fortschreitender Ausreifung des Nervensystems innerhalb des ersten Lebensjahres von anderen Reflexmustern abgelöst. Bilden sie sich nicht zurück oder lassen sie sich später wieder auslösen, liegt eine Schädigung der Pyramidenbahn vor, zum Beispiel der Babinski-Reflex.

16.3.6 Neugeborenenuntersuchung

Um sicherzustellen, dass sich das Neugeborene an die geänderten Verhältnisse außerhalb des schützenden Mutterleibes gut anpasst, wird nach einer, nach fünf und nach zehn Minuten durch den Geburtshelfer der APGAR-Test durchgeführt. Er wurde von der amerikanischen Anästhesistin Virginia Apgar entwickelt, 1953 erstmals vorgestellt und stellt ein Bewertungsschema der Vitalfunktionen beim Neugeborenen dar (TAB. 6).

Herzfrequenz, Atmung, Muskeltonus, Hautfarbe und Reflexe werden überprüft. Jedes dieser fünf Kriterien erhält eine Note zwischen null und zwei, danach wird die Punktzahl addiert.

Als optimal gelten Werte zwischen 8 und 10 Punkten. Liegen die Werte zwischen 5 und 8, gilt das Neugeborene als gefährdet, bei Werten unter 5 besteht akute Lebensgefahr.

16.4 Abschätzung des Alters

Kinder entwickeln sich physiologisch sehr individuell. Die Übersicht in Tabelle 7 soll eine leichtere Abschätzung des Alters ermöglichen.

Tab. 7 ▶ »Meilensteine« zur Abschätzung von Kindesentwicklung und Alter

kann Kopf in Bauchlage kurzzeitig anheben	6 Wochen
hebt Kopf in Bauchlage über längere Zeit an	3 Monate
sitzt mit Unterstützung	5 Monate
aktives, sicheres Greifen	älter als 5 Monate
Säugling ohne Milchzähne	jünger als 6 – 8 Monate
fremdeln	6 – 8 Monate
steht mit Unterstützung	9 Monate
sitzt frei und krabbelt	10 Monate
läuft mit Festhalten an einer Hand	12 Monate
vollständige Schneidezähne	12 – 15 Monate
offene große Fontanelle	jünger als 12 – 18 Monate
steht ohne Unterstützung	14 Monate
läuft ohne Hilfe	18 Monate
folgt einfachen Aufforderungen	älter als 18 Monate
trägt Windeln	jünger als 2 – 3 Jahre
vollständiges Milchgebiss	ab 2 Jahre
kennt Vor- und Nachnamen	ab 3 Jahre
Kind mit Fahrradunfall	älter als 4 – 5 Jahre
Lücken im Milchgebiss	älter als 6 Jahre

Anhang

Inhalt:

Literatur	318
Abbildungsnachweis	319
Herausgeber und Autoren	320
Index	321

Literatur

1 Naturwissenschaftliche Grundlagen

BOECK G (2015) *Endspurt Vorklinik: Chemie.* 3. Aufl., Stuttgart, New York: Thieme.

GORGASS B ET AL. (2005) *Rettungsassistent und Rettungssanitäter.* 7. Aufl., Berlin: Springer.

HARTEN U (2014) *Physik für Mediziner.* 14. Aufl., Berlin: Springer.

MARSCH F, MARSCH D (1999) *Physik für Pflegeberufe.* 5. Aufl., Stuttgart, New York: Thieme.

MENCHE N (Hrsg.) (2016) *Biologie, Anatomie, Physiologie.* 8. Aufl., München: Urban & Fischer bei Elsevier.

MORTIMER CE (2015) *Chemie: Das Basiswissen der Chemie.* 12. Aufl., Stuttgart: Thieme.

LAUTENSCHLÄGER KH, WEBER W (2013) *Taschenbuch der Chemie.* 21. Aufl., Haan-Gruiten: Verlag Europa-Lehrmittel.

LUXEM J, RUNGGALDIER K, KARUTZ H, FLAKE F (Hrsg.) (2016) *Notfallsanitäter heute.* 6. Aufl., Amsterdam: Urban & Fischer bei Elsevier.

PITSCH W-J (1996) *Chemie für Pflegeberufe.* 4. Aufl., Stuttgart, New York: Thieme.

SEIBT W (2015) *Physik für Mediziner.* 7. Aufl., Stuttgart, New York: Thieme.

STÖCKER H (Hrsg.) (2013) *Taschenbuch der Physik.* 7. Aufl., Haan-Gruiten: Verlag Europa-Lehrmittel.

TREBSDORF M (2013) *Biologie, Anatomie, Physiologie. Lehrbuch und Atlas.* 13. Aufl., Haan-Gruiten: Verlag Europa-Lehrmittel.

WEBER U ET AL. (Hrsg.) (2015) *Biologie Oberstufe: Gesamtband.* 3. Aufl., Berlin: Cornelsen.

2 – 16 Anatomie und Physiologie

BARG A (2006) *Fälle Physiologie.* Amsterdam: Urban & Fischer bei Elsevier.

BIERBACH E (Hrsg.) (2013) *Naturheilpraxis heute. Lehrbuch und Atlas.* 5. Aufl., Amsterdam: Urban & Fischer bei Elsevier.

DÖNITZ S, FLAKE F (2015) *Mensch, Körper, Krankheit für den Rettungsdienst.* München: Urban & Fischer bei Elsevier.

DORSCH A (2004) *Pädiatrische Notfallsituationen.* 2. Aufl., München: Urban & Vogel.

DRAKE RL, VOGL AW, MITCHELL AWM (2007) *Gray's Anatomie für Studenten.* Amsterdam: Urban & Fischer bei Elsevier.

FAHLKE C ET AL. (2015) *Taschenatlas Physiologie.* 2. Aufl., München: Urban & Fischer bei Elsevier.

FALLER A, SCHÜNKE M (2016) *Der Körper des Menschen. Einführung in Bau und Funktion.* 17. Aufl., Stuttgart: Thieme.

GERTZ SD (2003) *Basiswissen Neuroanatomie.* 4. Aufl., Stuttgart: Thieme.

GOLENHOFEN K (2006) *Basislehrbuch Physiologie.* 4. Aufl., München: Urban & Fischer bei Elsevier.

HEINRICH PC ET AL. (Hrsg.) (2014) *Löffler/Petrides Biochemie und Pathobiochemie.* 9. Aufl., Berlin, Heidelberg: Springer.

HORN F (2015) *Biochemie des Menschen.* 6. Aufl., Stuttgart: Thieme.

HUCH R ET AL. (Hrsg.) (2015) *Mensch, Körper, Krankheit.* 7. Aufl., München: Urban & Fischer bei Elsevier.

HUPPELSBERG J, WALTER K (2013) *Kurzlehrbuch Physiologie.* 4. Aufl. Stuttgart, New York: Thieme.

JOHNSON AG (2001) *Immunologie auf 70 Seiten.* Stuttgart: Thieme.

KUNSCH K, KUNSCH S, SCHAAL S (2016) *Der Mensch in Zahlen. Eine Datensammlung in Tabellen mit über 20 000 Einzelwerten.* 4. Aufl., Berlin: Springer Spektrum.

LANG F, LANG P (2007) *Basiswissen Physiologie.* 2. Aufl., Heidelberg: Springer.

LIPPERT H, HERBOLD D, LIPPERT-BURMESTER W (2007) *Anatomie kurz gefasst.* München, Amsterdam: Urban & Fischer bei Elsevier.

MALE D (2005) *Immunologie auf einen Blick.* München: Urban & Fischer bei Elsevier.

MAURER M (2012) *Physiologie.* 2. Aufl., Berlin: Lehmanns Media.

MENCHE N (Hrsg.) (2016) *Biologie, Anatomie, Physiologie.* 8. Aufl., München: Urban & Fischer bei Elsevier.

MICHAELIS R, NIEMANN G (2010) *Entwicklungsneurologie und Neuropädiatrie: Grundlagen und diagnostische Strategien.* 4. Aufl., Stuttgart, New York: Thieme.

MURPHY KM, TRAVERS P, WALPORT M (Hrsg.) (2014) *Janeway Immunologie.* 7. Aufl., Berlin: Springer Spektrum.

MUTSCHLER E, SCHAINLE H-G, VAUPEL P (2015) *Anatomie, Physiologie, Pathophysiologie des Menschen.* 7. Aufl., Stuttgart: Wissenschaftliche Verlagsgesellschaft.

NETTER FH (2015) *Atlas der Anatomie.* 6. Aufl., München: Urban & Fischer bei Elsevier.

PEZZUTTO A, ULRICH T, BURMESTER G-R (2007) *Taschenatlas der Immunologie.* 2. Aufl., Stuttgart: Thieme.

PLATZER W (2013) *Taschenatlas der Anatomie. Bd. 1: Bewegungsapparat.* 11. Aufl., Stuttgart, New York: Thieme.

POSEL P (Hrsg.) (2006) *Sobotta – Spielend durch die Anatomie. Bd. 1: Knochen, Bänder, Gelenke.* 5. Aufl., München: Urban & Fischer bei Elsevier.

POSER P (Hrsg.) (2006) *Sobotta – Spielend durch die Anatomie. Bd. 2: Muskeln.* 5. Aufl. München: Urban & Fischer bei Elsevier.

POSER P (Hrsg.) (2006) *Sobotta – Spielend durch die Anatomie. Bd. 3: ZNS und Leitungsbahnen.* 4. Aufl., München: Urban & Fischer bei Elsevier.

POSER P (Hrsg.) (2008) *Sobotta – Spielend durch die Anatomie. Bd. 6: Innere Organe.* München: Urban & Fischer bei Elsevier.

POSER P (Hrsg.) (2007) *Sobotta – Spielend durch die Histologie.* 4. Aufl., München: Urban & Fischer bei Elsevier.

PSCHYREMBEL W (2014) *Pschyrembel. Klinisches Wörterbuch.* 266. Aufl., Berlin, New York: de Gruyter.

REHNER G, DANIEL H (2010) *Biochemie der Ernährung.* 3. Aufl., Heidelberg, Berlin: Spektrum Akademischer Verlag, Gustav Fischer.

ROHEN JW, LÜTJEN-DRECOLL E (2006) *Funktionelle Anatomie des Menschen.* 11. Aufl., Stuttgart: Schattauer.

SCHLIEPER C (2014) *Grundfragen der Ernährung.* 21. Aufl., Hamburg: Büchner Handwerk und Technik.

SCHMIDT RF, LANG F, HECKMANN M (Hrsg.) (20110) *Physiologie des Menschen.* 31. Aufl., Berlin, Heidelberg: Springer.

SCHMIDT RF, SCHAIBLE, H-H (Hrsg.) (2006) *Neuro- und Sinnesphysiologie.* 5. Aufl., Berlin: Springer.

SCHÜTT C, BRÖKER B (2011) *Grundwissen Immunologie.* 3. Aufl., Heidelberg: Spektrum.

SIEGENTHALER W (Hrsg.) (2006) *Klinische Pathophysiologie.* 9. Aufl., Stuttgart: Thieme.

SILBERNAGL S, DESPOPOULOS A (2012) *Taschenatlas Physiologie.* 8. Aufl., Stuttgart, New York: Thieme.

SILBERNAGL S, LANG F, GAY R (2013) *Taschenatlas Pathophysiologie.* 4. Aufl., Stuttgart: Thieme.

SPECKMANN E-J, WITTKOWSKI W (Hrsg.) (2015) *Handbuch Anatomie – Bau und Funktion des menschlichen Körpers.* Potsdam: Ullmann.

SPECKMANN E-J, WITTKOWSKI W (Hrsg.) (2013) *Physiologie.* 6. Aufl., München: Urban & Fischer bei Elsevier.

TORTORA GJ, DERRICKSON BH (2008) *Anatomie und Physiologie.* Weinheim, New Jersey: Wiley-VCH-Verlag.

Abbildungsnachweis

Alle hier nicht aufgeführten Grafiken wurden vom Verlag nach Vorlagen der jeweiligen Autoren bzw. der Herausgeber erstellt. Weitere Quellenangaben finden sich direkt bei den Abbildungen und im Literaturverzeichnis.

Dr. med. Peer G. Knacke
Facharzt für Anästhesiologie, Notfallmedizin
Oberarzt Abteilung für Anästhesie, Rettungsmedizin und Schmerztherapie
Sana Kliniken Ostholstein GmbH
Hospitalstraße 22
D-23701 Eutin
Kap. 6 Abb. 25

Mathias Wosczyna
Grafik-Designer
Langer Grund 20a
D-16348 Wandlitz
Kap. 1 Abb. 4 – 5 (Elemente), 20 – 21; Kap. 2 Abb. 1 – 4, 6 – 10, 13 – 15, 17 (Elemente), 18 – 24; Kap. 3 Abb. 1 – 4, 6, 7 (Elemente), 9 – 12; Kap. 4 Abb. 2 – 15, 17; Kap. 5 Abb. 1 – 13, 15, 18; Kap. 6 Abb. 1 – 24, 26 – 28; Kap. 7 Abb. 1 – 6, 8; Kap. 8 Abb. 1 – 2, 5 – 6; Kap. 9 Abb. 2, 8, 12; Kap. 10 Abb. 2, 4 – 19; Kap. 11 Abb. 1 – 36; Kap. 12 Abb. 1 – 5, 7; Kap. 13 Abb. 1 – 7; Kap. 14 Abb. 1 – 3; Kap. 15 Abb. 1 – 11, 13, 14; Kap. 16 Abb. 4,5

Herausgeber und Autoren

▶ Herausgeber

Kersten Enke
Diplom-Gesundheitslehrer und Notfallsanitäter
Leiter Johanniter-Akademie Bildungsinstitut Hannover
Johanniter-Unfall-Hilfe e.V.
Büttnerstraße 19
D-30165 Hannover

Dr. med. Andreas Flemming
Facharzt für Anästhesiologie
Oberarzt an der Stabsstelle für Interdisziplinäre Notfall- und Katastrophenmedizin an der Medizinischen Hochschule Hannover,
ÄLRD in Hannover
Landeshauptstadt Hannover – Feuerwehr OE 37.04.1
Feuerwehrstraße 1
D-30169 Hannover

Hans-Peter Hündorf
Notfallsanitäter
Leiter Rettungsdienst beim DRK-Kreisverband Limburg e.V.
Senefelderstraße 1
D-65553 Limburg

Dr. med. Peer G. Knacke
Facharzt für Anästhesie und Notfallmedizin
ÄLRD Kreis Ostholstein und Oberarzt in der Fachabteilung Anästhesie der Sana Kliniken Ostholstein GmbH – Klinik Eutin
Hospitalstraße 22
D-23701 Eutin

Roland Lipp
Abteilungsleiter Nationale Hilfsgesellschaft
DRK-Landesverband Rheinland-Pfalz e.V.
Mitternachtsgasse 4
D-55116 Mainz

Dr. med. Peter Rupp
Facharzt für Innere Medizin, Intensivmedizin und Notfallmedizin
Chefarzt der Zentralen Notaufnahme und der Inneren Medizin
Ubbo-Emmius-Klinik gGmbH
Ostfriesisches Krankenhaus
Wallinghausener Straße 8 – 12
D-26603 Aurich

▶ Autoren

Anne Stege
Diplom-Volkswirtin und Heilpraktikerin,
Dozentin im medizinischen Bereich
Sertoriusring 19
D-55126 Mainz
Kap. 2–16

Kevin Andrae
Bildungsinstitut des DRK-Landesverbandes Rheinland-Pfalz e.V.
Bauerngasse 7
D-55116 Mainz
Kap. 1.1 – 1.3

Johannes Becker
Bildungsinstitut des DRK-Landesverbandes Rheinland-Pfalz e.V.
Bauerngasse 7
D-55116 Mainz
Kap. 1.1, 1.2

Dr. med. Matthias R. Dörmann
Arzt für Innere Medizin
IMB Consult – Gesellschaft für medizinische Gutachten
Amtmann-Ibing-Straße 10
D-44805 Bochum
Kap. 3.2, 3.3.8, 3.3.9

Prof. Dr. med. Lothar Jäger
Rosa-Luxemburg-Straße 34
D-07743 Jena
Kap. 9.6

Andreas Keiner
Ärztlicher Mitarbeiter
Hinter der Hecke 15a
D-55268 Nieder-Olm

Johannes Veith
Bildungsinstitut des DRK-Landesverbandes Rheinland-Pfalz e.V.
Bauerngasse 7
D-55116 Mainz
Kap. 1.1 – 1.3

Index

A

AB0-System 194
Abduktion 228
Abfluss, venöser 217
abziehender Nerv 221
Acetylsalicylsäure (ASS) 55, 57
Achsel
    -arterie 64
    -vene 66
ACTH 176
Adamsapfel 89
Addition 2
Adduktion 228
Adenin 23, 30
Adenohypophyse 176
Adenosin
    -diphosphat (ADP) 24, 28
    -triphosphat (ATP) 24, 26, 28
Aderhaut 283
ADH. *Siehe* Hormon, antidiuretisches
Adipozyten 43
ADP. *Siehe* Adenosindiphosphat
Adrenalin 181
Adventitia 66, 121
    – Subserosa 128
After (Anus) 109
Afterload 85. *Siehe auch* Nachlast
Agglutination 194
Aggregatzustand 9, 267
Akkommodation 12, 284
Akromion 246
Aktinfilament 235
Aktionspotenzial 36–38
Akustik 12
Albumine 49
Aldosteron 165, 180
Alkoholdehydrogenase 145
ALL. *Siehe* Leukämie, akute lymphatische
Allergie 198
Alles-oder-nichts-Prinzip 81
alveoläre Ventilation 102
Alveolar
    -deckzellen 92
    -knochen 111
    -makrophagen 92
Alveole 88, 92–93
Amboss (Incus) 274
Aminosäure 23
    -abkömmlinge 171
Ampulla
    – ductus deferentis (Ampulle) 291
    – recti 129
Amygdala 211
Amylasen 138
Anabolismus 19, 144, 147
Analkanal 130
Anämie 55–56
Anaphase 33, 34
Anatomie
    Grundlagen 25–46
    makroskopische – 139
    mikroskopische – 143
Androgene A 181, 294
Angina tonsillaris 61
Angio-
    -tensin 165
    -tensinogen 165
Angulus venosus
    – dexter 66
    – sinister 66
Anoxie 103
Anteversion 228
Antigen 186, 194–195. *Siehe auch* Schock, anaphylaktischer
Antikoagulanzien 55
Antikörper 190
Antithrombin 55
Antrum pyloricum 119
Anurie 167
Anus (After) 109
Aorta 79
    – abdominalis 64, 132
    – descendens 64, 67
    – thoracica 64
Aorten-
    -bogen 64
    -enge 117
    -klappe 77
Apex
    – cordis 76
    – pulmonis (Lungenspitze) 93
APGAR-Test 315
Apoptose 28, 37 – 39
Appendix vermiformis. *Siehe* Wurmfortsatz
Apraxie 209
Aquädukt 213
Arachnoidalzotten 215
Arachnoidea 212
Arbeit(s) 6
    elektrische – 11
    -umsatz 147
Arteria(e), A. (Aa.) 64
    – axillaris 64, 67
    – basilaris 215 ,216
    – brachialis 64, 67
    – bulbi urethrae 293
    – carotis
        – communis dextra 64, 67, 215–216
        – communis sinistra 64 ,67, 215 – 216

– externa 67, 216
– interna 67, 216
– cerebri anterior 217
– cerebri media 217
– cerebri posterior 217
– coronaria dextra 64, 79
– coronaria sinistra 64, 80
– dorsalis pedis 65, 67
– dorsalis penis 293
– femoralis 65, 67
– fibularis 65, 67
– hepatica 67, 143
– iliaca
– communes 65
– communis sinistra und dextra 67, 132
– externa 65, 67
– externa sinistra und dextra 135
– interna 65, 67
– interna sinistra und dextra 135
– interlobularis 143
– mesenterica inferior 65, 67, 132
– mesenterica superior 65, 67, 132
– ophthalmica 216
– poplitea 65, 67
– profunda penis 293
– pudenda interna 293
– pulmonalis
– dextra 67, 79
– sinistra 67, 79
– radialis 64, 67
– renalis 65, 67, 158
– subclavia dextra 64, 67
– subclavia sinistra 64
– tibialis anterior 65, 67
– tibialis posterior 65, 67
– ulnaris 64, 67
– urethralis 293
– vertebralis
– dextra 67, 215–216
– sinistra 215–216
Arterialisierung 93
Arterie(n) 66–69
-aufbau 66–69
Arteriole 69
Ascorbinsäure (Vitamin C) 151
Astrozyten 206
Asystolie 83
Atem
-frequenz 102
-gas
Diffusion 99
Zusammensetzung 98
-größen 102–103
-hilfsmuskulatur 95
-minutenvolumen 102, 103
-regulation
chemische – 102
zentrale – 101–102
-reize
unspezifische – 102
-steuerung 101–102
-zugvolumen 101
Atlas 241
Atmung(s)
Biot- 104, 105
Cheyne-Stokes- 104, 105
inverse – 104
Kußmaul- 104, 105
Mechanik 94–97
-organe 312
paradoxe – 104
Physiologie 97–106
Schnapp- 104–105
-system 87–106
-typen 103
pathologische – 103, 104, 105
physiologische – 103
Atom 13
-bau 13
Atrioventrikular
-klappen 76
-knoten. *Siehe* AV-Knoten
Atrium 76
Auerbach-Plexus 126, 202
Augapfel (Bulbus oculi) 283–285
Auge(n) 281–288
Aufbau 282, 283
-hintergrund 285
-höhle (Orbita) 285
-innendruck 283
-kammern 283–384
Lid 285–286
-muskeln 287, 288
Schutzvorrichtungen 285–286
Auricula 273
Außenohr 273
Außenrotation 228
Austreibungsphase 303
Autoimmunerkrankungen 198
autonomes Nervensystem. *Siehe* Nervensystem
Autoregulation
lokale – 74
Autosomen 29
AV-Knoten 80
Axis 241
Axon 45, 203

B

Babinski-Reflex 219, 315
Backenzahn 109
Bahnen, extrapyramidale 219

Ballaststoffe 148
Bandwurm 197
Bartholin-Drüsen 297
Basal
-ganglien 207, 219,
-membran 41, 261
-zellschicht 259
Base 18
Basilarmembran 274, 277
Basophilie 52
Bathmotropie 83
Bauch. *Siehe auch* Abdomen
-fell. *Siehe* Peritoneum
-tasche 132
-raum
Arterien 132 – 135
Venen 135
-speicheldrüse(n). *Siehe* Pankreas
Baufett 43
Bauhin-Klappe 127
Becherzelle 125
Becken
-boden 250 – 252
-gürtel 248 – 250
-vene 65
Befruchtung 298
Belegzelle 119
Beschleunigung 5
Bestandteile des Blutes 48
Beta-Strahlung. *Siehe* β-Strahlung
Bewegung(s) 5 – 6
-apparat 225 – 256
-richtungen 226–228
Bifurkation 91
Bikuspidalklappe 76
Bilirubin 51, 144
Biliverdin 144
Bindegewebe 40, 41, 42 – 43
faserarmes – 42
faserreiches – 42
retikuläres – 43
Bindehaut 285
Bindung
Atom- 16, 17
chemische – 15 – 16
Ionen- 16, 17
kovalente – 16
Metall- 17
Wasserstoffbrücken- 16
Biot-Atmung 104, 105
Biotin (Vitamin H) 152
Bläschendrüse (Glandula vesiculosa) 291
Blase(n)
-dreieck 166
-entleerung 166
-grund 166
-sprung 303
Blastozyste 298
Blickfeld 288
Blinddarm (Caecum) 109, 127 – 128
Blut 48 – 55
-bild 55
CO_2-Transport 100 – 101
-gerinnung 53, 54
-gruppen 194 – 195
-Hirn-Schranke 206
-hochdruck 72
-körperchen
rote –. *Siehe* Erythrozyten
weiße –. *Siehe* Leukozyten
-leiter
venöser – 212
-Liquor-Schranke 215
-Luft-Schranke 98
O_2-Transport 99 – 100
-plasma 48 – 49
-plättchen. *Siehe* Thrombozyten
-stillung 53 – 54
-volumen 313
-zelle 49 – 53
Blutdruck 71 – 73, 314
-amplitude 72
arterieller – 72
diastolischer – 72
-messung
Riva-Rocci (RR) 72
-regulation 73 – 75
-schwankungen 74
systolischer – 72
venöser – 72
Blutungsneigung 55, 57
B-Lymphozyten 192
Bogengänge 277 – 279
Bohr-Effekt 100
Bowman-Kapsel 158
Bradypnoe 104
Brechkraft 12
Brennpunkt 12
Broca-Areal 209
Bronchialbaum 91
Bronchien 91
Bronchioli respiratorii 91
Broncho-
-dilatation 91
-konstriktion 91
Bruchrechnen
Erweitern 3
Kürzen 3
Brücke 210
Brunner-Drüse 125

Brust
- -aorta 64
- -bein (Sternum) 244
  - -körper 244
- -drüse 305
- -fell 94
- -korb 244
- -warze 308
- weibliche – 305–306
- -wirbelsäule (Kyphose) 243

Bulbus oculi 284, 285
Bursa omentalis 132
Bürstensaum 125

C

Caecum. *Siehe* Blinddarm
Calcaneus. *Siehe* Fersenbein
Calcidiol 258
Calcitonin 177
Calcitriol 177
cAMP 173
Canalis
- – analis 130
- – centralis 213
- – opticus 288

Capsula fibrosa 177
Caput pancreatis 135
Carboxypeptidase 137
Cartilago thyroidea 89
Cauda
- – equina 212, 217
- – pancreatis 135

Cavitas
- – oris 109, 115
- – subarachnoidea 212

Cellulae ethmoidales 89
Celsius 8
Cementum 111
Cerebellum 210
Cerebrum 207
Chemie 13–24
- Bio- 18

Chemotaxis 189
Chiasma opticum 288
Chlor 152–153
Choanen 88
Cholesterin 147, 149
Chordae tendinea 77
Choroidea 283, 284
Chromatiden 30, 34
Chromatin 30
Chromosomen 29–30, 298
- -satz
  - diploider – 32, 34
  - haploider – 32, 34

Chronotropie 82
Chylomikronen 183, 150
Chymotrypsin 137
Chymus 119
Circulus arteriosus cerebri Willisii 216
Cisterna chyli 58
Clavicula 246
Cobalamin (Vitamin B_{12}) 152
Cochlea 274, 276
Collum / Zervix uteri (Uterushals) 296
Colon (Grimmdarm) 109, 126, 128
- – ascendens 127, 128
- – descendens 127, 128
- – sigmoideum 127, 128
- – transversum 127, 128

Columnae anales 130
Conjunctiva (Bindehaut) 285
Conus medullaris 217, 243
Cornea (Hornhaut) 283
Corona radiata 298
Corpus
- – callosum 208
- – cavernosum penis 292
- – ciliaris 283
- – luteum 295
  - – graviditatis 298
- – pancreatis 135
- – spongiosum penis 292
- – sterni 244
- – uteri 296
- – vitreum (Glaskörper) 283
- – ventriculi 119

Cortex 207
- – renalis 158

Corti-Organ 274
Cortisol 180
Costae 244
Cowper-Drüsen 292
Cranium. *Siehe* Schädel
CRP. *Siehe* Protein, C-reaktives
Crusta 41
Cryptae intestinales 125
Cumarinderivate 55
Cupula 277, 278, 279
Curvatura major und minor 119
Cytosin 23, 30
C-Zellen 177

D

Darm 122–130
- -bein
  - -arterien 65
  - -kamm 250
- -flora 126
- -nervensystem 202
- -zotten 124, 125, 126

Decussatio pyramidum 211
Defäkation 130
Dehnung(s)-
  -rezeptoren 101. *Siehe auch* Pressorezeptoren
Dehydratation 267
Dehydroepiandrosteron 180
Dendrit 45–46, 203, 204
Dentin 111
Dentition 110
Depolarisation 36
Dermis 259, 261
Desoxyribonukleinsäure 23
Detrusormuskel 165
DHEA 180, 181
D-Hormon 258
Diaphragma. *Siehe* Zwerchfell
Diaphyse 229
Diastole 84
Dickdarm (Intestinum crassum) 109, 126–130
Diencephalon 210
Diffusion 17, 35, 98
Dipeptide 23
Diphtherie 197
Dipol 16
Disaccharide 138
Disci intervertebrales 242
Diskus. *Siehe* Bandscheibe(n)
Dissé-Raum 143
Division 2
DNA 23–24, 30
Döderlein-Bakterien 297
Dopamin 205
Doppelhelix 30
Dornfortsatz 242
Dottersack 300
Dreh-
  -gelenk 234, 235
  -schwindel 277
Dreisatz 4
  direkter – 4
  indirekter – 4
Drillingsnerv 221
Dromotropie 82–83
Drosselvene 66
Druck 7
  intrakranieller (ICP) – 73
  mittlerer arterieller (MAP) – 72
Drüsen 291
  -epithel 41
Ductus
  – arteriosus Botalli 313
  – choledochus 144
  – cochlearis 274
  – cysticus 144
  – deferens 291
  – ejaculatorius (Spritzgang) 291
  – epididymidis 291
  – hepaticus communis 144
  – hepaticus dexter 144
  – hepaticus sinister 144
  – lactifer 305
  – nasolacrimalis 286
  – pancreaticus 135
  – pancreaticus accessorius 135
  – semicirculares 277
  – thoracicus 66
Duftdrüsen 264
Dünndarm (Intestinum tenue) 109, 122–126
  -saft 125
Duodenum (Zwölffingerdarm) 109, 122
Duralsack 212
Dura mater 42, 211–212
Dyspnoe 104
D-Zellen 183, 184

E

Eckzahn 109, 110
Eichel 292
Eierstöcke (Ovarien) 294–295
Eigelenk 234, 235
Eigenreflexe 223
Eileiter (Tuben) 296
Eingeweide
  -arterie 65, 66
Eisen 153
  -mangel 55–56
Eisprung 295
Eiweiß 149
  -verdauung 149
Ejakulation 294
Ektoderm 300
Elektrizität 10–11
Elektrolythaushalt 314
Elektron 10, 13
Elektro-
  -negativität 15
  -phorese 190
  -physiologische Grundlagen 81
Element, chemisches 14
Elementarladung 10
Elle(n)-
  -arterie 64
  -bogengelenk 246
  --nerv 222
  -vene 66
Embryo 300
  -blast 298
Embryonalphase 300
Enamelum 111
Endo-
  -kard 77, 78
  -karditis 77

-krine Organe 173
-lymphe 274
-metrium 297
-plasmatisches Retikulum (ER) 27
-thel 77
-zytose 36
Energie 6
-bedarf 147 – 148
-haushalt 146 – 147
kinetische – 6, 267
potenzielle – 6
Enteron (Darm, Eingeweide) 108
Entoderm 300
Entwicklungsphasen 308–3112
Enzym(e) 19, 267
Eosin 52
Ependymzellen 206
Epicondylus
– lateralis 246
– medialis 246
Epidermis 259 – 261. *Siehe auch* Oberhaut
Schichten 259 – 260
Zellen 260 – 261
Epididymis. *Siehe* Nebenhoden
Epiduralraum 211, 212
Epiglottis 89, 90
Epikard 78
Epipharynx 114
Epiphyse(n) 176, 229
-fuge (Wachstumsfuge) 229
Epithel
-gewebe 40 – 41
Oberflächen bildendes – 40 – 41
Erdbeschleunigung 5
Erektion 294
Ernährung 147 – 154
Eröffnungsphase 303
Erregungsleitung 44, 80 – 81, 200
Erythro-
-poetin 50
-zyten 49, 50 – 51
Eustachio-Röhre 274
Exozytose 36
Exponentialzahl 3
Exspiration 94, 97, 101
Extension 228
Extremität(en)
obere – 246 – 248
untere – 252 – 256

F

Faser(n)
elastische – 41
-knorpel 43
Faszien 237
Fäzes (Kot) 126, 130
Zusammensetzung 130
Feld, elektrisches 10
Felderhaut 259
Felsenbein 238, 274
Femur 252, 254
Fenster
ovales – 274
rundes – 274
Ferritin 149
Fersenbein 231, 255, 256
Fett 21 – 23, 149 – 150
gesättigtes – 23
-gewebe 4
-mark 229
-säuren 150
ungesättigtes – 23
-verdauung 150
Fetus 300, 302
Fibrinogen 49, 54
Fibrinolyse 54
Fibula 255
Filtration(s) 35, 160
-rate, glomeruläre (GFR) – 160
Fingerknochen 248
Fingernägel 266 – 267
Fissura longitudinalis cerebri 208
Fleck
blinder – 282, 285
gelber – 282, 284 – 285
Flexion(s) 228
Flexura coli sinistra 128
Fluor 154
Flüssigkeit
strömende – 7 – 8
Follikelreifung 295
Folsäure (Vitamin B_9) 152
Fontanelle(n) 239, 314
Foramen 232
– intervertebrale 217, 241
– jugulare 217
– magnum 209, 217, 232, 239
– ovale 313
Foramina transversalia 216
Fötus. *Siehe* Fetus
Frank-Starling-Mechanismus 84
Fremdreflexe 223
Frequenz 12
Fresszellen 189, 197. *Siehe* Granulozyten
Fruchtblase 303
Fruktose 19, 138, 146
FSH (Follikel stimulierendes Hormon) 176, 290, 294
Fundus 119
– uteri 296

Fuß 254, 256
-rückenarterie 65
-wurzel 256

G

GABA (γ-Aminobuttersäure) 206
Galaktose 138
Galle(n)-
-blase (Vesica fellea bzw. biliaris) 109, 140, 147
-flüssigkeit 144
-säuren 138
Ganglien 223
Gas 7
-austausch 98 - 101
-gemische 7
Gaster. *Siehe* Magen
Gastroenterologie 108
Gastrulation 300
Gaumen-
-mandeln (Tonsillae palatinae) 115
-segel 115
Gebärmutter 296 - 297. *Siehe auch* Uterus
-schleimhaut 298
Geburt(s) 303–304
-kanal 303
-termin, Berechnung 300
Gefäß(e) 64–75
Aufbau 66 - 71
-pol 160
-versorgung der Verdauungsorgane 132 - 135
Geflechtknochen 43
Gehirn 207–221
Anoxiefolgen 105–106
Blutversorgung 215–217
Gewicht 207
Hinterhauptslappen 209
Scheitellappen 209
Schläfenlappen 209
Stirnlappen 209
Versorgung, arterielle – 215 - 217
Gehörgang, äußerer 273
Gelbkörper 295, 298
Gelenk 232 - 235
echtes – 233
-flüssigkeit 233
-formen 233 - 235
-fortsatz 241
-kapsel 233
-knorpel 233
planes – 235
-spalt 233
straffes – 233
unechtes – 233
Gen 30
Gerinnung(s)
-faktoren 54
-kaskade 55
-störungen 55
-system 54
Geschlechts-
-hormone
männliche – 294
weibliche – 297 - 298
-merkmale 290
-organe 290–298
männliche – 290–294
weibliche – 294 - 298
Geschmacksempfindungen 111, 112
Geschwindigkeit 5
Gesicht(s)
-feld 288
-nerv 221
-schädel 239
Gestagene 297
Gewebe 40–46
-plasminaktivator 54
– Stoffaustausch 35 - 36 , 69
-unverträglichkeiten 194–196
Gewebs-
-hormone 172
-wasser. *Siehe* Lymphe
Gingiva 111
Glandula (-ae)
– ceruminalis 273
– lacrimalis 286
– parotis (Ohrspeicheldrüse) 109, 112
– salivariae 112
– submandibularis 112
– suprarenales 179
– thyroidea 177
– vesiculosa (Bläschendrüse, Samenblase) 291
Glans penis 292
Glanz-
-schicht 260
-streifen 76, 80
Glaskörper 283
Gleich-
-gewicht(s)
-organ 277
– und Hörnerv 221
-spannung 10
Gliazellen 45–46, 206
Glisson-Trias 143
Globuline 49
Glomerulus 158
Glomus
– aorticum 102
– caroticum 102
Glukagon 184

Glukokortikoid 179, 180 – 181
Glukoneogenese 145 – 147, 180, 184
Glukose 19, 138, 146
Glukosurie 162
Glutamat 206
Glutathionperoxidase 154
Glyko-
-genese 145 – 146
-genolyse 145–147, 184
-kalyx 27
-lyse 20, 145 – 147
Glyzin 206
Golgi-Apparat 27 – 28
Gonosomen 29
Graaf-Follikel 294
Granulozyten 46, 51 – 53
Grenzstrang 223
Grimmdarm. *Siehe* Colon
Großhirn 207 – 209
Größen (Einheiten) 4 – 5
Grund-
-rechenarten 2
-umsatz 147 – 148
Guanin 23, 30
Gyrus
– postcentralis 209, 278
– praecentralis 209
G-Zelle 120

H

Haar 264 – 266
Aufbau 264 – 266
-balgmuskel 266
-farbe 266
-formen 264
Lebensdauer 266
Wachstum 266
-wurzel 264
Hallux 256
Hals
-schlagader 64
-wirbelsäule 241 ,243
Hämatopoese 49
– beim Ungeborenen 145
Hammer (Malleus) 275
Hämoglobin 50
Hämostase
primäre – 53 – 54
sekundäre – 54
Hand 248
-griff 244
-wurzel 248
-knochen 3248
Harn
– ableitende Organe 165–167
-bildung 160 – 162
-blase 165 – 166
-filter 158
-leiter 165
– physiologische Engstellen 165
-organe 155–167
pathologische Befunde 166
-pol 160
-röhre 166
-stoff 145
Zusammensetzung 167
Haupt-
-bronchien 91
-gruppe 15
-zelle 120
Haustren 128
Haut 258–267
-anhangsorgane 263–267
Aufbau 259 – 261
Aufgaben 258 – 259
-drüsen 263 – 264
Grenzorgan 258
Kommunikation 259
nervale Versorgung 262–263
Säureschutzmantel 258
Schutzorgane 258
Sensorik 259
Stoffwechselfunktion 258–259
-typ 258
Havers-Kanäle 44
HCG 298
Hemmstoffe der Blutgerinnung 55
Henle-Schleife 160, 162
Hepar. *Siehe* Leber
Heparin 55
Hepatozyten 143
Hering-Breuer-Reflex 102
Herz 75–85
Aktions-
-phasen 83 – 84
-potenzial 81, 82
Anspannungsphase 83
Austreibungsphase 83
-basis 76
-beutel. *Siehe* Perikard
Elektrolyte 83
Erregungs-
-bildung 80 – 81
-leitung 80 – 81
Erschlaffungsphase 84
-frequenz (HF) 84, 313
Füllungsphase 84
Gefäßsystem 78 – 80

-hypertrophie 77
-klappen 76 – 77
-kranz-
-arterien 64
-gefäße 79–80
-kreislauf 63 – 85
-minutenvolumen (HMV) 85
-muskel 77
-dilatation 77
-gewebe 44 – 45
-muskulatur 80
Parasympathikus 82
Reizleitungssytem 80 – 81
-rhythmus, Beeinflussung 81 – 83
Saug-Druck-Mechanismus 84
-scheidewand. *Siehe* Septum
-skelett 77
Sogwirkung 71
-spitze 76
Sympathikus 82
-ton 83
-vene 65, 76
Wandaufbau 77
Hiatus
– aortae 64
– oesophageus 116, 117
Hilus 94
Hinter-
haupt(s)
-lappen 209
-bein 239
-strangbahn 219
Hippocampus 211
Hirn
-anhangdrüse. *Siehe* Hypophyse
-haut
harte – 211–212
weiche – 212
-nerven 220
-schädel 238 – 239
-schenkel 210
-stamm 210 – 211
His-Bündel 80
Histamin 74
HIV 62
Hoden 290 – 291
-kanälchen 290
-läppchen 290
-sack 292
Hohlvene 78
obere – 65, 66
untere – 65, 66
Hör(en)
-organ 274 – 275
Physiologie 275 – 277
-rinde 209
-zentrum 277
Hormon 171 – 175
Abbau 173
antidiuretisches – (ADH) 74, 162, 175
autokrines – 172
glandotropes – 176
gonadotropes – 176
parakrines – 172
-stoffwechsel 147
-system 170 – 184
Aufgaben 170
Hierarchie 173 – 175
Wirkmechanismen 171
Hormonelle Regulation 163 – 165
Horn-
-haut (Cornea) 283
-schicht 260
Humerus 246
Hymen 294, 297
Hyper-
-bilirubinämie 146
-chlorämie 153
-kaliämie 83, 152
-kalzämie 83, 151
-phosphatämie 152
-tonie 107
-ventilation(s) 104
Hypo-
-chlorämie 153
-kaliämie 83, 152
-kalzämie 83, 151
-magnesiämie 153
-phosphatämie 152
-physe(n) (Hirnanhangdrüse) 174, 176, 210
-hinterlappen (HHL) 176
-stiel 176
-vorderlappen (HVL) 176
-thalamus 173, 175, 210
-tonie 72
-ventilation 104
Hypoxie 03 – 106
HZV. *Siehe* Herzzeitvolumen

I

Ikterus. *Siehe* Kolorit
– neonatorum 146
Ileozäkalklappe 127
Ileum (Krummdarm) 109, 122 – 123
Iliosakralgelenk 249
Immun-
-defektkrankheiten 198
-globulin
A (IgA) 190
D (IgD) 191
E (IgE) 191
G (IgG) 190
M (IgM) 191

-reaktion bei Infektion 197
-system 185–198
humorales spezifisches – 190–191
humorales unspezifisches – 187–189
spezifisches – 190–193
unspezifisches – 187–189
zelluläres spezifisches – 191–193
zelluläres unspezifisches – 189
Incus (Amboss) 274
Infektion 197
Infundibulum 176, 210
Inhibiting-Hormone 174
Innen-
-ohr 274–277
-rotation 228
innere(r) Atmung. *Siehe* Atmung, innere
Inotropie 82
Inselapparat 135, 136
Inspiration 94, 95–97, 101
Insulin 146, 183
Interferone 187
Interkostalmuskeln (Zwischenrippenmuskeln) 94–95
Interleukine 187
Interphase 32
Intestinum
– crassum. *Siehe auch* Dickdarm 109, 126
– tenue. *Siehe auch* Dünndarm 109, 122
Intrinsic-Faktor 120
Iris 284
Isthmus faucium 109

J

Jejunum (Leerdarm) 109, 122–123
Jochbein 239
Jod 153–154, 177
Jungfernhäutchen 297
juxtaglomerulärer Apparat 164

K

Kahnbein 2556
Kalium 83, 152
-kanäle 36
Kalorie 148
Kalzium 83, 151
Kammer 76
-schenkel 80
-wasser 283
Kapillaren 69–70
Kardia 119
Karotisdreieck 216
Karyogramm 34
Katabolismus 19, 147
Kehl-
-deckel. *Siehe* Epiglottis
-kopf 89–91
-ödem 91
-rachen (Laryngopharynx) 115
Keilbein 239, 240, 256, 285
-höhle 89
Keimblatt 300
Kelvin 8
Kerckring-Falte 124, 125
Kern
-körperchen 30
-membran 29
-temperatur 75, 267–269
Kieferhöhle 89
Killerzellen, natürliche 189
Kissing Desease 62
Kitzler 297
Kleinhirn 210
Klitoris 297
Knie
-gelenk 254
-kehlen
-arterie 65
-vene 65
Knochen 229–232
flache – 232
-gewebe 43–44
-haut (Periost) 43, 229
kurze – 232
lufthaltige – 232
-mark
gelbes – 229
rotes – 229
Sesambeine 232
unregelmäßige – 232
Knorpel
elastischer – 43
hyaliner – 43
-gewebe 43
Koenzym 19
Kohlenhydrat(e) 19–20, 148–149
-verdauung 20, 148
Kohlrausch-Falte 129
Kollagenfasern 41
Kompakta 43
Komplementsystem 189
Koniotomie 91
Konvektion 97
Kopf-Arm-Vene 66
Koppelung
arteriovenöse – 71
elektromechanische – 81
Korium 261
Körnerschicht 260
Koronararterien 79–80
Körper
-achsen 226
-ebenen 226

-kreislauf 64–66
Kraft 5–6
Kreislauf
fetaler – 312–313
-regulation 73–76
-zentren 73–74
Kreuz-
-band 254
-bein 243, 249
-probe 195
Krummdarm. *Siehe* Ileum
Kugelgelenk 233
Kupffer-Sternzellen 144
Kußmaul-Atmung 104, 105

L

Labia
– majora pudendi (große Schamlippen) 297
– minora pudendi (kleine Schamlippen) 297
Labyrinth
häutiges – 274
knöchernes – 274
Ladung, elektrische – 10
Lähmung
schlaffe – 219
spastische – 219
Laktat 147
Laktation 306
Laktose 138
Lamellenknochen 43
Langerhans-
-Inseln 183
-Zellen 261
Lappenbronchie 91
Laryngopharynx (Kehlkopfrachen) 115
Laryngoskopie 91
Larynx 89–91
-ödem 91
Leber (Hepar) 109, 139–147
Abwehr 144–145
Aufgaben 144–147
Entgiftung 144–145
-läppchen 143
-lappen 139
-pforte 139
-sinusoide 143
-vene 66
-zellen 143
Lederhaut (Dermis)
Korium 259, 261
Sklera 283
Leerdarm. *Siehe* Jejunum
Leichenstarre 236
Leistenhaut 259
Leistung(s) 6–7
elektrische – 11
Lendenwirbelsäule 241, 243
Leukämie 57
Leuko-
-penie 56–57
-zyten 49, 51–53
-zytose 57
LH (luteinisierendes Hormon) 176, 290, 294
Lieberkühn-Krypten/-Drüsen 125
Ligamentum
– conicum. *Siehe* Ringknorpel
– falciforme 139
– latum uteri 296
– teres hepatis 139
Linea nigra 302
Lingua 111
Linksverschiebung 52
Linolsäure 150
Linse 12, 284
konkave – 12
konvexe – 12
Lipase 138
Lipide 149–150. *Siehe* Fette
Lipo-
-genese 145
-lyse 145
-zyten 43
Lippen 109
Liquor 200, 212, 213–215
- cerebrospinalis 212
– pericardii 78
-räume
äußere – 213
innere – 213
Lobuli hepatis 143
Lobus
– caudatus 139
– frontalis 209
– occipitalis 209
– parietalis 209
– quadratus 139
– temporalis 209
Luftdruck 7
Luftröhre. *Siehe* Trachea
Lumbalpunktion 215
Lunge(n) 93–94
-arterie(n) 76, 79
linke – 79
rechte – 79
-bläschen 92–93
-dehnungsreflex 102
-fell. *Siehe* Pleura visceralis
-hilus 94
-kapillaren 93
-kreislauf 64
-lappen 93

-spitze 93
-vene 64, 79
Lusitropie 83
Lymph-
-bahnen 58 – 60
-knoten 60
Erkrankungen der – 61 – 62
-schwellung 61
-system 58 – 62
Lymphe 58
Lymphogranulomatose 57
Lysosomen 28
Lysozym 187 – 189

M

Macula
– sacculi 277
– utriculi 277
-densa-Zelle 164
– lutea 285
-organe 277
Magen (Gaster, Ventriculus) 108, 117 – 122
-eingang 119
Funktionen 121
-grübchen 119
-grund 119
-körper 119
-motorik 122
-saft 121 – 122
-schleimhaut 119
-straßen 119
Magnesium 153
Mahlzähne 109, 110
Malleolengabel 255
Malleus (Hammer) 274
MALT 61
Maltose 138
Mamille 305
Mamma 305 – 306
Mandel(n). *Siehe* Tonsillen
-kern 211
Mandibula 239
Manubrium sterni 244
Mark
-scheide 203
verlängertes – 211
Massenzahl 13
Mastdarm. *Siehe* Rektum
Mastoid 274
Mathematik 2 – 4
Maxilla 239
Meatus acusticus externus 273
Mechanik 5 – 8
Grundgrößen 5
Mediastinum 76
Medulla
– oblongata 211
– spinalis 217
Meibom-Drüsen 285
Meiose 32, 34
Meissner-
-Plexus 120, 125, 202
-Tastkörperchen 263
Melanozyten 260 – 261
Melatonin 176
Membran
-angriffskomplex 189
postsynaptische – 204
-potenzial 36
präsynaptische – 204
-rezeptoren
Aufnahme 173
semipermeable – 35
Membrana tympani 273
Meningen 211 – 212
Menstruation 295, 296
Merkel-Zellen 263
Mesangiumzelle 164
Mesencephalon 210
Mesenterialwurzel 123
Mesenterium 122
Mesocolon 128
Mesoderm 300
Metabolismus 18, 147. *Siehe* Stoffwechsel
Metaphase 33, 34
Metaphyse 229
Metatarsus 256
MHC-Moleküle 194
Mikroglia 206
Mikrotubuli 28
Mikrovilli 125
Miktion(s) 166
-zentrum 166
Milch
-brustgang 66
-gang 305
-säckchen 305
Milz 60 – 62
Erkrankungen der – 62
Mineralstoffe 151 – 153
Miosis 284
Mitochondrien 28, 29
Mitose 32 – 34
Mitralklappe 76
Mittel-
-fellraum 76
-fuß 254, 256
-hand 248
-hirn 210
-nerv 222

-ohr 273–274
Mizellen 138
Mm. *Siehe* Musculus (Musculi), M. (Mm.)
mol 14
Moll-Drüsen 285
Monosaccharide 138, 146, 148
Morbus
– Hodgkin 57
– Pfeiffer 62
Motoneuron, erstes 219
mRNA (Messenger-RNA) 30, 31
MSH 176, 210, 261
Mucosa 116, 118, 119–120, 125, 128
Multiplikation 2
Mund 109–113
-höhle 109–113
-rachen (Oropharynx) 115
Muscularis (Media) 66, 116, 120, 126, 128
Musculus (Musculi), M. (Mm.)
– adductor longus 237
– arrector pili 266
– biceps
– brachii 237
– femoris 237
– bulbospongiosus 250, 251
– coccygeus 252
– cremaster 292
– deltoideus 237
– dilatator pupillae 284
– gastrocnemius 237
– glutaeus maximus 237
– intercostales
– externi 94, 95
– interni 94, 95
– latissimus dorsi 237
– levator ani 252
– masseter 112
– obliquus externus abdominis 237
– pectoralis
– major 95, 237, 305
– minor 95
– peroneus longus 237
– puborectalis 129, 130
– quadriceps femoris 222, 223, 237
– rectus abdominis 237
– sartorius 222, 237
– scaleni 95
– serrati 95
– serratus anterior 237
– soleus 237
– sphincter
– ani externus 130, 250, 252
– ani internus 130
– pupillae 284
– urethrae externus 166
– urethrae internus 166
– sternocleidomastoideus 95, 237
– tibialis anterior 237
– transversus perinei profundus und superficialis 251
– trapecius 237
– triceps brachii 237
Muskel-
-ansatz 237
-bauch 237
-gewebe 44–45
glattes – 44
quer gestreiftes – 44
-kontraktion 236
-krampf 267
-pumpe 71
-ursprung 237
Mutter
-kuchen 298, 303
-mund 296, 303
Mydriasis 284
Myelinscheide 203
Myo-
-fibrillen 235, 236
-kard 77, 78
-metrium 297
-sinfilament 235, 236

N

N. *Siehe* Nervus
Nabelvene 313
Nach
-geburtsphase 303
-last 85
Naegele-Regel 300
Nährstoffe 19–23, 148
Nahrungsstoffe 148–154
Nase(n)
-bein 239
-gang 88
-höhle 88–89
-muschel 88
-nebenhöhlen 88
-schleimhaut 88
Nasopharynx 114
Natrium 153
-Kalium-Pumpe 36
-kanäle 36, 37
Naturwissenschaften Grundlagen 1–24
Neben-
-hoden (Epididymis) 290–291
-nieren 179–183
-mark 181–183
-rinde 179–181
-schilddrüse 179
-zelle 119
Nekrose 39
Nephron 158

Nerv(en)
Augen bewegender – 221
-gewebe 45–46
Zellen 203–206
»herumstreifender« – 221
-system 199–224, 314–315
Anatomie 200
Aufgaben 203
Darm – 202
Funktionen 200–202
Morphologie 200
parasympathisches – 202
peripheres – 200, 220–224
sympathisches – 202
unwillkürliches – 200
willkürliches – 200
zentrales (ZNS) – 200
Nervus (Nervi), N. (Nn.)
– abducens 221
– accessorius 221
– facialis 221
– femoralis 222
– fibularis 222
– glossopharyngeus 221
– hypoglossus 221
– ischiadicus 222
– medianus 222
– oculomotorius 221, 288
– olfactorius 89, 221
– opticus 221, 288
– pelvicus 166
– peroneus 222
– phrenicus 94, 221, 222
– pudendus 130, 167
– radialis 221
– recurrens 90, 178, 221
– tibialis 222
– trigeminus 221
– trochlearis 221
– ulnaris 222
– vagus 73, 101, 221
– vestibulocochlearis 221, 273, 278
Netz
-haut 284–185
-schicht 261
Neugeborenenuntersuchung 315
Neugeborenes, Beurteilung 303
Neuralrohr 300
Neurit 203
Neuro-
-hypophyse 176
-transmitter 205–206
Neuron 45, 203–206
motorisches, erstes – 219
motorisches, zweites – 219
Neutron 10, 13
Neutropenie 52
Neutrophilie 52
Niacin (Vitamin B_3) 152
Niere(n) (Renes) 156–165
-arterie 65
Aufgaben 156
-becken (pelvis renalis) 158, 165
– Gefäße 158
-hilus 158
-kanälchen 160–163
-kelche 158
-körperchen 158–160
makroskopischer Aufbau 158
-mark 158
mikroskopischer Aufbau 158–163
-papillen 158
-rinde 158
Transportvorgänge 161–163
-vene 65
Nischenzellen 92
Nissl-Schollen 203
Noradrenalin 183, 205
Nucleolus 29, 30
Nucleus 26, 29
– ruber 210

O

Ober-
-arm
-arterie 64
-vene 66
-kiefer 239
-schenkel 65, 252
-arterie 65
Odontoblasten 111
Ohr(en) 271–279
Aufbau 272–273
Außen- 273
Innen- 274–277
Mittel- 273–274
-muschel 273
-schmalz 273
-speicheldrüse (Glandula parotis) 109, 112
-trompete(n) 114, 274
-mandeln (Tonsillae tubariae) 114
Okklusion 110
Olekranon 246, 247
Oligodendrozyten 206
Oligurie 167
Omentum
– majus 132
– minus 132
Oogenese 294
opsonisieren 189
Optik 12–13
Orbita (Augenhöhle) 285. *Siehe* auch Auge(n)

Orches (Hoden) 290 – 291
Ordnungszahl 13
Organe, lymphatische 58, 61
Organogenese 300
Oropharynx 115
Orthopnoe 104
Os
 – cuboideum 255
 – cuneiforme 255
 – ethmoidale 239
 – frontale 238
 – lacrimale 239
 – nasale 239
 – naviculare 255, 256
 – occipitale 239
 – parietale 238
 – sacrum 249
 – sphenoidale 239
 – temporale 238
 – zygomaticum 239
Osmolarität 17
Osmose 17, 35
Ösophagus (Speiseröhre) 89, 116–117
 -engen 116 – 117
 -sphinkter 116
 Transport 116
 Wandaufbau 116
Osteo-
 -blasten 44
 -klasten 44
 -porose 44
 -zyten 44
Osteone 43
Östrogen 294, 297–298, 305, 306
Ovarien. *Siehe* Eierstöcke
Ovulation 295
Oxy-
 -genierung 93
 -tocin 175, 306

P

Pädiatrie 307 – 316
 Abschätzung des Alters 316
 Aufgaben 308
 anatomische und physiologische Besonderheiten 312 – 315
 Entwicklungsphasen 308 – 312
Paneth-Körnerzelle 125
Pankreas (Bauchspeicheldrüse) 109, 135 – 138, 183 – 184
 -lipase 138
 -saft 135 – 138
Pantothensäure (Vitamin B_5) 152
Papilla
 – duodeni major 122
 – Vateri 122, 144
Papillar-
 -muskeln 77
 -schicht 261
Papillen 111
parafollikuläre Zellen 177
Parasit 52, 186, 197
Parasympathikus 202
Parathormon (PTH) 171, 177, 179
Parenchym 40
parietal 78
Parkinson-Krankheit 207, 219
Partialdruck 7, 98 – 100
Patella 254
Patellarsehnenreflex 223, 224
Pauken-
 -höhle 273 – 274
 -treppe 274, 275
Pelvis renalis (Nierenbecken) 158, 165
Penis 292 – 294
 -rückenvene 293
 -schwellkörper 292
 -wurzel 292
Pepsin 120
Pepsinogen 120
Peptid
 atriales natriuretrisches – . *Siehe auch* Dipeptide, Polypeptide 165
Peptidasen 137 – 138
Peptidhormone 171
Perforationsvenen 65, 71
Perfusion(s) 97
 -druck, zerebraler (CPP) – 73
Peri-
 -kard 78
 -lymphe 274, 275
 -metrium 297
 -tonealhöhle 130
 -toneum (Bauchfell) 109, 130 – 132
Periodensystem 14 – 15
Periost 43, 229
Peristaltik 126
Peroneuslähmung 222
Perzentile 308, 312
Pes (Fuß) 256, 256
Peyer-Plaques 125
Pflugscharbein 239
Pfortader 66, 135
Pförtner 119
 -vorhof 119
Phagozyten 39
Phagozytose 36
Phantomschmerz 220
Phäochromozyten 181
Pharynx 89, 114 – 115
Phosphat 151 – 152

Phospholipide 149
Phosphor 151 – 152
Photorezeptoren 284
pH-Wert 18, 99–100
Physik 4 – 13
Physiologie
– desKindes 312 – 315
Grundlagen 25 – 46
Pia mater 212
Pinealozyten 176
Pinozytose 36
Plasmalemm (Zellmembran) 26
Plasminogen 54
Plazenta 298, 303
Pleura 94
– parietalis (Rippenfell) 94
-spalt 78, 94
– visceralis 94
Plexus
– brachialis 221
– cervicalis 221
– choroidei 213
– lumbalis 222
– myentericus 126, 202
– sacralis 222
– submucosus 120, 125, 202
Plicae
– circulares 125
– gastricae 119
– semilunares 128
– vestibulares 90
– vocales 90
Pneumo-
-thorax 94
-zyten I und II 92
PNS. *Siehe* Nervensystem, peripheres
Podozyten 158
Poliomyelitis 219
Polkörperchen 34
Poly-
-globulie 51, 56
-peptide 23
-urie 167
Pons 210
Potenzialumkehr 36
Preputium 292
Pressorezeptoren 73
Primär-
-follikel 294
-harn 158
-struktur 22, 23
Processus
– coracoideus 246
– xiphoideus 244
Progesteron 294, 297, 298, 303, 305, 306
Prolaktin 176, 306
Pronation 228
Prophase 33, 34
Prostata (Vorsteherdrüse) 292
Protein 23, 27, 149
-stoffwechsel 144, 149
-synthese 30 – 31
Proton(en) 10, 13
-pumpe 120
Prozent 4
Ptyalin 112
Pulmonalklappe 77
Pulpa dentis 111
Pupille 284
Purkinje-Fasern 80 – 81
Pylorus (Pförtner) 119, 122
Pyramidenbahn 209, 210, 219, 229
-kreuzung 211
Pyridoxin (Vitamin B_6) 152

Q

Quartärstruktur 22, 23
Querfortsatz 241

R

RAAS/RAA-System. *Siehe* Renin-Angiotensin-Aldosteron-System
Rabenschnabelfortsatz 246
Rachen 89, 114 – 115
-dachmandel (Tonsilla pharyngea) 114
-enge 109
Radgelenk 235
Radius 247
Radix penis (Peniswurzel) 292
Ranvier-Schnürringe 46, 203
Reaktion
anabole – 16
chemische – 16 – 17
katabole – 17
Rechenregeln 2
Reflex 223–224, 314
-bogen 223
frühkindliche – 315
Refraktär-
-phase 81
-zeit 36
Regenbogenhaut (Iris) 284
Reifeteilung 34
Reissner-Membran 274
Reiz-
-leitung, Störungen 81
-weiterleitung 36 – 37
Rekapillarisierungsmessung 314
Rektum (Mastdarm) 109, 129 – 130
Releasing 174
Renes (Nieren) 156. *Siehe* Niere(n)

Renin-Angiotensin-Aldosteron-System (RAAS) 74, 164–165
Renin produzierende Zelle 164
Repolarisation 36, 38
Reservevolumen
exspiratorisches – 101, 103
inspiratorisches – 101, 103
Residualvolumen 101
Respirationstrakt 88
Rete mirabile 70
Retikulinfasern 41
Retina (Netzhaut) 283, 284–285
Retroversion 228
Rezeptoren, intrazelluläre – 172
Rhesus-
-inkompatibilität 195, 196
-System 195–196
Riboflavin (Vitamin B_2) 152
Ribonukleinsäure (RNA) 23–24
Ribosom 27, 30
Riech-
-nerv 221
-organ 89
Rigor mortis 236
Rindenfeld, motorisches 209
Ringknorpel 89
-enge 116
Rippen 93, 244
Rippenfell (Pleura parietalis) 94
Riva-Rocci (RR). *Siehe* Blutdruck
RNA 23–24
Röhrenknochen 229
Rollnerv 221
RR (Riva-Rocci). *Siehe* Blutdruck
Rückenmark 217–219
auf- und absteigende Bahnen 219
graue Substanz 217
Hinterhorn 217, 218
Pferdeschweif 217
Seitenhorn 217, 218
Vorderhorn 217, 218
weiße Substanz 219
Rückstrom, venöser – 71
Ruffini-Körperchen 263
Ruhepotenzial 36, 38

S

Saccharose 138
Sacculus 277
Salzhaushalt 164–165
Samen-
-blase 291
-leiter 291
-wege, ableitende – 291
Sammellinse 12
Sammelrohr 160–163
Sarkomere 235
Sattelgelenk 235
Sauerstoff-
-bindungskurve 99–100
-mangel 103–106
-sättigung 99
Säure 18
Scala
– tympani 274
– vestibuli 274
Scapula 246
Schädel (Cranium) 238–239
-höhle 238
Schalentemperatur 75, 269
Schallleitungsapparat 274
Scham-
-beinfuge 249
-lippen 297
Scharniergelenk 235
Scheide. *Siehe* Vagina
Scheidenvorhof 297
Scheitel-
-bein 238
-lappen 209
Schenkelhalswinkel (CCD-Winkel) 254
Schienbein 255
-arterie 65
Schilddrüse(n) 177–179
-hormone 177
Schildknorpel 89
Schläfen-
-bein 238
-lappen 209
Schlagvolumen (SV) 85
Schleimbeutel 238
Schließmuskel 129, 130, 166–167, 250
Schluckakt 115
Schlüsselbein 246
-arterie 64
-schlagader 64
-vene 66
Schnecke(n) 274–275
-gang 274
-spindel 274
Schneidezähne 109
Schnürringe 128
Schulter-
-blatt 245, 246
-gräte 246
-gürtel 245–246
Schwangerschaft 298–303
Schwann-Zellen 46, 203
Schwefel 152
Schweißdrüsen 263–264
Schwertfortsatz 244

Schwingung 12
Scrotum (Hodensack) 292
Segelklappen 76 – 77
Segmentbronchien 91
Seh-
-bahn 288
-korrekturen 12
-nerv 221, 288
-rinde 209
Sehen, Physiologie 282
Sehnenscheiden 238
Sekundär-
-follikel 294
-struktur 22, 23
Selen 154
Semilunarklappen (Taschenklappen) 77
Septum interventriculare 76
Serosa 130 – 132
Serotonin 74, 205 – 206
Sesambeine 238
Sichelzellanämie 56
Siebbein 239
-zellen 89
SI-Einheiten 4
Sinnesepithel 41
Sinus 212, 216, 217
– coronarius 65, 76
– frontalis 89
-knoten 80
– lactifer 305
– maxillaris 89
– paranasales 88
– sphenoidalis 89
Skelett
-muskel
Aufbau 235 – 236
-muskulatur 235 – 237
Mechanik 237
spezielle Anteile 238 – 256
-system 229 – 238
Sklera (Lederhaut) 283
Skotom 288
Soma 45, 203
Somatogramm 308 – 312
Somatostatin 121, 184
Spannung, elektrische – 10
Speichel 112 – 113
-drüsen 112 – 113
Speichen-
-arterie 64
-nerv 221
-vene 66
Speicher-
-fett 43
-funktion 146, 150
Speiseröhre. *Siehe* Ösophagus
Spermatiden 34
Spermien 34, 290, 291, 293, 298
Sphinkter pylori 119
Spinal-
-anästhesie 215
-nerven 220 – 223
-plexus 221 – 222
Spina scapulae 246
Spinnwebhaut 212
Splenomegalie 61, 62
Spongiosa 43
Spritzgang (Ductus ejaculatorius) 291 – 292
Sprungbein 256
Spurenelemente 153 – 154
Stäbchenzellen 284 – 285
Stachelzellschicht 259
Statolithenapparat 277
Stauungspapille 285
Steigbügel 275
Steißbein 243
Stellknorpel 89
Steppergang 222
Sternum. *Siehe* Brustbein
Steroidhormone 171
Stimm-
-bänder 89 – 90
-bildung 90
-falten 90
Stirn-
-bein 238
-höhle 89
-lappen 209
Stoff-
-gemisch 10
-menge 14
-wechsel 147 – 154
Stratum
– basale 259
– corneum 260
– granulosum 260
– lucidum 260
– papillare 261
– reticulare 261
– spinosum 259
Streulinse 12
Strom
elektrischer – 10
-stärke 10
Stroma 40, 42
Strömung(s) 7 – 8
laminare – 7
turbulente – 7
-widerstand 8
Stuhlentleerung 130

Stützgewebe 43 – 44
Subarachnoidalraum 212
Subduralraum 212
Subkutis. *Siehe* Unterhaut
Submucosa 116, 117, 120, 125, 128
Subserosa. *Siehe* Adventitia
Substantia
– alba 209
– grisea 207
– nigra 210
Subtraktion 2
Supination 228
Surfactant 302
Sympathikus 202
Symphyse(n) 249
Synapse
exzitatorische – 204
inhibitorische – 204
Synchondrosen 233
Syndesmosen 233
Synostosen 233
System
limbisches– 211
lymphatisches – 58 – 62
Systole 83 – 84

T

Tachypnoe 104
Talgdrüse 264
Talus 256
Tänien 128
Tarsus 256
Taschen-
-falten 90
-klappen 77
Tektorialmembran 275, 277
Telencephalon 207
Telophase 32, 34
Temperatur 8
-änderung 8 – 9
-messung 269
-regulation 267 – 270
Tentorium cerebelli 210
Tertiär-
-follikel 294
-struktur 22, 23
Testes (Hoden) 290 – 291
Testosteron 290, 294
Tetanus (Wundstarrkrampf) 197
Tetrade 34
Thalamus 210
Thalassämie 56
Thelarche 305
T-Helferzellen 192
Thermoregulation 267 – 270
Thiamin (Vitamin B_1) 152
Thorax 244 – 245
Thrombopenie 57
Thrombozyten 49, 53
-adhäsion 53
-aggregation 53
Thrombozytose 53, 57
Thymin 23, 30
Thymus 61
Thyreoglobulin 177
Thyroxin 177
Tibia 255
Tiffeneau-Test 102
T-Lymphozyten 191 – 192
T-Memory-Zellen 192
Tonsilla
– lingualis 111
– tubaria 114
Totalkapazität 101
Totraum-
-ventilation 102
-volumen 101
Trabekel 43
Trachea (Luftröhre) 89, 91
Tracheotomie 91
Tractus opticus 288
Tränen-
-apparat 286
-bein 239
-drüsen 286
-Nasen-Gang 286
-sack 286
Transferrin 149
Transkription 30
Translation 30
Transplantation 198
Transport
aktiver – 35 – 36
-prozesse 17
TRH 174
Trias hepatica 143
Trigonum caroticum 216
Trijodthyronin (T3) 177
Trikuspidalklappe 76
Trimenon
drittes – 300 – 301
erstes – 302 – 303
zweites – 302
tRNA (Transport-RNA) 30
Trochanter
– major 252
– minor 252
Trommelfell 273, 275
Trophoblast 298

Truncus
- – brachiocephalicus 64, 216
- – cerebri 210
- – coeliacus 65, 132
- – pulmonalis 76

Trypsin 137
TSH 174, 175, 176
Tuba auditiva 114, 274
Tuben. *Siehe* Eileiter
Tubulus
- -apparat 158, 160
- distaler – 162
- proximaler – 161

Tunica
- – albuginea penis 293
- – albuginea testis 290
- – fibrosa 283
- – interna 283
- – intima 77
- – vasculosa 283

T-Zellen, regulatorische 192
T-Zellen, zytotoxische 192

U

Ulna 247, 248
Unter-
- -arm 247
- -haut 261
- -kiefer 239
  - -speicheldrüse 112
- -schenkel 253, 254
  - -venen 65
- -zungenspeicheldrüse 112

Uracil 23
Ureter 165. *Siehe auch* Harnleiter
Urethra 166. *Siehe auch* Harnröhre
Urobilin 51
Urokinase 54
Urothel 41
Uterus (Gebärmutter) 296 – 297
- -hals 296

Utriculus 277
Uvea 283
Uvula 109

V

Vagina (Scheide) 297
Valva ileocaecalis 127
Valvulae venarum 71
Vas
- – afferens 160
- – efferens 160

Vaso-
- -dilatation 69
- -konstriktion 69

Vater-Pacini-Körperchen 263
Vena(e), V. (Vv.)
- – axillaris 66, 68
- – brachialis 66, 68
- – brachiocephalica dextra 66
- – brachiocephalica sinistra 66
- – cava inferior 65, 68, 303
- – cava superior 65, 68
- – centralis 143
- – coronaria dextra 80
- – coronaria sinistra 80
- – cystica 135
- – dorsalis penis 293
- – femoralis 65, 68
- – fibularis 65, 68
- – gastrica dextra 135
- – gastrica sinistra 135
- – hepatica 66, 68
  - – hepatica dextra 143
  - – hepatica media 143
  - – hepatica sinistra 143
- – iliaca communis 65, 68
- – iliaca externa 65, 68
- – interlobularis 143
- – jugulares internae 217
- – jugularis 216
  - – jugularis externa 66, 68
  - – jugularis interna 66, 68, 274
- – lienalis 68, 135
- – mesenterica inferior 68, 135
- – mesenterica superior 68, 135
- – poplitea 65, 68
- – portae 66, 68, 135, 143
- – pulmonales 68, 79
- – radialis 66, 68
- – renalis 66, 158
- – subclavia 66, 68
- – tibialis anterior 65, 68
- – tibialis posterior 65, 68
- – ulnaris 66, 68
- – umbilicalis 313

Vene(n) 71
- -druck, zentraler 72
- -klappen 71
- -winkel 60, 66

Venolen 71
Ventilation 97, 102
Ventilebene 77
Ventriculus. *Siehe* Magen
Ventrikel 76
- Gehirn 213
  - -system 212 – 213

Venushügel (Mons pubis) 297
Verdauungs-
- -organe 109 – 113

Gefäßversorgung 132–135
-trakt 109–154
Vesica fellea / biliaris. *Siehe* Gallenblase
Vesica urinaria. *Siehe* Harnblase
Vesikel 26, 36
Vestibularapparat 277–279
Vierhügelplatte 210
Villi intestinales 125
Virus 197
-erkrankung 197
Vitalkapazität 101, 103
Vitamin(e) 150–151
– D_3 177, 258
– H. *Siehe* Biotin
-mangel 56
Volkmann-Kanäle 44
Vomer 239
Vorderseitenstrangbahn 219
Vorhaut 292
Vorhof
-säckchen
großes – 277
kleines – 277
-treppe 274–276
Vorlast 85
Vorsteherdrüse (Prostata) 292
vulnerable Phase. *Siehe* Phase, vulnerable
Vulva 297

W

Wadenbein 255
-arterie 65
Waldeyer-Rachenring 61
Wärme
-lehre 8–10
-leitung 9, 268
-regulation 267–270, 314
-strahlung 9, 268–269
-strömung 9, 268
-transport 9, 267–269
Warzenfortsatz 274
Wasser
Ausdehnungsanomalie 9
-haushalt 42, 163–164, 314
Wechselspannung 10
Wehen 303
Weisheitszähne 110
Welle 12
Wernicke-Areal 209
Widerstand, elektrischer 11
Windkesselfunktion 69, 70
Wirbel-
-bogen 241
-kanal 241
-körper 241–242
Aufbau 241–242
-loch 241
Wirbelsäule 239–243
Anteile 243
Wundheilung 54
Würfelbein 256

Wurmfortsatz (Appendix vermiformis) 126, 127
Wurzelhaut 111

Z

Zahn-
-bein 111
-entwicklung 110
-fleisch 111
-hals 110
-halteapparat 111
-höhle 111
-krone 110
-schmelz 111
-wurzel 110
Zähne 109–111
Zäpfchen 109
-zellen 284–285
Zapfen-
-gelenk 235
Zehen 255, 256
Zeis-Drüsen 285
Zell-
-atmung 97–98
-kern 29–30
-kontakte 37
-membran 26–27
-organelle 27, 29
-schädigung 39
-teilung 32–34
-tod 37–39
Zelle 26–39
Stoffaustausch 35–36
Zellen
antigen-präsentierende – 189
– des Nervengewebes 203–206
phagozytierende – 189
Zement 111
Zentralvene 43
Zentriolen 28
Zentromer 33
Zervix / Collum (Uterushals) 296
Zervixschleim 296
Ziliarkörper 283
Zink 154
Zirbeldrüse (Epiphyse) 176
ZNS. *Siehe* Nervensystem, zentrales
Zona
– fasciculata 179
– glomerulosa 179

– pellucida 298
– reticularis 179
Zottenpumpe 126
Zunge 111– 112
Zungen-
-bein (Os hyoideum) 115
-mandel 111
-nerv 221
Zungen-, Schlund- oder Geschmacksnerv 221
»zusätzlicher« Nerv 221
Zwerchfell (Diaphragma) 93, 94, 97
-enge 117
-nerv. *Siehe* Nervus phrenicus
Zwischen-
-hirn 210
-kammerlöcher 213
-rippenmuskeln 94 – 95, 96, 97
-rippenraum 245
-wirbelloch 241
-wirbelscheiben 242
Zwölffingerdarm. *Siehe* Duodenum 119, 122
Zygote 298
Zytokine 187
Zytoplasma 26
zytotoxische T-Zellen. *Siehe* T-Zellen